计 算 机 科 学 丛 书

原书第8版

计算机网络
自顶向下方法

[美] 詹姆斯·F. 库罗斯（James F. Kurose） 著
基思·W. 罗斯（Keith W. Ross）

陈鸣 译

Computer Networking
A Top-Down Approach　Eighth Edition

机械工业出版社
China Machine Press

图书在版编目（CIP）数据

计算机网络：自顶向下方法：原书第 8 版 /（美）詹姆斯 · F. 库罗斯（James F. Kurose），（美）基思 · W. 罗斯（Keith W. Ross）著；陈鸣译 . -- 北京：机械工业出版社，2022.7（2025.1 重印）

（计算机科学丛书）

书名原文：Computer Networking: A Top-Down Approach, Eighth Edition

ISBN 978-7-111-71236-7

I. ①计… II. ①詹… ②基… ③陈… III. ①计算机网络 IV. ① TP393

中国版本图书馆 CIP 数据核字（2022）第 124383 号

北京市版权局著作权合同登记 图字：01-2020-5363 号。

本书是经典的计算机网络教材之一，采用作者独创的自顶向下方法来讲授计算机网络的原理及协议，自第 1 版出版以来已被国内外数百所高校选作教材，被译为 14 种语言。第 8 版保持了以前版本的特色，继续关注因特网和计算机网络的现代处理方式，原理与实践并重。第 8 版反映了近年来网络领域的重要变化，包括 4G/5G 网络的迅速普及和随之而来的大量移动应用，以及软件定义网络（SDN）的应用及其对网络管理的影响。书中还增加了对 HTTP/2、HTTP/3、CUBIC、QUIC、NETCONF、YANG 等新协议的介绍，并删除了关于多媒体网络的一章。

本书适合作为高等院校计算机相关专业的教材，也适合网络技术人员参考。

出版发行：机械工业出版社（北京市西城区百万庄大街 22 号 邮政编码：100037）

责任编辑：曲 熠　　责任校对：付方敏

印 刷：三河市宏达印刷有限公司　　版 次：2025 年 1 月第 1 版第 6 次印刷

开 本：185mm × 260mm 1/16　　印 张：31.25

书 号：ISBN 978-7-111-71236-7　　定 价：129.00 元

客服电话：（010）88361066 68326294

我自 2003 年翻译本书第 2 版起，已有 19 个年头了。连续 7 次翻译这本计算机网络经典教科书为我提供了难得的学习机会，使我能够有机会静下心来体会作者的所思所想，洞悉他们对飞速发展的网络技术的分析，品味他们讲解网络原理和技术时的方法与智慧……尽管我们现在可以从多种来源学习和研究网络技术，但是专心研读这本书无疑能够为成长为网络技术专门人才提供一条捷径。本书能帮助读者系统地理解错综复杂的网络技术是如何组织为复杂的网络系统的，观察新型网络技术是如何替代过时技术的，感受许多网络术语是如何悄然变化的，学习大师级人物是如何创新网络技术和网络教学方法的……总之，这本教科书被众多读者称为世界上最流行、最优秀的网络教科书的确当之无愧。同时，第 8 版教材的中译本有助于我国的高校学生、科技工作者以及其他读者高效地学习计算机网络的基础知识和新技术（而不是学习英文！），进一步促进我国计算机网络教学水平的提升。

第 8 版对教科书内容做了大量的更新。例如：第 1 章全面概述无所不在的物联网应用以及 4G/5G 发展对因特网的影响；第 2 章涉及用于 Web 的 HTTP/2 和 HTTP/3 新协议；第 3 章更新了 5 年来运输层拥塞控制和差错控制的进展与使用方面的演化，如 TCP CUBIC 和 QUIC 协议；第 4 章增加了中间盒、路由器缓存数量、网络中立性和因特网架构原则等主题；第 5 章包含 SDN 控制平面的新材料以及网络管理中的 NETCONF 和 YANG 新协议；第 6 章介绍了以太网链路层技术的持续演化和有关数据中心网络的新内容；第 7 章反映了无线网络的许多变化，如 4G LTE 和 5G 网络以及关于移动性的内容；第 8 章关注无线网络安全性的变化以及在 4G/5G 网络中共有设备/网络的相互鉴别和机密性。

在本书的翻译过程中，我得到了南京航空航天大学计算机科学与技术学院/人工智能学院的领导和同事的支持及帮助。许多专家和读者通过电子邮件对本书的翻译提出了意见和建议，Keith W. Ross 教授对教材中的某些技术和文字问题进行了确认，机械工业出版社编辑团队出色的专业技能和耐心细致使本书增色，在此表示感谢。

限于时间和学识，译文错漏难免，请识者不吝赐教，可将问题发送到 mingchennj@163.com，我将及时做出反馈。

陈鸣

南京航空航天大学计算机科学与技术学院/人工智能学院

欢迎阅读《计算机网络：自顶向下方法》的第 8 版。自从本书的第 1 版于 20 多年前出版以来，我们这本书已经被数百所大学和学院采用，被译为 14 种语言，并被世界上几十万的学生和从业人员使用。我们倾听了许多读者的意见，赞扬之声不绝于耳。

第 8 版的新颖之处

我们认为本书如此成功的一个重要原因是，它能持续为计算机网络教学提供新颖的和与时俱进的方法。在第 8 版中我们做了一些改变，但也有一些东西始终保持不变。我们认为不变的那些东西正是本书最为重要的方面：它的自顶向下方法，它对因特网和计算机网络的现代处理方式的关注，它对原理和实践两者的重视，以及它易于理解的风格和引导读者学习计算机网络的方法。这些重要的方面也得到了使用本书的教师和学生的认可。然而，本书第 8 版还是进行了相当多的修订和更新。

本书较早版本的读者可能注意到自第 6 版和第 7 版发行以来，我们加深了对网络层的讨论，将以往包含在一章中的内容扩展为关注"数据平面"的一章（第 4 章）和关注物理层"控制平面"的一章（第 5 章）。这一变化是有先见之明的，软件定义网络（SDN）可以说是这几十年来网络领域最为重要和令人兴奋的进展，它已经迅速在实践中得到应用，以至于很难想象在现代计算机网络的介绍中不包括 SDN。SDN 也使网络管理的实践取得新进展成为可能，我们将在第 8 版中涉及其先进方法和更深入的细节。正如我们将在第 7 章中所见，数据平面和控制平面的分离目前已经巧妙地嵌入 4G/5G 移动蜂窝网络架构中，这对它们的核心网络而言就像一种"全 IP"方法。4G/5G 网络的迅速普及及其带来的移动应用，无疑是自第 7 版出版以来我们亲历的最重大的变化。因此我们大幅更新和深化了对这一令人兴奋的领域的讨论。事实上，正在进行的无线网络革命如此重要，以至于我们认为它已经成为入门性网络课程中的关键内容。

除了这些变化，我们也更新了全书的许多小节并增加了新材料，以反映整个网络领域的变化。在某些场景中，我们从前一版本中删除了一些材料，这些删除的材料一如既往地可以在本书的配套网站中找到。第 8 版中重要的更新如下。

- 第 1 章：为反映因特网和 4G/5G 网络不断扩大的范围和不断增多的应用，我们更新了该章相应的内容。
- 第 2 章：该章涉及应用层，我们对其内容进行了重大更新，包括用于 Web 的 HTTP/2 和 HTTP/3 新协议方面的材料。
- 第 3 章：该章的更新反映了过去 5 年来运输层拥塞控制和差错控制的进展以及使用方面的演化。尽管这部分内容在相当长的时间内保持相对稳定，但自第 7 版以来还是有了若干重要的进展。除了"经典的"TCP 算法外，已经研发并部署了几种新的拥塞控制算法。我们对 TCP CUBIC（即在许多部署的系统中默认的 TCP 协议）做了更为深入的讲解，并介绍了用于拥塞控制的基于时延的方法，包括部署在谷歌主干网络中的新型 BBR 协议。我们还研究了 QUIC 协议，该协议已经成为 HTTP/3 标准的一部分。尽管从技术上讲 QUIC 不是运输层协议——QUIC 提供了应用层可靠性、拥塞控制和在应用层的连接复用服务，但它使用了多个差错控制和拥塞控制原则，这些原则是我们在第 3 章前面几节推演出来的。

- 第 4 章：该章涉及网络层数据平面，在总体上进行了全面更新。我们增加了新的关于中间盒的一节，中间盒执行除了路由选择和转发操作以外的其他网络层功能，例如充当防火墙和进行负载均衡。中间盒自然以网络层设备通用的"匹配加操作"这一转发操作为基础，而网络层设备是我们在第 4 章前面所讨论的。我们还适时地为部分主题增加了新材料，例如网络路由器中"正好的"缓存数量，以及有关网络中立性和因特网架构原则的内容。

- 第 5 章：该章涉及网络层的控制平面，包含 SDN 的更新材料，以及引人注目的网络管理的新方法。SDN 的使用已经演化为超越分组转发表的管理，其中也包括网络设备的配置管理。我们介绍了两种新协议 NETCONF 和 YANG，对新协议的采纳和使用促进了这种新方法向网络管理的发展。

- 第 6 章：该章涉及链路层，我们对内容的更新反映了诸如以太网链路层技术的持续演化等进展。我们也更新和扩展了关于数据中心网络的内容，数据中心已经成为推动今天因特网商业方方面面发展的技术中心。

- 第 7 章：如前面所述，第 7 章的内容已经大幅度更新与修改，以反映自第 7 版以来无线网络的许多变化，从短距离的蓝牙微微网到中等距离的 802.11 无线局域网（WLAN），再到广域 4G/5G 无线蜂窝网。为了更广泛、更深入地讨论今天的 4G LTE 网络和明天的 5G 网络，我们已经不再关注早期的 2G 和 3G 网络。我们也更新了关于移动性问题的内容，从移动设备在基站之间切换的本地问题，到不同全局性蜂窝网络之间的身份管理和移动设备漫游的全局问题。

- 第 8 章：该章涉及网络安全，我们所做的更新重点反映了无线网络安全性的变化，包括 WLAN 中有关 WPA3 安全性的新材料，以及有关 4G/5G 网络中共有设备/网络的相互鉴别和机密性的新内容。

第 8 版中删除了有关多媒体网络的第 9 章。随着时间的流逝，多媒体应用变得更为盛行，我们已经将关于流式视频、分组调度和内容分发网等的材料放入前面的各章中。如前面所述，所有从本版和更早版本中删除的材料都能够在本书配套网站上找到。

本书读者对象

本书适用于计算机网络的第一门课程，既可用于计算机科学系的学生，也可用于电气工程系的学生。就编程语言而言，本书仅假定学生具有 C、C++、Java 或 Python 的编程经验（也只是在几个地方用到）。与许多入门级的其他计算机网络教科书相比，尽管本书表述更为精确，分析更为细致，然而书中很少用到高中阶段没有教过的数学概念。我们有意避免使用任何高等微积分、概率论或随机过程的概念（尽管我们为已掌握这些知识的学生准备了某些课后习题）。因此，本书适用于本科生课程和研究生一年级课程，对于网络领域的从业人员也有一定的参考价值。

本书的独特之处

计算机网络这门课程极为复杂，涉及许多以错综复杂的方式彼此交织的概念、协议和技术。为了处理这种大跨度和高复杂性，许多计算机网络教科书都围绕计算机网络体系结构的"层次"来组织内容。借助于这种分层的组织结构，学生能够透过计算机网络的复杂性看到其内部，他们在学习整个体系结构某个部分中的独特概念和协议的同时，也能看清这些部分是如何整合在一起的，从而了解计算机网络的全貌。从教学法的角度来看，我们的个人体验是这种分层的教学方法的确是卓有成效的。但是，我们发现那种自底向上的传统教学方法，即从物理层到应用层逐层进行讲解的方法，对于现代计算机网络课程并不是最佳方法。

自顶向下方法

本书于 20 多年前首次以自顶向下的方式来对待网络，这就是说从应用层开始向下一直讲到物理层。我们从教师以及学生那里得到的反馈证实了这种自顶向下方法有许多好处，并且从教学法来讲的确很好实施。第一，它特别强调应用层（它是网络中的"高增长领域"）。的确，计算机网络中的许多近期革命都发生在应用层，其中包括 Web 和媒体流。及早强调应用层的问题与大多数其他教科书中所采取的方法不同，那些教科书中只有少量有关网络应用、网络应用的需求、应用层范式（例如客户-服务器和对等方到对等方）以及应用编程接口方面的内容。第二，我们（和使用本书的许多教师）作为教师的经验是，在课程开始后就教授网络应用的内容，是一种有效激发学习积极性的工具。学生急切地想了解诸如电子邮件、流式视频和 Web 等网络应用是如何工作的，这些应用是多数学生每天都在使用的东西。一旦理解了这些应用，学生便能够理解支持这些应用的网络服务，接下来则会仔细思考在较低层次中可能提供和实现这些服务的各种方式。因此，及早涉及应用程序能够激发学生学习本书其余部分的积极性。

第三，自顶向下方法使得教师能够在教学的早期阶段介绍网络应用程序的开发。学生不仅能够明白流行的应用程序和协议的工作原理，还能学到创造自己的网络应用程序和应用级协议是多么容易。采用自顶向下的方法后，学生能够及早清楚套接字编程、服务模型和协议的概念，这些重要概念为后续各层的讨论做了铺垫。通过提供基于 Python 语言的套接字编程的例子，我们强调主要思想，而不致使学生受到复杂代码的困扰。电气工程和计算机科学系的本科生理解这些代码应当不会有困难。

聚焦因特网

尽管自第 4 版起我们从书名中去掉了"Featuring the Internet"（描述因特网特色）这个短语，但这并不意味着我们不再聚焦于因特网！的确，一切如初！而且由于因特网已经变得无所不在，我们反而认为任何网络教科书都必须非常关注因特网，因此该短语在某种程度上已经没有必要了。我们继续使用因特网的体系结构和协议作为基本载体来学习基本的计算机网络概念。当然，我们也能把概念和协议放入其他网络体系结构中讲解。但是我们的关注焦点是因特网，这反映在我们围绕因特网体系结构的 5 层模型来组织材料，这 5 个层次是应用层、运输层、网络层、链路层和物理层。

聚焦因特网的另一个好处是，大多数计算机科学和电气工程的学生迫切希望学习因特网及其协议。他们知道因特网是一种革命性和破坏性的技术，正在深刻地改变着我们的世界。有了对因特网大量中肯的认识后，学生自然而然会对学习其内部原理有了求知欲。因此，教师用因特网作为引导性的焦点，就易于调动学生学习基本原理的积极性了。

教授网络原理

本书的两个独特之处是自顶向下方法和聚焦因特网，如果我们增加第三个独特之处的话，那就是对网络原理的讲授。网络领域已经发展得相当成熟，我们能够清楚认识许多基础性的重要问题。例如，在运输层，基础性问题包括建立在不可靠的网络层上的可靠通信、连接建立/拆除与握手、拥塞和流量控制以及多路复用。三个非常重要的网络层问题是，在两台路由器之间找到"好的"路径、互连大量的异构网络和管理现代网络的复杂性。在链路层，基础性问题是共享多路访问信道。在网络安全中，提供机密性、鉴别和报文完整性的技术都基于密码学基本原理。本书在指明基础性网络问题的同时，也会介绍解决这些问题的方法。学习这些原理的学生将获得具有长"保质期"的知识，在今天的网络标准和协议变得过时后的很长时间，其中的原理将仍然重要和中肯。我们相信，用因特网将学生引入网络之门后，再强调基础性问题及其解决方案，这种两者结合的方法将使他们迅速理解几乎任何网络技术。

学生资源

配套网站 pearson.com/cs-resources/ 提供学生资源，包括：

- 交互式学习材料。本书的配套网站包括视频要点（VideoNotes），即由作者制作的全书重要主题的视频呈现，以及对习题解答的简要讲解，这些习题类似于每章后面的习题。我们已经在 Web 站点上提供了第 1~5 章的视频要点和在线习题。与之前的版本一样，该 Web 站点包含交互式动画以生动说明许多重要的网络概念。教师可以将这些交互式特色结合到讲义中或将它们用作小实验。
- 附加的技术材料。由于我们在每个版本中都增加了新材料，因此不得不删去某些现有主题以保持篇幅的合理。出现在本书较早版本中的材料仍然是有益的，并且能够在本书 Web 网站上找到。
- 编程作业。Web 网站也提供了一些详细的编程作业，这些编程作业包括构建一台多线程 Web 服务器，构建一个具有图形用户接口（GUI）的电子邮件客户，发送端和接收端可靠数据传输协议的编程，分布式路由选择算法的编程，等等。
- Wireshark 实验。通过观察网络协议的实际运行，读者能够大大加深对它们的理解。Web 站点提供了许多 Wireshark 作业，使学生能够实际观察两个协议实体之间报文的交换顺序。Web 站点包括有关 HTTP、DNS、TCP、UDP、IP、ICMP、以太网、ARP、WiFi 和 TLS 的单独 Wireshark 实验，以及跟踪一个获取 Web 网页的请求时所涉及的所有协议的 Wireshark 实验。随着时间的推移，我们将继续增加新的实验。

作者网站。除了本书配套网站外，作者还维护了一个公共网站 http://gaia.cs.umass.edu/kurose_ross，该网站包括为学生提供的附加的交互式练习，以及来自配套网站的公开可用材料的镜像，例如 PowerPoint 幻灯片和 Wireshark 实验材料。特别有趣的是

http://gaia.cs.umass.edu/kurose_ross/interactive 包含交互式练习，这些练习可生成类似于章末习题的题目（并给出解答）。因为学生能够生成数量不限的类似习题并看到答案，所以他们能够做到真正掌握为止。

教学特色

我们每位作者都教了 30 多年的计算机网络课程，这本书凝聚了我们超过 60 年教了几千名学生的教学经验。在此期间，我们一直是计算机网络领域活跃的研究人员。（事实上，James 和 Keith 于 1979 年在哥伦比亚大学相识，共同选了由 Mischa Schwartz 执教的硕士研究生计算机网络课程。）所有这些都让我们对网络现状和网络未来的可能发展方向具有良好的洞察力。无论如何，我们在组织这本书的材料时，抵御住了偏向自己所钟爱的研究项目的诱惑。如果你对我们的研究工作感兴趣的话，可以访问我们的个人网站。因此，这是一本关于现代计算机网络的书，即该书包含了当代协议和技术以及支撑这些协议和技术的基本原理。我们认为学习（和讲授）网络是令人开心的事，本书中包括的幽默、使用的类比和现实世界的例子将有望使相关材料更具趣味性。

教师的补充材料[⊖]

我们提供了一套完整的补充材料，以帮助教师教授这门课程。这些材料都能通过访问 Pearson 的教师资源中心（http://www.pearsonhighered.com/irc）得到。有关获取这些教师补充材料的信息可访问教师资源中心。

- PowerPoint 幻灯片。我们提供了全部 8 章的 PowerPoint 幻灯片。这些幻灯片根据第 8 版进行了彻底更新，详细地涵盖了每章的内容。幻灯片中使用了图片和动画（而不仅是单调的文本标题），这使得它们有趣且在视觉上有吸引力。我们向教师提供了初始的幻灯片，使得教师能够做个性化修改以满足自己的教学需要。这些幻灯片中的某些部分就是由采用本书进行教学的教师所贡献的。
- 课后习题解答。我们提供了本书中课后习题的解题手册、编程作业和 Wireshark 实验。如前所述，我们在每章后面引入了许多新的课后习题。对于附加的交互式习题及其解答，教师（和学生）可参考培生的配套网站或作者的交互式习题网站 http://gaia.cs.umass.edu/kurose_ross/interactive。

各章间的关联性

本书的第 1 章提供了对计算机网络的概述，介绍了许多重要的概念与术语，为本书的其余部分奠定了基础。其他所有章都直接依赖于第 1 章的内容。在讲解完第 1 章之后，我们推荐按顺序讲解第 2~6 章的内容，这样就遵循了自顶向下的原则。第 2~6 章中每一章都会用到前面章节的内容。在完成前 6 章的教学后，教师就有了相当大的灵活性。最后两章之间没有任何相关性，因此能够以任何顺序进行教学。然而，最后两章都依赖于前 6 章中的材料。许多教师采用的教学方案是先讲前 6 章，然后讲授后两章之一作为点睛之笔。

最后的话：我们乐于听取你的意见

我们鼓励学生和教师向我们发送电子邮件，发表对本书的任何评论。对我们而言，能够听到来自全世界的教师和学生就本书前 7 版的反馈，是件令人愉快的事。我们已经在本书新版中综合了许多建议。我们也鼓励教师向我们发送新的课后习题（及其解答），这将完善当前的课后习题。我们将这些习题放在配套网站上只有教师才能访问的区域。我们也鼓励教师和学生编写新的交互式动画来诠释书中的概念和协议。如果你有了认为适合于本书的动画，请将它发送给作者。如果该动画（包括标记和术语）合适的话，我们很乐意将它放在本书的网站上，并附上对该动画作者的适当推荐。

正如谚语所说："让那些卡片和信件到来吧！"我们郑重宣布，请大家一如既往地告诉我们有趣的 URL，指出排版错误，说出不赞成我们的哪些主张，告诉我们怎样做效果好、怎样做效果不好，以及你认为在本书下一版中应当包括哪些内容、删除哪些内容。我们的电子邮件地址是 kurose@ cs. umass. edu 和 keithw ross@ nyu. edu。

致谢

从 1996 年我们开始撰写本书以来，许多人为我们提供了非常宝贵的帮助，在如何最好地组织和讲授网络课程方面对我们的构思产生了很大影响。在此，我们要向那些从本书最早的草稿到本次第 8 版帮助过我们的所有人道谢，非常感谢大家。我们还要感谢来自世界各地成千上万的读者，包括学生、教职员和从业人员，他们给了我们对于本书以前版本的看法和评论以及对未来版本的建议。特别感谢下列人员：

Al Aho (Columbia University)

Hisham Al-Mubaid (University of Houston-Clear Lake)

Pratima Akkunoor (Arizona State University)

Paul Amer (University of Delaware)

Shamiul Azom (Arizona State University)

Lichun Bao (University of California at Irvine)

Paul Barford (University of Wisconsin)

Bobby Bhattacharjee (University of Maryland)

Steven Bellovin (Columbia University)

Pravin Bhagwat (Wibhu)

Supratik Bhattacharyya (Amazon)

Ernst Biersack (Eurécom Institute)

Shahid Bokhari (University of Engineering & Technology, Lahore)

Jean Bolot (Technicolor Research)

Daniel Brushteyn (former University of Pennsylvania student)

Ken Calvert (University of Kentucky)

Evandro Cantu (Federal University of Santa Catarina)

Jeff Case (SNMP Research International)

Jeff Chaltas (Sprint)

Vinton Cerf (Google)

Byung Kyu Choi (Michigan Technological University)

Bram Cohen (BitTorrent, Inc.)

Constantine Coutras (Pace University)

John Daigle (University of Mississippi)

Edmundo A. de Souza e Silva (Federal University of Rio de Janeiro)

Philippe Decuetos (former Eurecom Institute student)

Christophe Diot (Google)

Prithula Dhunghel (Akamai)

Deborah Estrin (Cornell University)

Michalis Faloutsos (University of California at Riverside)

Wu-chi Feng (Oregon Graduate Institute)

Sally Floyd (ICIR, University of California at Berkeley)

Paul Francis (Max Planck Institute)

David Fullager (Netflix)

Lixin Gao (University of Massachusetts)

JJ Garcia-Luna-Aceves (University of California at Santa Cruz)

Mario Gerla (University of California at Los Angeles)

David Goodman (NYU-Poly)

Yang Guo (Alcatel/Lucent Bell Labs)

Tim Griffin (Cambridge University)

Max Hailperin (Gustavus Adolphus College)

Bruce Harvey (Florida A&M University, Florida State University)

Carl Hauser (Washington State University)

Rachelle Heller (George Washington University)

Phillipp Hoschka (INRIA/W3C)

Wen Hsin (Park University)

Albert Huang (former University of Pennsylvania student)

Cheng Huang (Microsoft Research)

Esther A. Hughes (Virginia Commonwealth University)

Van Jacobson (Google)

Pinak Jain (former NYU-Poly student)

Jobin James (University of California at Riverside)

Sugih Jamin (University of Michigan)

Shivkumar Kalyanaraman (IBM Research, India)

Jussi Kangasharju (University of Helsinki)

Sneha Kasera (University of Utah)

Parviz Kermani (U. Massachusetts)

Hyojin Kim (former University of Pennsylvania student)

Leonard Kleinrock (University of California at Los Angeles)

David Kotz (Dartmouth College)

Beshan Kulapala (Arizona State University)

Rakesh Kumar (Bloomberg)

Miguel A. Labrador (University of South Florida)

Simon Lam (University of Texas)

Steve Lai (Ohio State University)

Tom LaPorta (Penn State University)

Tim-Berners Lee (World Wide Web Consortium)

Arnaud Legout (INRIA)

Lee Leitner (Drexel University)

Brian Levine (University of Massachusetts)

Chunchun Li (former NYU-Poly student)

Yong Liu (NYU-Poly)

William Liang (former University of Pennsylvania student)

Willis Marti (Texas A&M University)

Nick McKeown (Stanford University)

Josh McKinzie (Park University)

Deep Medhi (University of Missouri, Kansas City)

Bob Metcalfe (International Data Group)

Vishal Misra (Columbia University)

Sue Moon (KAIST)

Jenni Moyer (Comcast)

Erich Nahum (IBM Research)

Christos Papadopoulos (Colorado Sate University)

Guru Parulkar (Open Networking Foundation)

Craig Partridge (Colorado State University)

Radia Perlman (Dell EMC)

Jitendra Padhye (Microsoft Research)

Vern Paxson (University of California at Berkeley)

Kevin Phillips (Sprint)

George Polyzos (Athens University of Economics and Business)

Sriram Rajagopalan (Arizona State University)

Ramachandran Ramjee (Microsoft Research)

Ken Reek (Rochester Institute of Technology)

Martin Reisslein (Arizona State University)

Jennifer Rexford (Princeton University)

Leon Reznik (Rochester Institute of Technology)

Pablo Rodrigez (Telefonica)

Sumit Roy (University of Washington)

Catherine Rosenberg (University of Waterloo)

Dan Rubenstein (Columbia University)

Avi Rubin (Johns Hopkins University)

Douglas Salane (John Jay College)

Despina Saparilla (Cisco Systems)

John Schanz (Comcast)

Henning Schulzrinne (Columbia University)

Mischa Schwartz (Columbia University)

Ardash Sethi (University of Delaware)

Harish Sethu (Drexel University)

K. Sam Shanmugan (University of Kansas)

Prashant Shenoy (University of Massachusetts)

Clay Shields (Georgetown University)

Subin Shrestra (University of Pennsylvania)

Bojie Shu (former NYU-Poly student)

Mihail L. Sichitiu (NC State University)

Peter Steenkiste (Carnegie Mellon University)

Tatsuya Suda (University of California at Irvine)

Kin Sun Tam (State University of New York at Albany)

Don Towsley (University of Massachusetts)

David Turner (California State University, San Bernardino)

Nitin Vaidya (Georgetown University)

Michele Weigle (Clemson University)

David Wetherall (Google)

Ira Winston (University of Pennsylvania)

Di Wu (Sun Yat-sen University)

Shirley Wynn (former NYU-Poly student)

Raj Yavatkar (Google)

Yechiam Yemini (Columbia University)

Dian Yu (former NYU-Shanghai student)

Ming Yu (State University of New York at Binghamton)

Ellen Zegura (Georgia Institute of Technology)

Honggang Zhang (Suffolk University)

Hui Zhang (Carnegie Mellon University)

Lixia Zhang (University of California at Los Angeles)

Meng Zhang (former NYU-Poly student)

Shuchun Zhang (former University of Pennsylvania student)

Xiaodong Zhang (Ohio State University)

ZhiLi Zhang (University of Minnesota)

Phil Zimmermann (independent consultant)

Mike Zink (University of Massachusetts)

Cliff C. Zou (University of Central Florida)

我们也要感谢整个培生团队，特别感谢 Carole Snyder 和 Tracy Johnson，他们的工作完成得十分出色（并且他们容忍了两位非常挑剔的作者——也是两位一直在推迟交稿时间的作者）。感谢两位艺术家 Janet Theurer 和 Patrice Rossi Calkin 为本版和之前版本设计的精美插图，还要感谢 Manas Roy 以及他在 Spi Global 的团队高质量地完成了这一版的生产工作。最后，特别感谢本书的前几任编辑——Addison-Wesley 出版公司的 Matt Goldstein、Michael Hirsch 和 Susan Hartman。没有他们的有效管理、不断鼓励，以及近乎无限的耐心、乐观和坚定不移，本书几乎不可能达到现在的水平。

James F. Kurose 是美国马萨诸塞大学阿默斯特分校信息与计算机科学学院的杰出教授，从哥伦比亚大学获得计算机科学博士学位后，他就一直在该校任教。他从卫斯理大学获得物理学学士学位。他在一些研究机构拥有访问科学家头衔，这些机构包括 IBM 研究院、法国国家信息与自动化研究所（INRIA）和索邦大学。他最近结束了在美国国家科学基金会 5 年的副主任任期，其间他领导了计算机和信息科学与工程理事会，负责推进美国的科学发现和工程创新。

Kurose 指导和培养了一批优秀的学生并以此为傲。他因杰出的研究、教学和服务工作而获得了许多奖项，包括 IEEE INFOCOM 奖、ACM SIGCOMM 终身成就奖、ACM SIG-COMM 时间考验（Test of Time）奖和 IEEE 计算机协会的 Taylor Booth 教育奖章。Kurose 博士是《IEEE 通信会刊》和《IEEE/ACM 网络会刊》的前任主编。他曾担任 IEEE INFO-COM、ACM SIGCOMM、ACM 因特网测量会议和 ACM SIGMETRICS 技术程序委员会的联合主席。他是 IEEE 和 ACM 会士，并且是美国国家工程院院士。他的研究兴趣包括网络协议和架构、网络测量、多媒体通信以及建模和性能评价。

Keith W. Ross 是上海纽约大学工程与计算机科学部主任，纽约大学计算机科学与工程系 Leonard J. Shustek 首席教授。在此之前，他曾就职于宾夕法尼亚大学（13 年）、EURECOM 研究中心（5 年）和纽约大学理工学院（10 年）。他从塔夫茨大学获得电气工程学士学位，从哥伦比亚大学获得电气工程硕士学位，从密歇根大学获得计算机和控制工程博士学位。Ross 是 Wimba 公司的联合创始人兼首任 CEO，该公司为电子学习研发了在线多媒体应用，并于 2010 年被 Blackboard 公司收购。

Ross 教授的研究兴趣包括计算机网络、P2P 系统、内容分发网络、社交网络以及隐私的建模和测量等方面。他当前致力于深度强化学习相关研究。他是 ACM 和 IEEE 会士，曾获得 INFOCOM 2009 年最佳论文奖，以及《多媒体通信》2011 年和 2008 年最佳论文奖（由 IEEE 通信协会授予）。他服务于多种杂志编委和会议程序委员会，包括《IEEE/ACM 网络会刊》以及 ACM SIGCOMM、ACM CoNext 和 ACM 因特网测量会议。他还曾担任联邦贸易委员会 P2P 文件共享方面的顾问。

计算机网络和因特网

　　今天的因特网可以说是有史以来由人类创造的最大的系统，该系统具有数以亿计相连的计算机、通信链路和交换机，有数十亿通过笔记本电脑、平板电脑和智能手机连接的用户，并且还有一批与因特网连接的"物品"，包括游戏机、监视系统、手表、眼镜、温度调节装置和汽车。面对数量如此庞大并且具有众多不同组成部分和用户的因特网，我们是否能够理解它的工作原理？是否存在某些指导原则和结构，能够作为理解这种规模和复杂程度惊人的系统的基础？这样的话，能让学习计算机网络成为既引人入胜又趣味盎然的事吗？幸运的是，对所有这些问题都有响亮的肯定答复。本书的目的就是向读者介绍计算机网络这个动态领域的新知识，帮助读者深入理解网络的原则和实践，做到不仅能理解今天的网络，而且能理解明天的网络。

　　第 1 章概述了计算机网络和因特网。这一章的目标是从整体上粗线条地勾勒出计算机网络的概貌，并且描述本书内容的框架。这一章包括大量的背景知识，讨论大量的计算机网络构件，而且将它们放在整个网络的大环境中进行讨论。

　　本章将以如下方式组织对计算机网络的概述：在介绍了某些基本术语和概念后，将首先查看构成网络的基本硬件和软件组件。我们从网络的边缘开始，考察在网络中运行的端系统和网络应用；接下来探究计算机网络的核心，查看传输数据的链路和交换机，以及将端系统与网络核心相连接的接入网和物理媒介。我们将了解因特网是网络的网络，并将得知这些网络是怎样彼此连接起来的。

　　在浏览完计算机网络的边缘和核心之后，本章的后半部分将从更广泛、更抽象的角度来考察计算机网络。我们将研究计算机网络中数据的时延、丢包和吞吐量，给出一个端到端吞吐量和时延的简单定量模型，该模型兼顾了传输、传播和排队时延等因素。接下来，我们将介绍计算机联网时一些关键的体系结构原则，即协议分层和服务模型。我们还将了解计算机网络对于许多不同类型的攻击来说是脆弱的，将回顾其中的某些攻击并且考虑使计算机网络更为安全的方法。最后，我们将以计算机网络的简要历史结束本章的学习。

1.1　什么是因特网

　　在本书中，我们使用一种特定的计算机网络，即公共因特网，作为讨论计算机网络及其协议的主要载体。但什么是因特网？回答这个问题有两种方式：其一，我们能够描述因特网的具体构成，即构成因特网的基本硬件和软件组件；其二，我们能够根据为分布式应用提供服务的联网基础设施来描述因特网。我们先从描述因特网的具体构成开始，并用图 1-1 举例说明我们的讨论。

1.1.1　具体构成描述

　　因特网是一个世界范围的计算机网络，即一个互联了遍及全世界的数十亿计算设备的网络。这些计算设备最初是传统的台式计算机、Linux 工作站以及所谓的服务器（它们用于存储和传输 Web 页面、电子邮件等信息）。然而，今天越来越多的用户使用智能手机和平板电脑与因特网相连，接近半数的世界人口是活跃的移动因特网用户，预计到 2025 年该百分比将增加到 75%［Statista 2019］。此外，非传统的因特网"物品"，诸如电视、游戏机、温度调节装置、家用安全系统、家用电器、手表、眼镜、汽车、运输控制系统等，正在连入因特网中。的确，在许多非传统设备连入因特网的情况下，计算机网络（computer network）这个术语开始听起来有些过时了。用因特网术语来说，所有这些设备都称为**主机**（host）或**端系统**（end system）。据估计，2017 年有大约 180 亿台设备与因特网连接，而到 2022 年该数字将达 285 亿［Cisco VNI 2020］。

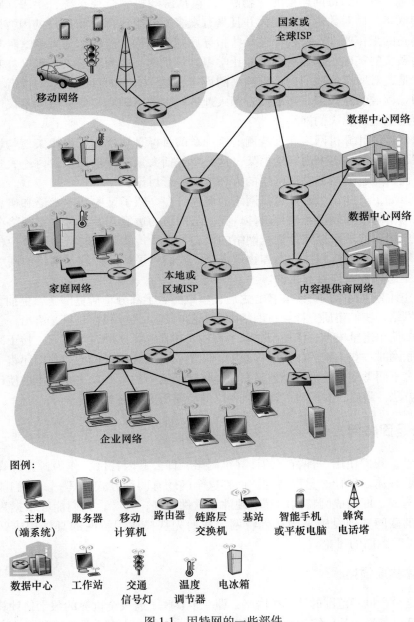

图 1-1　因特网的一些部件

端系统通过**通信链路**（communication link）和**分组交换机**（packet switch）的网络连接到一起。在 1.2 节中，我们将介绍许多类型的通信链路，它们由不同类型的物理媒介组成。这些物理媒介包括同轴电缆、铜线、光纤和无线电频谱。不同的链路能够以不同的速率传输数据，链路的**传输速率**（transmission rate）以比特/秒（bit/s，或 bps）度量。当一台端系统要向另一台端系统发送数据时，发送端系统将数据分段，并为每段加上首部字节。由此形成的信息包用计算机网络的术语来说就是**分组**（packet）。这些分组通过网络发送到目的端系统，在那里被装配成初始数据。

分组交换机从它的一条入通信链路接收到达的分组，并从它的一条出通信链路转发该分组。市面上流行着各种类型、各具特色的分组交换机，但在当今的因特网中，两种常见的类型是**路由器**（router）和**链路层交换机**（link-layer switch）。这两种类型的交换机都要向最终目的地转发分组。链路层交换机通常用于接入网中，而路由器通常用于网络核心中。从发送端系统到接收端系统，一个分组所经历的一系列通信链路和分组交换机称为通过该网络的**路径**（route 或 path）。思科公司估计到 2022 年全球年度 IP 流量将超过 5 泽字节（zettabyte，10^{21} 字节）［Cisco VNI 2020］。

用于传送分组的分组交换网络在许多方面类似于承载运输车辆的运输网络，该网络包括高速公路、公路和交叉口。例如，考虑下列情况，一个工厂需要将大量货物搬运到数千公里以外的某个目的地仓库。在工厂中，货物要分开并装上卡车车队。然后，每辆卡车独立地通过高速公路、公路和立交桥组成的网络向仓库运送货物。在目的地仓库卸下这些货物，并且将其与一起装载的同一批货物的其余部分堆放在一起。因此，在许多方面，分组类似于卡车，通信链路类似于高速公路和公路，分组交换机类似于交叉口，而端系统类似于建筑物。就像卡车选取运输网络的一条路径前行一样，分组则选取计算机网络的一条路径前行。

端系统通过**因特网服务提供商**（Internet Service Provider，ISP）接入因特网，包括如本地有线或电话公司那样的住宅区 ISP、公司 ISP、大学 ISP，在机场、旅馆、咖啡店和其他公共场所提供 WiFi 接入的 ISP，以及为智能手机和其他设备提供移动接入的蜂窝数据 ISP。每个 ISP 自身就是一个由多台分组交换机和多段通信链路组成的网络。各 ISP 为端系统提供了各种不同类型的网络接入，包括如线缆调制解调器或 DSL 那样的住宅宽带接入、高速局域网接入和移动无线接入。ISP 也为内容提供者提供因特网接入服务，直接将服务器连入因特网。因特网把各处的端系统彼此连接起来，因此为端系统提供接入的 ISP 也必须互联。较低层的 ISP 通过国家的、国际的较高层 ISP 互联起来，并且这些较高层 ISP 彼此直接互联。较高层 ISP 是由通过高速光纤链路互联的高速路由器组成的。无论是较高层还是较低层 ISP 网络，每个 ISP 网络都是独立管理的，运行着 IP 协议（详情见后），遵从一定的命名和地址规则。我们将在 1.3 节中更为详细地研究 ISP 及其互联的情况。

端系统、分组交换机和其他因特网部件都要运行多个**协议**（protocol），这些协议控制因特网中信息的接收和发送。**TCP**（Transmission Control Protocol，传输控制协议）和 **IP**（Internet Protocol，网际协议）是因特网中两个最为重要的协议。IP 协议定义了在路由器和端系统之间发送和接收的分组格式。因特网的主要协议统称为 **TCP/IP**。我们在这一章中就开始接触这些协议。但这仅仅是个开始，本书的许多内容都与计算机网络协议有关。

鉴于因特网协议的重要性，每个人就各个协议及其作用取得一致认识是很重要的，这样人们就能够创造交互操作的系统和产品。这正是标准发挥作用的地方。**因特网标准**（Internet standard）由因特网工程任务组（Internet Engineering Task Force，IETF）［IETF

2020〕研发。IETF 的标准文档称为**请求评论**（Request For Comment，RFC）。RFC 最初只是普通的请求评论（因此而得名），目的是解决因特网先驱者面临的网络和协议问题〔Allman 2011〕。RFC 文档往往技术性很强并且是相当详细的。它们定义了 TCP、IP、HTTP（用于 Web）和 SMTP（用于电子邮件）等协议。目前已经有将近 9000 个 RFC。其他组织也在制定用于网络组件的标准，最引人注目的是针对网络链路的标准。例如，IEEE 802 LAN/MAN 标准化委员会〔IEEE 802 2020〕制定了以太网和无线 WiFi 的标准。

1.1.2　服务描述

前面的讨论已经辨识了构建因特网的许多部件。但是我们也能从一个完全不同的角度，即从为应用程序提供服务的基础设施的角度来描述因特网。除了诸如电子邮件和浏览器等传统应用外，因特网应用还包括移动智能手机和平板电脑应用，其中包括即时通信、实时道路交通信息提醒、电影和电视节目、社交媒体、视频会议、多人游戏以及基于位置的推荐系统。因为这些应用涉及多个相互交换数据的端系统，故它们被称为**分布式应用**（distributed application）。重要的是，因特网应用运行在端系统上，即它们并不运行在网络核心中的分组交换机上。尽管分组交换机能够加速端系统之间的数据交换，但它们并不关注作为数据的源或宿的应用。

我们稍深入地探讨一下为应用提供服务的基础设施的含义。为此，假定你对某种分布式因特网应用有一个激动人心的新想法，它可能大大地造福于人类，或者它可能直接使你名利双收。你将如何把这种想法转换成一种实际的因特网应用呢？因为应用运行在端系统上，所以你需要编写运行在端系统上的一些软件。例如，你可能用 Java、C 或 Python 编写软件。此时，因为你在研发一种分布式因特网应用，在不同端系统上运行的软件将需要互相发送数据。此时我们碰到一个核心问题———一个将因特网描述为应用程序平台的替代方法。运行在一个端系统上的应用怎样才能"指挥"因特网向运行在另一个端系统上的软件传送数据呢？

与因特网相连的端系统提供了一个**套接字接口**（socket interface），该接口规定了运行在一个端系统上的程序请求因特网基础设施向运行在另一个端系统上的特定目的地程序交付数据的方式。因特网套接字接口是一套发送程序必须遵循的规则集合，因此因特网能够将数据交付给目的地。我们将在第 2 章详细讨论因特网套接字接口。此时，我们做一个简单的类比，在本书中我们将经常使用这个类比。假定 Alice 使用邮政服务向 Bob 发一封信。当然，Alice 不能只是写了这封信（相关数据）然后把该信丢出窗外。相反，邮政服务要求 Alice 将信放入一个信封中，在信封的中间写上 Bob 的全名、地址和邮政编码，封上信封，在信封的右上角贴上邮票，最后将该信封丢进邮局的信箱中。因此，该邮政服务有自己的"邮政服务接口"或一套规则，这是 Alice 必须遵循的，这样邮政服务才能将她的信件交付给 Bob。同理，因特网也有一个发送数据的程序必须遵循的套接字接口，支持因特网向接收数据的程序交付数据。

当然，邮政服务向顾客提供了多种服务，如快递、挂号信、普通邮件等。同样，因特网向应用提供了多种服务。当你研发一种因特网应用时，也必须为你的应用选择其中的一种因特网服务。我们将在第 2 章中描述因特网服务。

我们已经给出了因特网的两种描述方法：一种是根据它的硬件和软件组件来描述，另一种是根据基础设施向分布式应用提供的服务来描述。但是，你也许还是对什么是因特网感到困惑。什么是分组交换和 TCP/IP？什么是路由器？因特网中正在使用什么样的通信链路？什么是分布式应用？一个恒温调节器或人体秤如何与因特网相连？如果你现在还对这些心存疑惑，请不要担心。这本书除了向你介绍因特网的具体构成外，还要介绍支配因特网的工作原理以及其中的来龙去脉。我们将在后续章节中解释这些重要的术语和问题。

1.1.3　什么是协议

既然我们已经对因特网是什么有了一点印象，那么下面考虑计算机网络中另一个重要的术语：协议（protocol）。什么是协议？协议是用来干什么的？

1. 人类活动的类比

也许理解计算机网络协议这一概念的最容易办法是先与某些人类活动进行类比，因为我们人类无时无刻不在执行协议。考虑当你想要向某人询问时间时将要怎样做。图 1-2 中显示了一种典型的交互过程。人类协议（至少是有礼貌的行为方式）要求一方首先进行问候（图 1-2 中的第一个"你好"），从而开始与另一个人的通信。对"你好"的典型响应是返回一个"你好"报文。若对方用一个热情的"你好"进行响应，则隐含着一种信息，表明能够继续向他询问时间。对最初的"你好"的不同响应（例如"不要烦我"，或"我不会说英语"，或某些不文明的回答）也许表明了勉强的或不能进行的通信。在此情况下，按照人类协议，发话者就不能询问时间了。有时，问的问题根本得不到任何回答，在此情况下，发话者通常会放弃向对方询问时间。注意在我们人类的协议中，有我们发送的特定报文，也有我们根据接收到的应答报文或其他事件（例如在某个给定的时间内没有回答）采取的操作。显然，发送和接收的报文，以及这些报文的发送和接收或其他事件出现时所采取的操作，在人类协议中起到了核心作用。如果人们使用不同的协议（例如，如果一个人讲礼貌，而另一人不讲礼貌，或一个人明白时间的概念，而另一人却不理解），这些协议就不能交互，因而不能完成有用的工作。在网络中这个道理同样成立。即为了完成一项工作，要求两个（或多个）通信实体运行相同的协议。

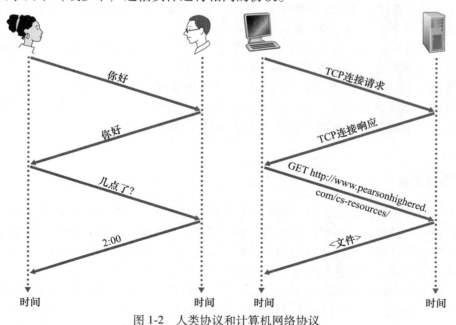

图 1-2　人类协议和计算机网络协议

我们再考虑第二个人类类比的例子。假定你正在大学课堂里上课（例如上的是计算机网络课程）。教师正在唠唠叨叨地讲述协议，而你困惑不解。这名教师停下来问："同学们有什么问题吗？"（教师发送出一个报文，该报文被所有没有睡觉的学生接收到了。）你举起了手（向教师发送了一个隐含的报文）。这位教师面带微笑地示意你说："请讲……"（教师发出的这个报文鼓励你提出问题，教师喜欢被问问题。）接着你就问了问题（向该教师传输了你的报文）。教师听取了你的问题（接收了你的问题报文）并加以回答（向你传输了回答报文）。我们再一次看到了报文的发送和接收，以及这些报文发送和接收时所采取的一系列约定俗成的操作，这些就是这个"提问与回答"协议的关键所在。

2. 网络协议

网络协议类似于人类协议，只是交换报文和采取操作的实体是某些设备（可以是计算机、智能手机、平板电脑、路由器或其他具有网络能力的设备）的硬件或软件组件。在因特网中，涉及两个或多个远程通信实体的所有活动都受协议的制约。例如，在两台物理上连接的计算机中，硬件实现的协议控制了在两块网络接口卡间的"线上"比特流；在端系统中，拥塞控制协议控制了在发送方和接收方之间传输的分组发送的速率；路由器中的协议决定了分组从源到目的地的路径。在因特网中，协议无处不在，因此本书的大量篇幅都与计算机网络协议有关。

以大家可能熟悉的一个计算机网络协议为例，考虑当你向一个 Web 服务器发出请求（即你在 Web 浏览器中键入一个 Web 网页的 URL）时所发生的情况。图 1-2 右半部分显示了这种情形。首先，你的计算机将向该 Web 服务器发送一条连接请求报文，并等待回答。该 Web 服务器最终能接收到连接请求报文，并返回一条连接响应报文。知道现在可以请求 Web 文档，然后你的计算机会在 GET 信息中发送要从该 Web 服务器获取的网页名称。最后，Web 服务器将向你的计算机返回该 Web 网页（文件）。

从上述的人类活动和网络示例中可见，报文的交换以及发送和接收这些报文时所采取的操作是定义一个协议的关键元素：

协议（protocol）定义了在两个或多个通信实体之间交换的报文的格式和顺序，以及报文的发送/接收或其他事件所采取的操作。

因特网（更一般地说是计算机网络）广泛使用协议。不同的协议用于完成不同的通信任务。当你阅读完这本书后将会知道，某些协议简单且直截了当，而某些协议则复杂且晦涩难懂。掌握计算机网络知识的过程就是理解网络协议的构成、原理和工作方式的过程。

1.2   网络边缘

在上一节中，我们给出了因特网和网络协议的总体概述。现在我们将更深入一些来探究计算机网络（特别是因特网）的部件。在本节中，我们从网络边缘开始，观察一下我们更为熟悉的部件，即我们日常使用的计算机、智能手机和其他设备。在接下来的一节中，我们将从网络边缘向网络核心推进，了解计算机网络中的交换和选路。

回想前一节中计算机网络的术语，通常把与因特网相连的计算机和其他设备称为端系统。如图 1-3 所示，因为它们位于因特网的边缘，故而被称为端系统。因特网的端系统包括台式计算机（例如，台式电脑、Mac 电脑和 Linux 设备）、服务器（例如，Web 和电子邮件服务器）和移动设备（例如，笔记本电脑、智能手机和平板电脑）。此外，越来越多的非传统物品正被作为端系统与因特网相连（参见"历史事件"）。

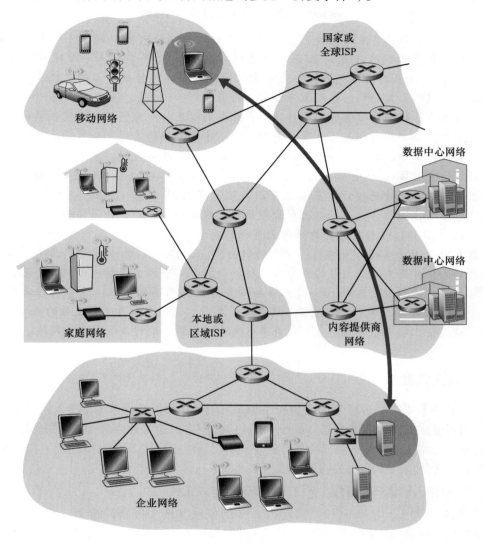

图 1-3　端系统交互

端系统也称为主机（host），因为它们容纳（即运行）应用程序，如 Web 浏览器程序、Web 服务器程序、电子邮件客户程序或电子邮件服务器程序等。本书通篇将交替使用主机和端系统这两个术语，即主机=端系统。主机有时又被进一步划分为两类：**客户**（client）和**服务器**（server）。不严格地说，客户通常是台式电脑、笔记本电脑和智能手机等，而服务器通常是更为强大的机器，用于存储和发布 Web 页面、流视频、中继电子邮件等。今天，大部分提供搜索结果、电子邮件、Web 网页、视频和移动应用内容的服务器都属于大型**数据中心**（data center）。例如，到 2020 年为止，谷歌（Google）公司在四个大洲拥有 19 个数据中心，总计包括数百万台服务器。图 1-3 包括两个这样的数据中心，在"历史事件"中将更为详细地介绍数据中心。

历史事件

数据中心和云计算

诸如谷歌、微软、亚马逊和阿里巴巴这样的因特网公司已经建立了巨大的数据中心，每个数据中心容纳数万到数百万台主机。这些数据中心不仅与因特网相连（如图 1-1 所示），而且其内部包括复杂的计算机网络，用以与数据中心的主机互联。数据中心是支撑我们日常使用的各种因特网应用的引擎。

一般而言，数据中心用于三个目的，在此我们以亚马逊为例进行说明。第一，数据中心为用户提供亚马逊电子商务页面，例如，描述产品和购买信息的页面。第二，数据中心为亚马逊专用的数据处理任务提供大规模并行计算基础设施。第三，数据中心为其他公司提供**云计算**（cloud computing）。事实上，如今计算领域的一个主要趋势是公司使用如亚马逊这样的云提供商，基本上可以处理所有的 IT 需求。例如，Airbnb 公司和很多其他基于因特网的公司并不拥有和管理自己的数据中心，而是在亚马逊云中运行整个基于 Web 的服务，这种服务称为亚马逊 Web 服务（AWS）。

数据中心的"工蜂"是主机。它们提供内容（如 Web 页面和视频）服务、存储电子邮件和文档并共同执行大量的分布式计算。数据中心中的主机称为刀片服务器，其外形类似比萨盒，通常是包括 CPU、内存和磁盘存储器的商品主机。主机被堆放在机架中，每个机架通常包括 20~40 个刀片服务器。然后，使用复杂且不断发展的数据中心网络设计将这些机架连接起来。我们将在第 6 章中更为详细地讨论数据中心网络。

1.2.1　接入网络

了解了位于"网络边缘"的应用程序和端系统后，我们接下来考虑**接入网**，这是指将端系统物理连接到其**边缘路由器**（edge router）的网络。边缘路由器是端系统到任何其他远程端系统的路径上的第一台路由器。图 1-4 用粗灰线显示了几种类型的接入链路和使用接入网的几种环境（家庭、公司和广域移动无线）。

1. 家庭接入：DSL、电缆、FTTH 和 5G 固定式无线

到 2020 年为止，在欧洲和美国超过 80% 的家庭实现了因特网接入 ［Statista 2019］。面对家庭接入网络的这种广泛用途，本节从家庭与因特网连接开始简要介绍接入网。

今天，宽带住宅接入有两种最流行的类型：**数字用户线**（Digital Subscriber Line，DSL）和电缆。住户通常从提供本地电话接入的本地电话公司处获得 DSL 因特网接入。因此，在使用 DSL 时，用户的本地电话公司也是它的 ISP。如图 1-5 所示，每个用户的 DSL 调制解调器使用现有的电话线与位于电话公司的本地中心局（CO）中的数字用户线接入复用器（DSLAM）交换数据。家庭的 DSL 调制解调器得到数字数据后将其转换为高频音，以通过电话线传输给本地中心局；来自许多家庭的模拟信号在 DSLAM 处被转换回数字形式。

住宅电话线同时承载了数据和传统的电话信号，它们用不同的频率进行编码：

- 高速下行信道，位于 50kHz~1MHz 频段；
- 中速上行信道，位于 4kHz~50kHz 频段；
- 普通的双向电话信道，位于 0~4kHz 频段。

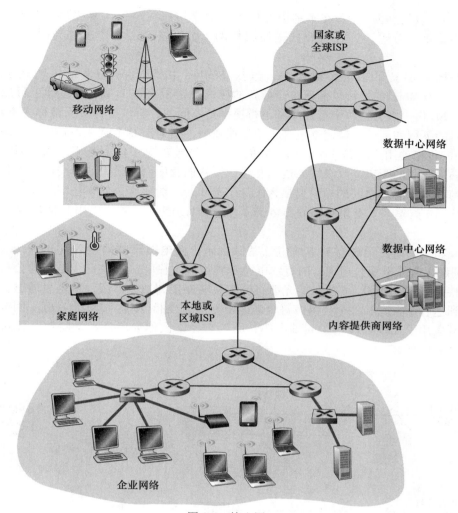

图 1-4 接入网

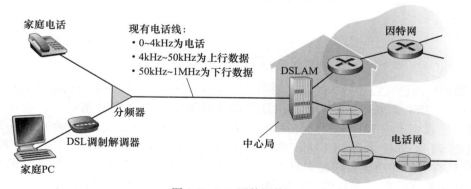

图 1-5 DSL 因特网接入

　　这种方法使单根 DSL 线路看起来就像有 3 根单独的线路一样，因此一个电话呼叫和一个因特网连接能够同时共享 DSL 链路。（1.3.1 节将介绍这种频分复用技术。）在用户一侧，一个分频器把到达家庭的数据信号和电话信号分隔开，并将数据信号转发给 DSL 调制解调器。在电话公司一侧，在本地中心局中，数字用户线路接入复用器（DSLAM），把数据和电话信号分隔开，并将数据送往因特网。数百甚至上千个家庭与同一个 DSLAM相连。

DSL 标准定义了多个传输速率，包括 24Mbps 和 52Mbps 的下行传输速率，以及 3.5Mbps 和 16Mbps 的上行传输速率；最新的标准规定了有关 1Gbps 的总计上行加下行速率［ITU 2014］。因为这些上行速率和下行速率是不同的，所以这种接入被称为不对称的。实际取得的下行和上行传输速率也许小于上述速率，因为当 DSL 提供商提供分等级的服务（以不同的价格使用不同的速率）时，它们也许有意地限制了住宅速率，或者因为家庭与本地中心局之间的距离、双绞线的规格和电气干扰的程度而使最大速率受限。工程师特别为家庭与本地中心局之间的短距离接入设计了 DSL，一般而言，如果住宅不是位于本地中心局的 5~10 英里（1 英里 = 1609.344 米）范围内，该住宅必须采用其他形式的因特网接入。

DSL 利用电话公司现有的本地电话基础设施，而**电缆因特网接入**（cable Internet access）利用了有线电视公司现有的有线电视基础设施。住宅从提供有线电视的公司获得了电缆因特网接入。如图 1-6 所示，光缆将电缆头端连接到地区枢纽，从这里通过传统的同轴电缆到达各个家庭和各个公寓。每个地区枢纽通常支持 500~5000 个家庭。因为在这个系统中既应用了光纤也应用了同轴电缆，所以它经常被称为混合光纤同轴（Hybrid Fiber Coax，HFC）系统。

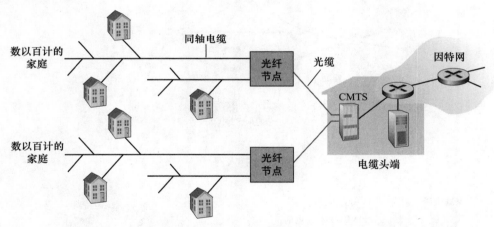

图 1-6　一个混合光纤同轴接入网

电缆因特网接入需要特殊的调制解调器，这种调制解调器称为电缆调制解调器（cable modem）。与 DSL 调制解调器一样，电缆调制解调器通常是一个外部设备，通过一个以太网端口连接到家庭 PC。（我们将在第 6 章非常详细地讨论以太网。）在电缆头端，电缆调制解调器端接系统（Cable Modem Termination System，CMTS）与 DSL 网络的DSLAM 具有类似的功能，即将来自许多下行家庭中的电缆调制解调器发送的模拟信号转换回数字形式。电缆调制解调器将 HFC 网络划分为下行和上行两个信道。如同 DSL，接入通常是不对称的，下行信道分配的传输速率通常比上行信道的高。DOCSIS 2.0 和3.0 标准分别定义了 40Mbps 和 1.2Gbps 的下行速率以及 30Mbps 和 100Mbps 的上行速率。如在 DSL 网络中的情况那样，由于较低的合同数据率或媒介损耗，可能不一定能达到最大可取得的速率。

　　电缆因特网接入的一个重要特征是共享广播媒体。特别是，由头端发送的每个分组下行经每段链路到达每个家庭；每个家庭发送的每个分组经上行信道传输到达头端。因此，如果几个用户同时经下行信道下载一个视频文件，每个用户接收视频文件的实际速率将大大低于电缆总计的下行速率。而另一方面，如果仅有很少的活跃用户，则每个用户都可以以全部的下行速率接收 Web 网页，因为用户很少在完全相同的时刻请求网页。因为上行信道也是共享的，所以需要一个分布式多路访问协议来协调传输和避免碰撞。（我们将在第 6 章中更为详细地讨论碰撞问题。）

　　尽管 DSL 和电缆网络是当前大多数美国住宅宽带接入所使用的技术，但还有一种很有前途的技术是**光纤到户**（Fiber To The Home，FTTH）［FTTH Broad band 2020］。顾名思义，FTTH 概念简单，提供了一条从本地中心局直接到家庭的光纤路径。FTTH 能够提供大约每秒千兆比特的因特网接入速率。

　　从本地中心局到家庭有几种有竞争性的光纤分布方案。最简单的光纤分布网络称为直接光纤，从本地中心局到每户设置一根光纤。更为一般的是，从中心局出来的每根光纤实际上由许多家庭共享，直到相对接近这些家庭的位置，该光纤才分成每户一根光纤。进行这种分配时，有两种光纤分布体系结构：有源光纤网络（Active Optical Network，AON）和无源光纤网络（Passive Optical Network，PON）。AON 本质上就是交换以太网，我们将在第 6 章讨论。

　　这里，我们简要讨论一下 PON，该技术用于 Verizon 的 FiOS 服务中。图 1-7 显示了使用 PON 分布体系结构的 FTTH。每个家庭都有一个光纤网络端接器（Optical Network Terminator，ONT），它由专门的光纤连接到邻近的分配器（splitter）。该分配器把一些家庭（通常少于 100 个）连接到一根共享的光纤，该光纤再连接到本地电话和公司的中心局中的光纤线路端接器（Optical Line Terminator，OLT）。该 OLT 提供了光信号和电信号之间的转换，经过本地电话公司路由器与因特网相连。在家庭中，用户将一台家庭路由器（通常是无线路由器）与 ONT 相连，并经过这台家庭路由器接入因特网。在 PON 体系结构中，所有从 OLT 发送到分配器的分组在分配器（类似于一个电缆头端）处复制。

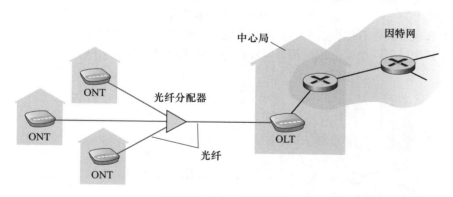

图 1-7　FTTH 因特网接入

　　除了 DSL、电缆和 FTTH，5G 固定式无线已经开始部署。5G 固定式无线不仅承诺高速住宅接入，而且没有安装成本，并且不需要搭建从电信公司本地中心局到家庭的易于产生故障的布线系统。采用 5G 固定式无线，使用波束成形技术，数据以无线方式从供应商的基站发送到家中的调制解调器。一个无线路由器与该调制解调器相连（可能是捆绑在一起），类似于 WiFi 无线路由器与电缆或 DSL 调制解调器相连的方式。第 7 章中包括关于 5G 蜂窝网络的内容。

2. 企业（和家庭）接入：以太网和 WiFi

在公司和大学校园以及越来越多的家庭环境中，都使用局域网（LAN）将端系统连接到边缘路由器。尽管有许多不同类型的局域网技术，但是以太网到目前为止是公司、大学和家庭网络中最为流行的接入技术。如图 1-8 中所示，以太网用户使用双绞铜线与一台以太网交换机相连，第 6 章中将详细讨论相关技术。以太网交换机或以这种方式相连的交换机网络，则再与更大的因特网相连。使用以太网接入时，用户通常以 100Mbps 或几十 Gbps 的速率接入以太网交换机，而服务器可能具有 1Gbps 甚至 10Gbps 的接入速率。

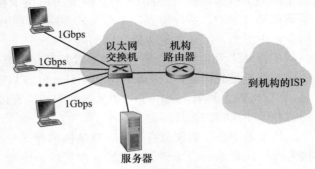

图 1-8   以太网接入因特网

然而，越来越多的人使用笔记本电脑、智能手机、平板电脑和其他物品无线接入因特网。在无线 LAN 环境中，无线用户从/到一个接入点发送/接收分组，该接入点与企业网连接（很可能使用有线以太网），企业网再与有线因特网相连。无线 LAN 用户通常必须位于距离接入点几十米的范围内。基于 IEEE 802.11 技术的无线 LAN 接入——更通俗地称为 WiFi——目前几乎无所不在，如大学、办公室、咖啡厅、机场、家庭，甚至在飞机上。如在第 7 章详细讨论的那样，802.11 今天提供了高达 100Mbps 的共享传输速率。

虽然以太网和 WiFi 接入网最初是设置在企业（公司或大学）环境中的，但它们也成为家庭网络中相当常见的部件。今天许多家庭将宽带住宅接入（即电缆调制解调器或 DSL）与廉价的无线局域网技术结合起来，以组成强大的家用网络。图 1-9 显示了一个典型的家庭网络。这个家庭网络组成如下：一台漫游的笔记本电脑、多个与因特网相连的家电产品和一台有线 PC；一个与无线 PC 和家中其他无线设备通信的基站（无线接入点）；一个将无线接入点和家中其他有线设备与因特网相连的家用路由器。该网络允许家庭成员经宽带接入因特网，其中任何一个家庭成员都可以在厨房、院子或卧室漫游上网。

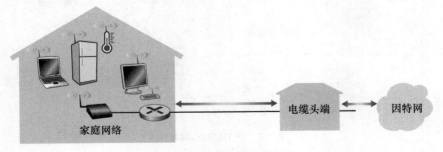

图 1-9   一个典型的家庭网络

3. 广域无线接入：3G、LTE 4G 和 5G

iPhone 和安卓等设备越来越多地用来在移动环境中发信息、在社交网络中分享照片、进行移动支付、观看视频和放音乐等。这些设备应用了与蜂窝移动电话相同的无线基础设施，通过蜂窝网提供商运营的基站来发送和接收分组。与 WiFi 不同的是，用户仅需要位于距离基站数万米（而不是几十米）的范围内。

电信公司已经在所谓的第四代（4G）无线技术中进行了大量投资，4G 提供了高达 60Mbps 的实际下载速率。甚至更高速率的广域接入技术即第五代（5G）广域无线网络也已经开始部署了。我们将在第 7 章讨论无线网络和移动性，以及 WiFi、4G 和 5G 等技术的基本原则。

1.2.2 物理媒介

在前面的内容中，我们概述了因特网中某些最为重要的网络接入技术。在描述这些技术时，我们也指出了所使用的物理媒介。例如，我们说过 HFC 使用了光缆和同轴电缆相结合的技术，我们说过 DSL 和以太网使用了双绞铜线，我们也说过移动接入网使用了无线电频谱。在这一节中，我们简要概述一下这些和其他常在因特网中使用的传输媒介。

为了定义物理媒介所表示的内容，让我们仔细思考一个比特的短暂历程。比特从一个端系统开始传输，通过一系列链路和路由器，到达另一个端系统。这个比特被漫不经心地传输了许许多多次！源端系统首先发送这个比特，不久后其中的第一台路由器接收该比特；第一台路由器发送该比特，接着第二台路由器接收该比特；等等。因此，这个比特从源到目的地传输时，通过一系列传输器-接收器对进行传递。对于每个传输器-接收器对，该比特通过传播电磁波或光脉冲的方式跨越某种**物理媒介**（physical medium）进行发送。该物理媒介可具有多种形状和形式，并且对沿途的每个传输器-接收器对而言不必具有相同的类型。物理媒介的例子包括双绞铜线、同轴电缆、多模光纤电缆、陆地无线电频谱和卫星无线电频谱。物理媒介分成两种类型：**导引型媒介**（guided media）和**非导引型媒介**（unguided media）。对于导引型媒介，电波沿着固体媒介前行，如光缆、双绞铜线或同轴电缆。对于非导引型媒介，电波在空气或外层空间中传播，例如在无线局域网或数字卫星频道中传播。

在深入讨论各种媒介类型的特性之前，我们简要地讨论一下它们的成本。物理链路（铜线、光缆等）的实际成本与其他网络成本相比通常是相当小的，然而，安装物理链路的劳动力成本要比材料的成本高出几个数量级。因此，许多建筑商在建筑物的每个房间中都安装了双绞线、光缆和同轴电缆。即使最初仅使用了一种媒介，在不久的将来也可能会使用另一种媒介，这样将来不必再铺设另外的线缆，从而节省了经费。

1. 双绞铜线

最便宜并且最常用的导引型传输媒介是双绞铜线。一百多年来，它一直用于电话网。事实上，从电话机到本地电话交换机的连线超过 99% 使用的是双绞铜线。我们多数人在自己家中和工作环境中看到过双绞线。双绞线由两根绝缘的铜线组成，每根大约 1mm 粗，以规则的螺旋状排列着。这两根线被绞合起来，以减少邻近类似的双绞线的电气干扰。通常许多双绞线捆扎在一起形成一根电缆，并在这些双绞线外面覆盖上保护性防护层。一对电线构成了一条通信链路。**非屏蔽双绞线**（Unshielded Twisted Pair，UTP）常用在建筑物内的计算机网络中，即用于局域网中。目前局域网中双绞线的数据速率为 10Mbps～10Gbps。所能达到的数据传输速率取决于导线线径以及传输方和接收方之间的距离。

20 世纪 80 年代出现光纤技术时，许多人因为双绞线比特速率相对较低而轻视它，某些人甚至认为光纤技术将完全代替双绞线。但双绞线不是那么容易被抛弃的。现代的双绞线技术例如 6a 类电缆能够达到 10Gbps 的数据传输速率，距离长达 100m。双绞线最终成为高速 LAN 联网的主导性解决方案。

如前面讨论的那样，双绞线也经常用于住宅因特网接入。我们曾经看到，拨号调制解调器技术通过双绞线能使接入速率达到 56kbps。我们也曾看到，DSL 技术通过双绞线使住宅用户以超过数十 Mbps 的速率接入因特网（当用户靠近 ISP 的中心局居住时）。

2. 同轴电缆

与双绞线类似，同轴电缆由两根铜导体组成，但是这两根导体是同心的而不是并行的。借助于这种结构及特殊的绝缘体和保护层，同轴电缆能够达到较高的数据传输速率。同轴电缆在电缆电视系统中应用相当普遍。我们前面已经看到，电缆电视系统最近与电缆调制解调器结合起来，为住宅用户提供数百 Mbps 速率的因特网接入。在电缆电视和电缆因特网接入中，发送设备将数字信号调制到某个特定的频段，产生的模拟信号从发送设备传送到一个或多个接收方。同轴电缆能被用作导引型**共享媒介**（shared medium）。特别是，许多端系统能够直接与该电缆相连，每个端系统都能接收由其他端系统发送的内容。

3. 光纤

光纤是一种细而柔软的、能够导引光脉冲的媒介，其中每个脉冲表示一个比特。一根光纤能够支持极高的比特速率，高达数十甚至数百 Gbps。它们不受电磁干扰，对长达 100km 的光缆信号衰减极低，并且很难窃听。这些特征使得光纤成为长途导引型传输媒介，特别是跨海链路。在美国和别的地方，许多长途电话网络现在全面使用光纤。光纤也广泛用于因特网的主干。然而，高成本的光设备，如发射器、接收器和交换机，阻碍了光纤在短途传输中的应用，如在 LAN 或家庭接入网中就不使用它们。光载波（Optical Carrier，OC）标准链路速率的范围从 51.8Mbps 到 39.8Gbps，这些标准常被称为 OC-n，其中的链路速率等于 $n \times$ 51.8Mbps。目前正在使用的标准包括 OC-1、OC-3、OC-12、OC-24、OC-48、OC-96、OC-192、OC-768。

4. 陆地无线电信道

无线电信道用电磁频谱承载信号。它不需要安装物理线路，并具有穿透墙壁、提供与移动用户的连接以及长距离承载信号的能力，因而成为一种有吸引力的媒介。无线电信道的特性极大地依赖于传播环境和信号传输的距离。环境上的考虑取决于路径损耗和遮挡衰落（即当信号跨距离传播和绕过/通过阻碍物体时信号强度降低）、多径衰落（由于干扰对象的信号反射）以及干扰（由于其他传输或电磁信号）。

陆地无线电信道可大致划分为三类：一类运行在很短距离（如 1m 或 2m）；另一类运行在局域，通常跨越数十到几百米；第三类运行在广域，跨越数万米。个人设备如无线耳机、键盘和医疗设备跨短距离运行，在 1.2.1 节中描述的无线 LAN 技术使用了局域无线电信道，蜂窝接入技术使用了广域无线电信道。我们将在第 7 章中详细讨论无线电信道。

5. 卫星无线电信道

一颗通信卫星连接地球上的两个或多个微波发射器/接收器，它们被称为地面站。该卫星在一个频段上接收传输，使用一个转发器（下面讨论）再生信号，并在另一个频率上发射信号。通信中常使用两类卫星：**同步卫星**（geostationary satellite）和**近地轨道**（Low-Earth Orbiting，LEO）**卫星**。

　　同步卫星永久地停留在地球上方的相同点上。这种静止性是通过将卫星置于地球表面上方36 000km的轨道上而取得的。从地面站到卫星再回到地面站的巨大距离引入了可观的280ms信号传播时延。不过，能以数百Mbps速率运行的卫星链路通常用于那些无法使用DSL或电缆因特网接入的区域。

　　近地轨道卫星放置得非常靠近地球，并且不是永久地停留在地球上方的一个点。它们围绕地球旋转，就像月亮围绕地球旋转那样，并且彼此之间可进行通信，也可以与地面站通信。为了提供对某个区域的连续覆盖，需要在轨道上放置许多卫星。当前有许多低轨道通信系统在研制中。LEO卫星技术未来也许能够用于因特网接入。

1.3　网络核心

　　在考察了因特网边缘后，我们现在更深入地研究网络核心，即由互联因特网端系统的分组交换机和链路构成的网状网络。图1-10用粗灰线勾画出网络核心部分。

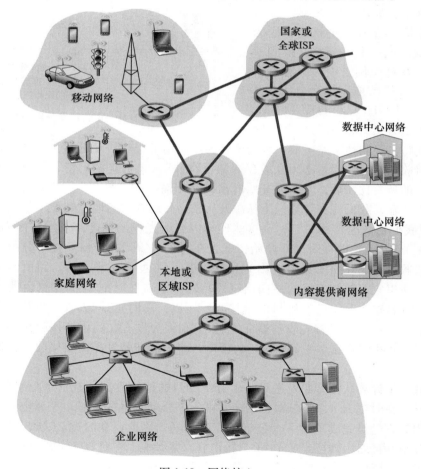

图 1-10　网络核心

1.3.1　分组交换

　　在某种网络应用中，端系统彼此交换**报文**（message）。报文能够包含该应用的设计者需要的任何东西。报文可以执行一种控制功能（例如，图 1-2 所示例子中的"你好"报文），也可以包含数据，例如电子邮件数据、JPEG 图像或 MP3 音频文件。为了从源端系统向目的端系统发送一个报文，源将长报文划分为较小的数据块，称为**分组**（packet）。在源和目的地之间，每个分组都通过通信链路和**分组交换机**（packet switch）传送，交换机主要有**路由器**（router）和**链路层交换机**（link-layer switch）两类。分组以等于该链路最大传输速率的速度通过通信链路。因此，如果某源端系统或分组交换机经过一条链路发送一个 L bit 的分组，链路的传输速率为 R bps，则传输该分组的时间为 L/R s。

1. 存储转发传输

多数分组交换机在链路的输入端使用**存储转发传输**（store-and-forward transmission）机制。存储转发传输是指在交换机开始向输出链路传输该分组的第一个比特之前，必须接收到整个分组。为了更为详细地探讨存储转发传输，考虑由两个端系统经一台路由器连接构成的简单网络，如图 1-11 所示。一台路由器通常有多条连入的链路，因为它的任务就是把一个入分组交换到一条出链路。在这个例子中，源有 3 个分组要发送给目的地，每个分组由 L bit 组成。在图 1-11 所示的特定时刻，源已经传输了分组 1 的一部分，分组 1

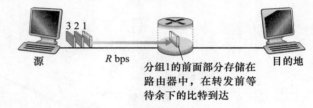

图 1-11　存储转发分组交换

的前几个比特已经到达了路由器。因为该路由器应用了存储转发机制，所以此时它还不能传输已经接收的比特，而是必须先缓存（即"存储"）该分组的比特。仅当路由器已经接收完该分组的所有比特后，它才能开始向出链路传输（即"转发"）该分组。为了深刻领悟存储转发传输，我们现在计算一下从源开始发送分组到目的地收到整个分组所经过的时间。（这里我们将忽略传播时延——这些比特以接近光速的速度跨越线路所需要的时间，这将在 1.4 节讨论。）源在时刻 0 开始传输，在时刻 L/R，源传输了整个分组，并且整个分组已被接收，存储在路由器中（因为没有传播时延）。在时刻 L/R，路由器刚好接收到整个分组，所以它能够朝着目的地向出链路传输分组；在时刻 $2L/R$，路由器已经传输了整个分组，并且整个分组已经被目的地接收。所以，总时延是 $2L/R$。如果一旦比特到达交换机就转发比特（不必首先收到整个分组），则因为没有在路由器保存比特，总时延将是 L/R。但是如我们将在 1.4 节中讨论的那样，路由器在转发前需要接收、存储和处理整个分组。

现在我们来计算从源开始发送第一个分组到目的地接收到所有三个分组所需的时间。与前面一样，在时刻 L/R，路由器开始转发第一个分组。而在时刻 L/R 源也开始发送第二个分组，因为它已经完成了第一个分组的完整发送。因此，在时刻 $2L/R$，目的地已经收到第一个分组并且路由器已经收到第二个分组。类似地，在时刻 $3L/R$，目的地已经收到前两个分组并且路由器已经收到第三个分组。最后，在时刻 $4L/R$，目的地已经收到所有 3 个分组！

我们现在来考虑一般情况：通过由 N 条速率均为 R 的链路组成的路径（所以，在源和目的地之间有 $N-1$ 台路由器），从源到目的地发送一个分组。应用与上面相同的逻辑，我们看到端到端时延是

$$d_{\text{end-end}} = N \frac{L}{R} \tag{1-1}$$

你也许现在要试着确定 P 个分组经过 N 条链路序列的时延有多大。

2. 排队时延和分组丢失

每台分组交换机有多条链路与之相连。对于每条相连的链路，该分组交换机具有一个**输出缓存**〔output buffer，也称为**输出队列**（output queue）〕，它用于存储路由器准备发往那条链路的分组。该输出缓存在分组交换中起着重要的作用。如果到达的分组需要传输到某条链路，但发现该链路正忙于传输其他分组，该到达分组必须在输出缓存中等待。因此，除了存储转发时延以外，分组还要承受输出缓存的**排队时延**（queuing delay）。这些时延是变化的，变化的程度取决于网络的拥塞等级。因为缓存空间的大小是有限的，一个到达的分组可能发现该缓存已被其他等待传输的分组完全充满了。在此情况下，将出现**分组丢失（丢包）**（packet loss），到达的分组或已经排队的分组之一将被丢弃。

图 1-12 显示了一个简单的分组交换网络。与图 1-11 中一样，分组被表示为三维厚片，厚片的宽度表示该分组中比特的数量。在这张图中，所有分组具有相同的宽度，因此有相同的长度。假定主机 A 和 B 向主机 E 发送分组。主机 A 和 B 先通过 100Mbps 的以太网链路向第一个路由器发送分组。该路由器则将这些分组导向这条 15Mbps 的链路。在某个短时间间隔内，如果分组到达路由器的到达率超过了 15Mbps，这些分组在通过链路传输之前，将在链路输出缓存中排队，在该路由器中将出现拥塞。例如，如果主机 A 和 B 都同时一个接一个地发送了 5 个分组突发块，则这些分组中的大多数将在队列中等待一段时间。事实上，这完全类似于每天都在经历的一些情况，例如当我们在银行柜台前排队等待或在过路收费站前等待时。我们将在 1.4 节中更为详细地研究这种排队时延。

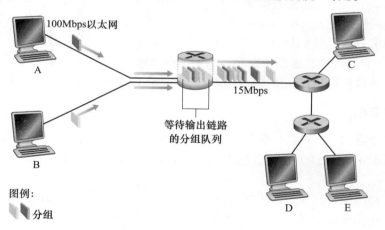

图 1-12　分组交换

3. 转发表和路由选择协议

前面我们说过，路由器从与它相连的一条通信链路得到分组，然后向与它相连的另一条通信链路转发该分组。但是路由器怎样决定它应当向哪条链路进行转发呢？不同类型的计算机网络事实上是以不同的方式进行分组转发的。这里，我们简要介绍在因特网中所采用的方法。

在因特网中，每个端系统具有一个称为 IP 地址的地址。当源主机要向目的端系统发送一个分组时，源在该分组的首部中包含了目的地的 IP 地址。如同邮政地址那样，该地址具有一种等级结构。当一个分组到达网络中的路由器时，路由器检查该分组的目的地址的一部分，并向一台相邻的路由器转发该分组。更特别的是，每台路由器具有一个**转发表**（forwarding table），用于将目的地址（或目的地址的一部分）映射为输出链路。当某分组到达一台路由器时，路由器检查该地址，并用这个目的地址搜索其转发表，以发现适当的出链路。路由器再将分组导向该出链路。

端到端选路过程可以用一个不使用地图而喜欢问路的汽车驾驶员来类比。例如，假定 Joe 驾车从费城到佛罗里达州奥兰多市的 Lakeside Drive 街 156 号。Joe 先驾车到附近的加油站，询问怎样才能到达佛罗里达州奥兰多市的 Lakeside Drive 街 156 号。加油站的服务员从该地址中抽取了佛罗里达州部分，告诉 Joe 需要上 I-95 南州际公路，该公路恰有一个邻近该加油站的入口。他又告诉 Joe，一到佛罗里达后应当再问当地人。于是，Joe 上了 I-95 南州际公路，一直到达佛罗里达的 Jacksonville，在那里他向另一个加油站服务员问路。该服务员从地址中抽取了奥兰多市部分，告诉 Joe 他应当继续沿 I-95 公路到 Daytona 海滩，然后再问其他人。在 Daytona 海滩，另一个加油站服务员也抽取该地址的奥兰多部分，告诉 Joe 应当走 I-4 公路直接前往奥兰多。Joe 走了 I-4 公路，并从奥兰多出口下来。Joe 又向另一个加油站的服务员询问，这时该服务员抽取了该地址的 Lakeside Drive 部分，告诉了 Joe 到 Lakeside Drive 必须要走的路。Joe 到达 Lakeside Drive 后，向一个骑自行车的小孩询问如何到达目的地。这个孩子抽取了该地址的 156 号部分，并指明了房屋的方向。Joe 最后到达了最终目的地。在上述类比中，那些加油站服务员和骑车的孩子都起到了类似路由器的作用。

我们刚刚学习了路由器使用分组的目的地址来索引转发表并决定适当的出链路。但是这又引发了另一个问题：转发表是如何进行设置的？是通过人工对每台路由器逐台进行配置，还是因特网使用更为自动的过程进行配置呢？第 5 章将深入探讨这个问题。但在这里为了激发你的求知欲，我们现在将告诉你因特网具有一些特殊的**路由选择协议**（routing protocol），用于自动地设置这些转发表。例如，一个路由选择协议可以决定从每台路由器到每个目的地的最短路径，并使用这些最短路径结果来配置路由器中的转发表。

1.3.2　电路交换

通过网络链路和交换机移动数据有两种基本方法：**电路交换**（circuit switching）和**分组交换**（packet switching）。上一小节已经讨论过分组交换网络，现在我们将注意力转向电路交换网络。

在电路交换网络中，在端系统间通信会话期间，预留了端系统间沿路径通信所需要的资源（缓存，链路传输速率）。在分组交换网络中，这些资源则不是预留的。会话的报文按需使用这些资源，其后果可能是不得不等待（即排队）接入通信线路。一个简单的类比是，考虑两家餐馆，一家需要顾客预订，而另一家不需要预订，但不保证能安排顾客。对于需要预订的那家餐馆，我们在离开家之前必须承受先打电话预订的麻烦，但当我们到达该餐馆时，原则上能够立即入座并点菜。对于不需要预订的那家餐馆，我们不必麻烦地预订餐桌，但当我们到达该餐馆时，也许不得不先等待一张餐桌空闲后才能入座。

传统的电话网络是电路交换网络的一个例子。考虑当一个人通过电话网向另一个人发送信息（语音或传真）时所发生的情况。在发送方能够发送信息之前，该网络必须在发送方和接收方之间建立一条连接。这是一个名副其实的连接，因为此时发送方和接收方之间路径上的交换机都将为该连接维护连接状态。用电话的术语来说，该连接被称为一条**电路**（circuit）。当网络创建这种电路时，它也在连接期间在该网络链路上预留了恒定的传输速率（表示为每条链路传输容量的一部分）。既然已经为该发送方－接收方连接预留了带宽，则发送方能够以确保的恒定速率向接收方传送数据。

图 1-13 显示了一个电路交换网络。在这个网络中，用 4 条链路互联了 4 台电路交换机。这些链路中的每条都有 4 条电路，因此每条链路能够支持 4 条并行的连接。每台主机（例如 PC 和工作站）都与一台交换机直接相连。

当两台主机要通信时，该网络在两台主机之间创建一条专用的**端到端连接**（end-to-end connection）。因此，主机 A 为了与主机 B 通信，网络必须在两条链路的每条上先预留一条电路。在这个例子中，这条专用的端到端连接使用第一条链路中的第二条电路和第二条链路中的第四条电路。因为每条链路具有 4 条电路，对于由端到端连接所使用的每条链路而言，该连接在连接期间获得链路总传输容量的 1/4。例如，如果两台邻近交换机之间每

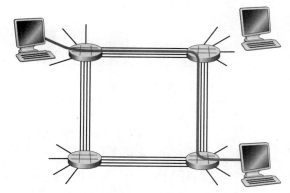

图 1-13　由 4 台交换机和 4 条链路组成的一个简单电路交换网络

条链路具有 1Mbps 的传输速率，则每个端到端电路交换连接获得 250kbps 的专用传输速率。

比较起来，考虑一台主机要经过分组交换网络（如因特网）向另一台主机发送分组的情况。与使用电路交换相同，该分组经过一系列通信链路传输。但与电路交换不同的是，该分组被发送进网络，而不预留任何链路资源之类的东西。如果因为此时其他分组也需要经该链路进行传输而使链路之一出现拥塞，则该分组将不得不在传输链路发送侧的缓存中等待而产生时延。因特网尽最大努力以及时方式交付分组，但它不做任何保证。

1. 电路交换网络中的复用

链路中的电路是通过**频分复用**（Frequency-Division Multiplexing，FDM）或**时分复用**（Time-Division Multiplexing，TDM）来实现的。对于 FDM，链路的频谱由跨越链路创建的所有连接共享。特别是，在连接期间链路为每条连接专设一个频段。在电话网络中，这个频段的宽度通常为 4kHz（即每秒 4000 周期）。毫无疑问，该频段的宽度称为**带宽**（bandwidth）。调频无线电台也使用 FDM 来共享 88MHz～108MHz 的频谱，其中每个电台被分配一个特定的频段。

对于一条 TDM 链路，时间被划分为固定时段的帧，并且每个帧又被划分为固定数量的时隙。当网络跨越一条链路创建一条连接时，网络在每个帧中为该连接指定一个时隙。这些时隙专门由该连接单独使用，一个时隙（在每个帧内）可用于传输该连接的数据。

图 1-14 显示了一个支持多达 4 条电路的特定网络链路的 FDM 和 TDM。对于 FDM，其频率域被分割为 4 个频段，每个频段的带宽是 4kHz。对于 TDM，其时域被分割为帧，在每个帧中具有 4 个时隙，在循环的 TDM 帧中每条电路被分配相同的专用时隙。对于 TDM，一条电路的传输速率等于帧速率乘以一个时隙中的比特数量。例如，如果链路每秒传输 8000 个帧，每个时隙由 8 个比特组成，则每条电路的传输速率是 64kbps。

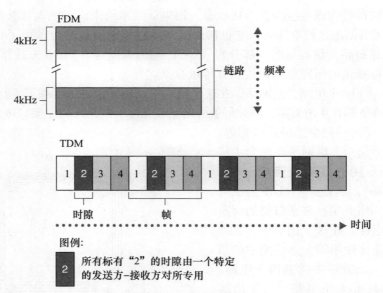

图 1-14   对于 FDM，每条电路连续地得到部分带宽。对于 TDM，每条电路在短时间间隔（即时隙）中周期性地得到所有带宽

分组交换的支持者总是争辩说，电路交换不够经济，因为在**静默期**（silent period）专用电路是空闲的。例如，即使打电话的一个人停止讲话，空闲的网络资源（在沿该连接路由的链路中的频段或时隙）也不能被其他进行中的连接所使用。作为这些资源不能有效使用的另一个例子，考虑一名放射科医师使用电路交换网络远程存取一系列 X 射线图像。该放射科医师建立一条连接，请求一幅图像，然后判读该图像，然后再请求一幅新图像。在放射科医师判读图像期间，网络资源分配给了该连接但没有使用（即被浪费了）。分组交换的支持者还津津乐道地指出，创建端到端电路和预留端到端带宽是复杂的，需要复杂的信令软件以协调沿端到端路径的交换机的操作。

在结束讨论电路交换之前，我们讨论一个数值化的例子，它更能说明问题的实质。考虑从主机 A 到主机 B 经电路交换网络发送一个 640 000bit 的文件需要多长时间。假如在该网络中所有链路使用具有 24 时隙的 TDM，比特速率为 1.536Mbps。同时假定在主机 A 开始传输该文件之前，需要 500ms 创建一条端到端电路。它需要多长时间才能发送该文件？每条链路具有的传输速率是 1.536Mbps/24＝64kbps，因此传输该文件需要 640kb/64kbps＝10s。这个 10s，再加上电路创建时间，这样就需要 10.5s 发送该文件。值得注意的是，该传输时间与链路数量无关：端到端电路不管是通过 1 条链路还是 100 条链路，传输时间都将是 10s。（实际的端到端时延还包括传播时延，参见 1.4 节。）

2. 分组交换与电路交换的对比

在描述了电路交换和分组交换之后，我们来对比一下。分组交换的批评者经常争辩说，分组交换不适合实时服务（例如，电话和视频会议），因为它的端到端时延是可变的和不可预测的（主要是因为排队时延的变动和不可预测所致）。分组交换的支持者却争辩道：它提供了比电路交换更好的带宽共享；它比电路交换更简单、更有效，实现成本更低。分组交换与电路交换之争的有趣讨论参见［Molinero-Fernandez 2002］。概括而言，嫌餐馆预订麻烦的人宁可要分组交换而不愿意要电路交换。

分组交换为什么更有效呢？我们看一个简单的例子。假定多个用户共享一条1Mbps的链路，再假定每个用户的活跃周期是变化的，在活跃期间，用户以100kbps的恒定速率产生数据，在静止期间，用户不产生数据。进一步假定该用户仅有10%的时间活跃（余下90%的时间空闲下来喝咖啡）。对于电路交换，在所有的时间内必须为每个用户预留100kbps。例如，对于电路交换的TDM，如果一个1s的帧被划分为10个时隙，每个时隙为100ms，则要为每个用户分配一个时隙。

因此，该电路交换链路仅能支持10（=1Mbps/100kbps）个并发的用户。对于分组交换，一个特定用户活跃的概率是0.1（即10%）。如果有35个用户，有11或更多个并发活跃用户的概率大约是0.0004。（课后习题P8将概述如何得到这个概率值。）当有10个或更少并发用户（以概率0.9996发生）时，到达的聚合数据速率小于或等于该链路的输出速率1Mbps。因此，当有10个或更少的活跃用户时，通过该链路的分组流基本上没有时延，这与电路交换的情况一样。当同时活跃用户超过10个时，分组的聚合到达速率超过该链路的输出容量，则输出队列将开始变长。（一直增长到聚合输入速率重新低于1Mbps，此后该队列长度才会减少。）因为在本例子中同时活跃用户超过10个的概率极小，分组交换差不多总是提供了与电路交换相同的性能，并且在用户数量是其3倍时情况也是如此。

我们现在考虑第二个简单的例子。假定有10个用户，某个用户突然产生1000个有1000bit的分组，而其他用户则保持静默，不产生分组。在每帧具有10个时隙并且每个时隙包含1000bit的TDM电路交换情况下，活跃用户仅能使用每帧中的一个时隙来传输数据，而每个帧中剩余的9个时隙保持空闲。该活跃用户传输完所有10^6bit数据需要10s的时间。在分组交换情况下，活跃用户能够连续地以1Mbps的全部链路速率发送其分组，因为没有其他用户产生分组与该活跃用户的分组进行复用。在此情况下，该活跃用户的所有数据将在1s内发送完毕。

上面的例子从两个方面表明了分组交换的性能优于电路交换的性能。这些例子也强调了在多个数据流之间共享链路传输速率的两种形式的关键差异。电路交换不考虑需求，而预先分配了传输链路，这使得已分配而并不需要的链路时间未被利用。另一方面，分组交换按需分配链路，链路传输能力将在所有需要在链路上传输分组的用户之间逐分组地被共享。

虽然分组交换和电路交换在今天的电信网络中都是普遍采用的方式，但趋势无疑是朝着分组交换方向发展。甚至许多今天的电路交换电话网正在缓慢地向分组交换迁移。特别是，电话网经常在昂贵的越洋电话部分使用分组交换。

1.3.3 网络的网络

我们在前面看到，端系统（PC、智能手机、Web服务器、电子邮件服务器等）经过一个接入ISP与因特网相连。该接入ISP能够提供有线或无线连接，使用了DSL、电缆、FTTH、WiFi和蜂窝等多种接入技术。值得注意的是，接入ISP不必是电信局或电缆公司，相反，它能够是如大学（为学生、职员和教师提供因特网接入）或公司（为其雇员提供接入）这样的单位。但通过接入ISP为端用户和内容提供商提供连接仅解决了连接难题中的很小一部分，因为因特网是由数以亿计的用户组成的。要解决这个难题，接入ISP自身必须互联。通过创建网络的网络可以做到这一点，这是理解因特网的关键。

年复一年，构成因特网的"网络的网络"已经演化为一个非常复杂的结构。这种演化的很大一部分是由经济和国家策略驱动的，而不是由性能考虑驱动的。为了理解今天的因特网的网络结构，我们以逐步递进方式建造一系列网络结构，其中的每个新结构都更接近现在的复杂因特网。回顾互联接入 ISP 的中心目标：使所有端系统能够彼此发送分组。一种天真的方法是使每个接入 ISP 直接与每个其他接入 ISP 连接。

我们的第一个网络结构即网络结构 1，用单一的全球传输 ISP 互联所有接入 ISP。我们假想的全球传输 ISP 是一个由路由器和通信链路构成的网络，该网络不仅跨越全球，而且至少具有一台路由器靠近数十万接入 ISP 中的每一个。当然，对于全球传输 ISP，建造这样一个大规模的网络将耗资巨大。为了有利可图，自然要向每个连接的接入 ISP 收费，其价格反映（并不一定正比于）一个接入 ISP 经过全球 ISP 交换的流量大小。因为接入 ISP 向全球传输 ISP 付费，故接入 ISP 被认为是**客户**（customer），而全球传输 ISP 被认为是**提供商**（provider）。

如果某个公司建立并运营一个可赢利的全球传输 ISP，那么其他公司建立自己的全球传输 ISP 并与最初的全球传输 ISP 竞争则是一件自然的事。这导致了网络结构 2，它由数十万接入 ISP 和多个全球传输 ISP 组成。接入 ISP 无疑喜欢网络结构 2 胜过喜欢网络结构 1，因为它们现在能够根据价格和服务因素在多个竞争的全球传输提供商之间进行选择。然而，值得注意的是，这些全球传输 ISP 之间必须是互联的；不然的话，与某个全球传输 ISP 连接的接入 ISP 将不能与连接到其他全球传输 ISP 的接入 ISP 进行通信。

刚才描述的网络结构 2 是一种两层的等级结构，其中全球传输提供商位于顶层，而接入 ISP 位于底层。这假设全球传输 ISP 不仅能够临近每个接入 ISP，而且发现经济上也希望这样做。现实中，尽管某些 ISP 确实具有令人印象深刻的全球覆盖，并且确实直接与许多接入 ISP 连接，但世界上没有哪个 ISP 是无处不在的。相反，在任何给定的区域，可能有一个**区域 ISP**（regional ISP），区域中的接入 ISP 与之连接。每个区域 ISP 则与**第一层 ISP**（tier-1 ISP）连接。第一层 ISP 类似于我们假想的全球传输 ISP，尽管它不是在世界上每个城市中都存在，但它确实存在。有大约十几个第一层 ISP，包括 Level 3 Communications、AT&T、Sprint 和 NTT。有趣的是，没有组织正式认可第一层 ISP 的地位。俗话说，如果必须问你是否是一个组织的成员，你可能不是。

再来讨论这个网络的网络，不仅有多个竞争的第一层 ISP，而且在一个区域可能有多个竞争的区域 ISP。在这样的等级结构中，每个接入 ISP 向其连接的区域 ISP 支付费用，并且每个区域 ISP 向它连接的第一层 ISP 支付费用。（一个接入 ISP 也能直接与第一层 ISP 连接，这样它就向第一层 ISP 付费。）因此，在这个等级结构的每一层，都有客户-提供商关系。值得注意的是，第一层 ISP 不向任何人付费，因为它们位于该等级结构的顶部。更为复杂的情况是，在某些区域，可能有较大的区域 ISP（可能跨越整个国家），该区域中较小的区域 ISP 与之相连，较大的区域 ISP 则与第一层 ISP 连接。例如，在中国，每个城市有接入 ISP，它们与省级 ISP 连接，省级 ISP 又与国家级 ISP 连接，国家级 ISP 最终与第一层 ISP 连接［Tian 2012］。这个多层等级结构仍然仅仅是今天因特网的粗略近似，我们称它为网络结构 3。

为了建造一个与今天的因特网更为相似的网络，我们必须在等级化网络结构 3 上增加存在点（Point of Presence，PoP）、多宿、对等和因特网交换点。PoP 存在于等级结构的所有层次，但底层（接入 ISP）等级除外。一个 **PoP** 只是提供商网络中的一台或多台路由器（在相同位置）群组，其中客户 ISP 能够与提供商 ISP 连接。对于要与提供商 PoP 连接的客户网络，它能从第三方电信提供商租用高速链路并将它的路由器之一直接连接到位于该

PoP 的一台路由器。任何 ISP（除了第一层 ISP）都可以选择**多宿**（multi-home），即可以与两个或更多提供商 ISP 连接。例如，一个接入 ISP 可能与两个区域 ISP 多宿，或者在与两个区域 ISP 多宿的同时与一个第一层 ISP 多宿。当一个 ISP 为多宿时，即使提供商之一出现故障，它仍然能够继续在因特网中发送和接收分组。

正如我们刚才学习的，客户 ISP 向它们的提供商 ISP 付费以获得全球因特网互联能力。客户 ISP 支付给提供商 ISP 的费用数额反映了它通过提供商交换的通信流量。为了减少这些费用，位于相同等级结构层次的邻近的一对 ISP 能够**对等**（peer），也就是说，能够直接将它们的网络连到一起，使它们之间的所有流量经直接连接而不是通过上游的中间 ISP 传输。当两个 ISP 对等时，通常不进行结算，即任何一个 ISP 都不向其对等付费。如前面提到的那样，第一层 ISP 也相互对等，它们之间无结算。对于对等和客户-提供商关系的讨论，［Van der Berg 2008］是一本不错的读物。沿着相同的路线，第三方公司能够创建一个**因特网交换点**（Internet Exchange Point，IXP），IXP 是一个汇合点，多个 ISP 能够在这里一起对等。IXP 通常位于一个有自己的交换机群的独立建筑物中［Ager 2012］，在今天的因特网中有 600 多个 IXP［Peering DB 2020］。我们称这个生态系统为网络结构 4——由接入 ISP、区域 ISP、第一层 ISP、PoP、多宿、对等和 IXP 组成。

我们现在最终得到了网络结构 5，它描述了现今的因特网。在图 1-15 中显示了网络结构 5，它通过在网络结构 4 顶部增加**内容提供商网络**（content provider network）构建而成。谷歌是当前这样的内容提供商网络的一个突出例子。在本书写作之时，谷歌拥有 19 个主要的数据中心，分布于北美、欧洲、亚洲、南美和澳大利亚。其中的某些数据中心容纳了数万或数十万台的服务器，而另一些数据中心则较小，仅容纳数百台服务器。这些较小的数据中心通常位于 IXP 中。谷歌数据中心都经过专用的 TCP/IP 网络互联，该网络跨越全球，不过独立于公共因特网。重要的是，谷歌专用网络仅承载出入谷歌服务器的流量。如图 1-15 所示，谷歌专用网络通过与较低层 ISP 对等（无结算），尝试"绕过"因特网的较高层，采用的方式可以是直接与它们连接，或者在 IXP 处与它们连接［Labovitz 2010］。然而，因为许多接入 ISP 仍然仅能通过第一层网络的中转到达，所以谷歌网络也与第一层 ISP 连接，并就与这些 ISP 交换的流量向它们付费。通过创建自己的网络，内容提供商不仅减少了向顶层 ISP 支付的费用，而且对其服务最终如何交付给端用户有了更多的控制。谷歌的网络基础设施在 2.6 节中进行了详细描述。

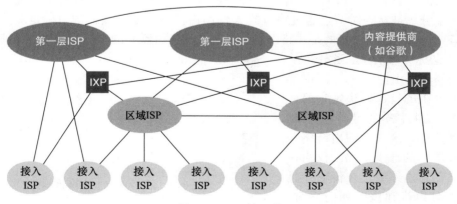

图 1-15　ISP 的互联

总结一下，今天的因特网是一个网络的网络，其结构复杂，由十多个第一层 ISP 和数十万个较低层 ISP 组成。ISP 覆盖的范围不同，有些跨越多个大洲和大洋，有些限于狭窄的地理区域。较低层的 ISP 与较高层的 ISP 相连，较高层的 ISP 彼此互联。用户和内容提供商是较低层 ISP 的客户，较低层 ISP 是较高层 ISP 的客户。近年来，主要的内容提供商也已经创建自己的网络，直接在可能的地方与较低层 ISP 互联。

1.4 分组交换网中的时延、丢包和吞吐量

回想在 1.1 节中我们讲过，可将因特网看成一种基础设施，该基础设施为运行在端系统上的分布式应用提供服务。在理想情况下，我们希望因特网服务能够在任意两个端系统之间随心所欲地瞬间移动数据而没有任何数据丢失。然而，这是一个极高的目标，实践中难以达到。与之相反，计算机网络必定要限制在端系统之间的吞吐量（每秒能够传送的数据量），还会在端系统之间引入时延，而且实际上也会丢失分组。一方面，现实世界的物理定律引入的时延、丢包以及对吞吐量的限制是令人无奈的。而另一方面，因为计算机网络存在这些问题，围绕如何去处理这些问题有许多令人着迷的话题，多得足以开设一门有关计算机网络方面的课程，可以做上千篇博士论文！在本节中，我们将开始研究和量化计算机网络中的时延、丢包和吞吐量等问题。

1.4.1 分组交换网中的时延

前面讲过，分组从一台主机（源）出发，通过一系列路由器传输，在另一台主机（目的地）中结束它的历程。当分组从一个节点（主机或路由器）时沿着这条路径到后继节点（主机或路由器）时，该分组在沿途的每个节点经受了几种不同类型的时延。这些时延中比较重要的是**节点处理时延**（nodal processing delay）、**排队时延**（queuing delay）、**传输时延**（transmission delay）和**传播时延**（propagation delay），这些时延累加起来是**节点总时延**（total nodal delay）。许多因特网应用，如搜索、Web 浏览器、电子邮件、地图、即时通信和 IP 语音，它们的性能受网络时延的影响很大。为了深入理解分组交换和计算机网络，我们必须理解这些时延的性质和重要性。

时延的类型

我们来探讨一下图 1-16 环境中的这些时延。作为源和目的地之间的端到端路由的一部分，一个分组被从上游节点通过路由器 A 向路由器 B 发送。我们的目标是在路由器 A 刻画出节点时延。值得注意的是，路由器 A 具有通往路由器 B 的出链路。该链路前面有一个队列（也称为缓存）。当分组从上游节点到达路由器 A 时，路由器 A 检查该分组的首部以决定它的适当出链路，并将该分组导向该链路。在这个例子中，该分组的出链路是通向路由器 B 的那条链路。仅当在该链路没有其他分组正在传输并且没有其他分组排在该队列前面时，

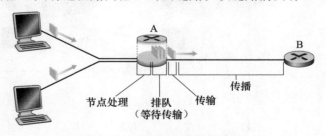

图 1-16 路由器 A 的节点时延

才能在这条链路上传输该分组；如果该链路当前正忙或有其他分组已经在该链路上排队，则新到达的分组将加入排队。

（1）处理时延

检查分组首部和决定将该分组导向何处所需要的时间是**处理时延**的一部分。处理时延也包括其他因素，如检查比特级别的差错所需要的时间——该差错出现在从上游节点向路由器 A 传输这些分组比特的过程中。高速路由器的处理时延通常是微秒或更低的数量级。在这种节点处理之后，路由器将该分组引向通往路由器 B 的链路之前的队列。（在第 4 章中，我们将研究路由器运行的细节。）

（2）排队时延

在队列中，当分组在链路上等待传输时，将经受**排队时延**。一个特定分组的排队时延长度将取决于先期到达的正在排队等待向链路传输的分组数量。如果该队列是空的，并且当前没有其他分组正在传输，则该分组的排队时延为 0。另一方面，如果流量很大，并且许多其他分组也在等待传输，该排队时延将很长。我们将很快看到，到达分组期待发现的分组数量是到达该队列的流量的强度和性质的函数。实际的排队时延可以是毫秒到微秒量级。

（3）传输时延

假定分组以先到先服务方式传输——这在分组交换网中是常见的方式，仅当所有已经到达的分组被传输后，才能传输刚到达的分组。用 L 表示该分组的长度，用 R 表示从路由器 A 到路由器 B 的链路传输速率。例如，对于 10Mbps 的以太网链路，速率 $R = 10\text{Mbps}$；对于 100Mbps 的以太网链路，速率 $R = 100\text{Mbps}$。**传输时延**是 L/R。这是将所有分组的比特推向链路（即传输，或者说发射）所需要的时间。实际的传输时延通常在毫秒到微秒量级。

（4）传播时延

一旦一个比特被推向链路，该比特需要向路由器 B 传播。从该链路的起点到路由器 B 传播所需要的时间是**传播时延**。该比特以该链路的传播速率传播。该传播速率取决于该链路的物理媒介（即光纤、双绞铜线等），其速率范围是 $2 \times 10^8 \sim 3 \times 10^8 \text{m/s}$，这等于或略小于光速。该传播时延等于两台路由器之间的距离除以传播速率。即传播时延是 d/s，其中 d 是路由器 A 和路由器 B 之间的距离，s 是该链路的传播速率。一旦该分组的最后一个比特传播到节点 B，该比特及前面的所有比特被存储于路由器 B。整个过程将随着路由器 B 执行转发而持续下去。在广域网中，传播时延为毫秒量级。

（5）传输时延和传播时延的比较

计算机网络领域的新手有时难以理解传输时延和传播时延之间的差异。该差异是微妙而重要的。传输时延是路由器推出分组所需要的时间，它是分组长度和链路传输速率的函数，而与两台路由器之间的距离无关。而传播时延是一个比特从一台路由器传播到另一台路由器所需要的时间，它是两台路由器之间距离的函数，与分组长度或链路传输速率无关。

一个类比可以阐明传输时延和传播时延的概念。考虑一条公路每 100km 有一个收费站，如图 1-17 所示。可认为收费站间的公路段是链路，收费站是路由器。假定汽车以 100km/h 的速度（也就是说当一辆汽车离开一个收费站时，它立即加速到 100km/h 并在收费站间维持该速度）在该公路上行驶（即传播）。假定这时有 10 辆汽车作为一个车队在行驶，并且这 10 辆汽车以固定的顺序互相跟随。可以认为每辆汽车是一个比特，该车队是一个分组。同时假定每个收费站以每辆车 12s 的速度提供服务（即传输），并且由于时间是深夜，因此该车队是公路上唯一一批汽车。最后，假定无论该车队的第一辆汽车何时到达收费站，它都要在入口处等待，直到其他 9 辆汽车到达并整队依次前行。（因此，整个

车队在"转发"之前，必须存储在收费站。）收费站将整个车队推向公路所需要的时间是
（10 辆车）/（5 辆车/min）= 2min。该时间类比于一台路由器中的传输时延。一辆汽车从一
个收费站出口行驶到下一个收费站所需要的时间是 100km/（100km/h）= 1h。这个时间类比
于传播时延。因此，从该车队存储在收费站前到该车队存储在下一个收费站前的时间是
"传输时延"与"传播时间"的总和，在本例中为 62min。

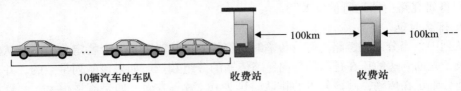

10辆汽车的车队   收费站   收费站

图 1-17　车队的类比

我们更深入地探讨一下这个类比。如果收费站对车队的服务时间大于汽车在收费站之
间行驶的时间，将会发生什么情况呢？例如，假定现在汽车是以 1000km/h 的速率行驶，
收费站是以每分钟一辆汽车的速率为汽车服务。则汽车在两个收费站之间的行驶时延是
6min，收费站为车队服务的时间是 10min。在此情况下，在该车队中的最后几辆汽车离开
第一个收费站之前，该车队中前面的几辆汽车将会达到第二个收费站。这种情况在分组交
换网中也会发生，一个分组中的前几个比特到达一台路由器，而该分组中许多余下的比
特仍然在前面的路由器中等待传输。

如果说一图胜千言的话，则一个动画必定胜百万言。与本书配套的 Web 网站提供了
一个交互式动画，它很好地展现及对比了传输时延和传播时延。我们极力推荐读者访问该
动画。[Smith 2009] 也提供了可读性很好的有关传播、排队和传输时延的讨论。

如果令 d_{proc}、d_{queue}、d_{trans} 和 d_{prop} 分别表示处理时延、排队时延、传输时延和传播时
延，则节点的总时延由下式给定：

$$d_{nodal} = d_{proc} + d_{queue} + d_{trans} + d_{prop}$$

这些时延成分所起的作用可能会有很大的不同。例如，对于连接两台位于同一个大学
校园的路由器的链路而言，d_{prop} 可能是微不足道的（例如，几微秒）；然而，对于由同步
卫星链路互联的两台路由器来说，d_{prop} 是几百毫秒，能够成为 d_{nodal} 中的主要成分。类似
地，d_{trans} 的影响可能是微不足道的，也可能是很大的。通常对于 10Mbps 和传输速率更高
（例如，对于 LAN）的信道而言，它的影响是微不足道的；然而，对于通过低速拨号调制
解调器链路发送的长因特网分组而言，时延可能是数百毫秒。处理时延 d_{proc} 通常是微不足
道的；然而，它对一台路由器的最大吞吐量有重要影响——最大吞吐量是一台路由器能够
转发分组的最大速率。

1.4.2　排队时延和丢包

节点时延的最为复杂和有趣的成分是排队时延 d_{queue}。事实上，排队时延在计算机网络
中的重要程度及人们对它感兴趣的程度，从发表的数以千计的论文和大量专著的情况可见
一斑 [Bertsekas 1991；Kleinrock 1975，1976]。我们这里仅给出有关排队时延的总体的、
直觉的讨论，求知欲强的读者可能要浏览某些书籍（或者最终写有关这方面的博士论文）。
与其他 3 项时延（即 d_{proc}、d_{trans} 和 d_{prop}）不同的是，排队时延对不同的分组可能是不同
的。例如，如果 10 个分组同时到达空队列，传输的第一个分组没有排队时延，而传输的

最后一个分组将经受相对大的排队时延（这时它要等待其他 9 个分组被传输）。因此，当表征排队时延时，人们通常使用统计量来度量，如平均排队时延、排队时延的方差和排队时延超过某些特定值的概率。

　　什么时候排队时延大，什么时候又不大呢？该问题的答案很大程度取决于流量到达该队列的速率、链路的传输速率和到达流量的性质，即流量是周期性到达还是以突发形式到达。为了更深入地领会某些要点，令 a 表示分组到达队列的平均速率（a 的单位是分组/秒，即 pkt/s）。前面讲过 R 是传输速率，即从队列中推出比特的速率（以 bps 为单位）。为了简单起见，也假定所有分组都是由 L bit 组成的。则比特到达队列的平均速率是 La bps。最后，假定该队列非常大，因此它基本能容纳无限数量的比特。比率 La/R 被称为**流量强度**（traffic intensity），它在估计排队时延的范围方面经常起着重要的作用。如果 $La/R>1$，则比特到达队列的平均速率超过从该队列传输出去的速率。在这种糟糕的情况下，该队列趋向于无限增加，并且排队时延将趋向无穷大！因此，流量工程中的一条金科玉律是：设计系统时流量强度不能大于 1。

　　现在考虑 $La/R \leqslant 1$ 时的情况。这时，到达流量的性质影响排队时延。例如，如果分组周期性到达，即每 L/R 秒到达一个分组，则每个分组将到达一个空队列，不会有排队时延。另一方面，如果分组以突发形式到达而不是周期性到达，则可能会有很大的平均排队时延。例如，假定每 $(L/R)N$ 秒同时到达 N 个分组，则传输的第一个分组没有排队时延，传输的第二个分组就有 L/R 秒的排队时延，更为一般地，传输的第 n 个分组具有 $(n-1)L/R$ 秒的排队时延。我们将该例子中计算平均排队时延的问题留给读者作为练习。

　　以上描述周期性到达的两个例子有些学术味。通常，到达队列的过程是随机的，即到达并不遵循任何模式，分组之间的时间间隔是随机的。在这种更为真实的情况下，La/R 通常不足以全面地表征时延的统计量。不过，直观地理解排队时延的范围很有用。特别是，如果流量强度接近 0，则几乎没有分组到达并且到达间隔很大，那么到达的分组将不可能在队列中发现别的分组。因此，平均排队时延将接近 0。另一方面，当流量强度接近 1 时，当到达速率超过传输能力（由于分组到达速率的波动）时将存在时间间隔，在这些时段中将形成队列。当到达速率小于传输能力时，队列的长度将缩短。无论如何，随着流量强度接近 1，平均排队长度变得越来越长。平均排队时延与流量强度的定性关系如图 1-18 所示。

　　图 1-18 的一个重要方面是这样一个事实：随着流量强度接近 1，平均排队时延迅速增加。该强度的少量增加将导致时延大比例增加。也许你在公路上经历过这种事。如果在经常拥塞的公路上驾驶，这条路经常拥塞的事实意味着它的流量强度接近 1，如果某些事件引起一个即便是稍微大于平常量的流量，经受的时延就可能很大。

　　为了实际感受到排队时延的情况，我们再次鼓

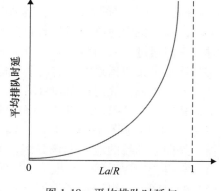

图 1-18　平均排队时延与流量强度的关系

励你访问本书的 Web 网站，该网站提供了一个有关队列的交互式动画。如果你将分组到达速率设置得足够大，使流量强度超过 1，那么将看到经过一段时间后，队列慢慢地建立起来。

丢包

在上述讨论中，我们已经假设队列能够容纳无穷多的分组。在现实中，一条链路前的队列只有有限的容量，尽管排队容量极大地依赖于路由器设计和成本。因为该排队容量是有限的，随着流量强度接近 1，排队时延并不真正趋向无穷大。相反，到达的分组将发现一个满的队列。由于没有地方存储这个分组，路由器将**丢弃**（drop）该分组，即该分组将**会丢失**（lost）。当流量强度大于 1 时，队列中的这种溢出也能够在关于队列的动画中看到。

从端系统的角度看，上述丢包现象看起来是一个分组已经传输到网络核心，但它绝不会从网络发送到目的地。分组丢失的比例随着流量强度增加而增加。因此，一个节点的性能常常不仅根据时延来度量，而且根据丢包的概率来度量。正如我们将在后面各章中讨论的那样，丢失的分组可能基于端到端的原则重传，以确保所有的数据最终从源传送到目的地。

1.4.3 端到端时延

前面的讨论一直集中在节点时延上，即在单台路由器上的时延。我们现在考虑从源到目的地的总时延。为了能够理解这个概念，假定在源主机和目的主机之间有 $N-1$ 台路由器。我们还要假设该网络此时是无拥塞的（因此排队时延是微不足道的），在每台路由器和源主机上的处理时延是 d_{proc}，每台路由器和源主机的输出速率是 R bps，每条链路的传播时延是 d_{prop}。节点时延累加起来，得到端到端时延：

$$d_{end-end} = N(d_{proc} + d_{trans} + d_{prop}) \qquad (1-2)$$

同样，式中 $d_{trans} = L/R$，其中 L 是分组长度。值得注意的是，式（1-2）是式（1-1）的一般形式，式（1-1）没有考虑处理时延和传播时延。在各节点具有不同的时延和每个节点存在平均排队时延的情况下，需要对式（1-2）进行一般化处理。

1. Traceroute

为了对计算机网络中的端到端时延有实际认识，我们可以利用 Traceroute 程序。Traceroute 是一个简单的程序，它能够在任何因特网主机上运行。当用户指定一个目的主机名字时，源主机中的该程序朝着目的地发送多个特殊的分组。当这些分组向着目的地传送时，它们通过一系列路由器。当路由器接收到这些特殊分组之一时，它向源回送一个短报文。该短报文包括路由器的名字和地址。

更具体地，假定在源和目的地之间有 $N-1$ 台路由器。源将向网络发送 N 个特殊的分组，其中每个分组地址指向最终目的地。这 N 个特殊分组标识为从 1 到 N，第一个分组标识为 1，最后的分组标识为 N。当第 n 台路由器接收到标识为 n 的第 n 个分组时，该路由器不是向它的目的地转发该分组，而是向源回送一个报文。当目的主机接收第 N 个分组时，它也会向源返回一个报文。该源记录了从它发送一个分组到它接收到对应返回报文所经历的时间，它也记录了返回该报文的路由器（或目的主机）的名字和地址。以这种方式，源能够重建分组从源到目的地所采用的路由，并且该源能够确定到所有中间路由器的往返时延。Traceroute 实际上对刚才描述的实验重复了 3 次，因此该源实际上向目的地发送了 $3N$ 个分组。RFC 1393 详细地描述了 Traceroute。

这里有一个 Traceroute 程序输出的例子，其中追踪的路由从源主机 gaia. cs. umass. edu（位于马萨诸塞大学）到位于巴黎的索邦大学计算机科学系的一台主机（该大学曾被称为

UPMC）。输出有 6 列：第一列是前面描述的 n 值，即路径上的路由器编号；第二列是路由器的名字；第三列是路由器地址（格式为 xxx. xxx. xxx. xxx）；最后 3 列是 3 次实验的往返时延。如果源从任何给定路由器接收到的报文少于 3 条（由于网络中的丢包），Traceroute 在该路由器号码后面放一个星号，并向那台路由器报告少于 3 次往返时间。

```
 1  gw-vlan-2451.cs.umass.edu (128.119.245.1)  1.899 ms 3.266 ms  3.280 ms
 2  j-cs-gw-int-10-240.cs.umass.edu (10.119.240.254) 1.296 ms 1.276 ms
    1.245 ms
 3  n5-rt-1-1-xe-2-1-0.gw.umass.edu (128.119.3.33) 2.237 ms  2.217 ms
    2.187 ms
 4  core1-rt-et-5-2-0.gw.umass.edu (128.119.0.9) 0.351 ms 0.392 ms 0.380 ms
 5  border1-rt-et-5-0-0.gw.umass.edu (192.80.83.102) 0.345 ms 0.345 ms
    0.344 ms
 6  nox300gw1-umass-re.nox.org (192.5.89.101) 3.260 ms  0.416 ms 3.127 ms
 7  nox300gw1-umass-re.nox.org (192.5.89.101) 3.165 ms 7.326 ms  7.311 ms
 8  198.71.45.237 (198.71.45.237) 77.826 ms 77.246 ms 77.744 ms
 9  renater-lb1-gw.mx1.par.fr.geant.net (62.40.124.70) 79.357 ms 77.729
    79.152 ms
10 193.51.180.109 (193.51.180.109) 78.379 ms  79.936 80.042 ms
11 * 193.51.180.109 (193.51.180.109) 80.640 ms *
12 * 195.221.127.182 (195.221.127.182) 78.408 ms *
13 195.221.127.182 (195.221.127.182) 80.686 ms 80.796 ms 78.434 ms
14 r-upmc1.reseau.jussieu.fr (134.157.254.10) 78.399 ms * 81.353 ms
```

在上述踪迹中，在源和目的之间有 14 台路由器。这些路由器中的多数都有名字，所有路由器都有地址。例如，路由器 4 的名字是 core1-rt-et-5-2-0. gw. umass. edu，它的地址是 128. 119. 0. 9。看看为这台路由器提供的数据，可以看到在源和路由器之间的往返时延：3 次实验中的第一次是 0. 351ms，后续两次实验的往返时延是 0. 392ms 和 0. 380ms。这些往返时延包括刚才讨论的所有时延，即包括传输时延、传播时延、路由器处理时延和排队时延。因为该排队时延随时间变化，所以分组 n 发送到路由器 n 的往返时延实际上可能比分组 $n+1$ 发送到路由器 $n+1$ 的往返时延更长。的确，我们在上述例子中观察到了这种现象：到路由器 12 的时延比到路由器 11 的更小！还注意到从路由器 7 到路由器 8 时，往返时延有较大的增加。这起因于路由器 7 和路由器 8 之间的跨大西洋光纤链路，这导致了相对较大的传播时延。有一些为 Traceroute 提供图形化界面的免费软件，我们喜爱的一个软件是 PingPlotter［PingPlotter 2020］。

2. 端系统、应用程序和其他时延

除了处理时延、传输时延和传播时延外，端系统中还有其他一些重要时延。例如，希望向共享媒介（例如在 WiFi 或电缆调制解调器情况下）传输分组的端系统可能有意地延迟它的传输，把这作为它与其他端系统共享媒介的协议的一部分；我们将在第 6 章中详细地考虑这样的协议。另一个重要的时延是媒介分组化时延，这种时延出现在 IP 语音（VoIP）应用中。在 VoIP 中，发送方在向因特网传递分组之前必须首先用编码的数字化语音填充一个分组。这种填充一个分组的时间称为分组化时延，它可能较大，并能够影响用户感受到的 VoIP 呼叫的质量。这个问题将在本章的课后作业中进一步探讨。

1.4.4　计算机网络中的吞吐量

除了时延和丢包外，计算机网络中另一个至关重要的性能测度是端到端吞吐量。为了定义吞吐量，考虑从主机 A 到主机 B 跨越计算机网络传送一个大文件。例如，也许是从一台计算机到另一台计算机的视频剪辑。在任何时间，**瞬时吞吐量**（instantaneous throughput）是主机 B 接收到该文件的速率（以 bps 计）。（许多应用程序的用户界面显示了下载期间的瞬时吞吐量，也许你以前已经观察过它！你也许还喜欢使用测速应用程序测量经过因特网的你的机器与服务器之间的端到端时延和下载吞吐量［Speedtest 2020］。）如果该文件由 F bit 组成，主机 B 接收到所有 F bit 用去 T s，则文件传送的**平均吞吐量**（average throughput）是 F/T bps。对于某些应用程序如因特网电话，希望具有低时延和在某个阈值之上（例如，对某些因特网电话是超过 24kbps，对某些实时视频应用程序是超过 256kbps）的一致的瞬时吞吐量。对于其他应用程序，包括涉及文件传送的那些应用程序，时延不是关键因素，但是希望具有尽可能高的吞吐量。

为了进一步深入理解吞吐量这个重要概念，我们考虑几个例子。图 1-19a 显示了服务器和客户这两个端系统，它们由两条通信链路和一台路由器相连。考虑从服务器传送一个文件到客户的吞吐量。令 R_s 表示服务器与路由器之间的链路速率，R_c 表示路由器与客户之间的链路速率。假定在整个网络中只有从该服务器到客户的比特在传送。在这种理想的情况下，该服务器到客户的吞吐量是多少？为了回答这个问题，我们可以将比特想象为流体，将通信链路想象为管道。显然，这台服务器不能以快于 R_s 的速率通过其链路注入比特，这台路由器也不能以快于 R_c 的速率转发比特。如果 $R_s < R_c$，则在给定的吞吐量 R_s 的情况下，由该服务器注入的比特将顺畅地通过路由器"流动"，并以速率 R_s 到达客户。另一方面，如果 $R_c < R_s$，则该路由器将不能像接收速率那样快地转发比特。在这种情况下，比特将以速率 R_c 离开该路由器，从而得到端到端吞吐量 R_c。（还要注意的是，如果比特继续以速率 R_s 到达路由器，继续以 R_c 离开路由器的话，在该路由器中等待传输给客户的积压比特将不断增加，这是一种最不希望出现的情况！）因此，对于这种简单的两链路网络，其吞吐量是 $\min\{R_c, R_s\}$，也就是**瓶颈链路**（bottleneck link）的传输速率。在决定了吞吐量之后，我们现在近似地得到从服务器到客户传输一个 F bit 的大文件所需要的时间是 $F/\min\{R_c, R_s\}$。举一个特定的例子，假定你正在下载一个 $F = 32 \times 10^6$bit 的 MP3 文件，服务器具有 $R_s = 2$Mbps 的传输速率，并且你有一条 $R_c = 1$Mbps 的接入链路。则传输该文件所需的时间是 32s。当然，这些吞吐量和传输时间的表达式仅是近似的，因为它们并没有考虑存储转发、处理时延和协议等问题。

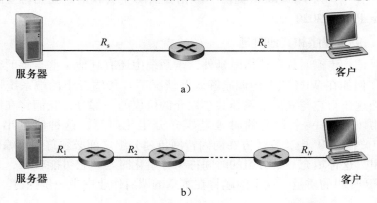

图 1-19　一个文件从服务器传送到客户的吞吐量

图 1-19b 显示了一个在服务器和客户之间具有 N 条链路的网络，这 N 条链路的传输速率分别是 R_1，R_2，$\cdots$，R_N。应用对两条链路网络的分析方法，我们发现从服务器到客户的文件传输吞吐量是 $\min\{R_1, R_2, \cdots, R_N\}$，这同样仍是沿着服务器和客户之间路径的瓶

颈链路的速率。

　　现在考虑由当前因特网所引发的另一个例子。图 1-20a 显示了与一个计算机网络相连的两个端系统：一台服务器和一个客户。考虑从服务器向客户传送一个文件的吞吐量。服务器以速率为 R_s 的接入链路与网络相连，且客户以速率为 R_c 的接入链路与网络相连。现在假定在通信网络核心中的所有链路具有非常高的传输速率，即该速率比 R_s 和 R_c 要高得多。目前因特网的核心的确超量配置了高速率的链路，从而很少出现拥塞。同时假定在整个网络中发送的比特都是从该服务器到该客户。在这个例子中，因为计算机网络的核心就像一个粗大的管子，所以比特从源向目的地的流动速率仍是 R_s 和 R_c 中的最小者，即吞吐量 $=\min\{R_s, R_c\}$。因此，在今天因特网中对吞吐量的限制因素通常是接入网。

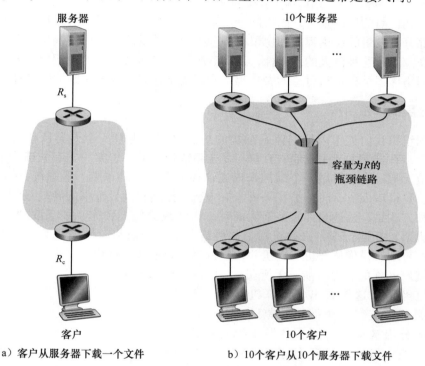

服务器

R_s

R_c

客户

a）客户从服务器下载一个文件

10个服务器

...

容量为R的
瓶颈链路

10个客户

...

b）10个客户从10个服务器下载文件

图 1-20　端到端吞吐量

　　作为最后一个例子，考虑图 1-20b，其中有 10 台服务器和 10 个客户与某计算机网络核心相连。在这个例子中，同时发生 10 个下载，涉及 10 个客户-服务器对。假定这 10 个下载是网络中当时的唯一流量。如该图所示，在核心中有一条所有 10 个下载通过的链路。将这条链路的传输速率表示为 R。假定所有服务器接入链路具有相同的速率 R_s，所有客户接入链路具有相同的速率 R_c，并且核心中除了速率为 R 的一条共同链路之外的所有链路，它们的传输速率都比 R_s、R_c 和 R 大得多。现在我们要问，这种下载的吞吐量是多少？显然，如果该公共链路的速率 R 很大，比如说是 R_s 和 R_c 的 100 倍，则每个下载的吞吐量将仍然是 $\min\{R_s, R_c\}$。但是如果该公共链路的速率与 R_s 和 R_c 有相同量级会怎样呢？在这种情况下其吞吐量将是多少呢？让我们观察一个特定的例子。假定 $R_s = 2\text{Mbps}$，$R_c = 1\text{Mbps}$，$R = 5\text{Mbps}$，并且公共链路为 10 个下载平等划分传输速率。这时每个下载的瓶颈不再位于接入网中，而是位于核心中的共享链路，该瓶颈仅能为每个下载提供 500kbps 的吞吐量。因此每个下载的端到端吞吐量现在减少到 500kbps。

图 1-19 和图 1-20 中的例子说明吞吐量取决于数据流过的链路的传输速率。我们看到当没有其他干扰流量时，其吞吐量能够近似为沿着源和目的地之间路径的最小传输速率。图 1-20b 中的例子更一般地说明了吞吐量不仅取决于沿着路径的传输速率，而且取决于干扰流量。特别是，如果许多其他的数据流也通过这条链路流动，一条具有高传输速率的链路仍然可能成为文件传输的瓶颈链路。我们将在课后习题中和后续章节中更仔细地研究计算机网络中的吞吐量。

1.5 协议层次及其服务模型

从我们到目前的讨论来看，因特网显然是一个极为复杂的系统。我们已经看到，因特网有许多部分：大量的应用程序和协议、各种类型的端系统、分组交换机以及各种类型的链路级媒介。面对这种巨大的复杂性，存在着组织网络体系结构的希望吗？或者至少存在着我们对网络体系结构进行讨论的希望吗？幸运的是，对这两个问题的回答都是肯定的。

1.5.1 分层的体系结构

在试图组织我们关于因特网体系结构的想法之前，先看一个人类社会与之类比的例子。实际上，在日常生活中我们一直都与复杂系统打交道。想象一下有人请你描述比如航空系统的情况吧。你怎样用一个结构来描述这样一个复杂的系统？该系统具有票务代理、行李检查、登机口人员、飞行员、飞机、空中航行控制和世界范围的导航系统。描述这种系统的一种方式是，描述当你乘某架航班时，你（或其他人替你）要采取的一系列操作。你要购买机票，托运行李，去登机口，并最终登上这架航班。该飞机起飞，飞行到目的地。当飞机着陆后，你从登机口离机并认领行李。如果这次行程不理想，你会向票务机构投诉这次航班（你的努力可能一无所获）。图 1-21 显示了这种场景。

我们已经能从这里看出与计算机网络的某些类似：航空公司把你从源送到目的地；而分组被从因特网中的源主机送到目的主机。但这不是我们寻求的完全的类似。我们在图 1-21 中寻找某些结构。观察图 1-21，我们注意到在每一端都有票务功能，对已经检票的乘客有托运行李功能，对已经检票并已经检查过行李的乘客有登机功能。对于那些已经通过登机口的乘客（即已经经过检票、行李检查和通过登机口的乘客），有起飞和着陆的功能，并且在飞行中，有飞机按预定路线飞行的功能。这提示我们能够以水平的方式看待这些功能，如图 1-22 所示。

图 1-21 乘飞机旅行的一系列操作

图 1-22 将航空功能划分为一些层次，为我们提供了讨论航空旅行的框架。注意到每个层次与其下面的层次结合在一起，实现了某些功能和服务。在票务层及以下，完成了一个人从航线柜台到航线柜台的转移。在行李层及以下，完成了人和行李从行李托运到行李

认领的转移。注意到行李层仅对已经完成票务的人提供服务。在登机口层，完成了人和行李从离港登机口到到港登机口的转移。在起飞/着陆层，完成了一个人和手提行李从跑道到跑道的转移。每个层次通过以下方式提供服务：①在这层中执行了某些操作（例如，在登机口层，某飞机的乘客登机和离机）；②使用直接下层的服务（例如，在登机口层，使用起飞/着陆层的跑道到跑道的旅客转移服务）。

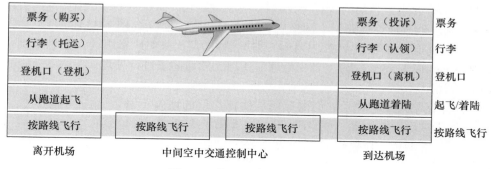

图 1-22　航空功能的水平分层

利用分层的体系结构，我们可以讨论一个大而复杂的系统中定义良好的特定部分。这种简化本身由于提供了模块化而具有很高的价值，这使某层所提供的服务实现易于改变。只要该层对其上面的层提供相同的服务，并且使用来自下面的层的相同服务，当某层的实现变化时，该系统的其余部分就可以保持不变。（注意到改变一个服务的实现与改变服务本身是极为不同的！）例如，如果登机口功能被改变了（例如让人们按身高登机和离机），航线系统的其余部分将保持不变，因为登机口仍然提供相同的功能（人们登机和离机）；改变后，它仅是以不同的方式实现了该功能。对于大而复杂且需要不断更新的系统，改变服务的实现而不影响该系统其他组件是分层的另一个重要优点。

协议分层

关于航空系统的讨论已经足够了，现将注意力转向网络协议。为了给网络协议的设计提供一个结构，网络设计者以**分层**（layer）的方式组织协议并实现这些协议的网络硬件和软件。每个协议属于这些层次之一，就像图 1-22 所示的航线体系结构中的每种功能属于某一层一样。我们再次关注某层向它的上一层提供的**服务**（service），即所谓一层的**服务模型**（service model）。就像前面航线例子中的情况一样，每层通过在该层中执行某些操作或使用直接下层的服务来提供服务。例如，由第 n 层提供的服务可能包括报文从网络的一边到另一边的可靠交付。这可能是通过使用第 $n-1$ 层的边缘到边缘的不可靠报文传送服务，加上第 n 层的检测和重传丢失报文的功能来实现的。

一个协议层能够用软件、硬件或两者的结合来实现。诸如 HTTP 和 SMTP 这样的应用层协议几乎总是在端系统中用软件实现，运输层协议也是如此。因为物理层和数据链路层负责处理跨越特定链路的通信，它们通常在与给定链路相关联的网络接口卡（例如以太网或 WiFi 接口卡）中实现。网络层经常是硬件和软件实现的混合体。还要注意的是，如同分层的航线体系结构中的功能分布在构成该系统的各机场和飞行控制中心中一样，一个第 n 层协议也分布在构成该网络的端系统、分组交换机和其他组件中。这就是说，第 n 层协议的不同部分常常位于这些网络组件的各部分中。

协议分层具有概念化和结构化的优点［RFC 3439］。如我们看到的那样，分层提供了一种结构化方式来讨论系统组件。模块化使更新系统组件更为容易。然而，需要提及的是，某些研究人员和网络工程师激烈地反对分层［Wakeman 1992］。分层的一个潜在缺点是一层可能冗余较低层的功能。例如，许多协议栈在基于每段链路和基于端到端两种情况下，都提供了差错恢复。第二种潜在的缺点是某层的功能可能需要仅在其他某层才出现的信息（如时间戳值），这违反了层次分离的目标。

将这些综合起来，各层的所有协议被称为**协议栈**（protocol stack）。因特网的协议栈由5个层次组成：物理层、链路层、网络层、运输层和应用层（如图1-23所示）。如果你查看本书目录，将会发现我们大致是以因特网协议栈的层次来组织本书的。我们采用了**自顶向下方法**（top-down approach），首先处理应用层，然后向下进行处理。

（1）应用层

应用层是网络应用程序及它们的应用层协议存留的地方。因特网的应用层包括许多协议，例如 HTTP（它提供了 Web 文档的请求和传送）、SMTP（它提供了电子邮件报文的传输）和 FTP（它提供两个端系统之间的文件传送）。我们将看到，某些网络功能，如将 www.ietf.org 这样对人友好的端系统名字转换为 32 比特的网络地址，也是借助于特定的应用层协议即域名系统（DNS）完成的。我们将在第 2 章中看到，创建并部署我们自己的新应用层协议是非常容易的。

5层因特网协议栈

图 1-23   因特网协议栈

应用层协议分布在多个端系统上，而一个端系统中的应用程序使用协议与另一个端系统中的应用程序交换信息分组。我们把这种位于应用层的信息分组称为**报文**（message）。

（2）运输层

因特网的运输层在应用程序端点之间传送应用层报文。在因特网中有两种运输协议，即 TCP 和 UDP，利用其中的任一个都能运输应用层报文。TCP 向它的应用程序提供面向连接的服务。这种服务包括确保应用层报文向目的地的传递和流量控制（即发送方/接收方速率匹配）。TCP 也将长报文划分为短报文，并提供拥塞控制机制，因此当网络拥塞时，源抑制其传输速率。UDP 协议向它的应用程序提供无连接服务。这是一种不提供不必要服务的服务，没有可靠性，没有流量控制，也没有拥塞控制。在本书中，我们把运输层的分组称为**报文段**（segment）。

（3）网络层

因特网的网络层负责将称为**数据报**（datagram）的网络层分组从一台主机移动到另一台主机。在一台源主机中的因特网运输层协议（TCP 或 UDP）向网络层递交运输层报文段和目的地址，就像你通过邮政服务寄信件时提供一个目的地址一样。

因特网的网络层包括著名的网际协议（IP），该协议定义了在数据报中的各个字段以及端系统和路由器如何作用于这些字段。IP 仅有一个，所有具有网络层的因特网组件必须运行 IP。因特网的网络层也包括决定路由的路由选择协议，它根据该路由将数据报从源传输到目的地。因特网具有许多路由选择协议。如我们在 1.3 节所见，因特网是一个网络的网络，并且在一个网络中，其网络管理者能够运行所希望的任何路由选择协议。尽管网络层包括了网际协议和一些路由选择协议，但通常把它简单地称为 IP 层，这反映了 IP 是将因特网连接在一起的黏合剂这一事实。

（4）链路层

因特网的网络层通过源和目的地之间的一系列路由器路由数据报。为了将分组从一个节点（主机或路由器）移动到路径上的下一个节点，网络层必须依靠该链路层的服务。特别是在每个节点，网络层将数据报下传给链路层，链路层沿着路径将数据报传递给下一个节点。在下一个节点，链路层将数据报上传给网络层。

由链路层提供的服务取决于应用于该链路的特定链路层协议。例如，某些协议基于链路提供可靠传递，从传输节点跨越一条链路到接收节点。值得注意的是，这种可靠的传递服务不同于 TCP 的可靠传递服务，TCP 提供从一个端系统到另一个端系统的可靠交付。链路层的例子包括以太网、WiFi 和电缆接入网的 DOCSIS 协议。因为数据报从源到目的地传送通常需要经过几条链路，一个数据报可能被沿途不同链路上的不同链路层协议处理。例如，一个数据报可能被一段链路上的以太网和下一段链路上的 PPP 所处理。网络层将受到来自每个不同的链路层协议的不同服务。在本书中，我们把链路层分组称为**帧**（frame）。

（5）物理层

链路层的任务是将整个帧从一个网络元素移动到邻近的网络元素，而物理层的任务是将该帧中的一个个比特从一个节点移动到下一个节点。在这层中的协议仍然是链路相关的，并且进一步与该链路（例如，双绞铜线、单模光纤）的实际传输媒介相关。例如，以太网具有许多物理层协议：一个是关于双绞铜线的，另一个是关于同轴电缆的，还有一个是关于光纤的，等等。在每种场合中，跨越这些链路移动一个比特是以不同的方式进行的。

1.5.2 封装

图 1-24 显示了这样一条物理路径：数据从发送端系统的协议栈向下，沿着中间的链路层交换机和路由器的协议栈上上下下，然后向上到达接收端系统的协议栈。如我们将在本书后面讨论的那样，路由器和链路层交换机都是分组交换机。与端系统类似，路由器和链路层交换机以多层次的方式组织它们的网络硬件和软件。而路由器和链路层交换机并不实现协议栈中的所有层次。如图 1-24 所示，链路层交换机实现了第一层和第二层，路由器实现了第一层到第三层。例如，这意味着因特网路由器能够实现 IP（一种第三层协议），而链路层交换机则不能。我们将在后面看到，尽管链路层交换机不能识别 IP 地址，但它们能够识别第二层地址，如以太网地址。值得注意的是，主机实现了所有 5 个层次，这与因特网体系结构将它的复杂性放在网络边缘的观点是一致的。

图 1-24 也说明了一个重要概念：**封装**（encapsulation）。在发送主机端，一个应用层**报文**（application-layer message）（图 1-24 中的 M）被传送给运输层。在最简单的情况下，运输层收取报文并附上附加信息（所谓运输层首部信息，图 1-24 中的 H_t），该首部将被接收端的运输层使用。应用层报文和运输层首部信息一道构成了**运输层报文段**（transport-layer segment）。运输层报文段因此封装了应用层报文。附加的信息也许包括下列信息：允许接收端运输层向上向适当的应用程序交付报文的信息；差错检测位信息，该信息让接收方能够判断报文中的比特是否在途中已被改变。运输层则向网络层传递该报文段，网络层增加了如源和目的端系统地址等网络层首部信息（图 1-24 中的 H_n），生成**网络层数据报**（network-layer datagram）。该数据报接下来被传递给链路层，链路层（自然而然地）增加它自己的链路层首部信息并生成**链路层帧**（link-layer frame）。所以我们看到，在每一层，一个分组具有两种类型的字段：首部字段和**有效载荷字段**（payload field）。有效载荷通常是来自上一层的分组。

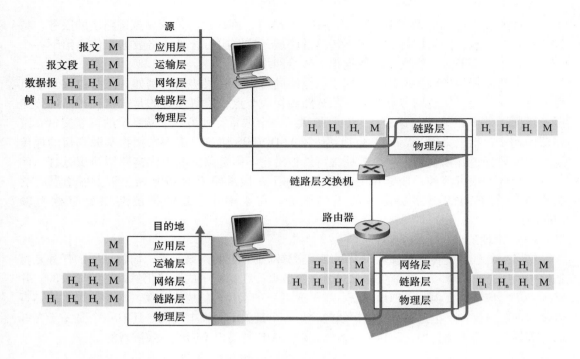

图 1-24 主机、路由器和链路层交换机，每个都包含不同的层，反映了它们的功能差异

这里一个有用的类比是经过公共邮政服务在某公司办事处之间发送一封备忘录。假定位于某办事处的 Alice 要向位于另一办事处的 Bob 发送一封备忘录。该备忘录类比于应用层报文。Alice 将备忘录放入办事处之间的公函信封中，并在公函信封上方写上了 Bob 的名字和部门。该办事处之间的公函信封类比于运输层报文段，即包括首部信息（Bob 的名字和部门编号）并封装了应用层报文（备忘录）。当发送办事处的收发室拿到该办事处之间的备忘录时，将其放入适合在公共邮政服务发送的信封中，并在邮政信封上写上发送和接收办事处的邮政地址。此处，邮政信封类比于数据报，它封装了运输层的报文段（办事处之间的公函信封），该报文段封装了初始报文（备忘录）。邮政服务将该邮政信封交付给接收办事处的收发室。在此处开始了拆封过程。该收发室取出了办事处之间的公函信封并转发给 Bob。最后，Bob 打开信封并拿走了备忘录。

封装的过程可能比前面描述的更为复杂。例如，一个大报文可能被划分为多个运输层的报文段（这些报文段每个可能被划分为多个网络层数据报）。在接收端，则必须从其连续的数据报中重构这样一个报文段。

1.6 面对攻击的网络

对于今天的许多机构（包括大大小小的公司、大学和政府机关）而言，因特网已经成为与其使命密切相关的一部分了。许多人也依赖因特网从事各种社会和个人活动。目前，数以亿计的物品（包括可穿戴设备和家用设备）与因特网相连。但是在所有这一切背后，存在着一个阴暗面，有些"坏家伙"试图对我们的日常生活进行破坏，如损坏我们与因特网相连的计算机，侵犯我们的隐私以及使我们依赖的因特网服务无法运行。

网络安全领域主要探讨以下问题：坏家伙如何攻击计算机网络，以及我们（即将成为计算机网络的专家）如何防御以免受他们的攻击，或者更好的是设计能够事先免除这样的攻击的新型体系结构。面对经常发生的各种各样的现有攻击以及新型和更具摧毁性的未来攻击的威胁，网络安全已经成为近年来计算机网络领域的中心主题。本书的特色之一是将网络安全问题放在中心位置。

因为我们在计算机网络和因特网协议方面还没有专业知识，所以这里我们将从审视某些今天最为流行的与安全性相关的问题开始。这将刺激我们的胃口，以便我们在后续章节中进行更为充实的讨论。我们在这里以提出问题开始：什么会出现问题？计算机网络是如何受到攻击的？今天一些最为流行的攻击类型是什么？

1. 坏家伙能够经因特网将有害程序放入你的计算机中

因为我们要从/向因特网接收/发送数据，所以我们将设备与因特网相连。这包括各种好东西，例如 Instagram、因特网搜索、音乐、视频会议、电影等。但不幸的是，伴随好的东西而来的还有恶意的东西，这些恶意的东西可统称为**恶意软件**（malware），它们能够进入并感染我们的设备。一旦恶意软件感染我们的设备，就能够做各种不正当的事情，包括删除我们的文件，安装间谍软件来收集我们的隐私信息，如社会保险号、口令和击键，然后将这些（当然经因特网）发送给坏家伙。我们的受害主机也可能成为数以千计的类似受害设备网络中的一员，它们被统称为**僵尸网络**（botnet），坏家伙利用僵尸网络控制并有效地对目标主机展开垃圾邮件分发或分布式拒绝服务攻击（很快将讨论）。

至今为止的多数恶意软件是**自我复制**（self-replicating）的：一旦它感染了一台主机，就会从那台主机寻求进入因特网上的其他主机，从而形成新的感染主机，再寻求进入更多的主机。以这种方式，自我复制的恶意软件能够指数式地快速扩散。

2. 坏家伙能够攻击服务器和网络基础设施

另一种宽泛类型的安全性威胁称为**拒绝服务攻击** [Denial-of-Service（DoS）attack]。顾名思义，DoS 攻击使得网络、主机或其他基础设施部分不能由合法用户使用。Web 服务器、电子邮件服务器、DNS 服务器（在第 2 章中讨论）和机构网络都能够成为 DoS 攻击的目标。访问数字攻击图（Digital Attack Map）站点可以观看世界范围内每天最厉害的 DoS 攻击 [DAM 2020]。大多数因特网 DoS 攻击属于下列三种类型之一：

- 弱点攻击。这涉及向一台目标主机上运行的易受攻击的应用程序或操作系统发送制作精细的报文。如果适当顺序的多个分组发送给一个易受攻击的应用程序或操作系统，该服务器可能停止运行，或者更糟糕的是主机可能崩溃。
- 带宽洪泛。攻击者向目标主机发送大量的分组，分组数量之多使得目标的接入链路变得拥塞，使得合法的分组无法到达服务器。
- 连接洪泛。攻击者在目标主机中创建大量的半开或全开 TCP 连接（将在第 3 章中讨论 TCP 连接）。该主机因这些伪造的连接而陷入困境，并停止接受合法的连接。

我们现在更详细地研究这种带宽洪泛攻击。回顾 1.4.2 节中讨论的时延和丢包问题，显然，如果某服务器的接入速率为 R bps，则攻击者将需要以大约 R bps 的速率来产生危害。如果 R 非常大的话，单一攻击源可能无法产生足够大的流量来伤害该服务器。此外，如果从单一源发出所有流量的话，某上游路由器就能够检测出该攻击并在该流量靠近服务器之前就将其阻挡下来。在图 1-25 中显示的**分布式 DoS**（Distributed DoS，DDoS）中，攻击者控制多个源并让每个源向目标猛烈发送流量。使用这种方法，遍及所有受控源的聚合流量速率需要大约 R bps 的能力来使该服务陷入瘫痪。DDoS 攻击充分利用由数以千计的受害主机组成的僵尸网络，这在今天是屡见不鲜的［DAM 2020］。相比于来自单一主机的 DoS 攻击，DDoS 攻击更加难以检测和防范。

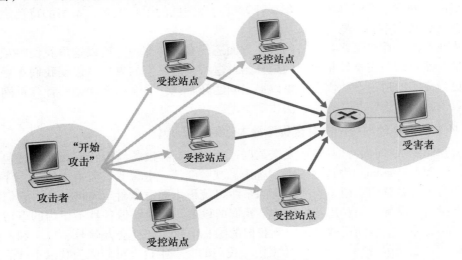

图 1-25   分布式拒绝服务攻击

当学习这本书时，我们鼓励你考虑下列问题：计算机网络设计者能够采取哪些措施防止 DoS 攻击？我们将看到，对于 3 种不同类型的 DoS 攻击需要采用不同的防御方法。

3. 坏家伙能够嗅探分组

今天的许多用户经无线设备接入因特网，如 WiFi 连接的笔记本电脑或使用蜂窝因特网连接的手持设备（在第 7 章中讨论）。无所不在的因特网接入极为便利并让移动用户方便地使用令人惊奇的新应用程序，但同时也产生了严重的安全脆弱性——在无线传输设备的附近放置一台被动的接收机，该接收机就能得到传输的每个分组的副本！这些分组包含了各种敏感信息，包括口令、社会保险号、商业秘密和隐秘的个人信息。记录每个流经的分组副本的被动接收机被称为**分组嗅探器**（packet sniffer）。

嗅探器也能够部署在有线环境中。在有线的广播环境中，如在许多以太网 LAN 中，分组嗅探器能够获得经该 LAN 发送的所有分组。如在 1.2 节中描述的那样，电缆接入技术也广播分组，因此易于受到嗅探攻击。此外，获得某机构与因特网连接的接入路由器或接入链路访问权的坏家伙，通过放置一台嗅探器便可产生从该机构出入的每个分组的副本，再对嗅探到的分组进行离线分析，就能得出敏感信息。

分组嗅探软件在各种 Web 站点上可免费得到，这类软件也有商用的产品。教网络课程的教授布置的实验作业就涉及写一个分组嗅探器和应用层数据重构程序。与本书相关联的 Wireshark［Wireshark 2020］实验（参见本章结尾处的 Wireshark 实验介绍）使用的正是这样一种分组嗅探器！

因为分组嗅探器是被动的，也就是说它们不向信道中注入分组，所以难以检测。因此，当我们向无线信道发送分组时，必须接受这样的可能性，即某些坏家伙可能记录了分组的副本。如你已经猜想的那样，最好的防御嗅探的方法基本上都与密码学有关。我们将在第 8 章研究密码学及其在网络安全中的应用。

4. 坏家伙能够伪装成你信任的人

生成具有任意源地址、分组内容和目的地址的分组，然后将这个人工制作的分组传输到因特网中，因特网将忠实地将该分组转发到目的地，这一切都极为容易（当你学完这本教科书后，你将很快具有这方面的知识了！）。想象某个接收到这样一个分组的不会猜疑的接收方（比如说一台因特网路由器），认为该（虚假的）源地址是真实的，进而执行某些嵌入该分组内容中的命令（比如说修改它的转发表）。将具有虚假源地址的分组注入因特网的能力被称为 IP 哄骗（IP spoofing），而它只是一个用户冒充另一个用户的许多方式中的一种。

为了解决这个问题，我们需要采用端点鉴别，即一种使我们能够确信一个报文源自我们认为它应当来自的地方的机制。当你继续学习本书各章时，再次建议你思考怎样为网络应用程序和协议做这件事。我们将在第 8 章探讨端点鉴别机制。

在本节结束时，值得思考一下因特网是如何从一开始就落入这样一种不安全的境地的。大体上讲，答案是：因特网最初就是基于"一群相互信任的用户连接到一个透明的网络上"这样的模型［Blumenthal 2001］进行设计的，在这样的模型中，安全性是没有必要的。初始的因特网体系结构在许多方面都深刻地反映了这种相互信任的理念。例如，一个用户向任何其他用户发送分组的能力是默认的，而不是一种请求/准予的能力；用户身份取自所宣称的表面价值，而不是默认需要鉴别。

今天的因特网无疑并不是只有"相互信任的用户"。但是，今天的用户仍然需要通信，当他们不必相互信任时，他们也许希望匿名通信，也许间接地通过第三方通信（例如我们将在第 2 章学习的 Web 高速缓存，我们将在第 7 章学习的移动性协助代理），也许不信任他们通信时使用的硬件、软件甚至空气。随着我们进一步学习本书，会面临许多安全性相关的挑战：我们应当寻求对嗅探、端点假冒、中间人攻击、DDoS 攻击、恶意软件等的防护办法。我们应当记住：在相互信任的用户之间的通信是一种例外而不是规则。欢迎你到现代计算机网络世界！

1.7　计算机网络和因特网的历史

1.1 节到 1.6 节概述了计算机网络和因特网的技术。你现在应当有足够的知识来给家人和朋友留下深刻印象了。然而，如果你真的想在下次鸡尾酒会上一鸣惊人，你应当在你的演讲中点缀一些有关因特网引人入胜的历史逸闻［Segaller 1998］。

1.7.1　分组交换的发展：1961～1972

计算机网络和今天因特网领域的开端可以追溯到 20 世纪 60 年代早期，那时电话网是世界上占统治地位的通信网络。1.3 节讲过，电话网使用电路交换将信息从发送方传输到接收方，这种恰当的方式使得语音以一种恒定的速率在发送方和接收方之间传输。随着 20 世纪 60 年代早期计算机的重要性不断提升，以及分时计算机的出现，考虑如何将计算机连接在一起，并使它们能够被地理上分布的用户所共享的问题，也许就成了一件自然的事。这些用户所产生的流量很可能具有突发性，即活动的间断性，例如向远程计算机发送一个命令，接着是静止的时间段，这是等待应答或对接收到的响应进行思考的时间。

全世界有 3 个研究组先后发明了分组交换，以作为电路交换的一种有效的、健壮的替代技术。这 3 个研究组互不知道其他人的工作［Leiner 1998］。有关分组交换技术的首次公开发表出自 Leonard Kleinrock［Kleinrock 1961；Kleinrock 1964］，那时他是麻省理工学院（MIT）的一名研究生。Kleinrock 使用排队论，完美地体现了使用分组交换方法处理突

发性流量源的有效性。1964 年，兰德公司的 Paul Baran［Baran 1964］已经开始研究分组
交换的应用，以在军用网络上传输安全语音；同时在英国的国家物理实验室（NPL），
Donald Davies 和 Roger Scantlebury 也在研究分组交换概念机。

　　MIT、兰德和 NPL 的工作奠定了今天的因特网的基础。但是因特网也经历了很长的
"边构建边论证（let's-build-it-and-demonstrate-it）"的历史，这可追溯到 20 世纪 60 年代早
期。J. C. R. Licklider［DEC 1990］和 Lawrence Roberts 都是 Kleinrock 在 MIT 的同事，他们

转而去领导美国高级研究计划署（Advanced
Research Projects Agency，ARPA）的计算机
科学计划。Roberts 公布了 ARPAnet［Roberts
1967］的总体计划，它是第一个分组交换计
算机网络，是今天的公共因特网的"祖先"。
在 1969 年的劳动节，第一台分组交换机在
Kleinrock 的监管下安装在美国加州大学洛杉
矶分校（UCLA），其他 3 台分组交换机不久
后安装在斯坦福研究院（Stanford Research In-
stitute，SRI）、美国加州大学圣巴巴拉分校
（UC Santa Barbara）和犹他大学（University
of Utah）（参见图 1-26）。羽翼未丰的因特网
"祖先"到 1969 年年底有了 4 个节点。Klein-
rock 回忆说，该网络的最早应用是从 UCLA
到 SRI 执行远程注册，但却导致了该系统的
崩溃［Kleinrock 2004］。

　　到了 1972 年，ARPAnet 已经成长到拥有
大约 15 个节点，由 Robert Kahn 首次对它进
行了公开演示。在 ARPAnet 端系统之间的第

图 1-26　一台早期的分组交换机

一台主机到主机协议——称为网络控制协议（NCP），就是此时完成的［RFC 001］。随着
端到端协议的出现，这时能够写应用程序了。在 1972 年，Ray Tomlinson 编写了第一个电
子邮件程序。

1.7.2　专用网络和网络互联：1972~1980

　　最初的 ARPAnet 是单一的封闭网络。为了与 ARPAnet 的一台主机通信，一台主机必
须与另一台 ARPAnet IMP 实际相连。20 世纪 70 年代早期和中期，除 ARPAnet 之外的其他
分组交换网络问世：ALOHAnet 是一个微波网络，它将夏威夷岛上的大学［Abramson
1970］以及 DARPA 的分组卫星［RFC 829］和分组无线电网［Kahn 1978］连接到一起；
Telenet 是 BBN 的商用分组交换网，它基于 ARPAnet 技术；由 Louis Pouzin 领衔的 Cyclades
是法国的一个分组交换网［Think 2012］；还有如 Tymnet 和 GE 信息服务网这样的分时网
络，以及 20 世纪 60 年代后期和 70 年代初期的类似网络［Schwartz 1977］；还有 IBM 的
SNA（1996~1974），它与 ARPAnet 同时在运行［Schwartz 1977］。

　　网络的数目开始增加。人们事后看到，研制将网络连接到一起的体系结构的时机已经
成熟。互联网络的先驱性工作［得到了美国国防部高级研究计划署（DARPA）的支持］
由 Vinton Cerf 和 Robert Kahn［Cerf 1974］完成，本质上就是创建一个网络的网络；术语网

络互联（internetting）就是用来描述该项工作的。

这些体系结构的原则体现在 TCP 中。然而，TCP 的早期版本与今天的 TCP 差异很大。TCP 的早期版本将通过端系统重传的可靠按序数据传递（仍是今天的 TCP 的一部分）与转发功能（今天该功能由 IP 执行）相结合。TCP 的早期实验以及认识到不可靠的、非流控制的、端到端传递服务对分组语音等应用的重要性，导致 IP 从 TCP 中分离出来，并研制了 UDP 协议。我们今天看到的 3 个重要的因特网协议——TCP、UDP 和 IP，到 20 世纪 70 年代末在概念上已经完成。

除了 DARPA 的因特网相关研究外，许多其他重要的网络活动也在进行中。在夏威夷，Norman Abramson 正在研制 ALOHAnet，这是一个基于分组的无线电网络，它实现了夏威夷岛上的多个远程站点的互相通信。ALOHA 协议［Abramson 1970］是第一个多路访问协议，允许地理上分布的用户共享单一的广播通信媒介（一个无线电频率）。Metcalfe 和 Boggs 基于 Abramson 的多路访问协议，研制了用于有线共享广播网络的以太网协议［Metcalfe 1976］。令人感兴趣的是，Metcalfe 和 Boggs 的以太网协议是由连接多台 PC、打印机和共享磁盘在一起的需求所激励的［Perkins 1994］。在 PC 革命和网络爆炸的 25 年之前，Metcalfe 和 Boggs 就奠定了今天 PC LAN 的基础。

1.7.3　网络的激增：1980~1990

到了 20 世纪 70 年代末，大约 200 台主机与 ARPAnet 相连。到了 20 世纪 80 年代末，连到公共因特网的主机数量达到 100 000 台，那时的公共因特网是网络的联盟，看起来非常像今天的因特网。20 世纪 80 年代是联网主机数量急剧增长的时期。

这种增长是由几个显著成果推动的——这些成果实现了创建计算机网络将多所大学连接到一起。BITNET 为位于美国东北部的几所大学之间提供电子邮件和文件传输。建立了 CSNET（计算机科学网），以将还没有接入 ARPAnet 的大学研究人员连接在一起。1986 年，建立了 NSFNET，为 NSF 资助的超级计算中心提供接入。NSFNET 最初具有 56kbps 的主干速率，到了 20 世纪 80 年代末，它的主干运行速率是 1.5Mbps，并成为连接区域网络的基本主干。

在 ARPAnet 社区，许多今天的因特网体系结构的最终部分逐渐变得清晰起来。1983 年 1 月 1 日见证了 TCP/IP 作为 ARPAnet 新的标准主机协议的正式部署，替代了 NCP。从 NCP 到 TCP/IP 的迁移［RFC 801］是一个标志性事件，所有主机被要求在那天转移到 TCP/IP 上去。在 20 世纪 80 年代后期，TCP 进行了重要扩展，以实现基于主机的拥塞控制［Jacobson 1988］。还研制出了 DNS（域名系统），用于将人可读的因特网名字（例如 gaia.cs.umass.edu）映射到它的 32 比特 IP 地址［RFC 1034］。

20 世纪 80 年代初期，在 ARPAnet（这绝大多数是美国的成果）发展的同时，法国启动了 Minitel 项目，这个雄心勃勃的计划是让数据网络进入每个家庭。在法国政府的支持下，Minitel 系统由公共分组交换网络（基于 X.25 协议集）、Minitel 服务器和具有内置低速调制解调器的廉价终端组成。Minitel 于 1984 年取得了巨大的成功，当时法国政府向每个需要的住户免费分发一个 Minitel 终端。Minitel 站点包括免费站点（如电话目录站点）以及一些专用站点，这些专用站点根据每个用户的使用来收取费用。在 20 世纪 90 年代中期的鼎盛时期，Minitel 提供了 20 000 多种服务，涵盖从家庭银行到特殊研究数据库的广泛范围。Minitel 在大量法国家庭中存在了 10 年后，大多数美国人才听说因特网。

1.7.4　因特网爆炸：20 世纪 90 年代

20 世纪 90 年代出现了许多事件，这些事件标志着因特网持续革命和很快到来的商业化。作为因特网祖先的 ARPAnet 已不复存在。1991 年，NSFNET 解除了对 NSFNET 用于商业目的的限制。NSFNET 自身于 1995 年退役，这时因特网主干流量则由商业因特网服务提供商负责承载。

然而，20 世纪 90 年代的主要事件是万维网（World Wide Web）应用程序的出现，它将因特网带入世界上数以百万计的家庭和商业中。Web 作为一个平台，也引入和配置了数百个新的应用程序，其中包括搜索（如谷歌和 Bing）、因特网商务（如亚马逊和 eBay）以及社交网络（如脸书），对这些应用程序我们今天已经习以为常了。

Web 是由 Tim Berners-Lee 于 1989~1991 年间在 CERN 发明的［Berners-Lee 1989］，最初的想法源于 20 世纪 40 年代 Vannevar Bush［Bush 1945］和 20 世纪 60 年代以来 Ted Nelson［Xanadu 2012］在超文本方面的早期工作。Berners-Lee 和他的同事研制了 HTML、HTTP、Web 服务器和浏览器的初始版本，这是 Web 的 4 个关键部分。到了 1993 年年底前后，大约有 200 台 Web 服务器在运行，而这些只是正在出现的 Web 服务器的冰山一角。就在这个时候，几个研究人员研制了具有 GUI 接口的 Web 浏览器，其中的 Marc Andreessen 和 Jim Clark 一起创办了 Mosaic Communications 公司，该公司就是后来的 Netscape 通信公司［Cusmano 1998；Quittner 1998］。到了 1995 年，大学生每天都在使用 Netscape 浏览器在 Web 上冲浪。大约在这段时间，大大小小的公司都开始运行 Web 服务器，并在 Web 上处理商务。1996 年，微软公司开始开发浏览器，这导致了 Netscape 和微软之间的浏览器之战，并以微软公司在几年后获胜而告终［Cusumano 1998］。

20 世纪 90 年代的后 5 年，随着主流公司和数以千计的初创公司创造了大量因特网产品和服务，因特网进入了飞速增长和创新的时期。到了 2000 年末，因特网已经支持数百流行的应用程序，包括以下 4 种备受欢迎的应用程序：

- 电子邮件，包括附件和 Web 可访问的电子邮件。
- Web，包括 Web 浏览和因特网商务。
- 即时通信（instant messaging），具有联系人列表。
- MP3 的对等（peer-to-peer）文件共享，由 Napster 开创。

值得一提的是，前两个应用程序出自专业研究机构，而后两个却由一些年轻创业者所发明。

1995~2001 年，这段时间也是因特网在金融市场上急转突变的时期。在成为有利可图的公司之前，数以百计的因特网初创公司靠首次公开募股（IPO）并在股票市场上交易起家。许多公司身价数十亿美元，却没有任何主要的收入渠道。因特网的股票在 2000~2001 年崩盘，导致许多初创公司倒闭。不过，也有许多公司成为因特网世界的大赢家，包括微软、思科、雅虎、e-Bay、谷歌和亚马逊。

1.7.5　最新发展

在 21 世纪的前 20 年，也许没有其他技术给社会带来变革能够超过因特网以及与因特网连接的智能手机。网络创新继续迈着飞速的步伐前行，在各个方面不断突破，包括在接入网和网络主干中部署更快的路由器和实现更高的传输速率。其中，下列进展值得特别关注：

- 自 2000 年开始，我们见证了家庭宽带因特网接入的积极部署——不仅有电缆调制解调器和 DSL，而且有光纤到户以及现在的 5G 固定式无线，这些在 1.2 节中讨论过。这种高速因特网为丰富的视频应用创造了条件，包括用户生成的视频的分发（例如 YouTube）、电影和电视节目的按需流（例如 Netflix）以及多人视频会议（例如 Skype、Facetime 和 Google Hangouts）。

- 高速无线因特网接入越来越普及，不仅使在运动中保持持续连接成为可能，也产生了新型特定位置应用，如 Yelp、Tinder 和 Waz。2011 年，与因特网连接的无线设备的数量超过了有线设备的数量。高速无线接入为手持计算机（iPhone、安卓手机、iPad 等）的迅速出现提供了舞台，这些手持计算机可经常且无拘束地接入因特网。

- 诸如脸书、Instagram、Twitter 和微信等在线社交网络已经在因特网之上构建了巨大的人际网络。这些社交网络广泛用于发送消息以及照片分享。许多因特网用户今天主要"生活"在一个或多个社交网络中。通过 API，在线社交网络为移动支付和分布式游戏等新型联网应用创建了平台。

- 如在 1.3.3 节中所讨论的，在线服务提供商如谷歌和微软已经广泛部署了自己的专用网络。这些专用网络不仅将它们分布在全球的数据中心连接在一起，而且通过直接与较低层 ISP 对等连接，能够尽可能绕过因特网。因此，谷歌几乎可以即时提供搜索结果和电子邮件访问，仿佛它们的数据中心运行在自己的计算机中一样。

- 许多因特网商务公司在"云"（如亚马逊 EC2、微软 Azure 或阿里云）中运行它们的应用。许多公司和大学也已经将它们的因特网应用（如电子邮件和 Web 托管）迁移到云中。云公司不仅可以为应用提供可扩展的计算和存储环境，也可为应用提供对其高性能专用网络的隐含访问。

1.8 小结

在本章中，我们涉及了大量的材料！我们已经看到构成特别的因特网以及一般的计算机网络的各种硬件和软件。我们从网络的边缘开始，观察端系统和应用程序，以及运行在端系统上为应用程序提供的运输服务。接着我们也观察了通常能够在接入网中找到的链路层技术和物理媒介。然后我们进入网络核心更深入地钻研网络，看到分组交换和电路交换是通过电信网络传输数据的两种基本方法，并且探讨了每种方法的长处和短处。我们也研究了全球性因特网的结构，知道了因特网是网络的网络。我们看到了因特网的由较高层和较低层 ISP 组成的等级结构，允许该网络扩展为包括数以千计的网络。

之后，我们研究了计算机网络领域的几个重要主题。我们首先研究了分组交换网中的时延、吞吐量和丢包的原因。我们构建了关于传输时延、传播时延、排队时延以及吞吐量的简单定量模型，我们将在整本书的课后习题中多处使用这些时延模型。接下来，我们研究了协议分层和服务模型、网络中的关键体系结构原则，我们将在本书中多次引用它们。我们还概述了在今天的因特网中某些更为流行的安全攻击。我们用计算机网络的简要历史结束对网络的概述。第 1 章本身就构成了计算机网络的小型课程。

因此，第 1 章中的确涉及了大量的背景知识！如果你有些不知所云，请不要着急。在后续几章中我们将重新回顾这些概念，更为详细地研究它们。此时，我们希望你完成本章内容的学习时，对构建网络的众多元素的直觉越来越敏锐，对网络词汇越来越精通（不妨经常回过头来查阅本章），对更加深入地学习网络的愿望越来越强烈。这些也是在本书的其余部分我们将面临的任务。

本书的路线图

在开始任何旅行之前，你总要先查看路线图，以便更为熟悉前面的主要道路和交叉路口。对于我们即将开启的这段"旅行"而言，其最终目的地是深入理解计算机网络"是什么、怎么样和为什么"等内容。我们的路线图是本书各章的顺序：

第 1 章　计算机网络和因特网

第 2 章　应用层

第 3 章　运输层

第 4 章　网络层：数据平面

第 5 章　网络层：控制平面

第 6 章　链路层和局域网

第 7 章　无线网络和移动网络

第 8 章　计算机网络中的安全

第 2~6 章是本书的 5 个核心章。应当注意的是，这些章都围绕 5 层因特网协议栈上面的 4 层而组织，其中一章对应一层。要进一步注意的是，我们的旅行将从因特网协议栈的顶部即应用层开始，然后向下面各层进行学习。这种自顶向下旅行背后的基本原理是，一旦我们理解这些应用程序，就能够理解支持这些应用程序所需的各种网络服务。然后能够依次研究可能由网络体系结构实现的服务的各种方式。较早地涉及应用程序，也能够为学习本课程其余部分提供动力。

第 7 章和第 8 章关注现代计算机网络中的两个极为重要的（并且在某种程度上是独立的）主题。在第 7 章中，我们研究了无线网络和移动网络，包括无线 LAN（包括 WiFi 和蓝牙）、蜂窝电话网（包括 4G 和 5G）以及移动性。在第 8 章中，我们首先学习加密和网络安全的基础知识，然后研究基础理论如何应用于各种各样的因特网环境。

课后习题和问题

 复习题

1.1 节

R1. "主机"和"端系统"之间有什么不同？列举几种不同类型的端系统。Web 服务器是一种端系统吗？

R2. "协议"一词常被用于描述外交关系。维基百科是怎样描述外交协议的？

R3. 标准对于协议为什么重要？

1.2 节

R4. 列出 4 种接入技术。将它们分类为住宅接入、公司接入或广域无线接入。

R5. HFC 传输速率在用户间是专用的还是共享的？在下行 HFC 信道中，可能出现碰撞吗？为什么？

R6. 列出你所在城市中的可供使用的住宅接入技术。对于每种类型的接入方式，给出所宣称的下行速率、上行速率和每月的价格。

R7. 以太 LAN 的传输速率是多少？

R8. 能够运行以太网的一些物理媒介是什么？

R9. 拨号调制解调器、HFC、DSL 和 FTTH 都用于住宅接入。对于这些技术，给出每种技术的传输速率的范围，并讨论它们的传输速率是共享的还是专用的。

R10. 描述今天最为流行的无线因特网接入技术，并对它们进行比较。

1.3 节

R11. 假定在发送主机和接收主机间只有一台分组交换机。发送主机和交换机间以及交换机和接收主机间的传输速率分别是 R_1 和 R_2。假设该交换机使用存储转发分组交换方式，发送一个长度为 L 的分组的端到端总时延是什么？（忽略排队时延、传播时延和处理时延。）

R12. 与分组交换网络相比，电路交换网络有哪些优点？在电路交换网络中，TDM 与 FDM 相比有哪些优点？

R13. 假定用户共享一条 2Mbps 链路。同时假定当每个用户传输时连续以 1Mbps 传输，但每个用户仅传输 20% 的时间。

　　a. 当使用电路交换时，能够支持多少用户？

　　b. 假定使用分组交换。为什么如果两个或更少的用户同时传输的话，在链路前面基本上没有排队时延？为什么如果 3 个用户同时传输的话，将有排队时延？

　　c. 求出某指定用户正在传输的概率。

　　d. 假定现在有 3 个用户。求出在任何给定的时间，所有 3 个用户在同时传输的概率。求出队列增长的时间比率。

R14. 为什么等级结构中级别相同的两个 ISP 通常互相对等？某 IXP 是如何挣钱的？

R15. 某些内容提供商构建了自己的网络。描述谷歌的网络。内容提供商构建这些网络的动机是什么？

1.4 节

R16. 考虑从某源主机跨越一条固定路由向某目的主机发送一个分组。列出端到端时延中的时延组成成分。这些时延中的哪些是固定的，哪些是变化的？

R17. 访问配套 Web 网站上有关传输时延与传播时延的交互动画。在速率、传播时延和可用的分组长度之中找出一种组合，使得该分组的第一个比特到达接收方之前发送方结束了传输。找出另一种组合，使得发送方完成传输之前，该分组的第一个比特到达了接收方。

R18. 一个长度为 1000 字节的分组经距离为 2500km 的链路传播，传播速率为 2.5×10^8 m/s 并且传输速率为 2Mbps，它需要用多长时间？更为一般地，一个长度为 L 的分组经距离为 d 的链路传播，传播速率为 s 并且传输速率为 R bps，它需要用多长时间？该时延与传输速率相关吗？

R19. 假定主机 A 要向主机 B 发送一个大文件。从主机 A 到主机 B 的路径上有 3 段链路，其速率分别为 $R_1 = 500$kbps，$R_2 = 2$Mbps，$R_3 = 1$Mbps。

　　a. 假定该网络中没有其他流量，该文件传送的吞吐量是多少？

　　b. 假定该文件为 4MB。用文件长度除以吞吐量，将该文件传送到主机 B 大致需要多长时间？

　　c. 重复（a）和（b），只是这时 R_2 减小到 100kbps。

R20. 假定端系统 A 要向端系统 B 发送一个大文件。在一个非常高的层次上，描述端系统怎样从该文件生成分组。当这些分组之一到达某分组交换机时，该交换机使用分组中的什么信息来决定将该分组转发到哪一条链路上？因特网中的分组交换为什么可以与驱车从一个城市到另一个城市并沿途询问方向相类比？

R21. 访问配套 Web 站点的排队和丢包交互动画。最大发送速率和最小传输速率是多少？对于这些速率，流量强度是多大？用这些速率运行该动画并确定出现丢包要花费多长时间。然后第二次重复该实验，再次确定出现丢包花费多长时间。这些值有什么不同？为什么会有这种现象？

1.5 节

R22. 列出一个层次能够执行的 5 个任务。这些任务中的一个（或两个）可能由两个（或更多）层次执行吗？

R23. 因特网协议栈中的 5 个层次是什么？在这些层次中，每层的主要任务是什么？

R24. 什么是应用层报文？什么是运输层报文段？什么是网络层数据报？什么是链路层帧？

R25. 路由器处理因特网协议栈中的哪些层次？链路层交换机处理的是哪些层次？主机处理的是哪些层次？

1.6 节

R26. 病毒和蠕虫之间有什么不同？

R27. 描述如何产生僵尸网络，以及僵尸网络是怎样被用于 DDoS 攻击的。

R28. 假定 Alice 和 Bob 经计算机网络互相发送分组。假定 Trudy 将自己安置在网络中，使得她能够俘获由 Alice 发送的所有分组，并发送她希望给 Bob 的东西；她也能够俘获由 Bob 发送的所有分组，并发送她希望给 Alice 的东西。列出在这种情况下 Trudy 能够做的某些恶意的事情。

 习题

P1. 设计并描述在自动柜员机和银行的中央计算机之间使用的一种应用层协议。你的协议应当允许验证用户卡和口令，查询账目结算（这些都在中央计算机中进行维护），支取账目（即向用户支付）。你的协议实体应当能够处理取钱时账目中钱不够的常见问题。通过列出自动柜员机和银行中央计算机在报文传输和接收过程中交换的报文和采取的操作来定义你的协议。使用类似于图 1-2 所示的图，拟定在简单无差错取钱情况下该协议的操作。明确地阐述在该协议中关于底层端到端运输服务所做的假设。

P2. 式（1-1）给出了经传输速率为 R 的 N 段链路发送长度 L 的一个分组的端到端时延。对于经过 N 段链路一个接一个地发送 P 个这样的分组，给出一般化的计算公式。

P3. 考虑一个应用程序以稳定的速率传输数据（例如，发送方每 k 个时间单元产生一个 N 比特的数据单元，其中 k 较小且固定）。另外，当这个应用程序启动时，它将连续运行相当长的一段时间。回答下列问题，简要论证你的回答：

  a. 是分组交换网还是电路交换网更适合这种应用？为什么？

  b. 假定使用了分组交换网，并且该网中的所有流量都来自如上所述的这种应用程序。此外，假定该应用程序数据传输速率的总和小于每条链路的各自容量。需要某种形式的拥塞控制吗？为什么？

P4. 考虑在图 1-13 中的电路交换网。回想在每条链路上有 4 条链路，以顺时针方向标记四台交换机 A、B、C 和 D。

  a. 在该网络中，任何时候能够进行同时连接的最大数量是多少？

  b. 假定所有连接位于交换机 A 和 C 之间。能够进行同时连接的最大数量是多少？

  c. 假定我们要在交换机 A 和 C 之间建立 4 条连接，在交换机 B 和 D 之间建立另外 4 条连接。我们能够让这些呼叫通过这 4 条链路建立路由以容纳所有 8 条连接吗？

P5. 回顾 1.4 节中的车队类比。假定传播速度为 100km/h。

  a. 假定车队旅行 150km：在一个收费站前面开始，通过第二个收费站，并且正好在第三个收费站后面结束。其端到端时延是多少？

  b. 重复（a），现在假定车队中有 8 辆汽车而不是 10 辆。

P6. 本题开始探讨传播时延和传输时延，这是数据网络中的两个重要概念。考虑两台主机 A 和 B 由一条速率为 R（bps）的链路相连。假定这两台主机相隔 m（m），沿该链路的传播速率为 s（m/s）。主机 A 向主机 B 发送长度为 L（bit）的分组。

  a. 用 m 和 s 来表示传播时延 d_{prop}。

  b. 用 L 和 R 来确定该分组的传输时间 d_{trans}。

  c. 忽略处理和排队时延，得出端到端时延的表达式。

  d. 假定主机 A 在时刻 $t=0$ 开始传输该分组。在时刻 $t=d_{trans}$，该分组的最后一个比特在什么地方？

  e. 假定 d_{prop} 大于 d_{trans}。在时刻 $t=d_{trans}$，该分组的第一个比特在何处？

  f. 假定 d_{prop} 小于 d_{trans}。在时刻 $t=d_{trans}$，该分组的第一个比特在何处？

  g. 假定 $s=2.5\times10^8$m/s，$L=120$bit，$R=56$kbps。求出使 d_{prop} 等于 d_{trans} 的距离 m。

P7. 在本题中，我们考虑从主机 A 向主机 B 通过分组交换网发送语音（VoIP）。主机 A 将模拟语音转换为传输中的 64kbps 数字比特流。然后主机 A 将这些比特分为 56 字节的分组。A 和 B 之间有一条链路：它的传输速率是 2Mbps，传播时延是 10ms。一旦 A 收集了一个分组，就将它向主机 B 发送。一旦主机 B 接收到一个完整的分组，它将该分组的比特转换成模拟信号。从比特产生（从位于主机 A 的初始模拟信号起）的时刻起，到该比特被解码（在主机 B 上作为模拟信号的一部分），花了多少时间？

P8. 假定用户共享一条 3Mbps 的链路。又设每个用户传输时要求 150kbps，但是每个用户仅有 10% 的时间传输。（参见 1.3 节中关于"分组交换与电路交换的对比"的讨论。）

 a. 当使用电路交换时，能够支持多少用户？

 b. 对于本习题的后续小题，假定使用分组交换。求出某给定用户正在传输的概率。

 c. 假定有 120 个用户。求出在任何给定时刻，实际有 n 个用户在同时传输的概率。（提示：使用二项式分布。）

 d. 求出有 21 个或更多用户同时传输的概率。

P9. 考虑 1.3 节关于"分组交换与电路交换的对比"的讨论，其中给出了一条 1Mbps 链路的例子。用户在忙时以 100kbps 的速率产生数据，但忙时仅以 $p = 0.1$ 的概率产生数据。假定用 1Gbps 链路替代 1Mbps 的链路。

 a. 当采用电路交换技术时，能被同时支持的最大用户数量 N 是多少？

 b. 现在考虑分组交换和有 M 个用户的情况。给出多于 N 个用户发送数据的概率公式（用 p、M、N 表示）。

P10. 考虑一个长度为 L 的分组从端系统 A 开始，经 3 段链路传送到目的端系统。令 d_i、s_i 和 R_i 表示链路 i 的长度、传播速度和传输速率（$i=1$，2，3）。该分组交换机对每个分组的时延为 d_{proc}。假定没有排队时延，用 d_i、s_i、$R_i(i=1$，2，3）和 L 表示该分组总的端到端时延。现在假定该分组是 1500 字节，在所有 3 条链路上的传播时延是 $2.5 \times 10^8\,m/s$，所有 3 条链路的传输速率是 2Mbps，分组交换机的处理时延是 3ms，第一段链路的长度是 5000km，第二段链路的长度是 4000km，最后一段链路的长度是 1000km。对于这些值，该端到端时延为多少？

P11. 在上述习题中，假定 $R_1 = R_2 = R_3 = R$ 且 $d_{proc} = 0$。进一步假定该分组交换机不存储转发分组，而是在等待分组到达前立即传输它收到的每个比特。这时端到端时延为多少？

P12. 一台分组交换机接收一个分组并决定该分组应当转发的出链路。当某分组到达时，另一个分组正在该出链路上被发送到一半，还有 4 个其他分组正等待传输。这些分组以到达的次序传输。假定所有分组是 1500 字节并且链路速率是 2Mbps。该分组的排队时延是多少？在更一般的情况下，假定所有分组的长度是 L，传输速率是 R，当前正在传输的分组已经传输了 x 比特，并且在队列中已经有 n 个分组，其排队时延是多少？

P13. a. 假定有 N 个分组同时到达一条当前没有分组传输或排队的链路。每个分组长为 L，链路传输速率为 R。对 N 个分组而言，其平均排队时延是多少？

 b. 现在假定每隔 LN/R 秒有 N 个分组同时到达链路。一个分组的平均排队时延是多少？

P14. 考虑某路由器缓存中的排队时延。令 I 表示流量强度，即 $I = La/R$。假定排队时延的形式为 IL/R $(1-I)$，其中 $I<1$。

 a. 写出总时延即排队时延加上传输时延的公式。

 b. 以 L/R 为函数画出总时延的图。

P15. 令 a 表示在一条链路上分组的到达率（以分组/秒计），令 μ 表示一条链路上分组的传输率（以分组/秒计）。基于上述习题中推导出的总时延公式（即排队时延加传输时延），推导出以 a 和 μ 表示的总时延公式。

P16. 考虑一台路由器缓存前面的一条出链路。在这道题中，将使用李特尔（Little）公式，这是排队论中的一个著名公式。令 N 表示在缓存中的分组加上被传输的分组的平均数。令 a 表示到达该链路的分组速率。令 d 表示一个分组历经的平均总时延（即排队时延加传输时延）。李特尔公式是 $N = a \times d$。假定该缓存平均包含 10 个分组，并且平均分组排队时延是 10ms。该链路的传输速率是 100 分组/秒。使用李特尔公式，在没有丢包的情况下，平均分组到达率是多少？

P17. a. 对于不同的处理速率、传输速率和传播时延，给出 1.4.3 节中式（1-2）的一般表达式。

b. 重复（a），不过此时假定在每个节点有平均排队时延 d_{queue}。

P18. 在一天的 3 个不同的小时内，在同一个大陆上的源和目的地之间执行 Traceroute。

a. 在这 3 个小时的每个小时中，求出往返时延的均值和方差。

b. 在这 3 个小时的每个小时中，求出路径上的路由器数量。在这些时段中，该路径发生变化了吗？

c. 试根据源到目的地 Traceroute 分组通过的情况，辨明 ISP 网络的数量。具有类似名字和/或类似的 IP 地址的路由器应当被认为是同一个 ISP 的一部分。在你的实验中，在相邻的 ISP 间的对等接口处出现最大时延了吗？

d. 对位于不同大陆上的源和目的地重复上述内容。比较大陆内部和大陆之间的这些结果。

P19. 梅特卡夫（Metcalfe）定律：计算机网络的价值正比于与该系统连接的用户数量的平方。令 n 表示某计算机网络中的用户数量。假设每个用户向每个其他用户发送一个报文，将要发送多少个报文？你的答案支持梅特卡夫定律吗？

P20. 考虑对应于图 1-20b 吞吐量的例子。现在假定有 M 对客户-服务器而不是 10 对。用 R_s、R_c 和 R 分别表示服务器链路、客户链路和网络链路的速率。假设所有的其他链路都有充足的容量，并且除了由这 M 对客户-服务器产生的流量外，网络中没有其他流量。推导出由 R_s、R_c、R 和 M 表示的通用吞吐量表达式。

P21. 考虑图 1-19b。现在假定在服务器和客户之间有 M 条路径。任意两条路径都不共享任何链路。路径 $k(k=1, \cdots, M)$ 由传输速率为 R_1^k，R_2^k，$\cdots$，R_N^k 的 N 条链路组成。如果服务器仅能够使用一条路径向客户发送数据，则该服务器能够取得的最大吞吐量是多少？如果该服务器能够使用所有 M 条路径发送数据，则该服务器能够取得的最大吞吐量是多少？

P22. 考虑图 1-19b。假定服务器与客户之间的每条链路的丢包概率为 p，且这些链路的丢包率是独立的。一个（由服务器发送的）分组成功地被接收方收到的概率是多少？如果在从服务器到客户的路径上分组丢失了，则服务器将重传该分组。平均来说，为了使客户成功地接收该分组，服务器将要重传该分组多少次？

P23. 考虑图 1-19a。假定我们知道沿着从服务器到客户的路径的瓶颈链路是速率为 R_s bps 的第一段链路。假定我们从服务器向客户发送紧密相连的一对分组，且沿这条路径没有其他流量。假定每个分组的长度为 L bit，两条链路具有相同的传播时延 d_{prop}。

a. 在目的地，分组的到达间隔时间有多长？也就是说，从第一个分组的最后一个比特到达到第二个分组最后一个比特到达所经过的时间有多长？

b. 现在假定第二段链路是瓶颈链路（即 $R_c < R_s$）。第二个分组在第二段链路输入队列中排队是可能的吗？请解释原因。现在假定服务器在发送第一个分组 T 秒之后再发送第二个分组。为确保在第二段链路之前没有排队，T 必须有多长？试解释原因。

P24. 假设你希望从波士顿向洛杉矶紧急传送 40×10^{12} 字节数据。你有一条 100Mbps 专用链路可用于传输数据。你是愿意通过这条链路传输数据，还是愿意使用 FedEx 夜间快递来交付？解释你的理由。

P25. 假定两台主机 A 和 B 相隔 20 000km，由一条直接的 $R = 2$Mbps 的链路相连。假定跨越该链路的传播速率是 2.5×10^8m/s。

a. 计算带宽-时延积 $R \cdot t_{prop}$。

b. 考虑从主机 A 到主机 B 发送一个 800 000bit 的文件。假定该文件作为一个大的报文连续发送。在任何给定的时间，在链路上具有的比特数量最大值是多少？

c. 给出带宽-时延积的一种解释。

d. 在该链路上一个比特的宽度（以米计）是多少？它比一个足球场的长度更长吗？

e. 用传播速率 s、带宽 R 和链路 m 的长度，推导出比特宽度的一般表示式。

P26. 对于习题 P24，假定我们能够修改 R。对什么样的 R 值，一个比特的宽度能与该链路的长度一样长？

P27. 考虑习题 P24，但此时链路的速率是 $R = 1$Gbps。

    a. 计算带宽–时延积 $R \cdot d_{prop}$。

    b. 考虑从主机 A 到主机 B 发送一个 800 000bit 的文件。假定该文件作为一个大的报文连续发送。在任何给定的时间，在链路上具有的比特数量最大值是多少？

    c. 在该链路上一个比特的宽度（以米计）是多少？

P28. 再次考虑习题 P24。

    a. 假定连续发送，发送该文件需要多长时间？

    b. 假定现在该文件被划分为 20 个分组，每个分组包含 40 000bit。假定每个分组被接收方确认，确认分组的传输时间可忽略不计。最后，假定前一个分组被确认后，发送方才能发送分组。发送该文件需要多长时间？

    c. 比较（a）和（b）的结果。

P29. 假定在同步卫星和它的地球基站之间有一条 10Mbps 的微波链路。每分钟该卫星拍摄一幅数字照片，并将它发送到基站。假定传播速率是 2.4×10^8 m/s。

    a. 该链路的传播时延是多少？

    b. 带宽–时延积 $R \cdot d_{prop}$ 是多少？

    c. 若 x 表示该照片的大小。对于这条微波链路，能够连续传输的 x 的最小值是多少？

P30. 考虑 1.5 节中我们在分层讨论中对航空旅行的类比，随着协议数据单元向协议栈底层流动，首部在增加。随着旅客和行李移动到航线协议栈底部，有与上述首部信息等价的概念吗？

P31. 在包括因特网的现代分组交换网中，源主机将长应用层报文（如一个图像或音乐文件）分段为较小的分组并向网络发送。接收方则将这些分组重新装配为初始报文。我们称这个过程为报文分段。图 1-27 显示了一个报文在报文不分段和报文分段情况下的端到端传输。考虑一个长度为 8×10^6 bit 的报文，它在图 1-27 中从源发送到目的地。假定在该图中的每段链路是 2Mbps。忽略传播、排队和处理时延。

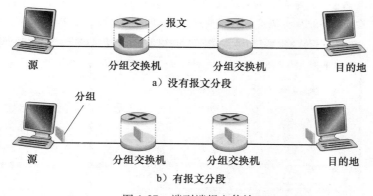

图 1-27　端到端报文传输

    a. 考虑从源到目的地发送该报文且没有报文分段。从源主机到第一台分组交换机移动报文需要多长时间？记住，每台交换机均使用存储转发分组交换，从源主机移动该报文到目的主机需要多长时间？

    b. 现在假定该报文被分段为 800 个分组，每个分组 10 000bit 长。从源主机移动第一个分组到第一台交换机需要多长时间？从第一台交换机发送第一个分组到第二台交换机，从源主机发送第二个分组到第一台交换机各需要多长时间？什么时候第二个分组能被第一台交换机全部收到？

    c. 当进行报文分段时，从源主机向目的主机移动该文件需要多长时间？将该结果与（a）的答案进行比较并解释之。

    d. 除了减小时延外，使用报文分段还有什么原因？

    e. 讨论报文分段的缺点。

P32. 用本书 Web 网站上的报文分段动画进行实验。该动画中的时延与前一道习题中的时延相当吗？链路传播时延是怎样影响分组交换（有报文分段）和报文交换的端到端总时延的？

P33. 考虑从主机 A 到主机 B 发送一个 F bit 的大文件。A 和 B 之间有三段链路（和两台交换机），并且该链路不拥塞（即没有排队时延）。主机 A 将该文件分为每个长 S bit 的报文段，并为每个报文段增加一个 80bit 的首部，形成 $L=80+S$ bit 的分组。每条链路的传输速率为 R bps。求出从 A 到 B 移动该文件时延最小的值 S。忽略传播时延。

P34. Skype 提供了一种服务，使你能用 PC 向普通电话打电话。这意味着语音呼叫必须通过因特网和电话网。讨论这是如何做到的。

 ## Wireshark 实验

"不闻不若闻之，闻之不若见之，见之不若知之，知之不若行之。"

——《荀子·儒效》

　　一个人对网络协议的理解往往可以通过观察它们的操作和与之互动大大加深——观察两个协议实体之间交换的报文序列，钻研协议运行的细节，促使协议执行某些操作，并观察这些操作及其后果。这能够在仿真环境下或在如因特网这样的真实网络环境下完成。本书配套 Web 站点上的动画采用的是第一种方法。在 Wireshark 实验中，我们将采用后一种方法。你可以在家中或实验室中使用桌面计算机在各种情况下运行网络应用程序。在你的计算机上观察网络协议是如何与在因特网别处执行的协议实体交互和交换报文的。因此，你与你的计算机将是这些真实实验的有机组成部分。你将通过动手来观察和学习。

　　用来观察执行协议的实体之间交换的报文的基本工具称为**分组嗅探器**（packet sniffer）。顾名思义，一个分组嗅探器被动地拷贝（嗅探）由你的计算机发送和接收的报文，它也能显示出这些被捕获报文的各个协议字段的内容。图 1-28 中显示了 Wireshark 分组嗅探器的屏幕快照。Wireshark 是一个运行在 Windows、Linux/UNIX 和 Mac 计算机上的免费分组嗅探器。贯穿全书，你将发现 Wireshark 实验能让你探索在该章中学习的一些协议。在第一个 Wireshark 实验中，你将获得并安装 Wireshark 的副本，访问一个 Web 站点，捕获并检查在你的 Web 浏览器和 Web 服务器之间交换的协议报文。

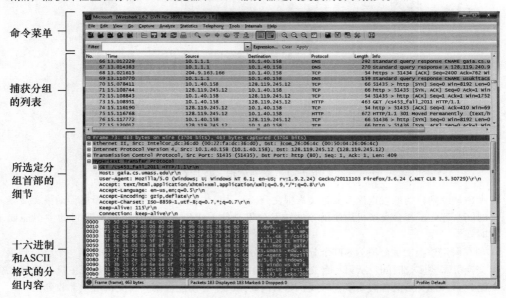

图 1-28　Wireshark 屏幕快照（经 Wireshark 基金会的许可）

　　你能够在 Web 站点 www.pearson.com/cs-resources/ 上找到有关该 Wireshark 实验的全部材料（包括如何获得并安装 Wireshark 的指导）。

人物专访

Leonard Kleinrock 是加州大学洛杉矶分校（UCLA）的计算机科学教授。1969 年，他在 UCLA 的计算机成为因特网的第一个节点。1961 年，他创造的分组交换原理成为因特网的支撑技术。他在纽约城市大学（City College of New York，CCNY）获得电气工程学士学位，并在麻省理工学院（MIT）获得电气工程硕士和博士学位。

Leonard Kleinrock

● 是什么使得您决定专门研究网络/因特网技术？

当我于 1959 年在 MIT 读博士时，我发现周围的大多数同学正在信息理论和编码理论领域做研究。在 MIT，那时有伟大的研究者 Claude Shannon，他已经开创了这些领域，并且已经解决了许多重要的问题。留下来的研究问题既难又不太重要。因此我决定开创新的研究领域，而该领域还没有其他人想到。幸运的是，那时在 MIT，我的周围有许多计算机，我很清楚很快这些计算机将有相互通信的需求。在那时，却没有有效的办法来做到这一点，并且对这些重要问题的解决方案将具有重要影响。我有处理该问题的方法，因此对于我的博士研究，我决定创造一种数学理论来建模、评价、设计和优化有效的和可靠的数据网络。

● 您在计算机领域的第一份工作是什么？它使您有哪些收益？

1951~1957 年，我为了获得电气工程学士学位在 CCNY 读夜大。在那段时间里，我在一家名为 Photobell 的工业电子小公司工作，先是当技术员，然后当工程师。在那里，我在它们的产品线上引入了数字技术。我们主要使用光电子设备来检测某些物体（盒子、人等）的存在，一种称为双稳态多频振荡器的电路的使用正是我们需要的技术类型，它能将数字处理引入检测领域。这些电路恰好是计算机的基本模块，用今天的话说就是触发电路或交换器。

● 当您发送第一个主机到主机报文（从 UCLA 到斯坦福研究院）时，您心中想到了什么？

坦率地说，我们当时并没有想到那件事的重要性。我们没有准备具有历史意义的豪言壮语，就像昔日许多发明家所做的那样。（如塞缪尔·莫尔斯的"上帝创造了什么"，亚历山大·格瑞汉姆·贝尔的"Watson 先生，请来这里！我想见你"，或尼尔·阿姆斯特朗的"个人的一小步，人类的一大步"。）多么聪明的人哪！他们明白媒体和公众的关系。我们要做的所有工作是向斯坦福研究院的计算机进行注册。我们键入"L"，它被正确收到，我们键入"o"，又被正确收到，而当我们键入"g"时，则引起斯坦福研究院主机的崩溃！因此，这将我们的报文转换为最短的也许是最有预测性的报文"Lo!"，即"真想不到（Lo and behold）！"。

那年早些时候，UCLA 新闻稿引用我的话说，一旦该网络建立并运行起来，将可能从我们的家中和办公室访问计算机设施，就像我们获得电力和电话连接那样容易。因此那时我的美好愿望是，因特网将是一个无所不在的、总是运行的、总是可用的网络，任何人从任何地方用任何设备将能够与之相连，并且它将是不可见的。然而，我从没有期待我的 99 岁的母亲能够上因特网，但她的确做到了这一点——与此同时我的 5 岁大的孙女也在上网。

● 您对未来网络的展望是什么？

我的展望中最容易的部分是预测基础设施本身。我预期我们将看到移动计算、移动设备在智能空间中的大量部署，以产生我所谓的无形的因特网。这一步将使我们从赛博空间的虚拟世界移动到智能空间的物理世界。我们的环境（办公桌、墙壁、车辆、钟表、腰带等）将被技术赋予新的"生命"，这些技术包括执行器、传感器、逻辑部件、处理器、存储器、照相机、麦克风、话筒、显示器和各种通信设备。嵌入式技术将使环境能够提供我们需要的 IP 服务。例如，当我走进一间房间时，该房间知道我的到来。我将能够与环境自然地交流，如同日常对话一样；我的请求产生的响应将出现在墙壁显示器上，并通过我的眼镜以 Web 网页的形式呈现给我，就像说话、全息照相等一样。再向前一步，我看到未来的网络包括下列附加的关键组件。我看到在网络各处部署的智能软件代理，它们的功能是挖掘数据、根据数据采取操作、观察趋势，并能动态且自适应地执行任务。我看到区块链技术，该技术提供不可辩驳的、不可变的分布式账本，并将其与为内容和功能提供可信性的信誉系统耦合在一起。我看到相当多的网络流量并不是由人产生的，而是由这些嵌入式设备、智能软件代理和分布式账本产生的。我看到大批的自组织系统控制着这个巨大、快速的网络。我看到海量信息瞬间通过网络得到强力处理和过滤。因特网最终将是一个无所不在的全球性神经系统。我预期这些都将成为现实，当我们走过 21 世纪时，还有更多的展望将成为现实。

我的展望中最困难的部分是预测应用和服务，它们以引人注目的方式不断带给我们惊喜（电子邮件、搜索技术、万维网、博客、对等网络、社交网络、用户生成内容、音乐/照片/视频等的共享）。这些应用具有"横空出世"、无法预测和爆发性等特征。对于我们的下一代来说，这是一个多么奇妙的世界啊！

● 是谁激发了您的职业灵感？

到目前为止，是麻省理工学院的 Claude Shannon。他是一名卓越的研究者，具有以高度直觉的方式将他的数学理念与物理世界关联起来的能力。他是我的博士论文答辩委员会的成员。

● 您对进入网络/因特网领域的学生有什么忠告吗？

因特网和由它开启的世界是一个巨大的新前沿领域，充满了令人惊奇的挑战，为众多创新提供了广阔空间。不要受今天技术的束缚，开动大脑，想象能够做些什么，并去实现它。

应 用 层

网络应用是计算机网络存在的理由，如果我们不能构想出任何有用的应用，也就没有任何必要去设计支持它们的网络协议了。自因特网全面发展以来，的确已开发出众多有用的、有趣的网络应用。这些应用已经成为因特网成功的驱动力，激励人们在家庭、学校、政府和商业中利用网络，使因特网成为他们日常活动密不可分的一部分。

因特网应用包括：20 世纪 70 年代和 80 年代开始流行的经典的基于文本的应用，如文本电子邮件、远程访问计算机、文件传输和新闻组；20 世纪 90 年代中期引入的招人喜爱的应用——万维网，包括 Web 冲浪、搜索和电子商务。自 2000 年以来，新型和极其引人入胜的应用持续出现，包括：IP 电话（VoIP）、视频会议（如 Skype、Facetime 和 Google Hangouts）；用户生成的视频（如 YouTube）和点播电影（如 Netflix）；多方在线游戏［如《第二人生》（Second Life）和《魔兽世界》（World of Warcraft）］。在这段时期，我们看到了新一代社交网络应用，如 Facebook、Instagram 和 Twitter，它们在因特网的网络或路由器和通信链路之上创建了引人入胜的人类网络。近年来，随着智能手机和 4G/5G 无线因特网接入的普及，出现了大量基于位置的移动应用，包括流行的签到、约会、道路流量预测应用（如 Yelp、Tinder 和 Waz），移动支付应用（如微信和 Apple Pay），消息应用（如微信和 WhatsApp）。显然，新型和令人兴奋的因特网应用的步伐并没有减缓。也许本书的一些读者将会创建下一代招人喜爱的因特网应用。

在本章中，我们学习有关网络应用的原理和实现方面的知识。我们从定义关键的应用层概念开始，其中包括应用程序所需要的网络服务、客户和服务器、进程、运输层接口。我们详细考察几种网络应用程序，包括 Web、电子邮件、DNS、对等文件分发和视频流。然后我们将讨论运行在 TCP 和 UDP 上的网络应用程序开发。特别是，我们学习套接字接口，并浮光掠影地学习用 Python 语言写的一些简单的客户-服务器应用程序。在本章结尾，我们也将提供几个有趣、有意义的套接字编程作业。

应用层是我们学习协议非常好的起点，它最为我们所熟悉。我们熟悉的很多应用就是建立在这些将要学习的协议基础上的。通过对应用层的学习，我们将很好地感受到协议的方方面面，了解到很多问题，这些问题在我们学习运输层、网络层及链路层协议时也同样会碰到。

2.1 网络应用原理

假定你对新型网络应用有了一些想法，也许这种应用将为人类提供一种伟大的服务，或者将使你的教授高兴，或者将带给你大量的财富，或者只是在开发中获得乐趣。无论你的动机是什么，我们现在考察一下如何将你的想法转变为一种真实世界的网络应用。

研发网络应用程序的核心是写出能够运行在不同的端系统和通过网络彼此通信的程序。例如，在 Web 应用程序中，有两个互相通信的不同的程序：一个是运行在用户主机（台式电脑、笔记本电脑、平板电脑、智能手机等）上的浏览器程序；另一个是运行在 Web 服务器主机上的 Web 服务器程序。另一个例子是点播视频应用，如 Netflix（参见 2.6 节）。Netflix 提供的程序可运行在用户的智能手机、平板电脑或台式电脑上，而 Netflix 服务器程序运行在 Netflix 服务器主机上。服务器常常（但无疑并不总是）托管在数据中心中，如图 2-1 所示。

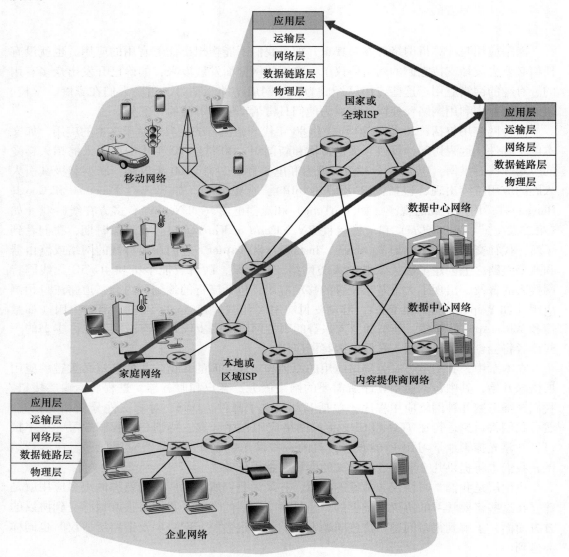

图 2-1   在应用层的端系统之间的网络应用的通信

　　因此，当研发新应用程序时，你需要编写将在多个端系统上运行的软件。该软件能够用如 C、Java 或 Python 来编写。重要的是，你不需要写在网络核心设备如路由器或链路层交换机上运行的软件。即使你要为网络核心设备写应用程序软件，你也没有能力做到这一点。如我们在第 1 章所知，以及如图 1-24 所显示的那样，网络核心设备并不在应用层上起作用，而仅在较低层起作用，特别是在网络层及下面层次起作用。这种基本设计，即将应用软件限制在端系统（如图 2-1 所示）的方法，促进了大量的网络应用程序的迅速研发和部署。

2.1.1 网络应用体系结构

当进行软件编码之前，应当对应用程序有一个宽泛的体系结构计划。记住应用程序的体系结构明显不同于网络的体系结构（例如在第 1 章中所讨论的 5 层因特网体系结构）。从应用程序研发者的角度看，网络体系结构是固定的，并为应用程序提供了特定的服务集合。另外，**应用体系结构**（application architecture）由应用程序研发者设计，规定了如何在各种端系统上组织该应用程序。在选择应用程序体系结构时，应用程序研发者很可能利用现代网络应用程序中所使用的两种主流体系结构之一：客户–服务器体系结构或对等（P2P）体系结构。

在**客户–服务器体系结构**（client-server architecture）中，有一个总是打开的主机，称为服务器，它服务于来自许多其他称为客户的主机的请求。一个典型的例子是 Web 应用程序，其中总是打开的 Web 服务器服务于来自浏览器（运行在客户主机上）的请求。当 Web 服务器接收到来自某客户对某对象的请求时，它向该客户发送所请求的对象作为响应。值得注意的是，客户–服务器体系结构下，客户相互之间不直接通信，例如，在 Web 应用中两个浏览器并不直接通信。客户–服务器体系结构的另一个特征是该服务器具有固定的、周知的地址，该地址称为 IP 地址（我们将很快讨论它）。因为该服务器具有固定的、周知的地址，并且因为该服务器总是打开的，所以客户总是能够通过向该服务器的 IP 地址发送分组来与其联系。具有客户–服务器体系结构的非常著名的应用程序包括 Web、FTP、Telnet 和电子邮件。图 2-2a 中显示了这种客户–服务器体系结构。

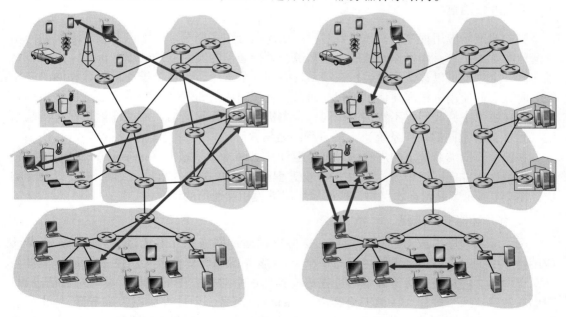

a）客户–服务器体系结构　　　　　　　　　b）P2P体系结构

图 2-2　客户–服务器体系结构及 P2P 体系结构

在一个客户–服务器应用中，常常会出现一台单独的服务器主机跟不上它所有客户请求的情况。例如，一个流行的社交网络站点如果仅有一台服务器来处理所有请求，将很快变得不堪重负。为此，托管大量主机的**数据中心**（data center）常被用于创建强大的虚拟服务器。最为流行的因特网服务——如搜索引擎（如谷歌、Bing 和百度）、因特网商务（如亚马逊、e-Bay 和阿里巴巴）、基于 Web 的电子邮件（如 Gmail 和雅虎邮件）、社交网络（如脸书、Instagram、推特和微信），就运行在一个或多个数据中心中。如在 1.3.3 节中所讨论的那样，谷歌有分布于全世界的 19 个数据中心，这些数据中心共同处理搜索、YouTube、Gmail 和其他服务。一个数据中心可以有数十万台服务器，它们必须要供电和维护。此外，服务提供商必须支付不断出现的互联和带宽费用，以发送和接收到达/来自数据中心的数据。

在 **P2P 体系结构**（P2P architecture）中，对位于数据中心的专用服务器有最小的（或者没有）依赖。相反，应用程序在间断连接的主机对之间使用直接通信，这些主机对被称为对等方。这些对等方并不为服务提供商所有，而是由用户控制的台式机和笔记本电脑，大多数对等方驻留在家庭、大学和办公室。因为这种对等方通信不必通过专门的服务器，该体系结构被称为对等方到对等方的。流行的 P2P 应用的例子是文件共享应用 BitTorrent。

P2P 体系结构的最引人入胜的特性之一是其**自扩展性**（self-scalability）。例如，在一个 P2P 文件共享应用中，尽管每个对等方都由于请求文件产生工作负载，但每个对等方通过向其他对等方分发文件也为系统增加服务能力。P2P 体系结构也是有成本效率的，因为它通常不需要庞大的服务器基础设施和服务器带宽（这与具有数据中心的客户-服务器设计形成鲜明对比）。然而，未来 P2P 应用由于高度非集中式结构，面临安全性、性能和可靠性等挑战。

2.1.2 进程通信

在构建网络应用程序前，还需要对程序如何运行在多个端系统上以及程序之间如何相互通信有基本了解。用操作系统的术语来说，进行通信的实际上是**进程**（process）而不是程序。一个进程可以被认为是运行在端系统中的一个程序。当多个进程运行在相同的端系统上时，它们使用进程间通信机制相互通信。进程间通信的规则由端系统上的操作系统确定。而在本书中，我们并不特别关注同一台主机上的进程间通信，而关注运行在不同端系统（可能具有不同的操作系统）上的进程间通信。

在两个不同端系统上的进程，通过跨越计算机网络交换**报文**（message）而相互通信。发送进程生成并向网络中发送报文；接收进程接收这些报文并可能通过回送报文进行响应。图 2-1 显示了驻留在 5 层协议栈的应用层进程相互通信的情况。

1. 客户和服务器进程

网络应用程序由成对的进程组成，这些进程通过网络相互发送报文。例如，在 Web 应用程序中，一个客户浏览器进程与一个 Web 服务器进程交换报文。在一个 P2P 文件共享系统中，文件从一个对等方中的进程传输到另一个对等方中的进程。对每对通信进程，我们通常将这两个进程之一标识为**客户**（client），而另一个进程标识为**服务器**（server）。对于 Web 而言，浏览器是一个客户进程，Web 服务器是一个服务器进程。对于 P2P 文件共享，下载文件的对等方标识为客户，上载文件的对等方标识为服务器。

你或许已经观察到，如在 P2P 文件共享的某些应用中，一个进程能够既是客户又是服务器。在 P2P 文件共享系统中，一个进程的确既能上载文件又能下载文件。无论如何，在任何给定的一对进程之间的通信会话场景中，我们仍能将一个进程标识为客户，另一个进程标识为服务器。我们定义客户和服务器进程如下：

在一对进程之间的通信会话场景中，发起通信（即在该会话开始时发起与其他进程的联系）的进程被标识为**客户**，在会话开始时等待联系的进程是**服务器**。

在 Web 中，一个浏览器进程向一个 Web 服务器进程发起联系，因此该浏览器进程是客户，而该 Web 服务器进程是服务器。在 P2P 文件共享中，当对等方 A 请求对等方 B 发送一个特定的文件时，在这个特定的通信会话中对等方 A 是客户，而对等方 B 是服务器。在不致混淆的情况下，我们有时也使用术语"应用程序的客户端和服务器端"。在本章的结尾，我们将逐步讲解网络应用程序的客户端和服务器端的简单代码。

2. 进程与计算机网络之间的接口

如上所述，多数应用程序由通信进程对组成，每对中的两个进程相互发送报文。从一个进程向另一个进程发送的报文必须通过下面的网络。进程通过一个称为**套接字**（socket）的软件接口向网络发送报文和从网络接收报文。我们考虑一个类比来帮助我们理解进程和套接字。进程可类比一座房子，而它的套接字可以类比它的门。当一个进程想向位于另外一台主机上的另一个进程发送报文时，它把报文推出该门（套接字）。该发送进程假定该门到另外一侧之间有运输的基础设施，该设施将把报文传送到目的进程的门口。一旦该报文抵达目的主机，它通过接收进程的门（套接字）传递，然后接收进程对该报文进行处理。

图 2-3 显示了两个经过因特网通信的进程之间的套接字通信（图 2-3 中假定由该进程使用的下面运输层协议是因特网的 TCP 协议）。如该图所示，套接字是同一台主机内应用层与运输层之间的接口。由于该套接字是建立网络应用程序的可编程接口，因此套接字也称为应用程序和网络之间的**应用编程接口**（Application Programming Interface，API）。应用程序开发者可以控制套接字在应用层端的一切，但是对该套接字的运输层端几乎没有控制权。应用程序开发者对于运输层的控制仅限于：①选择运输层协议；②也许能设定几个运输层参数，如最大缓存和最大报文段长度等（将在第 3 章中涉及）。一旦应用程序开发者选择了一个运输层协议（如果可供选择的话），则应用程序就建立在由该协议提供的运输层服务之上。我们将在 2.7 节中对套接字进行更为详细的探讨。

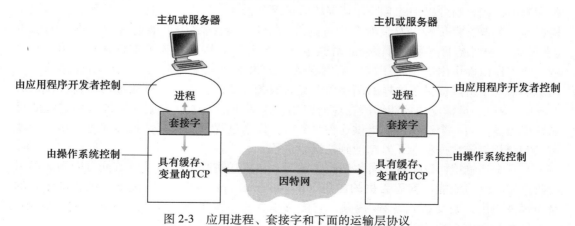

图 2-3   应用进程、套接字和下面的运输层协议

3. 进程寻址

为了向特定目的地发送邮政邮件，目的地需要有一个地址。类似地，在一台主机上运行的进程为了向另一台主机上运行的进程发送分组，接收进程需要有一个地址。为了标识

该接收进程，需要定义两种信息：①主机的地址；②在目的主机中指定接收进程的标识符。

在因特网中，主机由其 **IP 地址**（IP address）标识。我们将在第 4 章中非常详细地讨论 IP 地址。此时，我们只要知道 IP 地址是一个 32 比特的量且它能够唯一地标识该主机就够了。除了知道报文发送目的地的主机地址外，发送进程还必须指定运行在接收主机上的接收进程（更具体地说，接收套接字）。因为一般而言一台主机能够运行许多网络应用，所以这些信息是必要的。目的地**端口号**（port number）用于这个目的。已经给流行的应用分配了特定的端口号。例如，Web 服务器用端口号 80 来标识。邮件服务器进程（使用 SMTP 协议）用端口号 25 来标识。用于所有因特网标准协议的周知端口号的列表能够在 www.iana.org 处找到。我们将在第 3 章中详细学习端口号。

2.1.3 可供应用程序使用的运输服务

前面讲过套接字是应用程序进程和运输层协议之间的接口。在发送端的应用程序将报文推进该套接字。在该套接字的另一侧，运输层协议负责从接收进程的套接字得到该报文。

包括因特网在内的很多网络提供了不止一种运输层协议。当开发一个应用时，必须选择一种可用的运输层协议。如何做出这种选择呢？最可能的方式是，通过研究这些可用的运输层协议所提供的服务，选择一个最能为你的应用需求提供恰当服务的协议。这种情况类似于在两个城市间旅行时选择飞机还是火车作为交通工具。每种运输模式为你提供不同的服务，你必须选择一种或另一种（例如，火车可以直到市区上客和下客，而飞机提供了更短的旅行时间）。

一个运输层协议能够为调用它的应用程序提供什么样的服务呢？我们大体能够从四个方面对应用程序服务要求进行分类：可靠数据传输、吞吐量、定时和安全性。

1. 可靠数据传输

如第 1 章讨论的那样，分组在计算机网络中可能丢失。例如，分组能够使路由器中的缓存溢出，或者当分组中的某些比特损坏后可能被丢弃。像电子邮件、文件传输、远程主机访问、Web 文档传输以及金融应用等这样的应用，数据丢失可能会造成灾难性的后果（在最后一种情况下，无论对银行或对顾客都是如此！）。因此，为了支持这些应用，必须做一些工作以确保由应用程序的一端发送的数据正确并完全地交付给该应用程序的另一端。如果一个协议提供了这样的确保数据交付服务，就认为提供了**可靠数据传输**（reliable data transfer）。运输层协议能够潜在地向应用程序提供的一个重要服务是进程到进程的可靠数据传输。当一个运输协议提供这种服务时，发送进程只要将其数据传递进套接字，就可以完全相信该数据将能无差错地到达接收进程。

当一个运输层协议不提供可靠数据传输时，由发送进程发送的某些数据可能到达不了接收进程。这可能能被**容忍丢失的应用**（loss-tolerant application）所接受，最值得注意的是多媒体应用，如交谈式音频/视频，它能够承受一定量的数据丢失。在多媒体应用中，丢失的数据会引起播放的音频/视频出现小干扰，而不是致命的损伤。

2. 吞吐量

在第 1 章中我们引入了可用吞吐量的概念，在沿着一条网络路径上的两个进程之间的通信会话场景中，可用吞吐量就是发送进程能够向接收进程交付比特的速率。因为其他会话将共享沿着该网络路径的带宽，并且因为这些会话将会到达和离开，该可用吞吐量将随时间波动。这些观察导致另一种自然的服务，即运输层协议能够以某种特定的速率提供确保的可用吞吐量。使用这种服务，应用程序能够请求 r bps 的确保吞吐量，并且该运输协议能够确保可用吞吐量总是为至少 r bps。这样的确保吞吐量的服务将对许多应用程序有吸引力。例如，如果因特网电话应用程序对语音以 32kbps 的速率进行编码，那么它需要以这个速率向网络发送数据，并以该速率向接收应用程序交付数据。如果运输协议不能提供这种吞吐量，该应用程序或者以较低速率进行编码（并且接收足够的吞吐量以维持这种较低的编码速率），或者可能必须放弃发送，这是因为对于这种因特网电话应用而言，接收所需吞吐量的一半是几乎没有或根本没有用处的。具有吞吐量要求的应用程序被称为**带宽敏感的应用**（bandwidth-sensitive application）。许多当前的多媒体应用是带宽敏感的，尽管某些多媒体应用可能采用自适应编码技术对数字语音或视频以与当前可用带宽相匹配的速率进行编码。

带宽敏感的应用具有特定的吞吐量要求，而**弹性应用程序**（elastic application）可以根据当时可用的带宽尽可能多或尽可能少地利用吞吐量。电子邮件、文件传输以及 Web 传送都属于弹性应用。当然，我们永远不会嫌吞吐量太多的！

3. 定时

运输层协议也能提供定时保证。如同具有吞吐量保证那样，定时保证能够以多种形式实现。一个保证的例子如：发送方注入套接字中的每个比特到达接收方的套接字不迟于 100ms。这种服务将对交互式实时应用程序有吸引力，如因特网电话、虚拟环境、视频会议和多方游戏，所有这些服务为了有效性而要求数据交付有严格的时间限制［Gauthier 1999；Ramjee 1994］。例如，在因特网电话中，较长的时延会导致会话中出现不自然的停顿；在多方游戏和虚拟互动环境中，在做出操作并看到来自环境（如来自位于端到端连接中另一端的玩家）的响应之间，较长的时延使得它失去真实感。对于非实时的应用，较低的时延总比较高的时延好，但对端到端的时延没有严格的约束。

4. 安全性

最后，运输协议能够为应用程序提供一种或多种安全性服务。例如，在发送主机中，运输协议能够加密由发送进程传输的所有数据，在接收主机中，运输协议能够在将数据交付给接收进程之前解密这些数据。这种服务将在发送和接收进程之间提供机密性，以防数据以某种方式在这两个进程之间被观察到。运输协议还能提供除了机密性以外的其他安全性服务，包括数据完整性和端点鉴别，我们将在第 8 章中详细讨论这些主题。

2.1.4　因特网提供的运输服务

至此，我们已经考虑了计算机网络能够提供的通用运输服务。现在我们要更为具体地考察由因特网提供的运输服务类型。因特网（更一般的是 TCP/IP 网络）为应用程序提供两个运输层协议，即 UDP 和 TCP。当你（作为一个软件开发者）为因特网创建一个新的应用时，首先要做出的决定是，选择 UDP 还是选择 TCP。每个协议为调用它的应用程序提供了不同的服务集合。图 2-4 显示了某些所选的应用程序的服务要求。

1. TCP 服务

TCP 服务模型包括面向连接服务和可靠数据传输服务。当某个应用程序调用 TCP 作为其运输协议时，该应用程序就能获得来自 TCP 的这两种服务。

应用	数据丢失	带宽	时间敏感
文件传输/下载	不能丢失	弹性	不
电子邮件	不能丢失	弹性	不
Web 文档	不能丢失	弹性（几 kbps）	不
因特网电话/视频会议	容忍丢失	音频（几 kbps～1Mbps） 视频（10kbps～5Mbps）	是，100ms
流式存储音频/视频	容忍丢失	同上	是，几秒
交互式游戏	容忍丢失	几 kbps～10kbps	是，100ms
智能手机讯息	不能丢失	弹性	是和不是

图 2-4 选择的网络应用的要求

- 面向连接的服务：在应用层数据报文开始流动之前，TCP 让客户和服务器相互交换运输层控制信息。这个所谓的握手过程提醒客户和服务器，让它们为大量分组的到来做好准备。在握手阶段后，一个 **TCP 连接**（TCP connection）就在两个进程的套接字之间建立了。这条连接是全双工的，即连接双方的进程可以在此连接上同时进行报文收发。当应用程序结束报文发送时，必须拆除该连接。在第 3 章中我们将详细讨论面向连接的服务，并分析它是如何实现的。

- 可靠的数据传输服务：通信进程能够依靠 TCP，无差错、按适当顺序交付所有发送的数据。当应用程序的一端将字节流传进套接字时，它能够依靠 TCP 将相同的字节流交付给接收方的套接字，而没有字节的丢失和冗余。

TCP 还具有拥塞控制机制，这种服务不一定能为通信进程带来直接好处，但能为因特网带来整体好处。当发送方和接收方之间的网络出现拥塞时，TCP 的拥塞控制机制会抑制发送进程（客户或服务器）。如我们将在第 3 章中所见，TCP 拥塞控制也试图限制每个TCP 连接，使它们达到公平共享网络带宽的目的。

关注安全性

TCP 安全

　　无论 TCP 还是 UDP 都没有提供任何加密机制，这就是说发送进程传进其套接字的数据，与经网络传送到目的进程的数据相同。因此，举例来说，如果某发送进程以明文方式（即没有加密）发送了一个口令进入它的套接字，该明文口令将经过发送方与接收方之间的所有链路传送，这就可能在任何中间链路被嗅探和发现。因为隐私和其他安全问题对许多应用而言已经成为至关重要的问题，所以因特网界已经研制了 TCP 的加强版本，称为**运输层安全**（Transport Layer Security，TLS）[RFC 5246]。用 TLS 加强后的TCP 不仅能够做传统的 TCP 所能做的一切，而且提供了关键的进程到进程的安全性服务，包括加密、数据完整性和端点鉴别。我们强调 TLS 不是与 TCP 和 UDP 在相同层次上的第三种因特网运输协议，而是一种对 TCP 的加强，这种强化是在应用层上实现的。特别是，如果一个应用程序要使用 TLS 的服务，它需要在该应用程序的客户端和服务器端包括 TLS 代码（利用现有的、高度优化的库和类）。TLS 有它自己的套接字 API，这类似于传统的 TCP 套接字 API。当一个应用使用 TLS 时，发送进程向 TLS 套接字传递明文数据；发送主机中的 TLS 则加密该数据，并将加密的数据传递给 TCP 套接字。加密的数据经因特网传送到接收进程中的 TCP 套接字。该接收套接字将加密数据传递给 TLS，由其进行解密。最后，TLS 通过它的 TLS 套接字将明文数据传递给接收进程。我们将在第 8 章中更为详细地讨论 TLS。

2. UDP 服务

UDP 是一种不提供不必要服务的轻量级运输协议，它仅提供最低限度的服务。UDP 是无连接的，因此在两个进程通信前没有握手过程。UDP 提供一种不可靠数据传输服务，也就是说，当进程将一个报文发送进 UDP 套接字时，UDP 并不保证该报文将到达接收进程。不仅如此，到达接收进程的报文也可能是乱序到达的。

UDP 不包括拥塞控制机制，所以 UDP 的发送端可以用它选定的任何速率向其下层（网络层）注入数据。（然而，值得注意的是实际端到端吞吐量可能小于该速率，这可能是由中间链路的带宽受限或拥塞而造成的。）

3. 因特网运输协议所不提供的服务

我们已经从 4 个方面组织了运输协议服务：可靠数据传输、吞吐量、定时和安全性。TCP 和 UDP 提供了这些服务中的哪些呢？我们已经注意到 TCP 提供了可靠的端到端数据传输。并且我们也知道 TCP 在应用层可以很容易地用 TLS 来加强以提供安全服务。但在我们对 TCP 和 UDP 的简要描述中，明显地漏掉了对吞吐量或定时保证的讨论，即目前的因特网运输协议并没有提供这些服务。这是否意味着诸如因特网电话这样的时间敏感应用不能运行在今天的因特网上呢？答案显然是否定的，因为在因特网上运行时间敏感应用已经有多年了。这些应用经常工作得相当好，因为它们已经被设计成尽最大可能应对这种保证的缺乏。无论如何，在时延过大或端到端吞吐量受限时，好的设计也是有限制的。总之，今天的因特网通常能够为时间敏感应用提供满意的服务，但它不能提供任何定时或吞吐量保证。

图 2-5 给出了一些流行的因特网应用所使用的运输协议。可以看到，电子邮件、远程终端访问、Web、文件传输都使用了 TCP。这些应用选择 TCP 的最主要原因是 TCP 提供了可靠数据传输服务，确保所有数据最终到达目的地。因为因特网电话应用（如 Skype）通常能够容忍某些丢失但要求达到一定的最小速率才能有效工作，所以因特网电话应用的开发者通常愿意将该应用运行在 UDP 上，从而设法避开 TCP 的拥塞控制机制和分组开销。但因为许多防火墙被配置成阻挡（大多数类型的）UDP 流量，所以因特网电话应用通常被设计成如果 UDP 通信失败就使用 TCP 作为备份。

应用	应用层协议	支撑的运输协议
电子邮件	SMTP ［RFC 5321］	TCP
远程终端访问	Telnet ［RFC 854］	TCP
Web	HTTP ［RFC 7230］	TCP
文件传输	FTP ［RFC 959］	TCP
流式多媒体	HTTP（如 YouTube），DASH	TCP
因特网电话	SIP ［RFC 3261］、RTP ［RFC 3550］ 或专用的（如 Skype）	UDP 或 TCP

图 2-5　流行的因特网应用及其应用层协议和支撑的运输协议

2.1.5　应用层协议

我们刚刚学习了通过把报文发送进套接字实现网络进程间的相互通信。但是如何构造这些报文? 在这些报文中, 各个字段的含义是什么? 进程何时发送这些报文? 这些问题将我们带进应用层协议的范围。**应用层协议** (application-layer protocol) 定义了运行在不同端系统上的应用程序进程如何相互传递报文。特别是, 应用层协议定义了以下内容:

- 交换的报文类型, 例如请求报文和响应报文。
- 各种报文类型的语法, 如报文中的各个字段及这些字段是如何描述的。
- 字段的语义, 即这些字段中信息的含义。
- 确定一个进程何时以及如何发送报文, 对报文进行响应的规则。

有些应用层协议是由 RFC 文档定义的, 因此它们位于公共域中。例如, Web 的应用层协议 HTTP (超文本传输协议 [RFC 7230]) 就作为一个 RFC 可供使用。如果浏览器开发者遵从 HTTP RFC 规则, 所开发出的浏览器就能访问任何遵从该文档标准的 Web 服务器并获取相应 Web 页面。还有很多别的应用层协议是专用的, 有意不为公共域所用。例如, Skype 使用了专用的应用层协议。

区分网络应用和应用层协议是很重要的。应用层协议只是网络应用的一部分 (尽管从我们的角度看, 它是应用非常重要的一部分)。我们来看一些例子。Web 是一种客户-服务器应用, 它允许客户按照需求从 Web 服务器获得文档。该 Web 应用有很多组成部分, 包括文档格式的标准 (即 HTML)、Web 浏览器 (如 Chrome 和 Microsoft Internet Explorer)、Web 服务器 (如 Apache、Microsoft 服务器程序), 以及一个应用层协议。Web 的应用层协议是 HTTP, 它定义了在浏览器和 Web 服务器之间传输的报文格式和序列。因此, HTTP 只是 Web 应用的一个部分 (尽管是重要部分)。举另外一个例子, 我们将在 2.6 节看到 Netflix 的视频服务也具有多个组成部分, 包括: 存储和传输视频的服务器; 管理记账和其他客户端功能的其他服务器; 客户端, 例如, 在智能手机、平板电脑或台式机上的 Netflix 小程序; 应用程序级别的 DASH 协议, 它定义了在 Netflix 服务器与客户之间交换报文的格式和顺序。因此, DASH 仅是 Netflix 应用程序的一小部分 (尽管是重要部分)。

2.1.6　本书涉及的网络应用

每天都有新的应用被开发出来。我们不愿像百科全书一样罗列大量的因特网应用, 而是选择其中几种重要而流行的应用加以关注。在本章中我们详细讨论 5 种重要的应用: Web、电子邮件、目录服务、流式视频和 P2P。我们首先讨论 Web 应用, 不仅因为它是极为流行的应用, 而且因为它的应用层协议 HTTP 比较简单且易于理解。我们接下来讨论电子邮件, 这是因特网上第一个招人喜爱的应用程序。说电子邮件比 Web 更复杂, 是因为它使用了多个而不是一个应用层协议。在电子邮件之后, 我们学习 DNS, 它为因特网提供目录服务。大多数用户不直接与 DNS 打交道, 而是通过其他的应用 (包括 Web、文件传输和电子邮件) 间接使用它。DNS 很好地说明了一种核心的网络功能 (网络名字到网络地址的转换) 是怎样在因特网的应用层实现的。然后我们讨论 P2P 文件共享应用, 通过讨论包括经内容分发网分发存储的视频在内的按需流式视频, 结束应用层的学习。

2.2　Web 和 HTTP

　　20 世纪 90 年代以前，因特网的主要使用者是研究人员、学者和大学生，他们登录远程主机，在本地主机和远程主机之间传输文件，收发新闻，收发电子邮件。尽管这些应用非常有用（并且继续如此），但是因特网基本上不为学术界和研究界之外的世界所知。到了 20 世纪 90 年代初期，一个主要的新型应用即万维网（World Wide Web）登上了舞台［Berners-Lee 1994］。Web 是第一个引起公众注意的因特网应用，它极大地改变了人们与工作环境内外交流的方式。它将因特网从只是很多数据网之一的地位提升为仅有的一个数据网。

　　也许对大多数用户来说，最具有吸引力的就是 Web 的按需操作。当用户需要时，就能得到想要的内容。这不同于传统的无线电广播和电视，它们迫使用户只能收听、收看内容提供者提供的节目。除了可以按需操作以外，Web 还有很多让人们喜欢的特性。任何人在 Web 上发布信息都非常简单，即只需要极低的费用就能成为信息传播者。超链接和搜索引擎帮助我们在 Web 站点的海洋里导航。图片和视频刺激着我们的感官。表单、JavaScript、视频和很多其他的设置，使我们可以与 Web 页面和站点进行交互。并且，Web 及其协议作为平台，为 YouTube、基于 Web 的电子邮件（如 Gmail）和大多数移动因特网应用（包括 Instagram 和谷歌地图）服务。

2.2.1　HTTP 概述

　　Web 的应用层协议是**超文本传输协议**（HyperText Transfer Protocol，HTTP），它是 Web 的核心，在［RFC 1945］、［RFC 7230］和［RFC 7540］中进行了定义。HTTP 由两个程序实现：一个客户程序和一个服务器程序。客户程序和服务器程序运行在不同的端系统中，通过交换 HTTP 报文进行会话。HTTP 定义了这些报文的结构以及客户和服务器进行报文交换的方式。在详细解释 HTTP 之前，先回顾一些 Web 术语。

　　Web 页面（Web page）（也叫文档）是由对象组成的。一个**对象**（object）只是一个文件，诸如一个 HTML 文件、一个 JPEG 图形、一个 JavaScript 文件、一个 CCS 样式表文件或一个视频片段，它们可通过一个 URL 寻址。多数 Web 页面含有一个 **HTML 基本文件**（base HTML file）以及几个引用对象。例如，如果一个 Web 页面包含 HTML 文本和 5 个 JPEG 图形，那么这个 Web 页面有 6 个对象：一个 HTML 基本文件加 5 个图形。HTML 基本文件通过对象的 URL 引用页面中的其他对象。每个 URL 由两部分组成：存放对象的服务器主机名和对象的路径名。例如，URL http://www. someSchool. edu/someDepartment/picture. gif，其中的 www. someSchool. edu 就是主机名，/someDepartment/picture. gif 就是路径名。因为 **Web 浏览器**（Web browser）（例如 Internet Explorer 和 Chrome）实现了 HTTP 的客户端，所以在 Web 环境中我们经常交换使用浏览器和客户这两个术语。**Web 服务器**（Web server）实现了 HTTP 的服务器端，它用于存储 Web 对象，每个对象由 URL 寻址。流行的 Web 服务器有 Apache 和 Microsoft Internet Information Server（微软互联网信息服务器）。

　　HTTP 定义了 Web 客户向 Web 服务器请求 Web 页面的方式，以及服务器向客户传送 Web 页面的方式。我们稍后详细讨论客户和服务器的交互过程，而其基本思想在图 2-6 中进行了图示。当用户请求一个 Web 页面（如点击一个超链接）时，浏览器向服务器发出对该页面中所包含对象的 HTTP 请求报文，服务器接收到请求并用包含这些对象的 HTTP 响应报文进行响应。

HTTP 使用 TCP 作为它的支撑运输协议（而不是在 UDP 上运行）。HTTP 客户首先发起一个与服务器的 TCP 连接。一旦连接建立，该浏览器和服务器进程就可以通过套接字接口访问 TCP。如同在 2.1 节中描述的那样，客户端的套接字接口是客户进程与 TCP 连接之间的门，服务器端的套接字接口则是服务器进程与 TCP 连接之间的门。客户向它的套接字接口发送 HTTP 请求报文并从它的套接字接口接收 HTTP 响应报文。类似地，服务器从它的套接字接口接收

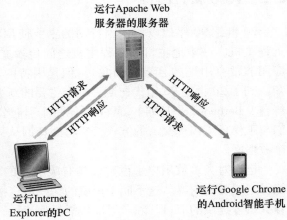

图 2-6   HTTP 的请求-响应行为

HTTP 请求报文并向它的套接字接口发送 HTTP 响应报文。一旦客户向它的套接字接口发送了一个请求报文，该报文就脱离了客户控制并进入 TCP 的控制。2.1 节讲过，TCP 为 HTTP 提供可靠数据传输服务。这意味着，一个客户进程发出的每个 HTTP 请求报文最终能完整地到达服务器；类似地，服务器进程发出的每个 HTTP 响应报文最终能完整地到达客户。这里我们看到了分层体系结构最大的优点，即 HTTP 不用担心数据丢失，也不关注 TCP 从网络的数据丢失和乱序故障中恢复的细节。那是 TCP 以及协议栈较低层协议的工作。

注意到下列现象很重要：服务器向客户发送被请求的文件，而不存储任何关于该客户的状态信息。假如某个特定的客户在短短的几秒内两次请求同一个对象，服务器并不会因为刚刚为该客户提供了该对象就不再做出反应，而是重新发送该对象，就像服务器已经完全忘记不久之前所做过的事一样。因为 HTTP 服务器并不保存关于客户的任何信息，所以我们说 HTTP 是一个**无状态协议**（stateless protocol）。我们同时也注意到 Web 使用了客户-服务器应用程序体系结构（如 2.1 节所述）。Web 服务器总是打开的，具有一个固定的 IP 地址，且它服务于可能来自数以百万计的不同浏览器的请求。

HTTP 的初始版本称为 HTTP/1.0，其可追溯到 20 世纪 90 年代早期［RFC 1945］。到 2020 年为止，绝大部分的 HTTP 事务都采用 HTTP/1.1［RFC 7230］。然而，越来越多的浏览器和 Web 服务器也支持新版的 HTTP，称为 HTTP/2［RFC 7540］。在本节结束时，我们将给出 HTTP/2 的简介。

2.2.2 非持续连接和持续连接

在许多因特网应用程序中，客户和服务器在一个相当长的时间范围内通信，在此期间，客户发出一系列请求，并且服务器对每个请求进行响应。依据应用程序以及该应用程序的使用方式，这一系列请求可以以规则的间隔周期性地或者间断性地一个接一个发出。当这种客户-服务器的交互是经 TCP 进行的时，应用程序的研制者就需要做一个重要决定，即每个请求/响应对是经一个单独的 TCP 连接发送，还是所有的请求及其响应经相同的 TCP 连接发送。采用前一种方法，该应用程序被称为使用**非持续连接**（non-persistent connection）；采用后一种方法，该应用程序被称为使用**持续连接**（persistent connection）。

为了深入地理解该设计问题，我们研究在特定的应用程序即 HTTP 的情况下持续连接的优点和缺点，HTTP 既能够使用非持续连接，也能够使用持续连接。尽管 HTTP 默认使用持续连接，但 HTTP 客户和服务器也能配置成使用非持续连接。

1. 采用非持续连接的 HTTP

我们看看在非持续连接情况下从服务器向客户传送一个 Web 页面的步骤。假设该页面含有 1 个 HTML 基本文件和 10 个 JPEG 图形，并且这 11 个对象位于同一台服务器上。进一步假设该 HTML 文件的 URL 为 http://www. someSchool. edu/someDepartment/home. index。

我们看看发生了什么情况：

1）HTTP 客户进程在端口号 80 发起一个到服务器 www. someSchool. edu 的 TCP 连接，该端口号是 HTTP 的默认端口。在客户和服务器上分别有一个套接字与该连接相关联。

2）HTTP 客户经它的套接字向该服务器发送一个 HTTP 请求报文。请求报文中包含了路径名/someDepartment/home. index（后面我们会详细讨论 HTTP 报文）。

3）HTTP 服务器进程经它的套接字接收该请求报文，从其存储器（RAM 或磁盘）中检索出对象 someDepartment/home. index，在一个 HTTP 响应报文中封装对象，并通过其套接字向客户发送响应报文。

4）HTTP 服务器进程通知 TCP 断开该 TCP 连接。（但是直到 TCP 确认客户已经完整地收到响应报文为止，它才会实际中断连接。）

5）HTTP 客户接收响应报文，TCP 连接关闭。该报文指出封装的对象是一个 HTML 文件，客户从响应报文中提取出该文件，检查该 HTML 文件，得到对 10 个 JPEG 图形的引用。

6）对每个引用的 JPEG 图形对象重复前 4 个步骤。

当浏览器收到 Web 页面后，向用户显示该页面。两个不同的浏览器也许会以不同的方式解释（即向用户显示）该页面。HTTP 与客户如何解释一个 Web 页面毫无关系。HTTP 规范（［RFC 1945］和［RFC 7540］）仅定义了在 HTTP 客户程序与 HTTP 服务器程序之间的通信协议。

上面的步骤举例说明了非持续连接的使用，其中每个 TCP 连接在服务器发送一个对象后关闭，即该连接并不为其他的对象而持续下来。HTTP/1.0 应用了非持续 TCP 连接。值得注意的是每个 TCP 连接只传输一个请求报文和一个响应报文。因此在本例中，当用户请求该 Web 页面时，要产生 11 个 TCP 连接。

在上面描述的步骤中，我们有意没有明确客户获得这 10 个 JPEG 图形对象是使用 10 个串行的 TCP 连接，还是某些 JPEG 对象使用了一些并行的 TCP 连接。事实上，用户能够配置现代浏览器来控制连接的并行度。浏览器打开多个 TCP 连接，并且请求经多个连接请求某 Web 页面的不同部分。我们在下一章会看到，使用并行连接可以缩短响应时间。

在继续讨论之前，我们来简单估算一下从客户请求 HTML 基本文件起到该客户收到整个文件止所花费的时间。为此，我们给出**往返时间**（Round-Trip Time，RTT）的定义，该时间是指一个短分组从客户到服务器然后再返回客户所花费的时间。RTT 包括分组传播时延、分组在中间路由器和交换机上的排队时延以及分组处理时延（这些时延在 1.4 节已经讨论过）。现在考虑当用户点击超链接时会发生什么现象。如图 2-7 所示，这引起浏览器在它和 Web 服务器之间发起一个 TCP 连接；这涉及一次"三次握手"过程，即客户向服务器发送一个小 TCP 报文段，服务器用一个小 TCP 报文段做出确认和响应，最后，客户向服务器返回确认。三次握手中前两个部分所耗费的时间占用了一个 RTT。完成了三次握手的前两个部分后，客户结合三次握手的第三部分（确认）向该 TCP 连接发送一个 HTTP 请求报文。

一旦该请求报文到达服务器，服务器就在该 TCP 连接上发送 HTML 文件。该 HTTP 请求/响应用去了另一个 RTT。因此，粗略地讲，总的响应时间就是两个 RTT 加上服务器传输 HTML 文件的时间。

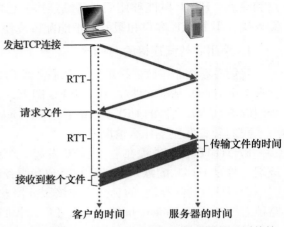

图 2-7   请求并接收一个 HTML 文件所需的时间估算

2. 采用持续连接的 HTTP

非持续连接有一些缺点。第一，必须为每一个请求的对象建立和维护一个全新的连接。对于每个这样的连接，在客户和服务器中都要分配 TCP 的缓冲区和保持 TCP 变量，这给 Web 服务器带来了严重的负担，因为一台 Web 服务器可能同时服务于数以百计不同的客户的请求。第二，就像我们刚描述的那样，每一个对象经受两倍 RTT 的交付时延，即一个 RTT 用于创建 TCP，另一个 RTT 用于请求和接收一个对象。

在采用 HTTP 1.1 持续连接的情况下，服务器在发送响应后保持该 TCP 连接打开。在相同的客户与服务器之间，后续的请求和响应报文能够通过相同的连接进行传送。特别是，一个完整的 Web 页面（上例中的 HTML 基本文件加上 10 个图形）可以用单个持续 TCP 连接进行传送。更有甚者，位于同一台服务器的多个 Web 页面在从该服务器发送给同一个客户时，可以在单个持续 TCP 连接上进行。对对象的这些请求可以一个接一个地发出，而不必等待对未决请求（流水线）的回答。通常，如果一条连接经过一定时间间隔（一个可配置的超时间隔）仍未被使用，HTTP 服务器就关闭该连接。HTTP 的默认模式是使用带流水线的持续连接。我们把量化比较持续连接和非持续连接性能的任务留作第 2、3 章的课后习题。鼓励读者阅读文献［Heidemann 1997；Nielsen 1997；RFC 7540］。

2.2.3   HTTP 报文格式

HTTP 规范［RFC 1945；RFC 7230；RFC 7540］包含了对 HTTP 报文格式的定义。HTTP 报文有两种：请求报文和响应报文。下面讨论这两种报文。

1. HTTP 请求报文

下面提供了一个典型的 HTTP 请求报文：

```
GET /somedir/page.html HTTP/1.1
Host: www.someschool.edu
Connection: close
User-agent: Mozilla/5.0
Accept-language: fr
```

通过仔细观察这个简单的请求报文，我们就能学到很多东西。首先，我们看到该报文是用普通的 ASCII 文本书写的，这样有一定计算机知识的人都能够阅读它。其次，我们看到该报文由 5 行组成，每行由一个回车和换行符结束。最后一行后再附加一个回车和换行符。虽然这个特定的报文仅有 5 行，但一个请求报文能够具有更多的行或者至少为一行。

HTTP 请求报文的第一行叫作**请求行**（request line），其后继的行叫作**首部行**（header line）。请求行有 3 个字段：方法字段、URL 字段和 HTTP 版本字段。方法字段可以取几种不同的值，包括 GET、POST、HEAD、PUT 和 DELETE。绝大部分的 HTTP 请求报文使用 GET 方法。当浏览器请求一个对象时，使用 GET 方法，在 URL 字段带有请求对象的标识。在本例中，该浏览器正在请求对象/somedir/page. html。其版本字段是自解释的，在本例中，浏览器实现的是 HTTP/1.1 版本。

　　现在我们看看本例的首部行。首部行"Host：www. someschool. edu"指明了对象所在的主机。你也许认为该首部行是不必要的，因为在该主机中已经有一条 TCP 连接存在了。但是，如我们将在 2.2.5 节中所见，该首部行提供的信息是 Web 代理高速缓存所要求的。通过包含"Connection：close"首部行，该浏览器告诉服务器不要麻烦地使用持续连接，它要求服务器在发送完被请求的对象后就关闭这条连接。"User-agent："首部行用来指明用户代理，即向服务器发送请求的浏览器的类型。这里浏览器类型是 Mozilla/5.0，即 Firefox 浏览器。这个首部行是有用的，因为服务器可以有效地为不同类型的用户代理实际发送相同对象的不同版本。（每个版本都由相同的 URL 寻址。）最后，"Accept-language："首部行表示用户想得到该对象的法语版本（如果服务器中有这样的对象的话）；否则，服务器应当发送它的默认版本。"Accept-language："首部行仅是 HTTP 中可用的众多内容协商首部之一。

　　看过一个例子之后，我们再来看看如图 2-8 所示的一个请求报文的通用格式。我们看到该通用格式与我们前面的例子密切对应。然而，你可能已经注意到了在首部行（与附加的回车和换行符）后有一个"实体体"（entity body）。使用 GET 方法时整个实体体为空，而使用 POST 方法时才使用该实体体。当用户提交表单时，HTTP 客户常常使用 POST 方法，例如当用户向搜索引擎提供搜索关键词时。使用 POST 报文时，用户仍可以向服务器请求一个 Web 页面，但 Web 页面的特定内容依赖于用户在表单字段中输入的内

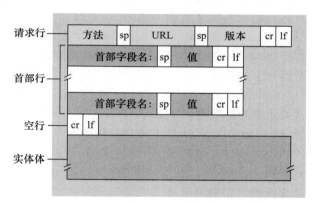

图 2-8　一个 HTTP 请求报文的通用格式

容。如果方法字段的值为 POST，则实体体中包含的就是用户在表单字段中的输入值。

　　当然，如果不提"用表单生成的请求报文不是必须使用 POST 方法"这一点，那将是失职。HTML 表单经常使用 GET 方法，并在（表单字段中）所请求的 URL 中包括输入的数据。例如，一个表单使用 GET 方法，它有两个字段，分别填写的是 monkeys 和 bananas，这样，该 URL 结构为 www. somesite. com/animalsearch?monkeys&bananas。在日复一日的网上冲浪中，你也许已经留意到了这种扩展的 URL。

　　HEAD 方法类似于 GET 方法。当服务器收到一个使用 HEAD 方法的请求时，将会用一个 HTTP 报文进行响应，但是并不返回请求对象。应用程序开发者常用 HEAD 方法进行调试跟踪。PUT 方法常与 Web 发行工具联合使用，它允许用户上传对象到指定的 Web 服务器上指定的路径（目录）。PUT 方法也被那些需要向 Web 服务器上传对象的应用程序使用。DELETE 方法允许用户或者应用程序删除 Web 服务器上的对象。

2. HTTP 响应报文

下面我们提供了一条典型的 HTTP 响应报文。该响应报文可以是对刚刚讨论的例子中请求报文的响应。

```
HTTP/1.1 200 OK
Connection: close
Date: Tue, 18 Aug 2015 15:44:04 GMT
Server: Apache/2.2.3 (CentOS)
Last-Modified: Tue, 18 Aug 2015 15:11:03 GMT
Content-Length: 6821
Content-Type: text/html

(data data data data data ...)
```

我们仔细看一下这个响应报文。它有三个部分：一个初始**状态行**（status line），6个**首部行**（header line），然后是**实体体**（entity body）。实体体部分是报文的主要部分，即它包含了所请求的对象本身（表示为 data data data data data ...）。状态行有 3 个字段：协议版本字段、状态码和相应状态信息。在这个例子中，状态行指示服务器正在使用 HTTP/1.1，并且一切正常（即服务器已经找到并正在发送所请求的对象）。

我们现在来看看首部行。服务器用 "Connection：close" 首部行告诉客户，发送完报文后将关闭该 TCP 连接。"Date：" 首部行指示服务器产生并发送该响应报文的日期和时间。值得一提的是，这个时间不是指对象创建或者最后修改的时间，而是服务器从它的文件系统中检索到该对象，将该对象插入响应报文，并发送该响应报文的时间。"Server：" 首部行指示该报文是由一台 Apache Web 服务器产生的，它类似于 HTTP 请求报文中的 "User-agent：" 首部行。"Last-Modified：" 首部行指示该对象创建或最后修改的时间与日期。"Last-Modified：" 首部行对既可能在本地客户也可能在网络缓存服务器（又称为代理服务器）上的对象缓存来说非常重要，下文将更为详细地讨论 "Last-Modified：" 首部行。

"Content-Length：" 首部行指示了被发送对象中的字节数。"Content-Type：" 首部行指示了实体体中的对象是 HTML 文本。（该对象类型应该正式地用 "Content-Type：" 首部行而不是文件扩展名来指示。）

看过一个例子后，我们再来考察响应报文的通用格式，如图 2-9 所示。该通用格式与前面例子中的响应报文相匹配。我们补充说明一下状态码和它们对应的短语。状态码及其相应的短语指示了请求的结果。一些常见的状态码和相关的短语包括：

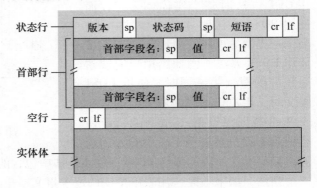

图 2-9　一个 HTTP 响应报文的通用格式

- 200 OK：请求成功，信息在返回的响应报文中。
- 301 Moved Permanently：请求的对象已经被永久转移了，新的 URL 定义在响应报文的 "Location：" 首部行中。客户软件将自动获取新的 URL。
- 400 Bad Request：一个通用差错代码，指示该请求不能被服务器理解。
- 404 Not Found：被请求的文档不在服务器上。
- 505 HTTP Version Not Supported：服务器不支持请求报文使用的 HTTP 版本。

你想看一下真实的 HTTP 响应报文吗？这正是我们高度推荐而且也很容易做到的事。首先用 Telnet 登录到你喜欢的 Web 服务器上，接下来输入一个只有一行的请求报文去请求放在该服务器上的某些对象。例如，假设你看到命令提示，键入：

```
telnet gaia.cs.umass.edu 80
GET /kurose_ross/interactive/index.php HTTP/1.1
Host: gaia.cs.umass.edu
```

（在输入最后一行后连续按两次回车。）这就打开一个到主机 gaia. cs. umass. edu 的 80 端口的 TCP 连接，并发送一个 HTTP 请求报文。你将会看到一个携带包括本书交互式课后作业的基本 HTML 文件的响应报文。如果你只是想看一下 HTTP 的报文行，而不是获取对象本身的话，那么可以用 HEAD 代替 GET。

在本节中，我们讨论了 HTTP 请求报文和响应报文中的一些首部行。HTTP 规范中定义了许许多多的首部行，这些首部行可以被浏览器、Web 服务器和网络缓存服务器插入。我们只提到了全部首部行中的少数几个，在 2.2.5 节中我们讨论网络 Web 缓存时还会涉及其他几个。一本可读性很强的文献是 ［Krishnamurty 2001］，它对 HTTP（包括它的首部行和状态码）进行了广泛讨论。

浏览器是如何决定在一个请求报文中包含哪些首部行的呢？Web 服务器又是如何决定在一个响应报文中包含哪些首部行呢？浏览器产生的首部行与很多因素有关，包括浏览器的类型和版本、浏览器的用户配置、浏览器当前是否有一个缓存的但可能超期的对象版本。Web 服务器的表现也类似：在产品、版本和配置上都有差异，所有这些都会影响响应报文中包含的首部行。

2.2.4　用户与服务器的交互：cookie

我们前面提到了 HTTP 服务器是无状态的。这简化了服务器的设计，并且允许工程师去开发可以同时处理数千个 TCP 连接的高性能 Web 服务器。然而一个 Web 站点通常希望能够识别用户，可能是因为服务器希望限制用户的访问，或者因为它希望把内容与用户身份联系起来。为此，HTTP 使用了 cookie。cookie 在 ［RFC 6265］ 中定义，它允许站点对用户进行跟踪。目前大多数商务 Web 站点都使用了 cookie。

如图 2-10 所示，cookie 技术有 4 个组件：①在 HTTP 响应报文中的一个 cookie 首部行；②在 HTTP 请求报文中的一个 cookie 首部行；③在用户端系统中保留的一个 cookie 文件，并由用户的浏览器进行管理；④位于 Web 站点的一个后端数据库。使用图 2-10，我们通过一个典型的例子看看 cookie 的工作过程。假设 Susan 总是从家中 PC 使用 Internet Explorer 上网，她首次与 Amazon. com 联系。我们假定过去她已经访问过 eBay 站点。当请求报文到达 Amazon Web 服务器时，该 Web 站点将产生一个唯一识别码，并以此作为索引在它的后端数据库中产生一个表项。接下来 Amazon Web 服务器用一个包含 "Set-cookie:" 首部的 HTTP 响应报文对 Susan 的浏览器进行响应，"Set-cookie:" 首部含有该识别码。例如，该首部行可能是

```
Set-cookie: 1678
```

当 Susan 的浏览器收到了该 HTTP 响应报文时，它会看到 "Set-cookie:" 首部。该浏览器在它管理的特定 cookie 文件中添加一行，该行包含服务器的主机名和 "Set-cookie:" 首部中的识别码。值得注意的是该 cookie 文件已经有了用于 eBay 的表项，因为 Susan 过去访问过

该站点。当 Susan 继续浏览 Amazon 网站时，每请求一个 Web 页面，其浏览器就会查询该 cookie 文件并抽取她对这个网站的识别码，并放到 HTTP 请求报文中包括识别码的 cookie 首部行中。特别是，发往该 Amazon 服务器的每个 HTTP 请求报文都包括以下首部行：

```
Cookie: 1678
```

在这种方式下，Amazon 服务器可以跟踪 Susan 在 Amazon 站点的活动。尽管 Amazon Web 站点不必知道 Susan 的名字，但它确切地知道用户 1678 按照什么顺序在什么时间访问了哪些页面！Amazon 使用 cookie 来提供它的购物车服务，即 Amazon 能够维护 Susan 希望购买的物品列表，这样在 Susan 结束会话时可以一起为它们付费。

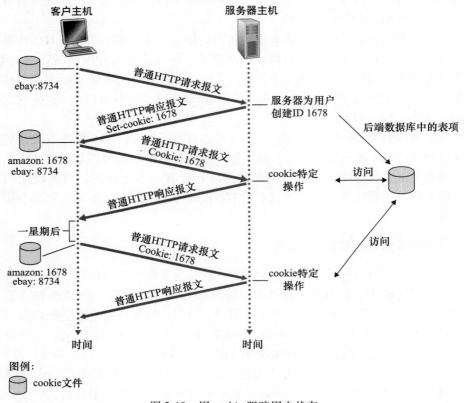

图 2-10   用 cookie 跟踪用户状态

如果 Susan 再次访问 Amazon 站点，比如说一个星期后，她的浏览器会在其请求报文中继续放入首部行 "Cookie：1678"。Amazon 将根据 Susan 过去在 Amazon 访问的网页向她推荐产品。如果 Susan 也在 Amazon 注册过，即提供了她的全名、电子邮件地址、邮政地址和信用卡账号，则 Amazon 能在其数据库中包括这些信息，将 Susan 的名字与识别码相关联（以及她在过去访问过的本站点的所有页面）。这就解释了 Amazon 和其他一些电子商务网站实现 "一键购物"（one-click shopping）的道理，即当 Susan 在后继的访问中选择购买某个物品时，她不必重新输入姓名、信用卡账号或者地址等信息了。

从上述讨论中我们看到，cookie 可以用于标识一个用户。用户首次访问一个站点时，可能需要提供一个用户标识（可能是名字）。在后继会话中，浏览器向服务器传递一个 cookie 首部，从而向该服务器标识了用户。因此 cookie 可以在无状态的 HTTP 之上建立一个用户会话层。例如，当用户向一个基于 Web 的电子邮件系统注册时，浏览器向服务器发送 cookie 信息，允许该服务器在用户与应用程序会话的过程中标识该用户。

尽管 cookie 通常能够简化用户的因特网购物活动，但是其使用仍具有争议，因为它被认为是对用户隐私的一种侵害。如我们刚才所见，结合 cookie 和用户提供的账户信息，Web 站点可以得知许多有关用户的信息，并可能将这些信息卖给第三方。

2.2.5 Web 缓存

Web 缓存器（Web cache）也叫**代理服务器**（proxy server），它是能够代表初始 Web 服务器来满足 HTTP 请求的网络实体。Web 缓存器有自己的磁盘存储空间，并在存储空间中保存最近请求过的对象的副本。如图 2-11 所示，可以配置用户的浏览器，使得用户的所有 HTTP 请求首先指向 Web 缓存器［RFC 7234］。一旦某浏览器被配置，每个对某对象的浏览器请求首先被定向到该 Web 缓存器。举例来说，假设浏览器正在请求对象 http://www.someschool.edu/campus.gif，将会发生如下情况：

1）浏览器创建一个到 Web 缓存器的 TCP 连接，并向 Web 缓存器中的对象发送一个 HTTP 请求。

2）Web 缓存器进行检查，看看本地是否存储了该对象副本。如果有，Web 缓存器就向客户浏览器用 HTTP 响应报文返回该对象。

3）如果 Web 缓存器中没有该对象，它就打开一个与该对象的初始服务器（即 www.someschool.edu）的 TCP 连接。Web 缓存器则在这个缓存器到服务器的 TCP 连接上发送一个对该对象的 HTTP 请求。在收到该请求后，初始服务器向该 Web 缓存器发送具有该对象的 HTTP 响应。

4）当 Web 缓存器接收到该对象时，它在本地存储空间存储一份副本，并向客户的浏览器用 HTTP 响应报文发送该副本（通过客户浏览器和 Web 缓存器之间现有的 TCP 连接）。

图 2-11 客户通过 Web 缓存器请求对象

值得注意的是 Web 缓存器既是服务器又是客户。当它接收浏览器的请求并发回响应时，它是一个服务器。当它向初始服务器发出请求并接收响应时，它是一个客户。

Web 缓存器通常由 ISP 购买并安装。例如，一所大学可能在它的校园网上安装一台缓存器，并且将所有校园网上的用户浏览器配置为指向它。或者，一个主要的住宅 ISP（例如 Comcast）可能在它的网络上安装一台或多台 Web 缓存器，并且预先配置其配套的浏览器指向这些缓存器。

在因特网上部署 Web 缓存器有两个原因。首先，Web 缓存器可以大大减少对客户请求的响应时间，特别是当客户与初始服务器之间的瓶颈带宽远低于客户与 Web 缓存器之间的瓶颈带宽时更是如此。如果在客户与 Web 缓存器之间有一个高速连接（情况常常如此），并且如果用户所请求的对象在 Web 缓存器上，则 Web 缓存器可以迅速将该对象交付给用户。其次，如我们马上用例子说明的那样，Web 缓存器能够大大减少一个机构的接入链路到因特网的通信量。通过减少通信量，该机构（如一家公司或者一所大学）就不必急于增加带宽，因此降低了费用。此外，Web 缓存器能从整体上大大减少因特网上的 Web 流量，从而改善了所有应用的性能。

为了深刻理解缓存器带来的好处，我们考虑在图 2-12 场景下的一个例子。该图显示了两个网络，即机构（内部）网络和公共因特网的一部分。机构网络是一个高速的局域网，它的一台路由器与因特网上的一台路由器通过一条 15Mbps 的链路连接。这些初始服务器与因特网相连但位于全世界各地。假设对象的平均长度为 1Mb，从机构内的浏览器对这些初始服务器的平均访问速率为每秒 15 个请求。假设 HTTP 请求报文小到可以忽略，因而不会在网络中以及接入链路（从机构内部路由器到因特网路由器）上产生什么通信量。我们还假设在图 2-12 中从因特网接入链路一侧的路由器转发 HTTP 请求报文（在一个 IP 数据报中）开始，到它收到其响应报文（通常在多个 IP 数据报中）为止的时间平均为 2s。我们将该持续时延非正式地称为"因特网时延"。

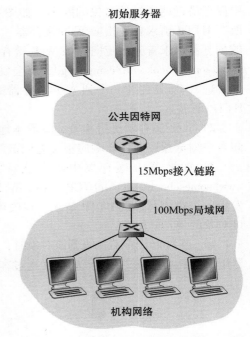

初始服务器

公共因特网

15Mbps接入链路

100Mbps局域网

机构网络

图 2-12   一个机构网络与因特网之间的瓶颈

总的响应时间，即从浏览器请求一个对象到接收到该对象为止的时间，是局域网时延、接入时延（即两台路由器之间的时延）和因特网时延之和。我们来粗略地估算一下这个时延。局域网上的流量强度（参见 1.4.2 节）为

$$(15 个请求/s) \times (1Mb/请求)/(100Mbps) = 0.15$$

然而接入链路上的流量强度（从因特网路由器到机构路由器）为

$$(15 个请求/s) \times (1Mb/请求)/(15Mbps) = 1$$

局域网上强度为 0.15 的通信量通常最多导致数十毫秒的时延，因此我们可以忽略局域网时延。然而，如在 1.4.2 节讨论的那样，如果流量强度接近 1（就像在图 2-12 中接入链路的情况那样），链路上的时延会变得非常大并且无限增长。因此，满足请求的平均响应时间将在分钟的量级上。显然，必须想办法来改进时间响应特性。

一个可能的解决办法就是增加接入链路的速率，如从 15Mbps 增加到 100Mbps。这可以将接入链路上的流量强度减少到 0.15，这样一来，两台路由器之间的链路时延也可以忽略了。这时，总的响应时间将大约为 2s，即为因特网时延。但这种解决方案也意味着该机构必须将它的接入链路由 15Mbps 升级为 100Mbps，这是一种代价很高的方案。

现在来考虑另一种解决方案，即不升级链路带宽而是在机构网络中安装一个 Web 缓

存器。这种解决方案如图 2-13 所示。现实中的命中率（即由一个缓存器所满足的请求的比率）通常在 0.2 ~ 0.7 之间。为了便于阐述，我们假设该机构的缓存命中率为 0.4。因为客户和缓存连接在一个相同的高速局域网上，这样 40% 的请求将几乎立即会由缓存器得到响应，时延约在 10ms 以内。然而，剩下的 60% 的请求仍然要由初始服务器来满足。但是只有 60% 的被请求对象通过接入链路，接入链路上的流量强度从 1.0 减小到 0.6。一般而言，在 15Mbps 链路上，当流量强度小于 0.8 时对应的时延较小，约为几十毫秒。这个时延与 2s 因特网时延相比是微不足道的。考虑这些之后，平均时延因此为

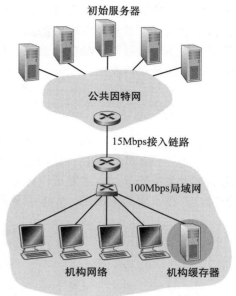

$$0.4 \times (0.010s) + 0.6 \times (2.01s)$$

这略大于 1.2s。因此，第二种解决方案提供的响应时延甚至比第一种解决方案更低，也不需要该机构升级它到因特网的链路。该机构理所当然地要购买和安装 Web 缓存器。除此之外其成本较低，很多缓存器使用了运行在廉价 PC 上的公共域软件。

图 2-13 为机构网络添加一台缓存器

通过使用**内容分发网络**（Content Distribution Network，CDN），Web 缓存器正在因特网中发挥着越来越重要的作用。CDN 公司在因特网上安装了许多地理上分散的缓存器，因而使大量流量实现了本地化。有多个共享的 CDN（例如 Akamai 和 Limelight）和专用的 CDN（例如谷歌和 Netflix）。我们将在 2.6 节中更为详细地讨论 CDN。

条件 GET 方法

尽管高速缓存能减少用户感受到的响应时间，但也引入了一个新的问题，即存放在缓存器中的对象副本可能是陈旧的。换句话说，保存在服务器中的对象自该副本缓存在客户上以后可能已经被修改了。幸运的是，HTTP 有一种机制，允许缓存器证实它的对象是最新的。这种机制就是**条件 GET**（conditional GET）[RFC 7232]。如果 HTTP 请求报文使用 GET 方法，并且请求报文中包含一个 "If-modified-since:" 首部行，那么，这个 HTTP 请求报文就是一个条件 GET 请求报文。

为了说明 GET 方法的操作方式，我们看一个例子。首先，一个代理缓存器（proxy cache）代表一个请求浏览器，向某 Web 服务器发送一个请求报文：

```
GET /fruit/kiwi.gif HTTP/1.1
Host: www.exotiquecuisine.com
```

其次，该 Web 服务器向缓存器发送具有被请求的对象的响应报文：

```
HTTP/1.1 200 OK
Date: Sat, 3 Oct 2015 15:39:29
Server: Apache/1.3.0 (Unix)
Last-Modified: Wed, 9 Sep 2015 09:23:24
Content-Type: image/gif

(data data data data data ...)
```

该缓存器在将对象转发到请求的浏览器的同时，也在本地缓存了该对象。重要的是，缓存器在存储该对象时也存储了最后修改日期。最后，一个星期后，另一个用户经过该缓存器请求同一个对象，该对象仍在这个缓存器中。由于在过去的一个星期中位于 Web 服务器上的该对象可能已经被修改了，该缓存器通过发送一个条件 GET 执行最新检查。具体来说，该缓存器发送：

```
GET /fruit/kiwi.gif HTTP/1.1
Host: www.exotiquecuisine.com
If-modified-since: Wed, 9 Sep 2015 09:23:24
```

值得注意的是 "If-modified-since：" 首部行的值正好等于一星期前服务器发送的响应报文中的 "Last-Modified：" 首部行的值。该条件 GET 报文告诉服务器，仅当自指定日期之后该对象被修改过，才发送该对象。假设该对象自 2015 年 9 月 9 日 09：23：24 后没有被修改。接下来的第四步，Web 服务器向该缓存器发送一个响应报文：

```
HTTP/1.1 304 Not Modified
Date: Sat, 10 Oct 2015 15:39:29
Server: Apache/1.3.0 (Unix)

(empty entity body)
```

我们看到，作为对条件 GET 方法的响应，该 Web 服务器仍发送一个响应报文，但并没有在该响应报文中包含所请求的对象。包含该对象只会浪费带宽，并增加用户感受到的响应时间，特别是如果该对象很大更是如此。值得注意的是在最后的响应报文中，状态行中为 304 Not Modified，它告诉缓存器可以使用该对象，能向请求的浏览器转发它（该代理缓存器）缓存的对象副本。

2.2.6 HTTP/2

于 2015 年标准化的 HTTP/2 ［RFC 7540］是自 HTTP/1.1 以后的首个新版本，而 HT-TP/1.1 是 1997 年标准化的。HTTP/2 公布后，2020 年，在排名前 1000 万的 Web 站点中，超过 40% 的站点支持 HTTP/2 ［W3Techs］。大多数浏览器（包括 Chrome、Internet Explorer、Safari、Opera 和 Firefox）也支持 HTTP/2。

HTTP/2 的主要目标是减小感知时延，其手段是经单一 TCP 连接使请求与响应多路复用，提供请求优先次序和服务器推，并提供 HTTP 首部字段的有效压缩。HTTP/2 不改变 HTTP 方法、状态码、URL 或首部字段，而是改变数据格式化方法以及客户和服务器之间的传输方式。

回想 HTTP/1.1，其使用持续 TCP 连接，允许经单一 TCP 连接将一个 Web 页面从服务器发送到客户。由于每个 Web 页面仅用一个 TCP 连接，服务器的套接字数量被压缩，并且所传送的每个 Web 页面平等共享网络带宽（如下面所讨论的）。但 Web 浏览器的研发者很快就发现了经单一 TCP 连接发送一个 Web 页面中的所有对象存在**队首阻塞**［Head Of Line（HOL）blocking］问题。为了理解 HOL 阻塞，考虑一个 Web 页面，它包括一个 HT-ML 基本页面、靠近 Web 页面顶部的一个大视频片段和该视频下面的许多小对象。进一步假定在服务器和客户之间的通路上有一条低速/中速的瓶颈链路（例如一条低速的无线链路）。使用一条 TCP 连接，视频片段将花费很长时间来通过该瓶颈链路，与此同时，那些小对象将被延迟，因为它们在视频片段之后等待。也就是说，链路前面的视频片段阻塞了后面的小对象。HTTP/1.1 浏览器解决该问题的典型方法是打开多个并行的 TCP 连接，从而让同一 Web 页面的多个对象并行地发送给浏览器。采用这种方法，小对象到达并呈现在浏览器上的速度要快得多，因此可减小用户感知时延。

TCP 拥塞控制（将在第 3 章中详细讨论）也使得浏览器倾向于使用多条并行 TCP 连接而非单一持续连接。粗略来说，TCP 拥塞控制针对每条共享同一条瓶颈链路的 TCP 连接，给出一个平等共享该链路的可用带宽。如果有 n 条 TCP 连接运行在同一条瓶颈链路上，则每条连接大约得到 $1/n$ 带宽。通过打开多条并行 TCP 连接来传送一个 Web 页面，浏览器能够"欺骗"并霸占该链路的大部分带宽。许多 HTTP/1.1 打开多达 6 条并行 TCP 连接并非为了避免 HOL 阻塞，而是为了获得更多的带宽。

HTTP/2 的基本目标之一是摆脱（或至少减少其数量）传送单一 Web 页面时的并行 TCP 连接。这不仅减少了需要服务器打开与维护的套接字数量，而且允许 TCP 拥塞控制像设计的那样运行。但与只用一个 TCP 连接来传送一个 Web 页面相比，HTTP/2 要求仔细设计相关机制以避免 HOL 阻塞。

1. HTTP/2 成帧

用于 HOL 阻塞的 HTTP/2 解决方案是将每个报文分成小帧，并且在相同 TCP 连接上交错发送请求和响应报文。为了理解这个问题，再次考虑由一个大视频片段和许多小对象（例如 8 个）组成的 Web 页面的例子。此时，服务器将从希望查看该 Web 页面的浏览器处接收到 9 个并行的请求。对于每个请求，服务器需要向浏览器发送 9 个相互竞争的报文。假定所有帧具有固定长度，该视频片段由 1000 帧组成，并且每个较小的对象由 2 帧组成。使用帧交错技术，在视频片段发送第一帧后，发送每个小对象的第一帧。然后在视频片段发送第二帧后，发送每个小对象的第二帧。因此，在发送视频片段的 18 帧后，所有小对象就发送完成了。如果不采用交错，则发送完其他小对象共需要发送 1016 帧。因此 HTTP/2 成帧机制能够极大地减小用户感知时延。

将一个 HTTP 报文分成独立的帧、交错发送它们并在接收端将其装配起来的能力，是 HTTP/2 最为重要的改进。这一成帧过程是通过 HTTP/2 协议的成帧子层来完成的。当某服务器要发送一个 HTTP 响应时，其响应由成帧子层来处理，即将响应划分为帧。响应的首部字段成为一帧，报文体被划分为一帧以用于更多的附加帧。通过服务器中的成帧子层，该响应的帧与其他响应的帧交错并经过单一持续 TCP 连接发送。当这些帧到达客户时，它们先在成帧子层装配成初始的响应报文，然后像以往一样由浏览器处理。类似地，客户的 HTTP 请求也被划分成帧并交错发送。

除了将每个 HTTP 报文划分为独立的帧外，成帧子层也对这些帧进行二进制编码。二进制协议解析更为高效，会得到略小一些的帧，并且更不容易出错。

2. 响应报文的优先次序和服务器推

报文优先次序允许研发者根据用户要求安排请求的相对优先权，从而更好地优化应用的性能。如前文所述，成帧子层将报文组织为并行数据流发往相同的请求方。当某客户向服务器发送并发请求时，它能够为正在请求的响应确定优先次序，方法是为每个报文分配 1 到 256 之间的权重。较大的数字表明较高的优先权。通过这些权重，服务器能够为具有最高优先权的响应发送第一帧。此外，客户也可通过指明相关的报文段 ID，来说明每个报文段与其他报文段的相关性。

HTTP/2 的另一个特征是允许服务器为一个客户请求而发送多个响应。即除了对初始请求的响应外,服务器能够向该客户推额外的对象,而无须客户再进行任何请求。因为HTML 基本页指示了需要在页面呈现的全部对象,所以这一点是可实现的。因此无须等待对这些对象的 HTTP 请求,服务器就能够分析该 HTML 页,识别需要的对象,并在接收到对这些对象的明确的请求前将它们发送到客户。服务器推消除了因等待这些请求而产生的额外时延。

3. HTTP/3

QUIC(在第 3 章讨论)是一种新型的"运输"协议,它在应用层中最基本的 UDP 之上实现。QUIC 具有几个能够满足 HTTP 的特征,例如报文复用(交错)、每流流控和低时延连接创建。HTTP/3 是一种设计在 QUIC 之上运行的新 HTTP。到 2020 年为止,HTTP/3 处于因特网草案阶段,还没有全面标准化。许多 HTTP/2 特征(如报文交错)已被收入QUIC 中,使得对 HTTP/3 的设计更为简单、合理。

2.3 因特网中的电子邮件

自从有了因特网,电子邮件就在因特网上流行起来。当因特网还在襁褓中时,电子邮件已经成为最流行的应用程序 [Segaller 1998],年复一年,它变得越来越精细,越来越强大。它仍然是当今因特网上最重要和实用的应用程序之一。

与普通邮件一样,电子邮件是一种异步通信媒介,即当人们方便时就可以收发邮件,不必与他人的计划进行协调。与普通邮件相比,电子邮件更为快速,易于分发,而且价格便宜。现代电子邮件具有许多强大的功能,包括添加附件、超链接、HTML 格式文本和图片。

在本节中,我们将讨论处于因特网电子邮件核心地位的应用层协议。在深入讨论这些应用层协议之前,我们先总体上看看因特网电子邮件系统和它的关键组件。

图 2-14 给出了因特网电子邮件系统的总体情况。从该图中我们可以看到它有 3 个主要组成部分:**用户代理**(user agent)、**邮件服务器**(mail server)和**简单邮件传输协议**(Simple Mail Transfer Protocol,SMTP)。下面我们结合发送方 Alice 发电子邮件给接收方 Bob 的场景,对每个组成部分进行描述。用户代理允许用户阅读、回复、转发、保存和撰写报文。微软的 Outlook、Apple Mail、基于 Web 的 Gmail 和运行在智能手机上的 Gmail 客户端等是电子邮件用户代理的例子。当 Alice 完成邮件撰写时,她的邮件代理向其邮件服务器发送邮件,此时邮件放在邮件服务器的外出报文队列中。当 Bob 要阅读报文时,他的用户代理在其邮件服务器的邮箱中取得该报文。

邮件服务器形成了电子邮件体系结构的核心。每个接收方(如 Bob)在其中的某个邮件服务器上有一个**邮箱**(mailbox)。Bob 的邮箱管理和维护着发送给他的报文。一个典型的邮件发送过程是:从发送方的用户代理开始,传输到发送方的邮件服务器,再传输到接收方的邮件服务器,然后在这里被分发到接收方的邮箱中。当 Bob 要在他的邮箱中读取该报文时,包含他邮箱的邮件服务器(使用用户名和口令)鉴别 Bob。Alice 的邮箱也必须能处理 Bob 的邮件服务器的故障。如果 Alice 的服务器不能将邮件交付给 Bob 的服务器,Alice 的邮件服务器在一个**报文队列**(message queue)中保持该报文并在以后尝试再次发送。通常每 30 分钟左右进行一次尝试,如果几天后仍不能成功,服务器就删除该报文并以电子邮件的形式通知发送方(Alice)。

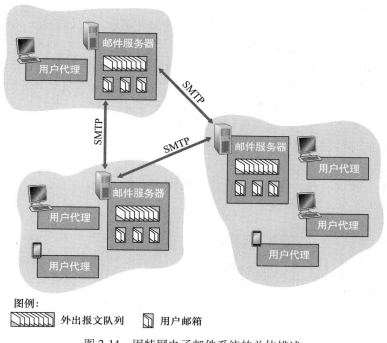

图例：

⬛外出报文队列　🗒用户邮箱

图 2-14　因特网电子邮件系统的总体描述

SMTP 是因特网电子邮件中主要的应用层协议。它使用 TCP 可靠数据传输服务，从发送方的邮件服务器向接收方的邮件服务器发送邮件。像大多数应用层协议一样，SMTP 也有两个部分：运行在发送方邮件服务器的客户端和运行在接收方邮件服务器的服务器端。每台邮件服务器上既运行 SMTP 的客户端也运行 SMTP 的服务器端。当一个邮件服务器向其他邮件服务器发送邮件时，它就表现为 SMTP 的客户；当一个邮件服务器从其他邮件服务器上接收邮件时，它就表现为 SMTP 的服务器。

2.3.1　SMTP

RFC 5321 给出了 SMTP 的定义。SMTP 是因特网电子邮件的核心。如前所述，SMTP 用于从发送方的邮件服务器发送报文到接收方的邮件服务器。SMTP 问世的时间比 HTTP 要长得多（初始的 SMTP 的 RFC 可追溯到 1982 年，而 SMTP 在此之前很长一段时间就已经出现了）。尽管电子邮件应用在因特网上的独特地位可以证明 SMTP 有着众多非常出色的性质，但它所具有的某种陈旧特征表明它仍然是一种继承的技术。例如，它限制所有邮件报文的体部分（不只是其首部）只能采用简单的 7 比特 ASCII 表示。在 20 世纪 80 年代早期，这种限制是明智的，因为当时传输能力不足，没有人会通过电子邮件发送大的附件或大的图片、声音、视频文件。然而，在今天的多媒体时代，7 比特 ASCII 的限制的确有点痛苦，即在用 SMTP 传送邮件之前，需要将二进制多媒体数据编码为 ASCII 码，并且在使用 SMTP 传输后要求将相应的 ASCII 码邮件解码还原为多媒体数据。2.2 节讲过，使用 HTTP 传送前不需要将多媒体数据编码为 ASCII 码。

为了描述 SMTP 的基本操作，我们观察一种常见的情景。假设 Alice 想给 Bob 发送一封简单的 ASCII 报文。

1) Alice 调用她的邮件代理程序并提供 Bob 的邮件地址（例如 bob@ someschool. edu），撰写报文，然后指示用户代理发送该报文。

2) Alice 的用户代理把报文发到她的邮件服务器，在那里该报文被放在报文队列中。

3) 运行在 Alice 的邮件服务器上的 SMTP 客户发现了报文队列中的这个报文，它创建一个到运行在 Bob 的邮件服务器上的 SMTP 服务器的 TCP 连接。

4) 在经过一些初始 SMTP 握手后，SMTP 客户通过该 TCP 连接发送 Alice 的报文。

5) 在 Bob 的邮件服务器上，SMTP 的服务器接收该报文。Bob 的邮件服务器然后将该报文放入 Bob 的邮箱中。

6) 在 Bob 方便的时候，他调用用户代理阅读该报文。

图 2-15 总结了上述这个情况。

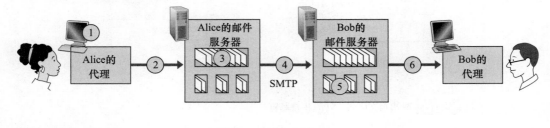

图 2-15　Alice 向 Bob 发送一条报文

观察到下述现象是重要的：SMTP 一般不使用中间邮件服务器发送邮件，即使这两个邮件服务器位于地球的两端也是这样。假设 Alice 的邮件服务器在中国香港，而 Bob 的服务器在美国圣路易斯，那么这个 TCP 连接也是从香港服务器到圣路易斯服务器之间的直接相连。特别是，如果 Bob 的邮件服务器没有开机，该报文会保留在 Alice 的邮件服务器上并等待进行新的尝试，这意味着邮件并不在中间的某个邮件服务器中存留。

我们现在仔细观察一下，SMTP 是如何将一个报文从发送邮件服务器传送到接收邮件服务器的。我们将看到，SMTP 与人类面对面交往的行为方式有许多类似之处。首先，客户 SMTP（运行在发送邮件服务器主机上）在 25 号端口建立一个到服务器 SMTP（运行在接收邮件服务器主机上）的 TCP 连接。如果服务器没有开机，客户会在稍后继续尝试连接。一旦连接建立，服务器和客户执行某些应用层的握手，就像人们在相互交流前先进行自我介绍一样。SMTP 的客户和服务器在传输信息前先相互介绍。在 SMTP 握手的阶段，SMTP 客户指示发送方的邮件地址（产生报文的那个人）和接收方的邮件地址。一旦该 SMTP 客户和服务器彼此介绍之后，客户发送该报文。SMTP 能依赖 TCP 提供的可靠数据传输无差错地将邮件投递到接收服务器。该客户如果有另外的报文要发送到该服务器，就在该相同的 TCP 连接上重复这种处理；否则，它指示 TCP 关闭连接。

接下来我们分析一个在 SMTP 客户（C）和 SMTP 服务器（S）之间交换报文文本的例子。客户的主机名为 crepes. fr，服务器的主机名为 hamburger. edu。以"C:"开头的 ASCII 码文本行正是客户交给其 TCP 套接字的那些行，以"S:"开头的 ASCII 码文本行则是服务器发送给其 TCP 套接字的那些行。一旦创建了 TCP 连接，就开始了下列过程。

```
S:   220 hamburger.edu
C:   HELO crepes.fr
S:   250 Hello crepes.fr, pleased to meet you
C:   MAIL FROM: <alice@crepes.fr>
S:   250 alice@crepes.fr ... Sender ok
C:   RCPT TO: <bob@hamburger.edu>
S:   250 bob@hamburger.edu ... Recipient ok
C:   DATA
S:   354 Enter mail, end with "." on a line by itself
C:   Do you like ketchup?
C:   How about pickles?
C:   .
S:   250 Message accepted for delivery
C:   QUIT
S:   221 hamburger.edu closing connection
```

在上例中，客户从邮件服务器 crepes. fr 向邮件服务器 hamburger. edu 发送了一个报文（"Do you like ketchup? How about pickles?"）。作为对话的一部分，该客户发送了 5 条命令：HELO（是 HELLO 的缩写）、MAIL FROM、RCPT TO、DATA 以及 QUIT。这些命令都是自解释的。该客户通过发送一个只包含一个句点的行，向服务器指示该报文结束了。（按照 ASCII 码的表示方法，每个报文以 CRLF. CRLF 结束，其中的 CR 和 LF 分别表示回车和换行。）服务器对每条命令做出回答，其中每个回答含有一个回答码和一些（可选的）英文解释。我们在这里指出 SMTP 用的是持续连接：如果发送邮件服务器有几个报文发往同一个接收邮件服务器，它可以通过同一个 TCP 连接发送所有这些报文。对每个报文，该客户用一个新的 "MAIL FROM：crepes. fr" 开始，用一个独立的句点指示该邮件的结束，并且仅当所有邮件发送完后才发送 QUIT。

我们强烈推荐你使用 Telnet 与一个 SMTP 服务器进行一次直接对话。使用的命令是

```
telnet serverName 25
```

其中 serverName 是本地邮件服务器的名称。当你这么做时，就直接在本地主机与邮件服务器之间建立了一个 TCP 连接。输完上述命令后，你立即会从该服务器收到 220 回答。接下来，在适当的时机发出 HELO、MAIL FROM、RCPT TO、DATA、CRLF. CRLF 以及 QUIT 等 SMTP 命令。强烈推荐你做本章后面的编程作业 3。在该作业中，你将在 SMTP 的客户端实现一个简单的用户代理，它允许你经本地邮件服务器向任意的接收方发送电子邮件报文。

2.3.2 邮件报文格式

当 Alice 给 Bob 写一封邮寄时间很长的普通信件时，她可能要在信的上部包含各种各样的环境首部信息，如 Bob 的地址、她自己的回复地址以及日期等。类似地，当一个人给另一个人发送电子邮件时，一个包含环境信息的首部位于报文体前面。这些环境信息包括在一系列首部行中，这些行由 RFC 5322 定义。首部行和该报文的体用空行（即回车和换行）进行分隔。RFC 5322 定义了邮件首部行和它们的语义解释的精确格式。如同 HTTP 一样，每个首部行包含了可读的文本，是由关键词后跟冒号及其值组成的。某些关键词是必需的，另一些则是可选的。每个首部必须含有一个 "From："首部行和一个 "To："首部行，一个首部也许包含一个 "Subject："首部行以及其他可选的首部行。重要的是注意到下列事实：这些首部行不同于我们在 2.3.1 节所学到的 SMTP 命令（即使那里包含了某

些相同的词汇，如 from 和 to）。那节中的命令是 SMTP 握手协议的一部分，本节中考察的首部行则是邮件报文自身的一部分。

一个典型的报文首部看起来如下：

```
From: alice@crepes.fr
To: bob@hamburger.edu
Subject: Searching for the meaning of life.
```

在报文首部之后，紧接着一个空白行，然后是以 ASCII 格式表示的报文体。你应当用 Telnet 向邮件服务器发送包含一些首部行的报文，包括"Subject："首部行。为此，输入命令 telnet serverName 25，如在 2.3.1 节中讨论的那样。

2.3.3 邮件访问协议

一旦 SMTP 将邮件报文从 Alice 的邮件服务器交付给 Bob 的邮件服务器，该报文就被放入了 Bob 的邮箱中。假设 Bob（接收方）在其本地主机（如智能手机或 PC）上运行用户代理程序，考虑在他的本地 PC 上也放置一个邮件服务器是自然而然的事。在这种情况下，Alice 的邮件服务器就能直接与 Bob 的 PC 进行对话了。然而这种方法会有一个问题。前面讲过邮件服务器管理用户的邮箱，并且运行 SMTP 的客户端和服务器端。如果 Bob 的邮件服务器位于他的 PC 上，那么为了能够及时接收可能在任何时候到达的新邮件，他的 PC 必须总是不间断地运行着并一直保持在线。这对于许多因特网用户而言是不现实的。相反，典型的用户通常在本地 PC 上运行一个用户代理程序，它访问存储在总是保持开机的共享邮件服务器上的邮箱。该邮件服务器与其他用户共享。

现在我们考虑当从 Alice 向 Bob 发送一个电子邮件报文时所采取的路径。我们刚才已经知道，在沿着该路径的某些点上，需要将电子邮件报文存放在 Bob 的邮件服务器上。通过让 Alice 的用户代理直接向 Bob 的邮件服务器发送报文，就能够做到这一点。然而，通常 Alice 的用户代理和 Bob 的邮件服务器之间并没有一个直接的 SMTP 对话。相反，如图 2-16 所示，Alice 的用户代理用 SMTP 或 HTTP 将电子邮件报文推入她的邮件服务器，接着她的邮件服务器（作为一个 SMTP 客户）再用 SMTP 将该邮件中继到 Bob 的邮件服务器。为什么该过程要分成两步呢？主要是因为不通过 Alice 的邮件服务器进行中继，Alice 的用户代理将没有任何办法到达一个不可达的目的地邮件服务器。通过首先将邮件存放在自己的邮件服务器中，Alice 的邮件服务器可以重复地尝试向 Bob 的邮件服务器发送该报文，如每 30 分钟一次，直到 Bob 的邮件服务器变得运行为止。（并且如果 Alice 的邮件服务器关机，则她能向系统管理员进行申告！）

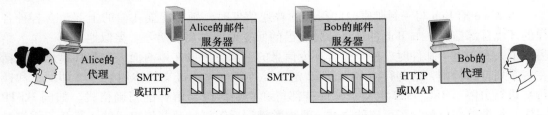

图 2-16   电子邮件协议及其通信实体

但是对于该难题仍然有一个疏漏的环节！像 Bob 这样的接收方，是如何通过运行其本地 PC 上的用户代理，获得位于他的某 ISP 的邮件服务器上的邮件呢？值得注意的是

Bob 的用户代理不能使用 SMTP 得到报文，因为取报文是一个拉操作，而 SMTP 是一个推协议。

今天，Bob 从邮件服务器取回邮件有两种常用方法。如果 Bob 使用基于 Web 的电子邮件或智能手机应用（如 Gmail），则用户代理将使用 HTTP 来取回 Bob 的电子邮件。这种情况要求 Bob 的电子邮件服务器具有 HTTP 接口和 SMTP 接口（与 Alice 的邮件服务器通信）。另一种方法是使用由 RFC 3501 定义的**因特网邮件访问协议**（Internet Mail Access Protocol，IMAP），这通常用于微软的 Outlook 等。HTTP 和 IMAP 方法都支持 Bob 管理自己邮件服务器中的文件夹，包括将邮件移动到他创建的文件夹中，删除邮件，将邮件标记为重要邮件等。

2.4 DNS：因特网的目录服务

我们人类的个体可以有多种不同的标识方式，例如，我们能够通过出生证上的名字来标识，能够通过社会保险号码来标识，也能够通过驾驶证上的号码来标识。尽管这些标识办法都可以用来识别一个人，但是在特定环境下，某种识别方法可能比另一种更为适合。例如，IRS（美国的一个税务征收机构）的计算机更喜欢使用定长的社会保险号码而不是出生证上的姓名。而普通人乐于使用更好记的出生证上的姓名而不是社会保险号码。（毫无疑问，你能想象人们之间以这种方式说话吗？如："你好，我叫 132-67-9875。请找一下我的丈夫 178-87-1146。"）

因特网上的主机和人类一样，可以使用多种方式进行标识。主机的一种标识方法是用**主机名**（hostname），如 www.facebook.com、www.google.com、gaia.cs.umass.edu 等，这些名字便于记忆也乐于被人们接受。然而，主机名几乎没有提供（即使有也很少）关于主机在因特网中位置的信息。（一个名为 www.eurecom.fr 的主机以国家码 .fr 结束，告诉我们该主机很可能在法国，仅此而已。）况且，主机名可能由不定长的字母数字组成，路由器难以处理。为此，主机也可以使用所谓的 **IP 地址**（IP address）进行标识。

我们将在第 4 章更为详细地讨论 IP 地址，但现在简略地介绍一下还是有必要的。一个 IP 地址由 4 个字节组成，并有着严格的层次结构。例如 121.7.106.83 这样一个 IP 地址，其中的每个字节都被句点分隔开来，表示了 0~255 的十进制数字。我们说 IP 地址具有层次结构，是因为当我们从左至右扫描它时，会得到越来越具体的关于主机位于因特网何处的信息（即在众多网络的哪个网络里）。类似地，当我们从下向上查看邮政地址时，能够获得该地址位于何处的越来越具体的信息。

2.4.1 DNS 提供的服务

我们刚刚看到了识别主机有两种方式——主机名和 IP 地址。人们喜欢便于记忆的主机名标识方式，而路由器则喜欢定长的、有着层次结构的 IP 地址。为了对这些不同的偏好进行折中，我们需要一种能进行主机名到 IP 地址转换的目录服务。这就是**域名系统**（Domain Name System，DNS）的主要任务。DNS 是：①一个由分层的 **DNS 服务器**（DNS server）实现的分布式数据库；②一个使得主机能够查询分布式数据库的应用层协议。DNS 服务器通常是运行 BIND（Berkeley Internet Name Domain）软件［BIND 2020］的 UNIX 机器。DNS 协议运行在 UDP 之上，使用 53 号端口。

实 践 原 则

DNS：通过客户-服务器模式提供的重要网络功能

与 HTTP、FTP 和 SMTP 一样，DNS 协议是应用层协议，其原因在于：①使用客户-服务器模式运行在通信的端系统之间；②在通信的端系统之间通过下面的端到端运输协议来传送 DNS 报文。然而，在其他意义上，DNS 的作用非常不同于 Web 应用、文件传输应用以及电子邮件应用。与这些应用程序的不同之处在于，DNS 不是一个直接和用户打交道的应用，而是为因特网上的用户应用程序以及其他软件提供一种核心功能，即将主机名转换为其背后的 IP 地址。我们在 1.2 节就提到，因特网体系结构的复杂性大多由位于网络边缘的端系统引起。DNS 通过采用位于网络边缘的客户和服务器，实现了关键的名字到地址转换功能，它还是这种设计原理的另一个范例。

DNS 通常是由其他应用层协议所使用的，包括 HTTP 和 SMTP，将用户提供的主机名解析为 IP 地址。举一个例子，考虑运行在某用户主机上的一个浏览器（即一个 HTTP 客户）请求 URL www. someschool. edu/index. html 页面时会发生什么现象。为了使用户的主机能够将一个 HTTP 请求报文发送到 Web 服务器 www. someschool. edu，该用户主机必须获得 www. someschool. edu 的 IP 地址。其做法如下。

1）同一台用户主机上运行着 DNS 应用的客户端。

2）浏览器从上述 URL 中抽取出主机名 www. someschool. edu，并将主机名传给 DNS 应用的客户端。

3）DNS 客户向 DNS 服务器发送一个包含主机名的请求。

4）DNS 客户最终会收到一份回答报文，其中含有对应于该主机名的 IP 地址。

5）一旦浏览器接收到来自 DNS 的该 IP 地址，它就向位于该 IP 地址 80 端口的 HTTP 服务器进程发起一个 TCP 连接。

从这个例子中，我们可以看到 DNS 给使用它的因特网应用带来了额外的时延，有时还相当可观。幸运的是，如我们下面讨论的那样，想获得的 IP 地址通常就缓存在一个"附近的" DNS 服务器中，这有助于减少 DNS 的网络流量和 DNS 的平均时延。

除了进行主机名到 IP 地址的转换外，DNS 还提供了一些重要的服务：

- **主机别名**（host aliasing）。有着复杂主机名的主机能拥有一个或者多个别名。例如，一台名为 relay1. west-coast. enterprise. com 的主机，可能还有两个别名 enterprise. com 和 www. enterprise. com。在这种情况下，relay1. west-coast. enterprise. com 也称为**规范主机名**（canonical hostname）。主机别名（当存在时）比主机规范名更加容易记忆。应用程序可以调用 DNS 来获得主机别名对应的规范主机名以及主机的 IP 地址。

- **邮件服务器别名**（mail server aliasing）。显而易见，人们也非常希望电子邮件地址好记忆。例如，如果 Bob 在雅虎邮件上有一个账户，Bob 的邮件地址就像 bob@ yahoo. com 这样简单。然而，雅虎邮件服务器的主机名可能更为复杂，不像 yahoo. com 那样简单好记（例如，规范主机名可能像 relay1. west-coast. hotmail. com 那样）。电子邮件应用程序可以调用 DNS，对提供的主机别名进行解析，以获得该主机的规范主机名及其 IP 地址。事实上，MX 记录（参见后面）允许一个公司的邮件服务器和 Web 服务器使用相同（别名化）的主机名，例如，一个公司的 Web 服务器和邮件服务器都能叫作 enterprise. com。

- **负载分配**（load distribution）。DNS 也用于在冗余的服务器（如冗余的 Web 服务器等）之间进行负载分配。繁忙的站点（如 cnn. com）被冗余分布在多台服务器上，每台服务器均运行在不同的端系统上，每个都有着不同的 IP 地址。由于这些冗余的 Web 服务器，一个 IP 地址集合因此与同一个规范主机名相联系。DNS 数据库中存储着这些 IP 地址集合。当客户对映射到某地址集合的名字发出一个 DNS 请求时，该服务器用 IP 地址的整个集合进行响应，但在每个回答中循环这些地址次序。因为客户通常总是向 IP 地址排在最前面的服务器发送 HTTP 请求报文，所以 DNS 就在所有这些冗余的 Web 服务器之间循环分配了负载。DNS 的循环同样可以用于邮件服务器，因此，多个邮件服务器可以具有相同的别名。一些内容分发公司如 Aka-mai 也以更加复杂的方式使用 DNS［Dilley 2002］，以提供 Web 内容分发（参见 2. 6. 3 节）。

DNS 由 RFC 1034 和 RFC 1035 定义，并且在几个附加的 RFC 中进行了更新。DNS 是一个复杂的系统，我们在这里只是就其运行的主要方面进行学习。感兴趣的读者可以参考这些 RFC 文档以及 Albitz 和 Liu 的书［Albitz 1993］，亦可参阅文章［Mockapetris 1998］和［Mockapetris 2005］，其中［Mockapetris 1998］是回顾性的文章，它对 DNS 组成和工作原理进行了细致的讲解。

2. 4. 2 DNS 工作机理概述

下面给出一个 DNS 工作过程的总体概述，我们的讨论将集中在主机名到 IP 地址转换服务方面。

假设运行在用户主机上的某些应用程序（如 Web 浏览器或邮件阅读器）需要将主机名转换为 IP 地址。这些应用程序将调用 DNS 的客户端，并指明需要被转换的主机名（在很多基于 UNIX 的机器上，应用程序为了执行这种转换需要调用函数 gethostbyname()）。用户主机上的 DNS 接到后，向网络中发送一个 DNS 查询报文。所有的 DNS 请求和回答报文使用 UDP 数据报经端口 53 发送。经过若干毫秒到若干秒的时延后，用户主机上的 DNS 接收到一个提供所希望映射的 DNS 回答报文。这个映射结果则被传递到调用 DNS 的应用程序。因此，从用户主机上调用应用程序的角度看，DNS 是一个提供简单、直接的转换服务的黑盒子。但事实上，实现这个服务的黑盒子非常复杂，它由分布于全球的大量 DNS 服务器以及定义了 DNS 服务器与查询主机通信方式的应用层协议组成。

DNS 的一种简单设计是在因特网上只使用一个 DNS 服务器，该服务器包含所有的映射。在这种集中式设计中，客户直接将所有查询直接发往单一的 DNS 服务器，同时该 DNS 服务器直接对所有的查询客户做出响应。尽管这种设计的简单性非常具有吸引力，但它不适用于当今的因特网，因为因特网有着数量巨大（并持续增长）的主机。这种集中式设计的问题包括：

- **单点故障**（single point of failure）。如果该 DNS 服务器崩溃，整个因特网随之瘫痪！
- **通信容量**（traffic volume）。单个 DNS 服务器不得不处理所有的 DNS 查询（用于为上亿台主机产生的所有 HTTP 请求报文和电子邮件报文服务）。

- **远距离的集中式数据库**（distant centralized database）。单个 DNS 服务器不可能"邻近"所有查询客户。如果我们将单台 DNS 服务器放在纽约市，那么所有来自澳大利亚的查询必须传播到地球的另一边，中间也许还要经过低速和拥塞的链路。这将导致严重的时延。
- **维护**（maintenance）。单个 DNS 服务器将不得不为所有的因特网主机保留记录。这不仅将使这个中央数据库无比庞大，而且它还不得不为解决每个新添加的主机而频繁更新。

总的来说，在单一 DNS 服务器上运行集中式数据库完全没有可扩展能力。因此，DNS 采用了分布式的设计方案。事实上，DNS 是一个在因特网上实现分布式数据库的精彩范例。

1. 分布式、层次数据库

为了处理扩展性问题，DNS 使用了大量的 DNS 服务器，它们以层次方式组织，并且分布在全世界范围内。没有一台 DNS 服务器拥有因特网上所有主机的映射，这些映射分布在所有的 DNS 服务器上。大致说来，有 3 种类型的 DNS 服务器：根 DNS 服务器、顶级域（Top-Level Domain，TLD）DNS 服务器和权威 DNS 服务器。这些服务器以图 2-17 中所示的层次结构组织起来。为了理解这 3 种类型的 DNS 服务器交互的方式，假定一个 DNS 客户要确定主机名 www. amazon. com 的 IP 地址。粗略说来，将发生下列事件。客户首先与根服务器之一联系，它将返回顶级域名 com 的 TLD 服务器的 IP 地址。该客户则与这些 TLD 服务器之一联系，它将为 amazon. com 返回权威服务器的 IP 地址。最后，该客户与 amazon. com 权威服务器之一联系，它为主机名 www. amazon. com 返回其 IP 地址。我们将很快更为详细地考察 DNS 查找过程。不过我们先仔细看一下这 3 种类型的 DNS 服务器。

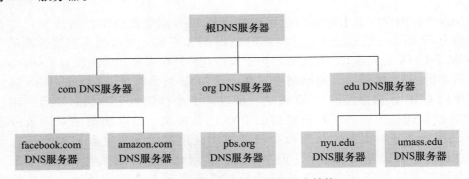

图 2-17　部分 DNS 服务器的层次结构

- **根 DNS 服务器**。有超过 1000 台根 DNS 服务器实体遍及全世界。这些根服务器是 13 个不同根服务器的副本，由 12 个不同组织管理，并通过因特网号码分配机构来协调［IANA 2020］。根名字服务器的全部清单连同管理它们的组织及其 IP 地址可以在［Root Servers 2020］中找到。根名字服务器提供 TLD 服务器的 IP 地址。
- **顶级域（TLD）DNS 服务器**。对于每个顶级域（如 com、org、net、edu 和 gov）和所有国家的顶级域（如 uk、fr、ca 和 jp），都有 TLD 服务器（或服务器集群）。Verisign Global Registry Services 公司维护 com 顶级域的 TLD 服务器，Educause 公司维护 edu 顶级域的 TLD 服务器。支持 TLD 的网络基础设施可能是大而复杂的，［Osterweil 2012］

对 Verisign 网络进行了很好的概述。所有顶级域的列表参见［TLD list 2020］。TLD
服务器提供了权威 DNS 服务器的 IP 地址。

- **权威 DNS 服务器**。在因特网上具有公共可访问主机（如 Web 服务器和邮件服务器）的每个组织机构必须提供公共可访问的 DNS 记录，这些记录将这些主机的名字映射为 IP 地址。一个组织机构的权威 DNS 服务器收藏了这些 DNS 记录。一种方法是，一个组织机构可以选择实现自己的权威 DNS 服务器以保存这些记录；另一种方法是，该组织能够支付费用，让这些记录存储在某个服务提供商的一个权威 DNS 服务器中。多数大学和大公司实现并维护它们自己的基本和辅助（备份）的权威 DNS 服务器。

根、TLD 和权威 DNS 服务器都处在该 DNS 服务器的层次结构中，如图 2-17 所示。还有另一类重要的 DNS 服务器，称为**本地 DNS 服务器**（local DNS server）。严格说来，一个本地 DNS 服务器并不属于该服务器的层次结构，但它对 DNS 层次结构是至关重要的。每个 ISP（如一个居民区的 ISP 或一个机构的 ISP）都有一台本地 DNS 服务器（也叫默认名字服务器）。当主机与某个 ISP 连接时，该 ISP 提供一台主机的 IP 地址，该主机具有一台或多台其本地 DNS 服务器的 IP 地址（通常通过 DHCP，将在第 4 章中讨论）。通过访问 Windows 或 UNIX 的网络状态窗口，用户能够容易地确定自己的本地 DNS 服务器的 IP 地址。主机的本地 DNS 服务器通常"邻近"本主机。对某机构 ISP 而言，本地 DNS 服务器可能就与主机在同一个局域网中；对于某居民区 ISP 来说，本地 DNS 服务器通常与主机相隔不超过几台路由器。当主机发出 DNS 请求时，该请求被发往本地 DNS 服务器，它起着代理的作用，并将该请求转发到 DNS 服务器层次结构中，下面我们将更为详细地讨论。

我们来看一个简单的例子，假设主机 cse. nyu. edu 想知道主机 gaia. cs. umass. edu 的 IP 地址。同时假设纽约大学（NYU）的 cse. nyu. edu 主机的本地 DNS 服务器为 dns. nyu. edu，并且 gaia. cs. umass. edu 的权威 DNS 服务器为 dns. umass. edu。如图 2-18 所示，主机 cse. nyu. edu 首先向它的本地 DNS 服务器 dns. nyu. edu 发送一个 DNS 查询报文。该查询报文含有被转换的主机名 gaia. cs. umass. edu。本地 DNS 服务器将该报文转发到根 DNS 服务器。该根 DNS 服务器注意到其 edu 后缀

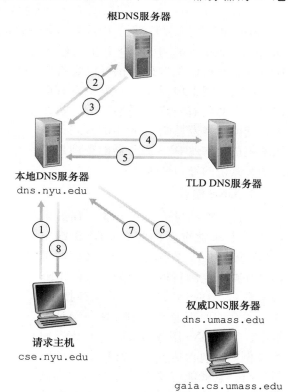

图 2-18　各种 DNS 服务器的交互

并向本地 DNS 服务器返回负责 edu 的 TLD 服务器的 IP 地址列表。该本地 DNS 服务器则再次向这些 TLD 服务器之一发送查询报文。该 TLD 服务器注意到 umass. edu 后缀，并用权威

DNS 服务器的 IP 地址进行响应，该权威 DNS 服务器是负责马萨诸塞大学的 dns. umass. edu。最后，本地 DNS 服务器直接向 dns. umass. edu 重发查询报文，dns. umass. edu 用 gaia. cs. umass. edu 的 IP 地址进行响应。注意到在本例中，为了获得一台主机名的映射，共发送了 8 份 DNS 报文：4 份查询报文和 4 份回答报文！我们将很快看到利用 DNS 缓存减少这种查询流量的方法。

我们前面的例子假设了 TLD 服务器知道用于主机的权威 DNS 服务器的 IP 地址。一般而言，这种假设并不总是正确。相反，TLD 服务器只是知道中间的某个 DNS 服务器，该中间 DNS 服务器依次才能知道用于该主机的权威 DNS 服务器。例如，再次假设马萨诸塞大学有一台用于本大学的 DNS 服务器，称为 dns. umass. edu。同时假设该大学的每个系都有自己的 DNS 服务器，每个系的 DNS 服务器是本系所有主机的权威服务器。在这种情况下，当中间 DNS 服务器 dns. umass. edu 收到了对某主机的请求时，该主机名是以 cs. umass. edu 结尾，它向 dns. nyu. edu 返回 dns. cs. umass. edu 的 IP 地址，后者是所有以 cs. umass. edu 结尾的主机的权威服务器。本地 DNS 服务器 dns. nyu. edu 则向权威 DNS 服务器发送查询，该权威 DNS 服务器向本地 DNS 服务器返回所希望的映射，该本地服务器依次向请求主机返回该映射。在这个例子中，共发送了 10 份 DNS 报文！

图 2-18 所示的例子利用了**递归查询**（recursive query）和**迭代查询**（iterative query）。从 cse. nyu. edu 到 dns. nyu. edu 发出的查询是递归查询，因为该查询以自己的名义请求 dns. nyu. edu 来获得该映射。而后继的 3 个查询是迭代查询，因为所有的回答都是直接返回给 dns. nyu. edu。从理论上讲，任何 DNS 查询既可以是迭代的也可以是递归的。例如，图 2-19 显示了一条 DNS 查询链，其中的所有查询都是递归的。实践中，查询通常遵循图 2-18 中的模式：从请求主机到本地 DNS 服务器的查询是递归的，其余的查询是迭代的。

2. DNS 缓存

至此我们的讨论一直忽略了 DNS 系统的一个非常重要的特色：**DNS 缓存**（DNS caching）。实际上，为了改善时延性能并减少在因特网上到处传输的 DNS 报文数量，DNS 广泛使用了缓存技术。DNS 缓存的原理非常简单。在一个请求链中，当某 DNS 服务器接收一个 DNS 回答（例如，包含某主机名到 IP 地址的映射）时，它就能将映射缓存在本地存储器中。例如，在图 2-18 中，每当本地 DNS 服务器 dns. nyu. edu 从某个 DNS 服务器接收到一个回答，它就能够缓存包含在该回答中的任何信息。如果在 DNS 服务器中缓存了一个主机名/IP 地址对，

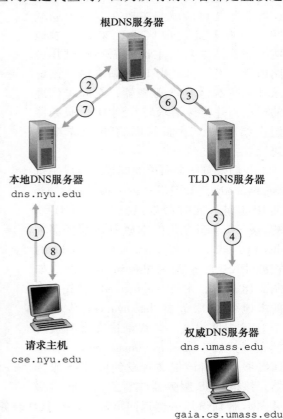

图 2-19 DNS 中的递归查询

另一个对相同主机名的查询到达该 DNS 服务器时，该 DNS 服务器就能够提供所要求的 IP 地址，即使它不是该主机名的权威服务器。由于主机和主机名与 IP 地址间的映射并不是永久的，DNS 服务器在一段时间后（通常设置为两天）将丢弃缓存的信息。

举一个例子，假定主机 apricot. nyu. edu 向 dns. nyu. edu 查询主机名 cnn. com 的 IP 地址。此后，假定过了几个小时，纽约大学的另外一台主机如 kiwi. nyu. edu 也向 dns. nyu. edu 查询相同的主机名。因为有了缓存，该本地 DNS 服务器可以立即返回 cnn. com 的 IP 地址，而不必查询任何其他 DNS 服务器。本地 DNS 服务器也能够缓存 TLD 服务器的 IP 地址，因而允许本地 DNS 绕过查询链中的根 DNS 服务器。事实上，因为缓存，除了少数 DNS 查询以外，根服务器被绕过了。

2.4.3　DNS 记录和报文

共同实现 DNS 分布式数据库的所有 DNS 服务器存储了**资源记录**（Resource Record，RR），RR 提供了主机名到 IP 地址的映射。每个 DNS 回答报文包含了一条或多条资源记录。在本小节以及后续小节中，我们概要地介绍 DNS 资源记录和报文，更详细的信息可以在［Albitz 1993］或有关 DNS 的 RFC 文档［RFC 1034；RFC 1035］中找到。

资源记录是一个包含了下列字段的 4 元组：

```
(Name, Value, Type, TTL)
```

TTL 是该记录的生存时间，它决定了资源记录应当从缓存中删除的时间。在下面给出的记录例子中，我们忽略掉 TTL 字段。Name 和 Value 的意义取决于 Type：

- 如果 Type＝A，则对该主机名而言 Name 是主机名，Value 是该主机名对应的 IP 地址。因此，一条类型为 A 的资源记录提供了标准的主机名到 IP 地址的映射。例如（relay1. bar. foo. com，145. 37. 93. 126，A）就是一条类型 A 的记录。
- 如果 Type＝NS，则对该域中的主机而言 Name 是域（如 foo. com），而 Value 是一个知道如何获得该域中主机 IP 地址的权威 DNS 服务器的主机名。这个记录用于沿着查询链来路由 DNS 查询。例如（foo. com，dns. foo. com，NS）就是一条类型为 NS 的记录。
- 如果 Type＝CNAME，则 Value 是主机别名 Name 对应的规范主机名。该记录能够向查询的主机提供一个主机名对应的规范主机名，例如（foo. com，relay1. bar. foo. com，CNAME）就是一条 CNAME 类型的记录。
- 如果 Type＝MX，则 Value 是一个别名为 Name 的邮件服务器的规范主机名。举例来说，（foo. com，mail. bar. foo. com，MX）就是一条 MX 记录。MX 记录允许邮件服务器主机名具有简单的别名。值得注意的是，通过使用 MX 记录，一个公司的邮件服务器和其他服务器（如它的 Web 服务器）可以使用相同的别名。为了获得邮件服务器的规范主机名，DNS 客户应当请求一条 MX 记录；而为了获得其他服务器的规范主机名，DNS 客户应当请求 CNAME 记录。

如果一台 DNS 服务器是某特定主机名的权威 DNS 服务器，那么该 DNS 服务器会有一条包含用于该主机名的类型 A 记录（即使该 DNS 服务器不是其权威 DNS 服务器，它也可能在缓存中包含一条类型 A 记录）。如果服务器不是用于某主机名的权威服务器，那么该服务器将包含一条类型 NS 记录，该记录对应于包含主机名的域；它还将包含一条类型 A 记录，该记录提供了在 NS 记录的 Value 字段中的 DNS 服务器的 IP 地址。举例来说，假设一台 eduTLD 服务器不是主机 gaia.cs.umass.edu 的权威 DNS 服务器，则该服务器将包含一条包括主机 gaia.cs.umass.edu 的域记录，如（umass.edu，dns.umass.edu，NS）；该 eduTLD 服务器还将包含一条类型 A 记录，如（dns.umass.edu，128.119.40.111，A），该记录将名字 dns.umass.edu 映射为一个 IP 地址。

1. DNS 报文

在本节前面，我们提到了 DNS 查询和回答报文。DNS 只有这两种报文，并且查询和回答报文有着相同的格式，如图 2-20 所示。

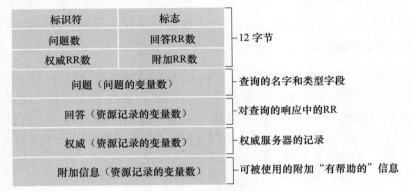

图 2-20　DNS 报文格式

DNS 报文中各字段的语义如下：
- 前 12 字节是首部区域，其中有几个字段。第一个字段（标识符）是一个 16 比特的数，用于标识该查询。这个标识符会被复制到对查询的回答报文中，以便让客户用它来匹配发送的请求和接收到的回答。标志字段中含有若干标志。1 比特的"查询/回答"标志位指出报文是查询报文（0）还是回答报文（1）。当某 DNS 服务器是所请求名字的权威 DNS 服务器时，1 比特的"权威的"标志位被置在回答报文中。如果客户（主机或者 DNS 服务器）在该 DNS 服务器没有某记录时希望它执行递归查询，将设置 1 比特的"希望递归"标志位。如果该 DNS 服务器支持递归查询，在它的回答报文中会对 1 比特的"递归可用"标志位置位。在该首部中，还有 4 个有关数量的字段，这些字段指出了在首部后的 4 类数据区域出现的数量。
- 问题区域包含了正在进行的查询信息。该区域包括：①名字字段，包含正在被查询的主机名字；②类型字段，指出有关该名字的正被询问的问题类型，例如主机地址是与一个名字相关联（类型 A）还是与某个名字的邮件服务器相关联（类型 MX）。
- 在来自 DNS 服务器的回答中，回答区域包含了对最初请求的名字的资源记录。前面讲过每个资源记录中有 Type（如 A、NS、CNAME 和 MX）字段、Value 字段和 TTL 字段。在回答报文的回答区域中可以包含多条 RR，因此一个主机名能够有多个 IP 地址（例如，就像本节前面讨论的冗余 Web 服务器）。
- 权威区域包含了其他权威服务器的记录。
- 附加信息区域包含了其他有帮助的记录。例如，对于一个 MX 请求的回答报文的回答区域包含了一条资源记录，该记录提供了邮件服务器的规范主机名。该附加信息区域包含一个类型 A 记录，该记录提供了用于该邮件服务器的规范主机名的 IP 地址。

你愿意从正在工作的主机直接向某些 DNS 服务器发送一个 DNS 查询报文吗？使用

nslookup 程序（nslookup program）能够容易地做到这一点，对于多数 Windows 和 UNIX 平台，nslookup 程序是可用的。例如，从一台 Windows 主机打开命令提示符界面，直接键入 nslookup 即可调用 nslookup 程序。在调用 nslookup 后，你能够向任何 DNS 服务器（根、TLD 或权威）发送 DNS 查询。在接收到来自 DNS 服务器的回答后，nslookup 将显示包括在该回答中的记录（以人可读的格式）。从你自己的主机运行 nslookup 还有一种方法，即访问允许你远程应用 nslookup 的许多 Web 站点之一（在一个搜索引擎中键入 nslookup 就能够得到这些站点中的一个）。本章最后的 DNS Wireshark 实验将使你更为详细地研究 DNS。

2. 在 DNS 数据库中插入记录

上面的讨论只是关注如何从 DNS 数据库中取数据。你可能想知道这些数据最初是怎么进入数据库中的。我们在一个特定的例子中看看这是如何完成的。假定你刚刚创建了一个称为网络乌托邦（Network Utopia）的令人兴奋的创业公司。你必定要做的第一件事是在注册登记机构注册域名 networkutopia.com。**注册登记机构**（registrar）是一个商业实体，它验证该域名的唯一性，将该域名输入 DNS 数据库（如下面所讨论的那样），对提供的服务收取少量费用。1999 年前，唯一的注册登记机构是 Nework Solutions，它独家经营对于 com、net 和 org 域名的注册。但是现在有许多注册登记机构竞争客户，因特网名字和地址分配机构（Internet Corporation for Assigned Names and Numbers，ICANN）向各种注册登记机构授权。在 http://www.internic.net 上可以找到授权的注册登记机构的完整列表。

当你向某些注册登记机构注册域名 networkutopia.com 时，需要向该机构提供你的基本、辅助权威 DNS 服务器的名字和 IP 地址。假定该名字和 IP 地址是 dns1.networkutopia.com 和 dns2.networkutopia.com 及 212.212.212.1 和 212.212.212.2。对这两个权威 DNS 服务器的每一个，该注册登记机构确保将一个类型 NS 和一个类型 A 的记录输入 TLD com 服务器。特别是对于用于 networkutopia.com 的基本权威服务器，该注册登记机构将下列两条资源记录插入 DNS 系统中：

```
(networkutopia.com, dns1.networkutopia.com, NS)
(dns1.networkutopia.com, 212.212.212.1, A)
```

你还必须确保用于 Web 服务器 www.networkutopia.com 的类型 A 资源记录和用于邮件服务器 mail.networkutopia.com 的类型 MX 资源记录被输入你的权威 DNS 服务器中。[直到最近，每台 DNS 服务器中的内容都是静态配置的，例如来自系统管理员创建的配置文件。最近，在 DNS 协议中添加了一个更新（UPDATE）选项，允许通过 DNS 报文对数据库中的内容进行动态添加或者删除。[RFC 2136] 和 [RFC 3007] 定义了 DNS 动态更新。]

一旦完成所有这些步骤，人们将能够访问你的 Web 站点，并向你公司的雇员发送电子邮件。我们通过验证该说法的正确性来总结 DNS 的讨论。这种验证也有助于充实我们已经学到的 DNS 知识。假定在澳大利亚的 Alice 要观看 www.networkutopia.com 的 Web 页面。如前面所讨论，她的主机将首先向其本地 DNS 服务器发送请求。该本地服务器接着联系一个 TLD com 服务器。（如果 TLD com 服务器的地址没有被缓存，该本地 DNS 服务器也将必须与根 DNS 服务器相联系。）该 TLD 服务器包含前面列出的类型 NS 和类型 A 资源记录，因为注册登记机构将这些资源记录插入所有的 TLD com 服务器。该 TLD com 服务器向 Alice 的本地 DNS 服务器发送一个回答，该回答包含了这两条资源记录。本地 DNS 服务器则向 212.212.212.1 发送一个 DNS 查询，请求对应于 www.networkutopia.com 的类型 A 记录。该记录提供了所希望的 Web 服务器的 IP 地址，如 212.212.71.4，本地 DNS 服务器将该地址回传给 Alice 的主机。Alice 的浏览器此时能够向主机 212.212.71.4 发起一个 TCP 连接，并在该连接上发送一个 HTTP 请求。当一个人在网上冲浪时，有比满足眼球更多的事情在进行！

关注安全性

DNS 脆弱性

我们已经看到 DNS 是因特网基础设施的一个至关重要的组件，对于包括 Web、电子邮件等的许多重要的服务，没有它都不能正常工作。因此，我们自然要问：DNS 怎么会受到攻击？DNS 是一个易受攻击的目标吗？它是将会被淘汰的服务吗？大多数因特网应用会随之一起无法工作吗？

想到的第一种针对 DNS 服务的攻击是分布式拒绝服务（DDoS）带宽洪泛攻击（参见 1.6 节）。例如，某攻击者可能试图向每个 DNS 根服务器发送大量的分组，使得大多数合法 DNS 请求得不到回答。这种对 DNS 根服务器的 DDoS 大规模攻击实际发生在 2002 年 10 月 21 日。在这次攻击中，攻击者利用一个僵尸网络向 13 个 DNS 根服务器中的每个都发送了大批的 ICMP ping 报文负载。（5.6 节中讨论 ICMP 报文。此时，知道 ICMP 分组是特殊类型的 IP 数据报就可以了。）幸运的是，这种大规模攻击所带来的损害很小，对用户的因特网体验几乎没有或根本没有影响。攻击者的确成功地将大量的分组指向了根服务器，但许多 DNS 根服务器受到了分组过滤器的保护，配置的分组过滤器阻挡了所有指向根服务器的 ICMP ping 报文。这些被保护的服务器因此未受伤害并且与平常一样发挥着作用。此外，大多数本地 DNS 服务器缓存了顶级域名服务器的 IP 地址，允许查询过程经常绕过 DNS 根服务器。

对 DNS 的更为有效的潜在 DDoS 攻击将是向顶级域名服务器（例如向所有处理 .com 域的顶级域名服务器）发送大量的 DNS 请求。过滤指向 DNS 服务器的 DNS 请求将更为困难，并且顶级域名服务器不像根服务器那样容易绕过。这种对顶级域名服务提供商的攻击发生在 2016 年 10 月 21 日。该 DDoS 攻击是通过发送大量的 DNS 查找请求进行的，这些请求来自一个由十万多个物联网设备组成的僵尸网络，这些设备包括被 Miral 恶意软件感染的打印机、网络相机、住宅网关和婴儿监视器等。攻击几乎持续了一整天，亚马逊、推特、Netflix、GitHub 和 Spotify 都受到了干扰。

DNS 也可能潜在地以其他方式被攻击。在中间人攻击中，攻击者截获来自主机的请求并返回伪造的回答。在 DNS 投毒攻击中，攻击者向一台 DNS 服务器发送伪造的回答，诱使服务器在它的缓存中接收伪造的记录。这些攻击中的任意一种都可能被用于不良用途，例如将没有疑心的 Web 用户重定向到攻击者的 Web 站点。DNS 安全扩展套件（已经设计并部署了 DNSSEC［Gieben 2004；RFC 4033］）用于防范这些漏洞。作为 DNS 的安全版本，DNSSEC 处理了许多类似这样的攻击并在因特网上得到了普及。

2.5　P2P 文件分发

到目前为止本章中描述的应用（包括 Web、电子邮件和 DNS）都采用了客户-服务器体系结构，极大地依赖于总是打开的基础设施服务器。2.1.1 节讲过，使用 P2P 体系结构，对总是打开的基础设施服务器依赖最少（或者没有依赖）。与之相反，成对间歇连接的主机（称为对等方）彼此直接通信。这些对等方并不为服务提供商所拥有，而是受用户控制的台式电脑、笔记本电脑和智能手机。

在本节中我们将研究一个非常自然的 P2P 应用，即从单一服务器向大量主机（称为对等方）分发一个大文件。该文件也许是一个新版的 Linux 操作系统，也许是对于现有操作系统或应用程序的一个软件补丁，或一个 MPEG 视频文件。在客户-服务器文件分发中，该服务器必须向每个对等方发送该文件的一个副本，即服务器承受了极大的负担，并且消耗了大量的服务器带宽。在 P2P 文件分发中，每个对等方能够向任何其他对等方重新分发它已经收到的该文件的任何部分，从而在分发过程中协助该服务器。到 2020 年止，最为流行的 P2P 文件分发协议是 BitTorrent。该应用程序最初由 Bram Cohen 研发，现在有许多不同的独立且符合 BitTorrent 协议的 BitTorrent 客户，就像有许多符合 HTTP 协议的 Web 浏览器客户一样。在下面的小节中，我们首先考察在文件分发环境中 P2P 体系结构的自扩展性。然后我们更为详细地描述 BitTorrent，突出它的最为重要的特性。

1. P2P 体系结构的扩展性

为了将客户-服务器体系结构与 P2P 体系结构进行比较，阐述 P2P 的内在自扩展性，我们现在考虑一个用于两种体系结构类型的简单定量模型，将一个文件分发给一个固定对等方集合。如图 2-21 所示，服务器和对等方使用接入链路与因特网相连。其中 u_s 表示服务器接入链路的上载速率，u_i 表示第 i 对等方接入链路的上载速率，d_i 表示第 i 对等方接入链路的下载速率。用 F 表示被分发的文件长度（以比特计），N 表示要获得该文件副本的对等方的数量。**分发时间**（distribution time）是所有 N 个对等方得到该文件的副本所需要的时间。在下面分析分发时间的过程中，我们对客户-服务器和 P2P 体系结构做了简化（并且通常是准确的［Akella 2003］）的假设，即因特网核心具有足够的带宽，这意味着所有瓶颈都在网络接入链路。我们还假设服务器和客户没有参与任何其他网络应用，因此它们的所有上传和下载访问带宽能被全部用于分发该文件。

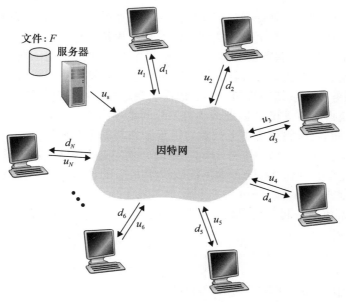

图 2-21　文件分发问题的示例图

我们首先来确定对于客户-服务器体系结构的分发时间,我们将其表示为 D_{cs}。在客户-服务器体系结构中,没有对等方帮助分发文件。我们的观察如下:

- 服务器必须向 N 个对等方的每个传输该文件的一个副本。因此该服务器必须传输 NF bit。因为该服务器的上载速率是 u_s,分发该文件的时间必定至少为 NF/u_s。
- 令 d_{min} 表示具有最小下载速率的对等方的下载速率,即 $d_{min} = \min\{d_1, d_p, \cdots, d_N\}$。具有最小下载速率的对等方不可能在少于 F/d_{min} s 的时间内获得该文件的所有 F bit。因此最小分发时间至少为 F/d_{min}。

将这两个观察放在一起,我们得到

$$D_{cs} \geqslant \max\left\{\frac{NF}{u_s}, \frac{F}{d_{min}}\right\}$$

该式提供了对于客户-服务器体系结构的最小分发时间的下界。在课后习题中将请你给出服务器能够调度它的传输以便实际取得该下界的方法。因此我们取上面提供的这个下界作为实际发送时间,即

$$D_{cs} = \max\left\{\frac{NF}{u_s}, \frac{F}{d_{min}}\right\} \tag{2-1}$$

我们从式(2-1)看到,对足够大的 N,客户-服务器分发时间由 NF/u_s 确定。所以,该分发时间随着对等方 N 的数量线性地增加。因此举例来说,如果从某星期到下星期对等方的数量从 1000 增加了 1000 倍,到了 100 万,将该文件分发到所有对等方所需要的时间就要增加 1000 倍。

我们现在来对 P2P 体系结构进行简单的分析,其中每个对等方能够帮助服务器分发该文件。特别是,当一个对等方接收到某些文件数据,它能够使用自己的上载能力重新将数据分发给其他对等方。计算 P2P 体系结构的分发时间在某种程度上比计算客户-服务器体系结构的更为复杂,因为分发时间取决于每个对等方如何向其他对等方分发该文件的各个部分。无论如何,能够得到对该最小分发时间的一个简单表达式 [Kumar 2006]。至此,我们先做如下观察:

- 在分发的开始,只有服务器具有文件。为了使社区的这些对等方得到该文件,该服务器必须经其接入链路至少发送该文件的每个比特一次。因此,最小分发时间至少是 F/u_s。(与客户-服务器方案不同,由服务器发送过一次的比特可能不必由该服务器再次发送,因为对等方在它们之间可以重新分发这些比特。)
- 与客户-服务器体系结构相同,具有最低下载速率的对等方不能够以小于 F/d_{min} s 的分发时间获得所有 F bit。因此最小分发时间至少为 F/d_{min}。
- 最后,观察到系统整体的总上载能力等于服务器的上载速率加上每个单独的对等方的上载速率,即 $u_{total} = u_s + u_1 + \cdots + u_N$。系统必须向这 N 个对等方的每个交付(上载) F bit,因此总共交付 NF bit。这不能以快于 u_{total} 的速率完成。因此,最小的分发时间也至少是 $NF/(u_s + u_1 + \cdots + u_N)$。

将这三项观察放在一起,我们获得了对 P2P 的最小分发时间,表示为 D_{P2P}。

$$D_{P2P} \geqslant \max\left\{\frac{F}{u_s}, \frac{F}{d_{min}}, \frac{NF}{u_s + \sum_{i=1}^{N} u_i}\right\} \tag{2-2}$$

式(2-2)提供了对于 P2P 体系结构的最小分发时间的下界。这说明,如果我们认为一旦每个对等方接收到一个比特就能够重分发一个比特的话,则存在一个重新分发方案能

实际取得这种下界［Kumar 2006］。（我们将在课后习题中证明该结果的一种特情形。）实际上，被分发的是文件块而不是一个个比特。式（2-2）能够作为实际最小分发时间的很好近似。因此，我们取由式（2-2）提供的下界作为实际的最小分发时间，即

$$D_{\text{P2P}} = \max\left\{\frac{F}{u_s},\ \frac{F}{d_{\min}},\ \frac{NF}{u_s + \sum\limits_{i=1}^{N} u_i}\right\} \tag{2-3}$$

图 2-22 比较了客户–服务器和 P2P 体系结构的最小分发时间，其中假定所有的对等方具有相同的上载速率 u。在图 2-22 中，我们已经设置了 $F/u = 1$ 小时，$u_s = 10u$，$d_{\min} \geqslant u_s$。因此，在一个小时中一个对等方能够传输整个文件，该服务器的传输速率是对等方上载速率的 10 倍，并且（为了简化起见）对等方的下载速率被设置得足够大，使之不会产生影响。我们从图 2-22 中看到，对于客户–服务器体系结构，随着对等方数量的增加，分发时间呈线性增长并且没有界。然而，对于 P2P 体系结构，最小分发时间不仅总是小于客户–服务器体系结构的分发时间，并且对于任意的对等方数量 N，总是小于 1 小时。因此，具有 P2P 体系结构的应用程序能够是自扩展的。这种扩展性的直接成因是：对等方除了是比特的消费者外还是它们的重新分发者。

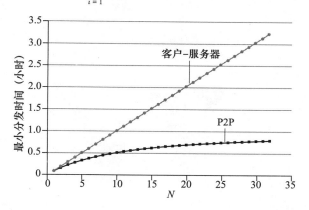

图 2-22   P2P 和客户–服务器体系结构的分发时间

2. BitTorrent

BitTorrent 是一种用于文件分发的流行 P2P 协议［Chao 2011］。用 BitTorrent 的术语来讲，参与一个特定文件分发的所有对等方的集合被称为一个洪流（torrent）。在一个洪流中的对等方彼此下载等长度的文件块（chunk），典型的块长度为 256KB。当一个对等方首次加入一个洪流时，它没有块。随着时间的流逝，它累积了越来越多的块。当它下载块时，也为其他对等方上载了多个块。一旦某对等方获得了整个文件，它也许（自私地）离开洪流，或（大公无私地）留在该洪流中并继续向其他对等方上载块。同时，任何对等方可能在仅具有块的子集的情况下就离开该洪流，并在以后重新加入该洪流中。

我们现在更为仔细地观察 BitTorrent 运行的过程。因为 BitTorrent 是一个相当复杂的协议，所以我们将仅描述它最重要的机制，而对某些细节视而不见；这将使得我们能够通过树木看森林。每个洪流具有一个基础设施节点，称为追踪器（tracker）。当一个对等方加入某洪流时，它向追踪器注册自己，并周期性地通知追踪器它仍在该洪流中。以这种方式，追踪器跟踪参与在洪流中的对等方。一个给定的洪流可能在任何时刻具有数以百计或数以千计的对等方。

如图 2-23 所示，当一个新的对等方 Alice 加入该洪流时，追踪器随机地从参与对等方的集合中选择对等方的一个子集（为了具体起见，设有 50 个对等方），并将这 50 个对等方的 IP 地址发送给 Alice。Alice 持有对等方的这张列表，试图与该列表上的所有对等方创建并行的 TCP 连接。我们称所有这样与 Alice 成功地创建一个 TCP 连接的对等方为"邻近

对等方"（在图 2-23 中，Alice 显示了仅有三个邻近对等方。通常，她应当有更多的对等方）。随着时间的流逝，这些对等方中的某些可能离开，其他对等方（最初 50 个以外的）可能试图与 Alice 创建 TCP 连接。因此一个对等方的邻近对等方将随时间而波动。

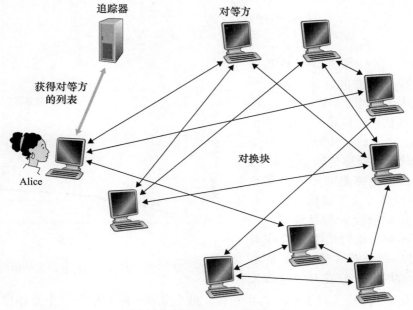

图 2-23   用 BitTorrent 分发文件

在任何给定的时间，每个对等方将具有来自该文件的块的子集，并且不同的对等方具有不同的子集。Alice 周期性地（经 TCP 连接）询问每个邻近对等方它们所具有的块列表。如果 Alice 具有 L 个不同的邻居，她将获得 L 个块列表。有了这个信息，Alice 将对她当前还没有的块发出请求（仍通过 TCP 连接）。

因此在任何给定的时刻，Alice 将具有块的子集并知道它的邻居具有哪些块。利用这些信息，Alice 将做出两个重要决定。第一，她应当从她的邻居请求哪些块呢？第二，她应当向哪些向她请求块的邻居发送块？在决定请求哪些块的过程中，Alice 使用一种称为**最稀缺优先**（rarest first）的技术。这种技术的思路是，针对她没有的块在她的邻居中决定最稀缺的块（最稀缺的块就是那些在她的邻居中副本数量最少的块），并首先请求那些最稀缺的块。这样，最稀缺块得到更为迅速的重新分发，其目标是（大致地）均衡每个块在洪流中的副本数量。

为了决定她响应哪个请求，BitTorrent 使用了一种机灵的对换算法。其基本想法是，Alice 根据当前能够以最高速率向她提供数据的邻居，给出其优先权。特别是，Alice 对于她的每个邻居都持续地测量接收到比特的速率，并确定以最高速率流入的 4 个邻居。每过 10 秒，她重新计算该速率并可能修改这 4 个对等方的集合。用 BitTorrent 术语来说，这 4 个对等方被称为**疏通**（unchoked）。重要的是，每过 30 秒，她也要随机地选择另外一个邻居并向其发送块。我们将这个被随机选择的对等方称为 Bob。因为 Alice 正在向 Bob 发送数据，她可能成为 Bob 前 4 位上载者之一，这样的话 Bob 将开始向 Alice 发送数据。如果 Bob 向 Alice 发送数据的速率足够高，Bob 接下来也能成为 Alice 的前 4 位上载者。换言之，每过 30 秒 Alice 将随机地选择一名新的对换伴侣并开始与那位伴侣进行对换。如果这两名对等方都满足此对换，它们将对方放入其前 4 位列表中并继续与对方进行对换，直到该对等方之一发现了一个更好的伴侣为止。这种效果是对等方能够以趋向于找到彼此的协调的速率上载。随机选择邻居也允许新的对等方得到块，因此它们能够具有对换的东西。除了这 5 个对等方（"前" 4 个对等方和一个试探的对等方）的所有其他相邻对等方均被 "阻塞"，即它们不能从 Alice 接收到任何块。BitTorrent 有一些有趣的机制没有在这里讨论，包括片（小块）、流水线、随机优先选择、残局模型和反怠慢［Cohen 2003］。

刚刚描述的关于交换的激励机制常被称为 "一报还一报"（tit-for-tat）［Cohen 2003］。已证实这种激励方案能被回避［Liogkas 2006；Locher 2006；Piatek 2008］。无论如何，BitTorrent "生态系统" 取得了广泛成功，数以百万计的并发对等方在数十万条洪流中积极地共享文件。如果 BitTorrent 被设计为不采用一报还一报（或一种变种），然而在别的方面却完全相同的协议，BitTorrent 现在将很可能不复存在了，因为大多数用户将成为搭便车者了［Sarouiu 2002］。

我们简要地提一下另一种 P2P 应用——分布式散列表（DHT）来结束我们的讨论。分布式散列表是一种简单的数据库，其数据库记录分布在一个 P2P 系统的多个对等方上。DHT 得到了广泛实现（如在 BitTorrent 中），并成为大量研究的主题。在配套网站的 Video Note 中对 DHT 进行了概述。

2.6　视频流和内容分发网

众多评估数据显示，包括 Netflix、YouTube 和亚马逊 Prime 在内的流式视频，大约占 2020 年因特网流量的 80%［Cisco 2020］。在本节中，我们将概述流行的视频流式服务在今天的因特网中是如何实现的。我们将看到，其实现使用了应用层协议，以及以某种方式起到高速缓存作用的服务器。

2.6.1　因特网视频

在流式存储视频应用中，基础的媒体是预先录制的视频，例如电影、电视节目、录制好的体育事件或录制好的用户生成的视频（如通常在 YouTube 上可见的那些）。这些预先录制好的视频放置在服务器上，用户按需向这些服务器发送请求来观看视频。许多因特网公司现在提供流式视频，这些公司包括 Netflix、YouTube（谷歌）、亚马逊和抖音。

但在开始讨论视频流之前，我们先迅速感受一下视频媒体。视频是一系列的图像，通常以一种恒定的速率（如每秒 24 或 30 张图像）来展现。一幅未压缩、数字编码的图像由像素阵列组成，其中每个像素由一些比特编码来表示亮度和颜色。视频的一个重要特征是能够被压缩，因而可用比特率来权衡视频质量。今天现成的压缩算法能够将一个视频压缩成所希望的任何比特率。当然，比特率越高，图像质量越好，用户的总体视觉感受越好。

从网络的观点看，也许视频最为突出的特征是高比特率。压缩的因特网视频的比特率范围通常从用于低质量视频的 100kbps，到用于流式高分辨率电影的超过 4Mbps，再到用于 4K 在线播放的超过 10Mbps。这能够转换为巨大的流量和存储，特别是对高端视频。例如，单一 2Mbps 视频在 67 分钟期间将耗费 1GB 的存储和流量。到目前为止，对流式视频的最为重要的性能度量是平均端到端吞吐量。为了提供连续不断的播放，网络必须为流式应用提供平均吞吐量，这个流式应用至少与压缩视频的比特率一样大。

我们也能使用压缩生成相同视频的多个版本，每个版本有不同的质量等级。例如，我们能够使用压缩生成相同视频的 3 个版本，比特率分别为 300kbps、1Mbps 和 3Mbps。用户则能够根据他们当前可用带宽来决定观看哪个版本。具有高速因特网连接的用户也许选择 3Mbps 版本，使用智能手机通过 3G 观看视频的用户可能选择 300kbps 版本。

2.6.2　HTTP 流和 DASH

在 HTTP 流中，视频只是存储在 HTTP 服务器中作为一个普通的文件，每个文件有一个特定的 URL。当用户要看该视频时，客户与服务器创建一个 TCP 连接并发送对该 URL 的 HTTP GET 请求。服务器则以底层网络协议和流量条件允许的尽可能快的速率，在一个 HTTP 响应报文中发送该视频文件。在客户一侧，字节被收集在客户应用缓存中。一旦该缓存中的字节数量超过预先设定的门限，客户应用程序就开始播放，特别是，流式视频应用程序周期性地从客户应用程序缓存中抓取帧，对这些帧解压缩并且在用户屏幕上展现。因此，流式视频应用接收到视频就进行播放，同时缓存该视频后面部分的帧。

如前一小节所述，尽管 HTTP 流在实践中已经得到广泛部署（例如，自 YouTube 发展初期开始），但它具有严重缺陷，即所有客户接收到相同编码的视频，尽管对不同的客户或者对于相同客户的不同时间而言，客户可用的带宽大小有很大不同。这导致了一种新型基于 HTTP 的流的研发，它常常被称为**经 HTTP 的动态适应性流**（Dynamic Adaptive Streaming over HTTP，DASH）。在 DASH 中，视频编码为几个不同的版本，其中每个版本具有不同的比特率，对应于不同的质量水平。客户动态地请求来自不同版本且长度为几秒的视频段数据块。当可用带宽量较高时，客户自然地选择来自高速率版本的块；当可用带宽量较低时，客户自然地选择来自低速率版本的块。客户用 HTTP GET 请求报文一次选择一个不同的块〔Akhshabi 2011〕。

DASH 允许客户使用不同的因特网接入速率流式播放具有不同编码速率的视频。使用低速 3G 连接的客户能够接收低比特率（和低质量）的版本，使用光纤连接的客户能够接收高质量的版本。如果端到端带宽在会话过程中改变的话，DASH 允许客户适应可用带宽。这种特色对于移动用户特别重要，当移动用户相对于基站移动时，通常他们能感受到其可用带宽的波动。

使用 DASH 后，每个视频版本存储在 HTTP 服务器中，每个版本都有一个不同的 URL。HTTP 服务器也有一个**告示文件**（manifest file），为每个版本提供了一个 URL 及其比特率。客户首先请求该告示文件并且得知各种各样的版本。然后客户通过在 HTTP GET 请求报文中对每块指定一个 URL 和一个字节范围，一次选择一块。在下载块的同时，客户也测量接收带宽并运行一个速率决定算法来选择下次请求的块。自然地，如果客户缓存的视频很多，并且测量的接收带宽较高，它将选择一个高速率的版本。同样，如果客户缓存的视频很少，并且测量的接收带宽较低，它将选择一个低速率的版本。因此 DASH 允许客户自由地在不同的质量等级之间切换。

2.6.3　内容分发网

今天，许多因特网视频公司日复一日地向数以百万计的用户按需分发每秒数兆比特的流。例如，YouTube 的视频库藏有几亿个，每天向全世界的用户分发几亿条流。向位于全世界的所有用户流式传输所有流量同时提供连续播放和高交互性显然是一项有挑战性的任务。

对于一个因特网视频公司，或许提供流式视频服务最为直接的方法是建立单一的大规模数据中心，在数据中心中存储其所有视频，并直接从该数据中心向世界范围的客户传输流式视频。但是这种方法存在三个问题。首先，如果客户远离数据中心，服务器到客户的分组将跨越许多通信链路并很可能通过许多 ISP，其中某些 ISP 可能位于不同的大洲。如果这些链路之一提供的吞吐量小于视频消耗速率，端到端吞吐量也将小于该消耗速率，给用户带来恼人的停滞时延。（第 1 章讲过，一条流的端到端吞吐量由瓶颈链路的吞吐量所决定。）出现这种事件的可能性随着端到端路径中链路数量的增加而增加。第二个缺陷是流行的视频很可能经过相同的通信链路发送许多次。这不仅浪费了网络带宽，因特网视频公司自己也将为向因特网反复发送相同的字节而向其 ISP 运营商（连接到数据中心）支付费用。这种解决方案的第三个问题是单个数据中心代表一个单点故障，如果数据中心或其通向因特网的链路崩溃，它将不能够分发任何视频流了。

　　为了应对向分布于全世界的用户分发巨量视频数据的挑战，几乎所有主要的视频流公司都利用**内容分发网**（Content Distribution Network，CDN）。CDN 管理分布在多个地理位置上的服务器，在它的服务器中存储视频（和其他类型的 Web 内容，包括文档、图片和音频）的副本，并且所有试图将每个用户请求定向到一个将提供最好的用户体验的 CDN 位置。CDN 可以是**专用 CDN**（private CDN），即由内容提供商自己所拥有，例如谷歌的 CDN 分发 YouTube 视频和其他类型的内容。CDN 还可以是**第三方 CDN**（third-party CDN），它代表多个内容提供商分发内容，Akamai、Limelight 和 Level-3 都运行第三方 CDN。关于现代 CDN 的一份可读性强的展望见［Leighton 2009；Nygren 2010］。

学习案例

谷歌的网络基础设施

　　为了支持谷歌的巨量云服务阵列，包括搜索、Gmail、日程表、YouTube 视频、地图、文档和社交网络，谷歌已经部署了一个广泛的专用网和 CDN 基础设施。谷歌的 CDN 基础设施具有三个等级的服务器集群：

- 在北美、欧洲和亚洲有 19 个"兆数据中心"［Googole Lacations 2020］，每个数据中心拥有的服务器数量达到 10 万台量级。这些兆数据中心负责为动态（并且经常是个性化的）内容（包括搜索结果和 Gmail 报文）提供服务。
- 约 90 个集群（在 IXP 中）分布于全球，每个集群中的服务器数量达到数百台量级［Adhikari 2011a］［Google CDN 2020］。这些集群负责为静态内容（包括 YouTube 视频）提供服务。
- 数以百计的"深入"（enter-deep）集群位于一个接入 ISP 中。一个集群通常由位于一个机架上的数十台服务器组成。这些"深入服务器"执行 TCP 分岔（参见 3.7 节）并服务于静态内容［Chen 2011］，包括体现搜索结果的 Web 网页的静态部分。

　　所有这些数据中心和集群位置与谷歌自己的专用网连接在一起。当某用户进行搜索请求时，该请求常常先经过本地 ISP 发送到邻近的"深入服务器"缓存中，从这里检索静态内容；同时将该静态内容提供给客户，邻近的缓存也经谷歌的专用网将请求转发给"兆数据中心"，从这里检索个性化的搜索结果。对于某 YouTube 视频，该视频本身可能来自一个"邀请坐客服务器"缓存，而围绕该视频的 Web 网页部分可能来自邻近的"深入服务器"缓存，围绕该视频的广告来自数据中心。总的来说，除了本地 ISP，谷歌云服务在很大程度上是由独立于公共因特网的网络基础设施提供的。

CDN 通常采用两种不同的服务器安置原则［Huang 2008］：

- **深入**。第一个原则由 Akamai 首创，该原则是通过在遍及全球的接入 ISP 中部署服务器集群来深入到 ISP 的接入网中。（在 1.3 节中描述了接入网。）Akamai 在数以千计个位置采用这种方法部署集群。其目标是靠近端用户，通过减少端用户和 CDN 集群之间（内容从这里收到）链路和路由器的数量，从而改善了用户感受的时延和吞吐量。因为这种高度分布式设计，维护和管理集群的任务成为挑战。
- **邀请做客**。第二个设计原则由 Limelight 和许多其他 CDN 公司所采用，该原则是通过在少量（例如 10 个）关键位置建造大集群来邀请到 ISP 做客。不是将集群放在接入 ISP 中，这些 CDN 通常将它们的集群放置在因特网交换点（IXP）（参见 1.3 节）。与深入设计原则相比，邀请做客设计通常产生较低的维护和管理开销，可能以对端用户的较高时延和较低吞吐量为代价。

一旦 CDN 的集群准备就绪，它就可以跨集群复制内容。CDN 可能不希望将每个视频的副本放置在每个集群中，因为某些视频很少观看或仅在某些国家中流行。事实上，许多 CDN 没有将视频推入它们的集群，而是使用一种简单的拉策略：如果客户向一个未存储该视频的集群请求某视频，则该集群（从某中心仓库或者从另一个集群）检索该视频，向客户流式传输视频的同时在本地存储一个副本。类似于 Web 缓存（参见 2.2.5 节），当某集群存储器变满时，它删除不经常请求的视频。

1. CDN 操作

在讨论过这两种部署 CDN 的重要方法后，我们现在深入看看 CDN 操作的细节。当用户主机中的一个浏览器指令检索一个特定的视频（由 URL 标识）时，CDN 必须截获该请求，以便能够：①确定此时适合用于该客户的 CDN 服务器集群；②将客户的请求重定向到该集群的某台服务器。我们很快将讨论 CDN 是如何能够确定一个适当的集群的。但是我们首先考察截获和重定向请求所依赖的机制。

大多数 CDN 利用 DNS 来截获和重定向请求，这种使用 DNS 的有趣讨论见［Vixie 2009］。我们考虑用一个简单的例子来说明通常是怎样使用 DNS 的。假定有一个内容提供商 NetCinema，雇用了第三方 CDN 公司 KingCDN 来向其客户分发视频。在 NetCinema 的 Web 网页上，它的每个视频都被指派了一个 URL，该 URL 包括字符串 "video" 以及该视频本身的独特标识符。例如，《变形金刚 7》可以指派为 http://video. netcinema. com/6Y7B23V。接下来出现如图 2-24 所示的 6 个步骤：

1）用户访问位于 NetCinema 的 Web 网页。

2）当用户点击链接 http://video. netcinema. com/6Y7B23V 时，该用户主机发送了一个对于 video. netcinema. com 的 DNS 请求。

3）用户的本地 DNS 服务器（LDNS）将该 DNS 请求中继到一台用于 NetCinema 的权威 DNS 服务器，该服务器观察到主机名 video. netcinema. com 中的字符串 "video"。为了将该 DNS 请求移交给 KingCDN，NetCinema 权威 DNS 服务器并不返回一个 IP 地址，而是向 LDNS 返回一个 KingCDN 域的主机名，如 a1105. kingcdn. com。

4）从这时起，DNS 请求进入了 KingCDN 专用 DNS 基础设施。用户的 LDNS 则发送第二个请求，此时是对 a1105. kingcdn. com 的 DNS 请求，KingCDN 的 DNS 系统最终向 LDNS 返回 KingCDN 内容服务器的 IP 地址。所以正是在这里，在 KingCDN 的 DNS 系统中，指定了 CDN 服务器，客户将能够从这台服务器接收到它的内容。

5）LDNS 向用户主机转发内容服务 CDN 节点的 IP 地址。

6）一旦客户收到 KingCDN 内容服务器的 IP 地址，它与具有该 IP 地址的服务器创建了一条直接的 TCP 连接，并且发出对该视频的 HTTP GET 请求。如果使用了 DASH，服务器将首先向客户发送具有 URL 列表的告示文件，每个 URL 对应视频的每个版本，并且客户将动态地选择来自不同版本的块。

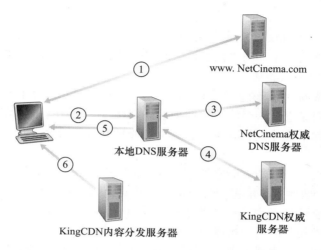

图 2-24　DNS 将用户的请求重定向到一台 CDN 服务器

2. 集群选择策略

任何 CDN 部署，其核心是**集群选择策略**（cluster selection strategy），即动态地将客户定向到 CDN 中的某个服务器集群或数据中心的机制。如我们刚才所见，经过客户的 DNS 查找，CDN 得知了该客户的 LDNS 服务器的 IP 地址。在得知该 IP 地址之后，CDN 需要基于该 IP 地址选择一个适当的集群。CDN 一般采用专用的集群选择策略。我们现在简单地介绍一些策略，每种策略都有其优点和缺点。

一种简单的策略是指派客户到**地理上最为邻近**（geographically closest）的集群。使用商用地理位置数据库（例如 Quova［Quova 2020］和 Max-Mind［MaxMind 2020］），每个 LDNS IP 地址都映射到一个地理位置。当从一个特殊的 LDNS 接收到一个 DNS 请求时，CDN 选择地理上最为接近的集群，即离 LDNS 最少几千米远的集群，"就像鸟飞一样"。这样的解决方案对于众多用户来说能够工作得相当好［Agarwal 2009］。但对于某些客户，该解决方案可能执行效果较差，因为就网络路径的长度或跳数而言，地理最邻近的集群可能并不是最近的集群。此外，所有基于 DNS 的方法都具有的问题是，某些端用户配置使用位于远地的 LDNS［Shaikh 2001；Mao 2002］，在这种情况下，LDNS 位置可能远离客户的位置。此外，这种简单的策略忽略了时延和可用带宽随因特网路径时间而变化，总是为特定的客户指派相同的集群。

为了基于当前流量条件为客户确定最好的集群，CDN 能够对其集群和客户之间的时延和丢包性能执行周期性的**实时测量**（real-time measurement）。例如，CDN 能够让它的每个集群周期性地向位于全世界的所有 LDNS 发送探测分组（例如，ping 报文或 DNS 请求）。这种方法的一个缺点是许多 LDNS 被配置为不响应这些探测。

2.6.4 学习案例：Netflix 和 YouTube

通过观察两个高度成功的大规模部署 Netflix 和 YouTube，我们对流式存储视频的讨论进行总结。我们将看到，这些系统采用的方法差异很大，但却应用了在本节中讨论的许多根本原则。

1. Netflix

到 2020 年为止，Netflix 已经成为美国首屈一指的在线电影和 TV 节目的服务提供商 [Snadvine 2015]。如我们下面讨论的那样，Netflix 视频分发具有两个主要部件：亚马逊云和它自己的专用 CDN 基础设施。

Netflix 有一个 Web 网站来处理若干功能，这些功能包括用户注册和登录、计费、用于浏览和搜索的电影目录以及一个电影推荐系统。如图 2-25 所示，这个 Web 网站（以及与它关联的后端数据库）完全运行在亚马逊云中的亚马逊服务器上。此外，亚马逊云处理下列关键功能：

- 内容摄取。在 Netflix 能够向它的用户分发某电影之前，它必须首先获取和处理该电影。Netflix 接收制片厂电影的母带，并且将其上载到亚马逊云的主机上。
- 内容处理。亚马逊云中的机器为每部电影生成许多不同格式，以适合在桌面计算机、智能手机和与电视机相连的游戏机上运行的不同类型的客户视频播放器。为每种格式和比特率都生成一种不同的版本，允许使用 DASH 的经 HTTP 的适应性播放流。
- 向其 CDN 上载版本。一旦某电影的所有版本均已生成，在亚马逊云中的主机向其 CDN 上载这些版本。

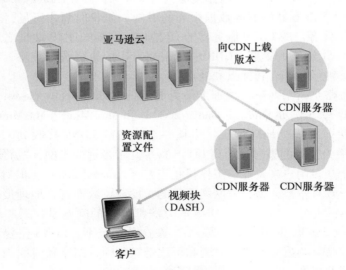

图 2-25　Netflix 视频流平台

当 Netflix 于 2007 年首次推出视频流式服务时，它雇用了 3 个第三方 CDN 公司来分发视频内容。自 Netflix 创建了专用的 CDN 起，便开始从这些专用 CDN 发送所有的视频。为了创建专用的 CDN，Netflix 在 IXP 和自己的住宅 ISP 中安装了服务器机架。Netflix 当前在超过 200 个 IXP 位置配有服务器机架，存放 Netflix 机架的 IXP 清单可参见 [Bottger 2018]

和［Netflix Open Connect 2020］。也有数百个 ISP 位置存放 Netflix 机架，同样可参见［Net-flix Open Connect 2020］，其中 Netflix 向潜在的 ISP 合作伙伴提供了在其网络中安装一个（免费）Netflix 机架的操作指南。在机架中每台服务器具有几个 10Gbps 以太网端口和超过 100TB 的存储。在一个机架中服务器的数量是变化的：IXP 安装通常有数十台服务器并包含整个 Netflix 流式视频库（包括多个版本的视频以支持 DASH）；本地 IXP 也许仅有一台服务器并仅包含最为流行的视频。Netflix 不使用拉高速缓存（2.2.5 节）以在 IXP 和 ISP 中扩充它的 CDN 服务器，反而在非高峰时段通过推将这些视频分发给它的 CDN 服务器。对于不能保存整个库的那些位置，Netflix 仅推送最为流行的视频，视频的流行度是基于逐天的数据来决定的。在 YouTube 视频（［Netflix Video 1］，［Netflix Video 2］，［Bottger 2018］）中更为详细地描述了 Netflix CDN 设计。

描述了 Netflix 体系结构的组件后，我们来更为仔细地看一下客户与各台服务器之间的交互，这些服务器与电影交付有关。如前面指出的那样，浏览 Netflix 视频库的 Web 网页由亚马逊云中的服务器提供服务。当用户选择一个电影准备播放时，运行在亚马逊云中的 Netflix 软件首先确定它的哪个 CDN 服务器具有该电影的拷贝。在具有拷贝的服务器中，该软件决定客户请求的"最好的"服务器。如果该客户正在使用一个住宅 ISP，它具有安装在该 ISP 中 Netflix CDN 服务器机架并且该机架具有所请求电影的拷贝，则通常选择这个机架中的一台服务器。倘若不是，通常选择邻近 IXP 的一台服务器。

一旦 Netflix 确定了交付内容的 CDN 服务器，它向该客户发送特定服务器的 IP 地址以及资源配置文件，该文件具有所请求电影的不同版本的 URL。该客户和那台 CDN 服务器则使用专用版本的 DASH 进行交互。具体而言，如 2.6.2 节所述，该客户使用 HTTP GET 请求报文中的字节范围首部，以请求来自电影的不同版本的块。Netflix 使用大约 4 秒长的块［Adhikari 2012］。随着这些块的下载，客户测量收到的吞吐量并且运行一个速率确定算法来确定下一个要请求块的质量。

Netflix 包含了本节前面讨论的许多关键原则，包括适应性流和 CDN 分发。然而，因为 Netflix 使用专用的 CDN，而它仅分发视频（而非 Web 网页），所以 Netflix 已经能够简化并定制其 CDN 设计。特别是，Netflix 不需要用如 2.6.3 节中所讨论的 DNS 重定向来将特殊的客户连接到一台 CDN 服务器；相反，Netflix 软件（运行在亚马逊云中）直接告知该客户使用一台特定的 CDN 服务器。此外，Netflix CDN 使用推高速缓存而不是拉高速缓存（2.2.5 节）：内容在非高峰时段的预定时间被推入服务器，而不是在高速缓存未命中时动态地被推入。

2. YouTube

YouTube 拥有每分钟数百小时的视频上载量和每天几十亿次观看，毫无疑问是世界上最大的视频共享站点。YouTube 于 2005 年 4 月开始提供服务，并于 2006 年 11 月被谷歌公司收购。尽管谷歌/YouTube 的设计和协议是专用的，但通过几次独立的测量结果，我们能够基本理解 YouTube 的工作原理［Zink 2009；Torres 2011；Adhikari 2011a］。与 Netflix 一样，YouTube 广泛地利用 CDN 技术来分发它的视频［Torres 2011］。类似于 Netflix，谷歌使用其专用 CDN 来分发 YouTube 视频，并且已经在几百个不同的 IXP 和 ISP 位置安装了服务器集群。从这些位置以及从它的巨大数据中心，谷歌分发 YouTube 视频［Adhikari 2011a］。然而，与 Netflix 不同，谷歌使用如 2.2.5 节中描述的拉高速缓存和如 2.6.3 节中描述的 DNS 重定向。在大部分时间,谷歌的集群选择策略将客户定向到某个集群,使得客户与客户之间的 RTT 是最低的。然而,为了平衡流经集群的负载,有时客户被定向(经 DNS)到一个更远的集群 [Torres 2011]。

YouTube 应用 HTTP 流,经常使少量的不同版本为一个视频可用,每个具有不同的比特率和对应的质量等级。YouTube 没有应用适应性流(例如 DASH),而要求用户人工选择一个版本。为了节省那些将被重定位或提前终止而浪费的带宽和服务器资源,YouTube 在获取视频的目标量之后,使用 HTTP 字节范围请求来限制传输的数据流。

每天有几百万视频被上载到 YouTube。不仅 YouTube 视频经 HTTP 以流方式从服务器到客户,而且 YouTube 上载者也经 HTTP 从客户到服务器上载他们的视频。YouTube 处理它收到的每个视频,将它转换为 YouTube 视频格式并且创建具有不同比特率的多个版本。这种处理完全发生在谷歌数据中心。(参见 2.6.3 节中有关谷歌的网络基础设施的学习案例。)

2.7 套接字编程:生成网络应用

我们已经看到了一些重要的网络应用,下面探讨一下网络应用程序是如何实际编写的。在 2.1 节讲过,典型的网络应用是由一对程序(即客户程序和服务器程序)组成的,它们位于两个不同的端系统中。当运行这两个程序时,创建了一个客户进程和一个服务器进程,同时它们通过从套接字读出和写入数据在彼此之间进行通信。开发者创建一个网络应用时,其主要任务就是编写客户程序和服务器程序的代码。

网络应用程序有两类。一类是由协议标准(如一个 RFC 或某种其他标准文档)中所定义的操作的实现;这样的应用程序有时称为"开放"的,因为定义其操作的这些规则为人们所共知。对于这样的实现,客户程序和服务器程序必须遵守由该 RFC 所规定的规则。例如,某客户程序可能是 HTTP 协议客户端的一种实现,如在 2.2 节所描述,该协议由 RFC 2616 明确定义;类似地,其服务器程序能够是 HTTP 服务器协议的一种实现,也由 RFC 2616 明确定义。如果一个开发者编写客户程序的代码,另一个开发者编写服务器程序的代码,并且两者都完全遵从该 RFC 的各种规则,那么这两个程序将能够交互操作。实际上,今天许多网络应用程序涉及客户和服务器程序间的通信,这些程序都是由独立的程序员开发的。例如,谷歌 Chrome 浏览器与 Apache Web 服务器通信,BitTorrent 客户与 BitTorrent 跟踪器通信。

另一类网络应用程序是专用的网络应用程序。在这种情况下,由客户和服务器程序部署的应用层协议没有公开发布在某 RFC 中或其他地方。独立开发者(或开发团队)创建客户和服务器程序,并且开发者完全控制该代码的功能。但是因为这些代码并没有实现开放的协议,所以其他独立开发者将无法开发出和该应用程序交互的代码。

在本节中,我们将考察研发客户-服务器应用程序的关键问题,我们将"亲力亲为"来实现一个非常简单的客户-服务器应用程序代码。在研发阶段,开发者必须最先做的一个决定是,应用程序是运行在 TCP 上还是运行在 UDP 上。前面讲过 TCP 是面向连接的,并且为两个端系统之间的数据流动提供可靠的字节流通道。UDP 是无连接的,从一个端系统向另一个端系统发送独立的数据分组,不对交付提供任何保证。前面也讲过当客户或服务器程序实现了一个由某 RFC 定义的协议时,它应当使用与该协议关联的周知端口号;与之相反,当研发一个专用应用程序时,研发者必须注意避免使用这些周知端口号。(端口号已在 2.1 节简要讨论过，第 3 章将进行更为详细的介绍。)

　　我们通过一个简单的 UDP 应用程序和一个简单的 TCP 应用程序来介绍 UDP 和 TCP 套接字编程。我们用 Python 3 来呈现这些简单的 TCP 和 UDP 程序。也可以用 Java、C 或 C++来编写这些程序，而我们选择用 Python 最主要原因是 Python 清楚地揭示了关键的套接字概念。使用 Python，代码的行数更少，并且向编程新手解释每一行代码不会有困难。如果你不熟悉 Python，也用不着担心，只要你有过一些用 Java、C 或 C++编程的经验，就应该很容易看懂下面的代码。

　　如果读者对用 Java 进行客户-服务器编程感兴趣，建议你去查看与本书配套的 Web 网站。事实上，能够在那里找到用 Java 编写的本节中的所有例子 (和相关的实验)。如果读者对用 C 进行客户-服务器编程感兴趣，有一些优秀参考资料可供使用 [Donahoo 2001；Stevens 1997；Frost 1994]。我们下面的 Python 例子具有类似于 C 的外观和感觉。

2.7.1　UDP 套接字编程

　　在本小节中，我们将编写使用 UDP 的简单客户-服务器程序；在下一小节中，我们将编写使用 TCP 的简单程序。

　　2.1 节讲过，运行在不同机器上的进程彼此通过向套接字发送报文来进行通信。我们说过每个进程好比是一座房子，该进程的套接字则好比是一扇门。应用程序位于房子中门的一侧；运输层位于该门朝外的另一侧。应用程序开发者在套接字的应用层一侧可以控制所有东西；然而，它几乎无法控制运输层一侧。

　　现在我们仔细观察使用 UDP 套接字的两个通信进程之间的交互。在发送进程能够将数据分组推出套接字之门之前，当使用 UDP 时，必须先将目的地址附在该分组之上。在该分组传过发送方的套接字之后，因特网将使用该目的地址通过因特网为该分组选路到接收进程的套接字。当分组到达接收套接字时，接收进程将通过该套接字取回分组，然后检查分组的内容并采取适当的动作。

　　因此你可能现在想知道，附在分组上的目的地址包含了什么？如你所期待的那样，目的主机的 IP 地址是目的地址的一部分。通过在分组中包括目的地的 IP 地址，因特网中的路由器将能够通过因特网将分组选路到目的主机。但是因为一台主机可能运行许多网络应用进程，每个进程具有一个或多个套接字，所以在目的主机指定特定的套接字也是必要的。当生成一个套接字时，就为它分配一个称为**端口号**(port number) 的标识符。因此，如你所期待的，分组的目的地址也包括该套接字的端口号。总的来说，发送进程为分组附上目的地址，该目的地址是由目的主机的 IP 地址和目的地套接字的端口号组成的。此外，如我们很快将看到的那样，发送方的源地址也是由源主机的 IP 地址和源套接字的端口号组成，该源地址也要附在分组之上。然而，将源地址附在分组之上通常并不是由 UDP 应用程序代码所为，而是由底层操作系统自动完成的。

　　我们将使用下列简单的客户-服务器应用程序来演示对于 UDP 和 TCP 的套接字编程：

1) 客户从其键盘读取一行字符 (数据) 并将该数据向服务器发送。
2) 服务器接收该数据并将这些字符转换为大写。
3) 服务器将修改的数据发送给客户。
4) 客户接收修改的数据并在其监视器上将该行显示出来。

　　图 2-26 着重显示了客户和服务器的主要与套接字相关的活动，两者通过 UDP 运输服务进行通信。

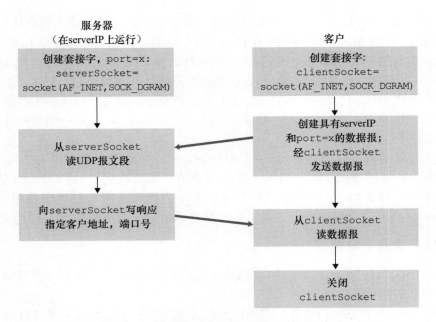

图 2-26   使用 UDP 的客户-服务器应用程序

现在我们自己动手来查看用 UDP 实现这个简单应用程序的一对客户-服务器程序。我们在每个程序后也提供一个详细、逐行的分析。我们将以 UDP 客户开始，该程序将向服务器发送一个简单的应用级报文。服务器为了能够接收并回答该客户的报文，它必须准备好并已经在运行，这就是说，在客户发送其报文之前，服务器必须作为一个进程正在运行。

客户程序被称为 UDPClient. py，服务器程序被称为 UDPServer. py。为了强调关键问题，我们有意提供最少的代码。"好代码"无疑将具有更多辅助性的代码行，特别是用于处理出现差错的情况。对于本应用程序，我们任意选择了 12000 作为服务器的端口号。

1. UDPClient. py

下面是该应用程序客户端的代码：

```
from socket import *
serverName = 'hostname'
serverPort = 12000
clientSocket = socket(AF_INET, SOCK_DGRAM)
message = raw_input('Input lowercase sentence:')
clientSocket.sendto(message.encode(),(serverName, serverPort))
modifiedMessage, serverAddress = clientSocket.recvfrom(2048)
print(modifiedMessage.decode())
clientSocket.close()
```

现在我们看在 UDPClient. py 中的各行代码。

```
from socket import *
```

该 socket 模块形成了在 Python 中所有网络通信的基础。包括了这行，我们将能够在程序中创建套接字。

```
serverName = 'hostname'
serverPort = 12000
```

第一行将变量 serverName 置为字符串"hostname"。这里，我们提供了或者包含服务器的 IP 地址（如"128.138.32.126"）或者包含服务器的主机名（如"cis.poly.edu"）的字符串。如果我们使用主机名，则将自动执行 DNS lookup 从而得到 IP 地址。第二行将整数变量 serverPort 置为12000。

```
clientSocket = socket(AF_INET, SOCK_DGRAM)
```

该行创建了客户的套接字，称为 clientSocket。第一个参数指示了地址簇；特别是，AF_INET 指示了底层网络使用了 IPv4。（此时不必担心，我们将在第 4 章中讨论 IPv4。）第二个参数指示了该套接字是 SOCK_DGRAM 类型的，这意味着它是一个 UDP 套接字（而不是一个 TCP 套接字）。值得注意的是，当创建套接字时，我们并没有指定客户套接字的端口号；相反，我们让操作系统为我们做这件事。既然已经创建了客户进程的门，我们将要生成通过该门发送的报文。

```
message = input('Input lowercase sentence:')
```

input()是 Python 中的内置功能。当执行这条命令时，客户上的用户将以单词"Input lowercase sentence："进行提示，用户则使用她的键盘输入一行，该内容被放入变量 message 中。既然我们有了一个套接字和一条报文，我们将要通过该套接字向目的主机发送报文。

```
clientSocket.sendto(message.encode(),(serverName, serverPort))
```

在上述这行中，我们首先将报文由字符串类型转换为字节类型，因为我们需要向套接字中发送字节；这将使用 encode()方法完成。方法 sendto()为报文附上目的地址（serverName，serverPort）并且向进程的套接字 clientSocket 发送结果分组。（如前面所述，源地址也附到分组上，尽管这是自动完成的，而不是显式地由代码完成的。）经一个 UDP 套接字发送一个客户到服务器的报文非常简单！在发送分组之后，客户等待接收来自服务器的数据。

```
modifiedMessage, serverAddress = clientSocket.recvfrom(2048)
```

对于上述这行，当一个来自因特网的分组到达该客户套接字时，该分组的数据被放置到变量 modifiedMessage 中，其源地址被放置到变量 serverAddress 中。变量 serverAddress 包含了服务器的 IP 地址和服务器的端口号。程序 UDPClient 实际上并不需要服务器的地址信息，因为它从起始就已经知道了该服务器地址；而这行 Python 代码仍然提供了服务器的地址。方法 recvfrom 也取缓存长度 2048 作为输入。（该缓存长度用于多种目的。）

```
print(modifiedMessage.decode())
```

这行将报文从字节转化为字符串后，在用户显示器上打印出 modifiedMessage。它应当是用户键入的原始行，但现在变为大写的了。

```
clientSocket.close()
```

该行关闭了套接字。然后关闭了该进程。

2. UDPServer.py

现在来看看这个应用程序的服务器端：

```
from socket import *
serverPort = 12000
serverSocket = socket(AF_INET, SOCK_DGRAM)
serverSocket.bind(('', serverPort))
print("The server is ready to receive")
while True:
    message, clientAddress = serverSocket.recvfrom(2048)
    modifiedMessage = message.decode().upper()
    serverSocket.sendto(modifiedMessage.encode(), clientAddress)
```

注意到 UDPServer 的开始部分与 UDPClient 类似。它也是导入套接字模块，也将整数变量 serverPort 设置为 12000，并且也创建套接字类型 SOCK_DGRAM（一种 UDP 套接字）。与 UDPClient 有很大不同的第一行代码是：

```
serverSocket.bind(('', serverPort))
```

上面行将端口号 12000 与该服务器的套接字绑定（即分配）在一起。因此在 UDPServer 中，（由应用程序开发者编写的）代码显式地为该套接字分配一个端口号。以这种方式，当任何人向位于该服务器的 IP 地址的端口 12000 发送一个分组，该分组将导向该套接字。UDPServer 然后进入一个 while 循环；该 while 循环将允许 UDPServer 无限期地接收并处理来自客户的分组。在该 while 循环中，UDPServer 等待一个分组的到达。

```
message, clientAddress = serverSocket.recvfrom(2048)
```

这行代码类似于我们在 UDPClient 中看到的。当某分组到达该服务器的套接字时，该分组的数据被放置到变量 message 中，其源地址被放置到变量 clientAddress 中。变量 clientAddress 包含了客户的 IP 地址和客户的端口号。这里，UDPServer 将利用该地址信息，因为它提供了返回地址，类似于普通邮政邮件的返回地址。使用该源地址信息，服务器此时知道了它应当将回答发向何处。

```
modifiedMessage = message.decode().upper()
```

此行是这个简单应用程序的关键部分。它在将报文转化为字符串后，获取由客户发送的行并使用方法 upper() 将其转换为大写。

```
serverSocket.sendto(modifiedMessage.encode(), clientAddress)
```

最后一行将该客户的地址（IP 地址和端口号）附到大写的报文上（在将字符串转化为字节后），并将所得的分组发送到服务器的套接字中。（如前面所述，服务器地址也附在分组上，尽管这是自动而不是显式地由代码完成的。）然后因特网将分组交付到该客户地址。在服务器发送该分组后，它仍维持在 while 循环中，等待（从运行在任一台主机上的任何客户发送的）另一个 UDP 分组到达。

为了测试这对程序，可在一台主机上运行 UDPClient. py，并在另一台主机上运行 UDPServer. py。保证在 UDPClient. py 中包括适当的服务器主机名或 IP 地址。接下来，在服务器主机上执行编译的服务器程序 UDPServer. py。这在服务器上创建了一个进程，等待着某个客户与之联系。然后，在客户主机上执行编译的客户器程序 UDPClient. py。这在客户上创建了一个进程。最后，在客户上使用应用程序，键入一个句子并以回车结束。

可以通过稍加修改上述客户和服务器程序来研制自己的 UDP 客户-服务器程序。例如，不必将所有字母转换为大写，服务器可以计算字母 s 出现的次数并返回该数字。或者能够修改客户程序，使其在收到一个大写的句子后，用户能够向服务器继续发送更多的句子。

2.7.2　TCP 套接字编程

与 UDP 不同，TCP 是一个面向连接的协议。这意味着在客户和服务器能够开始互相发送数据之前，它们先要握手和创建一个 TCP 连接。TCP 连接的一端与客户套接字相联系，另一端与服务器套接字相联系。当创建该 TCP 连接时，我们将其与客户套接字地址（IP 地址和端口号）和服务器套接字地址（IP 地址和端口号）关联起来。使用创建的 TCP 连接，当一侧要向另一侧发送数据时，它只需经过其套接字将数据丢进 TCP 连接。这与 UDP 不同，UDP 服务器在将分组丢进套接字之前必须为其附上一个目的地地址。

现在我们仔细观察一下 TCP 中客户程序和服务器程序的交互。客户具有向服务器发起接触的任务。服务器为了能够对客户的初始接触做出反应，服务器必须已经准备好。这意味着两件事。第一，与在 UDP 中的情况一样，TCP 服务器在客户试图发起接触前必须作为进程运行起来。第二，服务器程序必须具有一扇特殊的门，更精确地说是一个特殊的套接字，该门欢迎来自运行在任意主机上的客户进程的某种初始接触。使用房子与门来比喻进程与套接字，有时我们将客户的初始接触称为"敲欢迎之门"。

随着服务器进程的运行，客户进程能够向服务器发起一个 TCP 连接。这是由客户程序通过创建一个 TCP 套接字完成的。当该客户生成其 TCP 套接字时，它指定了服务器中的欢迎套接字的地址，即服务器主机的 IP 地址及其套接字的端口号。生成其套接字后，该客户发起了一个三次握手并创建与服务器的一个 TCP 连接。发生在运输层的三次握手，对于客户和服务器程序是完全透明的。

在三次握手期间，客户进程敲服务器进程的欢迎之门。当该服务器"听"到敲门声时，它将生成一扇新门（更精确地讲是一个新套接字），它专门用于特定的客户。在下面的例子中，欢迎之门是一个我们称为 serverSocket 的 TCP 套接字对象，它是专门对客户进行连接的新生成的套接字，称为连接套接字（connectionSocket）。初次遇到 TCP 套接字的学生有时会混淆欢迎套接字（这是所有要与服务器通信的客户的起始接触点）和每个新生成的服务器侧的连接套接字（这是随后为与每个客户通信而生成的套接字）。

从应用程序的观点来看，客户套接字和服务器连接套接字直接通过一根管道连接。如图 2-27 所示，客户进程可以向它的套接字发送任意字节，并且 TCP 保证服务器进程能够按发送的顺序接收（通过连接套接字）每个字节。TCP 因此在客户和服务器进程之间提供了可靠服务。此外，就像人们可以从同一扇门进和出一样，客户进程不仅能向它的套接字发送字节，也能从中接收字节；类似地，服务器进程不仅从它的连接套接字接收字节，也能向其发送字节。

我们使用同样简单的客户-服务器应用程序来展示 TCP 套接字编程：

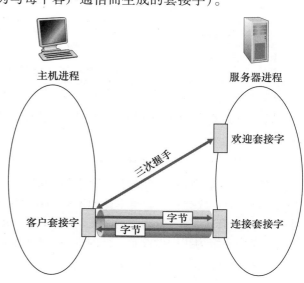

图 2-27　TCPServer 进程有两个套接字

客户向服务器发送一行数据，服务器将这行改为大写并回送给客户。图 2-28 着重显示了客户和服务器的主要与套接字相关的活动，两者通过 TCP 运输服务进行通信。

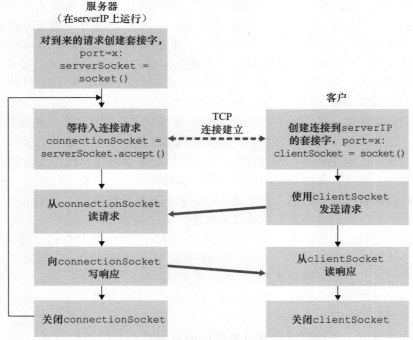

图 2-28 使用 TCP 的客户-服务器应用程序

1. TCPClient. py

这里给出了应用程序客户端的代码：

```
from socket import *
serverName = 'servername'
serverPort = 12000
clientSocket = socket(AF_INET, SOCK_STREAM)
clientSocket.connect((serverName,serverPort))
sentence = raw_input('Input lowercase sentence:')
clientSocket.send(sentence.encode())
modifiedSentence = clientSocket.recv(1024)
print('From Server: ', modifiedSentence.decode())
clientSocket.close()
```

现在我们查看这些代码中与 UDP 实现有很大差别的各行。第一行是客户套接字的创建。

```
clientSocket = socket(AF_INET, SOCK_STREAM)
```

该行创建了客户的套接字，称为 clientSocket。第一个参数仍指示底层网络使用的是 IPv4。第二个参数指示该套接字是 SOCK_STREAM 类型。这表明它是一个 TCP 套接字（而不是一个 UDP 套接字）。值得注意的是当我们创建该客户套接字时仍未指定其端口号；相反，我们让操作系统为我们做此事。此时的下一行代码与我们在 UDPClient 中看到的极为不同：

```
clientSocket.connect((serverName,serverPort))
```

前面讲过在客户能够使用一个 TCP 套接字向服务器发送数据之前（反之亦然），必须在客户与服务器之间创建一个 TCP 连接。上面这行就发起了客户和服务器之间的这条 TCP

连接。connect()方法的参数是这条连接中服务器端的地址。这行代码执行完后，执行三次握手，并在客户和服务器之间创建起一条 TCP 连接。

```
sentence = raw_input('Input lowercase sentence:')
```

如同 UDPClient 一样，上一行从用户获得了一个句子。字符串 sentence 连续收集字符直到用户键入回车以终止该行为止。代码的下一行也与 UDPClient 极为不同：

```
clientSocket.send(sentence.encode())
```

上一行通过该客户的套接字并进入 TCP 连接发送字符串 sentence。值得注意的是，该程序并未显式地创建一个分组并为该分组附上目的地址，而使用 UDP 套接字却要那样做。相反，该客户程序只是将字符串 sentence 中的字节放入该 TCP 连接中去。客户然后就等待接收来自服务器的字节。

```
modifiedSentence = clientSocket.recv(2048)
```

当字符到达服务器时，它们被放置在字符串 modifiedSentence 中。字符继续积累在 modifiedSentence 中，直到该行以回车符结束为止。在打印大写句子后，我们关闭客户的套接字。

```
clientSocket.close()
```

最后一行关闭了套接字，因此关闭了客户和服务器之间的 TCP 连接。它引起客户中的 TCP 向服务器中的 TCP 发送一条 TCP 报文（参见 3.5 节）。

2. TCPServer. py

现在我们看一下服务器程序。

```
from socket import *
serverPort = 12000
serverSocket = socket(AF_INET,SOCK_STREAM)
serverSocket.bind(('',serverPort))
serverSocket.listen(1)
print('The server is ready to receive')
while True:
    connectionSocket, addr = serverSocket.accept()
    sentence = connectionSocket.recv(1024).decode()
    capitalizedSentence = sentence.upper()
    connectionSocket.send(capitalizedSentence.encode())
    connectionSocket.close()
```

现在我们来看看上述与 UDPServer 及 TCPClient 有显著不同的代码行。与 TCPClient 相同的是，服务器创建一个 TCP 套接字，执行：

```
serverSocket=socket(AF_INET,SOCK_STREAM)
```

与 UDPServer 类似，我们将服务器的端口号 serverPort 与该套接字关联起来：

```
serverSocket.bind(('',serverPort))
```

但对 TCP 而言，serverSocket 将是我们的欢迎套接字。在创建这扇欢迎之门后，我们将等待并聆听某个客户敲门：

```
serverSocket.listen(1)
```

该行让服务器聆听来自客户的 TCP 连接请求。其中参数定义了请求连接的最大数（至少为 1）。

```
connectionSocket, addr = serverSocket.accept()
```

当客户敲门时，程序为 serverSocket 调用 accept()方法，这在服务器中创建了一个称为 connectionSocket 的新套接字，由这个特定的客户专用。客户和服务器则完成了握手，在客户的 clientSocket 和服务器的 connectionSocket 之间创建了一个 TCP 连接。借助于创建的 TCP 连接，客户与服务器现在能够通过该连接相互发送字节。使用 TCP，从一侧发送的所有字节不仅确保到达另一侧，而且确保按序到达。

```
connectionSocket.close()
```

在此程序中，在向客户发送修改的句子后，我们关闭了该连接套接字。但由于 server-Socket 保持打开，所以另一个客户此时能够敲门并向该服务器发送一个句子要求修改。

我们现在完成了 TCP 套接字编程的讨论。建议你在两台单独的主机上运行这两个程序，也可以修改它们以达到稍微不同的目的。你应当将前面两个 UDP 程序与这两个 TCP 程序进行比较，观察它们的不同之处。你也应当做在第 2、4 和 9 章后面描述的套接字编程作业。最后，我们希望在掌握了这些和更先进的套接字程序后的某天，你将能够编写你自己的流行网络应用程序，变得非常富有和声名卓著，并记得本书的作者！

2.8　小结

在本章中，我们学习了网络应用的概念和实现两个方面。我们学习了被因特网应用普遍采用的客户-服务器模式，并且看到了该模式在 HTTP、SMTP 和 DNS 等协议中的使用。我们已经更为详细地学习了这些重要的应用层协议以及与之对应的相关应用（Web、文件传输、电子邮件和 DNS）。我们也学习了 P2P 体系结构并将它与客户-服务器体系结构进行了对比。我们也学习了流式视频，以及现代视频分发系统是如何利用 CDN 的。对于面向连接的（TCP）和无连接的（UDP）端到端传输服务，我们走马观花般地学习了套接字的使用。至此，我们在分层的网络体系结构中的向下之旅已经完成了第一步。

在本书一开始的 1.1 节中，我们对协议给出了一个相当含糊的框架性定义："在两个或多个通信实体之间交换报文的格式和次序，以及对某报文或其他事件传输和/或接收所采取的操作。"本章中的内容，特别是我们对 HTTP、SMTP、POP3 和 DNS 协议进行的细致研究，已经为这个定义加入了相当可观的实质性的内容。协议是网络连接中的核心概念；对应用层协议的学习，为我们提供了有关协议内涵的更为直观的认识。

在 2.1 节中，我们描述了 TCP 和 UDP 为调用它们的应用提供的服务模型。当我们在 2.7 节中开发运行在 TCP 和 UDP 之上的简单应用程序时，我们对这些服务模型进行了更加深入的观察。然而，我们几乎没有介绍 TCP 和 UDP 是如何提供这种服务模型的。例如，我们知道 TCP 提供了一种可靠数据服务，但我们未说它是如何做到这一点的。在下一章中我们将不仅关注运输协议是什么，而且还关注它如何工作以及为什么要这么做。

有了因特网应用程序结构和应用层协议的知识之后，我们现在准备继续沿该协议栈向下，在第 3 章中探讨运输层。

课后习题和问题

复习题

2.1 节

R1. 列出 5 种非专用的因特网应用及它们所使用的应用层协议。

R2. 网络体系结构与应用程序体系结构之间有什么区别？

R3. 对于两个进程之间的通信会话而言，哪个进程是客户，哪个进程是服务器？

R4. 对于一个 P2P 文件共享应用，你同意"一个通信会话不存在客户端和服务器端的概念"的说法吗？为什么？

R5. 运行在一台主机上的一个进程，使用什么信息来标识运行在另一台主机上的进程？

R6. 假定你想尽快处理从远程客户到服务器的事务，你将使用 UDP 还是 TCP？为什么？

R7. 参见图 2-4，我们看到在该图中所列出的应用程序没有一个既要求无数据丢失又要求定时的。你能设想一个既要求无数据丢失又高度时间敏感的应用程序吗？

R8. 列出一个运输协议能够提供的 4 种宽泛类型的服务。对于每种服务类型，指出是 UDP 还是 TCP（或这两种协议）提供这样的服务。

R9. 前面讲过 TCP 能用 TLS 来强化，以提供进程到进程的安全性服务，包括加密。TLS 运行在运输层还是应用层？如果某应用程序研制者想要用 TLS 来强化 UDP，该研制者应当做些什么工作？

2.2~2.4 节

R10. 握手协议的作用是什么？

R11. 为什么 HTTP、SMTP 及 IMAP 都运行在 TCP，而不是 UDP 上？

R12. 考虑一个电子商务网站需要保留每一个客户的购买记录。描述如何使用 cookie 来完成该功能。

R13. 描述 Web 缓存器是如何减少接收被请求对象的时延的。Web 缓存器将减少一个用户请求的所有对象或只是其中的某些对象的时延吗？为什么？

R14. Telnet 到一台 Web 服务器并发送一个多行的请求报文。在该请求报文中包含"If-modified-since:"首部行，迫使响应报文中出现"304 Not Modified"状态代码。

R15. 列出几种流行的即时通信应用。它们使用相同的协议作为 SMS 吗？

R16. 假定 Alice 使用一个基于 Web 的电子邮件账户（例如 Hotmail 或 Gmail）向 Bob 发报文，而 Bob 使用 IMAP 从他的邮件服务器访问自己的邮件。讨论该报文是如何从 Alice 主机到 Bob 主机的。要列出在两台主机间移动该报文时所使用的各种应用层协议。

R17. 将你最近收到的报文首部打印出来。其中有多少"Received:"首部行？分析该报文的首部行中的每一行。

R18. 什么是 HTTP/1.1 中的 HOL 阻塞问题？HTTP/2 试图如何解决这个问题？

R19. 一个机构的 Web 服务器和邮件服务器对于主机名（例如，foo. com）可能有完全相同的别名吗？包含邮件服务器主机名的 RR 应当是什么类型？

R20. 仔细检查收到的电子邮件，查找由使用 . edu 电子邮件地址的用户发送的报文首部。从其首部，能够确定发送该报文的主机的 IP 地址吗？对于由 Gmail 账号发送的报文做相同的事。

2.5 节

R21. 在 BitTorrent 中，假定 Alice 向 Bob 提供一个 30 秒间隔的文件块吞吐量。Bob 将必须进行回报，在相同的间隔中向 Alice 提供文件块吗？为什么？

R22. 考虑一个新对等方 Alice 加入 BitTorrent 而不拥有任何文件块。没有任何块，因此她没有任何东西可上载，她无法成为任何其他对等方的前 4 位上载者。那么 Alice 将怎样得到她的第一个文件块呢？

R23. 覆盖网络是什么？它包括路由器吗？在覆盖网络中边是什么？

2.6 节

R24. CDN 通常采用两种不同的服务器放置方法之一。列举并简单描述它们。

R25. 除了如时延、丢包和带宽性能等网络相关的考虑外，设计一种 CDN 服务器选择策略时还有其他重要因素。它们是什么？

2.7 节

R26. 2.7 节中所描述的 UDP 服务器仅需要一个套接字，而 TCP 服务器需要两个套接字。为什么？如果 TCP 服务器支持 n 个并行连接，每条连接来自不同的客户主机，那么 TCP 服务器将需要多少个套接字？

R27. 对于 2.7 节所描述的运行在 TCP 之上的客户-服务器应用程序，服务器程序为什么必须先于客户程序运行？对于运行在 UDP 之上的客户-服务器应用程序，客户程序为什么可以先于服务器程序运行？

 习题

P1. 是非判断题。
  a. 假设用户请求由一些文本和 3 幅图像组成的 Web 页面。对于这个页面，客户将发送一个请求报文并接收 4 个响应报文。
  b. 两个不同的 Web 页面（例如，www.mit.edu/research.html 及 www.mit.edu/students.html）可以通过同一个持续连接发送。
  c. 在浏览器和初始服务器之间使用非持续连接的话，一个 TCP 报文段是可能携带两个不同的 HTTP 服务请求报文的。
  d. 在 HTTP 响应报文中的 "Date:" 首部指出了该响应中对象最后一次修改的时间。
  e. HTTP 响应报文绝不会具有空的报文体。

P2. SMS、iMessage 和 WhatsApp 都是智能手机即时通信系统。在因特网上进行一些研究后，为这些系统分别写一段它们所使用协议的文字。然后撰文解释它们的差异所在。

P3. 考虑一个要获取给定 URL 的 Web 文档的 HTTP 客户。该 HTTP 服务器的 IP 地址开始时并不知道。在这种情况下，除了 HTTP 外，还需要什么运输层和应用层协议？

P4. 考虑当浏览器发送一个 HTTP GET 报文时，通过 Wireshark 俘获到下列 ASCII 字符串（即这是一个 HTTP GET 报文的实际内容）。字符<*cr*><*lf*>是回车和换行符（即下面文本中的斜体字符串<*cr*>表示了单个回车符，该回车符包含在 HTTP 首部中的相应位置）。回答下列问题，指出你在下面 HTTP GET 报文中找到答案的地方。

```
GET /cs453/index.html HTTP/1.1<cr><lf>Host: gai
a.cs.umass.edu<cr><lf>User-Agent: Mozilla/5.0 (
Windows;U; Windows NT 5.1; en-US; rv:1.7.2) Gec
ko/20040804 Netscape/7.2 (ax) <cr><lf>Accept:ex
t/xml, application/xml, application/xhtml+xml, text
/html;q=0.9, text/plain; q=0.8,image/png,*/*;q=0.5
<cr><lf>Accept-Language: en-us,en;q=0.5<cr><lf>Accept-
Encoding: zip,deflate<cr><lf>Accept-Charset: ISO
-8859-1,utf-8;q=0.7,*;q=0.7<cr><lf>Keep-Alive: 300<cr>
<lf>Connection:keep-alive<cr><lf><cr><lf>
```

  a. 由浏览器请求的文档的 URL 是什么？
  b. 该浏览器运行的是 HTTP 的何种版本？
  c. 该浏览器请求的是一条非持续连接还是一条持续连接？
  d. 该浏览器所运行的主机的 IP 地址是什么？
  e. 发起该报文的浏览器的类型是什么？在一个 HTTP 请求报文中，为什么需要浏览器类型？

P5. 下面文本中显示的是来自服务器的回答，以响应上述问题中 HTTP GET 报文。回答下列问题，指出你在下面报文中找到答案的地方。

```
HTTP/1.1 200 OK<cr><lf>Date: Tue, 07 Mar 2008
12:39:45GMT<cr><lf>Server: Apache/2.0.52 (Fedora)
<cr><lf>Last-Modified: Sat, 10 Dec2005 18:27:46
GMT<cr><lf>ETag: "526c3-f22-a88a4c80"<cr><lf>Accept-
Ranges: bytes<cr><lf>Content-Length: 3874<cr><lf>
Keep-Alive: timeout=max=100<cr><lf>Connection:
Keep-Alive<cr><lf>Content-Type: text/html; charset=
ISO-8859-1<cr><lf><cr><lf><!doctype html public "-
//w3c//dtd html 4.0transitional//en"><lf><html><lf>
<head><lf> <meta http-equiv="Content-Type"
content="text/html; charset=iso-8859-1"> <meta
name="GENERATOR" content="Mozilla/4.79 [en] (Windows NT
5.0; U) Netscape]"><lf> <title>CMPSCI 453 / 591 /
NTU-ST550ASpring 2005 homepage</title><lf></head><lf>
<much more document text following here (not shown)>
```

    a. 服务器能否成功地找到那个文档？该文档提供回答是什么时间？

    b. 该文档最后修改是什么时间？

    c. 文档中被返回的字节有多少？

    d. 文档被返回的前 5 个字节是什么？该服务器同意一条持续连接吗？

P6. 获取 HTTP/1.1 规范（RFC 2616）。回答下面问题：

    a. 解释在客户和服务器之间用于指示关闭持续连接的信令机制。客户、服务器或两者都能发送信令通知连接关闭吗？

    b. HTTP 提供了什么加密服务？

    c. 一个客户能够与一个给定的服务器打开 3 条或更多条并发连接吗？

    d. 如果一个服务器或一个客户检测到连接已经空闲一段时间，该服务器或客户可以关闭两者之间的传输连接。一侧开始关闭连接而另一侧通过该连接传输数据是可能的吗？请解释。

P7. 假定你在浏览器中点击一条超链接获得 Web 页面。相关联的 URL 的 IP 地址没有缓存在本地主机上，因此必须使用 DNS lookup 以获得该 IP 地址。如果主机从 DNS 得到 IP 地址之前已经访问了 n 个 DNS 服务器；相继产生的 RTT 依次为 RTT_1、$\cdots$、RTT_n。进一步假定与链路相关的 Web 页面只包含一个对象，即由少量的 HTML 文本组成。令 RTT_0 表示本地主机和包含对象的服务器之间的 RTT 值。假定该对象传输时间为零，则从该客户点击该超链接到它接收到该对象需要多长时间？

P8. 参照习题 P7，假定在同一服务器上某 HTML 文件引用了 8 个非常小的对象。忽略发送时间，在下列情况下需要多长时间：

    a. 没有并行 TCP 连接的非持续 HTTP。

    b. 配置有 5 个并行连接的非持续 HTTP。

    c. 持续 HTTP。

P9. 考虑图 2-12，其中有一个机构的网络和因特网相连。假定对象的平均长度为 850 000 比特，从这个机构网的浏览器到初始服务器的平均请求率是每秒 16 个请求。还假定从接入链路的因特网一侧的路由器转发一个 HTTP 请求开始，到接收到其响应的平均时间是 3 秒（参见 2.2.5 节）。将总的平均响应时间建模为平均接入时延（即从因特网路由器到机构路由器的时延）和平均因特网时延之和。对于平均接入时延，使用 $\Delta/(1-\Delta\beta)$，式中 Δ 是跨越接入链路发送一个对象的平均时间，β 是对象对该接入链路的平均到达率。

    a. 求出总的平均响应时间。

    b. 现在假定在这个机构 LAN 中安装了一个缓存器。假定命中率为 0.4，求出总的响应时间。

P10. 考虑一条 10 米短链路，某发送方经过它能够以 150bps 速率双向传输。假定包含数据的分组是 100 000 比特长，仅包含控制（如 ACK 或握手）的分组是 200 比特长。假定 N 个并行连接每个都获得 $1/N$ 的链路带宽。现在考虑 HTTP 协议，并且假定每个下载对象是 100Kb 长，这些初始下载对象包含 10 个来自相同发送方的引用对象。在这种情况下，经非持续 HTTP 的并行实例的并行下载有意义吗？现在考虑持续 HTTP。你期待这比非持续的情况有很大增益吗？评价并解释你的答案。

P11. 考虑在前一个习题中引出的情况。现在假定该链路由 Bob 和 4 个其他用户所共享。Bob 使用非持续 HTTP 的并行实例，而其他 4 个用户使用无并行下载的非持续 HTTP。

    a. Bob 的并行连接能够帮助他更快地得到 Web 页面吗？

    b. 如果所有 5 个用户打开 5 非持续 HTTP 并行实例，那么 Bob 的并行连接仍将是有好处的吗？为什么？

P12. 写一个简单的 TCP 程序，使服务器接收来自客户的行并将其打印在服务器的标准输出上。（可以通过修改本书中的 TCPServer. py 程序实现上述任务。）编译并执行你的程序。在另一台有浏览器的机器上，设置浏览器的代理服务器为你正在运行服务器程序的机器，同时适当地配置端口号。这时你的浏览器向服务器发送 GET 请求报文，你的服务器应当在其标准输出上显示该报文。使用这个平台来确定你的浏览器是否对本地缓存的对象产生了条件 GET 报文。

P13. 考虑经 HTTP/2 发送一个 Web 页面，该页面由 1 个视频片段和 5 幅图像组成。假定该视频片段要传输 2000 帧，而每幅图像有 3 帧。

    a. 如果所有视频片段首先发送而没有交错，所有 5 幅图像发送完需要多少"帧时间"？

    b. 如果帧是交错的，所有 5 幅图像发送完需要多少帧时间？

P14. 考虑习题 P13 中的 Web 页面。此时应用 HTTP/2 优先权。假定为所有图像赋予高于视频片段的优先权，并且为第一幅图像赋予高于第二幅图像的优先权，为第二幅图像赋予高于第三幅图像的优先权，等等。第二幅图像发完需要多少帧时间？

P15. SMTP 中的 MAIL FROM 与该邮件报文自身中的 "From:" 之间有什么不同？

P16. SMTP 是怎样标识一个报文体结束的？HTTP 是怎样做的呢？HTTP 能够使用与 SMTP 标识一个报文体结束相同的方法吗？试解释。

P17. 阅读用于 SMTP 的 RFC 5321。MTA 代表什么？考虑下面收到的垃圾邮件（从一份真实垃圾邮件修改得到）。假定这封垃圾邮件的唯一始作俑者是恶意的，而其他主机是诚实的，指出产生了这封垃圾邮件的恶意主机。

```
From - Fri Nov 07 13:41:30 2008
Return-Path: <tennis5@pp33head.com>
Received: from barmail.cs.umass.edu (barmail.cs.umass.
edu
[128.119.240.3]) by cs.umass.edu (8.13.1/8.12.6) for
<hg@cs.umass.edu>; Fri, 7 Nov 2008 13:27:10 -0500
Received: from asusus-4b96 (localhost [127.0.0.1]) by
barmail.cs.umass.edu (Spam Firewall) for <hg@cs.umass.
edu>; Fri, 7
Nov 2008 13:27:07 -0500 (EST)
Received: from asusus-4b96 ([58.88.21.177]) by barmail.
cs.umass.edu
for <hg@cs.umass.edu>; Fri, 07 Nov 2008 13:27:07 -0500
(EST)
Received: from [58.88.21.177] by inbnd55.exchangeddd.
com; Sat, 8
Nov 2008 01:27:07 +0700
From: "Jonny" <tennis5@pp33head.com>
To: <hg@cs.umass.edu>

Subject: How to secure your savings
```

P18. 如题：

    a. 什么是 whois 数据库？

    b. 使用因特网上的各种 whois 数据库，获得两台 DNS 服务器的名字。指出你使用的是哪个 whois 数据库。

    c. 你本地机器上使用 nslookup 向 3 台 DNS 服务器发送 DNS 查询：你的本地 DNS 服务器和两台你在 (b) 中发现的 DNS 服务器。尝试对类型 A、NS 和 MX 报告进行查询。总结你的发现。

    d. 使用 nslookup 找出一台具有多个 IP 地址的 Web 服务器。你所在的机构（学校或公司）的 Web 服务器具有多个 IP 地址吗？

    e. 使用 ARIN whois 数据库，确定你所在大学使用的 IP 地址范围。

    f. 描述一个攻击者在发动攻击前，能够怎样利用 whois 数据库和 nslookup 工具来执行对一个机构的侦察。

    g. 讨论为什么 whois 数据库应当为公众所用。

P19. 在本习题中，我们使用在 Unix 和 Linux 主机上可用的 dig 工具来探索 DNS 服务器的等级结构。图 2-18 讲过，在 DNS 等级结构中较高的 DNS 服务器授权对该等级结构中较低 DNS 服务器的 DNS 请求，这是通过向 DNS 客户发送回那台较低层次的 DNS 服务器的名字来实现的。先阅读 dig 的帮助页，再回答下列问题。

    a. 从一台根 DNS 服务器（从根服务器 [a-m]root-servernet 之一）开始，通过使用 dig 得到你所在系的 Web 服务器的 IP 地址，发起一系列查询。显示回答你的查询的授权链中的 DNS 服务器的名字列表。

    b. 对几个流行 Web 站点如 google. com、yahoo. com 或 amazon. com，重复上一小题。

P20. 假定你能够访问所在系的本地 DNS 服务器中的缓存。你能够提出一种方法来粗略地确定在你所在系的用户中最为流行的 Web 服务器（你所在系以外）吗？解释原因。

P21. 假设你所在系具有一台用于系里所有计算机的本地 DNS 服务器。你是普通用户（即你不是网络/系统管理员）。你能够确定是否在几秒前从你系里的一台计算机可能访问过一台外部 Web 站点吗？解释原因。

P22. 考虑向 N 个对等方分发 $F = 20$Gb 的一个文件。该服务器具有 $u_s = 30$Mbps 的上载速率，每个对等方具有 $d_i = 2$Mbps 的下载速率和上载速率 u。对于 $N = 10$、100、1000 和 $u = 300$kbps、700kbps、2Mbps，为 N 和 u 的每种组合绘制出确定最小分发时间的图表。需要分别针对客户-服务器分发和 P2P 分发两种情况制作图表。

P23. 考虑使用一种客户-服务器体系结构向 N 个对等方分发一个 F 比特的文件。假定一种某服务器能够同时向多个对等方传输的流体模型，只要组合速率不超过 u_s，则以不同的速率向每个对等方传输。

    a. 假定 $u_s / N \leq d_{min}$。定义一个具有 NF/u_s 分发时间的分发方案。

    b. 假定 $u_s / N \geq d_{min}$。定义一个具有 F/d_{min} 分发时间的分发方案。

    c. 得出最小分发时间通常是由 $\max\{NF/u_s, F/d_{min}\}$ 所决定的结论。

P24. 考虑使用 P2P 体系结构向 N 个用户分发 F 比特的一个文件。假定一种流体模型。为了简化起见，假定 d_{min} 很大，因此对等方下载带宽不会成为瓶颈。

    a. 假定 $u_s \leq (u_s + u_1 + \cdots + u_N)/N$。定义一个具有 F/u_s 分发时间的分发方案。

    b. 假定 $u_s \geq (u_s + u_1 + \cdots + u_N)/N$。定义一个具有 $NF/(u_s + u_1 + \cdots + u_N)$ 分发时间的分发方案。

    c. 得出最小分发时间通常是由 $\max\{F/u_s, NF/(u_s + u_1 + \cdots + u_N)\}$ 所决定的结论。

P25. 考虑在一个有 N 个活跃对等方的覆盖网络中，每对对等方有一条活跃的 TCP 连接。此外，假定该 TCP 连接通过总共 M 台路由器。在对应的覆盖网络中，有多少节点和边？

P26. 假定 Bob 加入 BitTorrent，但他不希望向任何其他对等方上载任何数据（因此称为搭便车）。

    a. Bob 声称他能够收到由该社区共享的某文件的完整副本。Bob 所言是可能的吗？为什么？

    b. Bob 进一步声称他还能够更为有效地进行他的"搭便车"，方法是利用所在系的计算机实验室中的多台计算机（具有不同的 IP 地址）。他怎样才能做到这些呢？

P27. 考虑一个具有 N 个视频版本（具有 N 个不同的速率和质量）和 N 个音频版本（具有 N 个不同的速率和质量）的 DASH 系统。假设我们想允许播放者在任何时间选择 N 个视频版本和 N 个音频版本之一：

    a. 如果我们生成音频与视频混合的文件，因此服务器在任何时间仅发送一个媒体流，该服务器将需要存储多少个文件（每个文件有一个不同的 URL）？

    b. 如果该服务器分别发送音频流和视频流并且与客户同步这些流，该服务器将需要存储多少个文件？

P28. 在一台主机上安装并编译 TCPClient 和 UDPClient Python 程序，在另一台主机上安装并编译 TCPServer 和 UDPServer 程序。

    a. 假设你在运行 TCPServer 之前运行 TCPClient，将发生什么现象？为什么？

    b. 假设你在运行 UDPServer 之前运行 UDPClient，将发生什么现象？为什么？

    c. 如果你对客户端和服务器端使用了不同的端口，将发生什么现象？

P29. 假定在 UDPClient. py 中在创建套接字后增加了下面一行：

```
clientSocket.bind(('', 5432))
```

有必要修改 UDPServer. py 吗？UDPClient 和 UDPServer 中的套接字端口号是多少？在变化之前它们是多少？

P30. 你能够配置浏览器以打开对某 Web 站点的多个并行连接吗？有大量的并行 TCP 连接的优点和缺点是什么？

P31. 我们已经看到因特网 TCP 套接字将数据处理为字节流，而 UDP 套接字识别报文边界。面向字节 API 与显式识别和维护应用程序定义的报文边界的 API 相比，试给出一个优点和一个缺点。

P32. 什么是 Apache Web 服务器？它值多少钱？它当前有多少功能？为回答这个问题，你也许要看一下维基百科。

套接字编程作业

配套 Web 网站包括 6 个套接字编程作业。前四个作业简述如下。第 5 个作业利用了 ICMP 协议，在第 5 章结尾简述。极力推荐学生完成这些作业中的几个（如果不是全部的话）。学生能够在 Web 网站 http://www.pearsonhighered.com/cs-resources 上找到这些作业的全面细节，以及 Python 代码的重要片段。

作业 1：Web 服务器

在这个编程作业中，你将用 Python 语言开发一个简单的 Web 服务器，它仅能处理一个请求。具体而言，你的 Web 服务器将：（1）当一个客户（浏览器）联系时创建一个连接套接字；（2）从这个连接接收 HTTP 请求；（3）解释该请求以确定所请求的特定文件；（4）从服务器的文件系统获得请求的文件；（5）创建一个由请求的文件组成的 HTTP 响应报文，报文前面有首部行；（6）经 TCP 连接向请求的浏览器发送响应。如果浏览器请求一个在该服务器中不存在的文件，服务器应当返回一个 "404 Not Found" 差错报文。

在配套网站中，我们提供了用于该服务器的框架代码。你的任务是完善该代码，运行你的服务器，通过在不同主机上运行的浏览器发送请求来测试该服务器。如果运行你服务器的主机上已经有一个 Web 服务器在运行，你应当为该 Web 服务器使用一个不同于 80 端口的其他端口。

作业 2：UDP ping 程序

在这个编程作业中，你将用 Python 编写一个客户 ping 程序。该客户将发送一个简单的 ping 报文，接收一个从服务器返回的对应 pong 报文，并确定从该客户发送 ping 报文到接收到 pong 报文为止的时延。该时延称为往返时延（RTT）。由该客户和服务器提供的功能类似于在现代操作系统中可用的标准 ping 程序。然而，标准的 ping 使用互联网控制报文协议（ICMP）（我们将在第 5 章中学习 ICMP）。此时我们将创建一个非标准（但简单）的基于 UDP 的 ping 程序。

你的 ping 程序经 UDP 向目标服务器发送 10 个 ping 报文。对于每个报文，当对应的 pong 报文返回时，你的客户要确定和打印 RTT。因为 UDP 是一个不可靠的协议，由客户发送的分组可能会丢失。为此，客户不能无限期地等待对 ping 报文的回答。客户等待服务器回答的时间至多为 1 秒；如果没有收到回答，客户假定该分组丢失并相应地打印一条报文。

在此作业中，你将给出服务器的完整代码（在配套网站中可找到）。你的任务是编写客户代码，该代码与服务器代码非常类似。建议你先仔细学习服务器的代码，然后编写你的客户代码，可以随意地从服务器代码中剪贴代码行。

作业 3：邮件客户

这个编程作业的目的是创建一个向任何接收方发送电子邮件的简单邮件客户。你的客户将必须与邮件服务器（如谷歌的电子邮件服务器）创建一个 TCP 连接，使用 SMTP 协议与邮件服务器进行交谈，经该邮件服务器向某接收方（如你的朋友）发送一个电子邮件报文，最后关闭与该邮件服务器的 TCP 连接。

对本作业，配套 Web 站点为你的客户提供了框架代码。你的任务是完善该代码并通过向不同的用户账户发送电子邮件来测试你的客户。你也可以尝试通过不同的服务器（例如谷歌的邮件服务器和你所在大学的邮件服务器）进行发送。

作业 4：Web 代理服务器

在这个编程作业中，你将研发一个简单的 Web 代理服务器。当你的代理服务器从一个浏览器接收到对某对象的 HTTP 请求，它生成对相同对象的一个新 HTTP 请求并向初始服务器发送。当该代理从初始服务器接收到具有该对象的 HTTP 响应时，它生成一个包括该对象的新 HTTP 响应，并发送给该客户。这个代理将是多线程的，使其在相同时间能够处理多个请求。

对本作业而言，配套 Web 网站对该代理服务器提供了框架代码。你的任务是完善该代码，然后测试你的代理，方法是让不同的浏览器经过你的代理来请求 Web 对象。

Wireshark 实验：HTTP

在实验 1 中，我们已经初步使用了 Wireshark 分组嗅探器，现在准备使用 Wireshark 来研究运行中的协议。在本实验中，我们将研究 HTTP 协议的几个方面：基本的 GET/回答交互，HTTP 报文格式，检索大 HTML 文件，检索具有内嵌 URL 的 HTML 文件，持续和非持续连接，HTTP 鉴别和安全性。

如同所有的 Wireshark 实验一样，对该实验的全面描述可查阅本书的 Web 站点 http://www.pearson-highered.com/cs-resources。

 ## Wireshark 实验：DNS

在本实验中，我们仔细观察 DNS 的客户端（DNS 是用于将因特网主机名转换为 IP 地址的协议）。2.4 节讲过，在 DNS 中客户角色是相当简单的：客户向它的本地 DNS 服务器发送一个请求，并接收返回的响应。在此过程中发生的很多事情均不为 DNS 客户所见，如等级结构的 DNS 服务器互相通信递归地或迭代地解析该客户的 DNS 请求。然而，从 DNS 客户的角度而言，该协议是相当简单的，即向本地 DNS 服务器发送一个请求，从该服务器接收一个响应。在本实验中我们观察运转中的 DNS。

如同所有的 Wireshark 实验一样，在本书的 Web 站点 www.pearsonhighered.com/cs-resources 可以找到本实验的完整描述。

人物专访

Tim Berners-Lee 先生被认为是万维网的发明者。1989 年，在欧洲核子研究中心（CERN）作为研究员工作期间，他提出了一种基于因特网的分发信息管理系统，其中包括 HTTP 协议的初始版本。在同一年，他在客户机和服务器上成功地实现了这一设计。他因"发明了万维网、第一个 Web 浏览器以及能让 Web 实现扩展的基础协议和算法"而被授予 2016 年图灵奖。他是万维网基金会的共同创始人，目前是牛津大学计算机科学系教授研究员，以及 MIT 计算机科学与人工智能实验室（CSAIL）教授。

Tim Berners-Lee

● 您最初研究物理学，网络与物理学有什么相似之处？

学习物理的时候，你会想象用非常小尺度的行为规则改变我们身处的大范围的世界。设计一个像 Web 这样的全球系统时，你试图发明 Web 页面和链接的行为规则，从而创造一个我们想要的大规模的世界。一个是分析，另一个是综合，但它们非常相似。

● 是什么使您专注于网络研究？

在获得物理学位后，电信研究公司似乎是最受欢迎的地方。那时微处理器刚刚问世，电信从硬连线逻辑快速转换为基于微处理器的系统。这非常令人兴奋。

● 您的工作中最具挑战性的是什么？

当两个团队在某件事情上存在严重分歧但最终希望达成共识时，准确理解每个人的意图并发现误解的根源是非常有必要的。任何工作小组的主席都知道这一点。要想在大规模的研究中达成共识，我们必须在这个方面不断努力。

● 哪些人在职业生涯中激励过您？

我的父母，他们参与了早期计算相关的工作，那些研究使我着迷。Mike Sendall 和 Peggie Rimmer 是我在欧洲核子研究中心合作过多次的同事，那里的其他同事也经常教导我、鼓励我。后来是 Vanevar Bush、Doug Englebart 和 Ted Nelson，他们在各自生活的时代有着类似的梦想，但遗憾的是没有等到用个人电脑和因特网来实现那些梦想。

运　输　层

　　运输层位于应用层和网络层之间，是分层的网络体系结构的重要部分。该层为运行在不同主机上的应用进程提供直接的通信服务起着至关重要的作用。我们在本章采用的教学方法是，交替地讨论运输层的原理和这些原理在现有的协议中是如何实现的。与往常一样，我们将特别关注因特网协议，即 TCP 和 UDP 运输层协议。

　　我们将从讨论运输层和网络层的关系开始。这就为研究运输层第一个关键功能打好了基础，即将网络层的在两个端系统之间的交付服务扩展到运行在两个不同端系统上的应用层进程之间的交付服务。我们将在讨论因特网的无连接运输协议 UDP 时阐述这个功能。

　　然后我们重新回到原理学习上，面对计算机网络中最为基础性的问题之一，即两个实体怎样才能在一种会丢失或损坏数据的媒介上可靠地通信。通过一系列复杂性不断增加（从而更真实！）的场景，我们将逐步建立起一套被运输协议用来解决这些问题的技术。然后，我们将说明这些原理是如何体现在因特网面向连接的运输协议 TCP 中的。

　　接下来我们讨论网络中的第二个基础性的重要问题，即控制运输层实体的传输速率以避免网络中的拥塞，或从拥塞中恢复过来。我们将考虑拥塞的原因和后果，以及常用的拥塞控制技术。在透彻地理解了拥塞控制问题之后，我们将研究 TCP 应对拥塞控制的方法。

3.1　概述和运输层服务

　　在前两章中，我们已对运输层的作用及其所提供的服务有所了解。现在我们快速地回顾一下前面学过的有关运输层的知识。

　　运输层协议为运行在不同主机上的应用进程之间提供了**逻辑通信**（logic communication）功能。从应用程序的角度看，通过逻辑通信，运行不同进程的主机好像直接相连一样；实际上，这些主机也许位于地球的两侧，通过很多路由器及多种不同类型的链路相连。应用进程使用运输层提供的逻辑通信功能彼此发送报文，而无须考虑承载这些报文的物理基础设施的细节。图 3-1 图示了逻辑通信的概念。

　　如图 3-1 所示，运输层协议是在端系统中而不是在路由器中实现的。在发送端，运输层将从发送应用程序进程接收到的报文转换成运输层分组，用因特网术语来讲该分组称为**运输层报文段**（segment）。实现的方法（可能）是将应用报文划分为较小的块，并为每块加上一个运输层首部以生成运输层报文段。然后，在发送端系统中，运输层将这些报文段传递给网络层，网络层将其封装成网络层分组（即数据报）并向目的地发送。注意到下列事实是重要的：网络路由器仅作用于该数据报的网络层字段；即它们不检查封装在该数据报的运输层报文段的字段。在接收端，网络层从数据报中提取运输层报文段，并将该报文段向上交给运输层。运输层则处理接收到的报文段，使该报文段中的数据为接收应用进程使用。

　　网络应用程序可以使用多种的运输层协议。例如，因特网有两种协议，即 TCP 和 UDP。每种协议都能为调用的应用程序提供一组不同的运输层服务。

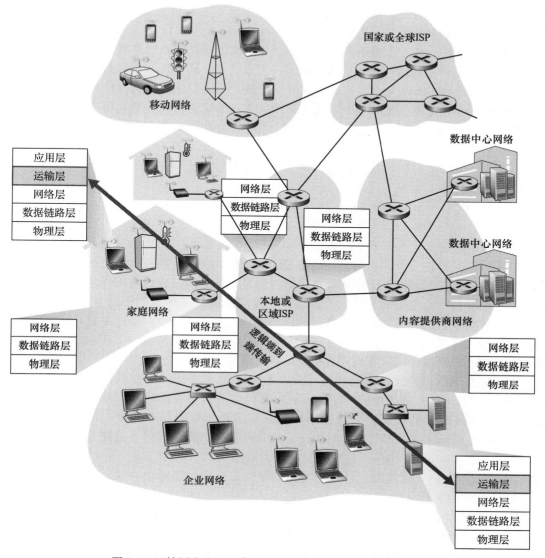

图 3-1　运输层在应用程序进程间提供逻辑的而非物理的通信

3.1.1　运输层和网络层的关系

前面讲过，在协议栈中，运输层刚好位于网络层之上。网络层提供了主机之间的逻辑通信，而运输层为运行在不同主机上的进程之间提供了逻辑通信。这种差别虽然细微但很重要。我们用一个家庭类比来帮助分析这种差别。

考虑有两个家庭，一家位于美国东海岸，另一家位于美国西海岸，每家有 12 个孩子。东海岸家庭的孩子们是西海岸家庭孩子们的堂兄弟姐妹。这两个家庭的孩子们喜欢彼此通信，每个人每星期要互相写一封信，每封信都用单独的信封通过传统的邮政服务传送。因此，每个家庭每星期向另一家发送 144 封信。（如果他们有电子邮件的话，这些孩子可以省不少钱！）每一个家庭有个孩子负责收发邮件，西海岸家庭是 Ann 而东海岸家庭是 Bill。每星期 Ann 去她的所有兄弟姐妹那里收集信件，并将这些信件交到每天到家门口来的邮政服务的邮车上。当信件到达西海岸家庭时，Ann 也负责将信件分发到她的兄弟姐妹手上。在东海岸家庭中的 Bill 也负责类似的工作。

在这个例子中，邮政服务为两个家庭间提供逻辑通信，邮政服务将信件从一家送往另一家，而不是从一个人送往另一个人。在另一方面，Ann 和 Bill 为堂兄弟姐妹之间提供了逻辑通信，Ann 和 Bill 从兄弟姐妹那里收取信件或到兄弟姐妹那里交付信件。注意到从堂兄弟姐妹们的角度来看，Ann 和 Bill 就是邮件服务，尽管他们只是端到端交付过程的一部分（即端系统部分）。在解释运输层和网络层之间的关系时，这个家庭的例子是一个非常好的类比。

> 应用层报文 = 信封中的信件
> 进程 = 堂兄弟姐妹
> 主机(又称为端系统) = 家庭
> 运输层协议 = Ann 和 Bill
> 网络层协议 = 邮政服务(包括邮车)

我们继续观察这个类比。值得注意的是，Ann 和 Bill 都是在各自家里进行工作的；例如，他们并没有参与任何一个中间邮件中心对邮件进行分拣，或者将邮件从一个邮件中心送到另一个邮件中心之类的工作。类似地，运输层协议只工作在端系统中。在端系统中，运输层协议将来自应用进程的报文移动到网络边缘（即网络层），反过来也是一样，但对有关这些报文在网络核心如何移动并不做任何规定。事实上，如图 3-1 所示，中间路由器既不处理也不识别运输层加在应用层报文的任何信息。

我们还是继续讨论这两家的情况。现在假定 Ann 和 Bill 外出度假，另外一对堂兄妹（如 Susan 和 Harvey）接替他们的工作，在家庭内部进行信件的收集和交付工作。不幸的是，Susan 和 Harvey 的收集和交付工作与 Ann 和 Bill 所做的并不完全一样。由于年龄更小，Susan 和 Harvey 收发邮件的次数更少，而且偶尔还会丢失邮件（有时是被家里的狗咬坏了）。因此，Susan 和 Harvey 这对堂兄妹并没有提供与 Ann 和 Bill 一样的服务集合（即相同的服务模型）。与此类似，计算机网络中可以安排多种运输层协议，每种协议为应用程序提供不同的服务模型。

Ann 和 Bill 所能提供的服务明显受制于邮政服务所能提供的服务。例如，如果邮政服务不能提供在两家之间传递邮件所需时间的最长期限（例如 3 天），那么 Ann 和 Bill 就不可能保证邮件在堂兄弟姐妹之间传递信件的最长期限。与此类似，运输协议能够提供的服务常常受制于底层网络层协议的服务模型。如果网络层协议无法为主机之间发送的运输层报文段提供时延或带宽保证的话，运输层协议也就无法为进程之间发送的应用程序报文提供时延或带宽保证。

然而，即使底层网络协议不能在网络层提供相应的服务，运输层协议也能提供某些服务。例如，如我们将在本章所见，即使底层网络协议是不可靠的，也就是说网络层协议会使分组丢失、篡改和冗余，运输协议也能为应用程序提供可靠的数据传输服务。另一个例子是（我们在第 8 章讨论网络安全时将会研究到），即使网络层不能保证运输层报文段的机密性，运输协议也能使用加密来确保应用程序报文不被入侵者读取。

3.1.2 因特网运输层概述

前面讲过因特网为应用层提供了两种截然不同的可用运输层协议。这些协议一种是 UDP（用户数据报协议），它为调用它的应用程序提供了一种不可靠、无连接的服务。另一种是 TCP（传输控制协议），它为调用它的应用程序提供了一种可靠的、面向连接的服务。当设计一个网络应用程序时，该应用程序的开发人员必须指定使用这两种运输协议中的哪一种。如我们在 2.7 节看到的那样，应用程序开发人员在生成套接字时必须指定是选择 UDP 还是选择 TCP。

为了简化术语，我们将运输层分组称为报文段（segment）。然而，因特网文献（如 RFC 文档）也将 TCP 的运输层分组称为报文段，而常将 UDP 的分组称为数据报（datagram）。而这类因特网文献也将网络层分组称为数据报！本书作为一本计算机网络的入门书籍，我们认为将 TCP 和 UDP 的分组统称为报文段，而将数据报这一名称保留给网络层分组，这样不容易混淆。

在对 UDP 和 TCP 进行简要介绍之前，有必要简单介绍一下因特网的网络层（我们将在第 4 和 5 章中详细地学习网络层）。因特网网络层协议有一个名字叫 IP，即网际协议。IP 为主机之间提供了逻辑通信。IP 的服务模型是**尽力而为交付服务**（best-effort delivery service）。这意味着 IP 尽它"最大的努力"在通信的主机之间交付报文段，但它并不做任何确保。特别是，它不确保报文段的交付，不保证报文段的按序交付，不保证报文段中数据的完整性。由于这些原因，IP 被称为**不可靠服务**（unreliable service）。在此还要指出的是，每台主机至少有一个网络层地址，即所谓的 IP 地址。我们在第 4 和 5 章将详细讨论 IP 地址；在这一章中，我们只需要记住每台主机有一个 IP 地址。

在对 IP 服务模型有了初步了解后，我们总结一下 UDP 和 TCP 所提供的服务模型。UDP 和 TCP 最基本的责任是，将两个端系统间 IP 的交付服务扩展为运行在端系统上的两个进程之间的交付服务。将主机间交付扩展到进程间交付被称为**运输层的多路复用**（transport-layer multiplexing）与**多路分解**（demultiplexing）。我们将在下一节讨论运输层的多路复用与多路分解。UDP 和 TCP 还可以通过在其报文段首部中包括差错检查字段而提供完整性检查。进程到进程的数据交付和差错检查是两种最低限度的运输层服务，也是 UDP 所能提供的仅有的两种服务。特别是，与 IP 一样，UDP 也是一种不可靠的服务，即不能保证一个进程所发送的数据能够完整无缺地（或全部！）到达目的进程。在 3.3 节中将更详细地讨论 UDP。

此外，TCP 为应用程序提供了几种附加服务。首先，它提供**可靠数据传输**（reliable data transfer）。通过使用流量控制、序号、确认和定时器（本章将详细介绍这些技术），TCP 确保正确地、按序地将数据从发送进程交付给接收进程。这样，TCP 就将两个端系统间的不可靠 IP 服务转换成了一种进程间的可靠数据传输服务。TCP 还提供**拥塞控制**（congestion control）。拥塞控制与其说是一种提供给调用它的应用程序的服务，不如说是一种提供给整个因特网的服务，这是一种带来通用好处的服务。不太严格地说，TCP 拥塞控制防止任何一条 TCP 连接用过多流量来淹没通信主机之间的链路和交换设备。TCP 力求为每个通过一条拥塞网络链路的连接平等地共享网络链路带宽。这可以通过调节 TCP 连接的发送端发送进网络的流量速率来做到。在另一方面，UDP 流量是不可调节的。使用 UDP 传输的应用程序可以根据其需要以其愿意的任何速率发送数据。

一个能提供可靠数据传输和拥塞控制的协议必定是复杂的。我们将用几节的篇幅来介绍可靠数据传输和拥塞控制的原理，用另外几节介绍 TCP 协议本身。3.4~3.8 节将研究这些主题。本章采取基本原理和 TCP 协议交替介绍的方法。例如，我们首先在一般环境下讨论可靠数据传输，然后讨论 TCP 是怎样具体提供可靠数据传输的。类似地，先在一般环境下讨论拥塞控制，然后讨论 TCP 是怎样实现拥塞控制的。但在全面介绍这些内容之前，我们先学习运输层的多路复用与多路分解。

3.2 多路复用与多路分解

在本节中，我们讨论运输层的多路复用与多路分解，也就是将由网络层提供的主机到主机交付服务延伸到为运行在主机上的应用程序提供进程到进程的交付服务。为了使讨论具体起见，我们将在因特网环境中讨论这种基本的运输层服务。然而，需要强调的是，多路复用与多路分解服务是所有计算机网络都需要的。

在目的主机，运输层从紧邻其下的网络层接收报文段。运输层负责将这些报文段中的数据交付给在主机上运行的适当应用程序进程。我们来看一个例子。假定你正坐在计算机前下载 Web 页面，同时还在运行一个 FTP 会话和两个 Telnet 会话。这样你就有 4 个网络应用进程在运行，即两个 Telnet 进程，一个 FTP 进程和一个 HTTP 进程。当你的计算机中的运输层从底层的网络层接收数据时，它需要将所接收到的数据定向到这 4 个进程中的一个。现在我们来研究这是怎样完成的。

首先回想 2.7 节的内容，一个进程（作为网络应用的一部分）有一个或多个**套接字**（socket），它相当于从网络向进程传递数据和从进程向网络传递数据的门户。因此，如图 3-2 所示，在接收主机中的运输层实际上并没有直接将数据交付给进程，而是将数据交给了一个中间的套接字。由于在任一时刻，在接收主机上可能有不止一个套接字，所以每个套接字都有唯一的标识符。标识符的格式取决于它是 UDP 还是 TCP 套接字，我们将很快对它们进行讨论。

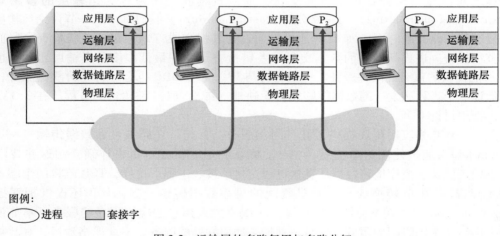

图例：
◯ 进程　　▇ 套接字

图 3-2　运输层的多路复用与多路分解

现在我们考虑接收主机怎样将一个到达的运输层报文段定向到适当的套接字。为此，每个运输层报文段中具有几个字段。在接收端，运输层检查这些字段，标识出接收套接字，进而将报文段定向到该套接字。将运输层报文段中的数据交付到正确的套接字的工作称为**多路分解**（demultiplexing）。在源主机从不同套接字中收集数据块，并为每个数据块封装上首部信息（这将在以后用于分解）从而生成报文段，然后将报文段传递到网络层，所有这些工作称为**多路复用**（multiplexing）。值得注意的是，图 3-2 中的中间那台主机的运输层必须将从其下的网络层收到的报文段分解后交给其上的 P_1 或 P_2 进程；这一过程是通过将到达的报文段数据定向到对应进程的套接字来完成的。中间主机中的运输层也必须收集从这些套接字输出的数据，形成运输层报文段，然后将其向下传递给网络层。尽管我们在因特网运输层协议的环境下引入了多路复用和多路分解，认识到下列事实是重要的：它们与在某层（在运输层或别处）的单一协议何时被位于接下来的较高层的多个协议使用有关。

为了说明分解的工作过程，再回顾一下前面一节的家庭类比。每一个孩子通过他们的名字来标识。当 Bill 从邮递员处收到一批信件，并通过查看收信人名字而将信件亲手交付给他的兄弟姐妹们时，他执行的就是一个分解操作。当 Ann 从兄弟姐妹们那里收集信件并将它们交给邮递员时，她执行的就是一个多路复用操作。

既然我们理解了运输层多路复用与多路分解的作用，那就再来看看在主机中它们实际是怎样工作的。通过上述讨论，我们知道运输层多路复用要求：①套接字有唯一标识符；②每个报文段有特殊字段来指示该报文段所要交付到的套接字。如图 3-3 所示，这些特殊字段是**源端口号字段**（source port number field）和**目的端口号字段**（destination port number field）。（UDP 报文段和 TCP 报文段还有其他的一些字段，这些将在本章后继几节中进行讨论。）端口号是一个 16 比特的数，其大小在 0 ~ 65535 之间。0 ~ 1023 范围的端口号称为**周知端口号**（well-known port number），是受限制的，这是指它们保留给诸如 HTTP（它使用端口号 80）和 FTP（它使用端口号 21）之类的周知应用层协议来使用。周知端口的列表在 RFC 1700 中给出，同时在 http://www.iana.org 上有更新文档［RFC 3232］。当我们开发一个新的应用程序时（如在 2.7 节中开发的一个简单应用程序），必须为其分配一个端口号。

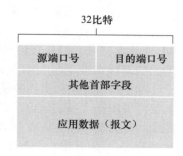

图 3-3　运输层报文段中的源与目的端口字段

现在应该清楚运输层是怎样能够实现分解服务的了：在主机上的每个套接字能够分配一个端口号，当报文段到达主机时，运输层检查报文段中的目的端口号，并将其定向到相应的套接字。然后报文段中的数据通过套接字进入其所连接的进程。如我们将看到的那样，UDP 大体上是这样做的。然而，也将如我们所见，TCP 中的多路复用与多路分解更为复杂。

1. 无连接的多路复用与多路分解

2.7.1 节讲过，在主机上运行的 Python 程序使用下面一行代码创建了一个 UDP 套接字：

```
clientSocket = socket(AF_INET, SOCK_DGRAM)
```

当用这种方式创建一个 UDP 套接字时，运输层自动地为该套接字分配一个端口号。特别是，运输层从范围 1024~65535 内分配一个端口号，该端口号是当前未被该主机中任何其他 UDP 端口使用的号。另外一种方法是，在创建一个套接字后，我们能够在 Python 程序中增加一行代码，通过套接字 bind() 方法为这个 UDP 套接字关联一个特定的端口号（如 19157）：

```
clientSocket.bind(('', 19157))
```

如果应用程序开发者所编写的代码实现的是一个"周知协议"的服务器端，那么开发者就必须为其分配一个相应的周知端口号。通常，应用程序的客户端让运输层自动地（并且是透明地）分配端口号，而服务器端则分配一个特定的端口号。

通过为 UDP 套接字分配端口号，我们现在能够精确地描述 UDP 的复用与分解了。假定在主机 A 中的一个进程具有 UDP 端口 19157，它要发送一个应用程序数据块给位于主机 B 中的另一进程，该进程具有 UDP 端口 46428。主机 A 中的运输层创建一个运输层报文段，其中包括应用程序数据、源端口号（19157）、目的端口号（46428）和两个其他值（将在后面讨论，它对当前的讨论并不重要）。然后，运输层将得到的报文段传递到网络层。网络层将该报文段封装到一个 IP 数据报中，并尽力而为地将报文段交付给接收主机。如果该报文段到达接收主机 B，接收主机运输层就检查该报文段中的目的端口号（46428）并将该报文段交付给端口号 46428 所标识的套接字。值得注意的是，主机 B 能够运行多个进程，每个进程有自己的 UDP 套接字及相应的端口号。当 UDP 报文段从网络到达时，主机 B 通过检查该报文段中的目的端口号，将每个报文段定向（分解）到相应的套接字。

注意到下述事实是重要的：一个 UDP 套接字是由一个二元组全面标识的，该二元组包含一个目的 IP 地址和一个目的端口号。因此，如果两个 UDP 报文段有不同的源 IP 地址和/或源端口号，但具有相同的目的 IP 地址和目的端口号，那么这两个报文段将通过相同的目的套接字被定向到相同的目的进程。

你也许现在想知道，源端口号的用途是什么呢？如图 3-4 所示，在 A 到 B 的报文段中，源端口号用作"返回地址"的一部分，即当 B 需要回发一个报文段给 A 时，B 到 A 的报文段中的目的端口号便从 A 到 B 的报文段中的源端口号中取值。（完整的返回地址是 A 的 IP 地址和源端口号。）举一个例子，回想 2.7 节学习过的那个 UDP 服务器程序。在 UDPServer. py 中，服务器使用 recvfrom()方法从其自客户接收到的报文段中提取出客户端（源）端口号，然后，它将所提取的源端口号作为目的端口号，向客户发送一个新的报文段。

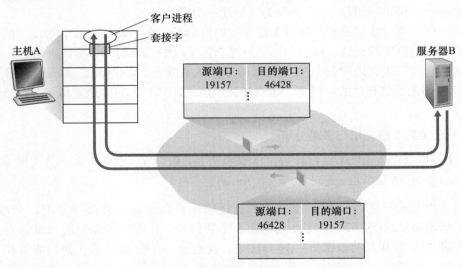

图 3-4　源端口号与目的端口号的反转

2. 面向连接的多路复用与多路分解

为了理解 TCP 多路分解，我们必须更为仔细地研究 TCP 套接字和 TCP 连接创建。TCP 套接字和 UDP 套接字之间的一个细微差别是，TCP 套接字是由一个四元组（源 IP 地址，源端口号，目的 IP 地址，目的端口号）来标识的。因此，当一个 TCP 报文段从网络到达一台主机时，该主机使用全部 4 个值来将报文段定向（分解）到相应的套接字。特别与 UDP 不同的是，两个具有不同源 IP 地址或源端口号的到达 TCP 报文段将被定向到两个不同的套接字，除非 TCP 报文段携带了初始创建连接的请求。为了深入地理解这一点，我们再来重新考虑 2.7.2 节中的 TCP 客户-服务器编程的例子：

- TCP 服务器应用程序有一个"欢迎套接字"，它在 12000 号端口上等待来自 TCP 客户（见图 2-27）的连接建立请求。
- TCP 客户使用下面的代码创建一个套接字并发送一个连接建立请求报文段：

```
clientSocket = socket(AF_INET, SOCK_STREAM)
            clientSocket.connect((serverName,12000))
```

- 一条连接建立请求只不过是一个目的端口号为 12000，TCP 首部的特定"连接建立位"置位的 TCP 报文段（在 3.5 节进行讨论）。这个报文段也包含一个由客户选择的源端口号。
- 当运行服务器进程的计算机的主机操作系统接收到具有目的端口 12000 的入连接请求报文段后，它就定位服务器进程，该进程正在端口号 12000 等待接受连接。该服务器进程则创建一个新的套接字：

```
connectionSocket, addr = serverSocket.accept()
```

- 该服务器的运输层还注意到连接请求报文段中的下列 4 个值：①该报文段中的源端口号；②源主机 IP 地址；③该报文段中的目的端口号；④自身的 IP 地址。新创建的连接套接字通过这 4 个值来标识。所有后续到达的报文段，如果它们的源端口号、源主机 IP 地址、目的端口号和目的 IP 地址都与这 4 个值匹配，则被分解到这个套接字。随着 TCP 连接完成，客户和服务器便可相互发送数据了。

服务器主机可以支持很多并行的 TCP 套接字，每个套接字与一个进程相联系，并由其四元组来标识每个套接字。当一个 TCP 报文段到达主机时，所有 4 个字段（源 IP 地址，源端口，目的 IP 地址，目的端口）被用来将报文段定向（分解）到相应的套接字。

关注安全性

端口扫描

我们已经看到一个服务器进程潜在地在一个打开的端口等待远程客户的接触。某些端口为周知应用程序（例如 Web、FTP、DNS 和 SMTP 服务器）所预留，依照惯例其他端口由流行应用程序（例如微软 2000 SQL 服务器在 UDP 1434 端口上监听请求）使用。因此，如果我们确定一台主机上打开了一个端口，也许就能够将该端口映射到在该主机运行的一个特定的应用程序上。这对于系统管理员非常有用，系统管理员通常希望知晓有什么样的网络应用程序正运行在他们的网络主机上。而攻击者为了"寻找突破口"，也要知道在目标主机上有哪些端口打开。如果发现一台主机正在运行具有已知安全缺陷的应用程序（例如，在端口 1434 上监听的一台 SQL 服务器会遭受缓存溢出，使得一个远程用户能在易受攻击的主机上执行任意代码，这是一种由 Slammer 蠕虫所利用的缺陷 [CERT 2003-04]），那么该主机已成为攻击者的囊中之物了。

确定哪个应用程序正在监听哪些端口是一件相对容易的事情。事实上有许多公共域程序（称为端口扫描器）做的正是这种事情。也许它们之中使用最广泛的是 nmap，该程序在 http://nmap.org/ 上免费可用，并且包括在大多数 Linux 分发软件中。对于 TCP，nmap 顺序地扫描端口，寻找能够接受 TCP 连接的端口。对于 UDP，nmap 也是顺序地扫描端口，寻找对传输的 UDP 报文段进行响应的 UDP 端口。在这两种情况下，nmap 返回打开的、关闭的或不可达的端口列表。运行 nmap 的主机能够尝试扫描因特网中**任何地方**的目的主机。我们将在 3.5.6 节中再次用到 nmap，在该节中我们将讨论 TCP 连接管理。

图 3-5 说明了这种情况，图中主机 C 向服务器 B 发起了两个 HTTP 会话，主机 A 向服务器 B 发起了一个 HTTP 会话。主机 A 与主机 C 及服务器 B 都有自己唯一的 IP 地址，它们分别是 A、C、B。主机 C 为其两个 HTTP 连接分配了两个不同的源端口号（26145 和 7532）。因为主机 A 选择源端口号时与主机 C 互不相干，因此它也可以将源端口号 26145 分配给其 HTTP 连接。但这不是问题，即服务器 B 仍然能够正确地分解这两个具有相同源端口号的连接，因为这两条连接有不同的源 IP 地址。

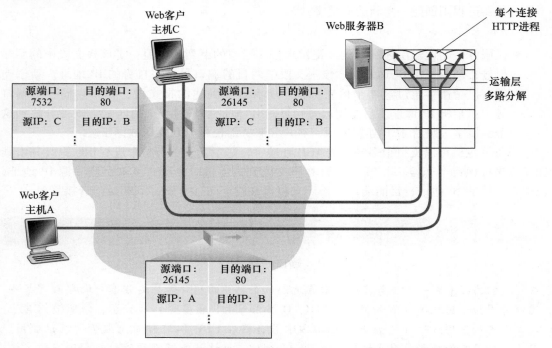

图 3-5　两个客户使用相同的目的端口号（80）与同一个 Web 服务器应用通信

3. Web 服务器与 TCP

在结束这个讨论之前，再多说几句 Web 服务器以及它们如何使用端口号。考虑一台运行 Web 服务器的主机，例如在端口 80 上运行一个 Apache Web 服务器。当客户（如浏览器）向该服务器发送报文段时，所有报文段的目的端口都将为 80。特别是，初始连接建立报文段和承载 HTTP 请求的报文段都有 80 的目的端口。如我们刚才描述的那样，该服务器能够根据源 IP 地址和源端口号来区分来自不同客户的报文段。

图 3-5 显示了一台 Web 服务器为每条连接生成一个新进程。如图 3-5 所示，每个这样

的进程都有自己的连接套接字，通过这些套接字可以收到 HTTP 请求和发送 HTTP 响应。然而，我们要提及的是，连接套接字与进程之间并非总是有着一一对应的关系。事实上，当今的高性能 Web 服务器通常只使用一个进程，但是为每个新的客户连接创建一个具有新连接套接字的新线程。（线程可被看作一个轻量级的子进程。）如果做了第 2 章的第一个编程作业，你所构建的 Web 服务器就是这样工作的。对于这样一台服务器，在任意给定的时间内都可能有（具有不同标识的）许多连接套接字连接到相同的进程。

如果客户与服务器使用持续 HTTP，则在整条连接持续期间，客户与服务器之间经由同一个服务器套接字交换 HTTP 报文。然而，如果客户与服务器使用非持续 HTTP，则对每一对请求/响应都创建一个新的 TCP 连接并在随后关闭，因此对每一对请求/响应创建一个新的套接字并在随后关闭。这种套接字的频繁创建和关闭会严重地影响一个繁忙的 Web 服务器的性能（尽管有许多操作系统技巧可用来减轻这个问题的影响）。读者若对与持续和非持续 HTTP 有关的操作系统问题感兴趣的话，可参见 ［Nielsen 1997，Nahum 2002］。

由于我们已经讨论过了运输层多路复用与多路分解问题，下面我们就继续讨论因特网运输层协议之一，即 UDP。在下一节中，我们将看到 UDP 无非就是对网络层协议增加了一点（多路）复用/（多路）分解服务而已。

3.3　无连接运输：UDP

在本节中，我们要仔细地研究一下 UDP，看它是怎样工作的，能做些什么。我们鼓励你回过来看一下 2.1 节的内容，其中包括了 UDP 服务模型的概述，再看看 2.7.1 节，其中讨论了 UDP 上的套接字编程。

为了激发我们讨论 UDP 的热情，假如你对设计一个不提供不必要服务的最简化的运输层协议感兴趣。你将打算怎样做呢？你也许会首先考虑使用一个无所事事的运输层协议。特别是在发送方一侧，你可能会考虑将来自应用进程的数据直接交给网络层；在接收方一侧，你可能会考虑将从网络层到达的报文直接交给应用进程。而正如我们在前一节所学的，我们必须做一点点事，而不是什么都不做！运输层最低限度必须提供一种复用/分解服务，以便在网络层与正确的应用级进程之间传递数据。

由 ［RFC 768］ 定义的 UDP 只是做了运输协议能够做的最少工作。除了复用/分解功能及少量的差错检测外，它几乎没有对 IP 增加别的东西。实际上，如果应用程序开发人员选择 UDP 而不是 TCP，则该应用程序差不多就是直接与 IP 打交道。UDP 从应用进程得到数据，附加上用于多路复用/分解服务的源和目的端口号字段，以及两个其他的小字段，然后将形成的报文段交给网络层。网络层将该运输层报文段封装到一个 IP 数据报中，然后尽力而为地尝试将此报文段交付给接收主机。如果该报文段到达接收主机，UDP 使用目的端口号将报文段中的数据交付给正确的应用进程。值得注意的是，使用 UDP 时，在发送报文段之前，发送方和接收方的运输层实体之间没有握手。正因为如此，UDP 被称为无连接的。

DNS 是一个通常使用 UDP 的应用层协议的例子。当一台主机中的 DNS 应用程序想要进行一次查询时，它构造了一个 DNS 查询报文并将其交给 UDP。无须执行任何与运行在目的端系统中的 UDP 实体之间的握手，主机端的 UDP 为此报文添加首部字段，然后将形成的报文段交给网络层。网络层将此 UDP 报文段封装进一个 IP 数据报中，然后将其发送给一个名字服务器。在查询主机中的 DNS 应用程序则等待对该查询的响应。如果它没有收到响应（可能是由于底层网络丢失了查询或响应），则要么试图向另一个名字服务器发送该查询，要么通知调用的应用程序它不能获得响应。

现在你也许想知道，为什么应用开发人员宁愿在 UDP 之上构建应用，而不选择在 TCP 上构建应用？既然 TCP 提供了可靠数据传输服务，而 UDP 不能提供，那么 TCP 是否总是首选的呢？答案是否定的，因为有许多应用更适合用 UDP，原因主要以下几点：

- 关于发送什么数据以及何时发送的应用层控制更为精细。采用 UDP 时，只要应用进程将数据传递给 UDP，UDP 就会将此数据打包进 UDP 报文段并立即将其传递给网络层。在另一方面，TCP 有一个拥塞控制机制，以便当源和目的主机间的一条或多条链路变得极度拥塞时来遏制运输层 TCP 发送方。TCP 仍将继续重新发送数据报文段直到目的主机收到此报文并加以确认，而不管可靠交付需要用多长时间。因为实时应用通常要求最小的发送速率，不希望过分地延迟报文段的传送，且能容忍一些数据丢失，TCP 服务模型并不是特别适合这些应用的需要。如后面所讨论的，这些应用可以使用 UDP，并作为应用的一部分来实现所需的、超出 UDP 的不提供不必要的报文段交付服务之外的额外功能。
- 无须连接建立。如我们后面所讨论的，TCP 在开始数据传输之前要经过三次握手。UDP 却不需要任何准备即可进行数据传输。因此 UDP 不会引入建立连接的时延。这可能是 DNS 运行在 UDP 之上而不是运行在 TCP 之上的主要原因（如果运行在 TCP 上，则 DNS 会慢得多）。HTTP 使用 TCP 而不是 UDP，因为对于具有文本数据的 Web 网页来说，可靠性是至关重要的。但是，如我们在 2.2 节中简要讨论的那样，HTTP 中的 TCP 连接建立时延对于与下载 Web 文档相关的时延来说是一个重要因素。用于谷歌的 Chrome 浏览器中的 QUIC 协议（快速 UDP 因特网连接 ［IETF QUIC 2020］）的确将 UDP 作为其支撑运输协议并在 UDP 之上的应用层协议中实现可靠性。我们将在 3.8 节更为仔细地讨论 QUIC。
- 无连接状态。TCP 需要在端系统中维护连接状态。此连接状态包括接收和发送缓存、拥塞控制参数以及序号与确认号的参数。我们将在 3.5 节看到，要实现 TCP 的可靠数据传输服务并提供拥塞控制，这些状态信息是必要的。另一方面，UDP 不维护连接状态，也不跟踪这些参数。因此，当应用程序运行在 UDP 之上而不是运行在 TCP 上时，某些专门用于某种特定应用的服务器一般都能支持更多的活跃客户。
- 分组首部开销小。每个 TCP 报文段都有 20 字节的首部开销，而 UDP 仅有 8 字节的开销。

图 3-6 列出了流行的因特网应用及其所使用的运输协议。如我们所期望的那样，电子邮件、远程终端访问、Web 及文件传输都运行在 TCP 之上。因为所有这些应用都需要 TCP 的可靠数据传输服务。无论如何，有很多重要的应用是运行在 UDP 上而不是 TCP 上。例如，UDP 用于承载网络管理数据（SNMP，参见 5.7 节）。在这种场合下，UDP 要优于 TCP，因为网络管理应用程序通常必须在该网络处于重压状态时运行，而正是在这个时候可靠的、拥塞受控的数据传输难以实现。此外，如我们前面所述，DNS 运行在 UDP 之上，从而避免了 TCP 的连接创建时延。

如图 3-6 所示，UDP 和 TCP 现在都用于多媒体应用，如因特网电话、实时视频会议、流式存储音频与视频。我们将在第 9 章仔细学习这些应用。我们刚说过，既然所有这些应用都能容忍少量的分组丢失，因此可靠数据传输对于这些应用的成功并不是至关重要的。此外，TCP 的拥塞控制会导致如因特网电话、视频会议之类的实时应用性能变得很差。由于这些原因，多媒体应用开发人员通常将这些应用运行在 UDP 之上而不是 TCP 之上。当分组丢包率低时，并且为了安全原因，某些机构阻塞 UDP 流量（参见第 8 章），对于流式媒体传输来说，TCP 变得越来越有吸引力了。

应用	应用层协议	下面的运输协议
电子邮件	SMTP	TCP
远程终端访问	Telnet	TCP
安全远程终端访问	SSH	TCP
Web	HTTP	TCP
文件传输	FTP	TCP
远程文件服务器	NFS	通常为 UDP
流式多媒体	通常专用	UDP 或 TCP
因特网电话	通常专用	UDP 或 TCP
网络管理	SNMP	通常为 UDP
名字转换	DNS	通常为 UDP

图 3-6 流行的因特网应用及其下面的运输协议

虽然目前通常这样做，但在 UDP 之上运行多媒体应用需要小心处理。如我们前面所述，UDP 没有拥塞控制。但是，需要拥塞控制来预防网络进入一种拥塞状态，在拥塞状态中可做的有用工作非常少。如果每个人都启动流式高比特率视频而不使用任何拥塞控制的话，就会使路由器中有大量的分组溢出，以至于非常少的 UDP 分组能成功地通过源到目的的路径传输。况且，由无控制的 UDP 发送方引入的高丢包率将引起 TCP 发送方（如我们将看到的那样，TCP 遇到拥塞将减小它们的发送速率）大大地减小它们的速率。因此，UDP 中缺乏拥塞控制会导致 UDP 发送方和接收方之间的高丢包率，并挤垮 TCP 会话，这是一个潜在的严重问题［Floyd 1999］。很多研究人员已提出了一些新机制，以促使所有的数据源（包括 UDP 源）执行自适应的拥塞控制［Mahdavi 1997；Floyd 2000；Kohler 2006；RFC 4340］。

在讨论 UDP 报文段结构之前，我们要提一下，使用 UDP 的应用是可能实现可靠数据传输的。这可通过在应用程序自身中建立可靠性机制来完成（例如，可通过增加确认与重传机制来实现，如采用我们将在下一节学习的一些机制）。我们前面讲过在谷歌的 Chrome 浏览器中所使用的 QUIC 协议在 UDP 之上的应用层协议中实现了可靠性。但这并不是无足轻重的任务，它会使应用开发人员长时间地忙于调试。无论如何，将可靠性直接构建于应用程序中可以使其"左右逢源"。也就是说应用进程可以进行可靠通信，而无须受制于由 TCP 拥塞控制机制强加的传输速率限制。

3.3.1 UDP 报文段结构

UDP 报文段结构如图 3-7 所示，它由 RFC 768 定义。应用层数据占用 UDP 报文段的数据字段。例如，对于 DNS 应用，数据字段要么包含一个查询报文，要么包含一个响应报文。对于流式音频应用，音频抽样数据填充到数据字段。UDP 首部只有 4 个字段，每个字段由两个字节组成。如前一节所讨论的，通过端口号可以使目的主机将应用数据交给运行在目的端系统中的相应进程（即执行分解功能）。长度字段指示了在 UDP 报文段中的字节数（首部加

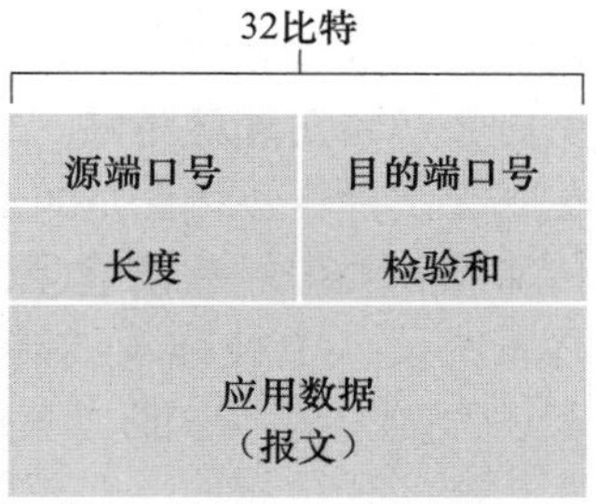

图 3-7 UDP 报文段结构

数据）。因为数据字段的长度在一个 UDP 段中不同于在另一个段中，故需要一个明确的长度。接收方使用检验和来检查在该报文段中是否出现了差错。实际上，计算检验和时，除了 UDP 报文段以外还包括了 IP 首部的一些字段。但是我们忽略这些细节，以便能从整体上看问题。下面我们将讨论检验和的计算。在 6.2 节中将描述差错检测的基本原理。长度字段指明了包括首部在内的 UDP 报文段长度（以字节为单位）。

3.3.2 UDP 检验和

UDP 检验和提供了差错检测功能。这就是说，检验和用于确定当 UDP 报文段从源到达目的地移动时，其中的比特是否发生了改变（例如，由于链路中的噪声干扰或者存储在路由器中时引入问题）。发送方的 UDP 对报文段中的所有 16 比特字的和进行反码运算，求和时遇到的任何溢出都被回卷。得到的结果被放在 UDP 报文段中的检验和字段。下面给出一个计算检验和的简单例子。在 RFC 1071 中可以找到有效实现的细节，还可在 [Stone 1998；Stone 2000] 中找到它处理真实数据的性能。举例来说，假定我们有下面 3 个 16 比特的字：

$$0110011001100000$$
$$0101010101010101$$
$$1000111100001100$$

这些 16 比特字的前两个之和是：

$$0110011001100000$$
$$0101010101010101$$
$$\overline{1011101110110101}$$

再将上面的和与第三个字相加，得出：

$$1011101110110101$$
$$1000111100001100$$
$$\overline{0100101011000010}$$

注意到最后一次加法有溢出，它要被回卷。反码运算就是将所有的 0 换成 1，所有的 1 转换成 0。因此，该和 0100101011000010 的反码运算结果是 1011010100111101，这就变为了检验和。在接收方，全部的 4 个 16 比特字（包括检验和）加在一起。如果该分组中没有引入差错，则显然在接收方处该和将是 1111111111111111。如果这些比特之一是 0，那么我们就知道该分组中已经出现了差错。

你可能想知道为什么 UDP 首先提供了检验和，就像许多链路层协议（包括流行的以太网协议）也提供了差错检测那样。其原因是不能保证源和目的之间的所有链路都提供差错检测；这就是说，也许这些链路中的一条可能使用没有差错检测的协议。此外，即使报文段经链路正确地传输，当报文段存储在某台路由器的内存中时，也可能引入比特差错。在既无法确保逐链路的可靠性，又无法确保内存中的差错检测的情况下，如果端到端数据传输服务要提供差错检测，UDP 就必须在端到端基础上在运输层提供差错检测。这是一个在系统设计中被称颂的**端到端原则**（end-end principle）的例子 [Saltzer 1984]，该原则表述为因为某种功能（在此时为差错检测）必须基于端到端实现："与在较高级别提供这些功能的代价相比，在较低级别上设置的功能可能是冗余的或几乎没有价值的。"

因为假定 IP 是可以运行在任何第二层协议之上的，运输层提供差错检测作为一种保险措施是非常有用的。虽然 UDP 提供差错检测，但它对差错恢复无能为力。UDP 的某种实现只是丢弃受损的报文段；其他实现是将受损的报文段交给应用程序并给出警告。

至此结束了关于 UDP 的讨论。我们将很快看到 TCP 为应用提供了可靠数据传输及 UDP 所不能提供的其他服务。TCP 自然要比 UDP 复杂得多。然而，在讨论 TCP 之前，我们后退一步，先来讨论一下可靠数据传输的基本原理是有用的。

3.4 可靠数据传输原理

在本节中，我们在一般场景下考虑可靠数据传输的问题。因为可靠数据传输的实现问题不仅在运输层出现，也会在链路层以及应用层出现，这时讨论它是恰当的。因此，一般性问题对网络来说更为重要。如果的确要将所有网络中最为重要的"前 10 个"问题排名的话，可靠数据传输将是名列榜首的候选者。在下一节中，我们将学习 TCP，尤其要说明 TCP 所采用的许多原理，而这些正是我们打算描述的内容。

图 3-8 图示说明了我们学习可靠数据传输的框架。为上层实体提供的服务抽象是：数据可以通过一条可靠的信道进行传输。借助于可靠信道，传输数据比特就不会受到损坏（由 0 变为 1，或者相反）或丢失，而且所有数据都是按照其发送顺序进行交付。这恰好就是 TCP 向调用它的因特网应用所提供的服务模型。

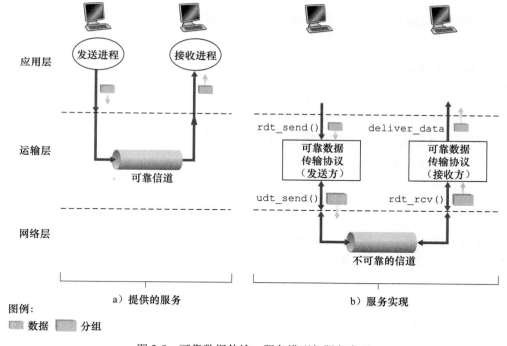

图 3-8 可靠数据传输：服务模型与服务实现

实现这种服务抽象是**可靠数据传输协议**（reliable data transfer protocol）的责任。由于可靠数据传输协议的下层协议也许是不可靠的，因此这是一项困难的任务。例如，TCP 是在不可靠的（IP）端到端网络层之上实现的可靠数据传输协议。更一般的情况是，两个可靠通信端点的下层可能是由一条物理链路（如在链路级数据传输协议的场合下）组成或是由一个全球互联网络（如在运输级协议的场合下）组成。然而，就我们的目的而言，我们可将较低层直接视为不可靠的点对点信道。

在本节中，考虑到底层信道模型越来越复杂，我们将不断地开发一个可靠数据传输协议的发送方一侧和接收方一侧。例如，我们将考虑当底层信道能够损坏比特或丢失整个分组时，需要什么样的协议机制。这里贯穿讨论始终的一个假设是分组将以它们发送的次序进行交付，某些分组可能会丢失；也就是说，底层信道将不会对分组进行重排序。图 3-8b 说明了用于数据传输协议的接口。通过调用 rdt_send() 函数，上层可以调用数据传输协议的发送方。它将要发送的数据交付给位于接收方的较高层。（这里 rdt 表示可靠数据传输协议，_send 指示 rdt 的发送端正在被调用。开发任何协议的第一步就是要选择一个好的名字！）在接收端，当分组从信道的接收端到达时，将调用 rdt_rcv()。当 rdt 协议想要向较高层交付数据时，将通过调用 deliver_data() 来完成。后面，我们将使用术语"分组"而不用运输层的"报文段"。因为本节研讨的理论适用于一般的计算机网络，而不只是用于因特网运输层，所以这时采用通用术语"分组"也许更为合适。

在本节中，我们仅考虑**单向数据传输**（unidirectional data transfer）的情况，即数据传输是从发送端到接收端的。可靠的**双向数据传输**（bidirectional data transfer）（即全双工数据传输）情况从概念上讲不会更难，但解释起来更为单调乏味。虽然我们只考虑单向数据传输，注意到下列事实是重要的，我们的协议也需要在发送端和接收端两个方向上传输分组，如图 3-8 所示。我们很快会看到，除了交换含有待传送的数据的分组之外，rdt 的发送端和接收端还需往返交换控制分组。rdt 的发送端和接收端都要通过调用 udt_send() 发送分组给对方（其中 udt 表示不可靠数据传输）。

3.4.1 构造可靠数据传输协议

我们现在一步步地研究一系列协议，它们一个比一个更为复杂，最后得到一个完美、可靠的数据传输协议。

1. 经完全可靠信道的可靠数据传输：rdt1.0

首先，我们考虑最简单的情况，即底层信道是完全可靠的。我们称该协议为 rdt1.0，该协议本身是简单的。图 3-9 显示了 rdt1.0 发送方和接收方的**有限状态机**（Finite-State Machine，FSM）的定义。图 3-9a 中的 FSM 定义了发送方的操作，图 3-9b 中的 FSM 定义了接收方的操作。注意到下列问题是重要的，发送方和接收方有各自的 FSM。图 3-9 中发送方和接收方的 FSM 每个都只有一个状态。FSM 描述图中的箭头指示了协议从一个状态变迁到另一个状态。（因为图 3-9 中的每个 FSM 都只有一个状态，因此变迁必定是从一个状态返回到自身；我们很快将看到更复杂的状态图。）引起变迁的事件显示在表示变迁的横线上方，事件发生时所采取的操作显示在横线下方。如果对一个事件没有操作，或没有就事件

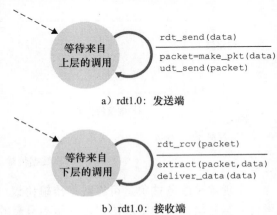

a）rdt1.0：发送端

b）rdt1.0：接收端

图 3-9　rdt1.0：用于完全可靠信道的协议

发生而采取了一个操作，我们将在横线上方或下方使用符号 Λ，以分别明确地表示缺少操

作或事件。FSM 的初始状态用虚线表示。尽管图 3-9 中的 FSM 只有一个状态，但马上我们就将看到多状态的 FSM，因此标识每个 FSM 的初始状态是非常重要的。

rdt 的发送端只通过 rdt_send(data) 事件接受来自较高层的数据，产生一个包含该数据的分组（经由 make_pkt(data) 操作），并将分组发送到信道中。实际上，rdt_send(data) 事件是由较高层应用的过程调用产生的（例如，rdt_send()）。

在接收端，rdt 通过 rdt_rcv(packet) 事件从底层信道接收一个分组，从分组中取出数据（经由 extract(packet, data) 操作），并将数据上传给较高层（通过 deliver_data(data) 操作）。实际上，rdt_rcv(packet) 事件是由较低层协议的过程调用产生的（例如，rdt_rcv()）。

在这个简单的协议中，一个单元数据与一个分组没差别。而且，所有分组是从发送方流向接收方；有了完全可靠的信道，接收端就不需要提供任何反馈信息给发送方，因为不必担心出现差错！注意到我们也已经假定了接收方接收数据的速率能够与发送方发送数据的速率一样快。因此，接收方没有必要请求发送方慢一点！

2. 经具有比特差错信道的可靠数据传输：rdt2.0

底层信道更为实际的模型是分组中的比特可能受损的模型。在分组的传输、传播或缓存的过程中，这种比特差错通常会出现在网络的物理部件中。我们眼下还将继续假定所有发送的分组（虽然有些比特可能受损）将按其发送的顺序被接收。

在研发一种经这种信道进行可靠通信的协议之前，首先考虑一下人们会怎样处理这类情形。考虑一下你自己是怎样通过电话口述一条长报文的。在通常情况下，报文接收者在听到、理解并记下每句话后可能会说 "OK"。如果报文接收者听到一句含糊不清的话时，他可能要求你重复那句容易误解的话。这种口述报文协议使用了**肯定确认**（positive acknowledgment）（"OK"）与**否定确认**（negative acknowledgment）（"请重复一遍"）。这些控制报文使得接收方可以让发送方知道哪些内容被正确接收，哪些内容接收有误并因此需要重复。在计算机网络环境中，基于这样重传机制的可靠数据传输协议称为**自动重传请求**（Automatic Repeat reQuest，ARQ）**协议**。

重要的是，ARQ 协议中还需要另外三种协议功能来处理存在比特差错的情况：

- 差错检测。首先，需要一种机制以使接收方检测到何时出现了比特差错。前一节讲到，UDP 使用因特网检验和字段正是为了这个目的。在第 6 章中，我们将更详细地学习差错检测和纠错技术。这些技术使接收方可以检测并可能纠正分组中的比特差错。此刻，我们只需知道这些技术要求有额外的比特（除了待发送的初始数据比特之外的比特）从发送方发送到接收方；这些比特将被汇集在 rdt2.0 数据分组的分组检验和字段中。

- 接收方反馈。因为发送方和接收方通常在不同端系统上执行，可能相隔数千英里，发送方要了解接收方情况（此时为分组是否被正确接收）的唯一途径就是让接收方提供明确的反馈信息。在口述报文情况下回答的 "肯定确认"（ACK）和 "否定确认"（NAK）就是这种反馈的例子。类似地，我们的 rdt2.0 协议将从接收方向发送方回送 ACK 与 NAK 分组。理论上，这些分组只需要一个比特长，如用 0 表示 NAK，用 1 表示 ACK。

- 重传。接收方收到有差错的分组时，发送方将重传该分组文。

图 3-10 说明了表示 rdt2.0 的 FSM，该数据传输协议采用了差错检测、肯定确认与否定确认。

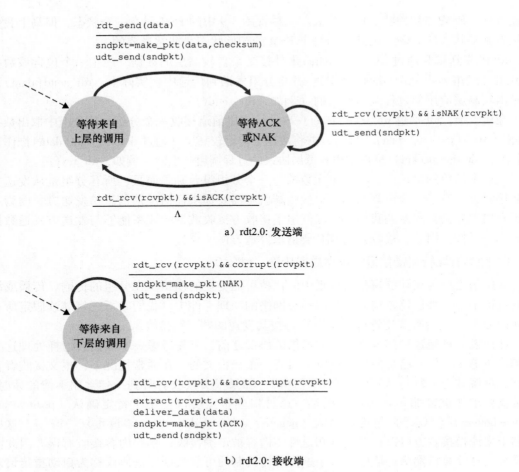

a）rdt2.0: 发送端

b）rdt2.0: 接收端

图 3-10   rdt2.0：用于具有比特差错信道的协议

rdt2.0 的发送端有两个状态。在最左边的状态中，发送端协议正等待来自上层传下来的数据。当 rdt_send(data) 事件出现时，发送方将产生一个包含待发送数据的分组（sndpkt），带有检验和（例如，就像在 3.3.2 节讨论的对 UDP 报文段使用的方法），然后经由 udt_send(sndpkt) 操作发送该分组。在最右边的状态中，发送方协议等待来自接收方的 ACK 或 NAK 分组。如果收到一个 ACK 分组 [图 3-10 中符号 rdt_rcv(rcvpkt) && isACK(rcvpkt) 对应该事件]，则发送方知道最近发送的分组已被正确接收，因此协议返回到等待来自上层的数据的状态。如果收到一个 NAK 分组，该协议重传上一个分组并等待接收方为响应重传分组而回送的 ACK 和 NAK。注意到下列事实很重要：当发送方处于等待 ACK 或 NAK 的状态时，它不能从上层获得更多的数据；这就是说，rdt_send() 事件不可能出现；仅当接收到 ACK 并离开该状态时才能发生这样的事件。因此，发送方将不会发送一块新数据，除非发送方确信接收方已正确接收当前分组。由于这种行为，rdt2.0 这样的协议被称为**停等**（stop-and-wait）协议。

rdt2.0 接收方的 FSM 仍然只有单一状态。当分组到达时，接收方要么回答一个 ACK，要么回答一个 NAK，这取决于收到的分组是否受损。在图 3-10 中，符号 rdt_rcv(rcvpkt) && corrupt(rcvpkt) 对应于收到一个分组并发现有错的事件。

rdt2.0 协议看起来似乎可以运行了，但遗憾的是，它存在一个致命的缺陷。尤其是我们没有考虑到 ACK 或 NAK 分组受损的可能性！（在继续研究之前，你应该考虑怎样解决该问题。）遗憾的是，我们细小的疏忽并非像它看起来那么无关紧要。至少，我们需要在 ACK/NAK 分组中添加检验和比特以检测这样的差错。更难的问题是协议应该怎样纠正 ACK 或 NAK 分组中的差错。这里的难点在于，如果一个 ACK 或 NAK 分组受损，发送方无法知道接收方是否正确接收了上一块发送的数据。

考虑处理受损 ACK 和 NAK 时的 3 种可能性：

- 对于第一种可能性，考虑在口述报文情况下人可能的做法。如果说话者不理解来自接收方回答的 "OK" 或 "请重复一遍"，说话者将可能问 "你说什么？"（因此在我们的协议中引入了一种新型发送方到接收方的分组）。接收方则将复述其回答。但是如果说话者的 "你说什么？" 产生了差错，情况又会怎样呢？接收者不明白那句混淆的话是口述内容的一部分还是一个要求重复上次回答的请求，很可能回一句 "你说什么？"。于是，该回答可能含糊不清了。显然，我们走上了一条困难重重之路。
- 第二种可能性是增加足够的检验和比特，使发送方不仅可以检测差错，还可恢复差错。对于会产生差错但不丢失分组的信道，这就可以直接解决问题。
- 第三种可能性是，当发送方收到含糊不清的 ACK 或 NAK 分组时，只需重传当前数据分组即可。然而，这种方法在发送方到接收方的信道中引入了**冗余分组**（duplicate packet）。冗余分组的根本困难在于接收方不知道它上次所发送的 ACK 或 NAK 是否被发送方正确地收到。因此它无法事先知道接收到的分组是新的还是一次重传！

解决这个新问题的一种简单方法（几乎所有现有的数据传输协议——包括 TCP——都采用了这种方法）是在数据分组中添加一新字段，让发送方对其数据分组编号，即将发送数据分组的**序号**（sequence number）放在该字段。于是，接收方只需要检查序号即可确定收到的分组是否为重传。对于停等协议这种简单情况，1 比特序号就足够了，因为它可让接收方知道发送方是否正在重传前一个发送分组（接收到的分组序号与最近收到的分组序号相同），或是一个新分组（序号变化了，用模 2 运算 "前向" 移动）。因为目前我们假定信道不丢分组，ACK 和 NAK 分组本身不需要指明它们要确认的分组序号。发送方知道所接收到的 ACK 和 NAK 分组（无论是否是含糊不清的）是为响应其最近发送的数据分组而生成的。

图 3-11 和图 3-12 给出了对 rdt2.1 的 FSM 描述，这是 rdt2.0 的修订版。rdt2.1 的发送方和接收方 FSM 的状态数都是以前的两倍。这是因为协议状态此时必须反映出目前（由发送方）正发送的分组或（在接收方）希望接收的分组的序号是 0 还是 1。值得注意的是，发送或期望接收 0 号分组的状态中的操作与发送或期望接收 1 号分组的状态中的操作是相似的；唯一的不同是序号处理的方法不同。

协议 rdt2.1 使用了从接收方到发送方的肯定确认和否定确认。当接收到失序的分组时，接收方对所接收的分组发送一个肯定确认。如果收到受损的分组，则接收方将发送一个否定确认。如果不发送 NAK，而是对上次正确接收的分组发送一个 ACK，我们也能实现与 NAK 一样的效果。发送方接收到对同一个分组的两个 ACK［即接收**冗余 ACK**（duplicate ACK）］后，就知道接收方没有正确接收到跟在被确认两次的分组后面的分组。rdt2.2 是在有比特差错信道上实现的一个无 NAK 的可靠数据传输协议，如图 3-13 和

图 3-14 所示。rdt2.1 和 rdt2.2 之间的细微变化在于，接收方此时必须包括由一个 ACK 报文所确认的分组序号［这可以通过在接收方 FSM 中，在 make_pkt() 中包括参数 ACK 0 或 ACK 1 来实现］，发送方此时必须检查接收到的 ACK 报文中被确认的分组序号［这可通过在发送方 FSM 中，在 isACK() 中包括参数 0 或 1 来实现］。

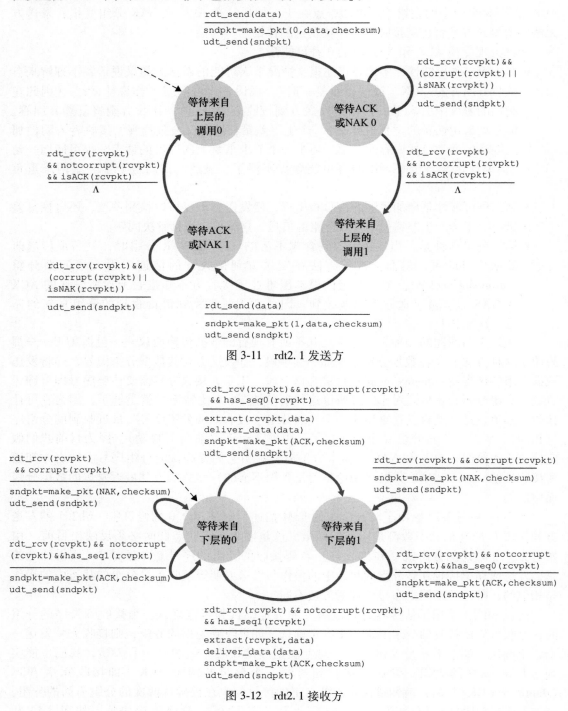

图 3-11　rdt2.1 发送方

图 3-12　rdt2.1 接收方

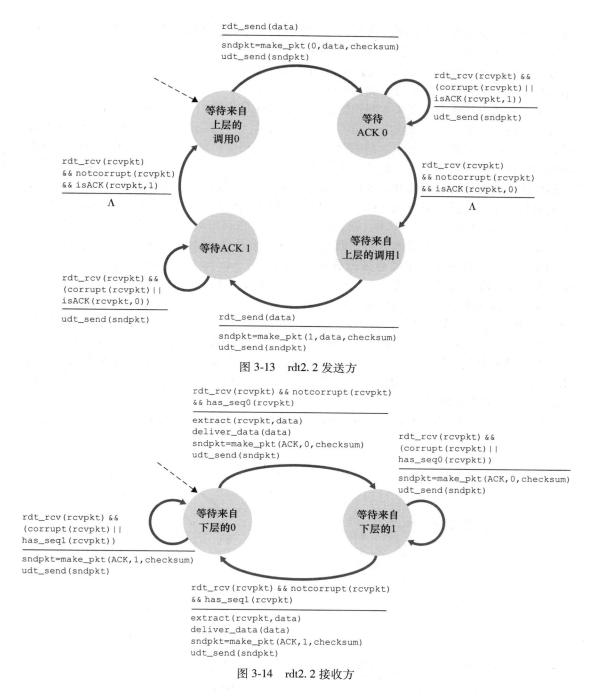

图 3-13　rdt2.2 发送方

图 3-14　rdt2.2 接收方

3. 经具有比特差错的丢包信道的可靠数据传输：rdt3.0

现在假定除了比特受损外，底层信道还会丢包，这在今天的计算机网络（包括因特网）中并不罕见。协议现在必须处理另外两个关注的问题：怎样检测丢包以及发生丢包后该做些什么。在 rdt2.2 中已经研发的技术，如使用检验和、序号、ACK 分组和重传等，使我们能给出后一个问题的答案。为解决第一个关注的问题，还需增加一种新的协议机制。

有很多可能的方法用于解决丢包问题（在本章结尾的习题中研究了几种其他方法）。

这里，我们让发送方负责检测和恢复丢包工作。假定发送方传输一个数据分组，该分组或者接收方对该分组的 ACK 发生了丢失。在这两种情况下，发送方都收不到应当到来的接收方的响应。如果发送方愿意等待足够长的时间以便确定分组已丢失，则它只需重传该数据分组即可。你应该相信该协议确实有效。

但是发送方需要等待多久才能确定已丢失了某些东西呢？很明显发送方至少需要等待这样长的时间：发送方与接收方之间的一个往返时延（可能会包括在中间路由器的缓冲时延）加上接收方处理一个分组所需的时间。在很多网络中，最坏情况下的最大时延是很难估算的，确定的因素非常少。此外，理想的协议应尽可能快地从丢包中恢复出来；等待一个最坏情况的时延可能意味着要等待一段较长的时间，直到启动差错恢复为止。因此实践中采取的方法是发送方明智地选择一个时间值，以判定可能发生了丢包（尽管不能确保）。如果在这个时间内没有收到 ACK，则重传该分组。注意到如果一个分组经历了一个特别大的时延，发送方可能会重传该分组，即使该数据分组及其 ACK 都没有丢失。这就在发送方到接收方的信道中引入了**冗余数据分组**（duplicate data packet）的可能性。幸运的是，rdt2.2 协议已经有足够的功能（即序号）来处理冗余分组情况。

从发送方的观点来看，重传是一种万能灵药。发送方不知道是一个数据分组丢失，还是一个 ACK 丢失，或者只是该分组或 ACK 过度延时。在所有这些情况下，操作是同样的：重传。为了实现基于时间的重传机制，需要一个**倒计数定时器**（countdown timer），在一个给定的时间量过期后，可中断发送方。因此，发送方需要能做到：①每次发送一个分组（包括第一次分组和重传分组）时，便启动一个定时器；②响应定时器中断（采取适当的操作）；③终止定时器。

图 3-15 给出了 rdt3.0 的发送方 FSM，这是一个在可能出错和丢包的信道上可靠传

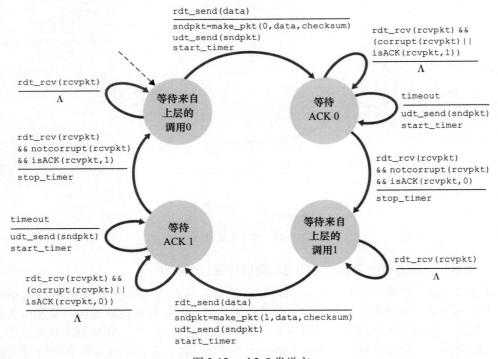

图 3-15   rdt3.0 发送方

输数据的协议；在课后习题中，将请你提供 rdt3.0 的接收方 FSM。图 3-16 显示了在没有丢包和延迟分组情况下协议运作的情况，以及它是如何处理数据分组丢失的。在图 3-16 中，时间从图的顶部朝底部移动；注意到一个分组的接收时间必定迟于一个分组的发送时间，这是因为发送时延与传播时延之故。在图 3-16b~d 中，发送方括号部分表明了定时器的设置时刻以及随后的超时。本章后面的习题探讨了该协议几个更细微的方面。因为分组序号在 0 和 1 之间交替，因此 rdt3.0 有时被称为**比特交替协议**（alternating-bit protocol）。

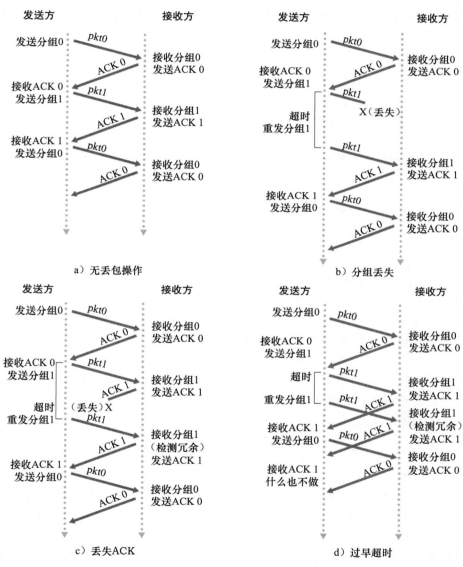

图 3-16　rdt3.0 的运行，比特交替协议

现在我们归纳一下数据传输协议的要点。在检验和、序号、定时器、肯定和否定确认分组这些技术中，每种机制都在协议的运行中起到了必不可少的作用。至此，我们得到了一个可靠数据传输协议！

3.4.2　流水线可靠数据传输协议

rdt3.0 是一个功能正确的协议，但并非人人都对它的性能满意，特别是在今天的高速网络中更是如此。rdt3.0 性能问题的核心在于它是一个停等协议。

为了评价该停等行为对性能的影响，可考虑一种具有两台主机的理想化场合，一台主机位于美国西海岸，另一台位于美国东海岸，如图 3-17 所示。在这两个端系统之间的光速往返传播时延 RTT 大约为 30ms。假定彼此通过一条发送速率 R 为 1Gbps（每秒 10^9bit）的信道相连。包括首部字段和数据的分组长 L 为 1000 字节（8000bit），发送一个分组进入 1Gbps 链路实际所需时间是：

$$t_{trans} = \frac{L}{R} = \frac{8000\text{bit}}{10^9\text{bit/s}} = 8\mu s$$

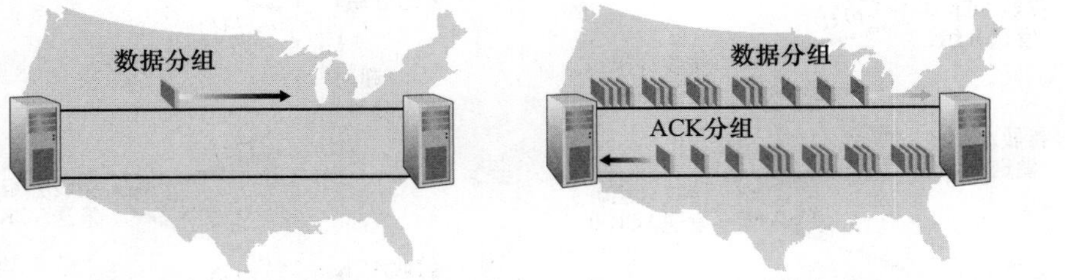

a）一个运行中的停等协议　　　　　b）一个运行中的流水线协议

图 3-17　停等协议与流水线协议

图 3-18a 显示了对于该停等协议，如果发送方在 $t = 0$ 时刻开始发送分组，则在 $t = L/R = 8\mu s$ 后，最后 1bit 数据进入了发送端信道。该分组经过 15ms 的穿越国家的旅途后到达接收端，该分组的最后 1 比特在时刻 $t = RTT/2 + L/R = 15.008$ms 时到达接收方。为了简化起见，假设 ACK 分组很小（以便我们可以忽略其发送时间），接收方一旦收到一个数据分组的最后 1bit 后立即发送 ACK，ACK 在时刻 $t = RTT + L/R = 30.008$ms 时在发送方出现。此时，发送方可以发送下一个报文。因此，在 30.008ms 内，发送方的发送只用了 0.008ms。如果我们定义发送方（或信道）的**利用率**（utilization）为发送方实际忙于将发送比特送进信道的那部分时间与发送时间之比，图 3-18a 中的分析表明了停等协议有着非常低的发送方利用率 U_{sender}：

$$U_{sender} = \frac{L/R}{RTT + L/R} = \frac{0.008}{30.008} = 0.000\,27$$

这就是说，发送方只有万分之 2.7 时间是忙的。从其他角度来看，发送方在 30.008ms 内只能发送 1000 字节，有效的吞吐量仅为 267kbps，即使有 1Gbps 的链路可用也是如此！想象一个不幸的网络经理购买了一条千兆比容量的链路，但他仅能得到 267kbps 吞吐量的情况！这是一个形象的网络协议限制底层网络硬件所提供的能力的图例。而且，我们还忽略了在发送方和接收方的底层协议处理时间，以及可能出现在发送方与接收方之间的任何中间路由器上的处理与排队时延。考虑到这些因素，将进一步增加时延，使其性能更糟糕。

这种特殊的性能问题的一个简单解决方法是：不以停等方式运行，允许发送方发送多个分组而无须等待确认，如在图 3-17b 图示的那样。图 3-18b 显示了如果发送方可以在等待确认之前发送 3 个报文，其利用率也基本上提高 3 倍。因为许多从发送方向接收方输送的分组可以被看成是填充到一条流水线中，故这种技术被称为**流水线**（pipelining）。流水线技术对可靠数据传输协议可带来如下影响：

- 必须增加序号范围，因为每个输送中的分组（不计算重传的）必须有一个唯一的序号，而且也许有多个在输送中的未确认报文。
- 协议的发送方和接收方两端也许不得不缓存多个分组。发送方最低限度应当能缓冲那些已发送但没有确认的分组。如下面讨论的那样，接收方或许也需要缓存那些已正确接收的分组。
- 所需序号范围和对缓冲的要求取决于数据传输协议如何处理丢失、损坏及延时过大的分组。解决流水线的差错恢复有两种基本方法是：**回退 N 步**（Go-Back-N，GBN）和**选择重传**（Selective Repeat，SR）。

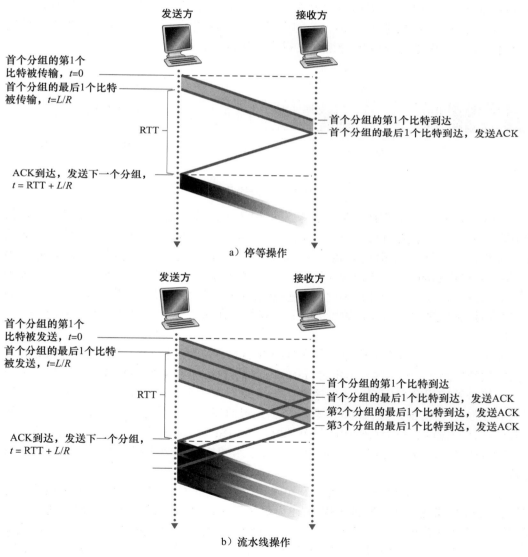

图 3-18　停等和流水线发送

3.4.3 回退 *N* 步

在**回退 *N* 步**（GBN）**协议**中，允许发送方发送多个分组（当有多个分组可用时）而不需等待确认，但它也受限于在流水线中未确认的分组数不能超过某个最大允许数 *N*。在本节中我们较为详细地描述 GBN。但在继续阅读之前，建议你操作本书配套 Web 网站上的 GBN 动画（这是一个非常好的交互式动画）。

图 3-19 显示了发送方看到的 GBN 协议的序号范围。如果我们将基序号（base）定义为最早未确认分组的序号，将下一个序号（nextseqnum）定义为最小的未使用序号（即下一个待发分组的序号），则可将序号范围分割成 4 段。在 [0, base-1] 段内的序号对应于已经发送并被确认的分组。[base, nextseqnum-1] 段内对应已经发送但未被确认的分组。[nextseqnum, base+*N*-1] 段内的序号能用于那些要被立即发送的分组，如果有数据来自上层的话。最后，大于或等于 base+*N* 的序号是不能使用的，直到当前流水线中未被确认的分组（特别是序号为 base 的分组）已得到确认为止。

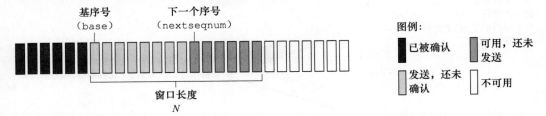

图 3-19 在 GBN 中发送方看到的序号

如图 3-19 所提示的那样，那些已被发送但还未被确认的分组的许可序号范围可以被看成是一个在序号范围内长度为 *N* 的窗口。随着协议的运行，该窗口在序号空间向前滑动。因此，*N* 常被称为**窗口长度**（window size），GBN 协议也常被称为**滑动窗口协议**（sliding-window protocol）。你也许想知道，我们为什么先要限制这些被发送的、未被确认的分组的数目为 *N* 呢？为什么不允许这些分组为无限制的数目呢？我们将在 3.5 节看到，流量控制是对发送方施加限制的原因之一。我们将在 3.7 节学习 TCP 拥塞控制时分析另一个原因。

在实践中，一个分组的序号承载在分组首部的一个固定长度的字段中。如果分组序号字段的比特数是 *k*，则该序号范围是 $[0, 2^k-1]$。在一个有限的序号范围内，所有涉及序号的运算必须使用模 2^k 运算。（即序号空间可被看作一个长度为 2^k 的环，其中序号 2^k-1 紧接着序号 0。）前面讲过，rdt3.0 有一个 1 比特的序号，序号范围是 [0, 1]。在本章末的几道习题中探讨了一个有限的序号范围所产生的结果。我们将在 3.5 节看到，TCP 有一个 32 比特的序号字段，其中的 TCP 序号是按字节流中的字节进行计数的，而不是按分组计数。

图 3-20 和图 3-21 给出了一个基于 ACK、无 NAK 的 GBN 协议的发送方和接收方这两端的扩展 FSM 描述。我们称该 FSM 描述为扩展 FSM，是因为我们已经增加了变量（类似于编程语言中的变量）base 和 nextseqnum，还增加了对这些变量的操作以及与这些变量有关的条件操作。注意到该扩展的 FSM 规约现在变得有点像编程语言规约。[Bochman 1984] 对 FSM 扩展技术做了很好的综述，也提供了用于定义协议的其他基于编程语言的技术。

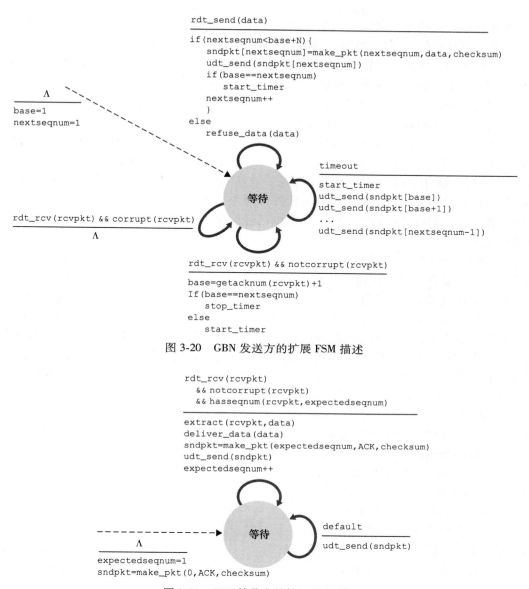

图 3-20　GBN 发送方的扩展 FSM 描述

图 3-21　GBN 接收方的扩展 FSM 描述

GBN 发送方必须响应三种类型的事件：

- 上层的调用。当上层调用 rdt_send() 时，发送方首先检查发送窗口是否已满，即是否有 N 个已发送但未被确认的分组。如果窗口未满，则产生一个分组并将其发送，并相应地更新变量。如果窗口已满，发送方只需将数据返回给上层，隐式地指示上层该窗口已满。然后上层可能会过一会儿再试。在实际实现中，发送方更可能缓存（并不立刻发送）这些数据，或者使用同步机制（如一个信号量或标志）允许上层在仅当窗口不满时才调用 rdt_send()。

- 收到一个 ACK。在 GBN 协议中，对序号为 n 的分组的确认采取**累积确认**（cumulative acknowledgment）的方式，表明接收方已正确接收到序号为 n 的以前且包括 n 在内的所有分组。稍后讨论 GBN 接收方一端时，我们将再次研究这个主题。

- 超时事件。协议的名字"回退 N 步"来源于出现丢失和时延过长分组时发送方的行为。就像在停等协议中那样，定时器将再次用于恢复数据或确认分组的丢失。如果出现超时，发送方重传所有已发送但还未被确认过的分组。图 3-20 中的发送方仅使用一个定时器，它可被当作最早的已发送但未被确认的分组所使用的定时器。如果收到一个 ACK，但仍有已发送但未被确认的分组，则定时器被重新启动。如果没有已发送但未被确认的分组，停止该定时器。

在 GBN 中，接收方的操作也很简单。如果一个序号为 n 的分组被正确接收到，并且按序（即上次交付给上层的数据是序号为 n−1 的分组），则接收方为分组 n 发送一个 ACK，并将该分组中的数据部分交付到上层。在所有其他情况下，接收方丢弃该分组，并为最近按序接收的分组重新发送 ACK。注意到因为一次交付给上层一个分组，如果分组 k 已接收并交付，则所有序号比 k 小的分组也已经交付。因此，使用累积确认是 GBN 一个自然的选择。

在 GBN 协议中，接收方丢弃所有失序分组。尽管丢弃一个正确接收（但失序）的分组有点愚蠢和浪费，但这样做是有理由的。前面讲过，接收方必须按序将数据交付给上层。假定现在期望接收分组 n，而分组 n+1 却到了。因为数据必须按序交付，接收方可能缓存（保存）分组 n+1，然后，在它收到并交付分组 n 后，再将该分组交付到上层。然而，如果分组 n 丢失，则该分组及分组 n+1 最终将在发送方根据 GBN 重传规则而被重传。因此，接收方只需丢弃分组 n+1 即可。这种方法的优点是接收缓存简单，即接收方不需要缓存任何失序分组。因此，虽然发送方必须维护窗口的上下边界及 nextseqnum 在该窗口中的位置，但是接收方需要维护的唯一信息就是下一个按序接收的分组的序号。该值保存在 expectedseqnum 变量中，如图 3-21 中接收方 FSM 所示。当然，丢弃一个正确接收的分组的缺点是随后对该分组的重传也许会丢失或出错，因此甚至需要更多的重传。

图 3-22 给出了窗口长度为 4 个分组的 GBN 协议的运行情况。因为该窗口长度的限制，发送方发送分组 0~3，然后在继续发送之前，必须等待直到一个或多个分组被确认。当接收到每一个连续的 ACK（例如 ACK 0 和 ACK 1）时，该窗口便向前滑动，发送方便可以发送新的分组（分别是分组 4 和分组 5）。在接收方，分组 2 丢失，因此分组 3、4 和 5 被发现是失序分组并被丢弃。

在结束对 GBN 的讨论之前，需要提请注意的是，在协议栈中实现

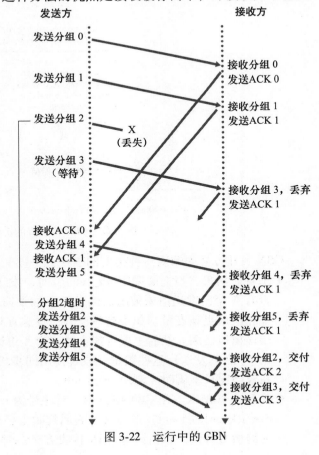

图 3-22   运行中的 GBN

该协议可能与图 3-20 中的扩展 FSM 有相似的结构。该实现也可能是以各种过程形式出现，每个过程实现了在响应各种可能出现的事件时要采取的操作。在这种**基于事件的编程**（event-based programming）方式中，这些过程要么被协议栈中的其他过程调用，要么作为一次中断的结果。在发送方，这些事件包括：①来自上层实体的调用去调用 rdt_send()；②定时器中断；③报文到达时，来自下层的调用去调用 rdt_rcv()。本章后面的编程作业会使你有机会在一个模拟网络环境中实际实现这些例程，但该环境却是真实的。

这里我们注意到，GBN 协议中综合了我们将在 3.5 节中学习 TCP 可靠数据传输构件时遇到的所有技术。这些技术包括使用序号、累积确认、检验和以及超时/重传操作。

3.4.4　选择重传

在图 3-17 中，GBN 协议潜在地允许发送方用多个分组"填充流水线"，因此避免了停等协议中所提到的信道利用率问题。然而，GBN 本身也有一些情况存在着性能问题。尤其是当窗口长度和带宽时延积都很大时，在流水线中会有很多分组更是如此。单个分组的差错就能够引起 GBN 重传大量分组，许多分组根本没有必要重传。随着信道差错率的增加，流水线可能会被这些不必要重传的分组所充斥。想象一下，在我们口述消息的例子中，如果每次有一个单词含糊不清，其前后 1000 个单词（例如，窗口长度为 1000 个单词）不得不被重传的情况。此次口述会由于这些反复述说的单词而变慢。

顾名思义，选择重传（SR）协议通过让发送方仅重传那些它怀疑在接收方出错（即丢失或受损）的分组而避免了不必要的重传。这种个别的、按需的重传要求接收方逐个确认正确接收的分组。再次用窗口长度 N 来限制流水线中未完成、未被确认的分组数。然而，与 GBN 不同的是，发送方已经收到了对窗口中某些分组的 ACK。图 3-23 显示了 SR 发送方看到的序号空间。图 3-24 详细描述了 SR 发送方所采取的操作。

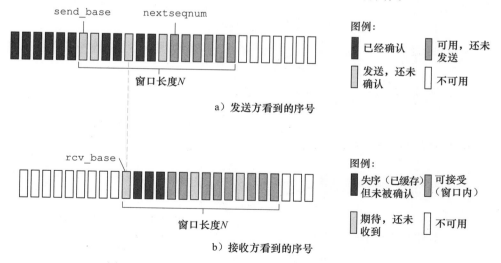

图 3-23　选择重传（SR）发送方与接收方的序号空间

SR 接收方将确认一个正确接收的分组而不管其是否按序。失序的分组将被缓存直到所有丢失分组（即序号更小的分组）皆被收到为止，这时才可以将一批分组按序交付给上层。图 3-25 详细列出了 SR 接收方所采用的各种操作。图 3-26 给出了一个例子以说明出现丢包时 SR 的操作。值得注意的是，在图 3-26 中接收方初始时缓存了分组 3、4、5，并在最终收到分组 2 时，才将它们一并交付给上层。

---

1. 从上层收到数据。当从上层接收到数据后，SR 发送方检查下一个可用于该分组的序号。如果序号位于发送方的窗口内，则将数据打包并发送；否则就像在 GBN 中一样，要么将数据缓存，要么将其返回给上层以便以后传输。

2. 超时。定时器再次被用来防止丢失分组。然而，现在每个分组必须拥有其自己的逻辑定时器，因为超时发生后只能发送一个分组。可以使用单个硬件定时器模拟多个逻辑定时器的操作 ［Varghese 1997］。

3. 收到 ACK。如果收到 ACK，倘若该分组序号在窗口内，则 SR 发送方将那个被确认的分组标记为已接收。如果该分组的序号等于 send_base，则窗口基序号向前移动到具有最小序号的未确认分组处。如果窗口移动了并且有序号落在窗口内的未发送分组，则发送这些分组。

图 3-24   SR 发送方的事件与操作

---

1. 序号在 ［rcv_base，rcv_base+N-1］ 内的分组被正确接收。在此情况下，收到的分组落在接收方的窗口内，一个选择 ACK 被回送给发送方。如果该分组以前没收到过，则缓存该分组。如果该分组的序号等于接收窗口的基序号（图 3-23 中的 rcv_base），则该分组以及以前缓存的序号连续的（起始于 rcv_base 的）分组交付给上层。然后，接收窗口按向前移动分组的编号向上交付这些分组。举例子来说，考虑一下图 3-26。当收到一个序号为 rcv_base=2 的分组时，该分组及分组 3、4、5 可被交付给上层。

2. 序号在 ［rcv_base-N，rcv_base-1］ 内的分组被正确收到。在此情况下，必须产生一个 ACK，即使该分组是接收方以前已确认过的分组。

3. 其他情况。忽略该分组。

图 3-25   SR 接收方的事件与操作

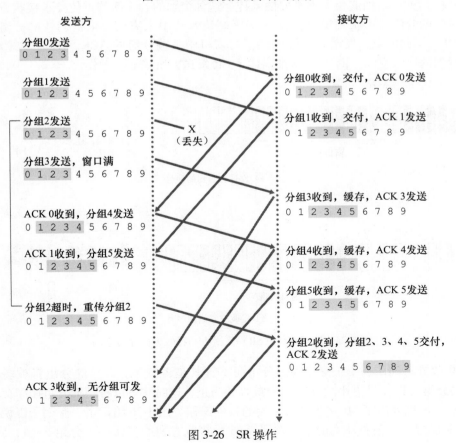

图 3-26   SR 操作

注意到图 3-25 中的第二步很重要，接收方重新确认（而不是忽略）已收到过的那些序号小于当前窗口基序号的分组。你应该理解这种重新确认确实是需要的。例如，给定在图 3-23 中所示的发送方和接收方的序号空间，如果分组 send_base 的 ACK 没有从接收方传播回发送方，则发送方最终将重传分组 send_base，即使显然（对我们而不是对发送方来说！）接收方已经收到了该分组。如果接收方不确认该分组，则发送方窗口将永远不能向前滑动！这个例子说明了 SR 协议（和很多其他协议一样）的一个重要方面。对于哪些分组已经被正确接收，哪些没有，发送方和接收方并不总是能看到相同的结果。对 SR 协议而言，这就意味着发送方和接收方的窗口并不总是一致。

当我们面对有限序号范围的现实时，发送方和接收方窗口间缺乏同步会产生严重的后果。考虑下面例子中可能发生的情况，该例有包括 4 个分组序号 0、1、2、3 的有限序号范围且窗口长度为 3。假定发送了分组 0 至 2，并在接收方被正确接收且确认了。此时，接收方窗口落在第 4、5、6 个分组上，其序号分别为 3、0、1。现在考虑两种情况。在第一种情况下，如图 3-27a 所示，对前 3 个分组的 ACK 丢失，因此发送方重传这些分组。因此，接收方下一步要接收序号为 0 的分组，即第一个发送分组的副本。

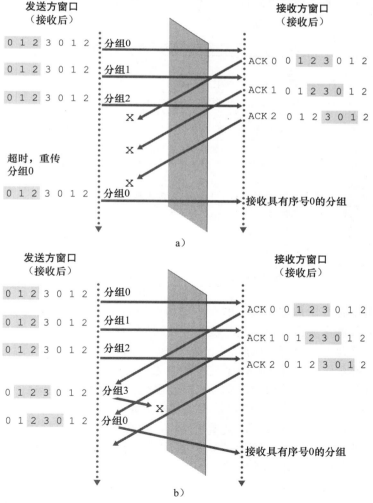

图 3-27　SR 接收方窗口太大的困境：是一个新分组还是一次重传

在第二种情况下，如图 3-27b 所示，对前 3 个分组的 ACK 都被正确交付。因此发送方向前移动窗口并发送第 4、5、6 个分组，其序号分别为 3、0、1。序号为 3 的分组丢失，但序号为 0 的分组到达（一个包含新数据的分组）。

现在考虑一下图 3-27 中接收方的观点，在发送方和接收方之间有一个假想的帘子，因为接收方不能"看见"发送方采取的操作。接收方所能观察到的是它从信道中收到的以及它向信道中发出报文序列。就其所关注的而言，图 3-27 中的两种情况是等同的。没有办法区分是第 1 个分组的重传还是第 5 个分组的初次传输。显然，窗口长度比序号空间小 1 时协议无法工作。但窗口必须多小呢？本章后面的一道习题请你说明为何对于 SR 协议而言，窗口长度必须小于或等于序号空间大小的一半。

在本书配套的网站上，可以找到一个模仿 SR 协议运行的动画。尝试进行你以前对 GBN 动画所进行的相同的实验。这些结果与你期望的一致吗？

至此我们结束了对可靠数据传输协议的讨论。我们已涵盖许多基础知识，并介绍了多种机制，这些机制可一起提供可靠数据传输。表 3-1 总结这些机制。既然我们已经学习了所有这些运行中的机制，并能看到"全景"，我们建议你再复习一遍本节内容，看看这些机制是怎样逐步被添加进来，以涵盖复杂性渐增的（现实的）连接发送方与接收方的各种信道模型的，或者如何改善协议性能的。

表 3-1　可靠数据传输机制及其用途的总结

机制	用途和说明
检验和	用于检测在一个传输分组中的比特错误
定时器	用于超时/重传一个分组，可能因为该分组（或其 ACK）在信道中丢失了。由于当一个分组延时但未丢失（过早超时），或当一个分组已被接收方收到但从接收方到发送方的 ACK 丢失时，可能产生超时事件，所以接收方可能会收到一个分组的多个冗余副本
序号	用于为从发送方流向接收方的数据分组按顺序编号。所收分组的序号间的空隙可使接收方检测出丢失的分组。具有相同序号的分组可使接收方检测出一个分组的冗余副本
确认	接收方用于告诉发送方一个分组或一组分组已被正确地接收到了。确认报文通常携带着被确认的分组或多个分组的序号。确认可以是逐个的或累积的，这取决于协议
否定确认	接收方用于告诉发送方某个分组未被正确地接收。否定确认报文通常携带着未被正确接收的分组的序号
窗口、流水线	发送方也许被限制仅发送那些序号落在一个指定范围内的分组。通过允许一次发送多个分组但未被确认，发送方的利用率可在停等操作模式的基础上得到增加。我们很快将会看到，窗口长度可根据接收方接收和缓存报文的能力、网络中的拥塞程度或两者情况来进行设置

我们通过考虑在底层信道模型中的一个遗留假设来结束对可靠数据传输协议的讨论。前面讲过，我们曾假定分组在发送方与接收方之间的信道中不能被重新排序。这在发送方与接收方由单段物理线路相连的情况下，通常是一个合理的假设。然而，当连接两端的"信道"是一个网络时，分组重新排序是可能会发生的。分组重新排序的一个表现就是，一个具有序号或确认号 x 的分组的旧副本可能会出现，即使发送方或接收方的窗口中都没有包含 x。对于分组重新排序，信道可被看成基本上是在缓存分组，并在将来任意时刻自然地释放出这些分组。由于序号可以被重新使用，那么必须小心，以免出现这样的冗余分组。实际应用中采用的方法是，确保一个序号不被重新使用，直到发送方"确信"任何先前发送的序号为 x 的分组都不再在网络中为止。通过假定一个分组在网络中的"存活"时间不会超过某个固定最大时间量来做到这一点。在高速网络的 TCP 扩展中，最长的分组寿命被假定为大约 3 分钟 ［RFC 7323］。［Sunshine 1978］描述了一种使用序号的方法，它能

够完全避免重新排序问题。

3.5 面向连接的运输：TCP

　　既然我们已经学习了可靠数据传输的基本原理，我们就可以转而学习 TCP 了。TCP 是因特网运输层的面向连接的可靠的运输协议。我们在本节中将看到，为了提供可靠数据传输，TCP 依赖于前一节所讨论的许多基本原理，其中包括差错检测、重传、累积确认、定时器以及用于序号和确认号的首部字段。TCP 定义在 RFC 793、RFC 1122、RFC 2018、RFC 5681 和 RFC 7323 中。

3.5.1 TCP 连接

　　TCP 被称为是**面向连接的**（connection-oriented），这是因为在一个应用进程可以开始向另一个应用进程发送数据之前，这两个进程必须先相互"握手"，即它们必须相互发送某些预备报文段，以建立确保数据传输的参数。作为 TCP 连接建立的一部分，连接的双方都将初始化与 TCP 连接相关的许多 TCP 状态变量（其中的许多状态变量将在本节和 3.7 节中讨论）。

历 史 事 件

Vinton Cerf、Robert Kahn 和 TCP/IP

　　在 20 世纪 70 年代早期，分组交换网开始飞速增长，而因特网的前身 ARPAnet 也只是当时众多分组交换网中的一个。这些网络都有它们各自的协议。两个研究人员 Vinton Cerf 和 Robert Kahn 认识到互联这些网络的重要性，发明了沟通网络的 TCP/IP，该协议代表**传输控制协议/网际协议**（Transmission Control Protocol/Internet Protocol）。虽然 Cerf 和 Kahn 开始时把该协议看成单一的实体，但是后来将它分成单独运行的两个部分：TCP 和 IP。Cerf 和 Kahn 在 1974 年 5 月的 *IEEE Transactions on Communications Technology* 杂志上发表了一篇关于 TCP/IP 的论文 [Cerf 1974]。

　　TCP/IP 是当今因特网的支柱性协议，但它的发明先于 PC、工作站、智能手机和平板电脑，先于以太网、电缆、DSL、WiFi 和其他接入网技术的激增，先于 Web、社交媒体和流式视频等。Cerf 和 Kahn 预见到了对于联网协议的需求，一方面为行将定义的应用提供广泛的支持，另一方面允许任何主机与链路层协议互操作。

　　2004 年，Cerf 和 Kahn 由于"联网方面的开创性工作（包括因特网的基本通信协议 TCP/IP 的设计和实现）以及联网方面富有才能的领导"而获得 ACM 图灵奖，该奖项被认为是"计算机界的诺贝尔奖"。

　　这种 TCP"连接"不是一条像在电路交换网络中的端到端 TDM 或 FDM 电路。相反，该"连接"是一条逻辑连接，其共同状态仅保留在两个通信端系统的 TCP 程序中。前面讲过，由于 TCP 协议只在端系统中运行，而不在中间的网络元素（路由器和链路层交换机）中运行，所以中间的网络元素不会维持 TCP 连接状态。事实上，中间路由器对 TCP 连接完全视而不见，它们看到的是数据报，而不是连接。

　　TCP 连接提供的是**全双工服务**（full-duplex service）：如果一台主机上的进程 A 与另一

台主机上的进程 B 存在一条 TCP 连接，那么应用层数据就可在从进程 B 流向进程 A 的同时，也从进程 A 流向进程 B。TCP 连接也总是**点对点**（point-to-point）的，即在单个发送方与单个接收方之间的连接。所谓"多播"（参见本书的在线补充材料），即在一次发送操作中，从一个发送方将数据传送给多个接收方，这种情况对 TCP 来说是不可能的。对于 TCP 而言，两台主机是一对，而 3 台主机则太多了！

我们现在来看看 TCP 连接是怎样建立的。假设运行在某台主机上的一个进程想与另一台主机上的一个进程建立一条连接。前面讲过，发起连接的这个进程被称为客户进程，而另一个进程被称为服务器进程。该客户应用进程首先要通知客户运输层，它想与服务器上的一个进程建立一条连接。2.7.2 节讲过，一个 Python 客户程序通过发出下面的命令来实现此目的。

```
clientSocket.connect((serverName,serverPort))
```

其中 serverName 是服务器的名字，serverPort 标识了服务器上的进程。客户上的 TCP 便开始与服务器上的 TCP 建立一条 TCP 连接。我们将在本节后面更为详细地讨论连接建立的过程。现在知道下列事实就可以了：客户首先发送一个特殊的 TCP 报文段，服务器用另一个特殊的 TCP 报文段来响应，最后，客户再用第三个特殊报文段作为响应。前两个报文段不承载"有效载荷"，也就是不包含应用层数据；而第三个报文段可以承载有效载荷。由于在这两台主机之间发送了 3 个报文段，所以这种连接建立过程常被称为**三次握手**（three-way handshake）。

一旦建立起一条 TCP 连接，两个应用进程之间就可以相互发送数据了。我们考虑一下从客户进程向服务器进程发送数据的情况。如 2.7 节中所述，客户进程通过套接字（该进程之门）传递数据流。数据一旦通过该门，它就由客户中运行的 TCP 控制了。如图 3-28 所示，TCP 将这些数据引导到该连接的**发送缓存**（send buffer）里，发送缓存是发起三次握手期间设置的缓存之一。接下来 TCP 就会不时从发送缓存里取出一块数据，并将数据传递到网络层。有趣的是，在 TCP 规范 [RFC 793] 中却没提及 TCP 应何时实际发送缓存里的数据，只是描述为"TCP 应该在它方便的时候以报文段的形式发送数据"。TCP 可从缓存中取出并放入报文段中的数据数量受限于**最大报文段长度**（Maximum Segment Size，MSS）。MSS 通常根据最初确定的由本地发送主机发送的最大链路层帧长度 [即所谓的**最大传输单元**（Maximum Transmission Unit，MTU）] 来设置。设置该 MSS 要保证一个 TCP 报文段（当封装在一个 IP 数据报中）加上 TCP/IP 首部长度（通常 40 字节）将适合单个链路层帧。以太网和 PPP 链路层协议都具有 1500 字节的 MTU，因此 MSS 的典型值为 1460 字节。已经提出了多种发现路径 MTU 的方法，并基于路径 MTU 值设置 MSS（路径 MTU 是指能在从源到目的地的所有链路上发送的最大链路层帧 [RFC 1191]）。注意到 MSS 是指在报文段里应用层数据的最大长度，而不是指包括首部的 TCP 报文段的最大长度。（该术语很容易混淆，但是我们不得不采用它，因为它已经根深蒂固了。）

TCP 为每块客户数据配上一个 TCP 首部，从而形成多个 **TCP 报文段**（TCP segment）。这些报文段被下传给网络层，网络层将其分别封装在网络层 IP 数据报中。然后这些 IP 数据报被发送到网络中。当 TCP 在另一端接收到一个报文段后，该报文段的数据就被放入该 TCP 连接的接收缓存中，如图 3-28 中所示。应用程序从此缓存中读取数据流。该连接的每一端都有各自的发送缓存和接收缓存。（读者可以访问 http://www.awl.com/kurose-ross 查看在线流控制动画，它提供了关于发送缓存和接收缓存的动画演示。）

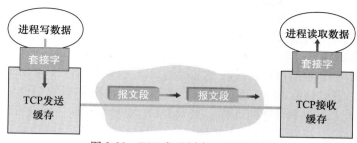

图 3-28 TCP 发送缓存和接收缓存

从以上讨论中我们可以看出，TCP 连接的组成包括：一台主机上的缓存、变量和与进程连接的套接字，以及另一台主机上的另一组缓存、变量和与进程连接的套接字。如前面讲过的那样，在这两台主机之间的网络元素（路由器、交换机和中继器）中，没有为该连接分配任何缓存和变量。

3.5.2 TCP 报文段结构

简要地了解了 TCP 连接后，我们研究一下 TCP 报文段结构。TCP 报文段由首部字段和一个数据字段组成。数据字段包含一块应用数据。如前所述，MSS 限制了报文段数据字段的最大长度。当 TCP 发送一个大文件，例如某 Web 页面上的一个图像时，TCP 通常是将该文件划分成长度为 MSS 的若干块（最后一块除外，它通常小于 MSS）。然而，交互式应用通常传送长度小于 MSS 的数据块。例如，对于像 Telnet 这样的远程登录应用，其 TCP 报文段的数据字段经常只有一个字节。由于 TCP 的首部一般是 20 字节（比 UDP 首部多 12 字节），所以 Telnet 发送的报文段也许只有 21 字节长。

图 3-29 显示了 TCP 报文段的结构。与 UDP 一样，首部包括**源端口号**和**目的端口号**，它被用于多路复用/分解来自或送到上层应用的数据。另外，同 UDP 一样，TCP 首部也包括**检验和字段**（checksum field）。TCP 报文段首部还包含下列字段：

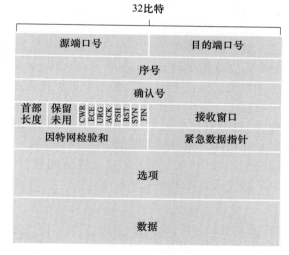

图 3-29 TCP 报文段结构

- 32 比特的**序号字段**（sequence number field）和 32 比特的**确认号字段**（acknowledgment number field）。这些字段被 TCP 发送方和接收方用来实现可靠数据传输服务，讨论见后。
- 16 比特的**接收窗口字段**（receive window field），该字段用于流量控制。我们很快就会看到，该字段用于指示接收方愿意接受的字节数量。
- 4 比特的**首部长度字段**（header length field），该字段指示了以 32 比特的字为单位的 TCP 首部长度。由于 TCP 选项字段的原因，TCP 首部的长度是可变的。（通常，选项字段为空，所以 TCP 首部的典型长度是 20 字节。）
- 可选与变长的**选项字段**（options field），该字段用于发送方与接收方协商最大报文段长度（MSS）时，或在高速网络环境下用作窗口调节因子时使用。首部字段中还定义了一个时间戳选项。可参见 RFC 854 和 RFC 1323 了解其他细节。

- 6 比特的**标志字段**（flag field）。**ACK 比特**用于指示确认字段中的值是有效的，即该报文段包括一个对已被成功接收报文段的确认。**RST、SYN** 和 **FIN** 比特用于连接建立和拆除，我们将在本节后面讨论该问题。在明确拥塞通告中使用了 **CWR** 和 **ECE** 比特，如 3.7.2 节中讨论的那样。当 **PSH** 比特被置位时，就指示接收方应立即将数据交给上层。最后，**URG** 比特用来指示报文段里存在着被发送端的上层实体置为"紧急"的数据。紧急数据的最后一个字节由 16 比特的**紧急数据指针字段**（urgent data pointer field）指出。当紧急数据存在并给出指向紧急数据尾指针的时候，TCP 必须通知接收端的上层实体。（在实践中，PSH、URG 和紧急数据指针并没有使用。为了完整性起见，我们才提到这些字段。）

作为教师的经验是，学生有时觉得分组格式的讨论相当枯燥，也许有些乏味。特别是如果你和我们一样都喜爱乐高玩具，有关 TCP 首部的有趣和新颖的讨论请参见［Pomeranz 2010］。

1. 序号和确认号

TCP 报文段首部中两个最重要的字段是序号字段和确认号字段。这两个字段是 TCP 可靠传输服务的关键部分。但是在讨论这两个字段是如何用于提供可靠数据传输之前，我们首先来解释一下 TCP 在这两个字段中究竟放置了什么。

TCP 把数据看成一个无结构的、有序的字节流。我们从 TCP 对序号的使用上可以看出这一点，因为序号是建立在传送的字节流之上，而不是建立在传送的报文段的序列之上。**一个报文段的序号**（sequence number for a segment）因此是该报文段首字节的字节流编号。举例来说，假设主机 A 上的一个进程想通过一条 TCP 连接向主机 B 上的一个进程发送一个数据流。主机 A 中的 TCP 将隐式地对数据流中的每一个字节编号。假定数据流由一个包含 500 000 字节的文件组成，其 MSS 为 1000 字节，数据流的首字节编号是 0。如图 3-30 所示，该 TCP 将为该数据流构建 500 个报文段。给第一个报文段分配序号 0，第二个报文段分配序号 1000，第三个报文段分配序号 2000，以此类推。每一个序号被填入到相应 TCP 报文段首部的序号字段中。

图 3-30   文件数据划分成 TCP 报文段

现在我们考虑一下确认号。确认号要比序号难处理一些。前面讲过，TCP 是全双工的，因此主机 A 在向主机 B 发送数据的同时，也许也接收来自主机 B 的数据（都是同一条 TCP 连接的一部分）。从主机 B 到达的每个报文段中都有一个序号用于从 B 流向 A 的数据。主机 A 填充进报文段的确认号是主机 A 期望从主机 B 收到的下一字节的序号。看一些例子有助于理解实际发生的事情。假设主机 A 已收到了来自主机 B 的编号为 0~535 的所有字节，同时假设它打算发送一个报文段给主机 B。主机 A 等待主机 B 的数据流中字节 536 及之后的所有字节。所以主机 A 就会在它发往主机 B 的报文段的确认号字段中填上 536。

再举一个例子，假设主机 A 已收到一个来自主机 B 的包含字节 0~535 的报文段，以及另一个包含字节 900~1000 的报文段。由于某种原因，主机 A 还没有收到字节 536~899 的报文段。在这个例子中，主机 A 为了重新构建主机 B 的数据流，仍在等待字节 536（和其后的字节）。因此，A 到 B 的下一个报文段将在确认号字段中包含 536。因为 TCP 只确认该流中至第一个丢失字节为止的字节，所以 TCP 被称为提供**累积确认**（cumulative acknowledgment）。

最后一个例子也会引发一个重要而微妙的问题。主机 A 在收到第二个报文段（字节 536~899）之前收到第三个报文段（字节 900~1000）。因此，第三个报文段失序到达。该微妙的问题是：当主机在一条 TCP 连接中收到失序报文段时该怎么办？有趣的是，TCP RFC 并没有为此明确规定任何规则，而是把这一问题留给实现 TCP 的编程人员去处理。他们有两个基本的选择：①接收方立即丢弃失序报文段（如前所述，这可以简化接收方的设计）；②接收方保留失序的字节，并等待缺少的字节以填补该间隔。显然，后一种选择对网络带宽而言更为有效，是实践中采用的方法。

在图 3-30 中，我们假设初始序号为 0。事实上，一条 TCP 连接的双方均可随机地选择初始序号。这样做可以减少将那些仍在网络中存在的来自两台主机之间先前已终止的连接的报文段，误认为是后来这两台主机之间新建连接所产生的有效报文段的可能性（它碰巧与旧连接使用了相同的端口号）［Sunshine 1978］。

2. Telnet：序号和确认号的一个学习案例

Telnet 由 RFC 854 定义，它现在是一个用于远程登录的流行应用层协议。它运行在 TCP 之上，被设计成可在任意一对主机之间工作。Telnet 与我们第 2 章讨论的批量数据传输应用不同，它是一个交互式应用。我们在此讨论一个 Telnet 例子，因为该例子很好地阐述 TCP 的序号与确认号。我们注意到许多用户现在更愿意采用 SSH 协议而不是 Telnet，因为在 Telnet 连接中发送的数据（包括口令！）是没有加密的，使得 Telnet 易于受到窃听攻击（如在 8.7 节中讨论的那样）。

假设主机 A 发起一个与主机 B 的 Telnet 会话。因为是主机 A 发起该会话，因此它被标记为客户，而主机 B 被标记为服务器。（在客户端的）用户键入的每个字符都会被发送至远程主机；远程主机将回送每个字符的副本给客户，并将这些字符显示在 Telnet 用户的屏幕上。这种"回显"（echo back）用于确保由 Telnet 用户发送的字符已经被远程主机收到并在远程站点上得到处理。因此，在从用户击键到字符被显示在用户屏幕上这段时间内，每个字符在网络中传输了两次。

现在假设用户输入了一个字符 'C'，然后喝起了咖啡。我们考察一下在客户与服务器之间发送的 TCP 报文段。如图 3-31 所示，假设客户和服务器的起始序号分别是 42 和 79。前面讲过，一个

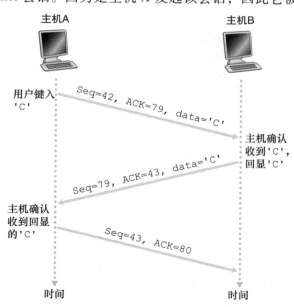

图 3-31　一个经 TCP 的简单 Telnet 应用的确认号和序号

报文段的序号就是该报文段数据字段首字节的序号。因此，客户发送的第一个报文段的序号为 42，服务器发送的第一个报文段的序号为 79。前面讲过，确认号就是主机正在等待的数据的下一个字节序号。在 TCP 连接建立后但没有发送任何数据之前，该客户等待字节 79，而该服务器等待字节 42。

如图 3-31 中所示，共发送 3 个报文段。第一个报文段是由客户发往服务器，在它的数据字段里包含一字节的字符 'C' 的 ASCII 码。如我们刚讲到的那样，第一个报文段的序号字段里是 42。另外，由于客户还没有接收到来自服务器的任何数据，因此该第一个报文段中的确认号字段中是 79。

第二个报文段是由服务器发往客户。它有两个目的：首先它是为该服务器所收到数据提供一个确认。通过在确认号字段中填入 43，服务器告诉客户它已经成功地收到字节 42 及以前的所有字节，现在正等待着字节 43 的出现。该报文段的第二个目的是回显字符 'C'。因此，在第二个报文段的数据字段里填入的是字符 'C' 的 ASCII 码。第二个报文段的序号为 79，它是该 TCP 连接上从服务器到客户的数据流的起始序号，这也正是服务器要发送的第一个字节的数据。值得注意的是，对客户到服务器的数据的确认被装载在一个承载服务器到客户的数据的报文段中；这种确认被称为是被**捎带**（piggybacked）在服务器到客户的数据报文段中的。

第三个报文段是从客户发往服务器的。它的唯一目的是确认已从服务器收到的数据。（前面讲过，第二个报文段中包含的数据是字符 'C'，是从服务器到客户的。）该报文段的数据字段为空（即确认信息没有被任何从客户到服务器的数据所捎带）。该报文段的确认号字段填入的是 80，因为客户已经收到了字节流中序号为 79 及以前的字节，它现在正等待着字节 80 的出现。你可能认为这有点奇怪，即使该报文段里没有数据还仍有序号。这是因为 TCP 存在序号字段，报文段需要填入某个序号。

3.5.3　往返时间的估计与超时

TCP 如同前面 3.4 节所讲的 rdt 协议一样，它采用超时/重传机制来处理报文段的丢失问题。尽管这在概念上简单，但是当在如 TCP 这样的实际协议中实现超时/重传机制时还是会产生许多微妙的问题。也许最明显的一个问题就是超时间隔长度的设置。显然，超时间隔必须大于该连接的往返时间（RTT），即从一个报文段发出到它被确认的时间。否则会造成不必要的重传。但是这个时间间隔到底应该是多大呢？刚开始时应如何估计往返时间呢？是否应该为所有未确认的报文段各设一个定时器？问题竟然如此之多！我们在本节中的讨论基于 [Jacobson 1988] 中有关 TCP 的工作以及 IETF 关于管理 TCP 定时器的建议 [RFC 6298]。

1. 估计往返时间

我们开始学习 TCP 定时器的管理问题，要考虑一下 TCP 是如何估计发送方与接收方之间的往返时间的。这是通过如下方法完成的。报文段的样本 RTT（表示为 SampleRTT）就是从某报文段被发出（即交给 IP）到对该报文段的确认被收到之间的时间量。大多数 TCP 的实现仅在某个时刻做一次 SampleRTT 测量，而不是为每个发送的报文段测量一个 SampleRTT。这就是说，在任意时刻，仅为一个已发送的但目前尚未被确认的报文段估计 SampleRTT，从而产生一个接近每个 RTT 的新 SampleRTT 值。另外，TCP 绝不为已被重传的报文段计算 SampleRTT；它仅为传输一次的报文段测量 SampleRTT [Kan 1987]。（本章后面的一个习题请你考虑一下为什么要这么做。）

显然，由于路由器的拥塞和端系统负载的变化，这些报文段的 SampleRTT 值会随之波动。由于这种波动，任何给定的 SampleRTT 值也许都是非典型的。因此，为了估计一个典型的 RTT，自然要采取某种对 SampleRTT 取平均的办法。TCP 维持一个 SampleRTT 均值（称为 EstimatedRTT）。一旦获得一个新 SampleRTT 时，TCP 就会根据下列公式来更新 EstimatedRTT：

$$\text{EstimatedRTT} = (1-\alpha) \cdot \text{EstimatedRTT} + \alpha \cdot \text{SampleRTT}$$

上面的公式是以编程语言的语句方式给出的，即 EstimatedRTT 的新值是由以前的 EstimatedRTT 值与 SampleRTT 新值加权组合而成的。在［RFC 6298］中给出的 α 推荐值是 $\alpha = 0.125$（即 1/8），这时上面的公式变为：

$$\text{EstimatedRTT} = 0.875 \cdot \text{EstimatedRTT} + 0.125 \cdot \text{SampleRTT}$$

值得注意的是，EstimatedRTT 是一个 SampleRTT 值的加权平均值。如在本章后面习题中讨论的那样，这个加权平均对最近的样本赋予的权值要大于对旧样本赋予的权值。这是很自然的，因为越近的样本越能更好地反映网络的当前拥塞情况。从统计学观点讲，这种平均被称为**指数加权移动平均**（Exponential Weighted Moving Average，EWMA）。在 EWMA 中的"指数"一词看起来是指一个给定的 SampleRTT 的权值在更新的过程中呈指数型快速衰减。在课后习题中，将要求你推导出 EstimatedRTT 的指数表达形式。

图 3-32 显示了当 $\alpha = 1/8$ 时，在 gaia.cs.umass.edu（在美国马萨诸塞州的 Amherst）与 fantasia.eurecom.fr（在法国南部）之间的一条 TCP 连接上的 SampleRTT 值与 EstimatedRTT 值。显然，SampleRTT 的变化在 EstimatedRTT 的计算中趋于平缓了。

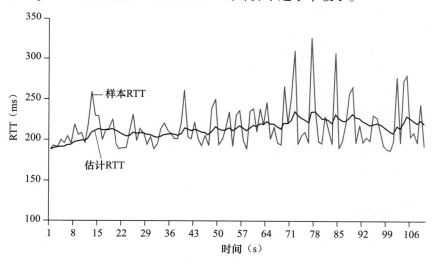

图 3-32 RTT 样本和 RTT 估计

除了估算 RTT 外，测量 RTT 的变化也是有价值的。［RFC 6298］定义了 RTT 偏差 DevRTT，用于估算 SampleRTT 一般会偏离 EstimatedRTT 的程度：

$$\text{DevRTT} = (1-\beta) \cdot \text{DevRTT} + \beta \cdot |\text{SampleRTT} - \text{EstimatedRTT}|$$

注意到 DevRTT 是一个 SampleRTT 与 EstimatedRTT 之间差值的 EWMA。如果 SampleRTT 值波动较小，那么 DevRTT 的值就会很小；另一方面，如果波动很大，那么 DevRTT 的值就会很大。β 的推荐值为 0.25。

2. 设置和管理重传超时间隔

假设已经给出了 EstimatedRTT 值和 DevRTT 值，那么 TCP 超时间隔应该用什么值呢？很明显，超时间隔应该大于等于 EstimatedRTT，否则，将造成不必要的重传。但是超时间隔也不应该比 EstimatedRTT 大太多，否则当报文段丢失时，TCP 不能很快地重传该报文段，导致数据传输时延大。因此要求将超时间隔设为 EstimatedRTT 加上一定余量。当 SampleRTT 值波动较大时，这个余量应该大些；当波动较小时，这个余量应该小些。因此，DevRTT 值应该在这里发挥作用了。在 TCP 的确定重传超时间隔的方法中，所有这些因素都考虑到了：

$$TimeoutInterval = EstimatedRTT + 4 \cdot DevRTT$$

推荐的初始 TimeoutInterval 值为 1 秒 ［RFC 6298］。同时，当出现超时后，TimeoutInterval 值将加倍，以免即将被确认的后继报文段过早出现超时。然而，只要收到报文段并更新 EstimatedRTT，就使用上述公式再次计算 TimeoutInterval。

实 践 原 则

与我们在 3.4 节中所学的方法很像，TCP 通过使用肯定确认与定时器来提供可靠数据传输。TCP 确认正确接收到的数据，而当认为报文段或其确认报文丢失或受损时，TCP 会重传这些报文段。有些版本的 TCP 还有一个隐式 NAK 机制（在 TCP 的快速重传机制下，收到对一个特定报文段的 3 个冗余 ACK 就可作为对后面报文段的一个隐式 NAK，从而在超时之前触发对该报文段的重传）。TCP 使用序号以使接收方能识别丢失或重复的报文段。像可靠数据传输协议 rdt3.0 的情况一样，TCP 自己也无法明确地分辨一个报文段或其 ACK 是丢失了还是受损了，或是时延过长了。在发送方，TCP 的响应是相同的：重传有疑问的报文段。

TCP 也使用流水线，使得发送方在任意时刻都可以有多个已发出但还未被确认的报文段存在。我们在前面已经看到，当报文段长度与往返时延之比很小时，流水线可显著地增加一个会话的吞吐量。一个发送方能够具有的未被确认报文段的具体数量是由 TCP 的流量控制和拥塞控制机制决定的。TCP 流量控制将在本节后面讨论；TCP 拥塞控制将在 3.7 节中讨论。此时我们只需知道 TCP 发送方使用了流水线。

3.5.4 可靠数据传输

前面讲过，因特网的网络层服务（IP 服务）是不可靠的。IP 不保证数据报的交付，不保证数据报的按序交付，也不保证数据报中数据的完整性。对于 IP 服务，数据报能够溢出路由器缓存而永远不能到达目的地，数据报也可能是乱序到达，而且数据报中的比特可能损坏（由 0 变为 1 或者相反）。由于运输层报文段是被 IP 数据报携带着在网络中传输的，所以运输层的报文段也会遇到这些问题。

TCP 在 IP 不可靠的尽力而为服务之上创建了一种**可靠数据传输服务**（reliable data transfer service）。TCP 的可靠数据传输服务确保一个进程从其接收缓存中读出的数据流是无损坏、无间隙、非冗余和按序的数据流；即该字节流与连接的另一方端系统发送出的字节流是完全相同。TCP 提供可靠数据传输的方法涉及我们在 3.4 节中所学的许多原理。

在我们前面研发可靠数据传输技术时，曾假定每一个已发送但未被确认的报文段都与一个定时器相关联，这在概念上是最简单的。虽然这在理论上很好，但定时器的管理却需要相当大的开销。因此，推荐的定时器管理过程［RFC 6298］仅使用单一的重传定时器，即使有多个已发送但还未被确认的报文段。在本节中描述的 TCP 协议遵循了这种单一定时器的推荐。

我们将以两个递增的步骤来讨论 TCP 是如何提供可靠数据传输的。我们先给出一个 TCP 发送方的高度简化的描述，该发送方只用超时来恢复报文段的丢失；然后再给出一个更全面的描述，该描述中除了使用超时机制外，还使用冗余确认技术。在接下来的讨论中，我们假定数据仅向一个方向发送，即从主机 A 到主机 B，且主机 A 在发送一个大文件。

图 3-33 给出了一个 TCP 发送方高度简化的描述。我们看到在 TCP 发送方有 3 个与发送和重传有关的主要事件：从上层应用程序接收数据；定时器超时和收到 ACK。一旦第一个主要事件发生，TCP 从应用程序接收数据，将数据封装在一个报文段中，并把该报文段交给 IP。注意到每一个报文段都包含一个序号，如 3.5.2 节所讲的那样，这个序号就是该报文段第一个数据字节的字节流编号。还要注意到如果定时器还没有为某些其他报文段而运行，则当报文段被传给 IP 时，TCP 就启动该定时器。（将定时器想象为与最早的未被确认的报文段相关联是有帮助的。）该定时器的过期间隔是 TimeoutInterval，它是由 3.5.3 节中所描述的 EstimatedRTT 和 DevRTT 计算得出的。

```
/* 假设发送方不受TCP流量和拥塞控制的限制，来自上层数据的长度小于MSS，且数据传送只在一个
方向进行。*/

NextSeqNum=InitialSeqNumber
SendBase=InitialSeqNumber

loop  (永远)  {
    switch (事件)

        事件：从上面应用程序接收到数据e
            生成具有序号NextSeqNum的TCP报文段
            if  (定时器当前没有运行)
                启动定时器
            向IP传递报文段
            NextSeqNum=NextSeqNum+length(data)
            break;

        事件：定时器超时
            重传具有最小序号但仍未应答的报文段
            启动定时器
            break;

        事件：收到ACK，具有ACK字段值y
            if (y > SendBase) {
                SendBase=y
                if  (当前还有尚未确认的报文段)
                    启动定时器
                }
            break;

    } /* 结束永远循环 */
```

图 3-33　简化的 TCP 发送方

第二个主要事件是超时。TCP 通过重传引起超时的报文段来响应超时事件。然后 TCP 重启定时器。

TCP 发送方必须处理的第三个主要事件是，到达一个来自接收方的确认报文段（ACK）（更确切地说，是一个包含了有效 ACK 字段值的报文段）。当该事件发生时，TCP 将 ACK 的值 y 与它的变量 SendBase 进行比较。TCP 状态变量 SendBase 是最早未被确认的字节的序号。（因此 SendBase-1 是指接收方已正确按序接收到的数据的最后一个字节的序号。）如前面指出的那样，TCP 采用累积确认，所以 y 确认了字节编号在 y 之前的所有字节都已经收到。如果 $y>$SendBase，则该 ACK 是在确认一个或多个先前未被确认的报文段。因此发送方更新它的 SendBase 变量；如果当前有未被确认的报文段，TCP 还要重新启动定时器。

1. 一些有趣的情况

我们刚刚描述了一个关于 TCP 如何提供可靠数据传输的高度简化的版本。但即使这种高度简化的版本，仍然存在着许多微妙之处。为了较好地感受该协议的工作过程，我们来看几种简单情况。图 3-34 描述了第一种情况，主机 A 向主机 B 发送一个报文段。假设该报文段的序号是 92，而且包含 8 字节数据。在发出该报文段之后，主机 A 等待一个来自主机 B 的确认号为 100 的报文段。虽然 A 发出的报文段在主机 B 上被收到，但从主机 B 发往主机 A 的确认报文丢失了。在这种情况下，超时事件就会发生，主机 A 会重传相同的报文段。当然，当主机 B 收到该重传的报文段时，它将通过序号发现该报文段包含了早已收到的数据。因此，主机 B 中的 TCP 将丢弃该重传的报文段中的这些字节。

在第二种情况中，如图 3-35 所示，主机 A 连续发回了两个报文段。第一个报文段序号是 92，包含 8 字节数据；第二个报文段序号是 100，包含 20 字节数据。假设两个报文段都完好无损地到达主机 B，并且主机 B 为每一个报文段分别发送一个确认。第一个确认报文的确认号是 100，第二个确认报文的确认号是 120。现在假设在超时之前这两个报文段中没有一个确认报文到达主机 A。当超时事件发生时，主机 A 重传序号 92 的第一个报文段，并重启定时器。只要第二个报文段的 ACK 在新的超时发生以前到达，则第二个报文段将不会被重传。

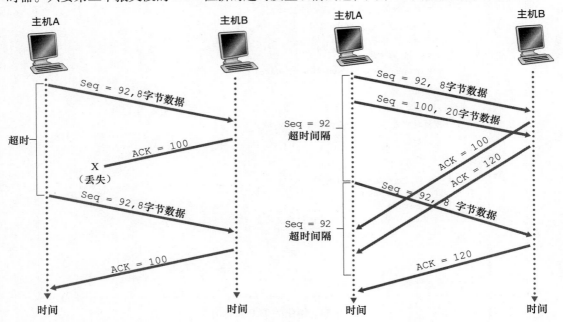

图 3-34　由于确认丢失而重传　　　　图 3-35　报文段 100 没有重传

在第三种也是最后一种情况中，假设主机 A 与在第二种情况中完全一样，发送两个报文段。第一个报文段的确认报文在网络丢失，但在超时事件发生之前主机 A 收到一个确认号为 120 的确认报文。主机 A 因而知道主机 B 已经收到了序号为 119 及之前的所有字节；所以主机 A 不会重传这两个报文段中的任何一个。这种情况在图 3-36 中进行了图示。

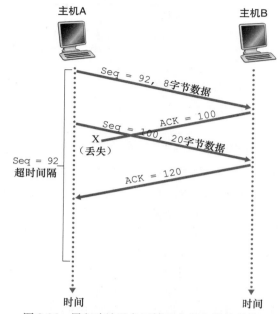

图 3-36　累积确认避免了第一个报文段的重传

2. 超时间隔加倍

我们现在讨论一下在大多数 TCP 实现中所做的一些修改。首先关注的是在定时器时限过期后超时间隔的长度。在这种修改中，每当超时事件发生时，如前所述，TCP 重传具有最小序号的还未被确认的报文段。只是每次 TCP 重传时都会将下一次的超时间隔设为先前值的两倍，而不是用从 EstimatedRTT 和 DevRTT 推算出的值（如在 3.5.3 节中所描述的）。例如，假设当定时器第一次过期时，与最早的未被确认的报文段相关联的 TimeoutInterval 是 0.75 秒。TCP 就会重传该报文段，并把新的过期时间设置为 1.5 秒。如果 1.5 秒后定时器又过期了，则 TCP 将再次重传该报文段，并把过期时间设置为 3.0 秒。因此，超时间隔在每次重传后会呈指数型增长。然而，每当定时器在另两个事件（即收到上层应用的数据和收到 ACK）中的任意一个启动时，TimeoutInterval 由最近的 EstimatedRTT 值与 DevRTT 值推算得到。

这种修改提供了一个形式受限的拥塞控制。（更复杂的 TCP 拥塞控制形式将在 3.7 节中学习。）定时器过期很可能是由网络拥塞引起的，即太多的分组到达源与目的地之间路径上的一台（或多台）路由器的队列中，造成分组丢失或长时间的排队时延。在拥塞的时候，如果源持续重传分组，会使拥塞更加严重。相反，TCP 使用更文雅的方式，每个发送方的重传都是经过越来越长的时间间隔后进行的。当我们在第 6 章学习 CSMA/CD 时，将看到以太网采用了类似的思路。

3. 快速重传

超时触发重传存在的问题之一是超时周期可能相对较长。当一个报文段丢失时，这种长超时周期迫使发送方延迟重传丢失的分组，因而增加了端到端时延。幸运的是，发送方通常可在超时事件发生之前通过注意所谓冗余 ACK 来较好地检测到丢包情况。**冗余 ACK**（duplicate ACK）就是再次确认某个报文段的 ACK，而发送方先前已经收到对该报文段的确认。要理解发送方对冗余 ACK 的响应，我们必须首先看一下接收方为什么会发送冗余 ACK。表 3-2 总结了 TCP 接收方的 ACK 生成策略 [RFC 5681]。当 TCP 接收方收到一个具有这样序号的报文段时，即其序号大于下一个所期望的、按序的报文段，它检测到了数据流中的一个间隔，这就是说有报文段丢失。这个间隔可能是由于在网络中报文段丢失或重新排序造成的。因为 TCP 不使用否定确认，所以接收方不能向发送方发回一个显式的否定确认。相反，它只是对已经接收到的最后一个按序字节数据进行重复确认（即产生一个冗余 ACK）即可。（注意到在

表 3-2 中允许接收方不丢弃失序报文段。）

表 3-2　产生 TCP ACK 的建议［RFC 5681］

事件	TCP 接收方操作
具有所期望序号的按序报文段到达。所有在期望序号及以前的数据都已经被确认	延迟的 ACK。对另一个按序报文段的到达最多等待 500ms。如果下一个按序报文段在这个时间间隔内没有到达，则发送一个 ACK
具有所期望序号的按序报文段到达。另一个按序报文段等待 ACK 传输	立即发送单个累积 ACK，以确认两个按序报文段
比期望序号大的失序报文段到达。检测出间隔	立即发送冗余 ACK，指示下一个期待字节的序号（其为间隔的低端的序号）
能部分或完全填充接收数据间隔的报文段到达	倘若该报文段起始于间隔的低端，则立即发送 ACK

因为发送方经常一个接一个地发送大量的报文段，如果一个报文段丢失，就很可能引起许多一个接一个的冗余 ACK。如果 TCP 发送方接收到对相同数据的 3 个冗余 ACK，它把这当作一种指示，说明跟在这个已被确认过 3 次的报文段之后的报文段已经丢失。（在课后习题中，我们将考虑为什么发送方等待 3 个冗余 ACK，而不是仅仅等待一个冗余 ACK。）一旦收到 3 个冗余 ACK，TCP 就执行**快速重传**（fast retransmit）［RFC 5681］，即在该报文段的定时器过期之前重传丢失的报文段（见图 3-37）。对于采用快速重传的 TCP，可用下列代码片段代替图 3-33 中的 ACK 收到事件：

```
事件: 收到ACK,具有ACK字段值y
    if (y > SendBase) {
    SendBase=y
    if (当前仍无任何应答报文段)
        启动定时器
        }
    else {/*对已经确认的报文段的一个冗余ACK */
        对y收到的冗余ACK数加1
        if (对y==3收到的冗余ACK数)
            /*  TCP快速重传 */
            重新发送具有序号y的报文段
        }
    break;
```

前面讲过，当在如 TCP 这样一个实际协议中实现超时/重传机制时，会产生许多微妙的问题。上面的过程是在超过 20 年的 TCP 定时器使用经验的基础上演化而来的，读者应当理解实际情况确实是这样的。

4. 是回退 N 步还是选择重传

考虑下面这个问题来结束有关 TCP 差错恢复机制的学习：TCP 是一个 GBN 协议还是一个 SR 协议？前面讲过，TCP 确认是累积式的，正确接收但失序的报文段是不会被接收方逐个确认的。因此，如图 3-33 所示（也可参见图 3-19），TCP 发送方仅需维持已发送过但未被确认的字节的最小序号（SendBase）和下一个要发送的字节的序号（NextSeqNum）。在这种意义下，TCP 看起来更像一个 GBN 风格的协议。但是 TCP 和 GBN 协议之间有着一些显著的区别。许多 TCP 实现会将正确接收但失序的报文段缓存起来［Stevens 1994］。另外考虑一下，当发送方发送的一组报文段 1，2，…，N，并且所有的报文段都按序无差错地到达接收方时会发生的情况。进一步假设对分组 $n<N$ 的确认报文丢失，但是其余 $N-1$ 个确认报文在分别超时以前到达发送端，这时又会发生的情况。在该例中，GBN 不仅会重传分组 n，还会重传所有后继的分组 $n+1$，$n+2$，…，N。在另一方面，TCP 将重传至多一个报文段，即报文段 n。此外，如果对报文段 $n+1$ 的确认报文在报文段 n 超时之前到达，TCP 甚至不会重传报文段 n。

对 TCP 提出的一种修改意见是所谓的**选择确认**（selective acknowledgment）[RFC 2018]，它允许 TCP 接收方有选择地确认失序报文段，而不是累积地确认最后一个正确接收的有序报文段。当将该机制与选择重传机制结合起来使用时（即跳过重传那些已被接收方选择性地确认过的报文段），TCP 看起来就很像我们通常的 SR 协议。因此，TCP 的差错恢复机制也许最好被分类为 GBN 协议与 SR 协议的混合体。

3.5.5 流量控制

前面讲过，一条 TCP 连接的每一侧主机都为该连接设置了接收缓存。当该

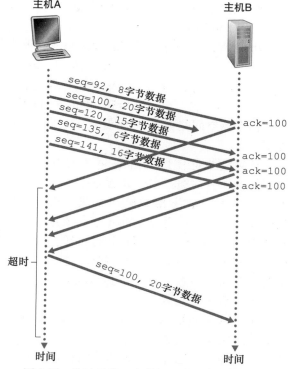

图 3-37 快速重传：在某报文段的定时器过期之前重传丢失的报文段

TCP 连接收到正确、按序的字节后，它就将数据放入接收缓存。相关联的应用进程会从该缓存中读取数据，但不必是数据刚一到达就立即读取。事实上，接收方应用也许正忙于其他任务，甚至要过很长时间后才去读取该数据。如果某应用程序读取数据时相对缓慢，而发送方发送得太多、太快，发送的数据就会很容易地使该连接的接收缓存溢出。

TCP 为它的应用程序提供了**流量控制服务**（flow-control service）以消除发送方使接收方缓存溢出的可能性。流量控制因此是一个速度匹配服务，即发送方的发送速率与接收方应用程序的读取速率相匹配。前面提到过，TCP 发送方也可能因为 IP 网络的拥塞而被遏制；这种形式的发送方的控制被称为**拥塞控制**（congestion control），我们将在 3.6 节和 3.7 节详细地讨论这个主题。即使流量控制和拥塞控制采取的操作非常相似（对发送方的遏制），但是它们显然是针对完全不同的原因而采取的措施。不幸的是，许多作者把这两个术语混用，理解力强的读者会明智地区分这两种情况。现在我们来讨论 TCP 如何提供流量控制服务的。为了能从整体上看问题，我们在本节都假设 TCP 是这样实现的，即 TCP 接收方丢弃失序的报文段。

TCP 通过让发送方维护一个称为**接收窗口**（receive window）的变量来提供流量控制。通俗地说，接收窗口用于给发送方一个指示——该接收方还有多少可用的缓存空间。因为 TCP 是全双工通信，在连接两端的发送方都各自维护一个接收窗口。我们在文件传输的情况下研究接收窗口。假设主机 A 通过一条 TCP 连接向主机 B 发送一个大文件。主机 B 为该连接分配了一个接收缓存，并用 RcvBuffer 来表示其大小。主机 B 上的应用进程不时地

从该缓存中读取数据。我们定义以下变量:

- LastByteRead:主机 B 上的应用进程从缓存读出的数据流的最后一个字节的编号。
- LastByteRcvd:从网络中到达的并且已放入主机 B 接收缓存中的数据流的最后一个字节的编号。

由于 TCP 不允许已分配的缓存溢出,下式必须成立:

$$LastByteRcvd - LastByteRead \leqslant RcvBuffer$$

接收窗口用 rwnd 表示,根据缓存可用空间的数量来设置:

$$rwnd = RcvBuffer - [\,LastByteRcvd - LastByteRead\,]$$

由于该空间是随着时间变化的,所以 rwnd 是动态的。图 3-38 对变量 rwnd 进行了图示。

连接是如何使用变量 rwnd 来提供流量控制服务的呢? 主机 B 通过把当前的 rwnd 值放入它发给主机 A 的报文段接收窗口字段中,通知主机 A 它在该连接的缓存中还有多少可用空间。开始时,主机 B 设定 rwnd = RcvBuffer。注意到为了实现这一点,主机 B 必须跟踪几个与连接有关的变量。

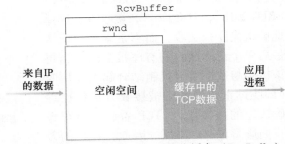

图 3-38   接收窗口 (rwnd) 和接收缓存 (RcvBuffer)

主机 A 轮流跟踪两个变量,LastByteSent 和 LastByteAcked,这两个变量的意义很明显。注意到这两个变量之间的差 LastByteSent - LastByteAcked,就是主机 A 发送到连接中但未被确认的数据量。通过将未确认的数据量控制在值 rwnd 以内,就可以保证主机 A 不会使主机 B 的接收缓存溢出。因此,主机 A 在该连接的整个生命周期须保证:

$$LastByteSent - LastByteAcked \leqslant rwnd$$

对于这个方案还存在一个小小的技术问题。为了理解这一点,假设主机 B 的接收缓存已经存满,使得 rwnd = 0。在将 rwnd = 0 通告给主机 A 之后,还要假设主机 B 没有任何数据要发给主机 A。此时,考虑会发生什么情况。因为主机 B 上的应用进程将缓存清空,TCP 并不向主机 A 发送带有 rwnd 新值的新报文段;事实上,TCP 仅当在它有数据或有确认要发时才会发送报文段给主机 A。这样,主机 A 不可能知道主机 B 的接收缓存已经有新的空间了,即主机 A 被阻塞而不能再发送数据! 为了解决这个问题,TCP 规范中要求:当主机 B 的接收窗口为 0 时,主机 A 继续发送只有一个字节数据的报文段。这些报文段将会被接收方确认。最终缓存将开始清空,并且确认报文里将包含一个非 0 的 rwnd 值。

位于 http://www.awl.com/kurose-ross 的在线站点为本书提供了一个交互式动画,用以说明 TCP 接收窗口的运行情况。

描述了 TCP 的流量控制服务以后,我们在此要简要地提一下 UDP 并不提供流量控制,报文段由于缓存溢出可能在接收方丢失。例如,考虑一下从主机 A 上的一个进程向主机 B 上的一个进程发送一系列 UDP 报文段的情形。对于一个典型的 UDP 实现,UDP 将在一个有限大小的缓存中加上报文段,该缓存在相应套接字(进程的门户)"之前"。进程每次从缓存中读取一个完整的报文段。如果进程从缓存中读取报文段的速度不够快,那么缓存将会溢出,并且将丢失报文段。

3.5.6　TCP 连接管理

在本小节中，我们更为仔细地观察如何建立和拆除一条 TCP 连接。尽管这个主题并不特别令人兴奋，但是它很重要，因为 TCP 连接的建立会显著地增加人们感受到的时延（如在 Web 上冲浪时）。此外，许多常见的网络攻击（包括极为流行的 SYN 洪泛攻击）利用了 TCP 连接管理中的弱点。现在我们观察一下一条 TCP 连接是如何建立的。假设运行在一台主机（客户）上的一个进程想与另一台主机（服务器）上的一个进程建立一条连接。客户应用进程首先通知客户 TCP，它想建立一个与服务器上某个进程之间的连接。客户中的 TCP 会用以下方式与服务器中的 TCP 建立一条 TCP 连接：

- 第一步：客户端的 TCP 首先向服务器端的 TCP 发送一个特殊的 TCP 报文段。该报文段中不包含应用层数据。但是在报文段的首部（参见图 3-29）中的一个标志位（即 SYN 比特）被置为 1。因此，这个特殊报文段被称为 SYN 报文段。另外，客户会随机地选择一个初始序号（client_isn），并将此编号放置于该起始的 TCP SYN 报文段的序号字段中。该报文段会被封装在一个 IP 数据报中，并发送给服务器。为了避免某些安全性攻击，在适当地随机化选择 client_isn 方面有着不少有趣的研究 [CERT 2001-09；RFC 4987]。

- 第二步：一旦包含 TCP SYN 报文段的 IP 数据报到达服务器主机（假定它的确到达了!），服务器会从该数据报中提取出 TCP SYN 报文段，为该 TCP 连接分配 TCP 缓存和变量，并向该客户 TCP 发送允许连接的报文段。（我们将在第 8 章看到，在完成三次握手的第三步之前分配这些缓存和变量，使得 TCP 易于受到称为 SYN 洪泛的拒绝服务攻击。）这个允许连接的报文段也不包含应用层数据。但是，在报文段的首部却包含 3 个重要的信息。首先，SYN 比特被置为 1。其次，该 TCP 报文段首部的确认号字段被置为 client_isn+1。最后，服务器选择自己的初始序号（server_isn），并将其放置到 TCP 报文段首部的序号字段中。这个允许连接的报文段实际上表明了："我收到了你发起建立连接的 SYN 分组，该分组带有初始序号 client_isn。我同意建立该连接。我自己的初始序号是 server_isn。"该允许连接的报文段被称为 **SYNACK 报文段**（SYNACK segment）。

- 第三步：在收到 SYNACK 报文段后，客户也要给该连接分配缓存和变量。客户主机则向服务器发送另外一个报文段，这最后一个报文段对服务器允许连接的报文段进行了确认（该客户通过将值 server_isn+1 放置到 TCP 报文段首部的确认字段中来完成此项工作）。因为连接已经建立了，所以该 SYN 比特被置为 0。该三次握手的第三个阶段可以在报文段负载中携带客户到服务器的数据。

一旦完成这 3 个步骤，客户和服务器主机就可以相互发送包括数据的报文段了。在以后每一个报文段中，SYN 比特都将被置为 0。注意到为了创建该连接，在两台主机之间发送了 3 个分组，如图 3-39 所示。由于这个原因，这种连接创建过程通常被称为 **3 次握手**（three-way handshake）。TCP 3 次握手的几个方面将在课后习题中讨论（为什么需要初始序号？为什么需要 3 次握手，而不是两次握手？）。注意到这样一件事是很有趣的，一个攀岩者和一个保护者（他位于攀岩者的下面，他的任务是处理好攀岩者的安全绳索）就使用了与 TCP 相同的 3 次握手通信协议，以确保在攀岩者开始攀爬前双方都已经准备好了。

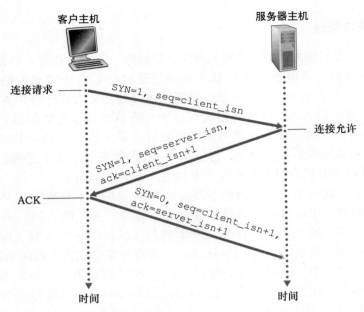

图 3-39   TCP 三次握手：报文段交换

天下没有不散的宴席，对于 TCP 连接也是如此。参与一条 TCP 连接的两个进程中的任何一个都能终止该连接。当连接结束后，主机中的"资源"（即缓存和变量）将被释放。举一个例子，假设某客户打算关闭连接，如图 3-40 所示。客户应用进程发出一个关闭连接命令。这会引起客户 TCP 向服务器进程发送一个特殊的 TCP 报文段。这个特殊的报文段让其首部中的一个标志位即 FIN 比特（参见图 3-29）被设置为 1。当服务器接收到该报文段后，就向发送方回送一个确认报文段。然后，服务器发送它自己的终止报文段，其 FIN 比特被置为 1。最后，该客户对这个服务器的终止报文段进行确认。此时，在两台主机上用于该连接的所有资源都被释放了。

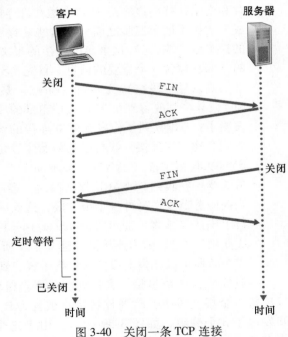

图 3-40   关闭一条 TCP 连接

在一个 TCP 连接的生命周期内，运行在每台主机中的 TCP 协议在各种 **TCP 状态**（TCP state）之间变迁。图 3-41 说明了客户 TCP 会经历的一系列典型 TCP 状态。客户 TCP 开始时处于 CLOSED（关闭）状态。客户的应用程序发起一个新的 TCP 连接（可通过在第 2 章讲过的 Python 例子中创建一个 Socket 对象来完成）。这引起客户中的 TCP 向服务器中的 TCP 发送一个 SYN 报文段。在发送过 SYN 报文段后，客户 TCP 进入了 SYN_SENT 状态。当客户 TCP 处在 SYN_SENT 状态时，它等待来自服务器 TCP 的对客户所发报文段进行确认且 SYN 比特被置为 1 的一个报文段。收到这样一个报文段之后，客户 TCP 进入 ESTABLISHED（已建立）状态。当处在 ESTABLISHED 状态时，TCP 客户就能发送和接收包含有效载荷数据（即应用层产生的数据）的 TCP 报文段了。

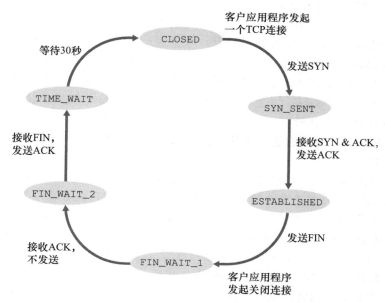

图 3-41　客户 TCP 经历的典型 TCP 状态序列

　　假设客户应用程序决定要关闭该连接。（注意到服务器也能选择关闭该连接。）这引起客户 TCP 发送一个带有 FIN 比特被置为 1 的 TCP 报文段，并进入 FIN_WAIT_1 状态。当处在 FIN_WAIT_1 状态时，客户 TCP 等待一个来自服务器的带有确认的 TCP 报文段。当它收到该报文段时，客户 TCP 进入 FIN_WAIT_2 状态。当处在 FIN_WAIT_2 状态时，客户等待来自服务器的 FIN 比特被置为 1 的另一个报文段；当收到该报文段后，客户 TCP 对服务器的报文段进行确认，并进入 TIME_WAIT 状态。假定 ACK 丢失，TIME_WAIT 状态使 TCP 客户重传最后的确认报文。在 TIME_WAIT 状态中所消耗的时间是与具体实现有关的，而典型的值是 30 秒、1 分钟或 2 分钟。经过等待后，连接就正式关闭，客户端所有资源（包括端口号）将被释放。

关注安全性

SYN 洪泛攻击

　　我们在 TCP 三次握手的讨论中已经看到，服务器为了响应一个收到的 SYN，分配并初始化连接变量和缓存。然后服务器发送一个 SYNACK 进行响应，并等待来自客户的 ACK 报文段。如果某客户不发送 ACK 来完成该三次握手的第三步，最终（通常在一分多钟之后）服务器将终止该半开连接并回收资源。

　　这种 TCP 连接管理协议为经典的 DoS 攻击即 **SYN 洪泛攻击**（SYN flood attack）提供了环境。在这种攻击中，攻击者发送大量的 TCP SYN 报文段，而不完成第三次握手的步骤。随着这种 SYN 报文段纷至沓来，服务器不断为这些半开连接分配资源（但从未使用），导致服务器的连接资源被消耗殆尽。这种 SYN 洪泛攻击是被记载的众多 DoS 攻击中的第一种［CERT SYN 1996］。幸运的是，现在有一种有效的防御系统，称为 **SYN cookie**［RFC 4987］，它们被部署在大多数主流操作系统中。SYN cookie 以下列方式工作：

- 当服务器接收到一个 SYN 报文段时，它并不知道该报文段是来自合法的用户，还是 SYN 洪泛攻击的一部分。因此服务器不会为该报文段生成半开连接。相反，服务器生成一个初始 TCP 序列号，该序列号是 SYN 报文段的源和目的 IP 地址与端口号以及仅有该服务器知道的秘密数的一个复杂函数（散列函数）。这种精心制作的初始序列号被称为 "cookie"。服务器则发送具有这种特殊初始序列号的 SYNACK 分组。**重要的是，服务器并不记忆该 cookie 或任何对应于 SYN 的其他状态信息。**

- 如果客户是合法的，则它将返回一个 ACK 报文段。当服务器收到该 ACK，需要验证该 ACK 是与前面发送的某些 SYN 相对应的。如果服务器没有维护有关 SYN 报文段的记忆，这是怎样完成的呢？正如你可能猜测的那样，它是借助于 cookie 来做到的。前面讲过对于一个合法的 ACK，在确认字段中的值等于在 SYN-ACK 字段（此时为 cookie 值）中的值加 1（参见图 3-39）。服务器则将使用在 SYNACK 报文段中的源和目的地 IP 地址与端口号（它们与初始的 SYN 中的相同）以及秘密数运行相同的散列函数。如果该函数的结果加 1 与在客户的 SYNACK 中的确认（cookie）值相同的话，服务器认为该 ACK 对应于较早的 SYN 报文段，因此它是合法的。服务器则生成一个具有套接字的全开的连接。

- 在另一方面，如果客户没有返回一个 ACK 报文段，则初始的 SYN 并没有对服务器产生危害，因为服务器没有为它分配任何资源。

图 3-42 图示了服务器端的 TCP 通常要经历的一系列状态，其中假设客户开始连接拆

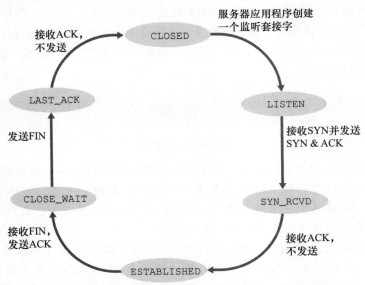

图 3-42   服务器端 TCP 经历的典型的 TCP 状态序列

除。这些状态变迁是自解释的。在这两个状态变迁图中，我们只给出了 TCP 连接是如何正常地被建立和拆除的。我们没有描述在某些不正常的情况下（例如当连接的双方同时都要发起或终止一条连接时）发生的事情。如果你对此问题及其他与 TCP 有关的高级问题感兴趣，推荐阅读 Stevens 的内容更全面的书籍［Stevens 1994］。

我们上面的讨论假定了客户和服务器都准备通信，即服务器正在监听客户发送其 SYN 报文段的端口。我们来考虑当一台主机接收到一个 TCP 报文段，其端口号或源 IP 地址与该主机上进行中的套接字都不匹配的情况。例如，假如一台主机接收了具有目的端口 80 的一个 TCP SYN 分组，但该主机在端口 80 不接受连接（即它不在端口 80 上运行 Web 服务器）。则该主机将向源发送一个特殊重置报文段。该 TCP 报文段将 RST 标志位（参见 3.5.2 节）置为 1。因此，当主机发送一个重置报文段时，它告诉该源"我没有那个报文段的套接字。请不要再发送该报文段了"。当一台主机接收一个 UDP 分组，它的目的端口与进行中的 UDP 套接字不匹配，该主机发送一个特殊的 ICMP 数据报，这将在第 5 章中讨论。

既然我们已经对 TCP 连接管理有了深入的了解，我们再次回顾 nmap 端口扫描工具，并更为详细地研究它的工作原理。为了探索目标主机上的一个特定的 TCP 端口，如端口 6789，nmap 将对那台主机的目的端口 6789 发送一个特殊的 TCP SYN 报文段。有 3 种可能的输出：

- 源主机从目标主机接收到一个 TCP SYNACK 报文段。因为这意味着在目标主机上一个应用程序使用 TCP 端口 6789 运行，nmap 返回"打开"。
- 源主机从目标主机接收到一个 TCP RST 报文段。这意味着该 SYN 报文段到达了目标主机，但目标主机没有运行一个使用 TCP 端口 6789 的应用程序。但攻击者至少知道发向该主机端口 6789 的报文段没有被源和目标主机之间的任何防火墙所阻挡。（将在第 8 章中讨论防火墙。）
- 源什么也没有收到。这很可能表明该 SYN 报文段被中间的防火墙所阻挡，无法到达目标主机。

nmap 是一个功能强大的工具，该工具不仅能"侦察"打开的 TCP 端口，也能"侦察"打开的 UDP 端口，还能"侦察"防火墙及其配置，甚至能"侦察"应用程序的版本和操作系统。其中的大多数都能通过操作 TCP 连接管理报文段完成。读者可以从 www. nmap. org 下载 nmap。

到此，我们介绍完了 TCP 中的差错控制和流量控制。在 3.7 节中，我们将回到 TCP 并更深入地研究 TCP 拥塞控制问题。然而，在此之前，我们先后退一步，在更广泛环境中讨论拥塞控制问题。

3.6 拥塞控制原理

在前面几节中，我们已经分析了面临分组丢失时用于提供可靠数据传输服务的基本原理及特定的 TCP 机制。我们以前讲过，在实践中，这种丢包一般是当网络变得拥塞时由于路由器缓存溢出引起的。分组重传因此作为网络拥塞的征兆（某个特定的运输层报文段的丢失）来对待，但是却无法处理导致网络拥塞的原因，因为有太多的源想以过高的速率发送数据。为了处理网络拥塞原因，需要一些机制以在面临网络拥塞时遏制发送方。

在本节中，我们考虑一般情况下的拥塞控制问题，试图理解为什么网络拥塞是一件坏事情，网络拥塞是如何在上层应用得到的服务性能中明确地显露出来的？如何可用各种方法来避免网络拥塞或对它做出反应？这种对拥塞控制的更一般研究是恰当的，因为就像可靠数据传输一样，它在网络技术中的前 10 个基础性重要问题清单中位居前列。下面一节详细研究 TCP 的拥塞控制算法。

3.6.1 拥塞原因与代价

我们通过分析 3 个复杂性越来越高的发生拥塞的情况，开始对拥塞控制的一般性研究。在每种情况下，我们首先将看看出现拥塞的原因以及拥塞的代价（根据资源未被充分利用以及端系统得到的低劣服务性能来评价）。我们暂不关注如何对拥塞做出反应或避免拥塞，而是重点理解一个较为简单的问题，即随着主机增加其发送速率并使网络变得拥塞，这时会发生的情况。

1. 情况 1：两个发送方和一台具有无穷大缓存的路由器

我们先考虑也许是最简单的拥塞情况：两台主机（A 和 B）都有一条连接，且这两条连接共享源与目的地之间的单跳路由，如图 3-43 所示。

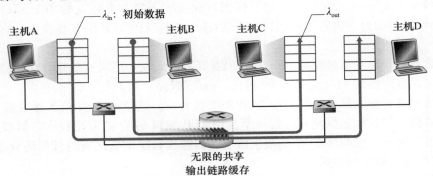

图 3-43　拥塞情况 1：两条连接共享具有无限大缓存的单跳路由

我们假设主机 A 中的应用程序以 λ_{in} 字节/秒的平均速率将数据发送到连接中（例如，通过一个套接字将数据传递给运输层协议）。这些数据是初始数据，这意味着每个数据单元仅向套接字中发送一次。下面的运输层协议是一个简单的协议。数据被封装并发送；不执行差错恢复（如重传）、流量控制或拥塞控制。忽略由于添加运输层和较低层首部信息产生的额外开销，在第一种情况下，主机 A 向路由器提供流量的速率是 λ_{in} 字节/秒。主机 B 也以同样的方式运行，为了简化问题，我们假设它也是以速率 λ_{in} 字节/秒发送数据。来自主机 A 和主机 B 的分组通过一台路由器，在一段容量为 R 的共享式输出链路上传输。该路由器带有缓存，可用于当分组到达速率超过该输出链路的容量时存储"入分组"。在此第一种情况下，我们将假设路由器有无限大的缓存空间。

图 3-44 描绘出了第一种情况下主机 A 的连接性能。左边的图形描绘了**每连接的吞吐量**（per-connection throughput）（接收方每秒接收的字节数）与该连接发送速率之间的函数关系。当发送速率在 $0 \sim R/2$ 之间时，接收方的吞吐量等于发送方的发送速率，即发送方发送的所有数据经有限时延后到达接收方。然而当发送速率超过 $R/2$ 时，它的吞吐量只能达 $R/2$。这个吞吐量上限是由两条连接之间共享链路容量造成的。链路完全不能以超过 $R/2$ 的稳定状态速率向接收方交付分组。无论主机 A 和主机 B 将其发送速率设置为多高，

它们都不会看到超过 $R/2$ 的吞吐量。

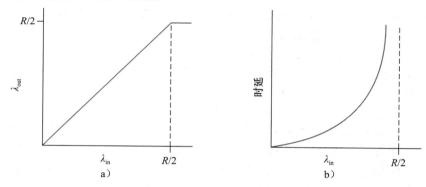

图 3-44 拥塞情况 1：吞吐量、时延与主机发送速率的函数关系

取得每连接 $R/2$ 的吞吐量实际上看起来可能是件好事，因为在将分组交付到目的地的过程中链路被充分利用了。但是，图 3-44b 的图形却显示了以接近链路容量的速率运行时产生的后果。当发送速率接近 $R/2$ 时（从左至右），平均时延就会越来越大。当发送速率超过 $R/2$ 时，路由器中的平均排队分组数就会无限增长，源与目的地之间的平均时延也会变成无穷大（假设这些连接以此发送速率运行无限长时间并且有无限量的缓存可用）。因此，虽然从吞吐量角度看，运行在总吞吐量接近 R 的状态也许是一个理想状态，但从时延角度看，却远不是一个理想状态。甚至在这种（极端）理想化的情况中，我们已经发现了拥塞网络的一种代价，即当分组的到达速率接近链路容量时，分组经历巨大的排队时延。

2. 情况 2：两个发送方和一台具有有限缓存的路由器

现在我们从下列两个方面对情况 1 稍微做一些修改（参见图 3-45）。首先，假定路由器缓存的容量是有限的。这种现实世界的假设的结果是，当分组到达一个已满的缓存时会被丢弃。其次，我们假定每条连接都是可靠的。如果一个包含有运输层报文段的分组在路由器中被丢弃，那么它终将被发送方重传。由于分组可以被重传，所以我们现在必须更小心地使用发送速率这个术语。特别是我们再次以 λ_{in} 字节/秒表示应用程序将初始数据发送到套接字中的速率。运输层向网络中发送报文段（含有初始数据或重传数据）的速率用 λ'_{in} 字节/秒表示。λ'_{in} 有时被称为网络的**供给载荷**（offered load）。

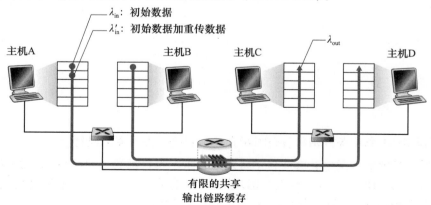

图 3-45 情况 2：（有重传的）两台主机与一台拥有有限缓存的路由器

在情况 2 下实现的性能强烈地依赖于重传的方式。首先，考虑一种不真实的情况，即主机 A 能够以某种方式（不可思议地！）确定路由器中的缓存是否空闲，因而仅当缓存空闲时才发送一个分组。在这种情况下，将不会产生丢包，λ_{in} 与 λ'_{in} 相等，并且连接的吞吐量就等于 λ_{in}。图 3-46a 中描述了这种情况。从吞吐量的角度看，性能是理想的，即发送的每个分组都被接收到。注意到在这种情况下，平均主机发送速率不能超过 $R/2$，因为假定不会发生分组丢失。

接下来考虑一种更为真实的情况，发送方仅当在确定了一个分组已经丢失时才重传。（同样，所做的假设有一些弹性。然而，发送主机有可能将超时时间设置得足够长，以无形中使其确信一个还没有被确认的分组已经丢失。）在这种情况下，性能就可能与图 3-46b 所示的情况相似。为了理解这时发生的情况，考虑一下供给载荷 λ'_{in}（初始数据传输加上重传的总速率）等于 $R/2$ 的情况。根据图 3-46b，在这一供给载荷值时，数据被交付给接收方应用程序的速率是 $R/3$。因此，在所发送的 $0.5R$ 单位数据当中，从平均的角度说，$0.333R$ 字节/秒是初始数据，而 $0.166R$ 字节/秒是重传数据。我们在此看到了另一种网络拥塞的代价，即发送方必须执行重传以补偿因为缓存溢出而丢弃（丢失）的分组。

最后，我们考虑下面一种情况：发送方也许会提前发生超时并重传在队列中已被推迟但还未丢失的分组。在这种情况下，初始数据分组和重传分组都可能到达接收方。当然，接收方只需要一份这样的分组副本就行了，重传分组将被丢弃。在这种情况下，路由器转发重传的初始分组副本是在做无用功，因为接收方已收到了该分组的初始版本。而路由器本可以利用链路的传输能力去发送另一个分组。这里，我们又看到了网络拥塞的另一种代价，即发送方在遇到大时延时所进行的不必要重传会引起路由器利用其链路带宽来转发不必要的分组副本。图 3-46c 显示了当假定每个分组被路由器转发（平均）两次时，吞吐量与供给载荷的对比情况。由于每个分组被转发两次，当其供给载荷接近 $R/2$ 时，其吞吐量将渐近 $R/4$。

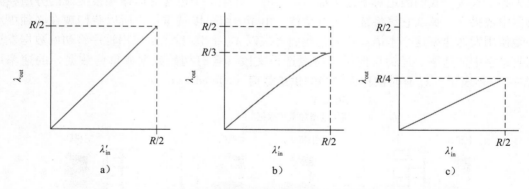

图 3-46　具有有限缓存时情况 2 的性能

3. 情况 3：4 个发送方和具有有限缓存的多台路由器及多跳路径

在最后一种拥塞情况中，有 4 台主机发送分组，每台都通过交叠的两跳路径传输，如图 3-47 所示。我们再次假设每台主机都采用超时/重传机制来实现可靠数据传输服务，所有的主机都有相同的 λ_{in} 值，所有路由器的链路容量都是 R 字节/秒。

我们考虑从主机 A 到主机 C 的连接，该连接经过路由器 R1 和 R2。A-C 连接与 D-B 连接共享路由器 R1，并与 B-D 连接共享路由器 R2。对极小的 λ_{in} 值，路由器缓存的溢出是很少见的（与拥塞情况 1、拥塞情况 2 中的一样），吞吐量大致接近供给载荷。对稍大的 λ_{in} 值，对应的吞吐量也更大，因为有更多的初始数据被发送到网络中并交付到目的地，溢出仍然很少。因此，对于较小的 λ_{in}，λ_{in} 的增大会导致 λ_{out} 的增大。

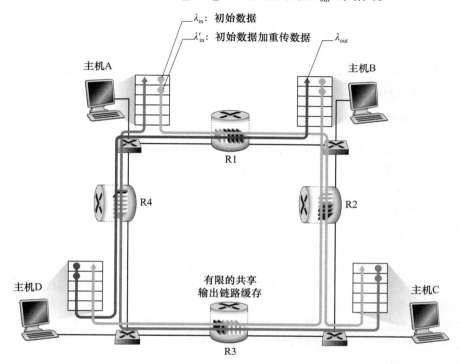

图 3-47 四个发送方和具有有限缓存的多台路由器及多跳路径

在考虑了流量很小的情况后，下面分析当 λ_{in}（因此 λ'_{in}）很大时的情况。考虑路由器 R2。不管 λ_{in} 的值是多大，到达路由器 R2 的 A-C 流量（在经过路由器 R1 转发后到达路由器 R2）的到达速率至多是 R，也就是从 R1 到 R2 的链路容量。如果 λ'_{in} 对于所有连接（包括 B-D 连接）来说是极大的值，那么在 R2 上，B-D 流量的到达速率可能会比 A-C 流量的到达速率大得多。因为 A-C 流量与 B-D 流量在路由器 R2 上必须为有限缓存空间而竞争，所以当来自 B-D 连接的供给载荷越来越大时，A-C 连接上成功通过 R2（即由于缓存溢出而未被丢失）的流量会越来越小。在极限情况下，当供给载荷趋近于无穷大时，R2 的空闲缓存会立即被 B-D 连接的分组占满，因而 A-C 连接在 R2 上的吞吐量趋近于 0。这又一次说明在重载的极限情况下，A-C 端到端吞吐量将趋近于 0。这些考虑引发了供给载荷与吞吐量之间的权衡，如图 3-48 所示。

当考虑由网络所做的浪费掉的工作量

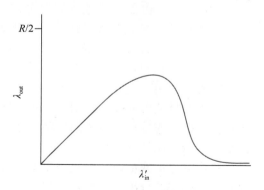

图 3-48 具有有限缓存和多跳
路径时的情况 3 性能

时，随着供给载荷的增加而使吞吐量最终减少的原因是明显的。在上面提到的大流量的情况中，每当有一个分组在第二跳路由器上被丢弃时，第一跳路由器所做的将分组转发到第二跳路由器的工作就是"劳而无功"的。如果第一跳路由器只是丢弃该分组并保持空闲，则网络中的情况是幸运的（更准确地说是糟糕的）。需要指出的是，第一跳路由器所使用的将分组转发到第二跳路由器的传输容量用来传送不同的分组可能更有效益。（例如，当选择一个分组发送时，路由器最好优先考虑那些已经历过一定数量的上游路由器的分组。）所以，我们在此又看到了由于拥塞而丢弃分组的另一种代价，即当一个分组沿一条路径被丢弃时，每个上游路由器用于转发该分组到丢弃该分组而使用的传输容量最终被浪费掉了。

3.6.2 拥塞控制方法

在 3.7 节中，我们将详细研究 TCP 用于拥塞控制的特定方法。这里，我们指出在实践中所采用的两种主要拥塞控制方法，讨论特定的网络体系结构和具体使用这些方法的拥塞控制协议。

在最为宽泛的级别上，我们可根据网络层是否为运输层拥塞控制提供了显式帮助，来区分拥塞控制方法。

- 端到端拥塞控制。在端到端拥塞控制方法中，网络层没有为运输层拥塞控制提供显式支持。即使网络中存在拥塞，端系统也必须通过对网络行为的观察（如分组丢失与时延）来推断之。我们将在 3.7.1 节中将看到，TCP 采用端到端的方法解决拥塞控制，因为 IP 层不会向端系统提供有关网络拥塞的反馈信息。TCP 报文段的丢失（通过超时或 3 次冗余确认而得知）被认为是网络拥塞的一个迹象，TCP 会相应地减小其窗口长度。我们还将看到关于 TCP 拥塞控制的一些最新建议，即使用增加的往返时延值作为网络拥塞程度增加的指示。

- 网络辅助的拥塞控制。在网络辅助的拥塞控制中，路由器向发送方提供关于网络中拥塞状态的显式反馈信息。这种反馈可以简单地用一个比特来指示链路中的拥塞情况。该方法在早期的 IBM SNA［Schwartz 1982］、DEC DECnet［Jain 1989；Ramakrishnan 1990］和 ATM［Black 1995］等体系结构中被采用。更复杂的网络反馈也是可能的。例如，在 ATM **可用比特率**（Available Bite Rate，ABR）拥塞控制中，路由器显式地通知发送方它（路由器）能在输出链路上支持的最大主机发送速率。如上面所提到的，默认因特网版本的 IP 和 TCP 采用端到端拥塞控制方法。如上面所提到的，默认因特网版本的 IP 和 TCP 采用端到端拥塞控制方法。然而，我们在 3.7.2 节中将看到，最近 IP 和 TCP 也能够选择性地实现网络辅助拥塞控制。

对于网络辅助的拥塞控制，拥塞信息从网络反馈到发送方通常有两种方式，如图 3-49 所示。直接反馈信息可以由网络路由器发给发送方。这种方式的通知通常采用了一种**阻塞分组**（choke packet）的形式（主要是说："我拥塞了！"）。更为通用的第二种形式的通知是，路由器标记或更新从发送方流向接收方的分组中的某个字段来指示拥塞的产生。一旦收到一个标记的分组后，接收方就会向发送方通知该网络拥塞指示。注意到后一种形式的通知至少要经过一个完整的往返时间。

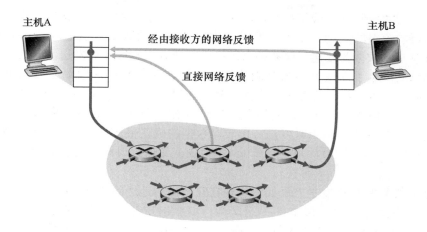

图 3-49　网络指示拥塞信息的两种反馈路径

3.7　TCP 拥塞控制

在本节中，我们再次来学习 TCP。如我们在 3.5 节所见，TCP 为运行在不同主机上的两个进程之间提供了可靠传输服务。TCP 的另一个关键部分就是其拥塞控制机制。如前一节所指出的，我们称之为"经典"的 TCP 使用端到端拥塞控制而不是网络辅助的拥塞控制，因为 IP 层对端系统不提供明确的涉及网络拥塞的反馈，即为［RFC 2581］和近期的［RFC 5681］定义的 TCP 标准版本。我们将在 7.3.1 节学习这个经典的 TCP 版本。然后在 7.3.2 节中，我们将考虑 TCP 的变种，它们使用一种由网络层提供的明确拥塞指示，或者以几种不同的方式变换来自经典 TCP 的比特。之后，我们将讨论在必须共享拥塞链路的运输层流之间提供公平性的方法。

3.7.1　经典的 TCP 拥塞控制

TCP 所采用的方法是让每一个发送方根据所感知到的网络拥塞程度来限制其能向连接发送流量的速率。如果一个 TCP 发送方感知从它到目的地之间的路径上没什么拥塞，则 TCP 发送方增加其发送速率；如果发送方感知沿着该路径有拥塞，则发送方就会降低其发送速率。但是这种方法提出了三个问题。第一，TCP 发送方如何限制它向其连接发送流量的速率呢？第二，TCP 发送方如何感知从它到目的地之间的路径上存在拥塞呢？第三，当发送方感知到端到端的拥塞时，采用何种算法来改变发送速率呢？

我们首先分析一下 TCP 发送方是如何限制向其连接发送流量的。在 3.5 节中我们看到，TCP 连接的每一端都是由一个接收缓存、一个发送缓存和几个变量（LastByteRead、rwnd 等）组成。运行在发送方的 TCP 拥塞控制机制跟踪一个额外的变量，即**拥塞窗口**（congestion window）。拥塞窗口表示为 cwnd，它对一个 TCP 发送方能向网络中发送流量的速率进行了限制。特别是，在一个发送方中未被确认的数据量不会超过 cwnd 与 rwnd 中的最小值，即

$$\text{LastByteSent} - \text{LastByteAcked} \leqslant \min\{\text{cwnd}, \text{rwnd}\}$$

　　为了关注拥塞控制（与流量控制形成对比），我们后面假设 TCP 接收缓存足够大，以至可以忽略接收窗口的限制；因此在发送方中未被确认的数据量仅受限于 cwnd。我们还假设发送方总是有数据要发送，即在拥塞窗口中的所有报文段要被发送。

　　上面的约束限制了发送方中未被确认的数据量，因此间接地限制了发送方的发送速率。为了理解这一点，我们来考虑一个丢包和发送时延均可以忽略不计的连接。因此粗略地讲，在每个往返时间（RTT）的起始点，上面的限制条件允许发送方向该连接发送 cwnd 个字节的数据，在该 RTT 结束时发送方接收对数据的确认报文。因此，该发送方的发送速率大概是 cwnd/RTT 字节/秒。通过调节 cwnd 的值，发送方因此能调整它向连接发送数据的速率。

　　我们接下来考虑 TCP 发送方是如何感知在它与目的地之间的路径上出现了拥塞的。我们将一个 TCP 发送方的"丢包事件"定义为：要么出现超时，要么收到来自接收方的 3 个冗余 ACK。（回想我们在 3.5.4 节有关图 3-33 中的超时事件的讨论和收到 3 个冗余 ACK 后包括快速重传的后继修改。）当出现过度的拥塞时，在沿着这条路径上的一台（或多台）路由器的缓存会溢出，引起一个数据报（包含一个 TCP 报文段）被丢弃。丢弃的数据报接着会引起发送方的丢包事件（要么超时或收到 3 个冗余 ACK），发送方就认为在发送方到接收方的路径上出现了拥塞的指示。

　　考虑了拥塞检测问题后，我们接下来考虑网络没有拥塞这种更为乐观的情况，即没有出现丢包事件的情况。在此情况下，在 TCP 的发送方将收到对于以前未确认报文段的确认。如我们将看到的那样，TCP 将这些确认的到达作为一切正常的指示，即在网络上传输的报文段正被成功地交付给目的地，并使用确认来增加窗口的长度（及其传输速率）。注意到如果确认以相当慢的速率到达（例如，如果该端到端路径具有高时延或包含一段低带宽链路），则该拥塞窗口将以相当慢的速率增加。在另一方面，如果确认以高速率到达，则该拥塞窗口将会更为迅速地增大。因为 TCP 使用确认来触发（或计时）增大它的拥塞窗口长度，TCP 被说成是**自计时**（self-clocking）的。

　　给定调节 cwnd 值以控制发送速率的机制，关键的问题依然存在：TCP 发送方怎样确定它应当发送的速率呢？如果众多 TCP 发送方总体上发送太快，它们能够拥塞网络，导致我们在图 3-48 中看到的拥塞崩溃。事实上，为了应对在较早 TCP 版本下观察到的因特网拥塞崩溃 [Jacobson 1988]，研发了该版本的 TCP（我们马上将学习它）。然而，如果 TCP 发送方过于谨慎，发送太慢，它们不能充分利用网络的带宽；这就是说，TCP 发送方能够以更高的速率发送而不会使网络拥塞。那么 TCP 发送方如何确定它们的发送速率，既使得网络不会拥塞，与此同时又能充分利用所有可用的带宽？TCP 发送方是显式地协作，或存在一种分布式方法使 TCP 发送方能够仅基于本地信息设置它们的发送速率？TCP 使用下列指导性原则回答这些问题：

- 一个丢失的报文段表意味着拥塞，因此当丢失报文段时应当降低 TCP 发送方的速率。回想在 3.5.4 节中的讨论，对于给定报文段，一个超时事件或四个确认（一个初始 ACK 和其后的三个冗余 ACK）被解释为跟随该四个 ACK 的报文段的"丢包事件"的一种隐含的指示。从拥塞控制的观点看，该问题是 TCP 发送方应当如何减小它的拥塞窗口长度，即减小其发送速率，以应对这种推测的丢包事件。

- 一个确认报文段指示该网络正在向接收方交付发送方的报文段，因此，当对先前未确认报文段的确认到达时，能够增加发送方的速率。确认的到达被认为是一切顺利的隐含指示，即报文段正从发送方成功地交付给接收方，因此该网络不拥塞。拥塞窗口长度因此能够增加。

- 带宽探测。给定 ACK 指示源到目的地路径无拥塞，而丢包事件指示路径拥塞，TCP 调节其传输速率的策略是增加其速率以响应到达的 ACK，除非出现丢包事件，此时才减小传输速率。因此，为探测拥塞开始出现的速率，TCP 发送方增加它的传输速率，从该速率后退，进而再次开始探测，看看拥塞开始速率是否发生了变化。TCP 发送方的行为也许类似于要求（并得到）越来越多糖果的孩子，直到最后告知他/她"不行！"，孩子后退一点，然后过一会儿再次开始提出请求。注意到网络中没有明确的拥塞状态信令，即 ACK 和丢包事件充当了隐式信号，并且每个 TCP 发送方根据异步于其他 TCP 发送方的本地信息而行动。

概述了 TCP 拥塞控制后，现在是我们考虑广受赞誉的 **TCP 拥塞控制算法**（TCP congestion control algorithm）细节的时候了，该算法首先在［Jacobson 1988］中描述并且在［RFC 5681］中标准化。该算法包括 3 个主要部分：①慢启动；②拥塞避免；③快速恢复。慢启动和拥塞避免是 TCP 的强制部分，两者的差异在于对收到的 ACK 做出反应时增加 cwnd 长度的方式。我们很快将会看到慢启动比拥塞避免能更快地增加 cwnd 的长度（不要被名称所迷惑！）。快速恢复是推荐部分，对 TCP 发送方并非必需的。

1. 慢启动

当一条 TCP 连接开始时，cwnd 的值通常初始置为一个 MSS 的较小值［RFC 3390］，这就使得初始发送速率大约为 MSS/RTT。例如，如果 MSS = 500 字节且 RTT = 200ms，则得到的初始发送速率大约只有 20kbps。由于对 TCP 发送方而言，可用带宽可能比 MSS/RTT 大得多，TCP 发送方希望迅速找到可用带宽的数量。因此，在**慢启动**（slow-start）状态，cwnd 的值以 1 个 MSS 开始并且每当传输的报文段首次被确认就增加 1 个 MSS。在图 3-50 所示的例子中，TCP 向网络发送第一个报文段并等待一个确认。当该确认到达时，TCP 发送方将拥塞窗口增加一个 MSS，并发送出两个最大长度的报文段。这两个报文段被确认，则发送方对每个确认报文段将拥塞窗口增加一个 MSS，使得拥塞窗口变为 4 个 MSS，并这样下去。这一过程每过一个 RTT，发送速率就翻番。因此，TCP 发送速率起始慢，但在慢启动阶段以指数增长。

但是，何时结束这种指数增长呢？慢启动对这个问题提供了几种答案。首先，如果存在一个由超时指示的丢包事件（即拥塞），TCP 发送方将 cwnd 设置为 1 并重新开始慢启动过程。它还将第二个状态变量的值 ssthresh（"慢启动阈值"的速记）设置为 cwnd/2，即当检测到拥塞时将 ssthresh 置为拥塞窗口值的一半。

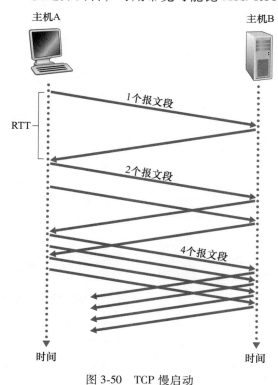

图 3-50　TCP 慢启动

慢启动结束的第二种方式是直接与 ssthresh 的值相关联。因为当检测到拥塞时 ssthresh 设为 cwnd 的值一半，当到达或超过 ssthresh 的值时，继续使 cwnd 翻番可能有些鲁莽。因此，当 cwnd 的值等于 ssthresh 时，结束慢启动并且 TCP 转移到拥塞避免模式。我们将会看到，当进入拥塞避免模式时，TCP 更为谨慎地增加 cwnd。最后一种结束慢启动的方式是，如果检测到 3 个冗余 ACK，这时 TCP 执行一种快速重传（参见3.5.4节）并进入快速恢复状态，后面将讨论相关内容。慢启动中的 TCP 行为总结在图 3-51 中的 TCP 拥塞控制的 FSM 描述中。慢启动算法最早源于［Jacobson 1988］；在［Jain 1986］中独立地提出了一种类似于慢启动的方法。

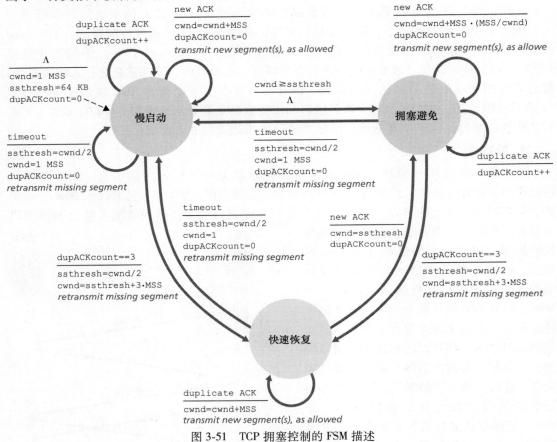

图 3-51　TCP 拥塞控制的 FSM 描述

实 践 原 则

TCP 分岔：优化云服务的性能

　　对于诸如搜索、电子邮件和社交网络等云服务，非常希望提供高水平的响应性，给用户一种完美的印象，即这些服务正运行在它们自己的端系统（包括其智能手机）中。因为用户经常位于远离数据中心的地方，而这些数据中心负责为云服务关联的动态内容提供服务。实际上，如果端系统远离数据中心，则 RTT 将会很大，会由于 TCP 慢启动潜在地导致低劣的响应时间性能。

作为一个学习案例，考虑接收对某搜索问题的响应中的时延。通常，服务器在慢启动期间交付响应要求三个 TCP 窗口 [Pathak 2010]。所以从某端系统发起一条 TCP 连接到它收到该响应的最后一个分组的时间粗略是 4RTT（用于建立 TCP 连接的一个 RTT 加上用于 3 个数据窗口的 3 个 RTT），再加上在数据中心中处理的时间。对于一个相当小的查询来说，这些 RTT 时延导致其返回搜索结果中显而易见的时延。此外，在接入网中可能有较大的丢包，导致 TCP 重传甚至较大的时延。

缓解这个问题和改善用户感受到的性能的一个途径是：①部署邻近用户的前端服务器；②在该前端服务器利用 **TCP 分岔**（TCP splitting）来分裂 TCP 连接。借助于 TCP 分岔，客户向邻近前端连接一条 TCP 连接，并且该前端以非常大的窗口向数据中心维护一条 TCP 连接 [Tariq 2008, Pathak 2010, Chen 2011]。使用这种方法，响应时间大致变为 $4RTT_{FE}+RTT_{BE}+$ 处理时间，其中 RTT_{FE} 是客户与前端服务器之间的往返时间，RTT_{BE} 是前端服务器与数据中心（后端服务器）之间的往返时间。如果前端服务器邻近客户，则该响应时间大约变为 RTT_{BE} 加上处理时间，因为 RTT_{FE} 小得微不足道并且 RTT_{BE} 约为 RTT。总而言之，TCP 分岔大约能够将网络时延从 4RTT 减少到 RTT，极大地改善用户感受的性能，对于远离最近数据中心的用户更是如此。TCP 分岔也有助于减少因接入网丢包引起的 TCP 重传时延。今天，Google 和 Akamai 在接入网中广泛利用了它们的 CDN 服务器（回想 2.6 节中的讨论），为它们支持的云服务来执行 TCP 分岔 [Chen 2011]。

2. 拥塞避免

一旦进入拥塞避免状态，cwnd 的值大约是上次遇到拥塞时的值的一半，即距离拥塞可能并不遥远！因此，TCP 无法每过一个 RTT 再将 cwnd 的值翻番，而是采用了一种较为保守的方法，每个 RTT 只将 cwnd 的值增加一个 MSS [RFC 5681]。这能够以几种方式完成。一种通用的方法是对于 TCP 发送方无论何时到达一个新的确认，就将 cwnd 增加一个 MSS（MSS/cwnd）字节。例如，如果 MSS 是 1460 字节并且 cwnd 是 14 600 字节，则在一个 RTT 内发送 10 个报文段。每个到达 ACK（假定每个报文段一个 ACK）增加 1/10MSS 的拥塞窗口长度，因此在收到对所有 10 个报文段的确认后，拥塞窗口的值将增加了一个 MSS。

但是何时应当结束拥塞避免的线性增长（每 RTT 1 个 MSS）呢？当出现超时时，TCP 的拥塞避免算法行为相同。与慢启动的情况一样，cwnd 的值被设置为 1 个 MSS，当丢包事件出现时，ssthresh 的值被更新为 cwnd 值的一半。然而，前面讲过丢包事件也能由 3 个冗余的 ACK 事件触发。在这种情况下，网络继续从发送方向接收方交付报文段（就像由收到冗余 ACK 所指示的那样）。因此相比于超时指示的丢包，TCP 对这种丢包事件的行为应当不那么剧烈：TCP 将 cwnd 的值减半（为使测量结果更好，已收到的 3 个冗余的 ACK 要加上 3 个 MSS），并且当收到 3 个冗余的 ACK 时，将 ssthresh 的值记录为 cwnd 的值的一半。接下来进入快速恢复状态。

3. 快速恢复

在快速恢复中，对于引起 TCP 进入快速恢复状态的缺失报文段，每当收到冗余的 ACK，cwnd 的值增加一个 MSS。最终，当对丢失报文段的一个 ACK 到达时，TCP 在降低 cwnd 后进入拥塞避免状态。如果出现超时事件，快速恢复在执行如同在慢启动和拥塞避免中相同的操作后，迁移到慢启动状态：当丢包事件出现时，cwnd 的值被设置为 1 个

MSS，并且 ssthresh 的值设置为 cwnd 值的一半。

快速恢复是 TCP 推荐的而非必需的构件［RFC 5681］。有趣的是，一种称为 **TCP Tahoe** 的 TCP 早期版本，不管是发生超时指示的丢包事件，还是发生 3 个冗余 ACK 指示的丢包事件，都无条件地将其拥塞窗口减至 1 个 MSS，并进入慢启动阶段。TCP 的较新版本 **TCP Reno**，则综合了快速恢复。

图 3-52 图示了 Reno 版 TCP 与 Tahoe 版 TCP 的拥塞控制窗口的演化情况。在该图中，阈值初始等于 8 个 MSS。在前 8 个传输回合，Tahoe 和 Reno 采取了相同的操作。拥塞窗口在慢启动阶段以指数速度快速爬升，在第 4 轮传输时到达了阈值。然后拥塞窗口以线性速度爬升，直到在第 8 轮传输后出现 3 个冗余 ACK。注意到当该丢包事件发生时，拥塞窗口值为 12MSS。于是 ssthresh 的值被设置为 0.5×cwnd = 6MSS。在 TCP Reno 下，拥塞窗口被设置为 cwnd = 9MSS，然后线性地增长。在 TCP Tahoe 下，拥塞窗口被设置为 1 个 MSS，然后呈指数增长，直至到达 ssthresh 值为止，在这个点它开始线性增长。

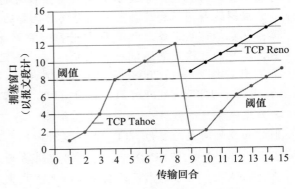

图 3-52   TCP 拥塞窗口的演化（Tahoe 和 Reno）

图 3-51 给出了 TCP 拥塞控制算法（即慢启动、拥塞避免和快速恢复）的完整 FSM 描述。该图也给出了新报文段的传输或重传的报文段可能出现的位置。尽管区分 TCP 差错控制/重传与 TCP 拥塞控制非常重要，但是注意到 TCP 这两个方面交织链接的方式也很重要。

4. TCP 拥塞控制：回顾

在深入了解慢启动、拥塞避免和快速恢复的细节后，有必要回顾一下全局。忽略一条连接开始时初始的慢启动阶段，假定丢包由 3 个冗余的 ACK 而不是超时指示，TCP 的拥塞控制是：每个 RTT 内 cwnd 线性（加性）增加 1MSS，然后出现 3 个冗余 ACK 事件时 cwnd 减半（乘性减）。因此，TCP 拥塞控制常常被称为**加性增、乘性减**（Additive-Increase，Multiplicative-Decrease，AIMD）拥塞控制方式。AIMD 拥塞控制引发了在图 3-53 中所示的"锯齿"行为，这也很好地图示了我们前面 TCP 检测带宽时的直觉，即 TCP 线性地增加它的拥塞窗口长度（因此增加其传输速率），直到出现 3 个冗余 ACK 事件。然后除以 2 来减少拥塞窗口长度，然后又开始了线性增长，探测是否还有另外的可用带宽。

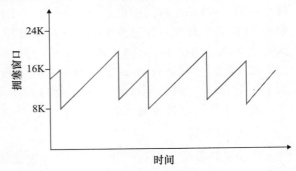

图 3-53   加性增、乘性减的拥塞控制

TCP AIMD 算法基于大量的工程实践和在运行网络中的拥塞控制经验而开发。在 TCP 研发后的十年，理论分析显示 TCP 的拥塞控制算法作为一种分布式异步优化算法，使得用户和网络性能的几个重要方

面被同时优化 ［Kelly 1998］。拥塞控制的丰富理论已经得到发展 ［Srikant 2012］。

5. TCP CUBIC

考虑到 TCP Reno 对拥塞控制的加性增、乘性减方法，人们自然想到这是否是"探测"分组发送速率的最好方法，而该速率正好位于触发分组丢失的门限之下。将发送速率下降为原来的一半（采用称为 TCP Tahoe 的 TCP 早期版本时甚至更糟，将发送速率下降到每 RTT 一个分组），然后随时间缓慢增加，这样的方法可能确实过于谨慎。如果在出现丢包的链路处拥塞的状态变化不大，那么也许更好的方法是让发送速率迅速接近每丢包发送速率，并且只有在那时才谨慎地探测带宽。这种想法成为颇具特色的 TCP CUBIC 的核心 ［Ha 2008；RFC 8312］。

TCP CUBIC 仅与 TCP Reno 有些许不同。同样，仅当收到 ACK 时增加拥塞窗口，同时保持慢启动和快速恢复。CUBIC 仅改变拥塞避免阶段，具体如下：

- 令 W_{max} 为最后检测到丢包时 TCP 拥塞窗口的长度，令 K 为假定无丢包情况下当 TCP CUBIC 的窗口长度将再次达到 W_{max} 时的未来时间点。几个可调整的 CUBIC 参数决定 K 的值，也就是说，决定协议的拥塞窗口长度如何快速达到 W_{max}。
- CUBIC 以当前时间 t 和 K 之间距离的立方为函数来增加拥塞窗口。所以，当 t 远离 K 时，拥塞窗口长度的增加比 t 靠近 K 时要大得多。即 CUBIC 迅速使其 TCP 发送速率接近每丢包速率 W_{max}，并且直到达到 W_{max} 时才开始谨慎地探测带宽。
- 当 t 大于 K 时，立方规则意味着 CUBIC 的拥塞窗口增加很少，此时 t 仍接近 K（如果引起丢包的链路拥塞水平还没有改变太多，则这是一个好现象）；但随着 t 超过 K，CUBIC 的拥塞窗口迅速增加（如果引起丢包的链路拥塞水平已经有很大的改变，则 CUBIC 能更快找到新的操作点）。

在这些规则的控制下，图 3-54 比较了 TCP Reno 与 TCP CUBIC 的理想化性能，该图改编于 ［Huston 2017］。可以看到，慢启动阶段结束于 t_0。然后，当拥塞丢包出现在 t_1、t_2 和 t_3 时，CUBIC 更快地接近 W_{max}（因此享有比 TCP Reno 更多的总体带宽）。图中清晰地显示了 TCP CUBIC 试图尽可能长时间地维持流仅低于拥塞门限（该门限不为发送方所知）。注意到在 t_3 时，拥塞程度已经假定明显降低，允许 TCP Reno 与 TCP CUBIC 获取比 W_{max} 高得多的发送速率。

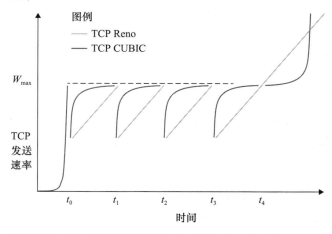

图 3-54　TCP 拥塞避免发送速率：TCP Reno 和 TCP CUBIC

TCP CUBIC 近期已经得到了广泛部署。尽管在 2000 年前后的统计结果表明，几乎所有流行的 Web 服务器都在运行某个版本的 TCP Reno ［Padhye 2001］，但最近对 5000 台流行的 Web 服务器的统计结果显示，其中大约 50% 正在运行 TCP CUBIC 版本 ［Yang 2014］，TCP CUBIC 也是用于 Linux 操作系统的 TCP 默认版本。

6. 对 TCP 吞吐量的宏观描述

给出 TCP 的锯齿状行为后，自然要考虑一个长存活期的 TCP 连接的平均吞吐量（即平均速率）可能是多少。在这个分析中，我们将忽略在超时事件后出现的慢启动阶段。（这些阶段通常非常短，因为发送方很快就以指数增长离开该阶段。）在一个特定的往返间隔内，TCP 发送数据的速率是拥塞窗口与当前 RTT 的函数。当窗口长度是 w 字节，且当前往返时间是 RTT 秒时，则 TCP 的发送速率大约是 w/RTT。于是，TCP 通过每经过 1 个 RTT 将 w 增加 1 个 MSS 探测出额外的带宽，直到一个丢包事件发生为止。当一个丢包事件发生时，用 W 表示 w 的值。假设在连接持续期间 RTT 和 W 几乎不变，那么 TCP 的传输速率在 $W/(2\times RTT)$ 到 W/RTT 之间变化。

这些假设导出了 TCP 稳态行为的一个高度简化的宏观模型。当速率增长至 W/RTT 时，网络丢弃来自连接的分组；然后发送速率就会减半，进而每过一个 RTT 就发送速率增加 MSS/RTT，直到再次达到 W/RTT 为止。这一过程不断地自我重复。因为 TCP 吞吐量（即速率）在两个极值之间线性增长，所以我们有

$$一条连接的平均吞吐量 = \frac{0.75 \times W}{RTT}$$

通过这个高度理想化的 TCP 稳态动态性模型，我们可以推出一个将连接的丢包率与可用带宽联系起来的有趣表达式 ［Mahdavi 1997］。这个推导将在课后习题中概要给出。一个根据经验建立的并与测量数据一致的更复杂模型参见 ［Padhye 2000］。

3.7.2 网络辅助明确拥塞通告和基于时延的拥塞控制

自从 20 世纪 80 年代后期慢启动和拥塞避免开始标准化以来 ［RFC 1122］，TCP 已经实现了端到端拥塞控制的形式，我们在 3.7.1 节中对此进行了学习，即 TCP 发送方不会收到来自网络层的明确拥塞指示，相反，它通过观察分组丢失来推断拥塞。最近，对于 IP 和 TCP 的扩展方案 ［RFC 3168］ 已经提出并开始部署，该方案允许网络明确向 TCP 发送方和接收方发出拥塞信号。此外，还提出了一些 TCP 拥塞控制协议的变种，它们使用测量到的分组时延来推断拥塞。在本节中，我们将考察网络辅助和基于时延的拥塞控制。

1. 明确拥塞通告

明确拥塞通告（Explicit Congestion Notification，ECN）［RFC 3168］ 是一种网络辅助的拥塞控制形式，该控制在因特网中执行。如图 3-55 所示，明确拥塞通告涉及 TCP 和 IP。在网络层，有两个比特（总的说来，有四种可能的值）被用于 ECN，这两个比特位于 IP 数据报的服务类型字段中（我们将在 4.3 节中讨论）。

路由器使用的一种 ECN 比特设置指示该路由器正在历经拥塞。该拥塞指示由被标记的 IP 数据报携带，送给目的主机，再由目的主机通知发送主机，图 3-55 说明了这种情况。RFC 3168 没有提供路由器拥塞时刻的定义，该判断是路由器厂商可能做的一种配置选择，并且由网络运营商决定。然而，我们的直觉是在实际发生丢包之前设置拥塞指示位置比

特，以向发送方发出拥塞开始的信号。发送主机使用的另一种 ECN 比特设置通知路由器发送方和接收方是 ECN 使能的，因此能够对 ECN 指示的网络拥塞采取行动。

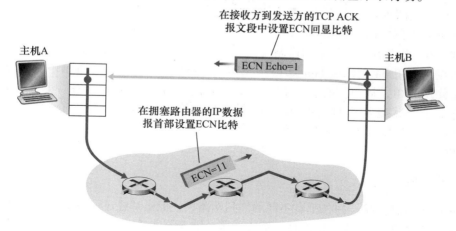

图 3-55　明确拥塞通告：网络辅助拥塞控制

如图 3-55 所示，当接收主机中的 TCP 通过接收到的数据报得到 ECN 拥塞指示时，它将接收方到发送方的 TCP ACK 报文段中的 ECE（明确拥塞通告回显）比特置位（参见图 3-29），从而通知发送主机中的 TCP 拥塞指示已收到。接下来，TCP 发送方通过减半拥塞窗口对一个具有 ECN 拥塞指示的 ACK 做出反应，就像它对丢失报文段使用快速重传做出反应一样，并且在下一个传输的 TCP 发送方到接收方的报文段首部中对 CWR（拥塞窗口缩减）比特进行置位。

除了 TCP 以外的其他运输层协议也可以利用网络层发送 ECN 信号。数据报拥塞控制协议（Datagram Congestion Control Protocol，DCCP）［RFC 4340］提供了一种低开销的类似 UDP 的不可靠服务，该协议利用了 ECN。DCTCP（数据中心 TCP）［Alizadeh 2010；RFC 8257］和 DCQCN（数据中心拥塞通告）专门为数据中心网络设计，也利用了 ECN。最近的因特网统计显示，在流行的服务器以及连接到这些服务器的路由器中，增加了对 ECN 能力的部署［Kühlewind 2013］。

2. 基于时延的拥塞控制

回想以上对 ECN 的讨论，拥塞的路由器可将拥塞指示比特置位，以在全部缓存引起路由器丢包之前通知发送方拥塞开始了。这允许发送方较早地降低发送速率——希望在分组丢失之前，从而避免费时费力的丢包和重传。第二种拥塞避免方法是基于时延的方法，目的是在丢包出现之前主动检测拥塞。

在 TCP Vegas［Brakmo 1995］中，发送方对所有应答分组测量源到目的地路径的 RTT。令 RTT_{min} 是在发送方测量到的最小值，这些值出现在该路径没有拥塞且这些分组经历最小排队时延之时。如果 TCP Vegas 的拥塞窗口长度是 cwnd，则未拥塞吞吐量速率将是 $cwnd/RTT_{min}$。TCP Vegas 的设计初衷是，如果实际在发送方测量的吞吐量接近这个值，则 TCP 的发送速率能够增加，因为（按照定义和根据测量）该路径还不会发生拥塞。然而，如果实际在发送方测量的吞吐量比未拥塞时的吞吐量速率大得多，则该路径拥塞并且 TCP Vegas 发送方将减小发送速率。详情参见［Brakmo 1995］。

TCP Vegas 背后的客观事实是 TCP 发送方应当"保持管道刚好充满，而不可以更满"

［Kleinrock 2018］。"保持管道刚好充满"意味着链路（特别是限制连接吞吐量的瓶颈链路）始终忙于传输，做有用的工作，"但不可以更满"意味着当该管道保持充满状态时，如果允许建立长队列将一无所获（除了增加时延外）。

BBR 拥塞控制协议［Cardwell 2017］在 TCP Vegas 的想法上构建，并且综合了允许其与 TCP 非 BBR 发送方公平竞争的机制（参见 3.7.3 节）。［Cardwell 2017］报告，2016 年谷歌开始在其专用 B4 网络［Jain 2013］（B4 网络用于连接谷歌的数据中心）上对所有 TCP 流量使用 BBR，从而替换了 CUBIC。BBR 拥塞控制协议也被部署在谷歌和 YouTube 的 Web 服务器上。其他基于时延的 TCP 拥塞控制协议包括用于数据中心网络的 TIMELY［Mittal 2015］，以及用于高速及长距离网络的复合 TCP（CTCP）［Tan 2006］和 FAST［Wei 2006］。

3.7.3　公平性

考虑 K 条 TCP 连接，每条都有不同的端到端路径，但是都经过一段传输速率为 R bps 的瓶颈链路。（所谓瓶颈链路，是指对于每条连接，沿着该连接路径上的所有其他段链路都不拥塞，而且与该瓶颈链路的传输容量相比，它们都有充足的传输容量。）假设每条连接都在传输一个大文件，而且无 UDP 流量通过该段瓶颈链路。如果每条连接的平均传输速率接近 R/K，即每条连接都得到相同份额的链路带宽，则认为该拥塞控制机制是公平的。

TCP 的 AIMD 算法公平吗？尤其是假定可在不同时间启动并因此在某个给定的时间点可能具有不同的窗口长度情况下，对这些不同的 TCP 连接还是公平的吗？TCP 趋于在竞争的多条 TCP 连接之间提供对一段瓶颈链路带宽的平等分享，文献［Chiu 1989］在阐述其理由时给出了极好的、直观的解释。

我们考虑有两条 TCP 连接共享一段传输速率为 R 的链路的简单例子，如图 3-56 中所示。我们将假设这两条连接有相同的 MSS 和 RTT（这样如果它们有相同的拥塞窗口长度，就会有相同的吞吐量），它们有大量的数据要发送，且没有其他 TCP 连接或 UDP 数据报穿越该段共享链路。我们还将忽略 TCP 的慢启动阶段，并假设 TCP 连接一直按 CA 模式（AIMD）运行。

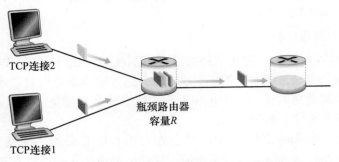

图 3-56　两条 TCP 连接共享同一条瓶颈链路

图 3-57 描绘了两条 TCP 连接实现的吞吐量情况。如果 TCP 要在这两条 TCP 连接之间平等地共享链路带宽，那么实现的吞吐量曲线应当是从原点沿 45°方向的箭头向外辐射（平等带宽共享）。理想情况是，两个吞吐量的和应等于 R。（当然，每条连接得到相同但容量为 0 的共享链路容量并非我们所期望的情况！）所以我们的目标应该是使取得的吞吐量落在图 3-57 中平等带宽共享曲线与全带宽利用曲线的交叉点附近的某处。

假定 TCP 窗口长度是这样的，即在某给定时刻，连接 1 和连接 2 实现了由图 3-57 中 A 点所指明的吞吐量。因为这两条连接共同消耗的链路带宽量小于 R，所以无丢包事件发生，根据 TCP 的拥塞避免算法的结果，这两条连接每过一个 RTT 都要将其窗口增加 1 个 MSS。因此，这两条连接的总吞吐量就会从 A 点开始沿45°线前行（两条连接都有相同的增长）。最终，这两条连接共同消耗的带宽将超过 R，最终将发生分组丢失。假设连接 1 和连接 2 实现 B 点指明的吞吐量时，它们都经历了分组丢失。连接 1 和连接 2 于是就按二分之一减小其窗口。所产生的结果实现了 C 点指明的吞吐量，它正好位于始于 B 点止于原点的一个向量的中间。因为在 C 点，共同消

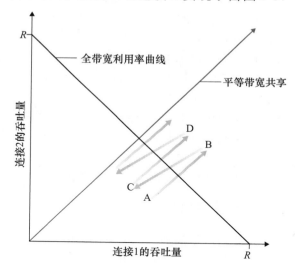

图 3-57　TCP 连接 1 和连接 2 实现的吞吐量

耗的带宽小于 R，所以这两条连接再次沿着始于 C 点的45°线增加其吞吐量。最终，再次发生丢包事件，如在 D 点，这两条连接再次将其窗口长度减半，如此等等。你应当搞清楚这两条连接实现的带宽最终将沿着平等带宽共享曲线在波动。还应该搞清楚无论这两条连接位于二维空间的何处，它们最终都会收敛到该状态！虽然此时我们做了许多理想化的假设，但是它仍然能对解释为什么 TCP 会导致在多条连接之间的平等共享带宽这个问题提供一个直观的感觉。

在理想化情形中，我们假设仅有 TCP 连接穿过瓶颈链路，所有的连接具有相同的 RTT 值，且对于一个主机-目的地对而言只有一条 TCP 连接与之相关联。实践中，这些条件通常是得不到满足的，客户-服务器应用因此能获得非常不平等的链路带宽份额。特别是，已经表明当多条连接共享一个共同的瓶颈链路时，那些具有较小 RTT 的连接能够在链路空闲时更快地抢到可用带宽（即较快地打开其拥塞窗口），因而将比那些具有较大 RTT 的连接享用更高的吞吐量［Laksman 1997］。

1. 公平性和 UDP

我们刚才已经看到，TCP 拥塞控制是如何通过拥塞窗口机制来调节一个应用程序的传输速率的。许多多媒体应用如因特网电话和视频会议，经常就因为这种特定原因而不在 TCP 上运行，因为它们不想其传输速率被扼制，即使在网络非常拥塞的情况下。相反，这些应用宁可在 UDP 上运行，UDP 是没有内置的拥塞控制的。当运行在 UDP 上时，这些应用能够以恒定的速率将其音频和视频数据注入网络之中并且偶尔会丢失分组，而不愿在拥塞时将其发送速率降至"公平"级别并且不丢失任何分组。从 TCP 的观点来看，运行在 UDP 上的多媒体应用是不公平的，因为它们不与其他连接合作，也不适时地调整其传输速率。因为 TCP 拥塞控制在面临拥塞增加（丢包）时，将降低其传输速率，而 UDP 源则不必这样做，UDP 源有可能压制 TCP 流量。当今的一个主要研究领域就是开发一种因特网中的拥塞控制机制，用于阻止 UDP 流量不断压制直至中断因特网吞吐量的情况［Floyd 1999；Floyd 2000；Kohler 2006；RFC 4340］。

2. 公平性和并行 TCP 连接

即使我们能够迫使 UDP 流量具有公平的行为，但公平性问题仍然没有完全解决。这是因为我们没有什么办法阻止基于 TCP 的应用使用多个并行连接。例如，Web 浏览器通常使用多个并行 TCP 连接来传送一个 Web 页中的多个对象。（多条连接的确切数目可以在多数浏览器中进行配置。）当一个应用使用多条并行连接时，它占用了一条拥塞链路中较大比例的带宽。举例来说，考虑一段速率为 R 且支持 9 个在线客户-服务器应用的链路，每个应用使用一条 TCP 连接。如果一个新的应用加入进来，也使用一条 TCP 连接，则每个应用得到差不多相同的传输速率 $R/10$。但是如果这个新的应用这次使用了 11 个并行 TCP 连接，则这个新应用就不公平地分到超过 $R/2$ 的带宽。Web 流量在因特网中是非常普遍的，所以多条并行连接并非不常见。

3.8 运输层功能的演化

本章对特定的因特网运输协议的讨论聚焦在 UDP 和 TCP，它们是因特网运输层的两大"主力"协议。然而，在应用这两种协议长达 30 年后，我们已经认识到任何一种协议都不能完全适合当前环境，因此运输层功能的设计与实现还在继续演化。

我们已经看到，过去十年中，在 TCP 的使用方面已经出现了一些变化。如 3.7.1 节和 3.7.2 节所述，除了 TCP 的经典版本（如 TCP Tahoe 和 Reno）外，有几种较新的 TCP 版本也得到了研究、实现和部署，并且今天正在大量使用。这些版本包括 TCP CUBIC、DCTCP、CTCP、BBR 等。[Yang 2014] 中的统计结果指出，CUBIC（以及它的前身 BIC [Xu 2004]）和 CTCP 已经比经典的 TCP Reno 更为广泛地部署在 Web 服务器上；我们也看到 BBR 正被部署在谷歌的内部 B4 网络以及谷歌面向公众的服务器上。

还有许多不同的 TCP 版本！包括为无线链路、具有大 RTT 的高带宽路径、具有分组重排的路径和数据中心内部的严格短路径而设计的多种 TCP 版本。还有在竞争瓶颈链路带宽的 TCP 连接之间实现不同优先权的 TCP 版本，以及用于在不同的源-目的地路径上并行发送报文段的 TCP 连接的 TCP 版本。还有一些 TCP 变种以不同于 3.5.6 节介绍的方式来处理分组应答和 TCP 会话的建立/关闭。将这些协议称为"某种" TCP 协议也许的确不再是一种正确的做法，这些协议唯一共同的特征是使用 TCP 报文段格式（我们图 3-29 中给出过），并且面对网络拥塞时会"公平"竞争。对于不同特色的 TCP 的概述，参见 [Afanasyev 2010] 和 [Narayan 2018]。

QUIC

如果某应用需要的运输服务既不完全适合 UDP 也不完全适合 TCP 服务模式，例如，也许需要比 UDP 更多的服务，同时并不需要 TCP 的所有特定所能，那么应用设计者总能够在应用层"构建自己的"协议。这就是在 QUIC（快速 UDP 互联网连接）中采用的方法 [Langley 2017；QUIC 2020]。特别需要指出的是，QUIC 是一种新型应用层协议，旨在提高安全 HTTP 的运输层服务的性能。尽管 QUIC 作为因特网 RFC [QUIC 2020] 仍处于标准化的过程中，但它已经得到广泛部署。谷歌已经在面向公众的许多 Web 服务器、YouTube 应用视频流、Chrome 浏览器以及安卓的谷歌搜索应用中部署了 QUIC。由于今天超过 7% 的因特网流量来自 QUIC [Langley 2017]，我们将更为仔细地学习它。我们对 QUIC 的讨论将作为对运输层的学习的高潮，因为 QUIC 使用了本章介绍的许多方法，如可靠数据传输、拥塞控制和连接管理。

如图 3-58 所示，QUIC 是一个应用层协议，使用 UDP 作为其底层运输层协议，并且是专门为简化的 HTTP/2 版本而设计的。在不久的将来，HTTP/3 将与生俱来地综合进 QUIC〔HTTP/3 2020〕。QUIC 的主要特征包括：

- **面向连接和安全。** 像 TCP 一样，QUIC 是两个端点之间面向连接的协议。这要求断点之间进行一次握手来建立 QUIC 连接状态。两个连接状态分别是源连接 ID 和目标连接 ID。所有 QUIC 分组都是加密的，如图 3-58 所建议的那样，QUIC 将用于创建连接状态的握手与用于鉴别和加密的握手（参见我们将在第 8 章学习的关于运输层安全的主题）相结合，因此可提供比图 3-58a 中的协议栈更快的创建速度。在图 3-58a 中，为首次创建一个 TCP，然后经该 TCP 连接创建一条 TLS 连接，需要多个 RTT。

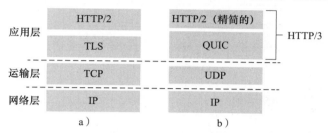

图 3-58　a）传统的安全 HTTP 协议栈，b）基于安全 QUIC 的 HTTP/3 协议栈

- **数据流。** QUIC 允许几个不同的应用程序级 "数据流" 在一个 QUIC 连接上复用，并且一旦创建了一条 QUIC 连接，便能迅速添加新数据流。流是对两个 QUIC 端点之间可靠、按序的双向数据交付的抽象。在 HTTP/3 环境中，在一个 Web 页面中对每个对象将存在不同的流。每个连接具有一个连接 ID，连接中的每条流具有一个流 ID，这两种 ID 都包含在 QUIC 分组的首部中（连同其他首部信息）。来自多条流的数据可能包含在单个 QUIC 报文段中，并由 UDP 所承载。流控制传输协议（Stream Control Transmission Protocol，SCTP）〔RFC 4960，RFC 3286〕是较早的、可靠的、面向报文的协议，该协议引领了在一个 SCTP 连接上复用多条应用程序级 "数据流" 的做法。我们将在第 7 章中看到在 4G/5G 蜂窝无线网络中，SCTP 被用于控制平面协议中。

- **可靠的、TCP 友好的拥塞控制数传输。** 如图 3-59b 所示，QUIC 为每个 QUIC 数据流分别提供可靠的数据传输。图 3-59a 显示了 HTTP/1.1 发送多个 HTTP 请求的情况，所有请求都经单一 TCP 连接发送。因为 TCP 提供可靠、按序的字节交付，所以这些 HTTP 请求必须按序交付到达目的 HTTP 服务器。因此，如果来自某个 HTTP 请求的字节丢失了，那么直到丢失的字节被重传并且被 HTTP 服务器上的 TCP 正确收到，余下的 HTTP 请求才能交付，这就是我们曾经讨论过的 HOL 阻塞问题（见2.2.5 节）。因为 QUIC 基于每数据流提供一个可靠、按序的交付，所以丢失的 UDP 报文段仅影响其数据正由该报文段承载的那些数据流，而在其他数据流中的 HTTP 报文能够继续为该应用程序所接收和交付。QUIC 使用类似 TCP 的应答机制，提供可靠的数据传输，其规格参数参见〔RFC 5681〕。

QUIC 的拥塞控制是基于 TCP NewReno〔RFC 6582〕的，TCP NewReno 协议仅与 TCP Reno 协议（见 3.7.1 节）有少量区别。QUIC 的草案规范〔QUIC-recovery 2020〕指出 "熟悉 TCP 的丢包检测和拥塞控制的读者将在这里找到类似于广为人知的 TCP 算法的 QUIC 算法"。因为 3.7.1 节已经仔细研究了 TCP 的拥塞控制，所以我们就可以自行阅读和学习草案中 QUIC 拥塞控制算法的细节了！

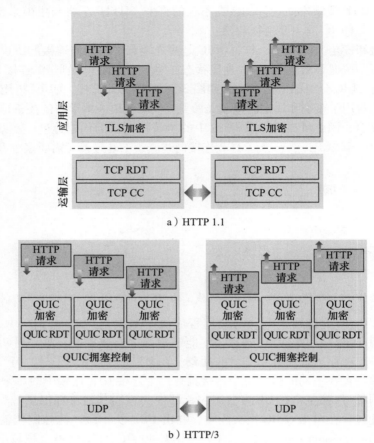

a) HTTP 1.1

b) HTTP/3

图 3-59   a) HTTP/1.1：使用应用程序级 TLS 加密的单一连接客户和服务器，该连接使用了 TCP 的可靠
数据传输和拥塞控制。b) HTTP/3：使用 QUIC 的加密、可靠数据传输和拥塞控制的多数据流客
户和服务器，该 QUIC 连接使用了 UDP 的不可靠数据报服务

最后，值得再次强调的是 QUIC 是一种应用层协议，该协议在两个端点之间提供可靠
的、拥塞控制的数据传输。QUIC［Langley 2017］的作者强调，这意味着 QUIC 可以在
"应用更新时间尺度"上进行更改，也就是说，比 TCP 或 UDP 的更新时间尺度快得多。

3.9　小结

本章我们首先学习了运输层协议能够向网络应用程序提供的服务。在一个极端，运输
层协议非常简单，并向应用程序不提供不必要的服务，而仅向通信进程提供多路复用/分
解的功能。因特网中的 UDP 协议就是这样一种不提供不必要服务的运输层协议。在另一
个极端，运输层协议能够向应用程序提供各种各样的保证，例如数据的可靠交付、时延保
证和带宽保证。无论如何，运输层协议能够提供的服务经常受下面网络层协议服务模型的
限制。如果网络层协议不能向运输层报文段提供时延或带宽保证，那么运输层协议就不能
向进程间发送的报文提供时延或带宽保证。

在 3.4 节中，我们学习了运输层协议能够提供可靠数据传输，即使下面的网络层是不

可靠的。我们看到了提供可靠的数据传送会遇到许多微妙的问题，但都可以通过精心地结合确认、定时器、重传以及序号机制来完成任务。

尽管本章中包含可靠数据传送，但是我们应该理解在链路层、网络层、运输层或应用层协议中都可以提供可靠数据传送。该协议栈中上面 4 层的任意一层都可以实现确认、定时器、重传以及序号，能够向其上层提供可靠数据传送。事实上，在过去数年中，工程师以及计算机科学家们已经独立地设计并实现了提供可靠数据传送的链路层、网络层、运输层以及应用层协议（虽然这些协议中的许多已经销声匿迹了）。

在 3.5 节中，我们详细地研究了 TCP 协议，它是因特网中面向连接和可靠的运输层协议。我们知道 TCP 是复杂的，它涉及连接管理、流量控制、往返时间估计以及可靠数据传送。事实上，TCP 比我们描述的要更为复杂，即我们有意地避而不谈在各种 TCP 实现版本中广泛实现的各种 TCP 补丁、修复和改进。然而，所有这些复杂性都对网络层应用隐藏了起来。如果某主机上的客户希望向另一台主机上的服务器可靠地发送数据，它只需要打开对该服务器的一个 TCP 套接字，然后将数据注入该套接字。客户-服务器应用程序则乐于对 TCP 的复杂性视而不见。

在 3.6 节中，我们从广泛的角度研究了拥塞控制，在 3.7 节中我们阐述了 TCP 是如何实现拥塞控制的。我们知道了拥塞控制对于网络良好运行是必不可少的。没有拥塞控制，网络很容易出现死锁，使得端到端之间很少或没有数据能被传输。在 3.7 节中我们学习了经典 TCP 实现的一种端到端拥塞控制机制，即当 TCP 连接的路径上判断不拥塞时，其传输速率就加性增；当出现丢包时，传输速率就乘性减。这种机制也致力于做到每一个通过拥塞链路的 TCP 连接能平等地共享该链路带宽。我们也研究了 TCP 拥塞控制的几个新的变种，它们使用基于时延的方法或来自网络的明确拥塞通告（而不是基于丢包的方法）来决定 TCP 发送速率，从而实现比经典 TCP 更快的决定速度。我们也更为深入地探讨了 TCP 连接建立和慢启动对时延的影响。我们观察到在许多重要场合，连接建立和慢启动会对端到端时延产生严重影响。我们再次强调，尽管 TCP 在这几年一直在发展，但它仍然是一个值得深入研究的领域，并且在未来的几年中还可能持续演化。为了圆满完成本章，3.8 节研究了实现运输层功能方面的新进展，如可靠数据传输、拥塞控制、连接建立等，这些方法在应用层都使用了 QUIC 协议。

在本章中我们对特定因特网运输协议的讨论集中在 UDP 和 TCP 上，它们是因特网运输层的两匹 "驮马"。然而，对这两个协议的二十多年的经验已经使人们认识到，这两个协议都不是完美无缺的。研究人员因此在忙于研制其他的运输层协议，其中的几种现在已经成为 IETF 建议的标准。

在第 1 章中，我们讲到计算机网络能被划分成 "网络边缘" 和 "网络核心"。网络边缘包含了在端系统中发生的所有事情。既然已经覆盖了应用层和运输层，我们关于网络边缘的讨论也就完成了。接下来是探寻网络核心的时候了！我们的旅程从下两章开始，第 5 章将学习网络层，第 6 章继续学习链路层。

课后习题和问题

 复习题

3.1~3.3 节

R1. 假定网络层提供了下列服务。在源主机中的网络层接受最大长度 1200 字节和来自运输层的目的主机地址的报文段。网络层则保证将该报文段交付给位于目的主机的运输层。假定在目的主机上能够运行许多网络应用进程。

    a. 设计尽可能简单的运输层协议，该协议将使应用程序数据到达位于目的主机的所希望的进程。假设在目的主机中的操作系统已经为每个运行的应用进程分配了一个 4 字节的端口号。

    b. 修改这个协议，使它向目的进程提供一个"返回地址"。

    c. 在你的协议中，该运输层在计算机网络的核心中"必须做任何事"吗？

R2. 考虑有一个星球，每个人都属于某个六口之家，每个家庭都住在自己的房子里，每个房子都有唯一的地址，并且某给定家庭中的每个人有一项独特的名字。假定该星球有一项从源家庭到目的家庭交付信件的邮政服务。该邮件服务要求：①在一个信封中有一封信；②在信封上清楚地写上目的家庭的地址（并且没有别的东西）。假设每个家庭有一名家庭成员代表为家庭中的其他成员收集和分发信件。这些信没有必要提供任何有关信的接收者的指示。

    a. 根据复习题 R1 的解决方案，描述家庭成员代表能够使用的协议，以从发送家庭成员向接收家庭成员交付信件。

    b. 在你的协议中，该邮政服务必须打开信封并检查信件内容才能提供服务吗？

R3. 考虑在主机 A 和主机 B 之间有一条 TCP 连接。假设从主机 A 传送到主机 B 的 TCP 报文段具有源端口号 x 和目的端口号 y。对于从主机 B 传送到主机 A 的报文段，源端口号和目的端口号分别是多少？

R4. 描述应用程序开发者可能选择在 UDP 上运行应用程序而不是在 TCP 上运行的原因。

R5. 在今天的因特网中，为什么语音和图像流量常常是经过 TCP 而不是经 UDP 发送。（提示：答案与 TCP 的拥塞控制机制没有关系。）

R6. 当某应用程序运行在 UDP 上时，该应用程序可能得到可靠数据传输吗？如果能，如何实现？

R7. 假定在主机 C 上的一个进程有一个具有端口号 6789 的 UDP 套接字。假定主机 A 和主机 B 都用目的端口号 6789 向主机 C 发送一个 UDP 报文段。这两台主机的这些报文段在主机 C 都被描述为相同的套接字吗？如果是这样的话，在主机 C 的该进程将怎样知道源于两台不同主机的这两个报文段？

R8. 假定在主机 C 的端口 80 上运行着一个 Web 服务器。假定这个 Web 服务器使用持续连接，并且正在接收来自两台不同主机 A 和 B 的请求。被发送的所有请求都通过位于主机 C 的相同套接字吗？如果它们通过不同的套接字传递，这两个套接字都具有端口 80 吗？讨论和解释之。

3.4 节

R9. 在我们的 rdt 协议中，为什么需要引入序号？

R10. 在我们的 rdt 协议中，为什么需要引入定时器？

R11. 假定发送方和接收方之间的往返时延是固定的并且为发送方所知。假设分组能够丢失的话，在协议 rdt3.0 中，定时器仍是必需的吗？试解释之。

R12. 在配套网站上使用 Go-Back-N （回退 N 步）动画。

    a. 让源发送 5 个分组，在这 5 个分组的任何一个到达目的地之前暂停该动画。然后毁掉第一个分组并继续该动画。试描述发生的情况。

    b. 重复该实验，只是现在让第一个分组到达目的地并毁掉第一个确认。再次描述发生的情况。

    c. 最后，尝试发送 6 个分组。发生了什么情况？

R13. 重复复习题 R12，但是现在使用 Selective Repeat （选择重传）动画。选择重传和回退 N 步有什么不同？

3.5 节

R14. 是非判断题：

    a. 主机 A 经过一条 TCP 连接向主机 B 发送一个大文件。假设主机 B 没有数据发往主机 A。因为主机 B 不能随数据捎带确认，所以主机 B 将不向主机 A 发送确认。

    b. 在连接的整个过程中，TCP 的 rwnd 的长度绝不会变化。

    c. 假设主机 A 通过一条 TCP 连接向主机 B 发送一个大文件。主机 A 发送但未被确认的字节数不会超过接收缓存的大小。

d. 假设主机 A 通过一条 TCP 连接向主机 B 发送一个大文件。如果对于这条连接的一个报文段的序号为 m，则对于后继报文段的序号将必然是 $m+1$。

e. TCP 报文段在它的首部中有一个 rwnd 字段。

f. 假定在一条 TCP 连接中最后的 SampleRTT 等于 1s，那么对于该连接的 TimeoutInterval 的当前值必定大于等于 1s。

g. 假设主机 A 通过一条 TCP 连接向主机 B 发送一个序号为 38 的 4 个字节的报文段。在这个相同的报文段中，确认号必定是 42。

R15. 假设主机 A 通过一条 TCP 连接向主机 B 发送两个紧接着的 TCP 报文段。第一个报文段的序号为 90，第二个报文段序号为 110。

　　a. 第一个报文段中有多少数据？

　　b. 假设第一个报文段丢失而第二个报文段到达主机 B。那么在主机 B 发往主机 A 的确认报文中，确认号应该是多少？

R16. 考虑在 3.5 节中讨论的 Telnet 的例子。在用户键入字符 C 数秒之后，用户又键入字符 R。那么在用户键入字符 R 之后，总共发送了多少个报文段，这些报文段中的序号和确认字段应该填入什么？

3.7 节

R17. 假设两条 TCP 连接存在于一个带宽为 R 的瓶颈链路上。它们都要发送一个很大的文件（以相同方向经过瓶颈链路），并且两者是同时开始发送文件。那么 TCP 将为每条连接分配什么样的传输速率？

R18. 是非判断题。考虑 TCP 的拥塞控制。当发送方定时器超时时，其 ssthresh 的值将被设置为原来值的一半。

R19. 在 3.7 节的"TCP 分岔"讨论中，对于 TCP 分岔的响应时间，断言大约是 $4RTT_{FE} + RTT_{BE} +$ 处理时间。评价该断言。

习题

P1. 假设客户 A 向服务器 S 发起一个 Telnet 会话。与此同时，客户 B 也向服务器 S 发起一个 Telnet 会话。给出下面报文段的源端口号和目的端口号：

　　a. 从 A 向 S 发送的报文段。

　　b. 从 B 向 S 发送的报文段。

　　c. 从 S 向 A 发送的报文段。

　　d. 从 S 向 B 发送的报文段。

　　e. 如果 A 和 B 是不同的主机，那么从 A 向 S 发送的报文段的源端口号是否可能与从 B 向 S 发送的报文段的源端口号相同？

　　f. 如果它们是同一台主机，情况会怎么样？

P2. 考虑图 3-5。从服务器返回客户进程的报文流中的源端口号和目的端口号是多少？在承载运输层报文段的网络层数据报中，IP 地址是多少？

P3. UDP 和 TCP 使用反码来计算检验和。假设你有下面 3 个 8 比特字节：01010011，01100110，01110100。这些 8 比特字节和的反码是多少？（注意到尽管 UDP 和 TCP 使用 16 比特的字来计算检验和，但对于这个问题，你应该考虑 8 比特和。）写出所有工作过程。UDP 为什么要用该和的反码，即为什么不直接使用该和呢？使用该反码方案，接收方如何检测出差错？1 比特的差错将可能检测不出来吗？2 比特的差错呢？

P4. a. 假定你有下列 2 个字节：01011100 和 01100101。这 2 个字节之和的反码是什么？

　　b. 假定你有下列 2 个字节：11011010 和 01100101。这 2 个字节之和的反码是什么？

　　c. 对于（a）中的字节，给出一个例子，使得这 2 个字节中的每一个都在一个比特反转时，其反码不会改变。

P5. 假定某 UDP 接收方对接收到的 UDP 报文段计算因特网检验和，并发现它与承载在检验和字段中的值相匹配。该接收方能够绝对确信没有出现过比特差错吗？试解释之。

P6. 考虑我们改正协议 rdt2.1 的动机。试说明如图 3-60 所示的接收方与如图 3-11 所示的发送方运行时，接收方可能会引起发送方和接收方进入死锁状态，即双方都在等待不可能发生的事件。

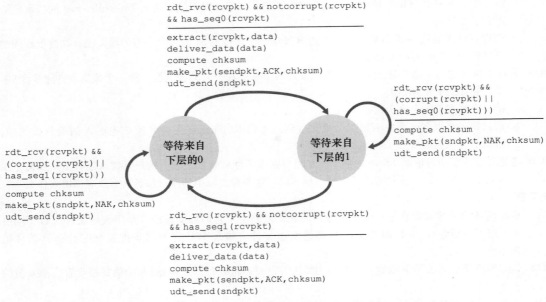

图 3-60　协议 rdt2.1 的一个不正确的接收方

P7. 在 rdt3.0 协议中，从接收方向发送方流动的 ACK 分组没有序号（尽管它们具有 ACK 字段，该字段包括了它们正在确认的分组的序号）。为什么这些 ACK 分组不需要序号呢？

P8. 画出协议 rdt3.0 中接收方的 FSM。

P9. 当数据分组和确认分组发生篡改时，给出 rdt3.0 协议运行的轨迹。你画的轨迹应当类似于图 3-16 中所用的图。

P10. 考虑一个能够丢失分组但其最大时延已知的信道。修改协议 rdt2.1，以包括发送方超时和重传机制。非正式地论证：为什么你的协议能够通过该信道正确通信？

P11. 考虑在图 3-14 中的 rdt2.2 接收方，在状态"等待来自下层的 0"和状态"等待来自下层的 1"中的自转换（即从某状态转换回自身）中生成一个新分组：$sndpk = make\_pkt$（ACK，1，checksum）和 $sndpk = make\_pkt$（ACK，0，checksum）。如果这个操作从状态"等待来自下层的 1"中的自转换中删除，该协议将正确工作吗？评估你的答案。在状态"等待来自下层的 0"中的自转换中删除这个事件将会怎样？（提示：在后一种情况下，考虑如果第一个发送方到接收方的分组损坏的话，将会发生什么情况？）

P12. rdt3.0 协议的发送方直接忽略（即不采取任何操作）接收到的所有出现差错和确认分组的确认号（acknum）字段中的值有差错的分组。假设在这种情况下，rdt3.0 只是重传当前的数据分组，该协议是否还能正常运行？（提示：考虑在下列情况下会发生什么情况：仅有一个比特差错时；报文没有丢失但能出现定时器过早超时。考虑到当 n 趋于无穷时，第 n 个分组将被发送多少次。）

P13. 考虑 rdt3.0 协议。如果发送方和接收方的网络连接能够对报文重排序（即在发送方和接收方之间的媒介上传播的两个报文段重新排序），那么比特交替协议将不能正确工作（确信你清楚地理解这时它不能正确工作的原因），试画图说明之。画图时把发送方放在左边，接收方放在右边，使时间轴朝下，标出交换的数据报文（D）和确认报文（A）。要标明与任何数据和确认报文段相关的序号。

P14. 考虑一种仅使用否定确认的可靠数据传输协议。假定发送方只是偶尔发送数据。只用 NAK 的协议是否会比使用 ACK 的协议更好？为什么？现在我们假设发送方要发送大量的数据，并且该端到端连接很少丢包。在第二种情况下，只用 NAK 的协议是否会比使用 ACK 的协议更好？为什么？

P15. 考虑显示在图 3-17 中的网络跨越国家的例子。窗口长度设置成多少时，才能使该信道的利用率超过90%？假设分组的长度为 1500 字节（包括首部字段和数据）。

P16. 假设某应用使用 rdt3.0 作为其运输层协议。因为停等协议具有非常低的信道利用率（显示在网络跨越国家的例子中），该应用程序的设计者让接收方持续回送许多（大于 2）交替的 ACK 0 和 ACK 1，即使对应的数据未到达接收方。这个应用程序设计将能增加信道利用率吗？为什么？该方法存在某种潜在的问题吗？试解释之。

P17. 考虑两个网络实体 A 和 B，它们由一条完善的双向信道所连接（即任何发送的报文将正确地收到；信道将不会损坏、丢失或重排序分组）。A 和 B 将以交互的方式彼此交付报文：首先，A 必须向 B交付一个报文，B 然后必须向 A 交付一个报文，接下来 A 必须向 B 交付一个报文，等等。如果一个实体处于它不试图向另一侧交付报文的状态，将存在一个来自上层的类似于 rdt_send(data) 调用的事件，它试图向下传送数据以向另一侧传输，来自上层的该调用能够直接忽略对于 rdt_unable_to_send(data) 调用，这通知较高层当前不能够发送数据。（注意：做出这种简化的假设，使你不必担心缓存数据。）

为该协议画出 FSM 说明（一个 FSM 用于 A，一个 FSM 用于 B）。注意，不必担心这里的可靠性机制，该问题的要点在于创建反映这两个实体的同步行为的 FSM 说明。应当使用与图 3-9 中协议 rdt1.0 有相同含义的下列事件和操作：rdt_send(data)，packet = make_pkt(data)，udt__send(data)，rdt_rcv(packet)，extract(packet, data)，deliver_data(data)。保证你的协议反映了 A 和 B 之间发送的严格交替。还要保证在你的 FSM 描述中指出 A 和 B 的初始状态。

P18. 在 3.4.4 节我们学习的一般性 SR 协议中，只要报文可用（如果报文在窗口中），发送方就会不等待确认而传输报文。假设现在我们要求一个 SR 协议，一次发出一对报文，而且只有在知道第一对报文中的两个报文都正确到达后才发送第二对报文。

假设该信道中可能会丢失报文，但报文不会发生损坏和失序。试为报文的单向可靠传输而设计一个差错控制协议。画出发送方和接收方的 FSM 描述。描述在发送方和接收方之间两个方向发送的报文格式。如果你使用了不同于 3.4 节 [例如 udt_send()、start_timer()、rdt_rcv() 等] 中的任何其他过程调用，详细地阐述这些操作。举例说明（用发送方和接收方的时序踪迹图）你的协议是如何恢复报文丢失的。

P19. 考虑一种情况，主机 A 想同时向主机 B 和主机 C 发送分组。A 与 B 和 C 是经过广播信道连接的，即由 A 发送的分组通过该信道传送到 B 和 C。假设连接 A、B 和 C 的这个广播信道具有独立的报文丢失和损坏特性（例如，从 A 发出的报文可能被 B 正确接收，但没有被 C 正确接收）。设计一个类似于停等协议的差错控制协议，用于从 A 可靠地传输分组到 B 和 C。该协议使得 A 直到得知 B 和 C 已经正确接收到当前报文，才获取上层交付的新数据。给出 A 和 C 的 FSM 描述。（提示：B 的 FSM 大体上应当与 C 的相同。）同时，给出所使用的报文格式的描述。

P20. 考虑一种主机 A 和主机 B 要向主机 C 发送报文的情况。主机 A 和 C 通过一条报文能够丢失和损坏（但不重排序）的信道相连接。主机 B 和 C 由另一条（与连接 A 和 C 的信道独立）具有相同性质的信道连接。在主机 C 上的运输层，在向上层交付来自主机 A 和 B 的报文时应当交替进行（即它应当首先交付来自 A 的分组中的数据，然后是来自 B 的分组中的数据，等等）。设计一个类似于停等协议的差错控制协议，以可靠地向 C 传输来自 A 和 B 的分组，同时以前面描述的方式在 C 处交替地交付。给出 A 和 C 的 FSM 描述。（提示：B 的 FSM 大体上应当与 A 的相同。）同时，给出所使用的报文格式的描述。

P21. 假定我们有两个网络实体 A 和 B。B 有一些数据报文要通过下列规则传给 A。当 A 从其上层得到一个请求，就从 B 获取下一个数据（D）报文。A 必须通过 A-B 信道向 B 发送一个请求（R）报文。仅当 B 收到一个 R 报文后，它才会通过 B-A 信道向 A 发送一个数据（D）报文。A 应当准确地将每份 D 报文的副本交付给上层。R 报文可能会在 A-B 信道中丢失（但不会损坏）；D 报文一旦发出总是能够正确交付。两个信道的时延未知且是变化的。

设计一个协议（给出 FSM 描述），它能够综合适当的机制，以补偿会丢包的 A-B 信道，并且实现在 A 实体中向上层传递报文。只采用绝对必要的机制。

P22. 考虑一个 GBN 协议，其发送方窗口为 4，序号范围为 1024。假设在时刻 t，接收方期待的下一个有序分组的序号是 k。假设媒介不会对报文重新排序。回答以下问题：

a. 在 t 时刻，发送方窗口内的报文序号可能是多少？论证你的回答。

b. 在 t 时刻，在当前传播回发送方的所有可能报文中，ACK 字段的所有可能值是多少？论证你的回答。

P23. 考虑 GBN 协议和 SR 协议。假设序号空间的长度为 k，那么为了避免出现图 3-27 中的问题，对于这两种协议中的每一种，允许的发送方窗口最大为多少？

P24. 对下面的问题判断是非，并简要地证实你的回答：

a. 对于 SR 协议，发送方可能会收到落在其当前窗口之外的分组的 ACK。

b. 对于 GBN 协议，发送方可能会收到落在其当前窗口之外的分组的 ACK。

c. 当发送方和接收方窗口长度都为 1 时，比特交替协议与 SR 协议相同。

d. 当发送方和接收方窗口长度都为 1 时，比特交替协议与 GBN 协议相同。

P25. 我们曾经说过，应用程序可能选择 UDP 作为运输协议，因为 UDP 提供了（比 TCP）更好的应用层控制，以决定在报文段中发送什么数据和发送时机。

a. 应用程序为什么对在报文段中发送什么数据有更多的控制？

b. 应用程序为什么对何时发送报文段有更多的控制？

P26. 考虑从主机 A 向主机 B 传输 L 字节的大文件，假设 MSS 为 536 字节。

a. 为了使得 TCP 序号不至于用完，L 的最大值是多少？前面讲过 TCP 的序号字段为 4 字节。

b. 对于你在（a）中得到的 L，传输此文件要用多长时间？假定运输层、网络层和数据链路层首部总共为 66 字节，并加在每个报文段上，然后经 155Mbps 链路发送得到的分组。忽略流量控制和拥塞控制，使主机 A 能够一个接一个和连续不断地发送这些报文段。

P27. 主机 A 和 B 经一条 TCP 连接通信，并且主机 B 已经收到了来自 A 的最长为 126 字节的所有字节。假定主机 A 随后向主机 B 发送两个紧接着的报文段。第一个和第二个报文段分别包含了 80 字节和 40 字节的数据。在第一个报文段中，序号是 127，源端口号是 302，目的地端口号是 80。无论何时主机 B 接收到来自主机 A 的报文段，它都会发送确认。

a. 在从主机 A 发往 B 的第二个报文段中，序号、源端口号和目的端口号各是什么？

b. 如果第一个报文段在第二个报文段之前到达，在第一个到达报文段的确认中，确认号、源端口号和目的端口号各是什么？

c. 如果第二个报文段在第一个报文段之前到达，在第一个到达报文段的确认中，确认号是什么？

d. 假定由 A 发送的两个报文段按序到达 B。第一个确认丢失了而第二个确认在第一个超时间隔之后到达。画出时序图，显示这些报文段和发送的所有其他报文段和确认。（假设没有其他分组丢失。）对于图上每个报文段，标出序号和数据的字节数量；对于你增加的每个应答，标出确认号。

P28. 主机 A 和 B 直接经一条 100Mbps 链路连接。在这两台主机之间有一条 TCP 连接。主机 A 经这条连接向主机 B 发送一个大文件。主机 A 能够向它的 TCP 套接字以高达 120Mbps 的速率发送应用数据，而主机 B 能够以最大 50Mbps 的速率从它的 TCP 接收缓存中读出数据。描述 TCP 流量控制的影响。

P29. 在 3.5.6 节中讨论了 SYN cookie。

a. 服务器在 SYNACK 中使用一个特殊的初始序号，这为什么是必要的？

b. 假定某攻击者得知一台目标主机使用了 SYN cookie。该攻击者能够通过直接向目标发送一个 ACK 分组创建半开或全开连接吗？为什么？

c. 假设某攻击者收集了由服务器发送的大量初始序号。该攻击者通过发送具有初始序号的 ACK，能够引起服务器产生许多全开连接吗？为什么？

P30. 考虑在 3.6.1 节中显示在第二种情况下的网络。假设发送主机 A 和 B 具有某些固定的超时值。

a. 证明增加路由器有限缓存的长度可能减小吞吐量（λ_{out}）。

b. 现在假设两台主机基于路由器的缓存时延，动态地调整它们的超时值（像 TCP 所做的那样）。增加缓存长度将有助于增加吞吐量吗？为什么？

P31. 假设测量的 5 个 SampleRTT 值（参见 3.5.3 节）是 106ms、120ms、140ms、90ms 和 115ms。在获得了每个 SampleRTT 值后计算 EstimatedRTT，使用 $\alpha = 0.125$ 并且假设在刚获得前 5 个样本之后 EstimatedRTT 的值为 100ms。在获得每个样本之后，也计算 DevRTT，假设 $\beta = 0.25$，并且假设在刚获得前 5 个样本之后 DevRTT 的值为 5ms。最后，在获得这些样本之后计算 TCP TimeoutInterval。

P32. 考虑 TCP 估计 RTT 的过程。假设 $\alpha = 0.1$，令 $SampleRT_{T1}$ 设置为最新样本 RTT，令 $SampleRT_{T2}$ 设置为下一个最新样本 RTT，等等。

a. 对于一个给定的 TCP 连接，假定 4 个确认报文相继到达，带有 4 个对应的 RTT 值：$SampleRT_{T4}$、$SampleRT_{T3}$、$SampleRT_{T2}$ 和 $SampleRT_{T1}$。根据这 4 个样本 RTT 表示 EstimatedRTT。

b. 将你得到的公式一般化到 n 个 RTT 样本的情况。

c. 对于在（b）中得到的公式，令 n 趋于无穷。试说明为什么这个平均过程被称为指数移动平均。

P33. 在 3.5.3 节中，我们讨论了 TCP 的往返时间的估计。TCP 避免测量重传报文段的 SampleRTT，对此你有何看法？

P34. 3.5.4 节中的变量 SendBase 和 3.5.5 节中的变量 LastByteRcvd 之间有什么关系？

P35. 3.5.5 节中的变量 LastByteRcvd 和 3.5.4 节中的变量 y 之间有什么关系？

P36. 在 3.5.4 节中，我们看到 TCP 直到收到 3 个冗余 ACK 才执行快速重传。你对 TCP 设计者没有选择在收到对报文段的第一个冗余 ACK 后就快速重传有何看法？

P37. 比较 GBN、SR 和 TCP（无延时的 ACK）。假设对所有 3 个协议的超时值足够长，使得 5 个连续的数据报文段及其对应的 ACK 能够分别由接收主机（主机 B）和发送主机（主机 A）收到（如果在信道中无丢失）。假设主机 A 向主机 B 发送 5 个数据报文段，并且第二个报文段（从 A 发送）丢失。最后，所有 5 个数据报文段已经被主机 B 正确接收。

a. 主机 A 总共发送了多少报文段和主机 B 总共发送了多少 ACK？它们的序号是什么？对所有 3 个协议回答这个问题。

b. 如果对所有 3 个协议超时值比 5RTT 长得多，则哪个协议在最短的时间间隔中成功地交付所有 5 个数据报文段？

P38. 在图 3-52 的 TCP 描述中，阈值 ssthresh 的值在几个地方被设置为 ssthresh=cwnd/2，并且当出现一个丢包事件时，ssthresh 的值被设置为窗口长度的一半。当出现丢包事件时，发送方发送的速率必须大约等于 cwnd 个报文段每 RTT 吗？解释你的答案。如果你的回答是没有，你能提出一种不同的方式来进行 ssthresh 设置吗？

P39. 考虑图 3-46b。如果 λ'_{in} 增加超过了 $R/2$，λ_{out} 能够增加超过 $R/3$ 吗？试解释之。现在考虑图 3-46c。假定一个分组从路由器到接收方平均转发两次，如果 λ'_{in} 增加超过 $R/2$，λ_{out} 能够增加超过 $R/4$ 吗？试解释之。

P40. 考虑图 3-61。假设 TCP Reno 是一个经历如上所示行为的协议，回答下列问题。在各种情况中，简要地论证你的回答。

a. 指出 TCP 慢启动运行时的时间间隔。

b. 指出 TCP 拥塞避免运行时的时间间隔。

c. 在第 16 个传输轮回之后，报文段的丢失是根据 3 个冗余 ACK 还是根据超时检测出来的？

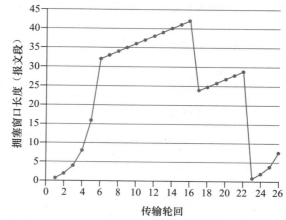

图 3-61　TCP 窗口长度作为时间的函数

d. 在第 22 个传输轮回之后，报文段的丢失是根据 3 个冗余 ACK 还是根据超时检测出来的？

e. 在第 1 个传输轮回里，ssthresh 的初始值设置为多少？

f. 在第 18 个传输轮回里，ssthresh 的值设置为多少？

g. 在第 24 个传输轮回里，ssthresh 的值设置为多少？

h. 在哪个传输轮回内发送第 70 个报文段？

i. 假定在第 26 个传输轮回后，通过收到 3 个冗余 ACK 检测出有分组丢失，拥塞的窗口长度和 ssthresh 的值应当是多少？

j. 假定使用 TCP Tahoe（而不是 TCP Reno），并假定在第 16 个传输轮回收到 3 个冗余 ACK。在第 19 个传输轮回，ssthresh 和拥塞窗口长度是什么？

k. 再次假设使用 TCP Tahoe，在第 22 个传输轮回有一个超时事件。从第 17 个传输轮回到第 22 个传输轮回（包括这两个传输轮回），一共发送了多少分组？

P41. 参考图 3-55，该图描述了 TCP 的 AIMD 算法的收敛特性。假设 TCP 不采用乘性减，而是采用按某一常量减小窗口。所得的 AIAD 算法将收敛于一种平等共享算法吗？使用类似于图 3-55 中的图来证实你的结论。

P42. 在 3.5.4 节中，我们讨论了在发生超时事件后将超时间隔加倍。为什么除了这种加倍超时间隔机制外，TCP 还需要基于窗口的拥塞控制机制（如在 3.7 节中学习的那种机制）呢？

P43. 主机 A 通过一条 TCP 连接向主机 B 发送一个很大的文件。在这条连接上，不会出现任何分组丢失和定时器超时。主机 A 与因特网连接链路的传输速率表示为 R bps。假设主机 A 上的进程能够以 S bps 的速率向 TCP 套接字发送数据，其中 $S = 10R$。进一步假设 TCP 的接收缓存足够大，能够容纳整个文件，并且发送缓存只能容纳这个文件的百分之一。如何防止主机 A 上的进程连续地向 TCP 套接字以速率 S bps 传送数据呢？还是用 TCP 流量控制呢？还是用 TCP 拥塞控制？或者其他措施？阐述其理由。

P44. 考虑从一台主机经一条没有丢包的 TCP 连接向另一台主机发送一个大文件。

a. 假定 TCP 使用不具有慢启动的 AIMD 进行拥塞控制。假设每当收到一批 ACK 时，cwnd 增加 1 个 MSS，并且假设往返时间大约恒定，cwnd 从 6MSS 增加到 12MSS 要花费多长时间（假设没有丢包事件）？

b. 对于该连接，到时间 = 6RTT，其平均吞吐量是多少（根据 MSS 和 RTT）？

P45. 考虑图 3-54，假设在 t_3 时刻，即下一个拥塞丢包发生时，发送速率下降为 $0.75 W_{max}$（当然，不为 TCP 发送方所知）。请分别给出 TCP Reno 和 TCP CUBIC 在之后两轮的变化情况。（提示：TCP Reno 和 TCP CUBIC 对拥塞丢包做出反应的时间可能不再相同。）

P46. 再次考虑图 3-54，假设在 t_3 时刻，即下一个拥塞丢包发生时，发送速率上升为 $1.5 W_{max}$。请分别给出 TCP Reno 和 TCP CUBIC 在之后两轮的变化情况。（提示同上一题。）

P47. 回想 TCP 吞吐量的宏观描述。在连接速率从 $W/(2RTT)$ 变化到 W/RTT 的周期内，只丢失了一个分组（在该周期的结束）。

a. 证明其丢包率（分组丢失的比率）等于：

$$L = 丢包率 = \frac{1}{\frac{3}{8}W^2 + \frac{3}{4}W}$$

b. 如果一条连接的丢包率为 L，使用上面的结果，则它的平均速率近似由下式给出：

$$平均速率 \approx \frac{1.22\text{MSS}}{\text{RTT}\sqrt{L}}$$

P48. 考虑仅有一条单一的 TCP（Reno）连接使用一条 10Mbps 链路，且该链路没有缓存任何数据。假设这条链路是发送主机和接收主机之间的唯一拥塞链路。假定某 TCP 发送方向接收方有一个大文件要发送，而接收方的接收缓存比拥塞窗口要大得多。我们也做下列假设：每个 TCP 报文段长度为 1500 字节；该连接的双向传播时延是 150ms；并且该 TCP 连接总是处于拥塞避免阶段，即忽略了慢启动。

a. 这条 TCP 连接能够取得的最大窗口长度（以报文段计）是多少？

b. 这条 TCP 连接的平均窗口长度（以报文段计）和平均吞吐量（以 bps 计）是多少？

c. 这条 TCP 连接在从丢包恢复后，再次到达其最大窗口要经历多长时间？

P49. 考虑在前面习题中所描述的场景。假设 10Mbps 链路能够缓存有限个报文段。试论证为了使该链路总是忙于发送数据，我们将要选择缓存长度，使得其至少为发送方和接收方之间链路速率 C 与双向传播时延之积。

P50. 重复习题 46，但用一条 10Gbps 链路代替 10Mbps 链路。注意到在对 c 部分的答案中，应当认识到在从丢包恢复后，拥塞窗口长度到达最大窗口长度将需要很长时间。给出解决该问题的基本思路。

P51. 令 T（用 RTT 度量）表示一条 TCP 连接将拥塞窗口从 $W/2$ 增加到 W 所需的时间间隔，其中 W 是最大的拥塞窗口长度。论证 T 是 TCP 平均吞吐量的函数。

P52. 考虑一种简化的 TCP 的 AIMD 算法，其中拥塞窗口长度用报文段的数量来度量，而不是用字节度量。在加性增中，每个 RTT 拥塞窗口长度增加一个报文段。在乘性减中，拥塞窗口长度减小一半（如果结果不是一个整数，向下取整到最近的整数）。假设两条 TCP 连接 C1 和 C2，它们共享一条速率为每秒 30 个报文段的单一拥塞链路。假设 C1 和 C2 均处于拥塞避免阶段。连接 C1 的 RTT 是 50ms，连接 C2 的 RTT 是 100ms。假设当链路中的数据速率超过了链路的速率时，所有 TCP 连接经受数据报文段丢失。

    a. 如果在时刻 t_0，C1 和 C2 具有 10 个报文段的拥塞窗口，在 1000ms 后它们的拥塞窗口为多长？

    b. 经长时间运行，这两条连接将取得共享该拥塞链路的相同的带宽吗？

P53. 考虑在前面习题中描述的网络。现在假设两条 TCP 连接 C1 和 C2，它们具有相同的 100ms RTT。假设在时刻 t_0，C1 的拥塞窗口长度为 15 个报文段，而 C2 的拥塞窗口长度是 10 个报文段。

    a. 在 2200ms 后，它们的拥塞窗口长度为多长？

    b. 经长时间运行，这两条连接将取得共享该拥塞链路的相同的带宽吗？

    c. 如果这两条连接在相同时间达到它们的最大窗口长度，并在相同时间达到它们的最小窗口长度，我们说这两条连接是同步的。经长时间运行，这两条连接将最终变得同步吗？如果是，它们的最大窗口长度是多少？

    d. 这种同步将有助于改善共享链路的利用率吗？为什么？给出打破这种同步的某种思路。

P54. 考虑修改 TCP 的拥塞控制算法。不使用加性增，使用乘性增。无论何时某 TCP 收到一个合法的 ACK，就将其窗口长度增加一个小正数 a（$0<a<1$）。求出丢包率 L 和最大拥塞窗口 W 之间的函数关系。论证：对于这种修正的 TCP，无论 TCP 的平均吞吐量如何，一条 TCP 连接将其拥塞窗口长度从 $W/2$ 增加到 W，总是需要相同的时间。

P55. 在 3.7 节对 TCP 未来的讨论中，我们注意到了为了达到 10Gbps 的吞吐量，TCP 仅能容忍 2×10^{-10} 的报文段丢失率（或等价为每 5 000 000 000 个报文段有一个丢包事件）。给出针对 3.7 节中给定的 RTT 和 MSS 值的对 2×10^{-10} 值的推导。如果 TCP 需要支持一条 100Gbps 的连接，所能容忍的丢包率是多少？

P56. 在 3.7 节中对 TCP 拥塞控制的讨论中，我们隐含地假定 TCP 发送方总是有数据要发送。现在考虑下列情况，某 TCP 发送方发送大量数据，然后在 t_1 时刻变得空闲（因为它没有更多的数据要发送）。TCP 在相对长的时间内保持空闲，然后在 t_2 时刻要发送更多的数据。当 TCP 在 t_2 开始发送数据时，让它使用在 t_1 时刻的 cwnd 和 ssthresh 值，将有什么样的优点和缺点？你建议使用什么样的方法？为什么？

P57. 在这个习题中我们研究是否 UDP 或 TCP 提供了某种程度的端点鉴别。

    a. 考虑一台服务器接收到在一个 UDP 分组中的请求并对该请求进行响应（例如，如由 DNS 服务器所做的那样）。如果一个具有 IP 地址 X 的客户用地址 Y 进行哄骗的话，服务器将向何处发送它的响应？

    b. 假定一台服务器接收到具有 IP 源地址 Y 的一个 SYN，在用 SYNACK 响应之后，接收一个具有 IP 源地址 Y 和正确确认号的 ACK。假设该服务器选择了一个随机初始序号并且没有"中间人"，该服务器能够确定该客户的确位于 Y 吗？（并且不在某个其他哄骗为 Y 的地址 X。）

P58. 在这个习题中，我们考虑由 TCP 慢启动阶段引入的时延。考虑一个客户和一个 Web 服务器直接连接到速率 R 的一条链路。假定该客户要取回一个对象，其长度正好等于 15S，其中 S 是最大段长度（MSS）。客户和服务器之间的往返时间表示为 RTT（假设为常数）。忽略协议首部，确定在下列情况下取回该对象的时间（包括 TCP 连接创建）：

a. $4S/R > S/R + \text{RTT} > 2S/R$

b. $S/R + \text{RTT} > 4S/R$

c. $S/R > \text{RTT}$

 ## 编程作业

实现一个可靠运输协议

在这个编程作业实验中，你将要编写发送和接收运输层的代码，以实现一个简单的可靠数据运输协议。这个实验有两个版本，即比特交替协议版本和 GBN 版本。这个实验应当是有趣的，因为你的实现将与实际情况下所要求的差异很小。

因为可能没有你能够修改其操作系统的独立机器，你的代码将不得不在模拟的硬件/软件环境中执行。然而，为你提供例程的编程接口（即从上层和下层调用你的实体的代码），非常类似于在实际 UNIX 环境中做那些事情的接口。（实际上，在本编程作业中描述的软件接口比起许多教科书中描述的无限循环的发送方和接收方要真实得多。）停止和启动定时器也是模拟的，定时器中断将激活你的定时器处理例程。

这个完整的实验作业以及你所需要的代码，可从本书的 Web 网站 http://www.pearsonhighered.com/cs-resources 获得。

 ## Wireshark 实验：探究 TCP

在这个实验中，你将使用 Web 浏览器访问来自某 Web 服务器的一个文件。如同在前面的 Wireshark 实验中一样，你将使用 Wireshark 来俘获到达你计算机的分组。与前面实验不同的是，你也能够从该 Web 服务器下载一个 Wireshark 可读的分组踪迹，记载你从服务器下载文件的过程。在这个服务器踪迹文件里，你将发现自己访问该 Web 服务器所产生的分组。你将分析客户端和服务器端踪迹文件，以探究 TCP 的方方面面。特别是你将评估在你的计算机与该 Web 服务器之间 TCP 连接的性能。你将跟踪 TCP 窗口行为、推断分组丢失、重传、流控和拥塞控制行为并估计往返时间。

与所有的 Wireshark 实验一样，该实验的全面描述可在本书 Web 站点 http://www.pearsonhighered.com/cs-resources 上找到。

 ## Wireshark 实验：探究 UDP

在这个简短实验中，你将进行分组俘获并分析那些使用 UDP 的你喜爱的应用程序（例如，DNS 或如 Skype 这样的多媒体应用）。如我们在 3.3 节中所学的那样，UDP 是一种简单的、不提供不必要服务的运输协议。在这个实验中，你将研究在 UDP 报文段中的各首部字段以及检验和计算。

与所有的 Wireshark 实验一样，该实验的全面描述能够在本书 Web 站点 http://www.pearsonhighered.com/cs-resources 上找到。

人物专访

Van Jacobson 就职于谷歌公司，以前是 PARC 的高级研究员。在此之前，他是分组设计（Packet Design）机构的联合创始人和首席科学家。再之前，他是思科公司的首席科学家。在加入思科之前，他是劳伦兹伯克利国家实验室网络研究组的负责人，并在加州大学伯克利分校和斯坦福大学任教。Van 于 2001 年因其在通信网络领域的贡献而获得 ACM SIGCOMM 终身成就奖，于 2002 年因其"对网络拥塞的理解和成功研制用于因特网的拥塞控制机制"而获得 IEEE Kobayashi 奖。他于 2004 年当选为美国国家工程院院士。

Van Jacobson

● 请描述您职业生涯中做过的一两个最令人激动的项目。最大的挑战是什么？

学校教会我们许多寻找答案的方式。在每个我致力于的感兴趣的问题中，艰巨的任务是找到正确的问题。当 Mike Karels 和我开始关注 TCP 拥塞时，我们花费数月凝视协议和分组踪迹，询问"为什么它会失效？"。有一天在 Mike 的办公室，我们中的一个说："我无法弄明白它失效的原因是我不理解它究竟如何开始运转的。"这导致提出了一个正确问题，它迫使我们弄明白使 TCP 运转的"ack 计时"。从那以后，其他东西就容易了。

● 从更为一般的意义上讲，您认为网络和因特网未来将往何处发展？

对于大多数人来说，Web 是因特网。对此，网络奇才将会善意地窃笑，因为我们知道 Web 是一个运行在因特网上的应用程序，但要是以上说法正确又该如何呢？因特网使得主机对之间能够进行交谈。Web 用于分布信息的生产和消耗。"信息传播"是一种非常一般意义上的通信，而"成对交谈"只是其中一个极小的子集。我们需要向更大的范围进发。今天的网络以点到点连线的方式处理广播媒介（无线电、PON 等）。那是极为低效的。经过指头敲击或智能手机，遍及全世界的每秒兆兆（10^{12}）比特的数据正在交换，但我们不知道如何将其作为"网络"处理。ISP 正在忙于建立缓存和 CDN，以可扩展地分发视频和音频。缓存是该解决方案的必要部分，但今天的网络缺乏这个部分。从信息论、排队论或流量理论直到因特网协议规范，都告诉我们如何建造和部署它。我认为并希望在未来几年中，网络将演化为包含多得多的通信愿景，以支撑 Web 的运行。

● 是谁激发了您的职业灵感？

当我还在研究生院时，Richard Feynman 访问了学校并做了学术报告。他讲到了一些量子理论知识，使我整学期都在努力理解该理论，他的解释非常简单和明白易懂，使得那些对我而言难以理解的东西变得显而易见和不可避免。领会和表达复杂世界背后的简单性的能力是给我的罕见和绝妙的礼物。

● 您对进入计算机科学和网络领域的学生有什么忠告吗？

网络是奇妙的领域，计算机和网络对社会的影响，也许比自有文字记载以来的任何发明都大。网络本质上是有关连接的东西，研究它有助于你进行智能连接：蚁群搜索和蜜蜂舞蹈显示了协议设计好于 RFC，流量拥挤或人们离开挤满人的体育馆是拥塞的要素，在感恩节暴风雪后寻找航班返回学校的学生们是动态路由选择的核心。如果你对许多东西感兴趣，并且要对此干点事，很难想象还有什么比网络更好的领域了。

网络层:数据平面

在前一章中我们学习了运输层依赖于网络层的主机到主机的通信服务,提供各种形式的进程到进程的通信。我们也学习了运输层工作时不具备任何有关网络层如何实际实现这种服务的知识。因此也许你现在想知道,这种主机到主机通信服务的真实情况是什么?是什么使得它能够发挥作用呢?

在本章和下一章中,我们将学习网络层实际是怎样实现主机到主机的通信服务的。我们将看到与运输层和应用层不同的是,在网络中的每一台主机和路由器中都有一个网络层部分。正因如此,网络层协议是协议栈中最具挑战性(因而也是最有趣)的部分。

网络层在协议栈中无疑是最复杂的层次,因此我们将用大量篇幅来讨论它。的确因为涉及的内容太多,我们将用两章来讨论网络层。我们将看到网络层能够被分解为两个相互作用的部分,即**数据平面**和**控制平面**。在第 4 章,我们将首先学习网络层的数据平面功能,即网络层中每台路由器的功能,该数据平面功能决定到达路由器输入链路之一的数据报(即网络层的分组)如何转发到该路由器的输出链路之一。我们将涉及传统的 IP 转发(其中转发基于数据报的目的地址)和通用的转发(其中可以使用数据报首部中的几个不同域的值执行转发和其他功能)。我们将详细地学习 IPv4 和 IPv6 协议及其寻址。在第 5 章,我们将涉及网络层的控制平面功能,即网络范围的逻辑,该控制平面功能控制数据报沿着从源主机到目的主机的端到端路径中路由器之间的路由方式。我们将学习路由选择算法,以及广泛用于今天因特网中的诸如 OSPF 和 BGP 等路由选择协议。传统上,这些控制平面路由选择协议和数据平面转发功能已被实现成单一整体,位于一台路由器中。软件定义网络(Software-Defined Networking,SDN)通过将这些控制平面功能作为一种单独服务,明确地分离数据平面和控制平面,控制平面功能通常置于一台远程"控制器"中。我们也将在第 5 章中介绍 SDN 控制器。

网络层中数据平面和控制平面之间的功能区别很重要,当你学习网络层时,心中要记住这个区别。它将有助于你构思网络层,并且反映计算机网络中网络层角色的现代观点。

4.1 网络层概述

图 4-1 显示了一个简单网络,其中有 H1 和 H2 两台主机,在 H1 与 H2 之间的路径上有几台路由器。假设 H1 正在向 H2 发送信息,考虑这些主机与中间路由器的网络层所起的作用。H1 中的网络层取得来自 H1 运输层的报文段,将每个报文段封装成一个数据报,然后向相邻路由器 R1 发送该数据报。在接收方主机 H2,网络层接收来自相邻路由器 R2 的数据报,提取出运输层报文段,并将其向上交付给 H2 的运输层。每台路由器的数据平面的主要作用是从其输入链路向其输出链路转发数据报;控制平面的主要作用是协调这些本地的每路由器转发操作,使得数据报沿着源和目的地主机之间的路由器路径最终进行端到端传送。注意到图 4-1 中所示路由器具有缩短的协议栈,即没有网络层以上的部分,因

为路由器不运行我们已在第 2、3 章学习过的应用层和运输层协议。

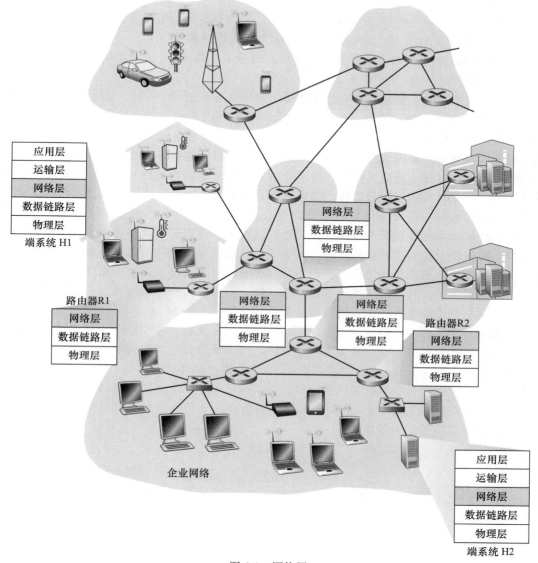

图 4-1　网络层

4.1.1　转发和路由选择：数据平面和控制平面

　　网络层的作用从表面上看极为简单，即将分组从一台发送主机移动到一台接收主机。为此，需要使用两种重要的网络层功能：

- 转发。当一个分组到达某路由器的一条输入链路时，该路由器必须将该分组移动到适当的输出链路。例如，在图 4-1 中来自主机 H1 到路由器 R1 的一个分组，必须向到达 H2 的路径上的下一台路由器转发。如我们将看到的那样，转发是在数据平面中实现的唯一功能（尽管是最为常见和重要的功能）。在最为常见的场合（我们将在 4.4 节中讨论），分组也可能被现有的路由器阻挡（例如，该分组来源于一个已知的恶意主机，或者该分组发向一个被禁止的目的主机），或者可能是冗余的并经过多条出链路发送。

- 路由选择。当分组从发送方流向接收方时，网络层必须决定这些分组所采用的路由或路径。计算这些路径的算法被称为**路由选择算法**（routing algorithm）。例如，在图 4-1 中一个路由选择算法将决定分组从 H1 到 H2 流动所遵循的路径。路由选择在网络层的控制平面中实现。

在讨论网络层时，我们经常交替使用转发和路由选择这两个术语。我们在本书中将更为精确地使用这些术语。**转发**（forwarding）是指将分组从一个输入链路接口转移到适当的输出链路接口的路由器本地操作。转发在很短的时间尺度（通常为几纳秒）发生，因此通常用硬件来实现。**路由选择**（routing）是指确定分组从源到目的地所采取的端到端路径的网络范围处理过程。路由选择在长得多的时间尺度（通常为几秒）发生，因此通常用软件来实现。用驾驶的例子进行类比，考虑在 1.3.1 节中旅行者所历经的从宾夕法尼亚州到佛罗里达州的行程。在这个行程中，那位驾驶员在到佛罗里达州的途中经过了许多立交桥。我们能够认为转发就像通过单个立交桥的过程：一辆汽车从其道路上进入立交桥的一个入口，并且决定应当走哪条路来离开该立交桥。我们可以把路由选择视为规划从宾夕法尼亚州到佛罗里达州行程的过程：在着手行程之前，驾驶员已经查阅了地图并在许多可能的路径中选择一条，其中每条路径都由一系列经立交桥连接的路段组成。

每台网络路由器中有一个关键元素是它的**转发表**（forwarding table）。路由器检查到达分组首部的一个或多个字段值，进而使用这些首部值在其转发表中索引，通过这种方法来转发分组。这些值对应存储在转发表项中的值，指出了该分组将被转发的路由器的输出链路接口。例如在图 4-2 中，一个首部字段值为 0110 的分组到达路由器。该路由器在它的转发表中索引，并确定该分组的输出链路接口是接口 2。该路由器则在内部将该分组转发到接口 2。在 4.2 节中，我们深入路由器内部，更为详细地研究这种转发功能。转发是由网络层的数据平面执行的主要功能。

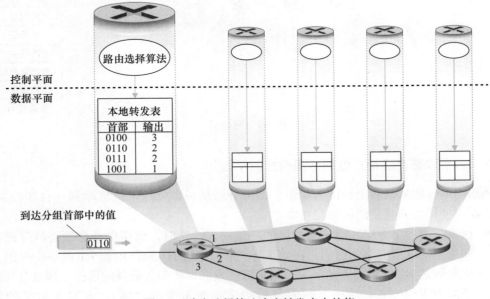

图 4-2　路由选择算法决定转发表中的值

1. 控制平面：传统的方法

你现在也许想知道路由器中的转发表一开始是如何配置的。这是一个关键问题，它揭示了路由选择和转发间的重要相互作用关系。如图 4-2 所示，路由选择算法决定了插入该路由器转发表的内容。在这个例子中，路由选择算法运行在每台路由器中，并且在每台路由器中都包含转发和路由选择两种功能。如我们将在 5.3 节和 5.4 节中所见，一台路由器中的路由选择算法与其他路由器中的路由选择算法通信，以计算出它的转发表的值。这种通信是如何执行的呢？通过根据路由选择协议交换包含路由选择信息的路由选择报文！我们将在 5.2~5.4 节讨论路由选择算法和协议。

通过考虑网络中的假想情况（不真实的，但技术上是可行的），也就是说路由器中物理上存在的所有转发表的内容是由人类网络操作员直接配置的，进一步说明转发和路由选择功能的区别和不同目的。在这种情况下，不需要任何路由选择协议！当然，这些人类操作员将需要彼此交互，以确保该转发表的配置能使分组到达它们想要到达的目的地。也很可能出现下列现象：人工配置更容易出错，并且对于网络拓扑变化的响应比路由选择协议更慢。我们要为所有网络具有转发和路由选择功能而感到幸运！

2. 控制平面：SDN 方法

图 4-2 中显示的实现路由选择功能的方法，是路由选择厂商在其产品中采用的传统方法，至少最近还是如此。使用该方法，每台路由器都有一个与其他路由器的路由选择组件通信的路由选择组件。然而，对人类能够手动配置转发表的观察启发我们，对于控制平面功能来说，也许存在其他方式来确定数据平面转发表的内容。

图 4-3 显示了进行物理上分离的另一种方法，远程控制器计算和分发转发表以供每台路由器所使用。注意到图 4-2 和图 4-3 的数据平面组件是相同的。而在图 4-3 中，控制平面路由选择功能与物理的路由器是分离的，即路由选择设备仅执行转发，而远程控制器计算并分发转发表。远程控制器可能实现在具有高可靠性和冗余的远程数据中心中，并可能由 ISP 或某第三方管理。路由器和远程控制器是如何通信的呢？通过交换包含转发表和其他路由选择信息的报文。显示在图 4-3 中的控制平面方法是**软件定义网络**（Software-Defined Networking，SDN）的关键，因为计算转发表并与路由器交互的控制器是用软件实现的，故网络是"软件定义"的。这些软件实现也越来越开放，换言之类似于 Linux 操作系统代码，这些代码公开可用，允许 ISP（以及网络研究者和学生）去创新并对控制网络层功能的软件提出更改建议。我们将在 5.5 节讨论 SDN 控制平面。

4.1.2　网络服务模型

在钻研网络层的数据平面之前，我们将以开阔的视野来专注于我们引入的新东西并考虑网络层可能提供的不同类型的服务。当位于发送主机的运输层向网络传输分组（即在发送主机中将分组向下交给网络层）时，运输层能够指望网络层将该分组交付给目的地吗？当发送多个分组时，它们会按发送顺序按序交付给接收主机的运输层吗？发送两个连续分组的时间间隔与接收到这两个分组的时间间隔相同吗？网络层会提供关于网络中拥塞的反馈信息吗？在发送主机与接收主机中连接运输层通道的抽象视图（特性）是什么？对这些问题和其他问题的答案由网络层提供的服务模型所决定。**网络服务模型**（network service model）定义了分组在发送与接收主机之间的端到端传输特性。

我们现在考虑网络层能提供的某些可能的服务。这些服务可能包括：

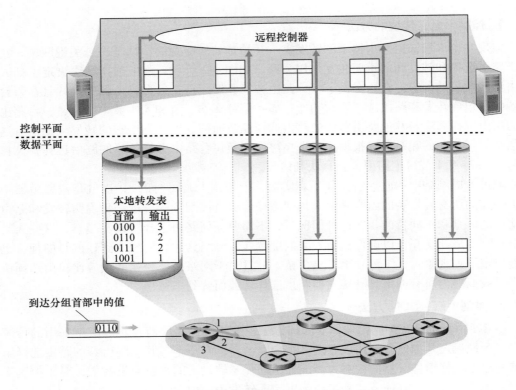

图 4-3 远程控制器确定并分发转发表中的值

- 确保交付。该服务确保分组将最终到达目的地。
- 具有时延上界的确保交付。该服务不仅确保分组的交付，而且在特定的主机到主机时延上界（例如 100ms）内交付。
- 有序分组交付。该服务确保分组以发送的顺序到达目的地。
- 确保最小带宽。这种网络层服务模仿在发送和接收主机之间一条特定比特率（例如 1Mbps）的传输链路的行为。只要发送主机以低于特定比特率的速率传输比特（作为分组的组成部分），则所有分组最终会交付到目的主机。
- 安全性。网络层能够在源加密所有数据报并在目的地解密它们，从而对所有运输层报文段提供机密性。

这只是网络层能够提供的服务的部分列表，有无数种可能的服务变种。

因特网的网络层提供了单一的服务，称为**尽力而为服务**（best-effort service）。使用尽力而为服务，传送的分组既不能保证以它们发送的顺序被接收，也不能保证它们最终交付；既不能保证端到端时延，也不能保证有最小的带宽。尽力而为服务看起来是根本无服务的一种委婉说法，即一个没有向目的地交付分组的网络也符合尽力而为交付服务的定义！其他的网络体系结构已定义和实现了超过因特网尽力而为服务的服务模型。例如，ATM 网络体系结构［Black 1995］提供了确保按序时延、有界时延和确保最小带宽。还有提议的对因特网体系结构的服务模型扩展，例如，集成服务体系结构［RFC 1633］的目标是提供端到端时延保证以及无拥塞通信。令人感兴趣的是，尽管有这些研发良好的可选方案，但因特网的基本尽力而为服务模型与适当带宽供给和带宽自适应应用级协议（如2.6.2 节介绍的 DASH 协议）的结合，已被证明超过"足够好"，能够用于大量的应用，包括诸如 Netflix 和视频等流式视频服务，以及诸如 Skype 和 Facetime 等实时会议应用。

第 4 章概述

在提供了网络层的概述后，我们将在本章后续几节中讨论网络层的数据平面组件。在 4.2 节中，我们将深入探讨路由器的内部硬件操作，包括输入和输出分组处理、路由器的内部交换机制以及分组排队和调度。在 4.3 节中，我们将学习传统的 IP 转发，其中分组基于它们的目的 IP 地址转发到输出端口。我们将学习 IP 寻址、令人称道的 IPv4 和 IPv6 协议等内容。在 4.4 节中，我们将涉及更为一般的转发，此时分组可以基于大量首部值（即不仅基于目的 IP 地址）转发到输出端口。分组可能在路由器中受阻或冗余，或者可能让某些首部字段重写，即所有东西都在软件控制之下完成。这种分组转发的更为一般的形式是现代网络数据平面的关键组件，包括软件定义网络（SDN）中的数据平面。在 4.5 节中，我们将学习能够执行除了转发以外功能的"中间盒"。

顺便说明一下，许多计算机网络研究者和从业人员经常互换地使用转发和交换这两个术语。我们在这本教科书中也将互换使用这些术语。关于术语问题，还需要指出经常互换使用的两个其他术语，但我们将更为小心地使用它们。我们将约定术语分组交换机是指一台通用分组交换设备，它根据分组首部字段中的值，从输入链路接口到输出链路接口转移分组。某些分组交换机称为**链路层交换机**（link-layer switch）（在第 6 章学习），基于链路层帧中的字段值做出转发决定，这些交换机因此被称为链路层（第 2 层）设备。其他分组交换机称为**路由器**（router），基于网络层数据报中的首部字段值做出转发决定。路由器因此是网络层（第 3 层）设备。（为了全面理解这种重要区别，可能要回顾 1.5.2 节，在那里我们讨论了网络层数据报和链路层帧及其关系。）因为本章关注的是网络层，所以我们将主要使用术语路由器来代替分组交换机。

4.2　路由器工作原理

我们已经概述了网络层中的数据平面和控制平面、转发与路由选择之间的重要区别以及网络层的服务与功能，下面将注意力转向网络层的**转发功能**，即实际将分组从一台路由器的入链路传送到适当的出链路。

图 4-4 显示了一个通用路由器体系结构的总体视图，其中标识了一台路由器的 4 个组件。

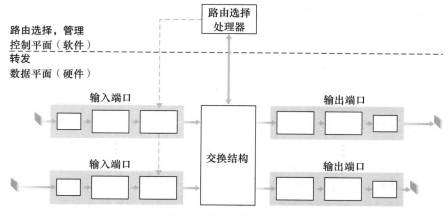

图 4-4　路由器体系结构

- 输入端口。**输入端口**（input port）执行几项重要功能。它在路由器中执行终结入物理链路的物理层功能，这显示在图 4-4 中输入端口部分最左侧的方框与输出端口部分最右侧的方框中。它还要与位于入链路远端的数据链路层交互操作来执行数据链路层功能，这显示在输入与输出端口部分中间的方框中。也许更为重要的是，在输入端口还要执行查找功能，这显示在输入端口最右侧的方框中。正是在这里，通过查询转发表决定路由器的输出端口，到达的分组通过路由器的交换结构转发到输出端口。控制分组（如携带路由选择协议信息的分组）从输入端口转发到路由选择处理器。注意这里的"端口"一词，指的是路由器的物理输入和输出接口，这完全不同于第 2、3 章中所讨论的与网络应用程序和套接字相关联的软件端口。在实践中，一台路由器所支持的端口数量范围较大，从企业路由器具有数量相对少的端口，到位于某 ISP 边缘的路由器具有数以百计 10Gbps 端口（其中入线路的数量趋于最大）。例如，边缘路由器 Juniper MX2020 支持多达 800 个 100Gbps 以太网端口，具有 800Tbps 的总体路由器系统容量［Juniper MX2020 2020］。

- 交换结构。交换结构将路由器的输入端口连接到它的输出端口。这种交换结构完全包含在路由器之中，即它是一个网络路由器中的网络！

- 输出端口。**输出端口**（output port）存储从交换结构接收的分组，并通过执行必要的链路层和物理层功能在输出链路上传输这些分组。当一条链路是双向的（即承载两个方向的流量）时，输出端口通常与该链路的输入端口成对出现在同一线路卡上。

- 路由选择处理器。路由选择处理器执行控制平面功能。在传统的路由器中，它执行路由选择协议（我们将在 5.3 节和 5.4 节学习），维护路由选择表与关联链路状态信息，并为该路由器计算转发表。在 SDN 路由器中，路由选择处理器（在其他活动中）负责与远程控制器通信，目的是接收由远程控制器计算的转发表项，并在该路由器的输入端口安装这些表项。路由选择处理器还执行网络管理功能，我们将在 5.7 节学习相关内容。

路由器的输入端口、输出端口和交换结构几乎总是用硬件实现，如图 4-4 所示。为了理解为何需要用硬件实现，考虑具有 100Gbps 输入链路和 64 字节的 IP 数据报，其输入端口在另一个数据报到达前仅有 5.12ns 来处理数据报。如果 N 个端口结合在一块线路卡上（因为实践中常常这样做），数据报处理流水线必须以 N 倍速率运行，这远快过软件实现的速率。转发硬件既能够使用路由器厂商自己的硬件设计来实现，也能够使用购买的商用硅片（例如由英特尔和 Broadcom 公司所出售）的硬件设计来实现。

当数据平面以纳秒时间尺度运行时，路由器的控制功能以毫秒或秒时间尺度运行，这些控制功能包括执行路由选择协议、对上行或下行的连接链路进行响应、与远程控制器通信（在 SDN 场合）和执行管理功能。因而这些**控制平面**（control plane）的功能通常用软件实现并在路由选择处理器（通常是一种传统的 CPU）上执行。

在深入探讨路由器的内部细节之前，我们转向本章开头的那个类比，其中分组转发好比汽车进入和离开立交桥。假定该立交桥是环状交叉路，在汽车进入该环状交叉路前，需要做一点处理。我们来考虑一下对于这种处理需要什么信息。

- 基于目的地转发。假设汽车停在一个入口站上并指示它的最终目的地（并非在本地环状交叉路，而是其旅途的最终目的地）。入口站的一名服务人员查找最终目的地，决定通向最后目的地的环状交叉路的出口，并告诉驾驶员要走哪个出口。

- 泛化转发。除了目的地之外，服务人员也能够基于许多其他因素确定汽车的出口匝道。例如，所选择的出口匝道可能与该汽车的起点如发行该车牌照的州有关。来自某些州的汽车可能被引导使用某个出口匝道（经过一条慢速道路通向目的地），而来自其他州的汽车可能被引导使用一个不同的出口匝道（经过一条高速路通向目的地）。同样的决定也可能基于车型、品牌和年份做出。或者认为不适合上路的汽车可能被阻止并且不允许通过环状交叉路。就泛化转发来说，许多因素都会对服务人员为给定汽车选择出口匝道产生影响。

一旦汽车进入环状交叉路（该环状交叉路可能挤满了从其他入口道路进入的其他汽车，朝着其他环状交叉路出口前进），最终就要离开预定的环状交叉路出口匝道，在这里可能遇到了从该出口离开环状交叉路的其他汽车。

在这个类比中，我们能够在图 4-4 中识别最重要的路由器组件：入口道路和入口站对应于输入端口（具有查找功能以决定本地输出端口）；环状交叉路对应于交换结构；环状交叉路出口匝道对应于输出端口。借助于这个类比，我们可以考虑瓶颈可能出现的地方。如果汽车以极快的速率到达（例如，该环状交叉路位于德国或意大利！）而车站服务人员很慢，将发生什么情况？这些服务人员必须工作得多快，以确保在入口道路上没有车辆拥堵？甚至对于极快的服务人员，如果汽车在环状交叉路上开得很慢，将发生什么情况，拥堵仍会出现吗？如果大多数进入的汽车都要在相同的出口匝道离开环状交叉路，将发生什么情况，在出口匝道或别的什么地方会出现拥堵吗？如果我们要为不同的汽车分配优先权，或先行阻挡某些汽车进入环状交叉路，环状交叉路将如何运行？这些都与路由器和交换机设计者面对的关键问题形成类比。

在下面的各小节中，我们将更为详细地考察路由器功能。［Turner 1988；McKeown 1997a；Partridge 1998；Iyer 2008；Sopranos 2011；Zilberman 2019］提供了对一些特定路由器体系结构的讨论。为了具体和简单起见，我们在本节中假设转发决定仅基于分组的目的地址，而不基于通用的分组首部字段。我们将在 4.4 节中学习更为通用的分组转发情况。

4.2.1　输入端口处理和基于目的地转发

图 4-5 中显示了一个更详细的输入处理的视图。如前面讨论的那样，输入端口的线路端接功能与链路层处理实现了用于各个输入链路的物理层和链路层。在输入端口中执行的查找对于路由器运行是至关重要的，正是在这里，路由器使用转发表来查找输出端口，使得到达的分组能经过交换结构转发到该输出端口。转发表或者是由路由选择处理器计算和更新的（使用路由选择协议与其他网络路由器中的路由选择处理器进行交互），或者接收来自远程 SDN 控制器的内容。转发表从路由选择处理器经过独立总线（例如一个 PCI 总线）复制到线路卡，在图 4-4 中该总线由从路由选择处理器到输入线路卡的虚线所指示。使用在每个线路卡的影子副本，转发决策能在每个输入端口本地做出，无须基于每个分组调用集中式路由选择处理器，因此避免了集中式处理的瓶颈。

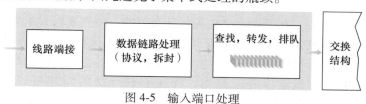

图 4-5　输入端口处理

现在我们来考虑"最简单"的情况，一个人分组基于该分组的目的地址交换到输出端口。在 32 比特 IP 地址的情况下，转发表的蛮力实现将针对每个目的地址有一个表项。因为有超过 40 亿个可能的地址，选择这种方法是完全不可行的。

作为一个说明怎样处理规模问题的例子，假设我们的路由器具有 4 条链路，编号 0 到 3，分组以如下方式转发到链路接口：

目的地址范围	链路接口
11001000 00010111 00010000 00000000 到 11001000 00010111 00010111 11111111	0
11001000 00010111 00011000 00000000 到 11001000 00010111 00011000 11111111	1
11001000 00010111 00011001 00000000 到 11001000 00010111 00011111 11111111	2
其他	3

显然，对于这个例子，在路由器的转发表中没有必要有 40 亿个表项。例如，我们能够有一个如下仅包括 4 个表项的转发表：

前缀匹配	链路接口
11001000 00010111 00010	0
11001000 00010111 00011000	1
11001000 00010111 00011	2
其他	3

使用这种风格的转发表，路由器用分组目的地址的**前缀**（prefix）与该表中的表项进行匹配，如果存在一个匹配项，则路由器向与该匹配项相关联的链路转发分组。例如，假设分组的目的地址是 11001000 00010111 00010110 10100001，因为该地址的 21 比特前缀匹配该表的第一项，所以路由器向链路接口 0 转发该分组。如果一个前缀不匹配前 3 项中的任何一项，则路由器向链路接口 3 转发该分组。尽管听起来足够简单，但这里还是有重要的微妙之处。你可能已经注意到一个目的地址可能与不止一个表项相匹配。例如，地址 11001000 00010111 00011000 10101010 的前 24 比特与表中的第二项匹配，而该地址的前 21 比特与表中的第三项匹配。当有多个匹配时，该路由器使用**最长前缀匹配规则**（longest prefix matching rule），即在该表中寻找最长的匹配项，并向与最长前缀匹配相关联的链路接口转发分组。在 4.3 节详细学习因特网编址时，我们将正确理解使用这种最长前缀匹配规则的理由。

假定转发表已经存在，从概念上讲表查找是简单的，硬件逻辑只是搜索转发表查找最长前缀匹配。但在吉比特速率下，这种查找必须在纳秒级执行（回想我们前面 10Gbps 链路和一个 64 字节 IP 数据报的例子）。因此，不仅必须要用硬件执行查找，而且需要对大型转发表使用简单线性搜索以外的技术，快速查找算法的综述可以在［Gupta 2001，Ruiz-Sanchez 2011］中找到。同时必须对内存访问时间给予特别关注，结果是采用嵌入式片上 DRAM 和更快的 SRAM（用作一种 DRAM 缓存）内存设计。实践中也经常使用**三态内容可寻址存储器**（Tenary Content Address Memory，TCAM）来查找［Yu 2004］。使用 TCAM，一个 32 比特 IP 地址被放入内存，TCAM 在基本常数时间内返回对该地址的转发表项的内容。Cisco Catalyst 6500 和 7600 系列路由器及交换机能够保存 100 多万 TCAM 转发表项［Cisco TCAM 2014］。

一旦通过查找确定了某分组的输出端口，则该分组就能够发送进入交换结构。在某些设计中，如果来自其他输入端口的分组当前正在使用该交换结构，一个分组可能会在进入交换结构时被暂时阻塞。因此，一个被阻塞的分组必须要在输入端口处排队，并等待稍后被及时调度以通过交换结构。我们稍后将仔细考察分组（位于输入端口与输出端口中）的阻塞、排队与调度。尽管"查找"在输入端口处理中可认为是最为重要的操作，但必须采取许多其他操作：①必须出现物理层和链路层处理，如前面所讨论的那样；②必须检查分组的版本号、检验和以及寿命字段（这些我们将在 4.3 节中学习），并且重写后两个字段；③必须更新用于网络管理的计数器（如接收到的 IP 数据报的数目）。

在结束输入端口处理的讨论之前，注意到输入端口查找目的 IP 地址（"匹配"），然后发送该分组进入交换结构（"操作"）的步骤是一种更为一般的"匹配加操作"抽象的特定情况，这种抽象在许多网络设备中执行，而不仅在路由器中。在链路层交换机（在第 6 章讨论）中，除了发送帧进入交换结构去往输出端口外，还要查找链路层目的地址，并采取几个操作。在防火墙（在第 8 章讨论）中，首部匹配给定准则（例如源/目的 IP 地址和运输层端口号的某种组合）的入分组可能被阻止转发，而防火墙是一种过滤所选择的入分组的设备。在网络地址转换器（NAT，在 4.3 节讨论）中，一个运输层端口号匹配某给定值的入分组，在转发（操作）前其端口号将被重写。的确，"匹配加操作"抽象不仅作用大，而且在网络设备中无所不在，并且对于我们将在 4.4 节中学习的泛化转发是至关重要的。

4.2.2　交换

交换结构位于一台路由器的核心部位，因为正是通过这种交换结构，分组才能实际地从一个输入端口交换（即转发）到一个输出端口中。交换可以用许多方式完成，如图 4-6 所示。

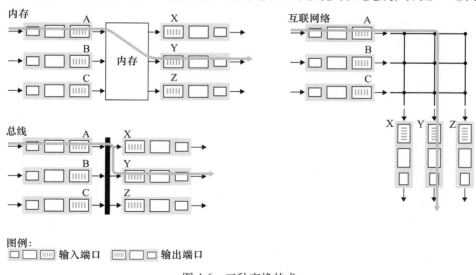

图 4-6　三种交换技术

- 经内存交换。最简单、最早的路由器是传统的计算机，输入端口与输出端口之间的交换是在 CPU（路由选择处理器）的直接控制下完成的。输入与输出端口的功能就像传统操作系统中的 I/O 设备一样。一个分组到达一个输入端口时，该端口会先通过中断方式向路由选择处理器发出信号。于是，该分组从输入端口处被复制到处理器内存中。路由选择处理器则从其首部提取目的地址，在转发表中查找适当的输出端口，并将该分组复制到输出端口的缓存中。在这种情况下，如果内存带宽为每秒可写进内存或从内存读出最多 B 个分组，则总的转发吞吐量（分组从输入端口被传送到输出端口的总速率）必然小于 $B/2$。也要注意到不能同时转发两个分组，即使它们有不同的目的端口，因为经过共享系统总线一次仅能执行一个内存读/写。

  许多现代路由器通过内存进行交换。然而，与早期路由器的一个主要差别是，目的地址的查找和将分组存储（交换）进适当的内存存储位置是由输入线路卡来处理的。在某些方面，经内存交换的路由器看起来很像共享内存的多处理器，用一个线路卡上的处理将分组交换（写）进适当的输出端口的内存中。Cisco 的 Catalyst 8500 系列交换机［Cisco 8500 2020］是经共享内存转发分组的。

- 经总线交换。在这种方法中，输入端口经一根共享总线将分组直接传送到输出端口，不需要路由选择处理器的干预。通常按以下方式完成该任务：让输入端口为分组预先计划一个交换机内部标签（首部），指示本地输出端口，使分组在总线上传送和传输到输出端口。该分组能由所有输出端口收到，但只有与该标签匹配的端口才能保存该分组。然后标签在输出端口被去除，因为其仅用于交换机内部来跨越总线。如果多个分组同时到达路由器，每个位于不同的输出端口，除了一个分组外所有其他分组必须等待，因为一次只有一个分组能够跨越总线。因为每个分组必须跨过单一总线，故路由器的交换带宽受总线速率的限制，在环状交叉路的类比中，这相当于环状交叉路一次仅包含一辆汽车。尽管如此，对于运行在小型局域网和企业网中的路由器来说，通过总线交换通常足够用了。Cisco 6500 路由器［Cisco 6500 2020］内部通过一个 32Gbps 背板总线来交换分组。

- 经互联网络交换。克服单一、共享式总线带宽限制的一种方法是，使用一个更复杂的互联网络，例如过去在多处理器计算机体系结构中用来互联多个处理器的网络。纵横式交换机就是一种由 $2N$ 条总线组成的互联网络，它连接 N 个输入端口与 N 个输出端口，如图 4-6 所示。每条垂直的总线在交叉点与每条水平的总线交叉，交叉点通过交换结构控制器（其逻辑是交换结构自身的一部分）能够在任何时候开启和闭合。当某分组到达端口 A，需要转发到端口 Y 时，交换机控制器闭合总线 A 和 Y 交叉部位的交叉点，然后端口 A 在其总线上发送该分组，该分组仅由总线 Y 接收。注意到来自端口 B 的一个分组在同一时间能够转发到端口 X，因为 A 到 Y 和 B 到 X 的分组使用不同的输入和输出总线。因此，与前面两种交换方法不同，纵横式网络能够并行转发多个分组。纵横式交换机是**非阻塞的**（non-blocking），即只要没有其他分组当前被转发到该输出端口，转发到输出端口的分组就不会被到达输出端口的分组阻塞。然而，如果来自两个不同输入端口的两个分组的目的地为相同的输出端口，则一个分组必须在输入端等待，因为在某个时刻经给定总线仅能够发送一个分组。Cisco 12000 系列交换机［Cisco 12000 2020］使用了一个互联网络，Cisco 7600 系列能被配置为使用总线或者纵横式交换机

［Cisco 7600 2020］。

更为复杂的互联网络使用多级交换元素，以使来自不同输入端口的分组通过交换结构同时朝着相同的输出端口前行。对交换机体系结构的展望可参见［Tobagi 1990］。Cisco CRS利用了一种三级非阻塞交换策略。路由器的交换能力也能够通过并行运行多种交换结构进行扩展。在这种方法中，输入端口和输出端口被连接到并行运行的 N 个交换结构。一个输入端口将一个分组分成 K 个较小的块，并且通过 N 个交换结构中的 K 个发送（"喷射"）这些块到所选择的输出端口，输出端口再将 K 个块装配还原成初始的分组。

4.2.3　输出端口处理

如图4-7所示，输出端口处理取出已经存放在输出端口内存中的分组并将其发送到输出链路上。这包括选择和取出排队的分组进行传输，执行所需的链路层和物理层传输功能。

图 4-7　输出端口处理

4.2.4　何处出现排队

如果我们考虑显示在图4-6中的输入和输出端口功能及其配置，下列情况是一目了然的：在输入端口和输出端口处都可以形成分组队列，就像在环状交叉路的类比中我们讨论过的情况，即汽车可能等待在流量交叉点的入口和出口。排队的位置和程度（或者在输入端口排队，或者在输出端口排队）将取决于流量负载、交换结构的相对速率和线路速率。我们现在更为详细地考虑这些队列，因为随着这些队列的增长，路由器的缓存空间最终将会耗尽，并且当无内存可用于存储到达的分组时将会出现**丢包**（packet loss）。回想前面的讨论，我们说过分组"在网络中丢失"或"被路由器丢弃"。正是在一台路由器的这些队列中，分组被实际丢弃或丢失。

假定输入线路速率与输出线路速率（传输速率）是相同的，均为 R_{line}（单位为每秒分组数），并且有 N 个输入端口和 N 个输出端口。为进一步简化讨论，假设所有分组具有相同的固定长度，分组以同步的方式到达输入端口。这就是说，在任何链路发送分组的时间等于在任何链路接收分组的时间，在这样的时间间隔内，在一个输入链路上能够到达 0 个或 1 个分组。定义交换结构传送速率 R_{switch} 为从输入端口到输出端口能够移动分组的速率。如果 R_{switch} 是 R_{line} 的 N 倍，则在输入端口处仅会出现微不足道的排队。这是因为即使在最坏情况下，所有 N 条输入线路都在接收分组，并且所有的分组将被转发到相同的输出端口，每批 N 个分组（每个输入端口一个分组）也能够在下一批到达前通过交换结构处理完毕。

1. 输入排队

如果交换结构不能快得（相对于输入线路速度而言）使所有到达分组无时延地通过它

传送，会发生什么情况呢？在这种情况下，在输入端口也将出现分组排队，因为到达的分组必须加入输入端口队列中，以等待通过交换结构传送到输出端口。为了举例说明这种排队的重要后果，考虑纵横式交换结构，并假定：①所有链路速度相同；②一个分组能够以一条输入链路接收一个分组所用的相同的时间量，从任意一个输入端口传送到给定的输出端口；③分组按 FCFS 方式，从一指定输入队列移动到其要求的输出队列中。只要输出端口不同，多个分组就可以被并行传送。然而，如果位于两个输入队列前端的两个分组是发往同一输出队列的，则其中的一个分组将被阻塞，且必须在输入队列中等待，因为交换结构一次只能传送一个分组到某指定端口。

图 4-8 给出了一个例子，其中在输入队列前端的两个分组（带深色阴影）要发往同一个右上角输出端口。假定该交换结构决定发送左上角队列前端的分组。在这种情况下，左下角队列中的深色阴影分组必须等待。但不仅该分组要等待，左下角队列中排在该分组后面的浅色阴影分组也要等待，即使右中侧输出端口（浅色阴影分组的目的地）中无竞争。这种现象叫作输入排队交换机中的**队列首部**（Head-Of-the-Line，HOL）**阻塞**，即在一个输入队列中排队的分组必须等待通过交换结构发送（即使输出端口是空闲的），因为它被位于队列首部的另一个分组所阻塞。[Karol 1987] 指出，由于 HOL 阻塞，只要输入链路上的分组到达速率达到其容量的 58%，在某些假设前提下，

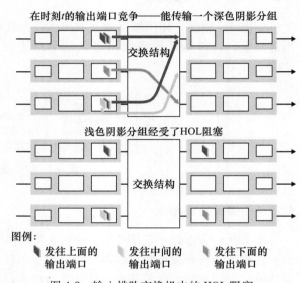

图 4-8　输入排队交换机中的 HOL 阻塞

输入队列长度就将无限制地增大（不严格地讲，这等同于说将出现大量的丢包）。[McKeown 1997] 讨论了多种解决 HOL 阻塞的方法。

2. 输出排队

我们接下来考虑在交换机的输出端口是否会出现排队。再次假定 R_{switch} 是 R_{line} 的 N 倍，并且到达 N 个输入端口的每个端口的分组，其目的地是相同的输出端口。在这种情况下，在向输出链路发送一个分组的时间内，将有 N 个新分组到达该输出端口（N 个输入端口的每个都到达 1 个）。因为输出端口在一个单位时间（该分组的传输时间）内仅能传输一个分组，这 N 个到达分组必须排队（等待）经输出链路传输。在正好传输 N 个分组（这些分组是前面正在排队的）之一的时间中，可能又到达 N 个分组，等等。所以，分组队列能够在输出端口形成，即使交换结构的线路速率是端口的线路速率的 N 倍。最终，排队的分组数量能够变得足够大，耗尽输出端口的可用内存。

当没有足够的内存来缓存一个入分组时，就必须做出决定：要么丢弃到达的分组［采用一种称为**弃尾**（drop-tail）的策略］，要么删除一个或多个已排队的分组为新来的分组腾出空间。在某些情况下，在缓存填满之前便丢弃一个分组（或在其首部加上标记）的做法是有利的，这可以向发送方提供一个拥塞信号。使用明确拥塞通告比特的方法（我们在

3.7.2 节中学习过）可对分组进行标记。已经提出和分析了许多分组丢弃与标记策略 ［Labrador 1999；Hollot 2002］，这些策略统称为**主动队列管理**（Active Queue Management，AQM）算法。**随机早期检测**（Random Early Detection，RED）算法是得到最广泛研究和实现的 AQM 算法之一 ［Christiansen 2001］。最近的 AQM 策略包括 PIE （比例积分控制器增强）［RFC 8033］ 和 CoDel ［Nichols 2012］。

在图 4-9 中图示了输出端口的排队情况。在时刻 t，每个入端输入端口都到达了一个分组，每个分组都发往最上侧的输出端口。假定线路速率相同，交换机以 3 倍于线路速率的速率运行，一个时间单位（即接收或发送一个分组所需的时间）以后，所有三个初始分组都被传送到输出端口，并排队等待传输。在下一个时间单位中，这三个分组中的一个将通过输出链路发送出去。在这个例子中，又有两个新分组到达交换机的入端，其中一个要发往最上侧的输出端口。这样的后果是，输出端口的**分组调度器**（packet scheduler） 在这些排队分组中选择一个分组来传输，这就是我们将在下节中讨论的主题。

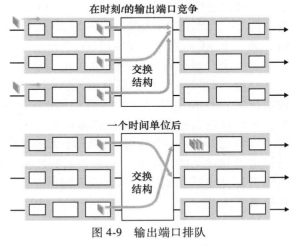

图 4-9　输出端口排队

3. 多少缓存才"够用"？

前面介绍了分组队列是如何形成的，这时分组连续到达路由器的输入或（更有可能的是）输出端口，并且分组到达速率暂时超过分组能被转发的速率。这种不协调持续的时间越长，队列将变得越长，直至最终端口的缓存变满并开始丢弃分组。一个自然的问题是：在端口应当预分配多少缓存？这个问题的答案比人们想象的复杂得多，并且可以帮助我们进一步了解网络边缘和网络核心的拥塞感知发送者之间的微妙交互。

多年以来，用于缓存大小的经验方法 ［RFC 3439］ 是缓存数量（B）应当等于平均往返时延（RTT）乘以链路的容量（C）。例如，对于一条 RTT 为 250ms 的 10Gbps 链路，需要 $B = RTT \cdot C = 2.5Gb$ 的缓存。这个结果是基于相对少量 TCP 流的排队动态性分析得到的 ［Villamizar 1994］。然而，更新的理论和实验研究 ［Appenzeller 2004］ 提出，当有大量的 TCP 流 （比如 N 条） 流过一条链路时，所需要的缓存数量是 $B = RTT \cdot C / \sqrt{N}$。在核心网络中，典型的情况是有大量流经过的大型主干路由器链路，N 的值可能非常大，从而使得所需的缓存明显减少。［Appenzeller 2004；Wischik 2005；Beheshti 2008］ 从理论、实现和运行的角度提供了可读性很强的有关缓存大小问题的讨论。

我们很容易这样想：更多的缓存必定更好，因为更大的缓冲区将使路由器有能力承受分组到达率的更大波动，从而降低路由器的分组丢失率。但是更大的缓冲区也意味着潜在的更长的排队时延。对于游戏玩家和交互式电话会议用户来说，几十毫秒很重要。为减少丢包而将每跳缓冲区的数量增加 10 倍，可能会增加 10 倍的端到端时延！增加的 RTT 也使 TCP 发送方的响应速度降低，对早期拥塞或分组丢失的响应速度变慢。这些基于时延的考虑表明，缓存是一把双刃剑，即缓存可用于承受流量中的短期统计波动，但也可能导致时延增加和随之而来的问题。缓存有点像盐，适量的盐会让食物更好吃，但太多的话食物就不能吃了！

在上面的讨论中，我们隐含地假设许多独立的发送方在拥塞链路上竞争带宽和缓冲区。虽然对于网络核心的路由器来说，这可能是一个很好的假设，但在网络边缘，这可能不成立。图 4-10a 说明了家庭路由器发送 TCP 段到远程游戏服务器的过程。根据 ［Nichols 2012］，假设传输一个分组（包含玩家的 TCP 段）需要 20ms，在到达游戏服务器的路径上存在可以忽略不计的排队时延，而 RTT 是 200ms。如图 4-10b 所示，假设在时刻 $t=0$，突发的 25 个分组到达队列。然后每 20ms 传输一次这些队列中的分组，因此在 $t=200$ms 时，第一个 ACK 到达，就在第 21 个分组正在传输时。这个 ACK 到达导致 TCP 发送方发送另一个分组，该分组在家庭路由器的出链路上排队。在 $t=220$ 时，下一个 ACK 到达，玩家释放另一个 TCP 段并进入队列，此时正在传输第 22 个分组，以此类推。在这种情况下，ACK 定时到达的结果是每次一个新的分组到达队列时，队列就发送一个分组，从而导致家庭路由器的出链路队列长度总是 5 个分组！也就是说，端到端管道已经满了（以每 20ms 一个分组的路径瓶颈速率将分组发送到目的地），但排队时延的数量是恒定的和持久的。结果，玩家对时延感到不满，而家里其他正在上网的人（甚至会用抓包工具）也感到困惑，因为他不明白时延持续和过长的原因，即使在家庭网络上没有其他流量。

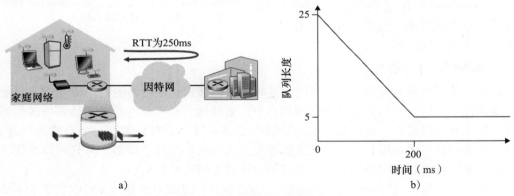

图 4-10   缓存膨胀：持续的队列

这个因持续缓冲而导致长时延的场景被称为**缓存膨胀**（bufferbloat），它说明不仅吞吐量重要，而且最小的时延也重要 ［Kleinrock 2018］。而且，网络边缘的发送者之间的交互和网络中的队列的确起到复杂和微妙的作用。用于电缆网络的 DOCSIS 3.1 标准（我们将在第 6 章研究）最近增加了一种特定的 AQM 机制 ［RFC 8033；RFC 8034］，用以对抗缓存膨胀，同时保持批量吞吐量性能。

4.2.5   分组调度

现在我们转而讨论确定次序的问题，即排队的分组如何经输出链路传输的问题。以前你自己无疑在许多场合都排长队等待过，并观察过等待的客户怎样被服务，你无疑也熟悉路由器中常用的许多排队规则。有一种是先来先服务 ［FCFS，也称为先进先出（FIFO）］。这是人人共知的规则，用于病人就诊、公交车站和市场中的有序 FCFS 队列。（哦，你排队了吗？）有些国家基于优先权运转，即给一类等待客户超越其他等待客户的优先权服务。

也有循环排队，其中客户被划分为类别（与优先权队列一样），每类用户依次序提供服务。

1. 先进先出

图 4-11 显示了对于**先进先出**（First-In-First-Out，FIFO）链路调度规则的排队模型的抽象。如果链路当前正忙于传输另一个分组，到达链路输出队列的分组要排队等待传输。如果没有足够的缓存空间来容纳到达的分组，队列的分组丢弃策略则确定该分组是否将被丢弃（丢失）或者从队列中去除其他分组以便为到达的分组腾出空间，如前所述。在下面的讨论中，我们将忽视分组丢弃。当一个分组通过输出链路完全传输（也就是接收服务）时，从队列中去除它。

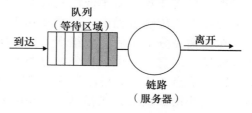

图 4-11　FIFO 排队抽象

FIFO（也称为先来先服务，FCFS）调度规则按照分组到达输出链路队列的相同次序来选择分组在链路上传输。我们都很熟悉服务中心的 FIFO 排队，在那里到达的顾客加入单一等待队列的最后，保持次序，然后当他们到达队伍的前面时就接受服务。

图 4-12 显示了运行中的 FIFO 队列。分组的到达由上部时间线上带编号的箭头来指示，用编号指示了分组到达的次序。各个分组的离开表示在下部时间线的下面。分组在服务中（被传输）花费的时间是通过这两个时间线之间的阴影矩形来指示的。假定在这个例子中传输每个分组用去 3 个单位时间。利用 FIFO 规则，分组按照到达的相同次序离开。注意在分组 4 离开之后、分组 5 到达之前链路保持空闲（因为分组 1~4 已经被传输并从队列中去除）。

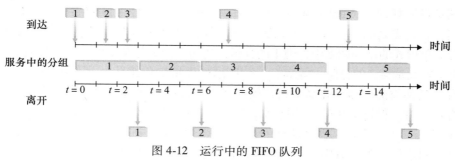

图 4-12　运行中的 FIFO 队列

2. 优先权排队

在**优先权排队**（priority queuing）规则下，到达输出链路的分组被分类放入输出队列中的优先权类，如图 4-13 所示。在实践中，网络操作员可以配置一个队列，这样携带网络管理信息的分组（例如，由源或目的 TCP/UDP 端口号所标识）获得超过用户流量的优先权。此外，基于 IP 的实时话音分组可能获得超过非实时流量（如电子邮件分组）的优先权。每个优先权类通常都有自己的队列。当选择一个分组传输时，优先权排队规则将从队列为非空（也就是有

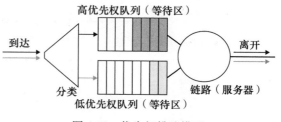

图 4-13　优先权排队模型

分组等待传输）的最高优先权类中选择传输一个分组。在同一优先权类的分组之间的选择通常以 FIFO 方式完成。

图 4-14 描述了有两个优先权类的一个优先权队列的操作。分组 1、3 和 4 属于高优先权类，分组 2 和 5 属于低优先权类。分组 1 到达并发现链路是空闲的，就开始传输。在分组 1 的传输过程中，分组 2 和 3 到达，并分别在低优先权和高优先权队列中排队。在传输完分组 1 后，分组 3（一个高优先权的分组）被选择在分组 2（尽管它到达得较早，但它是一个低优先权分组）之前传输。在分组 3 的传输结束后，分组 2 开始传输。分组 4（一个高优先权分组）在分组 2（一个低优先权分组）的传输过程中到达。在**非抢占式优先权排队**（non-preemptive priority queuing）规则下，一旦分组开始传输，就不能打断。在这种情况下，分组 4 排队等待传输，并在分组 2 传输完成之后开始传输。

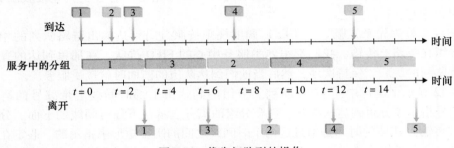

图 4-14 优先权队列的操作

3. 循环和加权公平排队

在**循环排队规则**（round robin queuing discipline）下，分组像使用优先权排队那样被分类。然而，在类之间不存在严格的服务优先权，循环调度器在这些类之间轮流提供服务。在最简单形式的循环调度中，类 1 的分组被传输，接着是类 2 的分组，接着又是类 1 的分组，再接着又是类 2 的分组，等等。一个所谓的**保持工作排队**（work-conserving queuing）规则在有（任何类的）分组排队等待传输时，不允许链路保持空闲。当寻找给定类的分组但是没有找到时，保持工作的循环规则将立即检查循环序列中的下一个类。

图 4-15 描述了一个两类循环队列的操作。在这个例子中，分组 1、2 和 4 属于第一类，分组 3 和 5 属于第二类。分组 1 一到达输出队列就立即开始传输。分组 2 和 3 在分组 1 的传输过程中到达，因此排队等待传输。在分组 1 传输后，链路调度器查找类 2 的分组，因此传输分组 3。在分组 3 传输完成后，调度器查找类 1 的分组，因此传输分组 2。在分组 2 传输完成后，分组 4 是唯一排队的分组，因此在分组 2 后立刻传输分组 4。

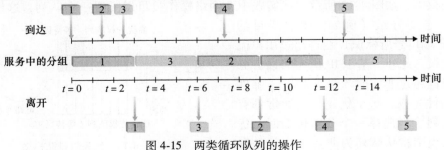

图 4-15 两类循环队列的操作

一种通用形式的循环排队已经在路由器中广泛地实现，它就是所谓的**加权公平排队**（Weighted Fair Queuing，WFQ）规则 [Demers 1990; Parekh 1993]。图 4-16 对 WFQ 进行了描述。其中，到达的分组被分类并在合适的每个类的等待区域排队。与使用循环调度一样，WFQ 调度器也以循环的方式为各个类提供服务，即首先服务第 1 类，然后服务第 2 类，接着再服务第 3 类，然后（假设有 3 个类别）重复这种服务模式。WFQ 也是一种保持工作排队规则，因此在发现一个空的类队列时，它立即移向服务序列中的下一个类。

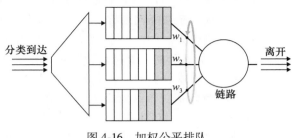

图 4-16　加权公平排队

WFQ 和循环排队的不同之处在于，每个类在任何时间间隔内可能收到不同数量的服务。具体而言，每个类 i 被分配一个权 w_i。使用 WFQ 方式，在类 i 有分组要发送的任何时间间隔中，类 i 将确保接收到的服务部分等于 $w_i/(\sum w_j)$，式中分母中的和是通过计算所有有分组排队等待传输的类别得到的。在最坏的情况下，即使所有的类都有分组排队，类 i 也能保证分配到带宽的 $w_i/(\sum w_j)$ 部分。因此，对于一条传输速率为 R 的链路，类 i 总能获得至少为 $R \cdot w_i/(\sum w_j)$ 的吞吐量。我们对 WFQ 的描述理想化了，因为没有考虑这样的事实：分组是离散的数据单元，并且不能打断一个分组的传输来开始传输另一个分组，[Demers 1990; Parekh 1993] 讨论了这个分组化问题。

实　践　原　则

网络中立性

我们已经看到，分组调度机制（例如，优先权流量调度规则中严格的优先权，以及 WFQ）可用来为不同"类别"的流量提供不同级别的服务。流量"类别"的确切定义由 ISP 决定，但可能基于 IP 数据报首部中的任意一组字段。例如，IP 数据报首部的端口字段可以根据与该端口相关的"周知服务"来对数据报分类：SNMP 网络管理数据报（端口 161）可能会被分配一个比 IMAP 电子邮件协议数据报（端口 143 或 993）更高的优先权，因此得到更好的服务。ISP 也可以潜在地使用数据报的源 IP 地址，为某些公司发送的数据报提供优先权（这些公司可能已经为这种特权向 ISP 支付了费用），而其他公司发送的数据报则无法获得优先权（这些公司没有支付费用）；ISP 甚至可以阻止给定公司或国家的源 IP 地址的流量。有许多机制支持 ISP 为不同类别的流量提供不同级别的服务。真正的问题是，哪些政策和法律决定了 ISP 实际上可以做什么。当然，这些法律会因国家而异，参见 [Smithsonian 2017] 的简短调研。这里，我们将简要地讨论一下美国的"网络中立性"政策。

"网络中立性"一词并没有明确的定义，但美国联邦通信委员会 2015 年 3 月发布的《保护和促进开放互联网的命令》[FCC 2015] 提供了三条"明确、清晰"的规则，现在这些规则通常与网络中立性联系在一起：

- **无阻塞**。……提供宽带互联网接入服务的人……在合理的网络管理下，不得屏蔽合法的内容、应用、服务或无害设备。

- **无限流**。……提供宽带互联网接入服务的人……在合理的网络管理下，不得损害或降低基于互联网内容、应用、服务、无害设备的合法互联网流量。
- **无付费优先**。……提供宽带互联网接入服务的人……不得提供付费优先服务。"付费优先"是指宽带提供商的网络管理直接或间接地使某些流量优于其他流量，包括使用流量整形、优先权、资源预留或其他形式的优先流量管理……

非常有趣的是，在该命令发布之前，人们已经发现了违反前两条规则的 ISP 行为 [Faulhaber 2012]。2005 年，北卡罗来纳州的一家 ISP 同意停止阻止其客户使用 Vonage，这是一种与这家 ISP 自己的电话服务竞争的 IP 语音服务。2007 年，Comcast 被判定为干扰 BitTorrent P2P 流量，其在内部创建并发送 TCP RST 包给 BitTorrent 发送者和接收者，导致它们关闭了 BitTorrent 连接 [FCC 2008]。

关于网络中立性，争论双方进行了激烈的辩论，主要集中在网络中立性在多大程度上为客户带来了好处，同时又促进了创新。参见 [Peha 2006；Faulhaber 2012；Economides 2017；Madhyastha 2017]。

《保护和促进开放互联网的命令》被 2017 年 FCC 颁布的《恢复互联网自由秩序命令》[FCC 2017] 所取代。后者撤销了无阻塞、无限流、无付费优先的禁令，转而关注 ISP 的透明度。有这么多人对此感兴趣，并且相关法规还在不断变化，也许可以肯定地说，在美国或其他地方，我们还没有看到关于网络中立性的最后定论。

4.3 网际协议：IPv4、寻址、IPv6 及其他

到目前为止，我们在第 4 章中对网络层的学习，包括网络层的数据平面和控制平面组件概念，转发和路由选择之间的区别，各种网络服务模型的标识和对路由器内部的观察，并未提及任何特定的计算机网络体系结构或协议。在本节中，我们将关注点转向今天的因特网网络层的关键方面和著名的网际协议（IP）。

今天有两个版本的 IP 正在使用。在 4.3.1 节中，我们首先研究广泛部署的 IP 版本 4，这通常简单地称为 IPv4 [RFC 791]。在 4.3.4 节中，我们将仔细考察 IP 版本 6 [RFC 2460；RFC 4291]，它已经被提议替代 IPv4。在中间，我们将主要学习因特网编址，这是一个看起来相当枯燥和面向细节的主题，但是这对理解因特网网络层如何工作是至关重要的。掌握 IP 编址就是掌握因特网的网络层！

4.3.1 IPv4 数据报格式

前面讲过网络层分组被称为数据报。我们以概述 IPv4 数据报的语法和语义开始对 IP 的学习。你也许认为没有什么比一个分组的比特的语法和语义更加枯燥无味的了。无论如何，数据报在因特网中起着重要作用，每个网络行业的学生和专业人员都需要理解它、吸收它并掌握它（只是理解协议首部的确能够使学习成为有趣的事，请查阅 [Pomeranz 2010]）。IPv4 数据报格式如图 4-17 所示。

IPv4 数据报中的关键字段如下：

- **版本（号）**。这 4 比特规定了数据报的 IP 协议版本。通过查看版本号，路由器能够确定如何解释 IP 数据报的剩余部分。不同的 IP 版本使用不同的数据报格式。

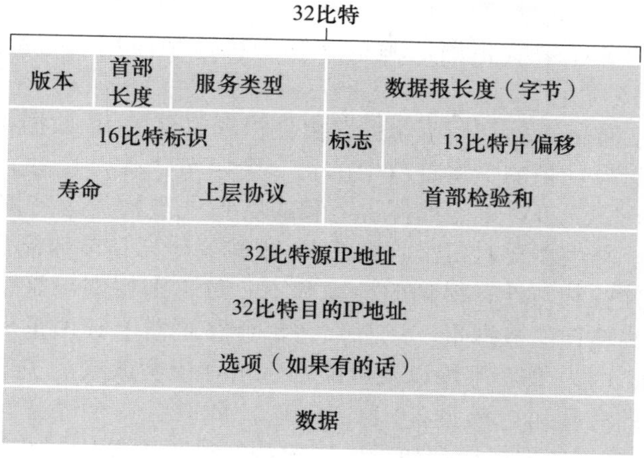

32比特

版本	首部 长度	服务类型	数据报长度（字节）	
16比特标识			标志	13比特片偏移
寿命		上层协议	首部检验和	
32比特源IP地址				
32比特目的IP地址				
选项（如果有的话）				
数据				

图 4-17　IPv4 数据报格式

IPv4 的数据报格式如图 4-17 所示。新版本的 IP（IPv6）的数据报格式将在 4.3.4 节中讨论。

- 首部长度。因为一个 IPv4 数据报可包含一些可变数量的选项（这些选项包括在 IPv4 数据报首部中），故需要用这 4 比特来确定 IP 数据报中载荷（例如在这个数据报中被封装的运输层报文段）实际开始的地方。大多数 IP 数据报不包含选项，所以一般的 IP 数据报具有 20 字节的首部。

- 服务类型。服务类型（TOS）比特包含在 IPv4 首部中，以便使不同类型的 IP 数据报能相互区别开来。例如，将实时数据报（如用于 IP 电话应用）与非实时流量（如 FTP）区分开也许是有用的。提供特定等级的服务是一个由网络管理员为路由器确定和配置的策略问题。我们在 3.7.2 节讨论明确拥塞通告所使用的两个 TOS 比特时也学习过。

- 数据报长度。这是 IP 数据报的总长度（首部加上数据），以字节计。因为该字段长为 16 比特，所以 IP 数据报的理论最大长度为 65 535 字节。然而，数据报很少有超过 1500 字节的，该长度使得 IP 数据报能容纳最大长度以太网帧的载荷字段。

- 标识、标志、片偏移。这三个字段与所谓的 IP 分片有关：一个大的 IP 数据报被分解成几个小的 IP 数据报，然后这些小的 IP 数据报被独立地转发到目的地，在那里被重新组装，然后其有效载荷数据（见下文）向上传递到目的主机的运输层。有趣的是，新版本的 IP 即 IPv6 不允许在路由器上对分组进行分片。这里我们不讨论分片，但是读者可以在网上从本书早期版本的"退休"材料中找到详细的讨论。

- 寿命。寿命（Time-To-Live，TTL）字段用来确保数据报不会永远（如由于长时间的路由选择环路）在网络中循环。每当一台路由器处理数据报时，该字段的值就减 1。若 TTL 字段减为 0，则该数据报必须丢弃。

- 协议。该字段通常仅当一个 IP 数据报到达其最终目的地时才会有用。该字段值指示了 IP 数据报的数据部分应交给哪个特定的运输层协议。例如，值为 6 表明数据部分要交给 TCP，而值为 17 表明数据部分要交给 UDP。对于所有可能值的列表，参见 [IANA Protocol Numbers 2016]。注意 IP 数据报中的协议号所起的作用，类似于运输层报文段中端口号字段所起的作用。协议号是将网络层与运输层绑定到一起的黏合剂，而端口号是将运输层和应用层绑定到一起的黏合剂。我们将在第 6 章看到，链路层帧也有一个特殊字段用于将链路层与网络层绑定到一起。

- 首部检验和。首部检验和用于帮助路由器检测收到的 IP 数据报中的比特错误。首部检验和是这样计算的：将首部中的每 2 个字节当作一个数，用反码算术对这些数求和。如在 3.3 节讨论的那样，该和的反码（被称为因特网检验和）存放在检验和字段中。路由器要对每个收到的 IP 数据报计算其首部检验和，如果数据报首部中携带的检验和与计算得到的检验和不一致，则检测出是个差错。路由器一般会丢弃检测出错误的数据报。注意到在每台路由器上必须重新计算检验和并再次存放到原处，因为 TTL 字段以及可能的选项字段会改变。关于计算因特网检验和的快速算法的有趣讨论参见 ［RFC 1071］。此时，一个经常问的问题是：为什么 TCP/IP 在运输层与网络层都执行差错检测？这种重复检测有几个原因。首先，注意到在 IP 层只对 IP 首部计算了检验和，而 TCP/UDP 检验和是对整个 TCP/UDP 报文段进行的。其次，TCP/UDP 与 IP 不一定都必须属于同一个协议栈。原则上，TCP 能够运行在一个不同的协议（如 ATM）上 ［Black 1995］，而 IP 能够携带不一定要传递给 TCP/UDP 的数据。
- 源和目的 IP 地址。当某源生成一个数据报时，它在源 IP 字段中插入它的 IP 地址，在目的 IP 地址字段中插入其最终目的地的地址。通常源主机通过 DNS 查找来决定目的地址，如在第 2 章中讨论的那样。我们将在 4.3.2 节中详细讨论 IP 编址。
- 选项。选项字段允许 IP 首部被扩展。首部选项意味着很少使用，因此决定对每个数据报首部不包括选项字段中的信息，能够节约开销。然而，少量选项的存在的确使问题复杂了，因为数据报首部长度可变，故不能预先确定数据字段从何处开始。而且还因为有些数据报要求处理选项，而有些数据报则不要求，故导致一台路由器处理一个 IP 数据报所需的时间可能变化很大。这些考虑对于高性能路由器和主机上的 IP 处理来说特别重要。由于这样或那样的原因，在 IPv6 首部中已去掉了 IP 选项，如 4.3.4 节中讨论的那样。
- 数据（有效载荷）。我们来看看最后也是最重要的字段，这是数据报存在的首要理由！在大多数情况下，IP 数据报中的数据字段包含要交付给目的地的运输层报文段（TCP 或 UDP）。然而，该数据字段也可承载其他类型的数据，如 ICMP 报文（在 5.6 节中讨论）。

注意到一个 IP 数据报有总长为 20 字节的首部（假设无选项）。如果数据报承载一个 TCP 报文段，则每个（无分片的）数据报共承载了总长 40 字节的首部（20 字节的 IP 首部加上 20 字节的 TCP 首部）以及应用层报文。

4.3.2　IPv4 编址

我们现在将注意力转向 IPv4 编址。尽管你可能认为编址是相当直接的主题，但我们希望通过本章的学习，你能认识到因特网编址不仅是一个丰富多彩、微妙和有趣的主题，而且也是一个对因特网极为重要的主题。［Stewart 1999］的第 1 章是介绍 IPv4 编址的优秀读物。

然而，在讨论 IP 编址之前，我们需要简述一下主机与路由器连入网络的方法。一台主机通常只有一条链路连接到网络，当主机中的 IP 想发送一个数据报时，它就在该链路上发送。主机与物理链路之间的边界叫作**接口**（interface）。现在考虑一台路由器及其接口。因为路由器的任务是从链路上接收数据报并从某些其他链路转发出去，所以路由器必须拥有两条或更多条链路与它连接。路由器与它的任意一条链路之间的边界也叫作接口。一台路由器因此有多个接口，每个接口有其链路。因为每台主机与路由器都能发送和接收IP数据报，IP要求每台主机和路由器接口拥有自己的IP地址。因此，从技术上讲，一个IP地址与一个接口相关联，而不是与包括该接口的主机或路由器相关联。

　　每个IP地址长度为32比特（等价为4字节），因此总共有 2^{32} 个（或大约40亿个）可能的IP地址。这些地址通常按所谓**点分十进制记法**（dotted-decimal notation）书写，即地址中的每个字节用它的十进制形式书写，各字节间以句点隔开。例如，考虑IP地址193. 32. 216. 9，193是该地址的第一个8比特的十进制等价数，32是该地址的第二个8比特的十进制等价数，依次类推。因此，地址193. 32. 216. 9的二进制记法是：

11000001 00100000 11011000 00001001

在全球因特网中，每台主机和路由器上的每个接口都必须有一个全球唯一的IP地址（NAT后面的接口除外，在4.3.3节中讨论）。然而，这些地址不能随意地自由选择。一个接口的IP地址的一部分需要由其连接的子网来决定。

　　图4-18提供了一个IP编址与接口的例子。在该图中，一台路由器（具有3个接口）用于互联7台主机。仔细观察分配给主机和路由器接口的IP地址，有几点需要注意。图4-18中左上侧的3台主机以及它们连接的路由器接口，都有一个形如223. 1. 1. xxx的IP地址。这就是说，在它们的IP地址中，最左侧的24比特是相同的。这几个接口也通过一个并不包含路由器的网络互联起来。该网络可能由一个以太网LAN互联，在此情况下，这些接口将通过一台以太网交换机互联（如第6章中讨论的那样），或者通过一个无线接入点互联（如第7章中讨论的那样）。我们此时将这种无路由器连接这些主机的网络表示为一朵云，在第6、7章中再深入网络的内部。

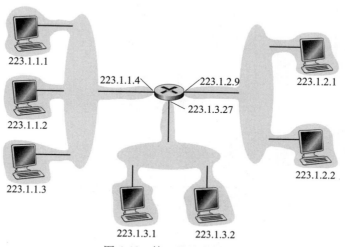

图4-18　接口地址和子网

　　用IP的术语来说，互联这3个主机接口与1个路由器接口的网络形成一个**子网**（sub-net）［RFC 950］。（在因特网文献中，子网也称为IP网络或直接称为网络。）IP编址为这个子网分配一个地址223. 1. 1. 0/24，其中的/24（英文读作"slash-24"）记法，有时称为**子网掩码**（network mask），指示32比特中的最左侧24比特定义了子网地址。因此子网223. 1. 1. 0/24由3个主机接口（223. 1. 1. 1、223. 1. 1. 2和223. 1. 1. 3）和1个路由器接口

（223.1.1.4）组成。任何其他要连到 223.1.1.0/24 网络的主机都要求其地址具有

223.1.1.xxx 的形式。图 4-18 中显示了另外两个网络：223.1.2.0/24 网络与 223.1.3.0/24 子网。图 4-19 图示了图 4-18 中存在的 3 个 IP 子网。

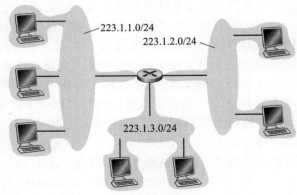

图 4-19 子网地址

一个子网的 IP 定义并不局限于连接多台主机到一个路由器接口的以太网段。为了搞清其中的道理，可考虑图 4-20，图中显示了 3 台通过点对点链路彼此互联的路由器。每台路由器有 3 个接口，每条点对点链路使用一个，一个用于直接将路由器连接到一对主机的广播链路。这里出现了几个子网呢？223.1.1.0/24、223.1.2.0/24 和 223.1.3.0/24 这三个子网类似于我们在图 4-18 中遇到的子网。但注意到在本例中还有其他 3 个子网：一个子网是 223.1.9.0/24，用于连接路由器 R1 与 R2 的接口；另外一个子网是 223.1.8.0/24，用于连接路由器 R2 与 R3 的接口；第三个子网是 223.1.7.0/24，用于连接路由器 R3 与 R1 的接口。对于一个路由器和主机的通用互联系统，我们能够使用下列有效方法定义系统中的子网：

> 为了确定子网，分开主机和路由器的每个接口，产生几个隔离的网络岛，使用接口端接这些隔离的网络的端点。这些隔离的网络中的每一个都叫作一个**子网**（subnet）。

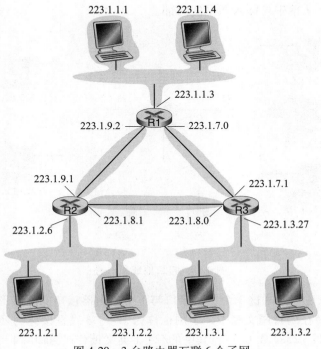

图 4-20 3 台路由器互联 6 个子网

如果我们将该方法用于图 4-20 中的互联系统，会得到 6 个岛或子网。

从上述讨论显然可以看出，一个具有多个以太网段和点对点链路的组织（如一个公司或学术机构）将具有多个子网，在给定子网上的所有设备都具有相同的子网地址。原则上，不同的子网能够具有完全不同的子网地址。然而，在实践中，它们的子网地址经常有许多共同之处。为了理解其中的道理，我们来关注在全球因特网中是如何处理编址的。

因特网的地址分配策略被称为**无类别域间路由选择**（Classless Interdomain Routing，CIDR）［RFC 4632］。CIDR 将子网寻址的概念一般化了。当使用子网寻址时，32 比特的 IP 地址被划分为两部分，并且也具有点分十进制数形式 $a.b.c.d/x$，其中 x 指示了地址的第一部分中的比特数。

形式为 $a.b.c.d/x$ 的地址的 x 最高比特构成了 IP 地址的网络部分，并且经常被称为该地址的**前缀**（prefix）（或网络前缀）。一个组织通常被分配一块连续的地址，即具有相同前缀的一段地址（参见"实践原则"）。在这种情况下，该组织内部的设备的 IP 地址将共享共同的前缀。当我们在 5.4 节中论及因特网的 BGP 路由选择协议时，将看到该组织网络外部的路由器仅考虑前面的前缀比特 x。这就是说，当该组织外部的一台路由器转发一个数据报，且该数据报的目的地址位于该组织的内部时，仅需要考虑该地址的前面 x 比特。这相当大地减少了在这些路由器中转发表的长度，因为形式为 $a.b.c.d/x$ 的单一表项足以将数据报转发到该组织内的任何目的地。

实 践 原 则

这是一个 ISP 将 8 个组织连接到因特网的例子，它也很好地说明了仔细分配 CIDR 化的地址有利于路由选择的道理。如图 4-21 所示，假设该 ISP（我们称之为 Fly-By-Night-ISP）向外界通告，它应该发送所有地址的前 20 比特与 200.23.16.0/20 相符的数据报。外界的其他部分不需要知道在地址块 200.23.16.0/20 内实际上还存在 8 个其他组织，其中每个组织有自己的子网。这种使用单个网络前缀通告多个网络的能力通常称为**地址聚合**（address aggregation），也称为**路由聚合**（route aggregation）或**路由摘要**（route summarization）。

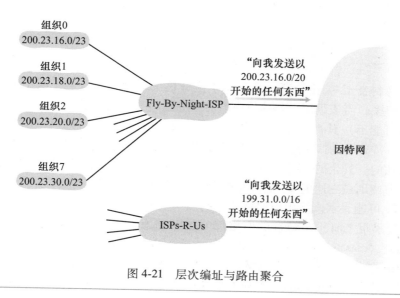

图 4-21 层次编址与路由聚合

当地址按块分给 ISP，然后又由 ISP 分给客户组织时，地址聚合工作极为有效。但是当地址不是按这样的层次方式分配时，会出现什么情况呢？例如，如果 Fly-By-Night-ISP 获取了 ISPs-R-Us，然后让组织 1 通过它辅助的 ISPs-R-Us 与因特网相连，将会发生什么情况呢？如图 4-21 所示，该辅助的 ISPs-R-Us 拥有地址块 199.31.0.0/16，但遗憾的是组织 1 的 IP 地址在该地址块之外。这里可以采取什么措施呢？组织 1 无疑可以将其所有的路由器和主机重新编号，使得地址在 ISPs-R-Us 的地址块内。但这是一种代价很高的方案，而且组织 1 将来也许还会从 ISPs-R-Us 更换到另一个 ISP。采用的典型方案是，组织 1 保持其 IP 地址在 200.23.18.0/23 内。在这种情况下，如图 4-22 所示，Fly-By-Night-ISP 继续通告地址块 200.23.16.0/20，并且 ISPs-R-Us 也继续通告地址块 199.31.0.0/16。然而，ISPs-R-Us 现在还要通告组织 1 的地址块 200.23.18.0/23。当更大的因特网上的其他路由器看见地址块 200.23.16.0/20（来自 Fly-By-Night-ISP）和 200.23.18.0/23（来自 ISPs-R-Us），并且想路由到地址块 200.23.18.0/23 内的一个地址时，它们将使用**最长前缀匹配**（参见 4.2.1 节），并朝着 ISPs-R-Us 路由，因为它通告了与目的地址相匹配的最长（最具体）的地址前缀。

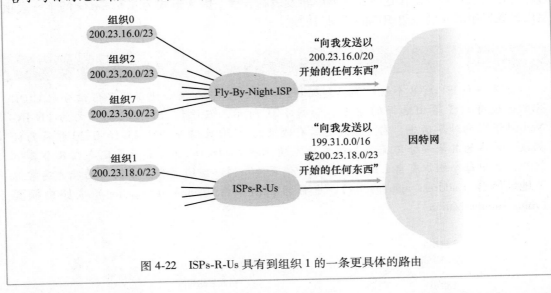

图 4-22   ISPs-R-Us 具有到组织 1 的一条更具体的路由

一个地址的剩余 32−x 比特可认为是用于区分该组织内部设备的，其中的所有设备具有相同的网络前缀。当该组织内部的路由器转发分组时，才会考虑这些比特。这些较低阶比特可能（或可能不）具有另外的子网结构，如前面所讨论的那样。例如，假设某 CIDR 化的地址 a.b.c.d/21 的前 21 比特定义了该组织的网络前缀，它对该组织中所有主机的 IP 地址来说是共同的。其余的 11 比特标识了该组织内的主机。该组织的内部结构可以采用这样的方式，即使用最右边的 11 比特在该组织中划分子网，就像前面所讨论的那样。例如，a.b.c.d/24 可能表示该组织内的特定子网。

在 CIDR 被采用之前，IP 地址的网络部分被限制为长度为 8、16 或 24 比特，这是一种称为**分类编址**（classful addressing）的编址方案，这是因为具有 8、16 和 24 比特子网地址的子网分别被称为 A、B 和 C 类网络。一个 IP 地址的网络部分正好为 1、2 或 3 字节的要求，已经在支持数量迅速增加的具有小规模或中等规模子网的组织方面出现了问题。一个 C 类（/24）子网仅能容纳 $2^8 - 2 = 254$（$2^8 = 256$，其中的两个地址预留用于特殊用途）台主机，这对于许多组织来说太小了。然而一个 B 类（/16）子网可支持多达 65 534 台主机，又太大了。在分类编址方法下，比方说一个有 2000 台主机的组织通常被分配一个 B 类（/16）地址。这就导致了 B 类地址空间的迅速损耗以及所分配的地址空间的利用率低下。例如，为具有 2000 台主机的组织分配一个 B 类地址，就具有足以支持多达 65 534 个接口的地址空间，剩下的超过 63 000 个地址却不能被其他组织使用。

如果还不提及另一种类型的 IP 地址，即 IP 广播地址 255.255.255.255，那将是我们的疏漏。当一台主机发出一个目的地址为 255.255.255.255 的数据报时，该报文会交付给同一个网络中的所有主机。路由器也会有选择地向邻近的子网转发该报文（虽然它们通常不这样做）。

现在我们已经详细地学习了 IP 编址，还需要知道主机或子网最初是如何得到它们的地址的。我们先看一个组织是如何为其设备得到一个地址块的，然后再看一个设备（如一台主机）是如何从某组织的地址块中分配到一个地址的。

1. 获取一块地址

为了获取一块 IP 地址用于一个组织的子网内，网络管理员也许首先会与他的 ISP 联系，该 ISP 可能会从已分给它的更大地址块中提供一些地址。例如，该 ISP 也许自己已被分配了地址块 200.23.16.0/20。该 ISP 可以依次将该地址块分成 8 个长度相等的连续地址块，为能支持的多达 8 个组织中的一个分配这些地址块中的一块，如下所示。（为了便于查看，我们已将这些地址的网络部分加了下划线。）

ISP 的地址块	200.23.16.0/20	<u>11001000 00010111 0001</u>0000 00000000
组织 0	200.23.16.0/23	<u>11001000 00010111 0001000</u>0 00000000
组织 1	200.23.18.0/23	<u>11001000 00010111 0001001</u>0 00000000
组织 2	200.23.20.0/23	<u>11001000 00010111 0001010</u>0 00000000
……	……	……
组织 7	200.23.30.0/23	<u>11001000 00010111 0001111</u>0 00000000

尽管从一个 ISP 获取一组地址是一种得到一块地址的方法，但这不是唯一的方法。显然，必须还有一种方法供 ISP 本身得到一块地址。是否有一个全球性的权威机构，它具有管理 IP 地址空间并向各 ISP 和其他组织分配地址块的最终责任呢？的确有一个！IP 地址由因特网名字和编号分配机构（Internet Corporation for Assigned Names and Numbers，ICANN）［ICANN 2020］管理，管理规则基于［RFC 7020］。非营利的 ICANN 组织的作用不仅是分配 IP 地址，还管理 DNS 根服务器。它还有一项容易引起争论的工作，即分配域名与解决域名纷争。ICANN 向区域性因特网注册机构（如 ARIN、RIPE、APNIC 和 LAC-NIC）分配地址，这些机构一起形成了 ICANN 的地址支持组织［ASO-ICANN 2020］，处理本区域内的地址分配/管理。

2. 获取主机地址：动态主机配置协议

某组织一旦获得了一块地址，它就可为本组织内的主机与路由器接口逐个分配 IP 地址。系统管理员通常手工配置路由器中的 IP 地址（常常在远程通过网络管理工具进行配置）。主机地址也能手动配置，但是这项任务目前更多的是使用**动态主机配置协议**（Dynamic Host Configuration Protocol，DHCP）［RFC 2131］来完成。DHCP 允许主机自动获取

（被分配）一个 IP 地址。网络管理员能够配置 DHCP，以使某给定主机每次与网络连接时能得到一个相同的 IP 地址，或者某主机将被分配一个**临时的 IP 地址**（temporary IP address），每次与网络连接时该地址也许是不同的。除了主机 IP 地址分配外，DHCP 还允许一台主机得知其他信息，例如它的子网掩码、它的第一跳路由器地址（常称为默认网关）与它的本地 DNS 服务器的地址。

由于 DHCP 具有将主机连接到一个网络的网络相关方面的自动化能力，故它又常被称为**即插即用协议**（plug-and-play protocol）或**零配置**（zeroconf）**协议**。这种能力对于网络管理员来说非常有吸引力，否则他将不得不手动执行这些任务！DHCP 还广泛地用于住宅因特网接入网、企业网与无线局域网中，其中的主机频繁地加入和离开网络。例如，考虑一个学生带着笔记本电脑从宿舍到图书馆再到教室。很有可能在每个位置这个学生将连接到一个新的子网，因此在每个位置都需要一个新的 IP 地址。DHCP 是适合这种情形的理想方法，因为有许多用户来来往往，并且仅在有限的时间内需要地址。DHCP 的即插即用能力的价值是显而易见的，因为下列情况是不可想象的：系统管理员在每个位置都要重新配置笔记本电脑，并且少数学生（除了那些上过计算机网络课程的学生）让专业人员手动配置他们的笔记本电脑。

DHCP 是一个客户-服务器协议。客户通常是新到达的主机，它要获得包括自身使用的 IP 地址在内的网络配置信息。在最简单场合下，每个子网（在图 4-20 的编址意义下）将具有一台 DHCP 服务器。如果在某子网中没有服务器，则需要一个 DHCP 中继代理（通常是一台路由器），这个代理知道用于该网络的 DHCP 服务器的地址。图 4-23 显示了连接到子网 223.1.2/24 的一台 DHCP 服务器，具有一台提供中继代理服务的路由器，它为连接到子网 223.1.1/24 和 223.1.3/24 的到达客户提供 DHCP 服务。在下面的讨论中，我们将假定 DHCP 服务器在该子网上是可供使用的。

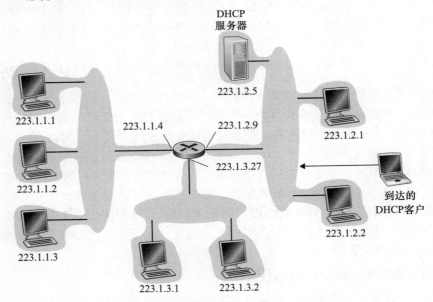

图 4-23　DHCP 客户和服务器

对于一台新到达的主机而言，针对图 4-23 所示的网络设置，DHCP 是一个 4 个步骤的过程，如图 4-24 所示。在这个图中，yiaddr（"你的因特网地址"之意）指示分配给该新到达客户的地址。

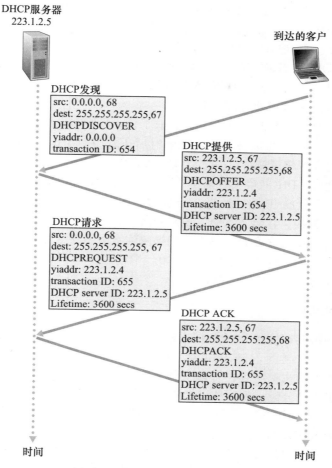

图 4-24　DHCP 客户-服务器交互

这 4 个步骤是：

- DHCP 服务器发现。一台新到达的主机的首要任务是发现一个要与其交互的 DHCP 服务器。这可通过使用 **DHCP 发现报文**（DHCP discover message）来完成，客户在 UDP 分组中向端口 67 发送该发现报文。该 UDP 分组封装在一个 IP 数据报中。但是这个数据报应发给谁呢？主机甚至不知道它所连接网络的 IP 地址，更不用说用于该网络的 DHCP 服务器地址了。在这种情况下，DHCP 客户生成包含 DHCP 发现报文的 IP 数据报，其中使用广播目的地址 255. 255. 255. 255 并且使用"本主机"源 IP 地址 0. 0. 0. 0。DHCP 客户将该 IP 数据报传递给链路层，链路层然后将该帧广播到所有与该子网连接的节点（我们将在 6. 4 节讨论链路层广播的细节）。
- DHCP 服务器提供。DHCP 服务器收到一个 DHCP 发现报文时，用 **DHCP 提供报文**（DHCP offer message）向客户做出响应，该报文向该子网的所有节点广播，仍然使用 IP 广播地址 255. 255. 255. 255（你也许要思考一下这个服务器为何也必须采用广播）。因为在子网中可能存在几个 DHCP 服务器，该客户也许会发现它处于能在几个提供者之间进行选择的优越位置。每台服务器提供的报文包含收到的发现报文的事务 ID、向客户推荐的 IP 地址、网络掩码以及 IP **地址租用期**（address lease time），即 IP 地址有效的时间量。服务器租用期通常设置为几小时或几天 [Droms 2002]。

- DHCP 请求。新到达的客户从一个或多个服务器提供中选择一个，并向选中的服务器提供用 **DHCP 请求报文**（DHCP request message）进行响应，回显配置的参数。
- DHCP ACK。服务器用 **DHCP ACK 报文**（DHCP ACK message）对 DHCP 请求报文进行响应，证实所要求的参数。

一旦客户收到 DHCP ACK 后，交互便完成了，并且该客户能够在租用期内使用 DHCP 分配的 IP 地址。因为客户可能在该租用期超时后还希望使用这个地址，所以 DHCP 还提供了一种机制以允许客户更新它对一个 IP 地址的租用。

从移动性角度看，DHCP 确实有非常严重的缺陷。因为每当节点连到一个新子网，就要从 DHCP 得到一个新的 IP 地址，当一个移动节点在子网之间移动时，就不能维持与远程应用之间的 TCP 连接。在第 7 章中，我们将研究移动网络如何允许主机保持 IP 地址和不间断的 TCP 连接，就像它在服务提供者的蜂窝网络中的基站之间移动一样。有关 DHCP 的其他细节可在 [Droms 2002] 与 [dhc 2020] 中找到。一个 DHCP 的开放源码参考实现可从因特网系统协会 [ISC 2020] 得到。

4.3.3 网络地址转换

讨论了有关因特网地址和 IPv4 数据报格式后，我们现在可清楚地认识到每个 IP 使能的设备都需要一个 IP 地址。随着所谓小型办公室、家庭办公室（Small Office，Home Office，SOHO）子网的大量出现，看起来意味着每当一个 SOHO 想安装一个 LAN 以互联多台机器时，需要 ISP 分配一组地址以供该 SOHO 的所有 IP 设备（包括电话、平板电脑、游戏设备、IP TV、打印机等）使用。如果该子网变大了，则需要分配一块较大的地址。但如果 ISP 已经为 SOHO 网络的当前地址范围分配过一块连续地址，该怎么办呢？并且，家庭主人一般要（或应该需要）首先知道的管理 IP 地址的典型方法有哪些呢？幸运的是，有一种简单的方法越来越广泛地用在这些场合：**网络地址转换**（Network Address Translation，NAT）[RFC 2663；RFC 3022；Huston 2004；Zhang 2007；Haston 2017]。

图 4-25 显示了一台 NAT 使能路由器的运行情况。位于家中的 NAT 使能的路由器有一个接口，该接口是图 4-25 中右侧所示家庭网络的一部分。在家庭网络内的编址就像我们在上面看到的完全一样，其中的所有 4 个接口都具有相同的网络地址 10.0.0.0/24。地址空间 10.0.0.0/8 是在 [RFC 1918] 中保留的三部分 IP 地址空间之一，这些地址用于如图 4-25 中的家庭网络等**专用网络**（private network）或**具有专用地址的地域**（realm with private address）。具有专用地址的地域是指其地址仅对该网络中的设备有意义的网络。为了明白它为什么重要，考虑有数十万家庭网络这样的事实，许多使用了相同的地址空间 10.0.0.0/24。在一个给定家庭网络中的设备能够使用 10.0.0.0/24 编址彼此发送分组。然而，转发到家庭网络之外进入更大的全球因特网的分组显然不能使用这些地址（或作为源地址，或作为目的地址），因为有数十万的网络使用着这块地址。这就是说，10.0.0.0/24 地址仅在给定的网络中才有意义。但是如果专用地址仅在给定的网络中才有意义的话，当向全球因特网发送分组或从全球因特网接收分组时如何处理编址问题，地址在何处才必须是唯一的呢？答案在于理解 NAT。

NAT 使能路由器对于外部世界来说甚至不像一台路由器。相反 NAT 路由器对外界的行为就如同一个具有单一 IP 地址的单一设备。在图 4-25 中，所有离开家庭路由器流向更大因特网的报文都拥有一个源 IP 地址 138.76.29.7，且所有进入家庭的报文都拥有同一个目的 IP 地址 138.76.29.7。从本质上讲，NAT 使能路由器对外界隐藏了家庭网络的细节。（另外，你也许想知道家庭网络计算机是从哪儿得到其地址，路由器又是从哪儿得到它的单一 IP 地址的。在通常的情况下，答案是相同的，即 DHCP！路由器从 ISP 的 DHCP 服务器得到它的地址，并且路由器运行一个 DHCP 服务器，为位于 NAT-DHCP 路由器控制的家庭网络地址空间中的计算机提供地址。）

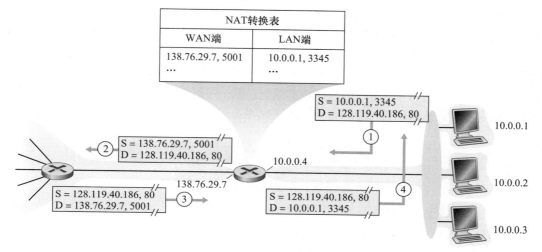

图 4-25　网络地址转换

如果从广域网到达 NAT 路由器的所有数据报都有相同的目的 IP 地址（特别是对 NAT 路由器广域网一侧的接口），那么该路由器怎样知道它应将某个分组转发给哪个内部主机呢？技巧就是使用 NAT 路由器上的一张 **NAT 转换表**（NAT translation table），并且在表项中包含了端口号及其 IP 地址。

考虑图 4-25 中的例子。假设一个用户坐在家庭网络主机 10.0.0.1 后，请求 IP 地址为 128.119.40.186 的某台 Web 服务器（端口 80）上的一个 Web 页面。主机 10.0.0.1 为其指派了（任意）源端口号 3345 并将该数据报发送到 LAN 中。NAT 路由器收到该数据报，为该数据报生成一个新的源端口号 5001，将源 IP 替代为其广域网一侧接口的 IP 地址 138.76.29.7，且将源端口 3345 更换为新端口 5001。当生成一个新的源端口号时，NAT 路由器可选择任意一个当前未在 NAT 转换表中的源端口号。（注意到因为端口号字段为 16 比特长，NAT 协议可支持超过 60 000 个并行使用路由器广域网一侧单个 IP 地址的连接！）路由器中的 NAT 也在它的 NAT 转换表中增加一表项。Web 服务器并不知道刚到达的包含 HTTP 请求的数据报已被 NAT 路由器进行了改装，它会发回一个响应报文，其目的地址是 NAT 路由器的 IP 地址，其目的端口是 5001。当该报文到达 NAT 路由器时，路由器使用目的 IP 地址与目的端口号从 NAT 转换表中检索出家庭网络浏览器使用的适当 IP 地址（10.0.0.1）和目的端口号（3345）。于是，路由器重写该数据报的目的 IP 地址与目的端口号，并向家庭网络转发该数据报。

NAT 在近年来已得到了广泛的应用。但是 NAT 并非没有贬低者。首先，有人认为端口号是用于进程寻址的，而不是用于主机寻址的。这种违规用法对于运行在家庭网络中的服务器来说确实会引起问题，因为正如我们在第 2 章所见，服务器进程在周知端口号上等待入请求，并且 P2P 协议中的对等方在充当服务器时需要接受入连接。对这些问题的技术解决方案包括 **NAT 穿越**（NAT traversal）工具 ［RFC 5389］ 和通用即插即用（Universal Plug and Play，UPnP）。UPnP 是一种允许主机发现和配置邻近 NAT 的协议 ［RFC 5389；RFC 5128；Ford 2005］。

其次，体系结构纯化论者提出了更为"哲理性的"反对 NAT 的意见。这时，关注焦点在于路由器是指第三层（即网络层）设备，并且应当处理只能达到网络层的分组。NAT 违反主机应当直接彼此对话这个原则，没有干涉节点修改 IP 地址，更不用说端口号了。但不管喜欢与否，NAT 已成为因特网的一个重要组件，成为所谓**中间盒** ［Sekar 2011］，它运行在网络层并具有与路由器十分不同的功能。中间盒并不执行传统的数据报转发，而是执行诸如 NAT、流量流的负载均衡、流量防火墙（参见下面"关注安全性"的内容）等功能。我们将在随后的 4.4 节学习的通用转发范例，除了传统的路由器转发外，还允许一些这样的中间盒功能，从而以通用、综合的方式完成转发。4.5 节讨论中间盒时将继续该争论。

关注安全性

检查数据报：防火墙和入侵检测系统

假定你被赋予了管理家庭网络、部门网络、大学网络或公司网络的任务。知道你网络 IP 地址范围的攻击者，能够方便地在此范围中发送 IP 数据报进行寻址。这些数据报能够做各种不正当的事情，包括用 ping 搜索和端口扫描形成你的网络图，用恶意分组使易受攻击的主机崩溃，扫描你网络中服务器上的开放 TCP/UDP 端口，并且通过在分组中带有恶意软件来感染主机。作为网络管理员，你准备做些什么来将这些能够在你的网络中发送恶意分组的坏家伙拒之门外呢？对抗恶意分组攻击的两种流行的防御措施是防火墙和入侵检测系统（IDS）。

作为一名网络管理员，你可能首先尝试在你的网络和因特网之间安装一台防火墙。（今天大多数接入路由器具有防火墙能力。）防火墙检查数据报和报文段首部字段，拒绝可疑的数据报进入内部网络。例如，一台防火墙可以被配置为阻挡所有的 ICMP 回显请求分组（参见 5.6 节），从而防止了攻击者横跨你的 IP 地址范围进行传统的端口扫描。防火墙也能基于源和目的 IP 地址以及端口号阻挡分组。此外，防火墙能够配置为跟踪 TCP 连接，仅许可属于批准连接的数据报进入。

IDS 能够提供另一种保护措施。IDS 通常位于网络的边界，执行"深度分组检查"，不仅检查数据报（包括应用层数据）中的首部字段，而且检查其有效载荷。IDS 具有一个分组特征数据库，这些特征是已知攻击的一部分。随着新攻击的发现，该数据库自动更新特征。当分组通过 IDS 时，IDS 试图将分组的首部字段和有效载荷与其特征数据库中的特征相匹配。如果发现了这样的一种匹配，就产生一个告警。入侵防止系统（IPS）与 IDS 类似，只是除了产生告警外还实际阻挡分组。在 4.5 节和第 8 章中，我们将更为详细地研究防火墙和 IDS。

防火墙和 IDS 能够全面保护你的网络免受所有攻击吗？答案显然是否定的，因为攻击者继续寻找特征还不能匹配的新攻击方法。但是防火墙和传统的基于特征的 IDS 在保护你的网络不受已知攻击入侵方面是有用的。

4.3.4 IPv6

在 20 世纪 90 年代早期，因特网工程任务组就开始致力于开发一种替代 IPv4 的协议。该努力的首要动机是以下现实：由于新的子网和 IP 节点以惊人的增长率连到因特网上（并被分配唯一的 IP 地址），32 比特的 IP 地址空间即将用尽。为了应对这种对大 IP 地址空间的需求，开发了一种新的 IP 协议，即 IPv6。IPv6 的设计者还利用这次机会，在 IPv4 积累的运行经验基础上调整和强化了 IPv4 的其他方面。

IPv4 地址在什么时候会被完全分配完（因此没有新的网络再能与因特网相连）是一个相当有争议的问题。IETF 的地址寿命期望工作组的两位负责人分别估计地址将于 2008 年和 2018 年用完〔Solensky 1996〕。在 2011 年 2 月，IANA 向一个区域注册机构分配完了未分配 IPv4 地址的最后剩余地址池。这些注册机构在它们的地址池中还有可用的 IPv4 地址，一旦用完这些地址，从中央池中将再也分配不出更多的可用地址块了〔Huston 2011a〕。IPv4 地址空间耗尽的近期调研以及延长该地址空间的寿命所采取的步骤见〔Richter 2015〕，关于 IPv4 地址使用的新的分析见〔Huston 2019〕。

尽管在 20 世纪 90 年代中期对 IPv4 地址耗尽的估计表明，IPv4 地址空间耗尽的期限还有可观的时间，但人们认识到，如此大规模地部署一项新技术将需要可观的时间，因此研发 IP 版本 6（IPv6）〔RFC 2460〕的工作开始了〔RFC 1752〕。（一个经常问的问题是：IPv5 出了什么情况？人们最初预想 ST-2 协议将成为 IPv5，但 ST-2 后来被舍弃了。）有关 IPv6 的优秀信息来源见〔Huitema 1998〕。

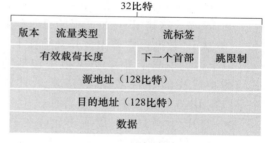

图 4-26　IPv6 数据报格式

1. IPv6 数据报格式

IPv6 数据报的格式如图 4-26 所示。

IPv6 中引入的最重要的变化显示在其数据报格式中：

- 扩大的地址容量。IPv6 将 IP 地址长度从 32 比特增加到 128 比特。这就确保全世界将不会用尽 IP 地址。现在，地球上的每个沙砾都可以用 IP 地址寻址了。除了单播与多播地址以外，IPv6 还引入了一种称为**任播地址**（anycast address）的新型地址，这种地址可以使数据报交付给一组主机中的任意一个。（例如，这种特性可用于向一组包含给定文档的镜像站点中的最近一个发送 HTTP GET 报文。）
- 简化高效的 40 字节首部。如下面讨论的那样，许多 IPv4 字段已被舍弃或作为选项。因而所形成的 40 字节定长首部允许路由器更快地处理 IP 数据报。一种新的选项编码允许进行更灵活的选项处理。
- 流标签。IPv6 有一个难以捉摸的**流**（flow）定义。RFC 2460 中描述道，该字段可用于"给属于特殊流的分组加上标签，这些特殊流是发送方要求进行特殊处理的流，如一种非默认服务质量或需要实时服务的流"。例如，音频与视频传输就可能被当作一个流。另一方面，更为传统的应用（如文件传输和电子邮件）就不可能被当作流。由高优先权用户（如某些为使其流量得到更好服务而付费的用户）承载的流量也有可能被当作一个流。然而，IPv6 的设计者显然已预见到最终需要能够区分这些流，即使流的确切含义还未完全确定。

如上所述，比较图 4-26 与图 4-17 就可看出，IPv6 数据报的结构更简单、更高效。以下是在 IPv6 中定义的字段。

- 版本。该 4 比特字段用于标识 IP 版本号。毫不奇怪，IPv6 将该字段值设为 6。注意到将该字段值置为 4 并不能创建一个合法的 IPv4 数据报。（如果这样的话，事情就简单多了，参见下面有关从 IPv4 向 IPv6 迁移的讨论。）
- 流量类型。该 8 比特字段与我们在 IPv4 中看到的 TOS 字段的含义相似。
- 流标签。如上面讨论过的那样，该 20 比特的字段用于标识一条数据报的流，能够对一条流中的某些数据报给出优先权，或者它能够用来对来自某些应用（例如 IP 话音）的数据报给出更高的优先权，以优于来自其他应用（例如 SMTP 电子邮件）的数据报。
- 有效载荷长度。该 16 比特值作为一个无符号整数，给出了 IPv6 数据报中跟在定长的 40 字节数据报首部后面的字节数量。
- 下一个首部。该字段标识数据报中的内容（数据字段）需要交付给哪个协议（如 TCP 或 UDP）。该字段使用与 IPv4 首部中协议字段相同的值。
- 跳限制。转发数据报的每台路由器将对该字段的内容减 1。如果跳限制计数达到 0，则该数据报将被丢弃。
- 源地址和目的地址。IPv6 128 比特地址的各种格式在 RFC 4291 中进行了描述。
- 数据。这是 IPv6 数据报的有效载荷部分。当数据报到达目的地时，该有效载荷就从 IP 数据报中移出，并交给在下一个首部字段中指定的协议处理。

以上讨论说明了 IPv6 数据报中包括的各字段的用途。将图 4-26 中的 IPv6 数据报格式与图 4-17 中的 IPv4 数据报格式进行比较，我们就会注意到，在 IPv4 数据报中出现的几个字段在 IPv6 数据报中已不复存在：

- 分片/重新组装。IPv6 不允许在中间路由器上进行分片与重新组装。这种操作只能在源与目的地执行。如果路由器收到的 IPv6 数据报因太大而不能转发到出链路上的话，则路由器只需丢掉该数据报，并向发送方发回一个“分组太大”的 ICMP 差错报文即可（见 5.6 节）。于是发送方能够使用较小长度的 IP 数据报重发数据。分片与重新组装是一个耗时的操作，将该功能从路由器中删除并放到端系统中，大大加快了网络中的 IP 转发速度。
- 首部检验和。因为因特网层中的运输层（如 TCP 与 UDP）和数据链路层（如以太网）协议执行了检验操作，IP 设计者大概觉得在网络层中具有该项功能实属多余，所以将其去除。再次强调的是，快速处理 IP 分组是关注的重点。在 4.3.1 节中我们讨论 IPv4 时讲过，由于 IPv4 首部中包含有一个 TTL 字段（类似于 IPv6 中的跳限制字段），所以在每台路由器上都需要重新计算 IPv4 首部检验和。就像分片与重新组装一样，在 IPv4 中这也是一项耗时的操作。
- 选项。选项字段不再是标准 IP 首部的一部分了。但它并没有消失，而是可能出现在 IPv6 首部中由“下一个首部”指出的位置上。这就是说，就像 TCP 或 UDP 协议首部能够是 IP 分组中的“下一个首部”一样，选项字段也能是“下一个首部”。删除选项字段使得 IP 首部成为定长的 40 字节。

2. 从 IPv4 到 IPv6 的迁移

既然我们已了解了 IPv6 的技术细节，那么我们考虑一个非常实际的问题：基于 IPv4

的公共因特网如何迁移到 IPv6 呢？问题是，虽然新型 IPv6 使能系统可做成向后兼容，即能发送、路由和接收 IPv4 数据报，但已部署的具有 IPv4 能力的系统却不能够处理 IPv6 数据报。可以采用以下几种方法 ［Huston 2011b；RFC 4213］。

一种可选的方法是宣布一个标志日，即指定某个日期和时间，届时因特网的所有机器都关机并从 IPv4 升级到 IPv6。上次重大的技术迁移（为得到可靠的运输服务，从使用 NCP 迁移到使用 TCP）出现在差不多 40 年以前。即使回到那时 ［RFC 801］——因特网很小且仍然由少数"奇才"管理着，人们也会认识到选择这样一个标志日是不可行的。一个涉及数十亿台机器的标志日现在更是不可想象的。

在实践中已经得到广泛采用的 IPv4 到 IPv6 迁移的方法包括**建隧道**（tunneling）［RFC 4213］。除了 IPv4 到 IPv6 迁移之外的许多其他场合的应用都具有建隧道的关键概念，包括在第 7 章将涉及的全 IP 蜂窝网络中也得到广泛使用。建隧道依据的基本思想如下：假定两个 IPv6 节点（如图 4-27 中的 B 和 E）要使用 IPv6 数据报进行交互，但它们是经由中间 IPv4 路由器互联的。我们将两台 IPv6 路由器之间的中间 IPv4 路由器的集合称为一个**隧道**（tunnel），如图 4-27 所示。借助于隧道，在隧道发送端的 IPv6 节点（如 B）可将整个 IPv6 数据报放到一个 IPv4 数据报的数据（有效载荷）字段中。于是，该 IPv4 数据报的地址设为指向隧道接收端的 IPv6 节点（在此例中为 E），再发送给隧道中的第一个节点（在此例中为 C）。隧道中的中间 IPv4 路由器在它们之间为该数据报提供路由，就像对待其他数据报一样，完全不知道该 IPv4 数据报自身就含有一个完整的 IPv6 数据报。隧道接收端的 IPv6 节点最终收到该 IPv4 数据报（它是该 IPv4 数据报的目的地），并确定该 IPv4 数据报含有一个 IPv6 数据报（通过观察在 IPv4 数据报中的协议号字段是 41 ［RFC 4213］，指示该 IPv4 有效载荷是 IPv6 数据报），从中取出 IPv6 数据报，然后再为该 IPv6 数据报提供路由，就好像它是从一个直接相连的 IPv6 邻居那里接收到该 IPv6 数据报一样。

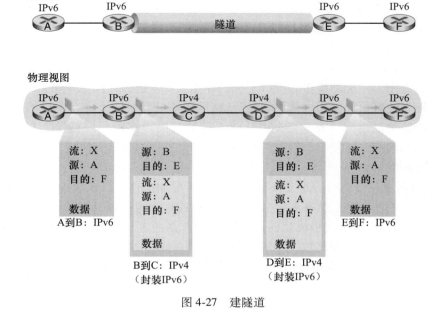

图 4-27　建隧道

在结束本节前需要说明的是，尽管采用 IPv6 最初表现为一个缓慢启动的过程［Lawton 2001；Huston 2008b］，但势头已经有了。NIST［NIST IPv6 2020］报告称，超过三分之一的美国政府二级域名是支持 IPv6 的。在客户端，谷歌报告称访问谷歌服务的客户约有 25% 使用了 IPv6［Google IPv6 2020］。其他最近的统计结果指出［Czyz 2014］，IPv6 的采用正在加速。诸如 IP 使能的电话和其他便携式设备的激增，为 IPv6 的更广泛部署提供了新的推动力。欧洲的第三代合作伙伴计划［3GPP 2020］已规定了 IPv6 为移动多媒体的标准编址方案。

我们能从 IPv6 的经验中学到的重要一课是，要改变网络层协议是极其困难的。自从 20 世纪 90 年代早期以来，有许多新的网络层协议被鼓吹为因特网的下一次重大革命，但这些协议中的大多数至今为止只取得了有限突破。这些协议包括 IPv6、多播协议、资源预留协议，其中后面两个协议的讨论可在本书的在线补充材料中找到。在网络层中引入新的协议的确如同替换一幢房子的基石，即在不拆掉整幢房子（或至少临时重新安置房屋住户）的情况下是很难完成上述工作的。另一方面，因特网却已见证了在应用层中新协议的快速部署。典型的例子当然有 Web、即时讯息、流媒体、分布式游戏和各种形式的社交媒体。引入新的应用层协议就像给一幢房子重新刷一层漆，这是相对容易做的事，如果你选择了一个好看的颜色，邻居将会照搬你的选择。总之，未来我们肯定会看到因特网网络层发生改变，但这种改变将比应用层慢得多。

4.4 泛化转发和 SDN

4.2.1 节将基于目的地转发的特征总结为两个步骤：查找目的 IP 地址（"匹配"），然后将分组发送到有特定输出端口的交换结构（"操作"）。我们现在考虑一种更有意义的通用"匹配加操作"范式，其中能够对协议栈的多个首部字段进行"匹配"，这些首部字段是与不同层次的不同协议相关联的。"操作"能够包括：将分组转发到一个或多个输出端口（就像在基于目的地转发中一样），跨越多个通向服务的离开接口进行负载均衡分组（就像在负载均衡中一样），重写首部值（就像在 NAT 中一样），有意识地阻挡/丢弃某个分组（就像在防火墙中一样），为进一步处理和操作而向某个特定的服务器发送一个分组（就像在 DPI 一样），等等。

在泛化转发中，匹配加操作表推广了我们在 4.2.1 节中介绍的基于目的地的转发表的概念。由于转发决策可能使用网络层和/或链路层源地址和目的地址，所以以图 4-28 中的转发设备被更准确地描述为"分组交换机"而不是第三层"路由器"或第二层"交换机"。因此，在本节后面部分以及 5.5 节中，我们将这些设备称为分组交换机，采用在 SDN 文献中得到广泛使用的术语。

图 4-28 显示了位于每台分组交换机中的一张匹配加操作表，该表由远程控制器计算、安装和更新。我们注意到虽然在各台分组交换机中的控制组件可以相互作用（例如以类似于图 4-2 中的方式），但实践中泛化匹配加操作能力是通过计算、安装和更新这些表的远程控制器实现的。花几分钟比较图 4-2、图 4-3 和图 4-28，你能看出图 4-2 和图 4-3 中显示的基于目的地转发与图 4-28 中显示的泛化转发有什么相似和差异吗？

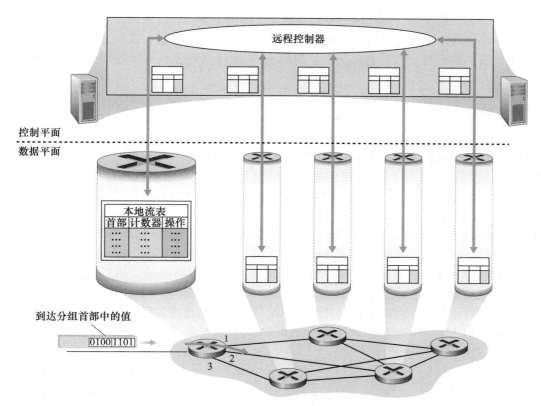

图 4-28　泛化转发：每台分组交换机包含一张匹配加操作表，该表是由远程控制器计算和分发的

　　我们后续对泛化转发的讨论将基于 OpenFlow［McKeown 2008；ONF 2020；Casado 2014；Tourrilhes 2014］，OpenFlow 是一个得到高度认可和成功的标准，它开创并引领了匹配加操作转发抽象、控制器以及更为一般的 SDN 革命等概念［Feamster 2013］。我们将主要考虑 OpenFlow 1.0，该标准以特别清晰和简明的方式引入了关键的 SDN 抽象和功能。OpenFlow 的后继版本根据实现和使用获得的经验引入了其他能力；OpenFlow 标准的当前和早期版本能在［ONF 2020］中找到。

　　匹配加操作转发表在 OpenFlow 中称为**流表**（flow table），它的每个表项包括：

- 首部字段值的集合，入分组将与之匹配。与基于目的地转发的情况一样，基于硬件匹配在 TCAM 内存中执行得最为迅速（TCAM 内存中可能有上百万条地址表项）［Bosshart 2013］。匹配不上流表项的分组将被丢弃或发送到远程控制器做更多处理。在实践中，为了性能或成本原因，一个流表可以由多个流表实现［Bosshart 2013］，但我们这里只关注单一流表的抽象。
- 计数器集合（当分组与流表项匹配时更新计数器）。这些计数器可以包括已经与该表项匹配的分组数量，以及自从该表项上次更新以来的时间。
- 当分组匹配流表项时所采取的操作集合。这些操作可能将分组转发到给定的输出端口，丢弃该分组、复制该分组和将它们发送到多个输出端口，和/或重写所选的首部字段。

　　我们将在 4.4.1 节和 4.4.2 节中更为详细地探讨匹配和操作。然后我们将学习每台分组交换机网络范围的匹配规则集合是如何用来实现多种多样的功能的，包括 4.4.3 节中的路由选择、第二层交换、防火墙、负载均衡、虚拟网络等。在结束时，我们注意到流表本质上是一个 API，通过这种抽象每台分组交换机的行为能被编程；我们将在 4.4.3 节中看到，通过在网络分组交换机的集合中适当地编程/配置这些表，网络范围的行为能被类似地编程 [Casado 2014]。

4.4.1 匹配

图 4-29 显示了 11 个分组首部字段和入端口 ID，它们可与 OpenFlow 1.0 中的匹配加操作规则所匹配。前面 1.5.2 节讲过，到达一台分组交换机的一个链路层（第二层）帧将包含一个网络层（第三层）数据报作为其有效载荷，该载荷通常依次将包含一个运输层（第四层）报文段。第一个观察是，OpenFlow 的匹配抽象允许对来自三个层次的协议首部所选择的字段进行匹配（因此相当明目张胆地违反了我们在 1.5 节中学习的分层原则）。因为我们还没有学到链路层，用如下的说法也就足够了：显示在图 4-29 中的源和目的 MAC 地址是与帧的发送和接收接口相关联的链路层地址；通过基于以太网地址而不是 IP 地址进行转发，我们看到 OpenFlow 使能的设备能够等价于路由器（第三层设备）转发数据报以及交换机（第二层设备）转发帧。以太网类型字段对应于较高层协议（例如 IP），利用该字段将解复用该帧的载荷，并且 VLAN 字段与所谓虚拟局域网相关联，我们将在第 6 章中学习 VLAN。OpenFlow 1.0 规范中匹配的 12 个值在最近的 OpenFlow 规范中已经增加到 41 个 [Bosshart 2014]。

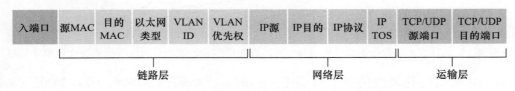

图 4-29　OpenFlow 1.0 流表的分组匹配字段

入端口是指分组交换机上接收分组的输入端口。在 4.3.1 节中，我们已经讨论过该分组的 IP 源地址、IP 目的地址、IP 协议字段和 IP 服务类型字段。运输层源和目的端口号字段也能匹配。

流表项也可以有通配符。例如，在一个流表中 IP 地址 128.119.*.* 将匹配其地址的前 16 比特为 128.119 的任何数据报所对应的地址字段。每个流表项也具有相应的优先权。如果一个分组匹配多个流表项，选定的匹配和对应的操作将是其中有最高优先权的那个。

最后，我们注意到不是 IP 首部中的所有字段都可以匹配。例如 OpenFlow 不允许基于 TTL 字段或数据报长度字段进行匹配。为什么有些字段允许匹配，而有些字段不允许呢？毫无疑问，这与功能和复杂性之间的权衡有关。选择抽象的"艺术"是提供足够的功能来完成某种任务（在这种情况下是实现、配置和管理宽泛的网络层功能，以前这些一直是通过各种各样的网络层设备来实现的），但不应用过多的细节和通用性使抽象变得"超负荷"——这种抽象会变得臃肿和不可用。Butler Lampson 有句名言 [Lampson 1983]：

在一个时刻做一件事，将它做好。一个接口应当俘获一个抽象的最低限度的要素。不要进行泛化，泛化通常是错误的。

考虑到 OpenFlow 的成功，人们能够推测它的设计者的确很好地选择了抽象技术。OpenFlow 匹配的更多细节能够在 [ONF 2020] 中找到。

4.4.2　操作

如图 4-28 中所见，每个流表项都有零个或多个操作列表，这些操作决定了应用于与流表项匹配的分组的处理。如果有多个操作，它们以在表中规定的次序执行。

其中最为重要的操作可能是：

- 转发。一个入分组可以转发到一个特定的物理输出端口，广播到所有端口（分组到达的端口除外），或通过所选的端口集合进行多播。该分组可能被封装并发送到该设备的远程控制器。该控制器则可能（或可能不）对该分组采取某些操作，包括安装新的流表项，以及可能将该分组返回给该设备以在更新的流表规则集合下进行转发。
- 丢弃。没有操作的流表项表明某个匹配的分组应当被丢弃。
- 修改字段。在分组被转发到所选的输出端口之前，分组首部 10 个字段（图 4-29 中显示的除 IP 协议字段外的所有第二、三、四层的字段）中的值可以重写。

4.4.3　运行中的匹配加操作的 OpenFlow 例子

在已经考虑了泛化转发的匹配和操作组件后，我们在图 4-30 中给出将这些想法拼装在一起的样本网络场景。该网络具有 6 台主机（h1、h2、h3、h4、h5 和 h6）以及 3 台分组交换机（s1、s2 和 s3），每台交换机具有 4 个本地接口（编号 1 到 4）。我们将考虑一些希望实现的网络范围的行为，以及为实现这种行为在 s1、s2 和 s3 中所需的流表项。

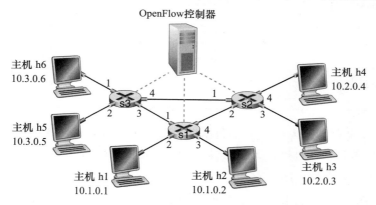

图 4-30　具有 3 台分组交换机、6 台主机和 1 台 OpenFlow 控制器的 OpenFlow 匹配加操作网络

第一个例子：简单转发

作为一个非常简单的例子，假定希望的转发行为是：来自 h5 或 h6 发往 h3 或 h4 的分组从 s3 转发到 s1，然后从 s1 转发到 s2（完全避免使用 s3 和 s2 之间的链路）。在 s1 中的流表项将是：

s1 流表（例 1）	
匹配	操作
Ingress Port = 1；IP Src = 10.3.*.*；IP Dst = 10.2.*.*	Forward（4）
……	……

当然，我们也需要在 s3 中有一个流表项，使得该数据报从 h5 或 h6 经过出接口 3 转发到 s1：

s3 流表（例 1）	
匹配	操作
IP Src = 10. 3. *. * ; IP Dst = 10. 2. *. *	Forward（3）
……	……

最后，我们也需要在 s2 中有一个流表项来完成第一个例子，使得从 s1 到达的数据报转发到它们的目的主机 h3 或 h4。

s2 流表（例 1）	
匹配	操作
Ingress Port = 2；IP Dst = 10. 2. 0. 3	Forward（3）
Ingress Port = 2；IP Dst = 10. 2. 0. 4	Forward（4）
……	……

第二个例子：负载均衡

作为第二个例子，我们考虑一个负载均衡的场景，其中来自 h3 发往 10. 1. *. * 的数据报经过 s1 和 s2 之间的直接链路转发，与此同时来自 h4 发往 10. 1. *. * 的数据报经过 s2 和 s3（于是从 s3 到 s1）之间的链路转发。注意到这种行为不能通过基于 IP 的目的地转发取得。在这种情况下，在 s2 中的流表项将是：

s2 流表（例 2）	
匹配	操作
Ingress Port = 3；IP Dst = 10. 1. *. *	Forward（2）
Ingress Port = 4；IP Dst = 10. 1. *. *	Forward（1）
……	……

在 s1 中需要流表项将从 s2 收到的数据报转发到 h1 或 h2，在 s3 中需要流表项将接口 4 上从 s2 收到的数据报经过接口 3 转发到 s1。考虑是否能在 s1 和 s3 中配置这些流表项。

第三个例子：充当防火墙

作为第三个例子，我们考虑一个防火墙场景，其中 s2 仅希望（在它的任何接口上）接收来自与 s3 相连的主机所发送的流量。

s2 流表（例 3）	
匹配	操作
IP Src = 10. 3. *. * ; IP Dst = 10. 2. 0. 3	Forward（3）
IP Src = 10. 3. *. * ; IP Dst = 10. 2. 0. 4	Forward（4）
……	……

如果在 s2 的流表中没有其他表项，则仅有来自 10. 3. *. * 的流量将被转发到与 s2 相连的主机。

尽管我们这里仅考虑了几种基本场景，但通用转发的多样性和优势显而易见。在课后习题中，我们将探讨如何使用流表来创建许多不同的逻辑行为，包括使用相同分组交换机和链路物理集合的虚拟网络，即两个或多个逻辑上分离的网络（每个网络有自己的独立且截然不同的转发行为）。在 5.5 节学习 SDN 控制器时，我们将再次考虑流表，其中 SDN 控制器计算和分发流表，协议用于在分组交换机和它的控制器之间进行通信。

我们在本节中看到的匹配加操作流表实际上是一种有限形式的可编程性，它基于数据报的首部值和匹配条件之间的匹配，指定路由器应该如何转发和操作数据报（如更改首部字段）。我们可以想象一种形式更丰富的可编程性，即一种具有更高层次结构的编程语言，如变量、通用算术、布尔运算、函数和条件语句，以及专门为以线速处理数据报而设计的结构。编程协议独立的分组处理器（Programming Protocol-independent Packet Processors，P4）[P4 2020] 就是这样一种语言，自 5 年前提出以来，它获得了相当大的关注 [Bosshart 2014]。

4.5　中间盒

路由器是网络层的"主力"设备，在本章中，我们已经学习了路由器如何完成它们的"基本工作"，即将 IP 数据报转发到目的地。但在本章和之前的章节中，我们还遇到了网络中的其他设备（"盒子"），它们位于数据路径上，执行转发以外的功能。2.2.5 节提到了 Web 缓存，3.7 节提到了 TCP 连接分岔器，4.3.4 节提到了网络地址转换器（NAT）、防火墙以及入侵检测系统等。在 4.4 节中我们学到，泛化转发允许现代路由器使用泛化的"匹配加操作"轻松自然地执行防火墙和负载平衡。

在过去的 20 年里，我们看到了这类**中间盒**（middlebox）的迅猛增长，RFC 3234 将其定义为：

> "在源主机和目的主机之间的数据路径上，执行除了 IP 路由器的正常标准功能之外的其他功能的任何中间的盒子。"

我们大致可确定由中间盒提供的三种服务：

- NAT 转换。正如我们在 4.3.4 节中所见，NAT 盒实现了专用网络寻址、重写数据报首部 IP 地址和端口号。
- 安全服务。防火墙基于首部字段值或重定向分组来阻塞流量，从而进行附加处理，如深度分组检测（DPI）。入侵检测系统（IDS）能够检测预先确定的模式，并相应地过滤分组。应用程序级电子邮件过滤器可以拦截垃圾邮件、网络钓鱼邮件或其他构成安全威胁的邮件。
- 性能增强。这些中间盒向能够提供所需服务的服务器集合之一，执行诸如压缩、内容缓存和负载均衡等服务的服务请求（例如，HTTP 请求或搜索引擎查询）。

在有线和无线蜂窝网络 [Wang 2011] 中，许多其他的中间盒 [RFC 3234] 可提供这三种类型的服务功能。

随着中间盒的增多，产生了操作、管理和升级该设备的相关需求。单独的专用硬件盒、单独的软件堆栈和单独的管理/操作技能都意味着巨大的运营成本和投资费用。因此，研究人员正在探索使用商用硬件（网络、计算和存储），并试图在通用软件堆栈之上构建专门的软件来实现这些服务，这也许并不令人惊讶。而这正是十年前 SDN 采用的方法，这种方法被称为**网络功能虚拟化**（NFV）[Mijumbi 2016]。另一种已经被探索过的方法是将中间盒功能外包给云 [Sherry 2012]。

多年来，因特网架构在网络层和运输/应用层之间有一条明确的分界线。在这些"昔日的美好时光"中，网络层由路由器组成，在网络核心中运行，只使用 IP 数据报首部中的字段将数据报转发到目的地。运输层和应用层是在网络边缘运行的主机上实现的。主机之间通过运输层段和应用层报文交换分组。今天的中间盒显然违背了这种分离：位于路由器和主机之间的 NAT 盒重写网络层 IP 地址和运输层端口号；网络内防火墙使用应用层（如 HTTP）、运输层和网络层首部字段阻止可疑的数据报；电子邮件安全网关被插入电子邮件发送者（无论恶意与否）和预期的电子邮件接收者之间，根据白名单/黑名单 IP 地址以及电子邮件内容过滤应用层电子邮件。虽然有些人认为这样的中间盒在架构上是令人厌恶的［Garfinkel 2003］，但其他人采用了这样的哲学，即这样的中间盒"存在的原因是重要的和永久的"（它们填补了重要的需求），而且在未来将会有更多的中间盒，而不是更少的中间盒［Walfish 2004］。关于在网络的何处放置服务功能的问题，请参见下面的"实践原则"。

实 践 原 则

互联网架构原则

　　鉴于因特网的巨大成功，人们可能很自然地想知道指导人类有史以来最大、最复杂的工程系统开发的架构原则。题为"因特网的架构原则"的 RFC 1958 认为，这些原则如果确实存在的话，确实是最小的：

　　　　"许多因特网社区的成员可能会争辩说，因特网没有架构，只有惯例，而这一惯例在最初的 25 年里并没有被记录下来（或者至少没有被 IAB 记录下来）。然而，用非常普遍的术语来说，该社区认为目标是连接，工具是因特网协议，智能是端到端的而不是隐藏在网络中。"［RFC 1958］

　　所以我们知道了该原则！目标是提供连接性，只有一个网络层协议（即我们在本章中已经学习过的著名 IP 协议），"智能"（有人可能会说"复杂性"）将被放置在网络边缘而不是网络核心。让我们更详细地看看后两项。

IP 沙漏

　　到目前为止，我们已经很熟悉在图 1-23 中第一次遇到的五层因特网协议栈。这个协议栈的另一种形象的画法如图 4-31 所示，它有时也被称为 **IP 沙漏**，呈现了分层因特网架构的**细腰**。虽然因特网在物理层、链路层、运输层和应用层中有许多协议，但只有一个网络层协议，即 IP 协议。这是一个必须由数十亿互联设备实现的协议。这种细腰在互联网的迅猛发展中起到了至关重要的作用。IP 协议的相对简单性，以及它是因特网连接的唯一通用要求的事实，使得各种具有完全不同的底层链路层技术的网络——从以太网到 WiFi，从蜂窝网络到光网络——成为因特网的一部分。［Clark 1997］指出，细腰——他称之为"跨越层"——的作用是"……隐藏

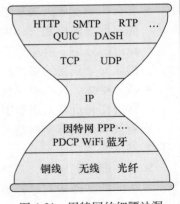

图 4-31　因特网的细腰沙漏

这些不同的（底层）技术之间的细节差异，并为上述应用程序提供统一的服务接口。"特别是对于 IP 层："IP 跨越层如何实现它的目的？它定义了一组基本的服务，这些服

务经过精心设计，可以通过多种不同的底层网络技术来构建这些服务。软件作为因特网的一部分，将这些底层技术提供的服务转化为因特网层的公共服务。"

关于细腰的更多讨论，包括因特网以外的例子，参见 [Beck 2019；Akhshabi 2011]。这里我们想说的是，随着因特网架构步入"中年"（因特网的年龄是 40 到 50 岁，当然属于中年!），人们可能会注意到，它的"细腰"可能确实会随着中间盒的兴起而变宽一点（这在中年时经常发生!）。

端到端原则

RFC 1958 的第三条原则"智能是端到端的而不是隐藏在网络中"说明了功能在网络中的位置。在这里，我们已经看到，直到最近中间盒的兴起，大多数互联网功能确实被放置在网络的边缘。值得注意的是，与 20 世纪的电话网络形成鲜明对比的是，20 世纪的电话网络拥有"哑"（不可编程）端点和智能交换机，而因特网一直都有智能端点（可编程计算机），可以将复杂的功能放置在这些端点上。关于实际上为何要将功能置于端点，一篇极具影响力的论文 [Saltzer 1984] 中提出了一个更有原则的论点。该论文明确给出了"端到端原则"，其表述如下：

"……有一个功能列表，其中每种功能都可以通过以下几种方式实现：通过通信子系统；通过其客户；作为一个联合体；或者可能是冗余的，每个功能都有自己的版本。在对这个选择进行推理时，应用程序的要求为一类原则提供了基础，这些原则如下：

只有借助'立足于'通信系统端点的应用程序的'知识'和'帮助'才能完全正确地实现所讨论的功能。因此，将这个受质疑的功能作为通信系统本身的特征是不可能的。（有时，通信系统提供的不完整版本的功能可能有助于提高性能。）

我们将这种针对低级功能实现的推理称为'端到端原则'。"

说明端到端原则的一个例子是可靠数据传输。因为分组在网络中可能会丢失（例如，即使没有缓冲区溢出，暂存排队分组的路由器也可能崩溃，或部分有分组正在排队网络可能由于链路故障而与整个网络分离），端点必须执行错误控制（在这种情况下是经 TCP 协议）。正如我们将在第 6 章学习的，一些链路层协议确实执行了本地错误控制，但仅这种本地错误控制是"不完整的"，不足以提供端到端可靠的数据传输。因此，必须实现端到端可靠的数据传输。

RFC 1958 故意只包含了两篇参考文献，都是"关于因特网架构的基础论文"。其中之一就是上文提到的关于端到端原则的论文 [Saltzer 1984]，第二篇论文 [Clark 1988] 讨论了 DARPA 因特网协议的设计原理。对于对因特网架构感兴趣的读者来说，这两篇都是有趣的"必读"文献。继 [Clark 1988] 之后是 [Blumenthal 2001；Clark 2005]，鉴于今天的因特网必须运行在更加复杂的环境中，后来的文章重新考虑了因特网架构。

4.6　小结

在这一章中，我们讨论了网络层的**数据平面**（data plane）功能——每台路由器的功能，决定到达一台路由器的输入链路的分组如何被转发到该路由器的输出链路。我们首先详细了解路由器的内部操作，研究输入/输出端口功能和基于目的地的转发、路由器的内部交换机制、分组队列管理等。我们讨论了传统的 IP 转发（转发基于数据报的目的地址）和泛化转发（转发和其他功能可以使用数据报首部中几个不同字段的值来执行），并看到了后一种方法的通用性。我们还详细学习了 IPv4 和 IPv6 协议以及因特网寻址，我们发现这比我们可能预期的更深奥、更微妙、更有趣。通过对中间盒的研究，我们完成了对网络层数据平面的研究，并对因特网架构进行了广泛的讨论。

在对网络层的数据平面有了新的理解之后，我们现在做好了在第 5 章中深入研究网络层的控制平面的准备！

课后习题和问题

复习题

4.1 节

R1. 我们回顾在本书中使用的某些术语。前面讲过运输层的分组名字是报文段，数据链路层的分组名字是帧。网络层的分组名字是什么？前面讲过路由器和链路层交换机都被称为分组交换机。路由器与链路层交换机间的根本区别是什么？

R2. 我们注意到网络层功能可被大体分成数据平面功能和控制平面功能。数据平面的主要功能是什么？控制平面的主要功能呢？

R3. 我们对网络层执行的转发功能和路由选择功能进行区别。路由选择和转发的主要区别是什么？

R4. 路由器中转发表的主要作用是什么？

R5. 我们说过网络层的服务模型"定义发送主机和接收主机之间端到端分组的传送特性"。因特网的网络层的服务模型是什么？就主机到主机数据报的传递而论，因特网的服务模型能够保证什么？

4.2 节

R6. 在 4.2 节中，我们看到路由器通常由输入端口、输出端口、交换结构和路由选择处理器组成。其中哪些是用硬件实现的，哪些是用软件实现的？为什么？转到网络层的数据平面和控制平面的概念，哪些是用硬件实现的，哪些是用软件实现的？为什么？

R7. 讨论为什么在高速路由器的每个输入端口都存储转发表的影子副本。

R8. 基于目的地转发意味着什么？这与通用转发有什么不同（假定你已经阅读 4.4 节，两种方法中哪种是软件定义网络所采用的）？

R9. 假设一个到达分组匹配了路由器转发表中的两个或更多表项。采用传统的基于目的地转发，路由器用什么原则来确定这条规则可以用于确定输出端口，使得到达的分组能交换到输出端口？

R10. 在 4.2 节中讨论了三种交换结构。列出并简要讨论每一种交换结构。哪一种（如果有的话）能够跨越交换结构并行发送多个分组？

R11. 描述在输入端口会出现分组丢失的原因。描述在输入端口如何消除分组丢失（不使用无限大缓存区）。

R12. 描述在输出端口会出现分组丢失的原因。通过提高交换结构速率，能够防止这种丢失吗？

R13. 什么是 HOL 阻塞？它出现在输入端口还是输出端口？

R14. 在 4.2 节我们学习了 FIFO、优先权、循环（RR）和加权公平排队（WFQ）分组调度规则。这些排队规则中，哪个规则确保所有分组是以到达的次序离开的？

R15. 举例说明为什么网络操作员要让一类分组的优先权超过另一类分组的。

R16. RR 和 WFQ 分组调度之间的基本差异是什么？存在 RR 和 WFQ 将表现得完全相同的场合吗？（提示：考虑 WFQ 权重。）

4.3 节

R17. 假定主机 A 向主机 B 发送封装在一个 IP 数据报中的 TCP 报文段。当主机 B 接收到该数据报时，主机 B 中的网络层怎样知道它应当将该报文段（即数据报的有效载荷）交给 TCP 而不是 UDP 或某个其他东西呢？

R18. 在 IP 首部中，哪个字段能用来确保一个分组的转发不超过 N 台路由器？

R19. 前面讲过因特网检验和被用于运输层报文段（分别在图 3-7 和图 3-29 的 UDP 和 TCP 首部中）以及网络层数据报（图 4-17 的 IP 首部中）。现在考虑一个运输层报文段封装在一个 IP 数据报中。在报文段首部和数据报首部中的检验和要遍及 IP 数据报中的任何共同字节进行计算吗？

R20. 什么时候一个大数据报分割成多个较小的数据报？较小的数据报在什么地方装配成一个较大的数据报？

R21. 路由器有 IP 地址吗？如果有，有多少个？

R22. IP 地址 223.1.3.27 的 32 比特二进制等价形式是什么？

R23. 考察使用 DHCP 的主机，获取它的 IP 地址、网络掩码、默认路由器及其本地 DNS 服务器的 IP 地址。列出这些值。

R24. 假设在一个源主机和一个目的主机之间有 3 台路由器。不考虑分片，一个从源主机发送给目的主机的 IP 数据报将通过多少个接口？为了将数据报从源移动到目的地需要检索多少个转发表？

R25. 假设某应用每 20ms 生成一个 40 字节的数据块，每块封装在一个 TCP 报文段中，TCP 报文段再封装在一个 IP 数据报中。每个数据报的开销有多大？应用数据所占百分比是多少？

R26. 假定你购买了一个无线路由器并将其与电缆调制解调器相连。同时假定 ISP 动态地为你连接的设备（即你的无线路由器）分配一个 IP 地址。还假定你家有 5 台 PC，均使用 802.11 以无线方式与该无线路由器相连。怎样为这 5 台 PC 分配 IP 地址？该无线路由器使用 NAT 吗？为什么？

R27. "路由聚合"一词意味着什么？路由器执行路由聚合为什么是有用的？

R28. "即插即用"或"零配置"协议意味着什么？

R29. 什么是专用网络地址？具有专用网络地址的数据报会出现在大型公共因特网中吗？解释理由。

R30. 比较并对照 IPv4 和 IPv6 首部字段。它们有相同的字段吗？

R31. 有人说当 IPv6 以隧道形式通过 IPv4 路由器时，IPv6 将 IPv4 隧道作为链路层协议。你同意这种说法吗？为什么？

4.4 节

R32. 通用转发与基于目的地转发有何不同？

R33. 我们在 4.1 节遇到的基于目的地转发的转发表与在 4.4 节遇到的 OpenFlow 流表之间有什么差异？

R34. 路由器或交换机的"匹配加操作"意味着什么？在基于目的地转发的分组交换机场合中，要匹配什么并采取什么操作？在 SDN 的场合中，举出 3 个能够被匹配的字段和 3 个能被采取的操作。

R35. 在 IP 数据报中举出能够在 OpenFlow 1.0 泛化转发中"匹配"的 3 个首部字段。不能在 OpenFlow 中"匹配"的 3 个 IP 数据报首部字段是什么？

 习题

P1. 考虑下面的网络。

　a. 显示路由器 A 中的转发表，使得目的地为主机 H3 的所有流量都通过接口 3 转发。

　b. 你能否写出路由器 A 中的转发表，使得从 H1 发往主机 H3 的所有流量都通过接口 3 转发，从 H2 发往主机 H3 的所有流量都通过接口 4 转发？（提示：这是一个技巧性的问题。）

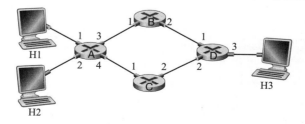

P2. 假设两个分组在完全相同的时刻到达一台路由器的两个不同输入端口。同时假设在该路由器中没有

其他分组。

a. 假设这两个分组朝着两个不同的输出端口转发。当交换结构使用一条共享总线时，这两个分组可能在相同时刻通过该交换结构转发吗？

b. 假设这两个分组朝着两个不同的输出端口转发。当交换结构使用经内存交换时，这两个分组可能在相同时刻通过该交换结构转发吗？

c. 假设这两个分组朝着相同的输出端口转发。当交换结构使用纵横式时，这两个分组可能在相同时刻通过该交换结构转发吗？

P3. 在4.2.4节中，如果 R_{switch} 是 R_{line} 的 N 倍，即使所有的分组都转发到相同的输出端口，则仅在输入端口将出现微不足道的排队。现在假设 $R_{switch} = R_{line}$，但所有分组转发到不同的输出端口。令 D 是传输一个分组的时间。作为 D 的函数，对分组使用内存、总线和纵横制交换结构，什么时候具有最大的输入排队时延？

P4. 考虑下列交换机。假设所有数据报具有相同长度，交换机以一种分时隙、同步的方式运行，在一个时隙中一个数据报能够从某输入端口传送到某输出端口。其交换结构是纵横式的，因此在一个时隙中至多一个数据报能够传送到一个给定输出端口，但在一个时隙中不同的输出端口能够接收到来自不同输入端口的数据报，从输入端口到它们的输出端口传送所示的分组，所需的时隙数量最小是多少？此时假定使用你所需要的任何输入排队调度方法（即此时没有 HOL 阻塞）。假定采用你能够设计的最差情况下的调度方案，且非空输入队列不会空闲，所需的时隙数量最大是多少？

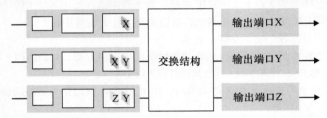

P5. 假设将 WEQ 调度策略应用到一个支持三个类的缓冲区，并假设这三个类的权重分别为 0.5、0.25 和 0.25。

a. 假设每个类在缓冲区中有大量的分组。为了获得 WFQ 权值，这三个类的服务顺序是什么？（对于循环调度，自然顺序是 123123123…。）

b. 假设第 1 类和第 2 类在缓冲区中有大量的分组，并且缓冲区中没有第 3 类分组。为了取得该 WFQ 权重，这三个类应该以什么顺序进行服务？

P6. 考虑下图，回答下列问题。

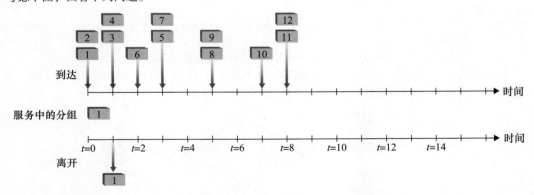

a. 假设采用 FIFO 服务，分别给出分组 2 到 12 离开队列的时间。对于每个分组，它的到达和它被传送的时隙开始之间的时延是多少？这 12 个分组的平均时延是多少？

b. 假设采用优先权服务，假设奇数分组优先权高，偶数分组优先权低。分别给出分组 2 到 12 离开队列的时间。对于每个分组，它的到达和它被传送的时隙开始之间的时延是多少？这 12 个分组的平均时延是多少？

 c. 假设采用循环服务，分组 1、2、3、6、11 和 12 来自第 1 类，分组 4、5、7、8、9 和 10 来自第 2 类。分别给出分组 2 到 12 离开队列的时间。对于每个分组，它的到达和离开之间的时延是多少？12 个分组的平均时延是多少？

 d. 假设采用加权公平排队（WFQ）服务，奇数分组来自第 1 类，偶数分组来自第 2 类。第 1 类的 WFQ 权重为 2，第 2 类的 WFQ 权重为 1。注意到实现书中描述的理想的 WFQ 调度也许是不可能的，因此请说明为什么选择特定的分组在每个时隙进入服务。对于每个分组，它的到达和离开之间的时延是多少？12 个分组的平均时延是多少？

 e. 在所有四种情况（FIFO、RR、优先权和 WFQ）中，平均时延呈现出什么现象？

P7. 再次考虑 P6 的图。

 a. 假设采用优先权服务，分组 1、4、5、6 和 11 具有最高的优先权，其余分组为低优先权。分别给出分组 2 到 12 离开队列的时隙。

 b. 假设采用循环服务，分组 1、4、5、6 和 11 属于第 1 类流量，其余分组属于第 2 类流量。分别给出分组 2 到 12 离开队列的时隙。

 c. 假设采用 WFQ 服务，分组 1、4、5、6 和 11 属于第 1 类流量，其余分组属于第 2 类流量。第 1 类的 WFQ 权重为 1，第 2 类的 WFQ 权重为 2（注意这些权重与上一个问题中的权重不同）。分别给出分组 2 到 12 离开队列的时隙。另外，请参阅上述问题中关于 WFQ 服务的警告。

P8. 考虑使用 32 比特主机地址的某数据报网络。假定一台路由器具有 4 条链路，编号为 0～3，分组能被转发到如下的各链路接口：

目的地址范围	链路接口
11100000 00000000 00000000 00000000 到 11100000 00111111 11111111 11111111	0
11100000 01000000 00000000 00000000 到 11100000 01000000 11111111 11111111	1
11100000 01000001 00000000 00000000 到 11100001 01111111 11111111 11111111	2
其他	3

 a. 提供一个具有 5 个表项的转发表，使用最长前缀匹配，转发分组到正确的链路接口。

 b. 描述你的转发表是如何为具有下列目的地址的数据报决定适当的链路接口的。

  11001000 10010001 01010001 01010101

  11100001 01000000 11000011 00111100

  11100001 10000000 00010001 01110111

P9. 考虑使用 8 比特主机地址的某数据报网络。假定一台路由器使用最长前缀匹配并具有下列转发表：

前缀匹配	接口
00	0
010	1
011	2
10	2
11	3

对这4个接口中的每个,给出相应的目的主机地址的范围和在该范围中的地址数量。

P10. 考虑使用8比特主机地址的数据报网络。假定一台路由器使用最长前缀匹配并具有下列转发表:

前缀匹配	接口
1	0
10	1
111	2
其他	3

对这4个接口中的每个,给出相应的目的主机地址的范围和在该范围中的地址数量。

P11. 考虑互联3个子网(子网1、子网2和子网3)的一台路由器。假定这3个子网的所有接口要求具有前缀223.1.17/24。还假定子网1要求支持多达60个接口,子网2要求支持多达90个接口,子网3要求支持多达12个接口。提供3个满足这些限制的网络地址(形式为 $a.b.c.d/x$)。

P12. 在4.2.2节中给出了一个转发表(使用最长前缀匹配)的例子。使用 $a.b.c.d/x$ 记法代替二进制字符串记法,重写该转发表。

P13. 在习题P8中要求你给出转发表(使用最长前缀匹配)。使用 $a.b.c.d/x$ 记法代替二进制字符串记法,重写该转发表。

P14. 考虑一个具有前缀128.119.40.128/26的子网。给出能被分配给该网络的一个IP地址(形式为 xxx.xxx.xxx.xxx)的例子。假定一个ISP拥有形式为128.119.40.64/26的地址块。假定它要从该地址块生成4个子网,每块具有相同数量的IP地址。这4个子网(形式为 $a.b.c.d/x$)的前缀是什么?

P15. 考虑图4-20中显示的拓扑。(在12:00以顺时针开始)标记具有主机的3个子网为网络A、B和C,标记没有主机的子网为网络D、E和F。

　　a. 为这6个子网分配网络地址,要满足下列限制:所有地址必须从214.97.254/23起分配;子网A应当具有足够地址以支持250个接口;子网B应当具有足够地址以支持120个接口;子网C应当具有足够地址以支持120个接口。当然,子网D、E和F应当支持两个接口。对于每个子网,分配采用的形式是 $a.b.c.d/x$ 或 $a.b.c.d/x \sim e.f.g.h/y$。

　　b. 使用你对(a)部分的答案,为这3台路由器提供转发表(使用最长前缀匹配)。

P16. 使用美国因特网编码注册机构(http://www.arin.net/whois)的whois服务来确定三所大学所用的IP地址块。whois服务能被用于确定某个特定的IP地址的确定地理位置吗?使用www.maxmind.com来确定位于这三所大学的Web服务器的位置。

P17. 假定在源主机A和目的主机B之间的数据报被限制为1500字节(包括首部)。假设IP首部为20字节,要发送一个5MB的MP3文件需要多少个数据报?解释你的答案是如何计算的。

P18. 考虑在图4-25中建立的网络。假定ISP现在为路由器分配地址24.34.112.235,家庭网络的网络地址是192.168.1/24。

　　a. 在家庭网络中为所有接口分配地址。

　　b. 假定每台主机具有两个进行中的TCP连接,所有都是针对主机128.119.40.86的80端口的。在NAT转换表中提供6个对应表项。

P19. 假设你有兴趣检测NAT后面的主机数量。你观察到在每个IP分组上IP层顺序地标出一个标识号。由一台主机生成的第一个IP分组的标识号是一个随机数,后继IP分组的标识号是顺序分配的。假设由NAT后面主机产生的所有IP分组都发往外部。

　　a. 基于这个观察,假定你能够俘获由NAT向外部发送的所有分组,你能概要给出一种简单的技术来检测NAT后面不同主机的数量吗?评估你的答案。

　　b. 如果标识号不是顺序分配而是随机分配的,这种技术还能正常工作吗?评估你的答案。

P20. 在这个习题中,我们将探讨NAT对P2P应用程序的影响。假定用户名为Arnold的对等方通过查询发现,用户名为Bernard的对等方有一个要下载的文件。同时假定Bernard和Arnold都位于NAT后面。尝试设计一种技术，使得 Arnold 与 Bernard 创建一条 TCP 连接，而不对 NAT 做应用特定的配置。如果难以设计这样的技术，试讨论其原因。

P21. 考虑显示在图 4-30 中的 SDN OpenFlow 网络。假定对于到达 s2 的数据报的期望转发行为如下：

- 来自主机 h5 或 h6 并且发往主机 h1 或 h2 的任何数据报应当通过输出端口 2 转发到输入端口 1。
- 任何从主机 h1 或 h2 到达输入端口 2 的数据报，都应该通过输出端口 1 转发到主机 h5 或 h6。
- 任何在端口 1 或 2 到达并且发往主机 h3 或 h4 的数据报应当传递到特定的主机。
- 主机 h3 和 h4 应当能够向彼此发送数据报。

详述实现这种转发行为的 s2 中的流表项。

P22. 再次考虑显示在图 4-30 中的 SDN OpenFlow 网络。假定在 s2 对于来自主机 h3 或 h4 的数据报的期望转发行为如下：

- 任何来自主机 h3 并且发往主机 h1、h2、h5 或 h6 的数据报应当在网络中以顺时针方向转发。
- 任何来自主机 h4 并且发往主机 h1、h2、h5 或 h6 的数据报应当在网络中以逆时针方向转发。

详述实现这种转发行为的 s2 中的流表项。

P23. 再次考虑上面 P21 的场景。给出分组交换机 s1 和 s3 的流表项，使得具有 h3 或 h4 源地址的任何到达数据报被路由到在 IP 数据报的目的地址字段中定义的目的主机。（提示：你的转发表规则应当包括如下情况，即到达的数据报被发往直接连接的主机，或应当转发到相邻路由器以便传递到最终主机。）

P24. 再次考虑显示在图 4-30 中的 SDN OpenFlow 网络。假定我们希望交换机 s2 的功能像防火墙一样。在 s2 中定义实现下列防火墙行为的流表，以传递目的地为 h3 和 h4 的数据报（对下列四种防火墙行为，每种定义一张不同的流表）。不需要在 s2 中定义将流量转发到其他路由器的转发行为。

- 仅有从主机 h1 和 h6 到达的流量应当传递到主机 h3 或 h4（即从主机 h2 和 h5 到达的流量被阻塞）。
- 仅有 TCP 流量被允许传递给主机 h3 或 h4（即 UDP 流量被阻塞）。
- 仅有发往 h3 的流量被传递（即所有到 h4 的流量被阻塞）。
- 仅有来自 h1 并且发往 h3 的 UDP 流量被传递。所有其他流量被阻塞。

P25. 考虑图 1-23 和 4.31 节中的因特网协议栈。你认为 ICMP 协议是网络层协议还是运输层协议？解释你的答案。

Wireshark 实验：IP

在与本书配套的 Web 站点 www.pearsonhighered.com/cs-resources 上，你将找到一个 Wireshark 实验作业，该作业考察了 IP 协议的运行，特别是 IP 数据报的格式。

人物专访

自 2005 年起，Vinton G. Cerf 担任 Google 公司副总裁兼 Internet Evangelist 主席。他在 MCI 公司服务了 15 年，担任过各种职位，最后以技术战略部资深副总裁的身份结束了在那里的任期。他作为 TCP/IP 协议和因特网体系结构的共同设计者而广为人知。1976 年到 1982 年在美国国防部高级研究计划署（DARPA）任职期间，他在领导因特网以及与因特网相关的数据分组和安全技术的研发方面发挥了重要作用。他于 2005 年获得了美国总统自由奖章，于 1977 年获得了美国国家技术奖章。他在斯坦福大学获得数学学士学位，在加利福尼亚大学洛杉矶分校（UCLA）获得了计算机科学的硕士和博士学位。

Vinton G. Cerf

- 是什么使您专注于网络技术的呢？

20 世纪 60 年代末，我在 UCLA 一直做程序员的工作。我的工作得到了美国国防部高级研究计划署

（那时叫 ARPA，现在叫 DARPA）的支持。我那时在刚创建不久的 ARPAnet 的网络测量中心，为 Leonard Kleinrock 教授的实验室工作。ARPAnet 的第一个节点于 1969 年 9 月 1 日安装在 UCLA。我负责为计算机编程，以获取有关 ARPAnet 的性能信息，并报告这些信息以便与数学模型作比较，预测网络性能。

我和其他几名研究生负责研制所谓的 ARPAnet 主机级协议，该协议的过程和格式将使得网络中许多不同类型的计算机相互交互。这是我进入分布式计算与通信新世界中的一次迷人的探索。

- 当您第一次设计该协议时，您曾想象过 IP 会像今天这样变得无所不在吗？

当我和 Bob Kahn 于 1973 年最初从事该项工作时，我想我们的注意力大多集中在这样一个重要的问题上：假定我们不能实际改变这些网络本身，那么怎样才能让异构的分组网络彼此互操作呢？我们希望能找到一种方法可以使任意多的分组交换网以透明的方式进行互联，以便主机彼此之间不做任何转换就能进行端到端通信。我认为我们那时已经知道了我们正在处理强大的和可扩充的技术，但还没清楚地想过有数亿台计算机都连入因特网时的世界会是什么样。

- 您现在能预见网络与因特网的未来吗？您认为在它们的发展中存在的最大挑战或障碍是什么？

我相信因特网本身以及一般的网络都将要继续扩大。已有令人信服的证据表明，在因特网上将有数十亿个因特网使能设备，包括移动电话、冰箱、个人数字助理、家用服务器、电视等家用电器，以及大批通常的笔记本电脑、服务器等。重大挑战包括支持移动性、电池寿命、网络接入链路的容量、以不受限的方式扩展网络光学核心的能力。设计因特网的星际扩展是我在喷气推进实验室深入研究的一项计划。我们需要从 IPv4（32 比特地址）过渡到 IPv6（128 比特）。要做的事情实在是太多了！

- 是谁激发了您的职业灵感？

我的同事 Bob Kahn、我的论文导师 Gerald Estrin、我最好的朋友 Steve Crocker（我们在高中就认识了，1960 年是他带我进入了计算机学科之门！），以及数千名今天仍在继续推动因特网发展的工程师。

- 您对进入网络/因特网领域的学生有什么忠告吗？

要跳出现有系统的限制来思考问题，想一想什么是可行的；随后再做艰苦工作以谋划如何从事物的当前状态到达所想的状态。要敢于想象：我和喷气推进实验室的 6 个同事一直在从事陆地因特网的星际扩展设计。这也许要花几十年才能实现，任务会一个接着一个地出现，可以用这句话来总结："一个人总是要不断地超越自我，否则还有什么乐趣可言？"

网络层：控制平面

在本章中，我们将通过学习网络层的**控制平面**（control-plane）组件来完成我们的网络层之旅。控制平面作为一种网络范围的逻辑，不仅控制沿着从源主机到目的主机的端到端路径间的路由器如何转发数据报，而且控制网络层组件和服务如何配置和管理。在 5.2 节中，我们将学习传统的计算图中最低开销路径的路由选择算法。这些算法是两个广为部署的因特网路由选择协议 OSPF 和 BGP 的基础，我们将分别在 5.3 节和 5.4 节中涉及。如我们将看到的那样，OSPF 是一种运行在单一 ISP 的网络中的路由选择算法。BGP 是一种在因特网中用于互联所有网络的路由选择算法，因此常被称为因特网的"黏合剂"。传统上，控制平面功能与数据平面的转发功能在一起实现，在路由器中作为统一的整体。如我们在第 4 章所学习的那样，软件定义网络（Software-Defined Networking，SDN）在数据平面和控制平面之间进行了明确分离，在独立的"控制器"服务中实现控制平面的功能，该服务与它所控制的路由器转发组件相互独立，而且是远程的。我们将在 5.5 节中讨论 SDN 控制器。

在 5.6 节和 5.7 节中，我们将讨论管理 IP 网络的某些具体细节：ICMP（互联网控制报文协议）和 SNMP（简单网络管理协议）。

5.1　概述

我们通过回顾图 4-2 和图 4-3，迅速建立起学习网络控制平面的环境。在这里，我们看到了转发表（在基于目的地转发的场景中）和流表（在泛化转发的场景中）是链接网络层的数据平面和控制平面的首要元素。我们知道这些表定义了一台路由器的本地数据平面转发行为。我们看到在泛化转发的场景下，所采取的操作不仅包括转发一个分组到达路由器的每个输出端口，而且能够丢弃一个分组、复制一个分组和/或重写第 2、3 或 4 层分组首部字段。

在本章中，我们将学习这些转发表和流表是如何计算、维护和安装的。在 4.1 节的网络层概述中，我们已经学习了完成这些工作有两种可能的方法。

- **每路由器控制**。图 5-1 显示了在每台路由器中运行一种路由选择算法的情况，每台路由器中都包含转发和路由选择功能。每台路由器有一个路由选择组件，用于与其他路由器中的路由选择组件通信，以计算其转发表的值。这种每路由器控制的方法在因特网中已经使用了几十年。将在 5.3 节和 5.4 节中学习的 OSPF 和 BGP 协议都是基于这种每路由器的方法进行控制的。
- **逻辑集中式控制**。图 5-2 显示了逻辑集中式控制器计算并分发转发表以供每台路由器使用的情况。如我们在 4.4 节和 4.5 节中所见，泛化的"匹配加操作"抽象允许执行传统的 IP 转发以及其他功能（负载共享、防火墙功能和 NAT）的丰富集合，而这些功能先前是在单独的中间盒中实现的。

该控制器经一种定义良好的协议与每台路由器中的一个控制代理（CA）进行交互，

以配置和管理该路由器的转发表。CA 一般具有最少的功能，其任务是与控制器通信并且按控制器命令行事。与图 5-1 中的路由选择算法不同，这些 CA 既不能直接相互交互，也不能主动参与计算转发表。这是每路由器控制和逻辑集中式控制之间的关键差异。

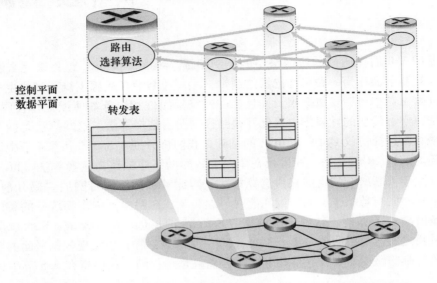

图 5-1　每路由器控制：在控制平面中各个路由选择算法组件相互作用

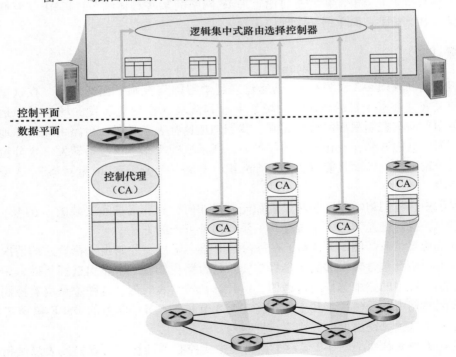

图 5-2　逻辑集中式控制：一个完全分开的（通常是远地的）控制器与本地控制代理交互

　　"逻辑集中式"控制［Levin 2012］是指就像路由选择控制服务位于单一的集中服务点那样获取它们，即使该服务出于容错和性能扩展性的原因，很可能经由多个服务器实现。如我们将在5.5节中所见，SDN采用了逻辑集中式控制器的概念，而这种方法在生产部署中得到了越来越多的应用。谷歌在它的内部B4全球广域网中使用了SDN控制路由器，该广域网互联了它的数据中心［Jain 2013］。来自微软研究院的SWAN［Hong 2013］，使用了一个逻辑集中式控制器来管理广域网和数据中心网络之间的路由选择和转发。包括COMCAST的ActiveCore和德国电信的Access 4.0在内的主要ISP部署都在积极地将SDN集成到网络中。我们将在第8章中介绍，SDN控制也是4G/5G蜂窝网络的中心。［AT&T 2019］指出："……SDN不是一个愿景、目标或承诺，而是一个现实。到明年年底，我们75%的网络功能将完全虚拟化并由软件控制。"中国电信和中国联通在数据中心内部和数据中心之间都使用SDN［Li 2015］。

5.2　路由选择算法

在本节中，我们将学习**路由选择算法**（routing algorithm），其目的是从发送方到接收方的过程中确定一条通过路由器网络的好的路径（等价于路由）。通常，一条好路径指具有最低开销的路径。然而我们将看到，实践中现实世界还关心诸如策略之类的问题（例如，有一个规则是"属于组织Y的路由器X不应转发任何来源于组织Z所属网络的分组"）。我们注意到无论网络控制平面采用每路由器控制方法，还是采用逻辑集中式控制方法，必定总是存在一条定义良好的一连串路由器，使得分组从发送主机到接收主机跨越网络"旅行"。因此，计算这些路径的路由选择算法是十分重要的，是最重要的10个十分重要的网络概念之一。

可以用图来形式化描述路由选择问题。我们知道**图**（graph）$G = (N, E)$是一个N个节点和E条边的集合，其中每条边是取自N的一对节点。在网络层路由选择的环境中，图中的节点表示路由器，这是做出分组转发决定的点；连接这些节点的边表示这些路由器之间的物理链路。这样的计算机网络图抽象见图5-3。在学习BGP域间路由协议时，我们会发现节点代表网络，连接两个节点的边代表两个网络之间的有向连接（即对等）。要查看一些代表真实网络地图的图表，可参见［CAIDA 2020］；要了解不同的基于图的模型如何有效模拟互联网，可参见［Zegura 1997；Faloutsos 1999；Li 2004］。

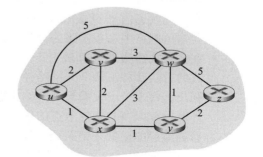

图5-3　一个计算机网络的抽象图模型

如图5-3所示，一条边还有一个值表示它的开销。通常，一条边的开销可反映出对应链路的物理长度（例如一条越洋链路的开销可能比一条短途陆地链路的开销高），它的链路速度，或与该链路相关的金钱上的开销。为了我们的目的，我们只将这些链路开销看成是给定的，而不必操心这些值是如何确定的。对于E中的任一条边(x, y)，我们用$c(x, y)$表示节点x和y间边的开销。如果节点对(x, y)不属于E，则置$c(x, y) = \infty$。此外，我们在这里考虑的都是无向图（即图的边没有方向），因此边(x, y)与边(y, x)是相同的并且$c(x, y) = c(y, x)$。然而，我们将学习的算法能够很容易地扩展到在每个方向有不同开销的有向链路场合。同时，如果(x, y)属于E，节点y也被称为节点x的**邻居**（neighbor）。

在图抽象中为各条边指派了开销后，路由选择算法的目标自然是找出从源到目的地间的最低开销路径。为了使问题更为精确，回想在图 $G=(N, E)$ 中的一条**路径**（path）是一个节点序列 $(x_1, x_2, \cdots, x_p)$，这样每一个对 (x_1, x_2)，(x_2, x_3)，$\cdots$，(x_{p-1}, x_p) 是 E 中的边。路径 $(x_1, x_2, \cdots, x_p)$ 的开销只是沿着路径所有边的开销的总和，即 $c(x_1, x_2)+c(x_2, x_3)+\cdots+c(x_{p-1}, x_p)$。给定任何两个节点 x 和 y，通常在这两个节点之间有许多条路径，每条路径都有一个开销。这些路径中的一条或多条是**最低开销路径**（least-cost path）。因此最低开销路径问题是清楚的：找出源和目的地之间具有最低开销的一条路。例如，在图 5-3 中，源节点 u 和目的节点 w 之间的最低开销路径是 (u, x, y, w)，具有的路径开销是 3。注意到若在图中的所有边具有相同的开销，则最低开销路径也就是**最短路径**（shortest path），即在源和目的地之间的具有最少链路数量的路径。

作为一个简单练习，试找出图 5-3 中从节点 u 到节点 z 的最低开销路径，并要反映出你是如何算出该路径的。如果你像大多数人一样，通过考察图 5-3，跟踪几条从 u 到 z 的路由，你就能找出从 u 到 z 的路径，然后以某种方式来确信你所选择的路径就是所有可能的路径中具有最低开销的路径。（你考察过 u 到 z 之间的所有 17 条可能的路径吗？很可能没有！）这种计算就是一种集中式路由选择算法的例子，即路由选择算法在一个位置（你的大脑中）运行，该位置具有网络的完整信息。一般而言，路由选择算法的一种分类方式是根据该算法是集中式还是分散式来划分。

- **集中式路由选择算法**（centralized routing algorithm）用完整的、全局性的网络知识计算出从源到目的地之间的最低开销路径。也就是说，该算法以所有节点之间的连通性及所有链路的开销为输入。这就要求该算法在真正开始计算以前，要以某种方式获得这些信息。计算本身可在某个场点（例如，图 5-2 中所示的逻辑集中式控制器）进行，或在每台路由器的路由选择组件中重复进行（例如在图 5-1 中）。然而，这里的主要区别在于，集中式算法具有关于连通性和链路开销方面的完整信息。具有全局状态信息的算法常被称作**链路状态**（Link State，LS）**算法**，因为该算法必须知道网络中每条链路的开销。我们将在 5.2.1 节中学习 LS 算法。

- 在**分散式路由选择算法**（decentralized routing algorithm）中，路由器以迭代、分布式的方式计算出最低开销路径。没有节点拥有关于所有网络链路开销的完整信息。相反，每个节点仅有与其直接相连链路的开销知识即可开始工作。然后，通过迭代计算过程以及与相邻节点的信息交换，一个节点逐渐计算出到达某目的节点或一组目的节点的最低开销路径。我们将在后面的 5.2.2 节学习一个称为**距离向量**（Distance-Vector，DV）**算法**的分散式路由选择算法。之所以叫作 DV 算法，是因为每个节点维护到网络中所有其他节点的开销（距离）估计的向量。这种分散式算法，通过相邻路由器之间的交互式报文交换，也许更为天然地适合那些路由器直接交互的控制平面，就像在图 5-1 中那样。

路由选择算法的第二种广义分类方式是根据算法是静态的还是动态的进行分类。在**静态路由选择算法**（static routing algorithm）中，路由随时间的变化非常缓慢，通常是人工进行调整（如人为手工编辑一条链路开销）。**动态路由选择算法**（dynamic routing algorithm）随着网络流量负载或拓扑发生变化而改变路由选择路径。一个动态算法可周期性地运行或直接响应拓扑或链路开销的变化而运行。虽然动态算法易于对网络的变化做出反应，但也更容易受诸如路由选择循环、路由振荡之类问题的影响。

路由选择算法的第三种分类方式是根据它是负载敏感的还是负载迟钝的进行划分。在

负载敏感算法（load-sensitive algorithm）中，链路开销会动态地变化以反映出底层链路的当前拥塞水平。如果当前拥塞的一条链路与高开销相联系，则路由选择算法趋向于绕开该拥塞链路来选择路由。而早期的 ARPAnet 路由选择算法就是负载敏感的［McQuillan 1980］，所以遇到了许多难题［Huitema 1998］。当今的因特网路由选择算法（如 RIP、OSPF 和 BGP）都是**负载迟钝的**（load-insensitive），因为某条链路的开销不明确地反映其当前（或最近）的拥塞水平。

5.2.1 链路状态路由选择算法

前面讲过，在链路状态算法中，网络拓扑和所有的链路开销都是已知的，也就是说可用作 LS 算法的输入。实践中这是通过让每个节点向网络中所有其他节点广播链路状态分组来完成的，其中每个链路状态分组包含它所连接的链路的标识和开销。在实践中（例如使用因特网的 OSPF 路由选择协议，讨论见 5.3 节），这经常由**链路状态广播**（link state broadcast）算法［Perlman 1999］来完成。节点广播的结果是所有节点都具有该网络的统一、完整的视图。于是每个节点都能够像其他节点一样，运行 LS 算法并计算出相同的最低开销路径集合。

我们下面给出的链路状态路由选择算法叫作 Dijkstra 算法，该算法以其发明者命名。一个密切相关的算法是 Prim 算法，有关图算法的一般性讨论参见［Cormen 2001］。Dijkstra 算法计算从某节点（源节点，我们称之为 u）到网络中所有其他节点的最低开销路径。Dijkstra 算法是迭代算法，其性质是经算法的第 k 次迭代后，可知道到 k 个目的节点的最低开销路径，在到所有目的节点的最低开销路径之中，这 k 条路径具有 k 个最低开销。我们定义下列记号。

- $D(v)$：到算法的本次迭代，从源节点到目的节点 v 的最低开销路径的开销。
- $p(v)$：从源到 v 沿着当前最低开销路径的前一节点（v 的邻居）。
- N'：节点子集；如果从源到 v 的最低开销路径已确知，v 在 N' 中。

该集中式路由选择算法由一个初始化步骤和其后的循环组成。循环执行的次数与网络中节点个数相同。一旦终止，该算法就计算出了从源节点 u 到网络中每个其他节点的最短路径。

源节点 u 的链路状态（LS）算法

```
 1  Initialization:
 2    N' = {u}
 3    for all nodes v
 4      if v is a neighbor of u
 5        then D(v) = c(u,v)
 6      else D(v) = ∞
 7
 8  Loop
 9   find w not in N' such that D(w) is a minimum
10   add w to N'
11   update D(v) for each neighbor v of w and not in N':
12        D(v) = min(D(v), D(w)+ c(w,v) )
13   /* new cost to v is either old cost to v or known
14     least path cost to w plus cost from w to v */
15  until  N'= N
```

举一个例子，考虑图 5-3 中的网络，计算从 u 到所有可能目的地的最低开销路径。该算法的计算过程以表格方式总结于表 5-1 中，表中的每一行给出了迭代结束时该算法的变量的值。我们详细地考虑前几个步骤。

表 5-1　在图 5-3 中的网络上运行的链路状态算法

步骤	N'	D(v), p(v)	D(w), p(w)	D(x), p(x)	D(y), p(y)	D(z), p(z)
0	u	2, u	5, u	1, u	∞	∞
1	ux	2, u	4, x		2, x	∞
2	uxy	2, u	3, y			4, y
3	uxyv		3, y			4, y
4	uxyvw					4, y
5	uxyvwz					

- 在初始化步骤，从 u 到与其直接相连的邻居 v、x、w 的当前已知最低开销路径分别初始化为 2、1 和 5。特别值得注意的是，到 w 的开销被设为 5（尽管我们很快就会看见确实存在一条开销更小的路径），因为这是从 u 到 w 的直接（一跳）链路开销。到 y 与 z 的开销被设为无穷大，因为它们不直接与 u 连接。

- 在第一次迭代中，我们观察那些还未加到集合 N' 中的节点，并且找出在前一次迭代结束时具有最低开销的节点。那个节点便是 x，其开销是 1，因此 x 被加到集合 N' 中。于是 LS 算法中的第 12 行中的程序被执行，以更新所有节点 v 的 $D(v)$，产生表 5-1 中第 2 行（步骤 1）所示的结果。到 v 的路径开销未变。经过节点 x 到 w（在初始化结束时其开销为 5）的路径开销被发现为 4。因此这条具有更低开销的路径被选中，且沿从 u 开始的最短路径上 w' 的前一节点被设为 x。类似地，到 y（经过 x）的开销被计算为 2，且该表也被相应地更新。

- 在第二次迭代时，节点 v 与 y 被发现具有最低开销路径（2），并且我们任意改变次序将 y 加到集合 N' 中，使得 N' 中含有 u、x 和 y。到仍不在 N' 中的其余节点（即节点 v、w 和 z）的开销通过 LS 算法中的第 12 行进行更新，产生如表 5-1 中第 3 行所示的结果。

- 如此等等。

当 LS 算法终止时，对于每个节点，我们都得到从源节点沿着它的最低开销路径的前一节点。对于每个前一节点，我们又有它的前一节点，以此方式我们可以构建从源节点到所有目的节点的完整路径。通过对每个目的节点存放从 u 到目的地的最低开销路径上的下一跳节点，在一个节点（如节点 u）中的转发表则能够根据此信息而构建。图 5-4 显示了对于图 5-3 中的网络产生的最低开销路径和 u 中的转发表。

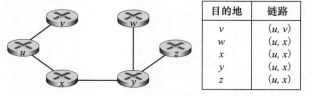

目的地	链路
v	(u, v)
w	(u, x)
x	(u, x)
y	(u, x)
z	(u, x)

图 5-4　对于节点 u 的最低开销路径和转发表

该算法的计算复杂性是什么？即给定 n 个节点（不算源节点），在最坏情况下要经过多少次计算，才能找到从源节点到所有目的节点的最低开销路径？在第一次迭代中，我们需要搜索所有的 n 个节点以确定出不在 N' 中且具有最低开销的节点 w。在第二次迭代时，我们需要检查 $n-1$ 个节点以确定最低开销。第三次对 $n-2$ 个节点迭代，依次类推。总之，我们在所有迭代中需要搜寻的节点总数为 $n(n+1)/2$，因此我们说前面实现的链路状态算法在最差情况下复杂性为 $O(n^2)$。（该算法的一种更复杂的实现是使用一种称为堆的数据结构，能用对数时间而不是线性时间得到第 9 行的最小值，因而减少其复杂性。）

在完成 LS 算法的讨论之前，我们考虑一下可能出现的问题及原因。图 5-5 显示了一个简单的网络拓扑，图中的链路开销等于链路上承载的负载，例如反映要历经的时延。在该例中，链路开销是非对称的，即仅当在链路 (u, v) 两个方向所承载的负载相同时 $c(u, v)$ 与 $c(v, u)$ 才相等。在该例中，节点 z 产生发往 w 的一个单元的流量，节点 x 也产生发往 w 的一个单元的流量，并且节点 y 也产生发往 w 的一个数量为 e 的流量。初始路由选择情况如图 5-5a 所示，其链路开销对应于承载的流量。

当 LS 算法再次运行时，节点 y 确定（基于图 5-5a 所示的链路开销）顺时针到 w 的路径开销为 1，而逆时针到 w 的路径开销（一直使用的）是 $1+e$。因此 y 到 w 的最低开销路径现在是顺时针的。类似地，x 确定其到 w 的新的最低开销路径也是顺时针的，产生如图 5-5b 中所示的开销。当 LS 算法下次运行时，节点 x、y 和 z 都检测到一条至 w 的逆时针方向零开销路径，它们都将其流量引导到逆时针方向的路由上。下次 LS 算法运行时，x、y 和 z 都将其流量引导到顺时针方向的路由上。

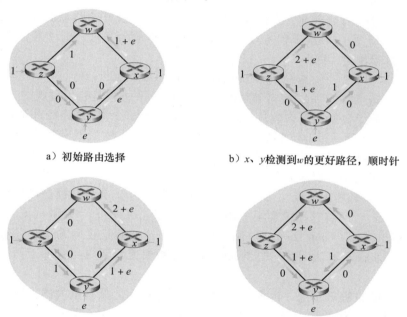

a）初始路由选择　　　　　　　　　　　b）x、y 检测到 w 的更好路径，顺时针

c）x、y、z 检测到 w 的更好路径，逆时针　　　d）x、y、z 检测到 w 的更好路径，顺时针

图 5-5　拥塞敏感的路由选择的振荡

如何才能防止这样的振荡（它不只是出现在链路状态算法中，而且也可能出现在任何使用拥塞或基于时延的链路测度的算法中）。一种解决方案可能强制链路开销不依赖于所承载的流量，但那是一种不可接受的解决方案，因为路由选择的目标之一就是要避开高度拥塞（如高时延）的链路。另一种解决方案就是确保并非所有的路由器都同时运行 LS 算法。这似乎是一个更合理的方案，因为我们希望即使路由器以相同周期运行 LS 算法，在每个节点上算法执行的时机也将是不同的。有趣的是，研究人员近来已注意到了因特网上的路由器能在它们之间进行自同步 ［Floyd Synchronization 1994］。这就是说，即使它们初始时以同一周期但在不同时刻执行算法，算法执行时机最终会在路由器上变为同步并保持之。避免这种自同步的一种方法是，让每台路由器发送链路通告的

时间随机化。

学习过 LS 算法之后，我们接下来考虑目前在实践中使用的其他重要的路由选择算法，即距离向量路由选择算法。

5.2.2　距离向量路由选择算法

距离向量（Distance-Vector，DV）算法是一种迭代的、异步的和分布式的算法，而 LS 算法是一种使用全局信息的算法。说它是分布式的，是因为每个节点都要从一个或多个直接相连邻居接收某些信息，执行计算，然后将其计算结果分发给邻居。说它是迭代的，是因为此过程一直要持续到邻居之间无更多信息要交换为止。（有趣的是，此算法是自我终止的，即没有计算应该停止的信号，它就停止了。）说它是异步的，是因为它不要求所有节点相互之间步伐一致地操作。我们将看到一个异步的、迭代的、自我终止的、分布式的算法比一个集中式的算法要有趣得多！

在我们给出 DV 算法之前，有必要讨论一下存在于最低开销路径的开销之间的一种重要关系。令 $d_x(y)$ 是从节点 x 到节点 y 的最低开销路径的开销。则该最低开销与著名的 Bellman-Ford 方程相关，即

$$d_x(y) = \min_v \{ c(x, v) + d_v(y) \} \tag{5-1}$$

方程中的 $\min_v$ 是对于 x 的所有邻居的。Bellman-Ford 方程是相当直观的。实际上，从 x 到 v 遍历之后，如果我们接下来取从 v 到 y 的最低开销路径，则该路径开销将是 $c(x, v) + d_v(y)$。因此我们必须通过遍历某些邻居 v 开始，从 x 到 y 的最低开销是对所有邻居 v 的 $c(x, v) + d_v(y)$ 的最小值。

但是对于那些可能怀疑该方程正确性的人，我们核查在图 5-3 中的源节点 u 和目的节点 z。源节点 u 有 3 个邻居：节点 v、x 和 w。通过遍历该图中的各条路径，容易看出 $d_v(z) = 5$、$d_x(z) = 3$ 和 $d_w(z) = 3$。将这些值连同开销 $c(u, v) = 2$、$c(u, x) = 1$ 和 $c(u, w) = 5$ 代入方程（5-1），得出 $d_u(z) = \min\{2+5, 5+3, 1+3\} = 4$，这显然是正确的，并且对同一个网络来说，这正是 Dijkstra 算法为我们提供的结果。这种快速验证应当有助于消除你可能具有的任何怀疑。

Bellman-Ford 方程不止是一种智力上的珍品，它实际上具有重大的实践重要性。特别是对 Bellman-Ford 方程的解为节点 x 的转发表提供了表项。为了理解这一点，令 v^* 是取得方程（5-1）中最小值的任何相邻节点。接下来，如果节点 x 要沿着最低开销路径向节点 y 发送一个分组，它应当首先向节点 v^* 转发该分组。因此，节点 x 的转发表将指定节点 v^* 作为最终目的地 y 的下一跳路由器。Bellman-Ford 方程的另一个重要实际贡献是，它提出了将在 DV 算法中发生的邻居到邻居通信的形式。

其基本思想如下。每个节点 x 以 $D_x(y)$ 开始，对在 N 中的所有节点 y，估计从 x 到 y 的最低开销路径的开销。令 $\boldsymbol{D}_x = [D_x(y) : y \in N]$ 是节点 x 的距离向量，该向量是从 x 到在 N 中的所有其他节点 y 的开销估计向量。使用 DV 算法，每个节点 x 维护下列路由选择信息：

- 对于每个邻居 v，从 x 到直接相连邻居 v 的开销为 $c(x, v)$。
- 节点 x 的距离向量，即 $\boldsymbol{D}_x = [D_x(y) : y \in N]$，包含了 x 到 N 中所有目的地 y 的开销估计值。
- 它的每个邻居的距离向量，即对 x 的每个邻居 v，有 $\boldsymbol{D}_v = [D_v(y) : y \in N]$。

在该分布式、异步算法中，每个节点不时地向它的每个邻居发送它的距离向量副本。当节点 x 从它的任何一个邻居 w 接收到一个新距离向量，它保存 w 的距离向量，然后使用 Bellman-Ford 方程更新它自己的距离向量如下：

$$D_x(y) = \min_v \{c(x, v) + D_v(y)\} \quad \text{对 } N \text{ 中的每个节点}$$

如果节点 x 的距离向量因这个更新步骤而改变，节点 x 接下来将向它的每个邻居发送其更新后的距离向量，这继而让所有邻居更新它们自己的距离向量。令人惊奇的是，只要所有的节点继续以异步方式交换它们的距离向量，每个开销估计 $D_x(y)$ 收敛到 $d_x(y)$，$d_x(y)$ 为从节点 x 到节点 y 的实际最低开销路径的开销 [Bersekas 1991]！

距离向量（DV）算法

```
在每个节点 x：

1   Initialization:
2     for all destinations y in N:
3         D_x(y) = c(x,y)/* if y is not a neighbor then c(x,y) = ∞ */
4     for each neighbor w
5         D_w(y) = ? for all destinations y in N
6     for each neighbor w
7         send distance vector  D_x = [D_x(y): y in N] to w
8
9   loop
10     wait   (until I see a link cost change to some neighbor w or
11             until I receive a distance vector from some neighbor w)
12
13     for each y in N:
14         D_x(y) = min_v{c(x,v) + D_v(y)}
15
16   if D_x(y) changed for any destination y
17         send distance vector D_x = [D_x(y): y in N] to all neighbors
18
19   forever
```

在该 DV 算法中，当节点 x 发现它的直接相连的链路开销变化或从某个邻居接收到一个距离向量的更新时，它就更新其距离向量估计值。但是为了一个给定的目的地 y 而更新它的转发表，节点 x 真正需要知道的不是到 y 的最短路径距离，而是沿着最短路径到 y 的下一跳路由器邻居节点 $v^*(y)$。如你可能期望的那样，下一跳路由器 $v^*(y)$ 是在 DV 算法第 14 行中取得最小值的邻居 v。[如果有多个取得最小值的邻居 v，则 $v^*(y)$ 能够是其中任何一个有最小值的邻居。] 因此，对于每个目的地 y，在第 13～14 行中，节点 x 也决定 $v^*(y)$ 并更新它对目的地 y 的转发表。

前面讲过 LS 算法是一种全局算法，在于它要求每个节点在运行 Dijkstra 算法之前，首先获得该网络的完整信息。DV 算法是分布式的，它不使用这样的全局信息。实际上，节点具有的唯一信息是它到直接相连邻居的链路开销和它从这些邻居接收到的信息。每个节点等待来自任何邻居的更新（第 10～11 行），当接收到一个更新时计算它的新距离向量（第 14 行）并向它的邻居分布其新距离向量（第 16～17 行）。在实践中许多类似 DV 的算法被用于多种路由选择协议中，包括因特网的 RIP 和 BGP、ISO IDRP、Novell IPX 和早期的 ARPAnet。

图 5-6 举例说明了 DV 算法的运行，应用场合是该图顶部有三个节点的简单网络。算法的运行以同步的方式显示出来，其中所有节点同时从其邻居接收报文，计算其新距离向量，如果距离向量发生了变化则通知其邻居。学习完这个例子后，你应当确信该算法以异

步方式也能正确运行，异步方式中可在任意时刻出现节点计算与更新的产生/接收。

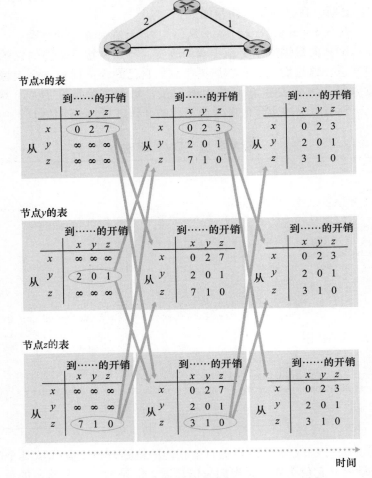

图 5-6　DV 算法

　　该图最左边一列显示了这 3 个节点各自的初始**路由选择表**（routing table）。例如，位于左上角的表是节点 x 的初始路由选择表。在一张特定的路由选择表中，每行是一个距离向量——特别是每个节点的路由选择表包括了它的距离向量和它的每个邻居的距离向量。因此，在节点 x 的初始路由选择表中的第一行是 $\boldsymbol{D}_x = [D_x(x), D_x(y), D_x(z)] = [0, 2, 7]$。在该表的第二和第三行是最近分别从节点 y 和 z 收到的距离向量。因为在初始化时节点 x 还没有从节点 y 和 z 收到任何东西，所以第二行和第三行表项中被初始化为无穷大。

　　初始化后，每个节点向它的两个邻居发送其距离向量。图 5-6 中用从表的第一列到表的第二列的箭头说明了这一情况。例如，节点 x 向两个节点 y 和 z 发送了它的距离向量 $\boldsymbol{D}_x = [0, 2, 7]$。在接收到该更新后，每个节点重新计算它自己的距离向量。例如，节点 x 计算

$$D_x(x) = 0$$
$$D_x(y) = \min\{c(x, y) + D_y(y), c(x, z) + D_z(y)\} = \min\{2 + 0, 7 + 1\} = 2$$
$$D_x(z) = \min\{c(x, y) + D_y(z), c(x, z) + D_z(z)\} = \min\{2 + 1, 7 + 0\} = 3$$

第二列因此为每个节点显示了节点的新距离向量连同刚从它的邻居接收到的距离向量。注意到，例如节点 x 到节点 z 的最低开销估计 $D_x(z)$ 已经从 7 变成了 3。还应注意到，对于节点 x，节点 y 在该 DV 算法的第 14 行中取得了最小值；因此在该算法的这个阶段，我们在节点 x 得到了 $v^*(y)=y$ 和 $v^*(z)=y$。

在节点重新计算它们的距离向量之后，它们再次向其邻居发送它们的更新距离向量（如果它们已经改变的话）。图 5-6 中由从表第二列到表第三列的箭头说明了这一情况。注意到仅有节点 x 和节点 z 发送了更新：节点 y 的距离向量没有发生变化，因此节点 y 没有发送更新。在接收到这些更新后，这些节点则重新计算它们的距离向量并更新它们的路由选择表，这些显示在第三列中。

从邻居接收更新距离向量、重新计算路由选择表项和通知邻居到目的地的最低开销路径的开销已经变化的过程继续下去，直到无更新报文发送为止。在这个时候，因为无更新报文发送，将不会出现进一步的路由选择表计算，该算法将进入静止状态，即所有的节点将执行 DV 算法的第 10~11 行中的等待。该算法停留在静止状态，直到一条链路开销发生改变，如下面所讨论的那样。

1. 距离向量算法：链路开销改变与链路故障

当一个运行 DV 算法的节点检测到从它自己到邻居的链路开销发生变化时（第 10~11 行），它就更新其距离向量（第 13~14 行），并且如果最低开销路径的开销发生了变化，向邻居通知其新的距离向量（第 16~17 行）。图 5-7a 图示了从 y 到 x 的链路开销从 4 变为 1 的情况。我们在此只关注 y 与 z 到目的地 x 的距离表中的有关表项。该 DV 算法导致下列事件序列的出现：

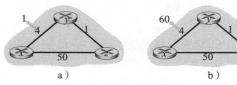

图 5-7　链路开销改变

- 在 t_0 时刻，y 检测到链路开销变化（开销从 4 变为 1），更新其距离向量，并通知其邻居这个变化，因为最低开销路径的开销已改变。
- 在 t_1 时刻，z 收到来自 y 的更新报文并更新了其距离表。它计算出到 x 的新最低开销（从开销 5 减为开销 2），它向其邻居发送了它的新距离向量。
- 在 t_2 时刻，y 收到来自 z 的更新并更新其距离表。y 的最低开销未变，因此 y 不发送任何报文给 z。该算法进入静止状态。

因此，对于该 DV 算法只需两次迭代就到达了静止状态。在 x 与 y 之间开销减少的好消息通过网络得到了迅速传播。

我们现在考虑一下当某链路开销增加时发生的情况。假设 x 与 y 之间的链路开销从 4 增加到 60，如图 5-7b 所示。

1）在链路开销变化之前，$D_y(x)=4$，$D_y(z)=1$，$D_z(y)=1$ 和 $D_z(x)=5$。在 t_0 时刻，y 检测到链路开销变化（开销从 4 变为 60）。y 计算它到 x 的新的最低开销路径的开销，其值为

$$D_y(x) = \min\{c(y,\,x)+D_x(x),\ c(y,\,z)+D_z(x)\} = \min\{60+0,\ 1+5\} = 6$$

当然，从网络全局的视角来看，我们能够看出经过 z 的这个新开销是错误的。但节点 y 仅有的信息是：它到 x 的直接开销是 60，且 z 上次已告诉 y，z 能以开销 5 到 x。因此，为了到达 x，y 将通过 z 路由，完全期望 z 能以开销 5 到达 x。到了 t_1 时刻，我们遇到**路由**

选择环路（routing loop），即为到达 x，y 通过 z 路由，z 又通过 y 路由。路由选择环路就像一个黑洞，即目的地为 x 的分组在 t_1 时刻到达 y 或 z 后，将在这两个节点之间不停地（或直到转发表发生改变为止）来回反复。

2）因为节点 y 已算出到 x 的新的最低开销，它在 t_1 时刻将该新距离向量通知 z。

3）在 t_1 后某个时间，z 收到 y 的新距离向量，它指示了 y 到 x 的最低开销是 6。z 知道它能以开销 1 到达 y，因此计算出到 x 的新最低开销 $D_z(x) = \min\{50+0,\ 1+6\} = 7$。因为 z 到 x 的最低开销已增加了，于是它便在 t_2 时刻通知 y 其新开销。

4）以类似方式，在收到 z 的新距离向量后，y 决定 $D_y(x) = 8$ 并向 z 发送其距离向量。接下来 z 确定 $D_z(x) = 9$ 并向 y 发送其距离向量，等等。

该过程将要继续多久呢？你应认识到该循环将持续 44 次迭代（在 y 与 z 之间交换报文），即直到 z 最终算出它经由 y 的路径开销大于 50 为止。此时，z 将（最终）确定它到 x 的最低开销路径是经过它到 x 的直接连接。y 将经由 z 路由选择到 x。关于链路开销增加的坏消息的确传播得很慢！如果链路开销 $c(y, x)$ 从 4 变为 10 000 且开销 $c(z, x)$ 为 9999 时将发生什么样的现象呢？由于这种情况，我们所见的问题有时被称为无穷计数（count-to-infinity）问题。

2. 距离向量算法：增加毒性逆转

刚才描述的特定循环的场景可以通过使用一种称为*毒性逆转*（poisoned reverse）的技术而加以避免。其思想较为简单：如果 z 通过 y 路由选择到目的地 x，则 z 将通告 y，它（即 z）到 x 的距离是无穷大，也就是 z 将向 y 通告 $D_z(x) = \infty$（即使 z 实际上知道 $D_z(x) = 5$）。只要 z 经 y 路由选择到 x，z 就持续地向 y 讲述这个善意的小谎言。因为 y 相信 z 没有到 x 的路径，故只要 z 继续经 y 路由选择到 x（并这样去撒谎），y 将永远不会试图经由 z 路由选择到 x。

我们现在看一下毒性逆转如何解决我们前面在图 5-7b 中遇到的特定环路问题。作为毒性逆转的结果，y 的距离表指示了 $D_z(x) = \infty$。当 (x, y) 链路的开销在 t_0 时刻从 4 变为 60 时，y 更新其表，虽然开销高达 60，仍继续直接路由选择到 x，并将到 x 的新开销通知 z，即 $D_y(x) = 60$。z 在 t_1 时刻收到更新后，便立即将其到 x 的路由切换到经过开销为 50 的直接 (z, x) 链路。因为这是一条新的到 x 的最低开销路径，且因为路径不再经过 y，z 就在 t_2 时刻通知 y 现在 $D_z(x) = 50$。在收到来自 z 的更新后，y 便用 $D_y(x) = 51$ 更新其距离表。另外，因为 z 此时位于 y 到 x 的最低开销路径上，所以 y 通过在 t_3 时刻通知 z 其 $D_y(x) = \infty$（即使 y 实际上知道 $D_y(x) = 51$）毒化从 z 到 x 的逆向路径。

毒性逆转解决了一般的无穷计数问题吗？没有。你应认识到涉及 3 个或更多节点（而不只是两个直接相连的邻居节点）的环路将无法用毒性逆转技术检测到。

3. LS 与 DV 路由选择算法的比较

DV 和 LS 算法采用互补的方法来解决路由选择计算问题。在 DV 算法中，每个节点仅与它的直接相连的邻居交谈，但它为其邻居提供了从它自己到网络中（它所知道的）所有其他节点的最低开销估计。LS 算法需要全局信息。因此，当在每台路由器中实现时，例如像在图 4-2 和图 5-1 中那样，每个节点（经广播）与所有其他节点通信，但仅告诉它们与它直接相连链路的开销。我们通过快速比较它们各自的属性来总结所学的链路状态与距离向量算法。记住 N 是节点（路由器）的集合，而 E 是边（链路）的集合。

- 报文复杂性。我们已经看到 LS 算法要求每个节点都知道网络中每条链路的开销。

这就要求要发送 $O(|N||E|)$ 个报文。而且无论何时一条链路的开销改变时，必须向所有节点发送新的链路开销。DV 算法要求在每次迭代时，在两个直接相连邻居之间交换报文。我们已经看到，算法收敛所需时间依赖于许多因素。当链路开销改变时，DV 算法仅当在新的链路开销导致与该链路相连节点的最低开销路径发生改变时，才传播已改变的链路开销。

- 收敛速度。我们已经看到 LS 算法的实现是一个要求 $O(|N||E|)$ 个报文的 $O(|N|^2)$ 算法。DV 算法收敛较慢，且在收敛时会遇到路由选择环路。DV 算法还会遭遇无穷计数的问题。

- 健壮性。如果一台路由器发生故障、行为错乱或受到蓄意破坏时情况会怎样呢？对于 LS 算法，路由器能够向其连接的链路（而不是其他链路）广播不正确的开销。作为 LS 广播的一部分，一个节点也可损坏或丢弃它收到的任何 LS 广播分组。但是一个 LS 节点仅计算自己的转发表；其他节点也自行执行类似的计算。这就意味着在 LS 算法下，路由计算在某种程度上是分离的，提供了一定程度的健壮性。在 DV 算法下，一个节点可向任意或所有目的节点通告其不正确的最低开销路径。（在 1997 年，一个小 ISP 的一台有故障的路由器的确向美国的主干路由器提供了错误的路由选择信息。这引起了其他路由器将大量流量引向该故障路由器，并导致因特网的大部分中断连接达数小时［Neumann 1997］。）更一般地，我们会注意到每次迭代时，在 DV 算法中一个节点的计算会传递给它的邻居，然后在下次迭代时再间接地传递给邻居的邻居。在此情况下，DV 算法中一个不正确的节点计算值会扩散到整个网络。

总之，两个算法没有一个是明显的赢家，它们的确都在因特网中得到了应用。

5.3　因特网中自治系统内部的路由选择：OSPF

在我们至今为止的算法研究中，我们将网络只看作一个互联路由器的集合。从所有路由器执行相同的路由选择算法以计算穿越整个网络的路由选择路径的意义上来说，一台路由器很难同另一台路由器区别开来。在实践中，该模型和这种一组执行同样路由选择算法的同质路由器集合的观点有一点简单化，有以下两个重要原因：

- 规模。随着路由器数目变得很大，涉及路由选择信息的通信、计算和存储的开销将高得不可实现。当今的因特网由数亿台主机组成。在这些主机中存储的路由选择信息显然需要巨大容量的内存。在所有路由器之间广播连通性和链路开销更新所要求的负担将是巨大的！在如此大量的路由器中迭代的距离向量算法将肯定永远无法收敛！显然，必须采取一些措施以减少像因特网这种大型网络中的路由计算的复杂性。

- 管理自治。如在 1.3 节描述的那样，因特网是 ISP 的网络，其中每个 ISP 都有它自己的路由器网络。ISP 通常希望按自己的意愿运行路由器（如在自己的网络中运行它所选择的某种路由选择算法），或对外部隐藏其网络的内部组织面貌。在理想情况下，一个组织应当能够按自己的愿望运行和管理其网络，还要能将其网络与其他外部网络连接起来。

这两个问题都可以通过将路由器组织进**自治系统**（Autonomous System，AS）来解决，其中每个 AS 由一组通常处在相同管理控制下的路由器组成。通常在一个 ISP 中的路由器以及互联它们的链路构成一个 AS。然而，某些 ISP 将它们的网络划分为多个 AS。特别是，某些一级 ISP 在其整个网络中使用一个庞大的 AS，而其他 ISP 则将它们的 ISP 拆分为数十个互联的 AS。一个自治系统由其全局唯一的 AS 号（ASN）所标识［RFC 1930］。就像 IP 地址那样，AS 号由 ICANN 区域注册机构所分配［ICANN 2020］。

在相同 AS 中的路由器都运行相同的路由选择算法并且有彼此的信息。在一个自治系统内运行的路由选择算法叫作**自治系统内部路由选择协议**（intra-autonomous system routing protocol）。

开放最短路优先（OSPF）

OSPF 路由选择及其关系密切的协议 IS-IS 都被广泛用于因特网的 AS 内部路由选择。OSPF 中的开放（open）一词是指路由选择协议规范是公众可用的（与之相反的是 Cisco 的 EIGRP 协议，该协议在最近才成为开放的［Savage 2015］，它作为 Cisco 专用协议大约有 20 年时间）。OSPF 的最新版本是版本 2，由［RFC 2328］这个公用文档所定义。

OSPF 是一种链路状态协议，它使用洪泛链路状态信息和 Dijkstra 最低开销路径算法。使用 OSPF，一台路由器构建了一幅关于整个自治系统的完整拓扑图（即一幅图）。于是，每台路由器在本地运行 Dijkstra 的最短路径算法，以确定一个以自身为根节点到所有子网的最短路径树。各条链路开销是由网络管理员配置的（参见"实践原则：设置 OSPF 链路权值"）。管理员也许会选择将所有链路开销设为 1，因而实现了最少跳数路由选择，或者可能会选择将链路权值按与链路容量成反比来设置，从而不鼓励流量使用低带宽链路。OSPF 不强制使用设置链路权值的策略（那是网络管理员的任务），而是提供了一种机制（协议），为给定链路权值集合确定最低开销路径的路由选择。

使用 OSPF 时，路由器向自治系统内所有其他路由器广播路由选择信息，而不仅仅是向其相邻路由器广播。每当一条链路的状态发生变化时（如开销的变化或连接/中断状态的变化），路由器就会广播链路状态信息。即使链路状态未发生变化，它也要周期性地（至少每隔 30min 一次）广播链路状态。RFC 2328 中有这样的说明："链路状态通告的这种周期性更新增加了链路状态算法的健壮性。" OSPF 通告包含在 OSPF 报文中，该 OSPF 报文直接由 IP 承载，对 OSPF 其上层协议的值为 89。因此 OSPF 协议必须自己实现诸如可靠报文传输、链路状态广播等功能。OSPF 协议还要检查链路正在运行（通过向相连的邻居发送 HELLO 报文），并允许 OSPF 路由器获得相邻路由器的网络范围链路状态的数据库。

OSPF 的优点包括下列几方面：

- 安全。能够鉴别 OSPF 路由器之间的交换（如链路状态更新）。使用鉴别，仅有受信任的路由器能参与一个 AS 内的 OSPF 协议，因此可防止恶意入侵者（或正在利用新学的知识到处试探的网络专业的学生）将不正确的信息注入路由器表内。在默认状态下，路由器间的 OSPF 报文是未被鉴别的并能被伪造。能够配置两类鉴别，即简单的和 MD5 的（参见第 8 章有关 MD5 和鉴别的一般性讨论）。使用简单的鉴别，每台路由器配置相同的口令。当一台路由器发送一个 OSPF 分组，它以明文方式包括了口令。显然，简单鉴别并不是非常安全。MD5 鉴别基于配置在所有路由器上的共享秘密密钥。对发送的每个 OSPF 分组，路由器对附加了秘密密钥的 OSPF 分组内容计算 MD5 散列值（参见第 8 章中报文鉴别码的讨论）。然后路由器将所得的散列值包括在该 OSPF 分组中。接收路由器使用预配置的秘密密钥计算出该分组的 MD5 散列值，并与该分组携带的散列值进行比较，从而验证了该分组的真实性。在 MD5 鉴别中也使用了序号对重放攻击进行保护。

- 多条相同开销的路径。当到达某目的地的多条路径具有相同的开销时，OSPF 允许使用多条路径（这就是说，当存在多条相等开销的路径时，无须仅选择单一的路径来承载所有的流量）。

- 对单播与多播路由选择的综合支持。多播 OSPF（MOSPF）[RFC 1584] 提供对 OSPF 的简单扩展，以便提供多播路由选择。MOSPF 使用现有的 OSPF 链路数据库，并为现有的 OSPF 链路状态广播机制增加了一种新型的链路状态通告。

- 支持在单个 AS 中的层次结构。一个 OSPF 自治系统能够层次化地配置多个区域。每个区域都运行自己的 OSPF 链路状态路由选择算法，区域内的每台路由器都向该区域内的所有其他路由器广播其链路状态。在每个区域内，一台或多台区域边界路由器负责为流向该区域以外的分组提供路由选择。最后，在 AS 中只有一个 OSPF 区域配置成主干区域。主干区域的主要作用是为该 AS 中其他区域之间的流量提供路由选择。该主干总是包含本 AS 中的所有区域边界路由器，并且可能还包含了一些非边界路由器。在 AS 中的区域间的路由选择要求分组先路由到一个区域边界路由器（区域内路由选择），然后通过主干路由到位于目的区域的区域边界路由器，进而再路由到最终目的地。

OSPF 是一个相当复杂的协议，而我们这里的讨论是十分简要的，[Huitema 1998；Moy 1998；RFC 2328] 提供了更多的细节。

实 践 原 则

设置 OSPF 链路权值

我们有关链路状态路由选择的讨论隐含地假设了下列事实：链路权重已经设置好了，运行诸如 OSPF 这样的路由选择算法，流量根据由 LS 算法计算所得的路由选择表流动。就因果而言，给定链路权重（即它们先发生），结果得到（经 Dijkstra 算法）最小化总体开销的路由选择路径。从这个角度看，链路权重反映了使用一条链路的开销（例如，如果链路权重与容量成反比，则使用高容量链路将具有较小的权重并因此从路由选择的角度更有吸引力），并且使用 Dijkstra 算法使得总开销为最小。

在实践中，链路权重和路由选择路径之间的因果关系也许是相反的，网络操作员配置链路权重，以获取某些流量工程目标的路由选择路径 [Fortz 2000；Fortz 2002]。例如，假设某网络操作员具有在每个入口点进入和发向每个出口点的该网络的流量估计。该操作员接下来可能要设置特定入口到出口的流路由选择，以最小化经所有网络链路的最大利用率。但使用如 OSPF 这样的路由选择算法，操作员调节网络流的路由选择的主要手段就是链路权重。因此，为了取得最小化最大链路利用率的目标，操作员必须找出取得该目标的链路权重集合。这是一种相反的因果关系，即所希望的流路由选择已知，必须找到 OSPF 链路权重，使得该 OSPF 路由选择算法导致这种希望的流路由选择。

5.4   ISP 之间的路由选择：BGP

我们刚才学习了 OSPF 是一个 AS 内部路由选择协议。当在相同 AS 内的源和目的地之间进行分组选路时，分组遵循的路径完全由 AS 内部路由选择协议所决定。然而，当分组跨越多个 AS 进行路由时，比如说从位于马里廷巴克图的智能手机到位于美国硅谷数据中心的一台服务器，我们需要一个**自治系统间路由选择协议**（inter-autonomous system routing protocol）。因为 AS 间路由选择协议涉及多个 AS 之间的协调，所以 AS 通信必须运行相同的 AS 间路由选择协议。在因特网中，所有的 AS 运行相同的 AS 间路由选择协议，称为**边界网关协议**（Broder Gateway Protocol，BGP）［RFC 4271；Stewart 1999］。

BGP 无疑是所有因特网协议中最为重要的（唯一竞争者可能是我们已经在 4.3 节中学习的 IP 协议），因为正是这个协议将因特网中数以千计的 ISP 黏合起来。如我们将看到的那样，BGP 是一种分布式和异步的协议，与 5.2.2 节中描述的距离向量路由选择协议一脉相承。尽管 BGP 是一种复杂和富有挑战性的协议，但为了深层次理解因特网，我们需要熟悉它的基础结构和操作。我们专注于学习 BGP 的时间将是物有所值的。

5.4.1   BGP 的作用

为了理解 BGP 的职责所在，考虑一个 AS 和在该 AS 中的任意一个路由器。前面讲过，每台路由器具有一张转发表，该转发表在将到达分组转发到出路由器链路的过程中起着主要作用。如我们已经学习过的那样，对于位于相同 AS 中的目的地而言，在路由器转发表中的表项由 AS 内部路由选择协议所决定。而对于位于该 AS 外部的目的地而言情况如何呢？这正是 BGP 用武之地。

在 BGP 中，分组并不是路由到一个特定的目的地址，而是路由到 CIDR 化的前缀，其中每个前缀表示一个子网或一个子网的集合。在 BGP 的世界中，一个目的地可以采用 138.16.68/22 的形式，对于这个例子来说包括 1024 个 IP 地址。因此，一台路由器的转发表将具有形式为 (x, I) 的表项，其中 x 是一个前缀（例如 138.16.68/22），I 是该路由器的接口之一的接口号。

作为一种 AS 间的路由选择协议，BGP 为每台路由器提供了一种完成以下任务的手段：

1）从邻居 AS 获得前缀的可达性信息。特别是，BGP 允许每个子网向因特网的其余部分通告它的存在。一个子网高声宣布"我存在，我在这里"，而 BGP 确保在因特网中的所有 AS 知道该子网。如果没有 BGP 的话，每个子网将是隔离的孤岛，即它们孤独地存在，不为因特网其余部分所知和所达。

2）确定到该前缀的"最好的"路由。一台路由器可能知道两条或更多条到特定前缀的不同路由。为了确定最好的路由，该路由器将本地运行一个 BGP 路由选择过程（使用它经过相邻的路由器获得的前缀可达性信息）。该最好的路由将基于策略以及可达性信息来确定。

我们现在深入研究 BGP 如何执行这两个任务。

5.4.2   通告 BGP 路由信息

考虑图 5-8 中显示的网络。如我们看到的那样，这个简单的网络具有 3 个自治系统：

AS1、AS2 和 AS3。如显示的那样，AS3 包括一个具有前缀 x 的子网。对于每个 AS，每台路由器要么是一台**网关路由器**（gateway router），要么是一台**内部路由器**（internal router）。网关路由器是一台位于 AS 边缘的路由器，它直接连接到在其他 AS 中的一台或多台路由器。内部路由器仅连接在它自己 AS 中的主机和路由器。例如，在 AS1 中路由器 1c 是网关路由器；路由器 1a、1b 和 1d 是内部路由器。

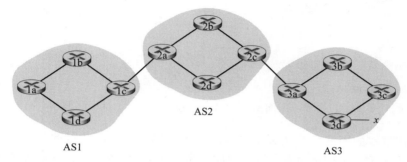

图 5-8　具有 3 个自治系统的网络。AS3 包括一个具有前缀 x 的子网

我们考虑这样一个任务：向图 5-8 中显示的所有路由器通告对于前缀 x 的可达性信息。在高层次上，这是简明易懂的。首先，AS3 向 AS2 发送一个 BGP 报文，告知 x 存在并且位于 AS3 中；我们将该报文表示为 "AS3 x"。然后 AS2 向 AS1 发送一个 BGP 报文，告知 x 存在并且能够先通过 AS2 然后进入 AS3 进而到达 x；我们将该报文表示为 "AS2 AS3 x"。以这种方式，每个自治系统不仅知道 x 的存在，而且知道通向 x 的自治系统的路径。

虽然在图 5-8 中有关通告 BGP 可达性信息的讨论能得到路径穿越的大意，但就自治系统彼此并未实际发送报文而言，它并不是准确的，相反是路由器在发送报文。为了理解这一点，我们现在重温图 5-8 中的例子。在 BGP 中，每对路由器通过使用 179 端口的半永久 TCP 连接交换路由选择信息。每条直接连接以及所有通过该连接发送的 BGP 报文，称为 **BGP 连接**（BGP connection）。此外，跨越两个 AS 的 BGP 连接称为**外部 BGP**（eBGP）连接，而在相同 AS 中的两台路由器之间的 BGP 会话称为**内部 BGP**（iBGP）连接。图 5-8 所示网络的 BGP 连接的例子显示在图 5-9 中。对于直接连接在不同 AS 中的网关路由器的每条链路而言，通常有一条 eBGP 连接；因此，在图 5-9 中，在网关路由器 1c 和 2a 之间有一条 eBGP 连接，而在网关路由器 2c 和 3a 之间也有一条 eBGP 连接。

在每个 AS 中的路由器之间还有多条 iBGP 连接。特别是，图 5-9 显示了一个 AS 内部的每对路由器之间的一条 BGP 连接的通常配置，在每个 AS 内部产生了网状的 TCP 连接。在图 5-9 中，eBGP 会话显示为长虚线，iBGP 显示为短虚线。注意到 iBGP 连接并不总是与物理链路对应。

为了传播可达性信息，使用了 iBGP 和 eBGP 会话。再次考虑向 AS1 和 AS2 中的所有路由器通告前缀 x 的可达性信息。在这个过程中，网关路由器 3a 先向网关路由器 2c 发送一个 eBGP 报文 "AS3 x"。网关路由器 2c 然后向 AS2 中的所有其他路由器（包括网关路由器 2a）发送 iBGP 报文 "AS3 x"。网关路由器 2a 接下来向网关路由器 1c 发送一个 eBGP 报文 "AS2 AS3 x"。最后，网关路由器 1c 使用 iBGP 向 AS1 中的所有路由器发送报文 "AS2 AS3 x"。在这个过程完成后，在 AS1 和 AS2 中的每个路由器都知道了 x 的存在并且也都知道了通往 x 的 AS 路径。

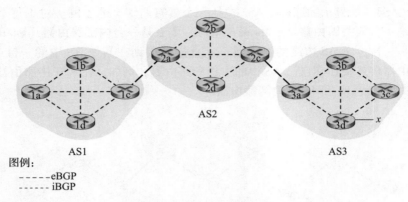

图例:
- - - - - eBGP
- - - - iBGP

图 5-9　eBGP 和 iBGP 连接

当然,在真实的网络中,从某个给定的路由器到某个给定的目的地可能有多条不同的路径,每条通过了不同的 AS 序列。例如,考虑图 5-10 所示的网络,它是在图 5-8 那个初始网络基础上,从路由器 1d 到路由器 3d 附加了一条物理链路。在这种情况下,从 AS1 到 x 有两条路径:经过路由器 1c 的路径"AS2 AS3 x",以及经过路由器 1d 的新路径"AS3 x"。

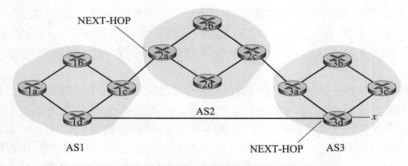

图 5-10　在 AS1 和 AS3 之间增加对等链路后的网络

5.4.3　确定最好的路由

如我们刚才学习到的那样,从一个给定的路由器到一个目的子网可能有多条路径。事实上,因特网中的路由器常常接收到很多不同的可能路径的可达性信息。一台路由器如何在这些路径之间进行选择(并且再相应地配置它的转发表)呢?

在处理这个关键性问题之前,我们需要引入几个 BGP 术语。当路由器通过 BGP 连接通告前缀时,它在前缀中包括一些 **BGP 属性**(BGP attribute)。用 BGP 术语来说,前缀及其属性称为**路由**(route)。两个较为重要的属性是 AS-PATH 和 NEXT-HOP。AS-PATH 属性包含通告已经通过的 AS 的列表,如我们在前面的例子中所见。为了生成 AS-PATH 的值,当一个前缀通过某 AS 时,该 AS 将其 ASN 加入 AS-PATH 中的现有列表。例如,在图 5-10 中,从 AS1 到子网 x 有两条路:其中一条使用 AS-PATH "AS2 AS3",而另一条使用 AS-PATH "AS3"。BGP 路由器还使用 AS-PATH 属性来检测和防止通告环路;特别是,如果一台路由器在路径列表中看到包含了它自己的 AS,它将拒绝该通告。

在 AS 间和 AS 内部路由选择协议之间提供关键链路方面,NEXT-HOP 属性具有敏感而重要的作用。NEXT-HOP 是 AS-PATH 起始的路由器接口的 IP 地址。为了深入理解该属性，我们再次参考图 5-10。如图 5-10 中所指示的那样，对于从 AS1 通过 AS2 到 x 的路由"AS2 AS3 x"，其属性 NEXT-HOP 是路由器 2a 左边接口的 IP 地址。对于从 AS1 绕过 AS2 到 x 的路由"AS3 x"，其 NEXT-HOP 属性是路由器 3d 最左边接口的 IP 地址。总的说来，在这个假想的例子中，AS1 中的每台路由器都知道了到前缀 x 的两台 BGP 路由：

- 路由器 2a 的最左侧接口的 IP 地址；AS2 AS3；x。
- 路由器 3d 的最左侧接口的 IP 地址；AS3；x。

这里，每条 BGP 路由包含 3 个组件：NEXT-HOP；ASPATH；目的地前缀。在实践中，一条 BGP 路由还包括其他属性，眼下我们将暂且忽略它。注意到 NEXT-HOP 属性是不属于 AS1 的某路由器的 IP 地址；然而，包含该 IP 地址的子网直接连接到 AS1。

1. 热土豆路由选择

终于到了以精确的方式来讨论 BGP 路由选择算法的时刻了。我们将以一个最简单的路由选择算法开始，即**热土豆路由选择**（hot potato routing）。

考虑在图 5-10 网络中的路由器 1b。如同刚才所述，这台路由器将学习到达前缀 x 的两条 BGP 路由。使用热土豆路由选择，（从所有可能的路由中）选择的路由到开始该路由的 NEXT-HOP 路由器具有最小开销。在这个例子中，路由器 1b 将查阅它的 AS 内部路由选择信息，以找到通往 NEXT-HOP 路由器 2a 的最低开销 AS 内部路径以及通往 NEXT-HOP 路由器 3d 的最低开销 AS 间路径，进而选择这些最低开销路径中具有最低开销的那条。例如，假设开销定义为穿越的链路数。则从路由器 1b 到路由器 2a 的最低开销是 2，从路由器 1b 到路由器 2d 的最低开销是 3，因此将选择路由器 2a。路由器 1b 则将查阅它的转发表（由它的 AS 内部算法所配置），并且找到通往路由器 2a 的位于最低开销路径上的接口 I。1b 则把（x, I）加到它的转发表中。

图 5-11 中总结了在一台路由器转发表中对于热土豆路由选择增加 AS 向外前缀的步骤。注意到下列问题是重要的：当在转发表中增加 AS 向外前缀时，AS 间路由选择协议（BGP）和 AS 内部路由选择协议（如 OSPF）都要用到。

图 5-11　在路由器转发表中增加 AS 外部目的地的步骤

热土豆路由选择依据的思想是：对于路由器 1b，尽可能快地将分组送出其 AS（更明确地说，用可能的最低开销），而不担心其 AS 外部到目的地的余下部分的开销。就"热土豆路由选择"名称而言，分组被类比为烫手的热土豆。因为它烫手，你要尽可能快地将它传给另一个人（另一个 AS）。热土豆路由选择因而是自私的算法，即它试图减小在它自己 AS 中的开销，而忽略在其 AS 之外的端到端开销的其他部分。注意到使用热土豆路由选择，对于在相同 AS 中的两台路由器，可能对相同的前缀选择两条不同的 AS 路径。例如，我们刚才看到路由器 1b 到达 x 将通过 AS2 发送分组。而路由器 1d 将绕过 AS2 并直接向 AS3 发送分组到达 x。

2. 路由器选择算法

在实践中，BGP 使用了一种比热土豆路由选择更为复杂但却结合了其特点的算法。对于任何给定的目的地前缀，进入 BGP 的路由选择算法的输入是到某前缀的所有路由的集合，该前缀是已被路由器学习和接受的。如果仅有一条这样的路由，BGP 则显然选择该路由。如果到相同的前缀有两条或多条路由，则顺序地调用下列消除规则直到余下一条路由：

1）路由被指派一个**本地偏好**（local preference）值作为其属性之一（除了 AS-PATH 和 NEXT-HOP 以外）。一条路由的本地偏好可能由该路由器设置或可能由在相同 AS 中的另一台路由器学习到。本地偏好属性的值是一种策略决定，它完全取决于该 AS 的网络管理员（我们随后将更为详细地讨论 BGP 策略问题）。具有最高本地偏好值的路由将被选择。

2）从余下的路由中（所有都具有相同的最高本地偏好值），将选择具有最短 AS-PATH 的路由。如果该规则是路由选择的唯一规则，则 BGP 将使用距离向量算法决定路径，其中距离测度使用 AS 跳的跳数而不是路由器跳的跳数。

3）从余下的路由中（所有都具有相同的最高本地偏好值和相同的 AS-PATH 长度），使用热土豆路由选择，即选择具有最靠近 NEXT-HOP 路由器的路由。

4）如果仍留下多条路由，该路由器使用 BGP 标识符来选择路由，参见 [Stewart 1999]。

举一个例子，我们再次考虑图 5-10 中的路由器 1b。前面讲过到前缀 x 确切地有两条 BGP 路由，一条通过 AS2 而另一条绕过 AS2。前面也讲过如果它使用自己的热土豆路由选择，则 BGP 将通过 AS2 向前缀 x 路由分组。但在上面的路由选择算法中，在规则 3 之前应用了规则 2，导致 BGP 选择绕过 AS2 的那条路由，因为该路由具有更短的 AS-PATH。使用上述路由选择算法，BGP 不再是一种自私的算法，因为它先查找具有短 AS 路径的路由（因而很可能减小端到端时延）。

如上所述，BGP 是因特网 AS 间路由选择事实上的标准。要查看从第 1 层 ISP 中提取的各种 BGP 路由选择表（庞大！），可参见 http://www.routeviews.org。BGP 路由选择表通常包含超过 50 万条路由（即前缀和相应的属性）。BGP 路由选择表的规模和特征的统计可在 [Potaroo 2019b] 中找到。

5.4.4　IP 任播

除了作为因特网的 AS 间路由选择协议外，BGP 还常被用于实现 IP 任播（anycast）服务 [RFC 1546，RFC 7094]，该服务通常用于 DNS 中。为了说明 IP 任播的动机，考虑在许多应用中，我们对下列情况感兴趣：①在许多分散的不同地理位置，替换不同服务器上的相同内容；②让每个用户从最靠近的服务器访问内容。例如，一个 CDN 能够更换位于不同国家、不同服务器上的视频和其他对象。类似地，DNS 系统能够在遍及全世界的 DNS 服务器上复制 DNS 记录。当一个用户要访问该复制的内容，可以将用户指向具有该复制内容的"最近的"服务器。BGP 的路由选择算法为做这件事提供了一种最为容易和自然的机制。

为使我们的讨论具体，我们描述 CDN 可能使用 IP 任播的方式。如图 5-12 所示，在 IP 任播配置阶段，CDN 公司为它的多台服务器指派相同的 IP 地址，并且使用标准的 BGP 从这些服务器中的每台来通告该 IP 地址。当某台 BGP 路由器收到对于该 IP 地址的多个路由通告，它将这些通告处理为对相同的物理位置提供不同的路径（事实上，这时这些通告对不同的物理位置是有不同路径的）。当配置其路由选择表时，每台路由器将本地化地使用 BGP 路由选择算法来挑选到该 IP 地址的"最好的"（例如，由 AS 跳计数确定的最近的）路由。例如，如果一个 BGP 路由（对应于一个位置）离该路由器仅一 AS 跳的距离，并且所有其他 BGP 路由（对应于其他位置）是两 AS 跳和更多 AS 跳，则该 BGP 路由器将选择把分组路由到一跳远的那个位置。在这个初始 BGP 地址通告阶段后，CDN 能够进行其分发内容的主要任务。当某客户请求视频时，CDN 向该客户返回由地理上分散的服务器所使用的共同 IP 地址，而无论该客户位于何处。当该客户想向那个 IP 地址发送一个请求时，因特网路由器则向那个"最近的"服务器转发该请求分组，最近的服务器是由 BGP 路由选择算法所定义的。

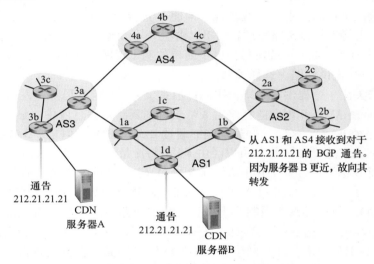

图 5-12　使用 IP 任播将用户引向最近的 CDN 服务器

　　尽管上述 CDN 的例子很好地诠释了能够如何使用 IP 任播，但实践中 CDN 通常选择不使用 IP 任播，因为 BGP 路由选择变化能够导致相同的 TCP 连接的不同分组到达 Web 服务器的不同实例。但 IP 任播被 DNS 系统广泛用于将 DNS 请求指向最近的根 DNS 服务器。2.4 节讲过，当前根 DNS 服务器有 13 个 IP 地址。但对应于这些地址的每一个，有多个 DNS 根服务器，其中有些地址具有 100 多个 DNS 根服务器分散在世界的各个角落。当一个 DNS 请求向这 13 个 IP 地址发送时，使用 IP 任播将该请求路由到负责该地址的最近的那个 DNS 根服务器。

5.4.5　路由选择策略

　　当某路由器选择到目的地的一条路由时，AS 路由选择策略能够胜过所有其他考虑，例如最短 AS 路径或热土豆路由选择。在路由选择算法中，实际上首先根据本地偏好属性选择路由，本地偏好值由本地 AS 的策略所确定。

　　我们用一个简单的例子说明 BGP 路由选择策略的某些基本概念。图 5-13

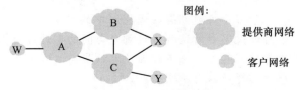

图 5-13　一个简单的 BGP 策略场景

显示了 6 个互联的自治系统：A、B、C、W、X 和 Y。重要的是要注意到 A、B、C、W、X 和 Y 是 AS，而不是路由器。假设自治系统 W、X 和 Y 是接入 ISP，而 A、B 和 C 是主干提供商网络。我们还要假设 A、B 和 C 直接向彼此发送流量，并向它们的客户网络提供全部的 BGP 信息。所有进入一个接入 ISP 网络的流量必定是以该网络为目的地，所有离开一个接入 ISP 网络的流量必定源于该网络。W 和 Y 显然是接入 ISP。X 是一个**多宿接入 ISP**（multi-homed stub network），因为它是经由两个不同的提供商连到网络的其余部分（这种方法在实践中变得越来越普遍）。然而，就像 W 和 Y 一样，X 自身必定是进入/离开 X 的所有流量的源/目的地。但这种桩网络的行为是如何实现和强制实现的呢？X 如何防止转发 B 与 C 之间的流量呢？这能够通过控制 BGP 路由的通告方式容易地实现。特别是，X 如果（向其邻居 B 和 C）通告它没有通向（除自身以外）任何其他目的地的路径，那么它将起到一个接入 ISP 的作用。这就是说，即使 X 可能知道一条路径（比如说 XCY）能到达网络 Y，它也将不把该条路径通告给 B。由于 B 不知道 X 有一条路径到 Y，B 绝不会经由 X 转发目的为 Y（或 C）的流量。这个简单的例子说明了如何使用一条选择的路由通告策略来实现客户/提供商路由选择关系。

我们接下来关注一个提供商网络，比如自治系统 B。假定 B 已经（从 A 处）知道了 A 有一条到 W 的路径 AW。B 因此能将路由 AW 安装到其路由信息库中。显然，B 也想向它的客户 X 通告路径 BAW，这样 X 知道它能够通过 B 路由到 W。但是，B 应该将路径 BAW 通告给 C 吗？如果它这样做，则 C 可以经由 BAW 将流量引导到 W。如果 A、B 和 C 都是主干提供商，而 B 也许正好觉得它不应该承担在 A 与 C 之间传送流量的负担（和开销）。B 可能有理由认为，确保 C 能经过 A 和 C 之间的直接连接引导 A 客户的来去流量是 A 和 C 的工作（和开销）。目前还没有强制主干 ISP 之间如何路由选择的官方标准。然而，商业运行的 ISP 们都遵从的一个经验法则是：任何穿越某 ISP 主干网的流量必须是其源或目的（或两者）位于该 ISP 的某个客户网络中；不然的话这些流量将会免费搭车通过该 ISP 的网络。各个对等协定（用于解决前面提到的问题）通常都是 ISP 双方进行协商，而且经常是对外保密的；［Huston 1999a；Huston 2012］提供了关于对等协定的有趣讨论。路由选择策略如何反映 ISP 之间的商业关系的详细描述参见［Gao 2001］。从 ISP 的立场出发，有关 BGP 路由选择策略的讨论参见［Caesar 2005b］。

我们完成了对 BGP 的简要介绍。理解 BGP 是重要的，因为它在因特网中起着重要作用。我们鼓励你阅读参考文献［Stewart 1999；Huston 2019a；Labovitz 1997；Halabi 2000；Huitema 1998；Gao 2001；Feamster 2004；Caesar 2005b；Li 2007］，以学习更多的 BGP 知识。

实 践 原 则

为什么会有不同的 AS 间和 AS 内部路由选择协议？

学习了目前部署在因特网中的特定的 AS 间和 AS 内部路由选择协议的细节后，我们可通过思考对这些协议首先会问的也许最为根本性的问题来得到结论（希望你已经在思考该问题，并且不致因技术细节而不能把握全局）：为什么所使用的 AS 间和 AS 内部路由选择协议是不同的？

对该问题的答案触及了 AS 内与 AS 间的路由选择目标之间差别的本质：

- 策略。在 AS 之间，策略问题起主导作用。一个给定 AS 产生的流量不能穿过另一个特定的 AS，这可能非常重要。类似地，一个给定 AS 也许想很好地控制它承载的其他 AS 之间穿越的流量。我们已看到，BGP 承载了路径属性，并提供路由选择信息的受控分布，以便能做出这种基于策略的路由选择决策。在一个 AS 内部，一切都是在相同的管理控制名义下进行的，因此策略问题在 AS 内部选择路由中起着微不足道的作用。

- 规模。扩展一个路由选择算法及其数据结构以处理到大量网络或大量网络之间的路由选择的这种能力，是 AS 间路由选择的一个关键问题。在一个 AS 内，可扩展性不是关注点。首先，如果单个 ISP 变得太大时，总是能将其分成两个 AS，并在这两个新的 AS 之间执行 AS 间路由选择。（前面讲过，OSPF 通过将一个 AS 分成区域而建立这样的层次结构。）

- 性能。由于 AS 间路由选择是面向策略的，因此所用路由的质量（如性能）通常是次要关心的问题（即一条更长或开销更高但能满足某些策略条件的路由也许被采用了，而更短但不满足那些条件的路由却不会被采用）。我们的确看到了在 AS 之间，甚至没有与路由相关的开销（除了 AS 跳计数外）概念。然而在一个 AS 内部，这种对策略的关心就不重要了，可以使路由选择更多地关注一条路由实现的性能级别。

5.4.6　拼装在一起：在因特网中呈现

　　尽管本小节不是有关 BGP 本身的，但它将我们到此为止看到的许多协议和概念结合到一起，包括 IP 地址、DNS 和 BGP。

　　假定你只是创建了一个具有若干服务器的小型公司网络，包括一台描述公司产品和服务的公共 Web 服务器，一台从你的雇员获得他们的电子邮件报文的电子邮件服务器和一台 DNS 服务器。你当然乐意整个世界能够访问你的 Web 站点，以得知你的现有产品和服务。此外，你将乐意你的雇员能够向遍及世界的潜在客户发送和接收电子邮件。

　　为了满足这些目标，你首先需要获得因特网连接，要做到这一点，需要与本地 ISP 签订合同并进行连接。你的公司将有一台网关路由器，该路由器将与本地 ISP 的一台路由器相连。该连接可以是一条通过现有电话基础设施的 DSL 连接、一条到 ISP 路由器的租用线，或者是第 1 章描述的许多其他接入解决方案之一。你的本地 ISP 也将为你提供一个 IP 地址范围，例如由 256 个地址组成的一个/24 地址范围。一旦你有了自己的物理连接和 IP 地址范围，你将在该地址范围内分配 IP 地址：一个给你的 Web 服务器，一个给你的电子邮件服务器，一个给你的 DNS 服务器，一个给你的网关路由器，并将其他 IP 地址分配给公司网络中的其他服务器和联网设备。

　　除了与一个 ISP 签订合同外，你还需要与一个因特网注册机构签订合同，以便为你的公司获得一个域名，如在第 2 章中所描述的那样。例如，如果你的公司名称比如说是 Xanadu Inc.，你自然希望获得域名 xanadu.com。你的公司还必须呈现在 DNS 系统中。具体而言，因为外部世界将要联系你的 DNS 服务器以获得该服务器的 IP 地址，所以你还需要为注册机构提供你的 DNS 服务器的 IP 地址。该注册机构则在.com 顶级域名服务器中为你的 DNS 服务器设置一个表项（域名和对应的 IP 地址），如第 2 章所述。在这个步骤完成后，任何知道你的域名（例如 xanadu.com）的用户将能够经过 DNS 系统获得你 DNS 服务器的 IP 地址。

为了使人们能够发现你的 Web 服务器的 IP 地址，你需要在你的 DNS 服务器中包括一个将你的 Web 服务器的主机名（例如 www.xanadu.com）映射到它的 IP 地址的表项。你还要为公司中其他公共可用的服务器设置类似的表项，包括你的电子邮件服务器。如此一来，如果 Alice 要浏览你的 Web 服务器，DNS 系统将联系你的 DNS 服务器，找到你的 Web 服务器的 IP 地址，并将其给 Alice。Alice 则能与你的 Web 服务器创建一个直接的 TCP 连接。

然而，允许来自世界各地的外部人员访问你的 Web 服务器，仍然还有一个必要的、决定性的步骤。考虑当 Alice 做下列事情发生的状况：Alice 知道你的 Web 服务器的 IP 地址，她向该 IP 地址发送一个 IP 数据报（例如一个 TCP SYN 报文段）。该数据报将通过因特网进行路由，经历了在许多不同的自治系统中的一系列路由器，最终到达你的 Web 服务器。当任何一个路由器收到该数据报时，将去它的转发表中寻找一个表项来确定转发该数据报的外出端口。因此，每台路由器需要知道你公司的/24 前缀（或者某些聚合项）。一台路由器如何知道你公司的前缀呢？如我们刚才看到的那样，它从 BGP 知道了该前缀。具体而言，当你的公司与本地 ISP 签订合同并且获得了分配的前缀（即一个地址范围），你的本地 ISP 将使用 BGP 向与之连接的 ISP 通告你的前缀。这些 ISP 将依次使用 BGP 来传播该通告。最终，所有的因特网路由器将得知了你的前缀（或者包括你的前缀的某个聚合项），因而能够将数据报适当地转发到适当的 Web 和电子邮件服务器。

5.5　SDN 控制平面

在本节中，我们将深入 SDN 控制平面，即控制分组在网络的 SDN 使能设备中转发的网络范围逻辑，以及这些设备和它们的服务的配置与管理。这里的学习建立在前面 4.4 节中一般化 SDN 转发讨论的基础上，因此你在继续学习前需要先回顾一下那一节，以及本章的 5.1 节。如同 4.4 节中一样，我们将再次采用在 SDN 文献中所使用的术语，将网络的转发设备称为"分组交换机"（或直接称为交换机，理解时带上"分组"二字），因为能够根据网络层源/目的地址、链路层源/目的地址以及运输层、网络层和链路层中分组首部字段做出转发决定。

SDN 体系结构具有 4 个关键特征［Kreutz 2015］：

* 基于流的转发。SDN 控制的交换机的分组转发工作，能够基于运输层、网络层或链路层首部中任意数量的首部字段值进行。在 4.4 节中，我们看到了 OpenFlow 1.0 抽象允许基于 11 个不同的首部字段值进行转发。这与我们在 5.2~5.4 节中学习的基于路由器转发的传统方法形成了鲜明的对照，传统方法中 IP 数据报的转发仅依据数据报的目的 IP 地址进行。回顾图 5-2，分组转发规则被精确规定在交换机的流表中；SDN 控制平面的工作是计算、管理和安装所有网络交换机中的流表项。

* 数据平面与控制平面分离。这种分离明显地显示在图 5-2 和图 5-14 中。数据平面由网络交换机组成，交换机是相对简单（但快速）的设备，该设备在它们的流表中执行"匹配加操作"的规则。控制平面由服务器以及决定和管理交换机流表的软件组成。

* 网络控制功能：位于数据平面交换机外部。考虑到 SDN 中的"S"表示"软件"，

也许 SDN 控制平面由软件实现并不令人惊讶。然而，与传统的路由器不同，这个软件在服务器上执行，该服务器与网络交换机截然分开且与之远离。如在图 5-14 中所示，控制平面自身由两个组件组成：一个 SDN 控制器（或网络操作系统 ［Gude 2008］），以及若干网络控制应用程序。控制器维护准确的网络状态信息（例如，远程链路、交换机和主机的状态）；为运行在控制平面中的网络控制应用程序提供这些信息；提供方法，这些应用程序通过这些方法能够监视、编程和控制下面的网络设备。尽管在图 5-14 中的控制器显示为一台单一的服务器，但实践中控制器仅是逻辑上集中的，通常在几台服务器上实现，这些服务器提供协调的、可扩展的性能和高可用性。

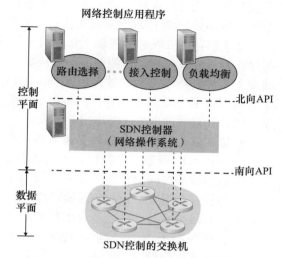

图 5-14　SDN 体系结构的组件：SDN 控制的交换机、SDN 控制器和网络控制应用程序

- 可编程的网络。通过运行在控制平面中的网络控制应用程序，该网络是可编程的。这些应用程序代表了 SDN 控制平面的"智力"，使用了由 SDN 控制器提供的 API 来定义和控制网络设备中的数据平面。例如，一个路由选择网络控制应用程序可以决定源和目的地之间的端到端路径（例如，通过使用由 SDN 控制器维护的节点状态和链路状态信息，执行 Dijkstra 算法）。另一个网络应用程序可以执行访问控制，即决定交换机阻挡哪个分组，如 4.4.3 节中的第三个例子那样。还有一个应用程序可以用执行服务器负载均衡的方式转发分组（4.4.3 节中我们考虑的第二个例子）。

从讨论中我们可见，SDN 表示了一种意义重大的网络功能的"分类"，即数据平面交换机、SDN 控制器和网络控制应用程序是分离的实体，该实体可以由不同的厂商和组织机构所提供。这与 SDN 之前模式形成了鲜明对照，在 SDN 之前模式中，交换机/路由器（连同其嵌入的控制平面软件和协议实现）是一个整体，它是垂直、综合的，并且由单一的厂商所销售。在 SDN 中的这种网络功能分类，可以与大型计算机到个人计算机的早期演化相比拟，前者的硬件、系统软件和应用程序是由单一厂商所提供的，而后者具有各自的硬件、操作系统和应用程序。计算硬件、系统软件和应用程序的分类，无疑已经在所有这三个领域的创新驱动下导致了丰富、开放的生态系统。对 SDN 的希望是，它也将导致如此丰富的创新。

基于对图 5-14 所示 SDN 体系结构的理解，我们自然会产生许多问题。流表是如何实际计算的，以及在哪里进行的？响应 SDN 控制的设备产生的事件时（例如，一条附属链路的激活/关闭），这些流表是如何更新的呢？在协作的多台交换机中，流表项是如何以一种导致和谐、一致的网络范围功能的方式进行协作的呢（例如，用于转发分组的从源到目的地的端到端路径，或与分布式防火墙协作）？提供这些以及许多其他能力是 SDN 控制平面的作用。

5.5.1　SDN 控制平面：SDN 控制器和 SDN 网络控制应用程序

让我们从抽象的角度开始讨论 SDN 控制平面，考虑控制平面必须提供的通用功能。正如我们将讨论的，这种抽象——"首要原则"方法——将引导我们得到一个总体架构，这个架构将反映 SDN 控制平面在实践中是如何实现的。

如上所述，SDN 控制平面大体划分为两个部分，即 SDN 控制器和 SDN 网络控制应用程序。我们先来仔细考察控制器。自从最早的 SDN 控制器［Gude 2008］开发以来，已经研制了多种 SDN 控制器，文献［Kreutz 2015］极其全面地综述了最新进展。图 5-15 提供了通用 SDN 控制器的更为详尽的视图。控制器的功能可大体组织为 3 个层次。我们一反常态地以一种自底向上方式考虑这些层次：

- 通信层：SDN 控制器和受控网络设备之间的通信。显然，如果 SDN 控制器要控制远程 SDN 使能的交换机、主机或其他设备的运行，需要一个协议来传送控制器与这些设备之间的信息。此外，设备必须能够向控制器传递本地观察到的事件（例如，一个报文指示一条附属链路已经激活或停止，一个设备刚刚加入了网络，或一个心跳指示某设备已经启动和运行）。这些事件向 SDN 控制器提供该网络状态的最新视图。这个协议构成了控制器体系结构的最底层，如图 5-15 所示。控制器和受控设备之间的通信跨越了一个接口，它现在被称为控制器的"南向"接口。在 5.5.2 节中，我们将学习 OpenFlow，它是一种提供这种通信功能的特定协议。OpenFlow 在大多数（即使不是全部）SDN 控制器中得到了实现。
- 网络范围状态管理层。由 SDN 控制平面所做出的最终控制决定（例如配置所有交换机的流表以取得所希望的端到端转发，实现负载均衡，或实现一种特定的防火墙能力），将要求控制器具有有关网络的主机、链路、交换机和其他 SDN 控制设备的最新状态信息。交换机的流表包含计数器，其值也可以由网络控制应用程序很好地使用，因此这些值应当能为应用程序所用。既然控制平面的终极目标是确定各种受控设备的流表，控制器也就可以维护这些表的拷贝。这些信息都构成了由 SDN 控制器维护的网络范围"状态"的例子。
- 对于网络控制应用程序层的接口。控制器通过它的"北向"接口与网络控制应用程序交互。该 API 允许网络控制应用程序在状态管理层之间读/写网络状态和流表。当状态改变事件出现时，应用程序能够注册进行通告。可以提供不同类型的 API，我们将看到两种流行 SDN 控制器使用 REST［Fielding 2000］请求响应接口与它们的应用程序进行通信。

我们已经提到过几次，SDN 控制器被认为是"逻辑上集中"的，即该控制器可以被外部视为单一的整体式服务（例如，从 SDN 控制设备和外部的网络控制应用程序的角度看）。然而，出于故障容忍、高可用性或性能等方面的考虑，在实践中这些服务和用于保持状态信息的数据库一般通过分布式服务器集合实现。在服务器集合实现控制器功能时，必须考虑控制器的内部操作（例如维护事件的逻辑时间顺序、一致性、意见一致等）的语义［Panda 2013］。这些关注点在许多不同的分布式系统中都是共同的，这些挑战的简洁解决方案可参见［Lamport 1989；Lampson 1996］。诸如 OpenDaylight［OpenDaylight 2020］和 ONOS［ONOS 2020］这样的现代控制器已经将大量精力放在构建一种逻辑上集中但物理上分布的控制器平台上，该平台对受控设备以及网络控制应用程序提供可扩展的服务和高可用性。

在图 5-15 中描述的体系结构与 2008 年最初提出的 NOX 控制器［Gude 2008］以及今天的 OpenDaylight［OpenDaylight 2020］和 ONOS［ONOS 2020］SDN 控制器（参见后文）的体系结构极为相似。我们将在 5.5.3 节介绍一个控制器操作的例子。然而，我们先来仔细审视 OpenFlow 协议，该协议是 SDN 控制器与被控设备之间最早的也是现在仍在使用的几种通信协议之一，它位于控制器的通信层中。

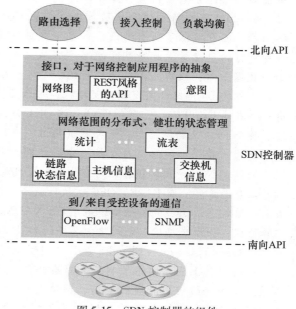

图 5-15　SDN 控制器的组件

5.5.2　OpenFlow 协议

OpenFlow 协议［OpenFlow 2009；ONF 2020］运行在 SDN 控制器和 SDN 控制的交换机或其他实现 OpenFlow API 的设备之间（我们在 4.4 节学习过 OpenFlow API）。OpenFlow 协议运行在 TCP 之上，使用 6653 的默认端口号。从控制器流向受控交换机的重要报文如下：

- 配置。该报文允许控制器查询并设置交换机的配置参数。
- 修改状态。该报文由控制器所使用，以增加/删除或修改交换机流表中的表项，并且设置交换机端口特性。
- 读状态。该报文被控制器用于从交换机的流表和端口收集统计数据和计数器值。
- 发送分组。该报文被控制器用于在受控交换机从特定的端口发送出一个特定的报文。

从受控交换机流向控制器的重要报文如下：

- 流删除。该报文通知控制器已删除一个流表项，例如由于超时，或作为收到"修改状态"报文的结果。
- 端口状态。交换机用该报文向控制器通知端口状态的变化。
- 分组入（packet-in）。4.4 节讲过，一个分组到达交换机端口，并且不能与任何流表项匹配，那么这个分组将被发送给控制器进行额外处理。匹配的分组也可能发送给控制器，作为匹配时所采取的一个操作。分组入报文被用于向控制器发送这样的分组。［OpenFlow 2009；ONF 2016］中定义了其他 OpenFlow 报文。

实 践 原 则

谷歌的软件定义全球网络

2.6 节中的学习案例中讲过，谷歌部署了专用的广域网（WAN），该网互联了它（在 IXP 和 ISP 中）的数据中心和服务器集群。这个称为 B4 的网络有一个谷歌基于 OpenFlow 设计的 SDN 控制平面。谷歌网络能够在长途线路上以接近 70% 的利用率运行 WAN 链路（超过典型的链路利用率的 2~3 倍），并且基于应用优先权和现有的流需求在多条路径之间分割应用流［Jain 2013］。

谷歌 B4 网络特别适合使用 SDN：①从 IXP 和 ISP 中的边缘服务器到网络核心中的路由器，谷歌控制了所有的设备；②带宽最密集的应用是场点之间的大规模数据拷贝，这种数据拷贝在资源拥塞期间能够"服从"较高优先权的交互应用；③由于仅连接了几十个数据中心，集中式控制是可行的。

谷歌的 B4 网络使用定制的交换机，每台交换机实现了稍加扩充的 OpenFlow 版本，具有一个本地 OpenFlow 代理（OFA），该 OFA 方法上类似于我们在图 5-2 中遇到的控制代理。每个 OFA 又与网络控制服务器（NCS）中的 OpenFlow 控制器（OFC）相连，使用一个分离的"带外"网络，与在数据中心之间承载数据中心流量的网络截然不同。该 OFC 因此提供由 NCS 使用的服务以与它的受控交换机通信，方法类似于图 5-15 中 SDN 体系结构最低层的方法。在 B4 中，OFC 也执行状态管理功能，在网络信息库（NIB）中保持节点和链路状态。OFC 的谷歌实现基于 ONIX SDN 控制器［Koponen 2010］。实现了两种路由选择协议：用于数据中心之间路由选择的 BGP 和用于数据中心内部路由选择的 IS-IS（非常接近 OSPF）。Paxos［Chandra 2007］用于执行 NCS 组件的热复制，以防止故障。

一种逻辑上置于网络控制服务器集合之上的流量工程网络控制应用，与这些服务器交互，以为一组应用流提供全局、网络范围的带宽。借助于 B4，SDN 一举跨入全球网络提供商的运行网络的行列。B4 的详细描述请参见［Jain 2013；Hong 2018］。

5.5.3　数据平面和控制平面交互的例子

为了加深对 SDN 控制的交换机与 SDN 控制器之间的交互的理解，我们考虑图 5-16 中所示的例子，其中使用了 Dijkstra 算法（该算法我们已在 5.2 节中学习过）来决定最短路径路由。图 5-16 中的 SDN 场景与前面 5.2.1 节和 5.3 节中描述的每路由器控制场景有两个重要差异，Dijkstra 算法是实现在每台路由器中并且在所有网络路由器中洪泛链路状态更新：

- Dijkstra 算法作为一个单独的程序来执行，位于分组交换机的外部。
- 分组交换机向 SDN 控制器发送链路更新并且不互相发送。

在这个例子中，我们假设交换机 s1 和 s2 之间的链路断开，并实现了最短路径路由选择，因此，除了 s2 操作未改变外，s1、s3 和 s4 的入和出流转发规则都受到影响。我们也假定 OpenFlow 被用作通信层协议，控制平面只执行链路状态路由选择而不执行其他功能。

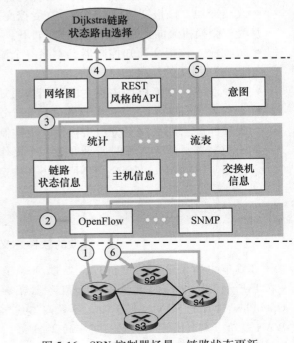

图 5-16　SDN 控制器场景：链路状态更新

1）交换机 s1 经历了自己与 s2 之间的链路故障，使用 OpenFlow "端口状态" 报文向 SDN 控制器通报该链路状态的更新。

2）SDN 控制器接收指示链路状态更新的 OpenFlow 报文，并且通告链路状态管理器，由管理器更新链路状态库。

3）实现 Dijkstra 链路状态路由选择的网络控制应用程序先前进行了注册，当链路状态更新时将得到通告。应用程序接收该链路状态更新的通告。

4）链路状态路由选择应用程序与链路状态管理器相互作用，以得到更新的链路状态；它也会参考状态管理层中的其他组件。然后计算新的最低开销路径。

5）链路状态路由选择应用则与流表管理器交互，流表管理器决定更新的流表。

6）流表管理器则使用 OpenFlow 协议更新位于受影响的交换机 s1、s2 和 s4 的流表项，其中 s1 此时将经 s4 将分组的目的地指向 s2，s2 此时将经中间交换机 s4 开始接收来自 s1 的分组，s4 此时必须转发来自 s1 且目的地为 s2 的分组。

这个例子虽简单，但图示了 SDN 控制平面如何提供控制平面服务（此时为网络层路由选择），而该服务以前是以每路由器控制在每台路由器中实现的。我们现在能够容易地体会到，SDN 使能的 ISP 能够容易地将最低开销路径的路由选择转变为更加定制的路由选择方法。因为控制器的确能够随心所欲地定制流表，因此能够实现它喜欢的任何形式的转发，即只是通过改变它的应用控制软件。这种改变的便利性与传统的每路由器控制平面的情况形成对照，传统的情况必须要改变所有路由器中的软件，而这些路由器可能是由多个不同厂商提供给 ISP 的。

5.5.4　SDN 的过去与未来

尽管对 SDN 的强烈兴趣是相对近期的现象，但 SDN 的技术根源，特别是数据平面和控制平面的分离，可追溯到相当久远。在 2004 年，文献 [Feamster 2004；Lakshman 2004；RFC 3746] 中都赞成网络数据平面与控制平面分离。[van der Merwe 1998] 描述了用于具有多个控制器的 ATM 网络 [Black 1995] 的控制框架，每台控制器控制若干 ATM 交换机。Ethane 项目 [Casado 2007] 开拓了简单基于流的多台以太网交换机和一台集中式控制器的网络概念，其中以太网交换机具有匹配加操作流表，控制器管理流准入和路由选择，而未匹配的分组将从交换机转发到控制器。在 2007 年，超过 300 台 Ethane 交换机的网络投入运行。Ethane 迅速演化为 OpenFlow 项目，而其他的成为历史！

很多研究工作以研发未来 SDN 体系结构和能力为目标。如我们所见，SDN 革命导致专用整体式的交换机和路由器（包括数据平面和控制平面）颠覆性地被简单的商品交换硬件和复杂的软件控制平面所取代。类似地，被称为网络功能虚拟化（NFV）（在前面的4.5 节中讨论过）的 SDN 的泛化，其目的类似于用简单的普通服务器、交换和存储来颠覆性地替代复杂的中间盒（例如带有专用硬件和用于媒介缓存/服务的专用软件的中间盒）。第二个重要研究领域寻求将 SDN 概念从 AS 内部设置扩展到 AS 之间设置 [Gupta 2014]。

实　践　原　则

SDN 控制器学习案例：OpenDaylight 和 ONOS 控制器

在 SDN 发展早期，采用单一的 SDN 协议（OpenFlow [McKeown 2008；OpenFlow 2009]）和单一的 SDN 控制器（NOX [Gude 2008]）。此后，尤其是 SDN 控制器的数量

有了很大增长［Kreutz 2015］。某些 SDN 控制器是公司特有的和专用的，特别是用于控制内部专用网络（例如，在公司数据中心内部或数据中心之间）。而更多控制器是开源的并以各种各样的编程语言实现［Erickson 2013］。最近，OpenDaylight 控制器［Open-Daylight Lithium 2020］和 ONOS 控制器［ONOS 2020］在产业界得到广泛支持。它们都是开源的，并且正在与 Linux 基金会合作开发。

OpenDaylight 控制器

图 5-17 呈现了 OpenDaylight（ODL）控制器平台的简化视图［OpenDaylight 2020；Eckel 2017］。

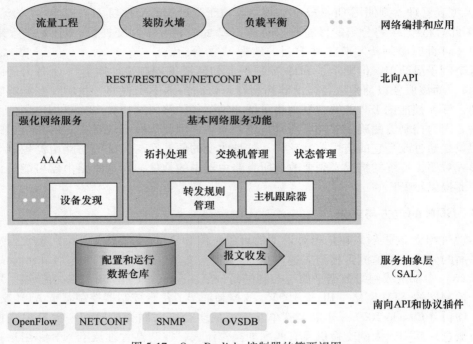

图 5-17   OpenDaylight 控制器的简要视图

ODL 的基本网络服务功能是该控制器的核心，它们与图 5-15 中的网络范围状态管理能力对应紧密。服务抽象层（SAL）是控制器的神经中枢，允许控制器组件和应用互相调用服务、访问配置和运行数据，并订阅它们产生的事件。SAL 也为 ODL 控制器与被控设备之间特定协议的运行提供了统一的抽象接口。这些协议包括 OpenFlow（我们在 4.5 节中学习过）、SNMP 和网络配置协议（NETCONF），我们将在 5.7 节中学习这些协议。Open vSwitch 数据库管理协议（OVSDB）被用于管理数据中心交换，这是 SDN 技术的一个重要的应用领域。我们将在第 6 章中介绍数据中心网络。

网络编排和应用程序决定数据平面转发和其他服务（如防火墙和负载平衡）如何在受控设备中完成。ODL 提供了两种方法，应用程序可以与本机控制器服务（以及设备）进行互操作，或彼此之间进行互操作。如图 5-17 所示，在 API 驱动（AD-SAL）方法中，应用程序使用运行在 HTTP 上的 REST 请求–响应 API 与控制器模块通信。OpenDaylight 控制器的初始版本仅提供 AD-SAL。随着 ODL 越来越多地被用于网络配置和管理，后来的 ODL 版本引入了模型驱动（MD-SAL）方法。在这里，YANG 数据建模语言［RFC 6020］定义了设备、协议和网络配置以及运行状态数据的模型，通过使用 NET-CONF 协议操纵这些数据来配置和管理设备。

ONOS 控制器

图 5-18 呈现了 ONOS 控制器的简化视图［ONOS 2020］。类似于图 5-15 中的规范控制器，在 ONOS 控制器中有三个层次：

- **北向抽象和协议**。ONOS 的一个独有特征是它的意图框架，它允许应用程序请求高层服务（例如，在主机 A 和主机 B 之间建立一条连接，或反过来不允许主机 A 和主机 B 通信），而不必知道该服务的执行细节。或者以同步的方式（经过请求），或者以异步的方式（经过监听程序回调，例如等网络状态改变时），经过北向 API 向网络控制的应用程序提供状态信息。
- **分布式核**。ONOS 的分布式核中维护了网络的链路、主机和设备的状态。ONOS 被部署为在一系列互联的服务器上的一种服务，每台服务器运行着 ONOS 软件的相同副本，增加服务器数量就提升了服务能力。ONOS 核提供了在实例之间服务复制和协同的机制，这种机制为上层应用程序和下层网络设备提供了逻辑上集中的核服务抽象。
- **南向抽象和协议**。南向抽象屏蔽了底层主机、链路、交换机和协议的异构性，使分布式核不为设备和协议所知。因为这种抽象，位于分布式核下方的南向接口逻辑上比图 5-14 中的规范控制器或图 5-17 中的 ODL 控制器更高。

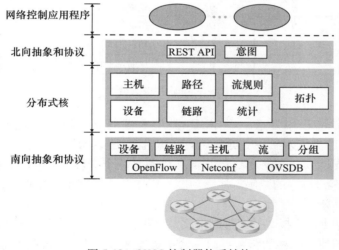

图 5-18　ONOS 控制器体系结构

5.6　ICMP：因特网控制报文协议

由［RFC 792］定义的因特网控制报文协议（ICMP），被主机和路由器用来彼此沟通网络层的信息。ICMP 最典型的用途是差错报告。例如，当运行一个 HTTP 会话时，你也许会遇到一些诸如"目的网络不可达"之类的错误报文。这种报文就来源于 ICMP。在某个位置，IP 路由器不能找到一条通往 HTTP 请求中所指定的主机的路径，该路由器就会向你的主机生成并发出一个 ICMP 报文以指示该错误。

ICMP 通常被认为是 IP 的一部分，但从体系结构上讲它位于 IP 之上，因为 ICMP 报文
是承载在 IP 分组中的。这就是说，ICMP 报文是作为 IP 有效载荷承载的，就像 TCP 与
UDP 报文段作为 IP 有效载荷被承载那样。类似地，当一台主机收到一个指明上层协议为
ICMP 的 IP 数据报时（上层协议编码为 1），它分解出该数据报的内容给 ICMP，就像分解
出一个数据报的内容给 TCP 或 UDP 一样。

ICMP 报文有一个类型字段和一个编码字段，并且包含引起该 ICMP 报文首次生成的
IP 数据报的首部和前 8 个字节（以便发送方能确定引发该差错的数据报）。在图 5-19 中显
示了所选的 ICMP 报文类型。注意到 ICMP 报文并不仅是用于通知差错情况。

ICMP 类型	编码	描述
0	0	回显回答（对 ping 的回答）
3	0	目的网络不可达
3	1	目的主机不可达
3	2	目的协议不可达
3	3	目的端口不可达
3	6	目的网络未知
3	7	目的主机未知
4	0	源抑制（拥塞控制）
8	0	回显请求
9	0	路由器通告
10	0	路由器发现
11	0	TTL 过期
12	0	IP 首部损坏

图 5-19   ICMP 报文类型

众所周知的 ping 程序发送一个 ICMP 类型 8 编码 0 的报文到指定主机。看到回显
（echo）请求，目的主机发回一个类型 0 编码 0 的 ICMP 回显回答。大多数 TCP/IP 实现直
接在操作系统中支持 ping 服务器，即该服务器不是一个进程。[Stevens 1990] 的第 11 章
提供了有关 ping 客户程序的源码。注意到客户程序需要能够指示操作系统产生一个类型 8
编码 0 的 ICMP 报文。

另一个有趣的 ICMP 报文是源抑制报文。这种报文在实践中很少使用。其最初目的是
执行拥塞控制，即使得拥塞的路由器向一台主机发送一个 ICMP 源抑制报文，以强制该主
机减小其发送速率。我们在第 3 章已看到，TCP 在运输层有自己的拥塞控制机制，并且网
络层设备能够使用拥塞通告比特来发送拥塞信号。

在第 1 章中我们介绍了 Traceroute 程序，该程序允许我们跟踪从一台主机到世界上
任意一台主机之间的路由。有趣的是，Traceroute 是用 ICMP 报文来实现的。为了判断源
和目的地之间所有路由器的名字和地址，源主机中的 Traceroute 向目的地主机发送一系
列普通的 IP 数据报。这些数据报都携带了一个具有不可达 UDP 端口号的 UDP 报文段。
第一个数据报的 TTL 为 1，第二个的 TTL 为 2，第三个的 TTL 为 3，依次类推。该源主
机也为每个数据报启动定时器。当第 n 个数据报到达第 n 台路由器时，第 n 台路由器观

察到这个数据报的 TTL 正好过期。根据 IP 协议规则，路由器丢弃该数据报并发送一个 ICMP 告警报文给源主机（类型 11 编码 0）。该告警报文包含了路由器的名字和它的 IP 地址。当该 ICMP 报文返回源主机时，源主机从定时器得到往返时延，从 ICMP 报文中得到第 n 台路由器的名字与 IP 地址。

Traceroute 源主机是怎样知道何时停止发送 UDP 报文段的呢？前面讲过源主机为它发送的每个报文段的 TTL 字段加 1。因此，这些数据报之一将最终沿着这条路到达目的主机。因为该数据报包含了一个具有不可达端口号的 UDP 报文段，该目的主机将向源发送一个端口不可达的 ICMP 报文（类型 3 编码 3）。当源主机收到这个特别的 ICMP 报文时，知道它不需要再发送另外的探测分组。（标准的 Traceroute 程序实际上用相同的 TTL 发送 3 个一组的分组，因此 Traceroute 输出对每个 TTL 提供了 3 个结果。）

以这种方式，源主机知道了位于它与目的主机之间的路由器数量和标识，以及两台主机之间的往返时延。注意到 Traceroute 客户程序必须能够指令操作系统产生具有特定 TTL 值的 UDP 数据报，当 ICMP 报文到达时，也必须能够由它的操作系统进行通知。既然你已明白了 Traceroute 的工作原理，你也许想返回去更多地使用它。

在 RFC 4443 中为 IPv6 定义了 ICMP 的新版本。除了重新组织现有的 ICMP 类型和编码定义外，ICMPv6 还增加了新型 IPv6 功能所需的新类型和编码。这些包括 "分组太大" 类型和一个 "未被认可的 IPv6 选项" 差错编码。

5.7　网络管理、SNMP 和 NETCONF/YANG

此时我们的网络层学习已经走到了结尾，我们前面仅有链路层了，我们都熟知网络是由许多复杂、交互的硬件和软件部件组成的，既包括构成网络的物理部件的链路、交换机、路由器、主机和其他设备，也包括控制和协调这些设备的许多协议。当一个机构将数以百计或数以千计的这种部件拼装在一起形成一个网络时，保持该网络 "运行良好" 对网络管理员无疑是一种挑战。我们在 5.5 节中看到，SDN 环境中逻辑上集中的控制器能够有助于这种过程。但是网络管理的挑战在 SDN 出现前很久就已如影相随了，网络管理员使用丰富的网络管理工具和方法来监视、管理和控制该网络。在本节中我们将学习这些工具和技术，以及与 SDN 共同发展的新工具和技术。

一个经常被问到的问题是：什么是网络管理？我们用一个构思缜密的单句（虽然它相当冗长）来概括网络管理的定义 [Saydam 1996]：

　　"网络管理包括了硬件、软件和人类元素的设置、综合和协调，以监视、测试、轮询、配置、分析、评价和控制网络及网元资源，用合理的成本满足实时性、运营性能和服务质量的要求。"

给定了这个宽泛的定义，本节我们将仅涉及网络管理的入门知识，即网络管理员在执行任务时所使用的体系结构、协议和信息库。我们将不涉及网络管理员的决策过程，包括故障标识 [Labovitz 1997；Steinder 2002；Feamster 2005；Wu 2005；Teixeira 2006]、异常检测 [Lakhina 2005；Barford 2009]、满足规定的服务等级约定（Service Level Agreements，SLA）的网络设计/工程 [Huston 1999a] 等主题。因此我们有意识地收窄关注点，有兴趣的读者可参考文献 [Subramanian 2000；Schonwalder 2010；Claise 2019] 中清晰的概述，以及本书 Web 网站上详尽的网络管理材料。

5.7.1 网络管理框架

图 5-20 给出了网络管理的关键组件。

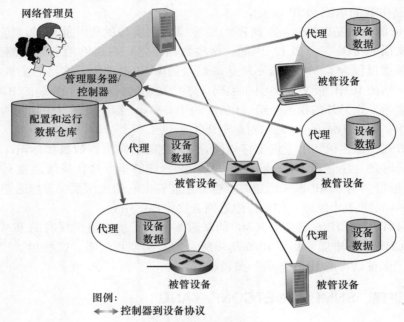

图 5-20 网络管理组件

- **管理服务器**（managing server）。管理服务器是一个应用程序，运行在网络运营中心（NOC）的集中式网络管理工作站上，并且通常需要**网络管理员**（人类）在环路中。管理服务器是执行网络管理活动的地方，它控制网络管理信息与命令的收集、处理、分析和/或显示。在这里发起配置、监视和控制网络的被管设备的操作。在实践中，一个网络中可能有几个这样的管理服务器。
- **被管设备**（managed device）。被管设备是驻留在被管网络上的某种网络设备（包括它的软件）。被管设备可以是主机、路由器、交换机、中间盒、调制解调器、温度计或其他联网设备。设备本身将有许多可管理的组件（例如，网络接口只是主机或路由器的一个组件），以及这些硬件和软件组件的配置参数（例如 OSPF 这样的 AS 内部路由选择协议）。
- **数据**（data）。每个被管设备都有与之相关联的数据，也称为"状态"。有几种不同类型的数据。**配置数据**是由网络管理员显式配置的设备信息，例如，管理员为某设备接口分配/配置的 IP 地址或接口速率。**运行数据**是指设备在运行过程中获取的信息，如 OSPF 协议中的直接邻居列表。**设备统计**是设备操作员更新的状态指示器和计数（例如，接口上丢弃分组的数量，或设备的冷却风扇速度）。网络管理员可以查询远程设备数据，并且在某些情况下，可以通过写入设备数据值来控制远程设备，如后面所讨论的。如图 5-17 所示，管理服务器还维护来自其管理的设备的配置、操作和统计数据以及网络范围数据（例如，网络的拓扑）的副本。
- **网络管理代理**（network management agent）。网络管理代理是运行在被管设备上的一个软件进程，它与管理服务器通信，在管理服务器的命令和控制下在被管设备上执行本地操作。网络管理代理类似于我们在图 5-2 中看到的路由选择代理。

- 网络管理协议（network management protocol）。网络管理框架的最后一个组件是网络管理协议。该协议运行在管理服务器和被管设备之间，允许管理服务器查询被管设备的状态，并经过其代理间接地在这些设备上执行操作。代理能够使用网络管理协议向管理服务器通知异常事件（如组件故障或超过了性能阈值）。重要的一点是，网络管理协议自己不能管理网络。相反，它为网络管理员提供了一种能力，使他们能够管理（"监视、测试、轮询、配置、分析、评价和控制"）网络。这是一种细微但重要的区别。

在实践中，运营商通常采用三种方式来管理网络，所涉及的组件包括：

- CLI。网络运营商可以直接向设备发出**命令行接口**（Command Line Interface，CLI）命令。这些命令可以直接在被管设备的控制台上输入（如果操作员在设备现场），或者通过管理服务器/控制器和被管设备之间的 Telnet 或安全 shell（SSH）连接（可能通过脚本）输入。CLI 命令是特定于供应商和设备的，可能相当晦涩难解。虽然经验丰富的网络奇才可能使用 CLI 完美地配置网络设备，但 CLI 的使用很容易出错，而且很难对大型网络进行自动化或有效的扩展。面向消费者的网络设备（比如无线家庭路由器）可能会导出一个管理菜单，你（作为网络管理员）可以通过 HTTP 访问该菜单来配置设备。虽然这种方法可能对单个的简单设备很有效，而且相对于 CLI 更不容易出错，但它也不能扩展到更大的网络。

- SNMP/MIB。通过这种方式，网络运营商可通过**简单网络管理协议**（Simple Network Management Protocol，SNMP）查询/设置设备的**管理信息库**（Management Information Base，MIB）对象中包含的数据。一些 MIB 是特定于设备和供应商的，而其他的 MIB（例如，由于 IP 数据报首部中的错误而在路由器上丢弃的 IP 数据报的数量，或者主机接收到的 UDP 段的数量）是与设备无关的，提供了抽象和通用性。网络运营商通常使用这种方法来查询和监控运行状态和设备统计信息，然后使用 CLI 主动控制/配置设备。重要的是，这两种方法是分别对设备进行管理的。在下面的 5.7.2 节中，我们将介绍自 20 世纪 80 年代末开始使用的 SNMP 和 MIB。2002 年，因特网架构委员会召开的网络管理研讨会［RFC 3535］不仅指出了 SNMP/MIB 方法在设备监控方面的价值，而且指出了它的缺点，特别是在设备配置和网络管理扩展性方面的不足，从而产生了一种新的网络管理方法，即使用 NETCONF 和 YANG。

- NETCONF/YANG。NETCONF/YANG 方法对网络管理采取了更抽象、全网络和整体的观点，更加强调配置管理，包括指定正确性约束和在多个受控设备上提供原子管理操作。**YANG**［RFC 6020］是一种用于对配置和操作数据进行建模的数据建模语言。**NETCONF** 协议［RFC 6241］用于向远端设备、从远端设备或在远端设备之间传递 YANG 兼容的操作和数据。在图 5-17 的 OpenDaylight 控制器案例研究中简单提到了 NETCONF 和 YANG，我们将在下面的 5.7.3 节中研究它们。

5.7.2　简单网络管理协议和管理信息库

简单网络管理协议（Simple Network Management Protocol）版本 3（SNMPv3）［RFC 3410］是一个应用层协议，用于在管理服务器和代表管理服务器执行的代理之间传递网络管理控制和信息报文。SNMP 最常使用的是请求响应模式，其中 SNMP 管理服务器向 SNMP 代理发送一个请求，代理接收到该请求后，执行某些操作，然后对该请求发送一个回答。请求通常用于查询（检索）或修改（设置）与某被管设备关联的 MIB 对象值。SNMP 的第二种常被使用的功能是代理向管理服务器发送的一种非请求报文，该报文称为**陷阱报文**（trap message）。陷阱报文用于通知管理服务器，一个异常情况（例如一个链路接口启动或关闭）已经导致了 MIB 对象值的改变。

　　MIB 对象使用一种名为管理信息结构（Structure of Management Information，SMI）的数据描述语言来定义［RFC 2578；RFC 2579；RFC 2580］，这是网络管理框架中一个名称相当奇怪的组件——它的名称并没有说明它的功能。它使用形式化定义语言来确保网络管理数据的语法和语义得到良好的定义并拥有明确的含义。相关 MIB 节点被集合到 MIB 模块中。截至 2019 年底，有超过 400 个与 MIB 相关的 RFC 和更多的特定于供应商的（私有）MIB 模块。

　　表 5-2 中列出了 SNMPv3 定义的 7 种类型的报文，这些报文一般被称为协议数据单元（PDU）。图 5-21 中给出了这些 PDU 的格式。

表 5-2   SNMPv3 PDU 类型

SNMPv3 PDU 类型	发送方−接收方	描述
GetRequest	管理者到代理	取得一个或多个 MIB 对象实例值
GetNextRequest	管理者到代理	取得列表或表格中下一个 MIB 对象实例值
GetBulkRequest	管理者到代理	以大数据块方式取得值，例如大表中的值
InformRequest	管理者到管理者	通知远程管理实体远程访问的 MIB 值
SetRequest	管理者到代理	设置一个或多个 MIB 对象实例的值
Response	代理到管理者或管理者到管理者	对 GetRequest、GetNextRequest、GetBulkRequest、SetRequest PDU 或 InformRequest 产生的响应
SNMPv2-Trap	代理到管理者	向管理者通知一个异常事件

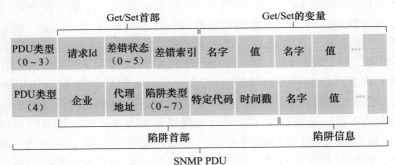

图 5-21   SNMP PDU 格式

这些报文的功能如下：

- GetRequest、GetNextRequest 和 GetBulkRequest PDU 都是管理服务器向代理发送的，以请求位于该代理所在的被管设备中的一个或多个 MIB 对象值。其值被请求的 MIB 对象的对象标识符定义在该 PDU 的变量绑定部分。GetRequest、GetNextRequest 和 GetBulkRequest 的差异在于它们的数据请求粒度。GetRequest 能够请求 MIB 值的任意集合；多个 GetNextRequest 能用于顺序地读取 MIB 对象的列表或表格；GetBulkRequest 允许读取大块数据，能够避免因发送多个 GetRequest 或 GetNextRequest 报文可能导致的额外开销。在所有这三种情况下，代理用包括该对象标识符和它们相关值的 Response PDU 进行响应。

- 管理服务器使用 SetRequest PDU 来设置位于被管设备中的一个或多个 MIB 对象的值。代理用带有"noError"差错状态的 Response PDU 进行应答，以证实该值的确已被设置。
- 管理服务器使用 InformRequest PDU 来通知另一个 MIB 信息管理服务器，后者对于接收服务器是远程的。
- Response PDU 通常从被管设备发送给管理服务器，以响应来自该服务器的请求报文，返回所请求的信息。
- SNMPv3 PDU 的最后一种类型是陷阱报文。陷阱报文是异步产生的，即它们不是为了响应接收到的请求而产生的，而是为了响应管理服务器需求通告的事件而产生的。RFC 3418 定义了常见的陷阱类型，其中包括设备的冷启动/热启动、链路就绪/故障、找不到相邻设备或鉴别失效事件。接收到的陷阱请求不要求从管理服务器得到响应。

考虑到 SNMPv2 请求响应性质，这时需要注意到尽管 SNMP PDU 能够通过许多不同的运输协议传输，但 SNMP PDU 通常是作为 UDP 数据报的载荷进行传输的。RFC 3417 的确表明 UDP 是"首选的运输映射"。然而，由于 UDP 是一种不可靠的运输协议，因而不能确保一个请求或它的响应能够被它希望的目的地接收到。管理服务器用该 PDU 的请求 ID 字段（参见图 5-21）为它向代理发送的请求编号；该代理的响应从接收到的请求中获取它的请求 ID。因此，该请求 ID 字段能被管理服务器用来检测丢失的请求或回答。如果在一定时间后还没有收到对应的响应，由管理服务器来决定是否重传一个请求。特别是，SNMP 标准没有强制任何特殊的重传过程，即使首先要进行重传。它只是要求管理服务器"需要根据重传的频率和周期做出负责任的操作"。当然，这使人想知道一个"负责任的"协议应当怎样做！

SNMP 经历了 3 个版本的演变。SNMPv3 的设计者说过"SNMPv3 能被认为是具有附加安全性和管理能力的 SNMPv2"［RFC 3410］。SNMPv3 无疑相对于 SNMPv2 有一些改变，而没有什么比在管理和安全领域的变化更为明显。在 SNMPv3 中，安全性的中心地位特别重要，因为缺乏适当的安全性导致 SNMP 主要用于监视而不是控制（例如，在 SNMPv1 中很少使用 SetRequest）。我们再一次看到安全性是重要的关注点（安全性是第 8 章详细学习的主题），尽管认识到它的重要性也许有些迟了，但"亡羊补牢，犹未为晚"。

MIB

我们之前了解到，在网络管理的 SNMP/MIB 方法中，被管设备的运行状态数据（以及在某种程度上它的配置数据）被表示为对象，这些对象被聚集到该设备的 MIB 中。一个 MIB 对象可以是一个计数器，例如由于 IP 数据报首部错误而在路由器上丢弃的 IP 数据报的数量；或以太网接口卡中载波感知错误的个数；或在 DNS 服务器上运行的软件版本等描述性信息；或特定设备是否正常工作的状态信息；或到目的地的路由路径中特定于协议的信息。相关 MIB 节点被集合到 MIB 模块中。在各种 IETC RFC 中定义了超过 400 个 MIB 模块，还有更多设备和厂商专用的 MIB。［RFC 4293］详细说明了定义管理对象（包括 ipSystemStatsInDelivers）的 MIB 模块，该模块用于管理 IP 协议及其相关的因特网控制消息协议（ICMP）的实现。［RFC 4022］为 TCP 定义了 MIB 模块，［RFC 4113］为 UDP 定义了 MIB 模块。

尽管与 MIB 相关的 RFC 读起来相当枯燥乏味，但了解一个 MIB 对象的例子还是很有启发意义的（比如，像吃蔬菜一样，它对你是"有益的"）。来自［RFC 4293］的 ipSystemStatsInDelivers 对象类型定义了一个 32 位只读计数器，用于跟踪 IP 数据报的数量，该 IP 数据报被管理设备接收并成功发送到上层协议。在下面的示例中，Counter32 是 SMI 中定义的基本数据类型之一。

```
ipSystemStatsInDelivers OBJECT-TYPE
    SYNTAX Counter32
    MAX-ACCESS read-only
    STATUS current
    DESCRIPTION
        "The total number of datagrams successfully de-
        livered to IPuser-protocols (including ICMP).

        When tracking interface statistics, the coun-
        ter of the interface to which these datagrams
        were addressed is incremented. This interface
        might not be the same as the input interface
        for some of the datagrams.

        Discontinuities in the value of this counter can
        occur at re-initialization of the management
        system, and at other times as indicated by the
        value of ipSystemStatsDiscontinuityTime."

    ::= { ipSystemStatsEntry 18 }
```

5.7.3 NETCONF 和 YANG

NETCONF 协议在管理服务器和被管理网络设备之间运行，提供报文以用于：在被管设备上检索、设置和修改配置数据；查询被管设备的运行数据和统计；订阅由被管设备产生的通知。管理服务器通过向被管设备发送在结构化 XML 文档中指定的配置并激活被管设备上的配置来主动控制被管设备。NETCONF 使用远程过程调用（RPC）范例，其中协议消息也用 XML 编码，并在管理服务器和被管设备之间通过安全的、面向连接的会话进行交换，例如 TCP 上的 TLS（运输层安全）协议（在第 8 章中讨论）。

NETCONF 会话示例如图 5-22 所示。首先，管理服务器与被管设备建立安全连接。（用 NETCONF 的术语讲，管理服务器实际上被称为"客户"，而被管设备被称为"服务器"，因为管理服务器建立了对于被管设备的连接。但是为了与图 5-20 所示的长期存在的网络管理服务器/客户这一术语保持一致，我们在这里忽略它。）一旦建立了安全连接，管理服务器和被管设备交换<hello>报文，声明它们的"能力"，即补充了［RFC 6241］中的基本 NETCONF 规范的 NETCONF 功能。管理服务器和被管设备之间的交互采用远程过程调用的形式，使用<rpc>和<rpc-response>报文。这些报文用于检索、设置、查询和修改设备配置、操作数据和统计，以及订阅设备通知。设备通知是使用 NETCONF <notification>报文从被管设备主动发送到管理服务器的。关闭会话时使用<close-session>报文。

表 5-3 给出了管理服务器可以在被管设备上执行的一些重要的 NETCONF 操作。与 SNMP 的情况一样，我们看到了检索操作状态数据（<get>）和事件通告的操作。然而，<get-config>、<edit-config>、<lock>和<unlock>操作说明 NETCONF 特别强调设备配置。使用表 5-3 所示的基本操作，也可以创建一组更复杂的网络管理事务，或者自动完成（如作为一组）并成功地作用于一组设备，或者让它们从先前的事务状态完全回退和离开。这种多设备事务所具有的"使运营商集中精力于整个网络的配置，而不是单个设备"的能力，

是［RFC 3535］中提出的一个重要需求。

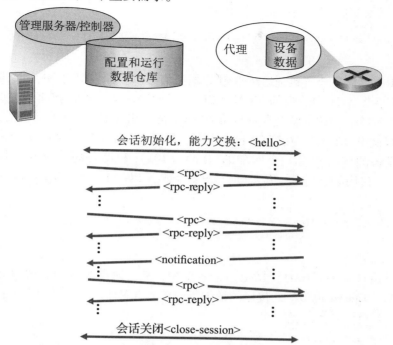

图 5-22　在管理服务器/控制器和被管设备之间的 NETCONF 会话

表 5-3　部分 NETCONF 操作

NETCONF 操作	描述
<get-config>	检索给定配置的全部或部分。一个设备可以有多种配置。总有一个运行/配置描述了设备的当前运行/配置
<get>	检索配置状态和操作状态数据的全部或部分
<edit-config>	更改被管设备上指定配置的全部或部分。如果指定了运行/配置，则该设备当前的运行/配置将被更改。如果被管设备能够满足请求，则发送包含 <ok> 元素的 <rpc. reply>，否则返回<rpc-error>响应。如果出现错误，设备的配置状态可以回滚到以前的状态
<lock>，<unlock>	<lock>（<unlock>）操作允许管理服务器锁定（解锁）被管设备的整个配置数据存储系统。锁的寿命很短，允许客户进行更改，而不必担心与其他来源的 NET-CONF、SNMP 或 CLI 命令交互
<create-subscription>，<no-tification>	此操作启动一个事件通知订阅，该订阅为相关的特定事件从被管设备向管理服务器发送异步事件<notification>，直到订阅终止

关于 NETCONF 的完整描述超出了本书的范围，［RFC 6241；RFC 5277；Claise 2019；Schonwalder 2010］包含更深入的内容。

但是，由于这是我们第一次看到协议消息被格式化为 XML 文档（而不是传统的带有首部字段和报文体的报文，如图 5-21 所示的 SNMP PDU），让我们用两个示例来结束对 NETCONF 的简要介绍。

在第一个示例中，从管理服务器发送到被管设备的 XML 文档是一个 NETCONF <get>命令，该命令请求所有设备配置和操作数据。通过该命令，服务器可以了解设备的配置信息。

```
01 <?xml version="1.0" encoding="UTF-8"?>
02 <rpc message-id="101"
03    xmlns="urn:ietf:params:xml:ns:netconf:base:1.0">
04   <get/>
05 </rpc>
```

虽然很少有人能完全直接地解析 XML，但我们可以看到 NETCONF 命令是相对容易读懂的，与我们在图 5-21 中看到的 SNMP PDU 格式的协议消息格式相比，它更容易让人联想到 HTTP 和 HTML。RPC 报文本身见第 02~05 行（出于教学目的，我们添加了行号）。RPC 有一个报文 ID 值 101，在第 02 行中声明，并包含一个 NETCONF <get>命令。

来自该设备的应答包含一个匹配的 ID 号（101）和设备的所有配置数据（当然是 XML 格式的）。代码如下所示，从第 04 行开始，最后以一个关闭</rpc-reply>终止。

```
01 <?xml version="1.0" encoding="UTF-8"?>
02 <rpc-reply message-id="101"
03    xmlns="urn:ietf:params:xml:ns:netconf:base:1.0">
04   <!-- . . . all configuration data returned... -->
   . . .
</rpc-reply>
```

在下面改编自［RFC 6241］的第二个示例中，从管理服务器向被管设备发送的 XML 文档，将名为"Ethernet0/0"的接口的最大传输单元（MTU）设置为 1500 字节。

```
01 <?xml version="1.0" encoding="UTF-8"?>
02 <rpc message-id="101"
03    xmlns="urn:ietf:params:xml:ns:netconf:base:1.0">
04   <edit-config>
05     <target>
06       <running/>
07     </target>
08     <config>
09       <top xmlns="http://example.com/schema/
          1.2/config">
10         <interface>
11             <name>Ethernet0/0</name>
12             <mtu>1500</mtu>
13         </interface>
14       </top>
15     </config>
16   </edit-config>
17 </rpc>
```

RPC 报文本身见第 02~17 行，有一个报文 ID 值为 101，并包含一个 NETCONF <edit-config> 命令，见第 04~15 行。第 06 行指示在被管设备上运行的设备配置将更改。第 11 行和第 12 行定义 Ethernet0/0 接口要设置的 MTU 长度。

一旦被管设备在配置中更改了接口的 MTU 长度，它就用 OK 回复（下面的第 04 行）向管理服务器做出响应，同样是在一个 XML 文档中。

```
01 <?xml version="1.0" encoding="UTF-8"?>
02 <rpc-reply message-id="101"
03    xmlns="urn:ietf:params:xml:ns:netconf:base:1.0">
04     <ok/>
05     </rpc-reply>
```

YANG

YANG 是一种数据建模语言，用于精确定义 NETCONF 使用的网络管理数据的结构、语法和语义，与 SNMP 中使用 SMI 定义 MIB 的方式非常相似。所有的 YANG 定义都包含在模块中，描述设备及其功能的 XML 文档可以从 YANG 模块生成。

YANG 提供了一组内置数据类型（与在 SMI 情况下一样），并且允许数据建模人员表达有效 NETCONF 配置必须满足的约束，这对于确保 NETCONF 配置满足定义的正确性和一致性约束非常有益。YANG 还用于定义 NETCONF 通告。

对 YANG 进行更全面的讨论超出了本书的范围。想了解更多信息，我们推荐感兴趣的读者阅读优秀的书籍［Claise 2019］。

5.8　小结

我们现在已经完成了进入网络核心的两章旅程，即开始于第 4 章的网络层数据平面的学习和本章完成的网络层控制平面的学习。我们知道了控制平面是网络范围的逻辑，它不仅控制从源主机到目的主机沿着端到端路径在路由器之间如何转发数据报，而且控制网络层组件和服务器如何配置和管理。

我们学习了构建控制平面有两大类方法：传统的每路由器控制（其中在每台路由器中运行算法，并且路由器中的路由选择组件与其他路由器中的路由选择组件通信）和软件定义网络（SDN）控制（其中一个逻辑上集中的控制器计算并向每台路由器分发转发表为它们所用）。我们在 5.2 节中学习了两种基本的路由选择算法，即链路状态和距离矢量，这些算法在每路由器控制和 SDN 控制中都有应用。这些算法是两种广泛部署的因特网路由选择协议 OSPF 和 BGP 的基础，我们在 5.3 节和 5.4 节中讨论了这两种协议。我们在 5.5 节中讨论了网络层控制平面的 SDN 方法，研究了 SDN 网络控制应用、SDN 控制器，以及控制器和 SDN 控制设备之间通信所使用的 OpenFlow 协议。在 5.6 节和 5.7 节中，我们学习了管理 IP 网络的技术细节：ICMP（互联网控制报文协议）以及使用 SNMP 和 NET-CONF/YANG 进行网络管理。

在完成了网络层学习之后，我们的旅行此时沿着协议栈向下走了一步，即到了链路层。像网络层一样，链路层是每台网络连接的设备的一部分。但我们将在下一章中看到，链路层的任务是在相同链路或局域网之间更局域化地移动分组。尽管这种任务从表面上看可能比网络层任务简单得多，但我们将看到，链路层涉及许多重要和引人入胜的问题，这些问题会花费我们不少时间。

课后习题和问题

复习题

5.1 节

R1. 基于每路由器控制的控制平面意味着什么？在这种情况下，当我们说网络控制平面和数据平面是"整体地"实现时，是什么意思？

R2. 基于逻辑上集中控制的控制平面意味着什么？在这种有情况下，数据平面和控制平面是在相同的设备或在分离的设备中实现的吗？请解释。

5.2 节

R3. 比较和对照集中式和分布式路由选择算法的性质。给出一个路由选择协议的例子，该路由选择协议采用分布式方法和集中式方法。

R4. 比较和对照链路状态和距离矢量这两种路由选择算法。

R5. 在距离矢量路由选择中的"无穷计数"是什么意思？

R6. 每个自治系统使用相同的 AS 内部路由选择算法是必要的吗？说明其原因。

5.3~5.4 节

R7. 为什么在因特网中用到了不同的 AS 间与 AS 内部协议?

R8. 是非判断题:当一台 OSPF 路由器发送它的链路状态信息时,它仅向那些直接相邻的节点发送。解释理由。

R9. 在 OSPF 自治系统中区域表示什么? 为什么引入区域的概念?

R10. 定义和对比下列术语:子网、前缀和 BGP 路由。

R11. BGP 是怎样使用 NEXT-HOP 属性的? 它是怎样使用 AS-PATH 属性的?

R12. 描述一个较高层 ISP 的网络管理员在配置 BGP 时是如何实现策略的。

R13. 是非判断题:当 BGP 路由器从它的邻居接收到一条通告的路径时,它必须对接收路径增加上它自己的标识,然后向其所有邻居发送该新路径。解释理由。

5.5 节

R14. 描述 SDN 控制器中的通信层、网络范围状态管理层和网络控制应用程序层的主要任务。

R15. 假定你要在 SDN 控制平面中实现一个新型路由选择协议。你将在哪个层次中实现该协议? 解释理由。

R16. 什么类型的报文流跨越 SDN 控制器的北向和南向 API? 谁是从控制器跨越南向接口发送的这些报文的接收者? 谁是跨越北向接口从控制器发送的这些报文的接收者?

R17. 描述两种从受控设备到控制器发送的 OpenFlow 报文(由你所选)类型的目的。描述两种从控制器到受控设备发送的 OpenFlow 报文(由你所选)类型的目的。

R18. 在 OpenDaylight SDN 控制器中服务抽象层的目的是什么?

5.6~5.7 节

R19. 列举 4 种不同类型的 ICMP 报文。

R20. 在发送主机执行 Traceroute 程序,收到哪两种类型的 ICMP 报文?

R21. 在 SNMP 环境中定义下列术语:管理服务器、被管设备、网络管理代理和 MIB。

R22. SNMP GetRequest 和 SetRequest 报文的目的是什么?

R23. SNMP 陷阱报文的目的是什么?

 习题

P1. 观察图 5-3,列举从 y 到 u 不包含任何环路的路径。

P2. 重复习题 P1,列举从 x 到 z、z 到 u 以及 z 到 w 的不包含任何环路的路径。

P3. 考虑下面的网络。对于标明的链路开销,用 Dijkstra 的最短路算法计算出从 x 到所有网络节点的最短路径。通过计算一个类似于表 5-1 的表,说明该算法是如何工作的。

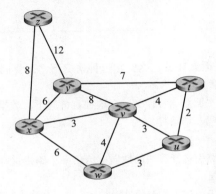

P4. 考虑习题 P3 中所示的网络。使用 Dijkstra 算法和一个类似于表 5-1 的表来说明你做的工作：

　　a. 计算出从 t 到所有网络节点的最短路径。

　　b. 计算出从 u 到所有网络节点的最短路径。

　　c. 计算出从 v 到所有网络节点的最短路径。

　　d. 计算出从 w 到所有网络节点的最短路径。

　　e. 计算出从 y 到所有网络节点的最短路径。

　　f. 计算出从 z 到所有网络节点的最短路径。

P5. 考虑下图所示的网络，假设每个节点初始时知道到它的每个邻居的开销。考虑距离向量算法，请给出节点 z 处的距离表表项。

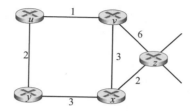

P6. 考虑一个一般性拓扑（即不是以上所显示的特定网络）和一个同步版本的距离向量算法。假设每次迭代时，一个节点与其邻居交换其距离向量并接收它们的距离向量。假定算法开始时，每个节点只知道到其直接邻居的开销，在该分布式算法收敛前所需的最大迭代次数是多少？评估你的答案。

P7. 考虑下图所示的网络段。x 只有两个相连邻居 w 与 y。w 有一条通向目的地 u（没有显示）的最低开销路径，其值为 5，y 有一条通向目的地 u 的最低开销路径，其值为 6。从 w 与 y 到 u（以及 w 与 y 之间）的完整路径未显示出来。网络中所有链路开销皆为正整数值。

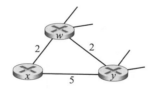

　　a. 给出 x 对目的地 w、y 和 u 的距离向量。

　　b. 给出对于 $c(x, w)$ 或 $c(x, y)$ 的链路开销的变化，使得执行了距离向量算法后，x 将通知其邻居有一条通向 u 的新最低开销路径。

　　c. 给出对 $c(x, w)$ 或 $c(x, y)$ 的链路开销的变化，使得执行了距离向量算法后，x 将不通知其邻居有一条通向 x 的新最低开销路径。

P8. 考虑如图 5-6 中所示 3 个节点的拓扑。不使用显示在图 5-6 中的开销值，链路开销值现在是 $c(x, y) = 3$，$c(y, z) = 6$，$c(z, x) = 4$。在距离向量表初始化后和在同步版本的距离向量算法每次迭代后，计算它的距离向量表（如我们以前对图 5-6 讨论时所做的那样）。

P9. 考虑距离向量路由选择中的无穷计数问题。如果我们减小一条链路的开销，将会出现无穷计数问题吗？为什么？如果我们将没有链路的两个节点连接起来，会出现什么情况？

P10. 讨论图 5-6 中的距离向量算法，距离向量 $D(x)$ 中的每个值不是递增的并且最终将在有限步中稳定下来。

P11. 考虑图 5-7。假定有另一台路由器 w，与路由器 y 和 z 连接。所有链路的开销给定如下：$c(x, y) = 4$，$c(x, z) = 50$，$c(y, w) = 1$，$c(z, w) = 1$，$c(y, z) = 3$。假设在距离向量路由选择算法中使用了毒性逆转。

　　a. 当距离向量路由选择稳定时，路由器 w、y 和 z 向 x 通知它们之间的距离。它们告诉彼此什么样的距离值？

　　b. 现在假设 x 和 y 之间的链路开销增加到 60。如果使用了毒性逆转，将会存在无穷计数问题吗？为什么？如果存在无穷计数问题，距离向量路由选择需要多少次迭代才能再次到达稳定状态？评估你的答案。

c. 如果 $c(y, x)$ 从 4 变化到 60，怎样修改 $c(y, z)$ 才能不存在无穷计数问题？

P12. 描述在 BGP 中是如何检测路径中的环路的。

P13. BGP 路由器将总是选择具有最短 AS 路径长度的无环路由吗？评估你的答案。

P14. 考虑下图所示的网络。假定 AS3 和 AS2 正在运行 OSPF 作为其 AS 内部路由选择协议。假定 AS1 和 AS4 正在运行 RIP 作为其 AS 内部路由选择协议。假定 AS 间路由选择协议使用的是 eBGP 和 iBGP。假定最初在 AS2 和 AS4 之间不存在物理链路。

a. 路由器 3c 从哪个路由选择协议学习到了前缀 x？

b. 路由器 3a 从哪个路由选择协议学习到了前缀 x？

c. 路由器 1c 从哪个路由选择协议学习到了前缀 x？

d. 路由器 1d 从哪个路由选择协议学习到了前缀 x？

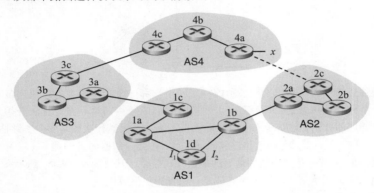

P15. 参考习题 P14，一旦路由器 1d 知道了 x 的情况，它将一个表项 (x, I) 放入它的转发表中。

a. 对这个表项而言，I 将等于 I_1 还是 I_2？用一句话解释其原因。

b. 现在假定在 AS2 和 AS4 之间有一条物理链路，显示为图中的虚线。假定路由器 1d 知道经 AS2 以及经 AS3 能够访问到 x。I 将设置为 I_1 还是 I_2？用一句话解释其原因。

c. 现在假定有另一个 AS，称为 AS5，其位于路径 AS2 和 AS4 之间（没有显示在图中）。假定路由器 1d 知道经 AS2、AS5、AS4 以及经过 AS3、AS4 能访问到 x。I 将设置为 I_1 还是 I_2？用一句话解释其原因。

P16. 考虑下面的网络。ISP B 为地区 ISP A 提供国家级主干服务。ISP C 为地区 ISP D 提供国家级主干服务。每个 ISP 由一个 AS 组成。B 和 C 使用 BGP，在两个地方互相对等。考虑从 A 到 D 的流量。B 愿意将流量交给 C 传给西海岸（使得 C 将承担承载跨越整个国家的流量的开销），而 C 愿意经其东海岸与 B 对等的站点得到这些流量（使得 B 将承载跨越整个国家的流量）。C 可能会使用什么样的 BGP 机制，使得 B 将通过东海岸对等点传递 A 到 D 的流量？要回答这个问题，你需要钻研 BGP 规范。

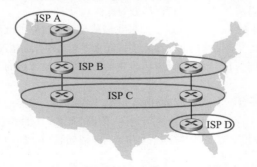

P17. 在图 5-13 中，考虑到达桩网络 W、X 和 Y 的路径信息。基于 W 与 X 处的可用信息，它们分别看到的网络拓扑是什么？评估你的答案。Y 所见的拓扑视图如下图所示。

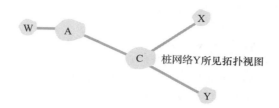

桩网络Y所见拓扑视图

P18. 考虑图 5-13。B 将不会基于 BGP 路由选择，经过 X 以 Y 为目的地转发流量。但是有某些极为流行的应用程序，其数据分组先朝向 X，然后再流向 Y。指出一种这样的应用程序，描述数据分组是如何经这条未由 BGP 路由选择所给定的路径传输的。

P19. 在图 5-13 中，假定有另一个桩网络 V，它为 ISP A 的客户。假设 B 和 C 具有对等关系，并且 A 是 B 和 C 的客户。假设 A 希望让发向 W 的流量仅来自 B，并且发向 V 的流量来自 B 或 C。A 如何向 B 和 C 通告其路由？C 收到什么样的 AS 路由？

P20. 假定 AS X 和 Z 不直接连接，但与 AS Y 连接。进一步假定 X 与 Y 具有对等协定，Y 与 Z 具有对等协定。最后，假定 Z 要传送所有 Y 的流量但不传送 X 的流量。BGP 允许 Z 实现这种策略吗？

P21. 考虑在管理实体和被管设备之间发生通信的两种方式：请求响应方式和陷阱方式。从以下方面考虑这两种方式的优缺点：①开销；②当异常事件出现时通告的时间；③对于管理实体和设备之间丢失报文的健壮性。

P22. 在 5.7 节中我们看到，用不可靠的 UDP 数据报传输 SNMP 报文是更可取的方式。请考虑 SNMP 设计者选择 UDP 而不是 TCP 作为 SNMP 运输协议的理由。

套接字编程作业

在第 2 章结尾给出了 4 个套接字编程作业。下面给出第 5 个应用 ICMP 的作业（ICMP 的是本章讨论的协议）。

作业 5：ICMP ping

ping 是一种流行的网络应用程序，用于测试位于远程的某个特定的主机是否开机和可达。它也经常用于测量客户主机和目标主机之间的时延。它的工作过程是：向目标主机发送 ICMP "回显请求"分组（即 ping 分组），并且侦听 ICMP "回显响应"应答（即 pong 分组）。ping 测量 RRT、记录分组丢失和计算多个 ping-pong 交换（往返时间的最小、平均、最大和标准差）的统计汇总。

在本实验中，读者将用 Python 语言编写自己的 ping 应用程序。该应用程序将使用 ICMP。但为了保持程序的简单，将不完全遵循 RFC 1739 中的官方规范。注意到仅需要写该程序的客户程序，因为服务器侧所需的功能构建在几乎所有的操作系统中。读者能够在 Web 站点 http://www.pearsonhighered.com/cs-resources 找到本作业的全面细节，以及该 Python 代码的重要片段。

编程作业

在本编程作业中，需要写一组"分布式"程序，以为下图所示的网络实现一个分布式异步距离向量路由选择算法。

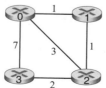

要写出下列例程,这些例程将在为该作业提供的模拟环境中异步"执行"。对于节点 0,将要写出这样的例程:

- rtinit0()。在模拟开始将调用一次该例程。rtinit0() 无参数。它应当初始化节点 0 中的距离表,以反映出到达节点 1、2 和 3 的直接开销分别为 1、3 和 7。在上图中,所有链路都是双向的,两个方向的开销皆相同。在初始化距离表和节点 0 的例程所需的其他数据结构后,它应向其直接连接的邻居(在本情况中为节点 1、2 和 3)发送它到所有其他网络节点的最低开销路径的开销信息。通过调用例程 tolayer2(),这种最低开销信息在一个路由选择更新分组中被发送给相邻节点,就像在完整编程作业中描述的那样。路由选择更新分组的格式也在完整编程作业中进行描述。

- rtupdate0(struct rtpkt ∗rcvdpkt)。当节点 0 收到一个由其直接相连邻居之一发给它的路由选择分组时,调用该例程。参数 ∗rcvdpkt 是一个指向接收分组的指针。rtupdate0() 是距离向量算法的"核心"。它从其他节点 i 接收的路由选择更新分组中包含节点 i 到所有其他网络节点的当前最短路径开销值。rtupdate0() 使用这些收到的值来更新其自身的距离表(这是由距离向量算法所规定的)。如果它自己到另外节点的最低开销由于此更新而发生改变的话,则节点 0 通过发送一个路由选择分组来通知其直接相连邻居这种最低开销的变化。我们在距离向量算法中讲过,仅有直接相连的节点才交换路由选择分组。因此,节点 1 和节点 2 将相互通信,但节点 1 和节点 3 将不相互通信。

为节点 1、2、3 定义类似的例程。因此你总共将写出 8 个例程:rtinit0()、rtinit1()、rtinit2()、rtinit3()、rtupdate0()、rtupdate1()、rtupdate2() 和 rtupdate3()。这些例程将共同实现一个分布式的、与图中所示拓扑和开销相关的距离表的异步计算。

读者可在网址 http://www.pearsonhighered.com/cs-resources 处找到该编程作业的全部详细资料,以及创建模拟硬件/软件环境所需的 C 程序代码。一个 Java 版的编程作业也可供使用。

Wireshark 实验:ICMP

在本书配套的 Web 站点 www.pearsonhighered.com/cs-resource 上将找到一个 Wireshark 实验作业,该作业考查在 ping 和 traceroute 命令中 ICMP 协议的使用。

▌ 人物专访

Jennifer Rexford 是普林斯顿大学计算机科学系的教授。她的研究目标是使计算机网络更易于设计和管理,特别强调可编程网络。从 1996 年到 2004 年,她是 AT&T 实验室网络管理和性能部门的成员。在 AT&T 任职期间,她设计了用于网络测量、流量工程和路由器配置的技术和工具,这些技术和工具被部署在 AT&T 的主干网中。Jennifer 是《Web 协议与实践:网络协议、缓存技术和流量测量》(由 Addison-Wesley 于 2001 年 5 月出版)一书的合著者。2003 年至 2007 年,她担任 ACM SIGCOMM 的主席。她于 1991 年获得普林斯顿大学电气工程学士学位,并于 1996 年获得密歇根大学电气工程和计算机科学博士学位。Jennifer 是 ACM 计算机专业杰出青年 Grace Murray Hopper 奖(2004)、ACM Athena 讲师奖(2016)、NCWIT Harrod 和 Notkin 研究

Jennifer Rexford

及研究生指导奖(2017)、ACM SIGCOMM 终身贡献奖(2018)和 IEEE 互联网奖(2019)的得主。她是 ACM 会士(2008)、IEEE 会士(2018)和美国国家工程院院士(2014)。

- 请描述在您的职业生涯中做过的一两个令人激动的项目。工作中最大的挑战是什么?

当我还是 AT&T 的一名研究员时,我们一群人设计了一种新方法来管理因特网服务提供商主干网中的路由。传统上,网络运营商逐个配置每个路由器,这些路由器运行分布式协议来计算通过网络的路径。

我们认为，如果网络运营商能够基于网络拓扑和流量的全网视图，对路由器转发流量的方式进行直接控制，网络管理将会更加简单和灵活。我们设计和构建的路由控制平台（RCP）可以在一台普通计算机上计算 AT&T 所有主干网的路由，并且可以不经过修改就控制原有的路由器。对我来说，这个项目是令人兴奋的，因为我们有一个很刺激的想法，还有一个工作系统，并最终在一个可运营的网络中实现了真正的部署。很快，几年之后，SDN 成为一种主流技术，标准协议（如 OpenFlow）和语言（如 P4）使得告诉底层交换机该做些什么变得更为容易。

- 您认为软件定义网络未来应当如何演进？

与以往最大的不同之处在于，控制平面软件能够由许多不同的程序员创建，而不只是由销售网络设备的公司生成。同时不像在服务器或智能手机上运行的应用程序，控制器应用程序必须在一起工作以处理相同的流量。网络操作员不希望对某些流量执行负载均衡而对其他流量进行路由选择；相反，他们希望在相同的流量上执行负载均衡和路由选择。未来的 SDN 控制器平台应当使独立编写的多个控制器应用程序在一起合作，提供良好的编程抽象。更一般地，良好的编程抽象能够使得生成控制器应用程序更为容易，而不必担心诸如流表项、流量计数器、分组首部的比特样式等底层细节。此外，虽然 SDN 控制器是逻辑上集中的，但网络仍然是由分布式设备集合组成的。未来的控制器应当为跨网络更新流表提供良好抽象，因此应用程序能够在设备更新时推断出传输中的分组发生了什么情况。对控制平面软件的编程抽象是一个令人兴奋的计算机网络、分布式系统和编程语言之间的多学科研究领域，有望在未来几年产生实际影响。

- 您预见网络和因特网的未来往何处发展？

网络是一个令人兴奋的领域，因为应用程序和底层技术无时不在变化。我们总是在重塑自己！甚至在 10 年前，有谁能够预测到智能手机的一统天下，允许移动用户访问现有应用程序以及新型基于位置的服务呢？云计算的出现从根本上改变了用户与他们运行的应用程序之间的关系，联网的传感器和执行器（物联网）使得大量的新应用（和安全脆弱性）成为可能！创新的步伐真正令人兴奋不已。

底层网络是所有这些创新中的要素。固然，该网络声名狼藉：限制了性能，损害了可靠性，约束了应用，使服务的部署和管理复杂化。我们应当继续努力使得未来的网络就像我们呼吸的空气一样不可见，因此网络绝不会成为新思想和有价值服务的拦路虎。为此，我们需要在各个网络设备和协议（以及它们的首字母缩略词）之上提升抽象等级，使得我们能够对该网络以及用户的高层目标作为一个整体进行推理。

- 是谁激发了您的职业灵感？

我在国际计算机科学研究所长期受到 Sally Floyd 的激励。她的研究总是有明确目标，聚焦因特网面临的重要挑战。她深入到困难问题之中，直到她完全理解该问题和解空间，她将大量精力专注于"使得事情产生结果"，例如在协议标准化和网络设备中注入了她的很多思想。同时，通过在许多标准化和研究组织的专业服务以及通过创建工具（例如广泛使用的 ns2 和 ns3 模拟器），她回馈了网络界，这些工具使得其他研究人员取得成功。她于 2009 年退休，但她在该领域的影响将在未来许多年内长久存在。

- 您对进入计算机科学和网络领域的学生有什么忠告吗？

网络本质上是一个跨学科的领域。应用来自其他学科的技术在网络中取得了重要突破，这些技术来自不同领域，如排队论、博弈论、控制论、分布式系统、网络优化、编程语言、机器学习、算法、数据结构等。我认为熟悉相关领域或与这些领域的专家密切合作，是将网络建立在更坚实基础上的极好方式，这样我们能够学习如何建造更值得社会信任的网络。除此以外，我们还能够创造真实的供实际用户使用的网络应用或产品，这同样令人激动。通过积累操作系统、计算机体系结构等方面的经验来学习并掌握如何设计和建造系统，这是另一种了不起的方式，这种方式将不断增加你的网络知识，进而帮助你创造更美好的世界。

链路层和局域网

在前面两章中,我们学习了网络层提供的任意两台主机之间的通信服务。在两台主机之间,数据报跨越一系列通信链路传输,一些是有线链路,而一些是无线链路,从源主机起始,通过一系列分组交换机(交换机和路由器),在目的主机结束。当我们沿协议栈继续往下,从网络层到达链路层,我们自然想知道分组是如何通过构成端到端通信路径的各段链路的。为了在单段链路上传输,网络层的数据报是怎样被封装进链路层帧的呢?沿此通信路径,不同的链路能够采用不同的链路层协议吗?在广播链路中传输碰撞是如何解决的?在链路层存在编址吗?如果需要,链路层编址如何与我们在第 4 章中学习的网络层编址一起运行呢?交换机和路由器之间到底有哪些差异?我们将在本章回答这些和其他一些重要的问题。

在链路层的讨论中,我们将看到两种截然不同类型的链路层信道。第一种类型是广播信道,这种信道用于连接无线局域网、卫星网和混合光纤同轴电缆(Hybrid Fiber Coaxial cable,HFC)接入网中的多台主机。因为许多主机与相同的广播信道连接,需要所谓的介质访问协议来协调帧传输。在某些场合中,可以使用中心控制器来协调传输;在其他场合中,主机自己协同传输。第二种类型的链路层信道是点对点通信链路,这经常出现在诸如长距离链路连接的两台路由器之间,或用户办公室计算机与它们所连接的邻近以太网交换机之间等场合。协调对点对点链路的访问较为简单;在本书 Web 网站上的相关材料详细地讨论了点到点协议(Point-to-Point Protocol,PPP),该协议的适用范围从经电话线的拨号服务到经光纤链路的高速点到点帧传输。

我们将在本章中探究几个链路层概念和技术。我们将更深入地研究差错检测和纠正,这个主题我们在第 3 章中简要讨论过。我们将考虑多路访问网络和交换局域网,包括以太网,这是目前最流行的有线局域网技术。我们还将介绍虚拟局域网和数据中心网络。尽管 WiFi 及更一般的无线局域网都属于链路层范围,但我们将推迟到第 7 章再学习这些重要的主题。

6.1 链路层概述

我们首先学习一些重要的术语。在本章中为方便讨论,将运行链路层协议(即第 2 层)协议的任何设备均称为**节点**(node)。节点包括主机、路由器、交换机和 WiFi 接入点(在第 7 章中讨论)。我们也把沿着通信路径连接相邻节点的通信信道称为**链路**(link)。为了将一个数据报从源主机传输到目的主机,数据报必须通过沿端到端路径上的各段链路传输。举例来说,显示在图 6-1 下部的公司网络中,考虑从无线主机之一向服务器之一发送一个数据报。该数据报将实际通过 6 段链路:发送主机与 WiFi 接入点之间的 WiFi 链路,接入点和链路层交换机之间的以太网链路,链路层交换机与路由器之间的链路,两台路由器之间的链路,最后是交换机和服务器之间的以太网链路。在通过给定的链路时,传输节点将数据报封装在**链路层帧**中,并将该帧传送到链路中。

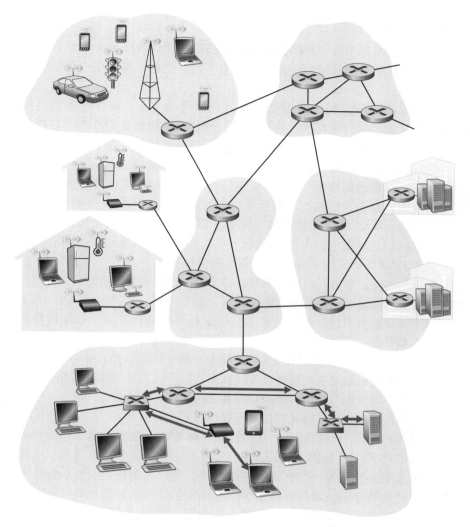

图 6-1　无线主机和服务器之间的 6 个链路层跳

　　为了透彻理解链路层以及它是如何与网络层关联的，我们考虑一个交通运输的类比例子。假如一个旅行社计划为游客开辟从美国新泽西州的普林斯顿到瑞士洛桑的旅游路线。假定该旅行社认为对于游客而言最为便利的方案是：从普林斯顿乘豪华大轿车到纽约肯尼迪（JFK）机场，然后乘飞机从 JFK 机场去日内瓦机场，最后乘火车从日内瓦机场到洛桑火车站。一旦该旅行社作了这 3 项预定，普林斯顿豪华大轿车公司将负责将游客从普林斯顿带到 JFK，航空公司将负责将游客从 JFK 带到日内瓦，瑞士火车服务将负责将游客从日内瓦带到洛桑。该旅程中 3 段中的每一段都在两个"相邻"地点之间是"直达的"。注意到这 3 段运输是由不同的公司管理，使用了完全不同的运输方式（豪华大轿车、飞机和火车）。尽管运输方式不同，但它们都提供了将旅客从一个地点运输到相邻地点的基本服务。在这个运输类比中，一个游客好比一个数据报，每个运输区段好比一条链路，每种运输方式好比一种链路层协议，而该旅行社好比一个路由选择协议。

6.1.1　链路层提供的服务

尽管任一链路层的基本服务都是将数据报通过单一通信链路从一个节点移动到相邻节点，但所提供的服务细节能够随着链路层协议的不同而变化。链路层协议能够提供的可能服务包括：

- 成帧（framing）。在每个网络层数据报经链路传送之前，几乎所有的链路层协议都要将其用链路层帧封装起来。一个帧由一个数据字段和若干首部字段组成，其中网络层数据报就插在数据字段中。帧的结构由链路层协议规定。当我们在本章的后半部分研究具体的链路层协议时，将看到几种不同的帧格式。

- 链路接入。**介质访问控制**（Medium Access Control，MAC）协议规定了帧在链路上传输的规则。对于在链路的一端仅有一个发送方、链路的另一端仅有一个接收方的点对点链路，MAC协议比较简单（或者不存在），即无论何时链路空闲，发送方都能够发送帧。更有趣的情况是当多个节点共享单个广播链路时，即所谓多路访问问题。这里，MAC协议用于协调多个节点的帧传输。

- 可靠交付。当链路层协议提供可靠交付服务时，它保证无差错地经链路层移动每个网络层数据报。前面讲过，某些运输层协议（例如TCP）也提供可靠交付服务。与运输层可靠交付服务类似，链路层的可靠交付服务通常是通过确认和重传取得的（参见3.4节）。链路层可靠交付服务通常用于易于产生高差错率的链路，例如无线链路，其目的是本地（也就是在差错发生的链路上）纠正一个差错，而不是通过运输层或应用层协议迫使进行端到端的数据重传。然而，对于低比特差错的链路，包括光纤、同轴电缆和许多双绞铜线链路，链路层可靠交付可能会被认为是一种不必要的开销。由于这个原因，许多有线的链路层协议不提供可靠交付服务。

- 差错检测和纠正。当帧中的一个比特作为1传输时，接收方节点中的链路层硬件可能不正确地将其判断为0，反之亦然。这种比特差错是由信号衰减和电磁噪声导致的。因为没有必要转发一个有差错的数据报，所以许多链路层协议提供一种机制来检测这样的比特差错。通过让发送节点在帧中包括差错检测比特，让接收节点进行差错检查，以此来完成这项工作。第3章和第4章讲过，因特网的运输层和网络层也提供了有限形式的差错检测，即因特网检验和。链路层的差错检测通常更复杂，并且用硬件实现。差错纠正类似于差错检测，区别在于接收方不仅能检测帧中出现的比特差错，而且能够准确地确定帧中的差错出现的位置（并因此纠正这些差错）。

6.1.2　链路层在何处实现

在深入学习链路层的细节之前，本概述的最后一节考虑一下在何处实现链路层的问题。主机的链路层是用硬件还是用软件实现的呢？它是实现在一块单独的卡上还是一个芯片上？它是怎样与主机的硬件和操作系统组件的其他部分接口的呢？

图6-2显示了一个典型的主机架构。以太网功能要么集成到主板芯片组，要么通过低成本的专用以太网芯片实现。在大多数情况下，链路层是在称为网络适配器的芯片上实现的，有时也称为网络接口控制器（NIC）。网络适配器实现了许多链路层服务，包括成帧、链路访问、错误检测等。因此，链路层控制器的大部分功能是在硬件中实现的。例如，Intel的700系列适配器［Intel 2020］实现了我们将在6.5节学习的以太网协议，Atheros AR5006［Atheros 2020］控制器实现了我们将在第7章学习的802.11 WiFi协议。

在发送端，控制器取得了由协议栈较高层生成并存储在主机内存中的数据报，在链路层帧中封装该数据报（填写该帧的各个字段），然后遵循链路接入协议将该帧传进通信链路中。在接收端，控制器接收了整个帧，抽取出网络层数据报。如果链路层执行差错检测，则需要发送控制器在该帧的首部设置差错检测比特，由接收控制器执行差错检测。

图 6-2 显示了尽管大部分链路层是在硬件中实现的，但部分链路层是在运行于主机 CPU 上的软件中实现的。链路层的软件组件实现了高层链路层功能，如组装链路层寻址信息和激活控制器硬件。在接收端，链路层软件响应控制器中断（例如，由于一个或多个帧的到达），处理差错条件和将数据报向上传递给网络层。所以，链路层是硬件和软件的结合体，即此处是协议栈中软件与硬件交接的地方。［Intel 2020］从软件编程的角度提供了有关 XL 710 控制器的可读性很强的概述（以及详细的描述）。

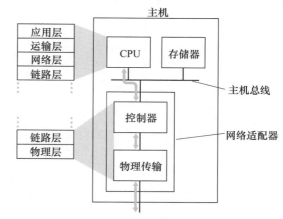

图 6-2　网络适配器与其他主机组件及协议栈功能的关系

6.2 差错检测和纠正技术

在上一节中，我们提到了**比特级差错检测和纠正**（bit-level error detection and correction），即对从一个节点发送到另一个物理上连接的邻近节点的链路层帧中的比特损伤进行检测和纠正，它们通常是链路层提供的两种服务。我们在第 3 章中看到差错检测和纠正服务通常也由运输层提供。在本节中，我们将研究几种最简单的技术，它们能够用于检测比特差错，而且在某些情况下，能够纠正这样的比特差错。对该主题理论和实现的全面描述是许多教科书的主题（例如［Schwartz 1980］或［Bertsekas 1991］），而我们这里仅讨论必要内容。我们此时的目的是对差错检测和纠正技术提供的能力有一种直观的认识，并看看一些简单技术在链路层中的工作原理及其如何实际应用。

图 6-3 图示说明了我们研究的环境。在发送节点，为了保护比特免受差错，使用差**错检测和纠正比特**（Error-Detection and-Correction，EDC）来增强数据 D。通常，要保护的数据不仅包括从网络层传递下来需要通过链路传输的数据报，而且包括链路帧首部中的链路级的寻址信息、序号和其他字段。链路级帧中的 D 和 EDC 都被发送到接收节点。在接收节点，接收到比特序列 D' 和 EDC'。注意到因传输中的比特翻转所致，D' 和 EDC' 可能与初始的 D 和 EDC 不同。

接收方的挑战是在它只收到 D' 和 EDC' 的情况下，确定 D' 是否和初始的 D 相同。在图 6-3 中的接收方判定的准确措辞（我们问是否检测到一个差错，而非是否出现了差错！）是重要的。差错检测和纠正技术使接收方有时但并总是检测出已经出现的比特差错。即使采用差错检测比特，也还是可能有**未检出比特差错**（undetected bit error）；也就是说，接收方可能无法知道接收的信息中包含着比特差错。因此，接收方可能向网络层交付一个损伤的数据报，或者不知道该帧首部的某个其他字段的内容已经损伤。我们因此要选择一个差错检测方案，使得这种事件发生的概率很小。一般而言，差错检测和纠错技术越复杂

（即那些具有未检测出比特差错概率较小的技术），导致的开销就越大，这就是意味着需要更多的计算量及更多的差错检测和纠错比特。

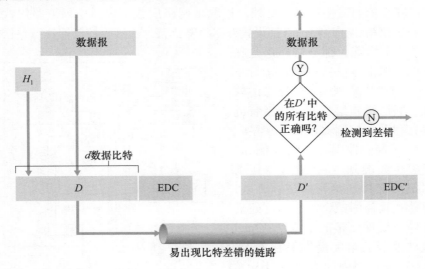

图 6-3　差错检测与纠正的场景

我们现在来研究在传输数据中检测差错的 3 种技术：奇偶校验（它用来描述差错检测和纠正背后隐含的基本思想）、检验和方法（它通常更多地应用于运输层）和循环冗余检测（它通常更多地应用在适配器中的链路层）。

6.2.1　奇偶校验

也许差错检测最简单的方式就是用单个**奇偶校验位**（parity bit）。假设在图 6-4 中要发送的信息 D 有 d 比特。在偶校验方案中，发送方只需包含一个附加的比特，选择它的值，使得这 $d+1$ 比特（初始信息加上一个校验比特）中 1 的总数是偶数。对于奇校验方案，选择校验比特值使得有奇数个 1。图 6-4 描述了一个偶校验的方案，单个校验比特被存放在一个单独的字段中。

图 6-4　1 比特偶校验

采用单个奇偶校验位方式，接收方的操作也很简单。接收方只需要数一数接收的 $d+1$ 比特中 1 的数目即可。如果在采用偶校验方案中发现了奇数个值为 1 的比特，接收方知道至少出现了一个比特差错。更精确的说法是，出现了奇数个比特差错。

但是如果出现了偶数个比特差错，那会发生什么现象呢？你应该认识到这将导致一个未检出的差错。如果比特差错的概率小，而且比特之间的差错可以被看作是独立发生的，在一个分组中多个比特同时出错的概率将是极小的。在这种情况下，单个奇偶校验位可能是足够的了。然而，测量已经表明了差错经常以"突发"方式聚集在一起，而不是独立地发生。在突发差错的情况下，使用单比特奇偶校验保护的一帧中未检测出差错的概率能够达到 50%［Spragins 1991］。显然，需要一个更健壮的差错检测方案（幸运的是实践中正在使用这样的方式！）。但是在研究实践中使用的差错检测方案之前，我们考虑对单比特奇偶校验的一种简单一般化方案，这将使我们深入地理解纠错技术。

图 6-5 显示了单比特奇偶校验方案的二维一般化方案。这里 D 中的 d 个比特被划分为 i 行 j 列。对每行和每列计算奇偶值。产生的 $i+j+1$ 奇偶比特构成了链路层帧的差错检测比特。

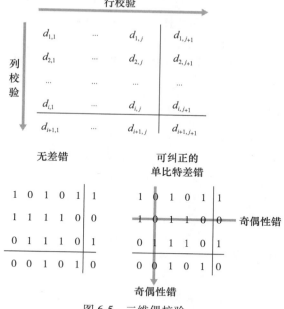

现在假设在初始 d 比特信息中出现了单个比特差错。使用这种**二维奇偶校验**（two-dimensional parity）方案，包含比特值改变的列和行的校验值都将会出现差错。因此接收方不仅可以检测到出现了单个比特差错的事实，而且还可以利用存在奇偶校验差错的列和行的索引来实际识别发生差错的比特并纠正它！图 6-5 显示了一个例子，其中位于（2，2）的值为 1 的比特损坏了，变成了 0，该差错就是一个在接收方可检测并可纠正的差错。尽管我们的讨论是针对初始 d 比特信息的，但校验比特本身的单个比特差错也是可检测和可纠正的。二维

图 6-5　二维偶校验

奇偶校验也能够检测（但不能纠正！）一个分组中两个比特差错的任何组合。二维奇偶校验方案的其他特性将在本章后面的习题中进行探讨。

接收方检测和纠正差错的能力被称为**前向纠错**（Forward Error Correction，FEC）。这些技术通常用于如音频 CD 这样的音频存储和回放设备中。在网络环境中，FEC 技术可以单独应用，或与链路层 ARQ 技术一起应用，ARQ 技术与我们在第 3 章研究的协议类似。FEC 技术很有价值，因为它们可以减少所需的发送方重发的次数。也许更为重要的是，它们允许在接收方立即纠正差错。FEC 避免了不得不等待的往返时延，而这些时延是发送方收到 NAK 分组并向接收方重传分组所需要的，这对于实时网络应用［Rubenstein 1998］或者具有长传播时延的链路（如深空间链路）可能是一种非常重要的优点。研究差错控制协议中 FEC 的使用的资料包括［Biersack 1992；Nonnenmacher 1998；Byers 1998；Shacham 1990］。

6.2.2　检验和方法

在检验和技术中，图 6-4 中的 d 比特数据被作为一个 k 比特整数的序列处理。一个简单检验和方法就是将这 k 比特整数加起来，并且用得到的和作为差错检测比特。**因特网检验和**（Internet checksum）就基于这种方法，即数据的字节作为 16 比特的整数对待并求和。这个和的反码形成了携带在报文段首部的因特网检验和。如在 3.3 节讨论的那样，接收方通过对接收的数据（包括检验和）的和取反码，并且检测其结果是否为全 1 比特来检测检验和。如果这些比特中有任何比特是 0，就可以指示出差错。RFC 1071 详细地讨论因特网检验和算法和它的实现。在 TCP 和 UDP 协议中，对所有字段（包括首部和数据字段）都计算因特网检验和。在其他协议中，例如 XTP［Strayer 1992］，对首部计算一个检验和，对整个分组计算另一个检验和。

检验和方法需要相对小的分组开销。例如，TCP 和 UDP 中的检验和只用了 16 比特。然而，与后面要讨论的常用于链路层的 CRC 相比，它们提供相对弱的差错保护。这时，

一个自然的问题是：为什么运输层使用检验和而链路层使用 CRC 呢？前面讲过运输层通常是在主机中作为用户操作系统的一部分用软件实现的。因为运输层差错检测用软件实现，采用简单而快速如检验和这样的差错检测方案是重要的。另一方面，链路层的差错检测在适配器中用专用的硬件实现，它能够快速执行更复杂的 CRC 操作。Feldmeier［Feldmeier 1995］描述的快速软件实现技术不仅可用于加权检验和编码，而且可用于 CRC（见后面）和其他编码。

6.2.3 循环冗余检测

现今的计算机网络中广泛应用的差错检测技术基于**循环冗余检测**（Cyclic Redundancy Check，CRC）**编码**。CRC 编码也称为**多项式编码**（polynomial code），因为该编码能够将要发送的比特串看作为系数是 0 和 1 一个多项式，对比特串的操作被解释为多项式算术。

CRC 编码操作如下。考虑 d 比特的数据 D，发送节点要将它发送给接收节点。发送方和接收方首先必须协商一个 $r+1$ 比特模式，称为**生成多项式**（generator），我们将其表示为 G。我们将要求 G 的最高有效位的比特（最左边）是 1。CRC 编码的关键思想如图 6-6 所示。对于一个给定的数据段 D，发送方要选择 r 个附

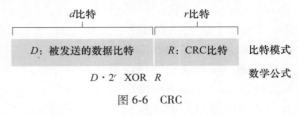

图 6-6   CRC

加比特 R，并将它们附加到 D 上，使得得到的 $d+r$ 比特模式（被解释为一个二进制数）用模 2 算术恰好能被 G 整除（即没有余数）。用 CRC 进行差错检测的过程因此很简单：接收方用 G 去除接收到的 $d+r$ 比特。如果余数为非零，接收方知道出现了差错；否则认为数据正确而被接收。

所有 CRC 计算采用模 2 算术来做，在加法中不进位，在减法中不借位。这意味着加法和减法是相同的，而且这两种操作等价于操作数的按位异或（XOR）。因此，举例来说：

$$1011 \text{ XOR } 0101 = 1110$$
$$1001 \text{ XOR } 1101 = 0100$$

类似地，我们还会有：

$$1011 - 0101 = 1110$$
$$1001 - 1101 = 0100$$

除了所需的加法或减法操作没有进位或借位外，乘法和除法与在二进制算术中是相同的。如在通常的二进制算术中那样，乘以 2^k 就是以一种比特模式左移 k 个位置。这样，给定 D 和 R，$D \cdot 2^r \text{ XOR } R$ 产生如图 6-6 所示的 $d+r$ 比特模式。在下面的讨论中，我们将利用图 6-6 中这种 $d+r$ 比特模式的代数特性。

现在我们回到发送方怎样计算 R 这个关键问题上来。前面讲过，我们要求出 R 使得对于 n 有：

$$D \cdot 2^r \text{ XOR } R = nG$$

也就是说，我们要选择 R 使得 G 能够除以 $D \cdot 2^r \text{ XOR } R$ 而没有余数。如果我们对上述等式的两边都用 R 异或（即用模 2 加，而没有进位），我们得到

$$D \cdot 2^r = nG \text{ XOR } R$$

这个等式告诉我们，如果用 G 来除 $D \cdot 2^r$，余数值刚好是 R。换句话说，我们可以这样计算 R：

$$R = \text{remainder} \frac{D \cdot 2^r}{G}$$

图 6-7 举例说明了在 $D=101110$，$d=6$，$G=1001$ 和 $r=3$ 的情况下的计算过程。在这种情况下传输的 9 个比特是 101110011。你应该自行检查一下这些计算，并核对一下 $D \cdot 2^r = 101011 \cdot G$ XOR R 的确成立。

国际标准已经定义了 8、12、16 和 32 比特生成多项式 G。CRC-32 32 比特的标准被多种链路级 IEEE 协议采用，使用的一个生成多项式是：

$$G_{\text{CRC-32}} = 100000100110000010001110110110111$$

每个 CRC 标准都能检测小于 $r+1$ 比特的突发差错。（这意味着所有连续的 r 比特或者更少的差错都可以检测到。）此外，在适当的假设下，长度大于 $r+1$ 比特的突发差错以概率 $1-0.5^r$ 被检测到。每个 CRC 标准也都能检测任何奇数个比特差错。有关 CRC 检测实现的讨论可参见［Williams 1993］。CRC 编码甚至更强的编码所依据的理论超出了本书的范围。教科书［Schwartz 1980］对这个主题提供了很好的介绍。

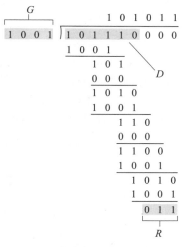

图 6-7　一个简单的 CRC 计算

6.3　多路访问链路和协议

在本章概述中，我们提到了有两种类型的网络链路：点对点链路和广播链路。**点对点链路**（point-to-point link）由链路一端的单个发送方和链路另一端的单个接收方组成。许多链路层协议都是为点对点链路设计的，如点对点协议（point-to-point protocol，PPP）和高级数据链路控制（high-level data link control，HDLC）就是两种这样的协议，我们将在本章后面涉及它们。第二种类型的链路是**广播链路**（broadcast link），它能够让多个发送和接收节点都连接到相同的、单一的、共享的广播信道上。这里使用术语"广播"是因为当任何一个节点传输一个帧时，信道广播该帧，每个其他节点都收到一个副本。以太网和无线局域网是广播链路层技术的例子。在本节，我们暂缓讨论特定的链路层协议，而先研究一个对链路层很重要的问题：如何协调多个发送和接收节点对一个共享广播信道的访问，这就是**多路访问问题**（multiple access problem）。广播信道通常用于局域网中，局域网是一个地理上集中在一座建筑物中（或者在一个公司，或者在大学校园）的网络。因此我们还将在本节后面考察一下多路访问信道是如何在局域网中使用的。

我们都很熟悉广播的概念，因为自电视发明以来就使用了这种通信方式。但是传统的电视是一种一个方向的广播（即一个固定的节点向许多接收节点传输），而计算机网络广播信道上的节点既能够发送也能够接收。也许对广播信道的一个更有人情味的类比是鸡尾酒会，在那里许多人聚集在一个大房间里（空气为提供广播的媒介）谈论和倾听。第二个切题的类比是许多读者都很熟悉的地方，即一间教室，在那里老师们和同学们同样共享相同的、单一的广播媒介。在这两种场景下，一个中心问题是确定谁以及在什么时候获得说话权力（也就是向信道传输）。作为人类，为了共享这种广播信道，我们已经演化得到了一个精心设计的协议集：

"给每个人一个讲话的机会。"

"该你讲话时你才说话。"

"不要一个人独占整个谈话。"

"如果有问题请举手。"

"当有人讲话时不要打断。"

"当其他人讲话时不要睡觉。"

计算机网络有类似的协议，也就是所谓的**多路访问协议**（multiple access protocol），即节点通过这些协议来规范它们在共享的广播信道上的传输行为。如图 6-8 所示，在各种各样的网络环境下需要多路访问协议，包括有线和无线接入网，以及卫星网络。尽管从技术上讲每个节点通过它的适配器访问广播信道，但在本节中我们将把节点作为发送和接收设备。在实践中，数以百计或者甚至数以千计个节点能够通过一个广播信道直接通信。

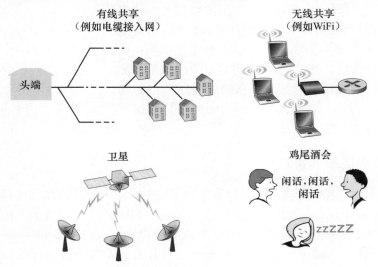

图 6-8　多种多路访问信道

因为所有的节点都能够传输帧，所以多个节点可能会同时传输帧。当发生这种情况时，所有节点同时接到多个帧；这就是说，传输的帧在所有的接收方处**碰撞**（collide）了。通常，当碰撞发生时，没有一个接收节点能够有效地获得任何传输的帧；在某种意义下，碰撞帧的信号纠缠在一起。因此，涉及此次碰撞的所有帧都丢失了，在碰撞时间间隔中的广播信道被浪费了。显然，如果许多节点要频繁地传输帧，许多传输将导致碰撞，广播信道的大量带宽将被浪费掉。

当多个节点处于活跃状态时，为了确保广播信道执行有用的工作，以某种方式协调活跃节点的传输是必要的。这种协调工作由多路访问协议负责。在过去的 40 年中，已经有上千篇文章和上百篇博士论文研究过多路访问协议；有关这部分工作前 20 年来的一个内容丰富的综述见［Rom 1990］。此外，由于新类型链路尤其是新的无线链路不断出现，在多路访问协议方面研究的活跃状况仍在继续。

这些年来，在大量的链路层技术中已经实现了几十种多路访问协议。尽管如此，我们能够将任何多路访问协议划分为以下 3 种类型之一：**信道划分协议**（channel partitioning protocol），**随机接入协议**（random access protocol），**轮流协议**（taking-turns protocol）。我们将在后续的 3 个小节中讨论这几类多路访问协议。

下面对本节做简单的总结。在理想情况下，对于速率为 R bps 的广播信道，多路访问协议应该具有以下所希望的特性：

1）当仅有一个节点发送数据时，该节点具有 R bps 的吞吐量；

2）当有 M 个节点发送数据时，每个节点吞吐量为 R/M bps。这不必要求 M 个节点中的每一个节点总是有 R/M 的瞬间速率，而是每个节点在一些适当定义的时间间隔内应该有 R/M 的平均传输速率。

3）协议是去中心化的；这就是说不会因某主节点故障而使整个系统崩溃。

4）协议是简单的，使实现不昂贵。

6.3.1 信道划分协议

我们前面在 1.3 节讨论过，时分多路复用（TDM）和频分多路复用（FDM）是两种能够用于在所有共享信道节点之间划分广播信道带宽的技术。举例来说，假设一个支持 N 个节点的信道且信道的传输速率为 R bps。TDM 将时间划分为**时间帧**（time frame），并进一步划分每个时间帧为 N 个**时隙**（slot）。（不应当把 TDM 时间帧与在发送和接收适配器之间交换的链路层数据单元相混淆，后者也被称为帧。为了减少混乱，在本小节中我们将链路层交换的数据单元称为分组。）然后把每个时隙分配给 N 个节点中的一个。无论何时某个节点在有分组要发送的时候，它在循环的 TDM 帧中指派给它的时隙内传输分组比特。通常，选择的时隙长度应使一个时隙内能够传输单个分组。图 6-9 表示一个

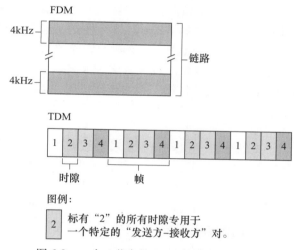

图 6-9　一个 4 节点的 TDM 与 FDM 的例子

简单的 4 个节点的 TDM 例子。再回到我们的鸡尾酒会类比中，一个采用 TDM 规则的鸡尾酒会将允许每个聚会客人在固定的时间段发言，然后再允许另一个聚会客人发言同样时长，以此类推。一旦每个人都有了说话机会，将不断重复着这种模式。

TDM 是有吸引力的，因为它消除了碰撞而且非常公平：每个节点在每个帧时间内得到了专用的传输速率 R/N bps。然而它有两个主要缺陷。首先，节点被限制于 R/N bps 的平均速率，即使当它是唯一有分组要发送的节点时。其次，节点必须总是等待它在传输序列中的轮次，即我们再次看到，即使它是唯一一个有帧要发送的节点。想象一下某聚会客人是唯一一个有话要说的人的情形（并且想象一下这种十分罕见的情况，即酒会上所有的人都想听某一个人说话）。显然，一种多路访问协议用于这个特殊聚会时，TDM 是一种很糟的选择。

TDM 在时间上共享广播信道，而 FDM 将 R bps 信道划分为不同的频段（每个频段具有 R/N 带宽），并把每个频率分配给 N 个节点中的一个。因此 FDM 在单个较大的 R bps 信道中创建了 N 个较小的 R/N bps 信道。FDM 也有 TDM 同样的优点和缺点。它避免了碰撞，在 N 个节点之间公平地划分了带宽。然而，FDM 也有 TDM 所具有的主要缺点，也就是限制一个节点只能使用 R/N 的带宽，即使当它是唯一一个有分组要发送的

节点时。

第三种信道划分协议是**码分多址**（Code Division Multiple Access，CDMA）。TDM 和 FDM 分别为节点分配时隙和频率，而 CDMA 对每个节点分配一种不同的编码。然后每个节点用它唯一的编码来对它发送的数据进行编码。如果精心选择这些编码，CDMA 网络具有一种奇妙的特性，即不同的节点能够同时传输，并且它们各自相应的接收方仍能正确接收发送方编码的数据比特（假设接收方知道发送方的编码），而不在乎其他节点的干扰传输。CDMA 已经在军用系统中使用了一段时间（由于它的抗干扰特性），目前已经广泛地用于民用，尤其是蜂窝电话中。因为 CDMA 的使用与无线信道紧密相关，所以我们将把有关 CDMA 技术细节的讨论留到第 7 章。此时，我们知道 CDMA 编码类似于 TDM 中的时隙和 FDM 中的频率，能分配给多路访问信道的用户就可以了。

6.3.2 随机接入协议

第二大类多访问协议是随机接入协议。在随机接入协议中，一个传输节点总是以信道的全部速率（即 R bps）进行发送。当有碰撞时，涉及碰撞的每个节点反复地重发它的帧（也就是分组），到该帧无碰撞地通过为止。但是当一个节点经历一次碰撞时，它不必立刻重发该帧。相反，它在重发该帧之前等待一个随机时延。涉及碰撞的每个节点独立地选择随机时延。因为该随机时延是独立地选择的，所以下述现象是有可能的：这些节点之一所选择的时延充分小于其他碰撞节点的时延，并因此能够无碰撞地将它的帧在信道中发出。

文献中描述的随机接入协议即使没有上百种也有几十种 ［Rom 1990；Bertsekas 1991］。在本节中，我们将描述一些最常用的随机接入协议，即 ALOHA 协议 ［Abramson 1970；Abramson 1985；Abramson 2009］和载波侦听多路访问（CSMA）协议 ［Kleinrock 1975b］。以太网 ［Metcalfe 1976］是一种流行并广泛部署的 CSMA 协议。

1. 时隙 ALOHA

我们以最简单的随机接入协议之——时隙 ALOHA 协议，开始我们对随机接入协议的学习。在对时隙 ALOHA 的描述中，我们做下列假设：

- 所有帧由 L 比特组成。
- 时间被划分成长度为 L/R 秒的时隙（这就是说，一个时隙等于传输一帧的时间）。
- 节点只在时隙起点开始传输帧。
- 节点是同步的，每个节点都知道时隙何时开始。
- 如果在一个时隙中有两个或者更多个帧碰撞，则所有节点在该时隙结束之前检测到该碰撞事件。

令 p 是一个概率，即一个在 0 和 1 之间的数。在每个节点中，时隙 ALOHA 的操作是简单的：

- 当节点有一个新帧要发送时，它等到下一个时隙开始并在该时隙传输整个帧。
- 如果没有碰撞，该节点成功地传输它的帧，从而不需要考虑重传该帧。（如果该节点有新帧，它能够为传输准备一个新帧。）
- 如果有碰撞，该节点在时隙结束之前检测到这次碰撞。该节点以概率 p 在后续的每个时隙中重传它的帧，直到该帧被无碰撞地传输出去。

我们说以概率 p 重传，是指某节点有效地投掷一个有偏倚的硬币；硬币正面事件对应着重传，而重传出现的概率为 p。硬币反面事件对应着"跳过这个时隙，在下个时隙再掷硬币"；这个事件以概率（$1-p$）出现。所有涉及碰撞的节点独立地投掷它们的硬币。

时隙 ALOHA 看起来有很多优点。与信道划分不同，当某节点是唯一活跃的节点时（一个节点如果有帧要发送就认为它是活跃的），时隙 ALOHA 允许该节点以全速 R 连续传输。时隙 ALOHA 也是高度分散的，因为每个节点检测碰撞并独立地决定什么时候重传。（然而，时隙 ALOHA 的确需要在节点中对时隙同步；我们很快将讨论 ALOHA 协议的一个不分时隙的版本以及 CSMA 协议，这两种协议都不需要这种同步。）时隙 ALOHA 也是一个极为简单的协议。

当只有一个活跃节点时，时隙 ALOHA 工作出色，但是当有多个活跃节点时效率又将如何呢？这里有两个可能要考虑的效率问题。首先，如在图 6-10 中所示，当有多个活跃节点时，一部分时隙将有碰撞，因此将被"浪费"掉了。第二个考虑是，时隙的另一部分将是空闲的，因为所有活跃节点由于概率传输策略会节制传输。唯一"未浪费的"时隙是那些刚好有一个节点传输的时隙。刚好有一个节点传输的时隙称为一个**成功时隙**（successful slot）。时隙多路访问协议的**效率**（efficiency）定义为：当有大量的活跃节点且每个节点总有大量的帧要发送时，长期运行中成功时隙的份额。注意到如果不使用某种形式的访问控制，而且每个节点都在每次碰撞之后立即重传，这个效率将为零。时隙 ALOHA 显然增加了它的效率，使之大于零，但是效率增加了多少呢？

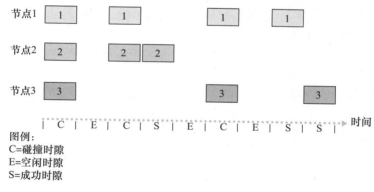

图 6-10   节点 1、2 和 3 在第一个时隙碰撞。节点 2 最终在第 4 个时隙成功，节点 1 在第 8 个时隙成功，节点 3 在第 9 个时隙成功

现在我们继续概要讨论时隙 ALOHA 最大效率的推导过程。为了保持该推导简单，我们对协议做了一点修改，假设每个节点试图在每个时隙以概率 p 传输一帧。（这就是说，我们假设每个节点总有帧要发送，而且节点对新帧和已经经历一次碰撞的帧都以概率 p 传输。）假设有 N 个节点。则一个给定时隙是成功时隙的概率为节点之一传输而余下的 $N-1$ 个节点不传输的概率。一个给定节点传输的概率是 p；剩余节点不传输的概率是 $(1-p)^{N-1}$。因此，一个给定节点成功传送的概率是 $p(1-p)^{N-1}$。因为有 N 个节点，任意一个节点成功传送的概率是 $Np(1-p)^{N-1}$。

因此，当有 N 个活跃节点时，时隙 ALOHA 的效率是 $Np(1-p)^{N-1}$。为了获得 N 个活跃节点的最大效率，我们必须求出使这个表达式最大化的 p^*。（对这个推导的一个大体描述参见课后习题。）而且对于大量活跃节点，为了获得最大效率，当 N 趋于无穷时，我们取 $Np^*(1-p^*)^{N-1}$ 的极限。（同样参见课后习题。）在完成这些计算之后，我们会发现这个协议的最大效率为 $1/e = 0.37$。这就是说，当有大量节点有很多帧要传输时，则（最多）仅有 37% 的时隙做有用的工作。因此该信道有效传输速率不是 R bps，而仅为 $0.37R$ bps！相似的分析还表明 37% 的时隙是空闲的，26% 的时隙有碰撞。试想一个蹩脚的网络管理员购买了一个 100Mbps 的时隙 ALOHA 系统，希望能够使用网络在大量的用户之间以总计速率如 80Mbps 来传输数据。尽管这个信道能够以信道的全速 100Mbps 传输一个给定的帧，但从长时间范围看，该信道的成功吞吐量将小于 37Mbps。

2. ALOHA

时隙 ALOHA 协议要求所有的节点同步它们的传输，以在每个时隙开始时开始传输。第一个 ALOHA 协议 [Abramson 1970] 实际上是一个非时隙、完全分散的协议。在纯 ALOHA 中，当一帧首次到达（即一个网络层数据报在发送节点从网络层传递下来），节点立刻将该帧完整地传输进广播信道。如果一个传输的帧与一个或多个传输经历了碰撞，这个节点将立即（在完全传输完它的碰撞帧之后）以概率 p 重传该帧。否则，该节点等待一个帧传输时间。在此等待之后，它则以概率 p 传输该帧，或者以概率 $1-p$ 在另一个帧时间等待（保持空闲）。

为了确定纯 ALOHA 的最大效率，我们关注某个单独的节点。我们的假设与在时隙 ALOHA 分析中所做的相同，取帧传输时间为时间单元。在任何给定时间，某节点传输一个帧的概率是 p。假设该帧在时刻 t_0 开始传输。如图 6-11 中所示，为了使该帧能成功地传输，在时间间隔 $[t_0-1, t_0]$ 中不能有其他节点开始传输。这种传输将与节点 i 的帧传输起始部分相重叠。所有其他节点在这个时间间隔不开始传输的概率是 $(1-p)^{N-1}$。类似地，当节点 i 在传输时，其他节点不能开始传输，因为这种传输将与节点 i 传输的后面部分相重叠。所有其他节点在这个时间间隔不开始传输的概率也是 $(1-p)^{N-1}$。因此，一个给定的节点成功传输一次的概率是 $p(1-p)^{2(N-1)}$。通过与时隙 ALOHA 情况一样来取极限，我们求得纯 ALOHA 协议的最大效率仅为 $1/(2e)$，这刚好是时隙 ALOHA 的一半。这就是完全去中心化的 ALOHA 协议所要付出的代价。

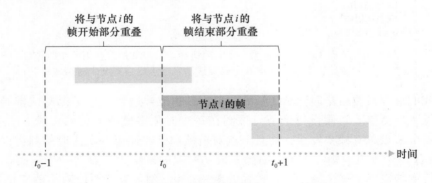

图 6-11　纯 ALOHA 中的干扰传输

历 史 事 件

Norm Abramson 和 ALOHAnet

Norm Abramson 是一名有博士学位的工程师，对冲浪运动很有激情，而且对分组交换很感兴趣。这些兴趣的结合使他在 1969 年到了夏威夷大学。夏威夷是由许多巨大的岛屿组成的，安装和运营基于陆地的网络是困难的。当不冲浪的时候，Abramson 思考如何设计一种在无线信道上完成分组交互的网络。他设计的网络有一个中心主机和几个分散在夏威夷各个岛上的二级节点。该网络有两个信道，每个信道使用不同的频段。下行链路信道从中心主机向二级主机广播分组；上行信道从二级主机向中心主机发送分组。除了发送信息分组，中心主机还在下行信道上对从二级主机成功接收到的每个分组发送确认。

因为二级主机以分散的方式传输分组，在上行信道上出现碰撞是不可避免的。这个观察导致 Abramson 设计了如本章所描述的那种纯 ALOHA 协议。在 1970 年，通过不断从 ARPA 获得的资助，Abramson 将他的 ALOHAnet 与 ARPAnet 相连。Abramson 的工作是很重要的，不仅因为它是无线分组网络的第一个例子，而且因为它激励了 Bob Metcalfe。几年之后，Metcalfe 修改了 ALOHA 协议，创造了 CSMA/CD 协议和以太网局域网。

3. 载波侦听多路访问（CSMA）

在时隙和纯 ALOHA 中，一个节点传输的决定独立于连接到这个广播信道上的其他节点的活动。特别是，一个节点不关心在它开始传输时是否有其他节点碰巧在传输，而且即使有另一个节点开始干扰它的传输也不会停止传输。在我们的鸡尾酒会类比中，ALOHA 协议非常像一个粗野的聚会客人，他喋喋不休地讲话而不顾是否其他人在说话。作为人类，我们有人类的协议，它要求我们不仅要更为礼貌，而且在谈话中要减少与他人"碰撞"的时间，从而增加我们谈话中交流的数据量。具体而言，有礼貌的人类谈话有两个重要的规则：

- 说话之前先听。如果其他人正在说话，等到他们说完话为止。在网络领域中，这被称为**载波侦听**（carrier sensing），即一个节点在传输前先听信道。如果来自另一个节点的帧正向信道上发送，节点则等待直到检测到一小段时间没有传输，然后开始传输。
- 如果与他人同时开始说话，停止说话。在网络领域中，这被称为**碰撞检测**（collision detection），即当一个传输节点在传输时一直在侦听此信道。如果它检测到另一个节点正在传输干扰帧，它就停止传输，在重复"侦听-当空闲时传输"循环之前等待一段随机时间。

这两个规则包含在**载波侦听多路访问**（Carrier Sense Multiple Access，CSMA）和**具有碰撞检测的 CSMA**（CSMA with Collision Detection，CSMA/CD）协议族中［Kleinrock 1975b；Metcalfe 1976；Lam 1980；Rom 1990］。人们已经提出了 CSMA 和 CSMA/CD 的许多变种。这里，我们将考虑一些 CSMA 和 CSMA/CD 最重要的和基本的特性。

关于 CSMA 你可能要问的第一个问题是，如果所有的节点都进行载波侦听了，为什么当初会发生碰撞？毕竟，某节点无论何时侦听到另一个节点在传输，它都会停止传输。对于这个问题的答案最好能够用时空图来说明［Molle 1987］。图 6-12 显示了连接到一个线状广播总线的 4 个节点（A、B、C、D）的时空图。横轴表示每个节点在空间的位置；纵轴表示时间。

在时刻 t_0，节点 B 侦听到信道是空闲的，因为当前没有其他节点在传输。因此节点

B 开始传输，沿着广播媒介在两个方向上传播它的比特。图 6-12 中 B 的比特随着时间的增加向下传播，这表明 B 的比特沿着广播媒介传播所实际需要的时间不是零（虽然以接近光的速度）。在时刻 t_1（$t_1 > t_0$），节点 D 有一个帧要发送。尽管节点 B 在时刻 t_1 正在传输，但 B 传输的比特还没有到达 D，因此 D 在 t_1 侦听到信道空闲。根据 CSMA 协议，从而 D 开始传输它的帧。一个短暂的时间之后，B 的传输开始在 D 干扰 D 的传输。从图 6-12 中可以看出，显然广播信道的端到端**信道传播时延**（channel propagation delay）（信号从一个节点传播到另一个节点所花费的时间）在决定其性能方面起着关键的作用。该传播时延越长，载波侦听节点不能侦听到网络中另一个节点已经开始传输的机会就越大。

4. 具有碰撞检测的载波侦听多路访问（CSMA/CD）

在图 6-12 中，节点没有进行碰撞检测；即使已经出现了碰撞，B 和 D 都将继续完整地传输它们的帧。当某节点执行碰撞检测时，一旦它检测到碰撞将立即停止传输。图 6-13 给出了与图 6-12 相同的情况，只是这两个节点在检测到碰撞后很短的时间内都放弃了它们的传输。显然，在多路访问协议中加入碰撞检测，通过不传输一个无用的、（由来自另一个节点的帧干扰）损坏的帧，将有助于改善协议的性能。

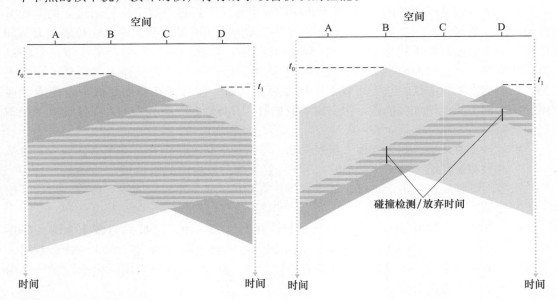

图 6-12　发生碰撞传输的两个 CSMA 节点的时空图　　　图 6-13　具有碰撞检测的 CSMA

在分析 CSMA/CD 协议之前，我们现在从与广播信道相连的适配器（在节点中）的角度总结它的运行：

1）适配器从网络层一条获得数据报，准备链路层帧，并将其放入帧适配器缓存中。

2）如果适配器侦听到信道空闲（即无信号能量从信道进入适配器），它开始传输帧。在另一方面，如果适配器侦听到信道正在忙，它将等待，直到侦听到没有信号能量时才开始传输帧。

3）在传输过程中，适配器监视来自其他使用该广播信道的适配器的信号能量的存在。

4）如果适配器传输整个帧而未检测到来自其他适配器的信号能量，该适配器就完成了该帧。在另一方面，如果适配器在传输时检测到来自其他适配器的信号能量，它中止传输（即它停止了传输帧）。

5）中止传输后，适配器等待一个随机时间量，然后返回步骤 2。

等待一个随机（而不是固定）的时间量的需求是明确的——如果两个节点同时传输帧，然后这两个节点等待相同固定的时间量，它们将持续碰撞下去。但选择随机回退时间的时间间隔多大为好呢？如果时间间隔大而碰撞节点数量小，在重复"侦听-当空闲时传输"的步骤前，节点很可能等待较长的时间（使信道保持空闲）。在另一方面，如果时间间隔小而碰撞节点数量大，很可能选择的随机值将几乎相同，传输节点将再次碰撞。我们希望时间间隔应该这样：当碰撞节点数量较少时，时间间隔较短；当碰撞节点数量较大时，时间间隔较长。

用于以太网以及 DOCSIS 电缆网络多路访问协议［DOCSIS 3.1 2014］中的**二进制指数后退**（binary exponential backoff）算法，简练地解决了这个问题。特别是，当传输一个给定帧时，在该帧经历了一连串的 n 次碰撞后，节点随机地从 $\{0, 1, 2, \cdots, 2^n-1\}$ 中选择一个 K 值。因此，一个帧经历的碰撞越多，K 选择的间隔越大。对于以太网，一个节点等待的实际时间量是 $K \cdot 512$ 比特时间（即发送 512 比特进入以太网所需时间量的 K 倍），n 能够取的最大值在 10 以内。

我们看一个例子。假设一个适配器首次尝试传输一个帧，并在传输中它检测到碰撞。然后该节点以概率 0.5 选择 $K=0$，以概率 0.5 选择 $K=1$。如果该节点选择 $K=0$，则它立即开始侦听信道。如果这个适配器选择 $K=1$，它在开始"当空闲时侦听并传输"周期前等待 512 比特时间（例如对于 100Mbps 以太网来说为 5.12μs）。在第 2 次碰撞之后，从 $\{0, 1, 2, 3\}$ 中等概率地选择 K。在第 3 次碰撞之后，从 $\{0, 1, 2, 3, 4, 5, 6, 7\}$ 中等概率地选择 K。在 10 次或更多次碰撞之后，从 $\{0, 1, 2, \cdots, 1023\}$ 中等概率地选择 K。因此从中选择 K 的集合长度随着碰撞次数呈指数增长；正是由于这个原因，该算法被称为二进制指数后退。

这里我们还要注意到，每次适配器准备传输一个新的帧时，它要运行 CSMA/CD 算法。不考虑近期过去的时间内可能已经发生的任何碰撞。因此，当几个其他适配器处于指数后退状态时，有可能一个具有新帧的节点能够立刻插入一次成功的传输。

5. CSMA/CD 效率

当只有一个节点有一个帧发送时，该节点能够以信道全速率进行传输（例如 10Mbps、100Mbps 或者 1Gbps）。然而，如果很多节点都有帧要发送，信道的有效传输速率可能会小得多。我们将 **CSMA/CD 效率**（efficiency of CSMA/CD）定义为：当有大量的活跃节点，且每个节点有大量的帧要发送时，帧在信道中无碰撞地传输的那部分时间在长期运行时间中所占的份额。为了给出效率的一个闭式的近似表示，令 d_{prop} 表示信号能量在任意两个适配器之间传播所需的最大时间。令 d_{trans} 表示传输一个最大长度的以太网帧的时间（对于 10Mbps 的以太网，该时间近似为 1.2 毫秒）。CSMA/CD 效率的推导超出了本书的范围（见［Lam 1980］和［Bertsekas 1991］）。这里我们只是列出下面的近似式：

$$效率 = \frac{1}{1 + 5d_{prop}/d_{trans}}$$

从这个公式我们看到，当 d_{prop} 接近 0 时，效率接近 1。这和我们的直觉相符，如果传播时延是 0，碰撞的节点将立即中止而不会浪费信道。同时，当 d_{trans} 变得很大时，效率也接近于 1。这也和直觉相符，因为当一个帧取得了信道时，它将占有信道很长时间；因此信道在大多数时间都会有效地工作。

6.3.3 轮流协议

前面讲过多路访问协议的两个理想特性是：①当只有一个节点活跃时，该活跃节点具有 R bps 的吞吐量；②当有 M 个节点活跃时，每个活跃节点的吞吐量接近 R/M bps。ALOHA 和 CSMA 协议具备第一个特性，但不具备第二个特性。这激发研究人员创造另一类协议，也就是**轮流协议**（taking-turns protocol）。和随机接入协议一样，有几十种轮流协议，其中每一个协议又都有很多变种。这里我们要讨论两种比较重要的协议。第一种是**轮询协议**（polling protocol）。轮询协议要求这些节点之一要被指定为主节点。主节点以循环的方式**轮询**（poll）每个节点。特别是，主节点首先向节点 1 发送一个报文，告诉它（节点 1）能够传输的帧的最多数量。在节点 1 传了某些帧后，主节点告诉节点 2 它（节点 2）能够传输的帧的最多数量。（主节点能够通过观察在信道上是否缺乏信号，来决定一个节点何时完成了帧的发送。）上述过程以这种方式继续进行，主节点以循环的方式轮询了每个节点。

轮询协议消除了困扰随机接入协议的碰撞和空时隙，这使得轮询取得高得多的效率。但是它也有一些缺点。第一个缺点是该协议引入了轮询时延，即通知一个节点"它可以传输"所需的时间。例如，如果只有一个节点是活跃的，那么这个节点将以小于 R bps 的速率传输，因为每次活跃节点发送了它最多数量的帧时，主节点必须依次轮询每一个非活跃的节点。第二个缺点可能更为严重，就是如果主节点有故障，整个信道都变得不可操作。我们在本节学习的蓝牙协议就是轮询协议的例子。

第二种轮流协议是**令牌传递协议**（token-passing protocol）。在这种协议中没有主节点。一个称为**令牌**（token）的小的特殊帧在节点之间以某种固定的次序进行交换。例如，节点 1 可能总是把令牌发送给节点 2，节点 2 可能总是把令牌发送给节点 3，而节点 N 可能总是把令牌发送给节点 1。当一个节点收到令牌时，仅当它有一些帧要发送时，它才持有这个令牌；否则，它立即向下一个节点转发该令牌。当一个节点收到令牌时，如果它确实有帧要传输，它发送最大数目的帧数，然后把令牌转发给下一个节点。令牌传递是分散的，并有很高的效率。但是它也有自己的一些问题。例如，一个节点的故障可能会使整个信道崩溃。或者如果一个节点偶然忘记了释放令牌，则必须调用某些恢复步骤使令牌返回到循环中来。经过多年，人们已经开发了许多令牌传递协议，包括光纤分布式数据接口（FDDI）协议[Jain 1994] 和 IEEE 802.5 令牌环协议 [IEEE 802.5 2012]，每一种都必须解决这些和其他一些棘手的问题。

6.3.4 DOCSIS：用于电缆因特网接入的链路层协议

在前面 3 小节中，我们已经学习了 3 大类多路访问协议：信道划分协议、随机接入协议和轮流协议。这里的电缆接入网将作为一种很好的学习案例，因为在电缆接入网中我们将看到这三类多路访问协议中的每一种！

1.2.1 节讲过，一个电缆接入网通常在电缆网头端将几千个住宅电缆调制解调器与一个**电缆调制解调器端接系统**（Cable Modem Termination System，CMTS）连接。**数据经电缆服务接口**（Data-Over-Cable Service Interface，CMTS）规范（DOCSIS）[DOCSIS 3.1 2014；Hamzeh 2015] 定义了电缆数据网络体系结构及其协议。DOCSIS 使用 FDM 将下行（CMTS 到调制解调器）和上行（调制解调器到 CMTS）网络段划分为多个频率信道。每个下行信道的宽度在 24MHz 到 192MHz 之间，每个信道的最大吞吐量约为 1.6Gbps；每个上行信道的信道宽度在 6.4MHz 到 96MHz 之间，最大上行吞吐量约为 1Gbps。每个上行和下行信道都是一个广播信道。由 CMTS 在下行信道上传输的帧被接收该信道的所有电缆调制解调器所接收，然而，由于只有一个 CMTS 传输到下行信道，因此不存在多路访问问题。然而，上行方向更有趣，技术上更具挑战性，因为多个电缆调制解调器共享 CMTS 的上行通道（频率），因此可能会发生碰撞。

如图 6-14 所示，每条上行信道被划分为时间间隔（类似于 TDM），每个时间间隔包含一个微时隙序列，电缆调制解调器可在该微时隙中向 CMTS 传输。CMTS 显式地准许各个电缆调制解调器在特定的微时隙中进行传输。CMTS 在下行信道上通过发送称为 MAP 报文的控制报文，指定哪个电缆调制解调器（带有要发送的数据）能够在微时隙中传输由控制报文指定的时间间隔。由于微时隙明确分配给电缆调制解调器，故 CMTS 能够确保在微时隙中没有碰撞传输。

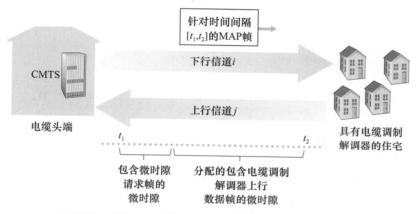

图 6-14　CMTS 和电缆调制解调器之间的上行和下行信道

但是 CMTS 一开始是如何知道哪个电缆调制解调器有数据要发送呢？通过让电缆调制解调器在专用于此目的的一组特殊的微时隙间隔内向 CMTS 发送微时隙请求帧来完成该任务，如图 6-14 所示。这些微时隙请求帧以随机接入方式传输，故可能相互碰撞。电缆调制解调器既不能侦听上行信道是否忙，也不能检测碰撞。相反，该电缆调制解调器如果没有在下一个下行控制报文中收到对请求分配的响应的话，就推断出它的微时隙请求帧经历了一次碰撞。当推断出一次碰撞，电缆调制解调器使用二进制指数回退将其微时隙请求帧延缓到以后的时隙重新发送。当在上行信道上有很少的流量，电缆调制解调器可能在名义上分配给微时隙请求帧的时隙内实际传输数据帧（因此避免不得不等待微时隙分配）。

因此，电缆接入网可作为应用多路访问协议的一个极好的例子，其中，FDM、TDM、随机接入和集中分配时隙都用于一个网络中。

6.4　交换局域网

在上一节学习了广播网络和多路访问协议后，我们现在将注意力转向交换局域网。图 6-15 显示了一个交换局域网，它用 4 台交换机连接了 3 个部门、2 台服务器和 1 台路由器。因为这些交换机运行在链路层，所以它们交换链路层帧（而不是网络层数据报），不识别网络层地址，不使用如 OSPF 这样的路由选择算法来确定通过第二层交换机网络的路径。我们马上就会看到，它们使用链路层地址而不是 IP 地址来转发链路层帧通过交换机网络。我们首先以讨论链路层寻址（6.4.1 节）来开始对交换机局域网的学习。然后仔细学习著名的以太网协议（6.4.2 节）。在仔细学习链路层寻址和以太网后，我们将考察链路层交换机的工作方式（6.4.3 节），并随后考察通常是如何用这些交换机构建大规模局域网的（6.4.4 节）。

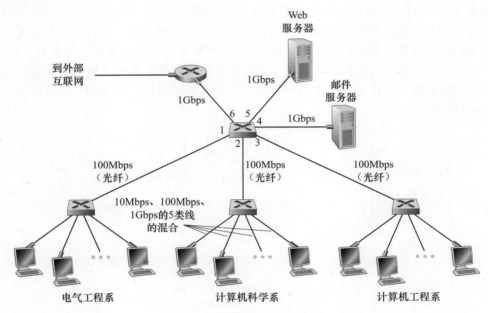

图 6-15　由 4 台交换机连接起来的某机构网络

6.4.1　链路层寻址和 ARP

主机和路由器具有链路层地址。现在你也许会感到惊讶，第 4 章中不是讲过主机和路由器也具有网络层地址吗？你也许会问：为什么我们在网络层和链路层都需要地址呢？除了描述链路层地址的语法和功能，在本节中我们希望明明白白地搞清楚两层地址都有用的原因，事实上这些地址是必不可少的。我们还将学习地址解析协议（ARP），该协议提供了将 IP 地址转换为链路层地址的机制。

1. MAC 地址

事实上，并不是主机或路由器具有链路层地址，而是它们的适配器（即网络接口）具有链路层地址。因此，具有多个网络接口的主机或路由器将具有与之相关联的多个链路层地址，就像它也具有与之相关联的多个 IP 地址一样。然而，重要的是注意到链路层交换机并不具有与它们的接口（这些接口是与主机和路由器相连的）相关联的链路层地址。这是因为链路层交换机的任务是在主机与路由器之间承载数据报；交换机透明地执行该项任务，这就是说，主机或路由器不必明确地将帧寻址到其间的交换机。图 6-16 中说明了这种情况。链路层地址有各种不同的称呼：**LAN 地址**（LAN address）、**物理地址**（physical address）或 **MAC 地址**（MAC address）。因为 MAC 地址似乎是最为流行的术语，所以我们此后就将链路层地址称为 MAC 地址。对于大多数局域网（包括以太网和 802.11 无线局域网）而言，MAC 地址长度为 6 字节，共有 2^{48} 个可能的 MAC 地址。如图 6-16 所示，这些 6 个字节地址通常用十六进制表示法，地址的每个字节被表示为一对十六进制数。尽管 MAC 地址被设计为永久的，但用软件改变一块适配器的 MAC 地址现在是可能的。然而，对于本节的后面部分而言，我们将假设某适配器的 MAC 地址是固定的。

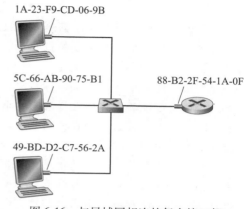

图 6-16 与局域网相连的每个接口都有唯一的 MAC 地址

MAC 地址的一个有趣性质是没有两块适配器具有相同的地址。考虑到适配器是由许多不同国家和地区的不同公司生产的，这看起来似乎是件神奇之事。中国台湾生产适配器的公司如何能够保证与比利时生产适配器的公司使用不同的地址呢？答案是 IEEE 在管理着该 MAC 地址空间。特别是，当一个公司要生产适配器时，它支付象征性的费用购买组成 2^{24} 个地址的一块地址空间。IEEE 分配这块 2^{24} 个地址的方式是：固定一个 MAC 地址的前 24 比特，让公司自己为每个适配器生成后 24 比特的唯一组合。

适配器的 MAC 地址具有扁平结构（这与层次结构相反），而且不论适配器到哪里用都不会变化。带有以太网接口的笔记本电脑总具有同样的 MAC 地址，无论该计算机位于何方。具有 802.11 接口的一台智能手机总是具有相同的 MAC 地址，无论该智能手机到哪里。与之形成对照的是，前面说过的 IP 地址具有层次结构（即一个网络部分和一个主机部分），而且当主机移动时，主机的 IP 地址需要改变，即改变它所连接到的网络。适配器的 MAC 地址与人的社会保险号相似，后者也具有扁平寻址结构，而且无论人到哪里该号码都不会变化。IP 地址则与一个人的邮政地址相似，它是有层次的，无论何时当人搬家时，该地址都必须改变。就像一个人可能发现邮政地址和社会保险号都有用那样，一台主机具有一个网络层地址和一个 MAC 地址是有用的。

当某适配器要向某些目的适配器发送一个帧时，发送适配器将目的适配器的 MAC 地址插入到该帧中，并将该帧发送到局域网上。如我们马上要看到的那样，一台交换机偶尔将一个入帧广播到它的所有接口。我们将在第 7 章中看到 802.11 也广播帧。因此一块适配器可以接收一个并非向它寻址的帧。这样，当适配器接收到一个帧时，将检查该帧中的目的 MAC 地址是否与它自己的 MAC 地址匹配。如果匹配，该适配器提取出封装的数据报，并将该数据报沿协议栈向上传递。如果不匹配，该适配器丢弃该帧，而不会向上传递该网络层数据报。所以，仅当收到该帧时，才会中断目的地。

然而，有时某发送适配器的确要让局域网上所有其他适配器来接收并处理它打算发送的帧。在这种情况下，发送适配器在该帧的目的地址字段中插入一个特殊的 MAC **广播地址**（broadcast address）。对于使用 6 字节地址的局域网（例如以太网和 802.11）来说，广播地址是 48 个连续的 1 组成的字符串（即以十六进制表示法表示的 FF-FF-FF-FF-FF-FF）。

实 践 原 则

保持各层独立

主机和路由器接口除了网络层地址之外还有 MAC 地址,这有如下几个原因。首先,局域网是为任意网络层协议而设计的,而不只是用于 IP 和因特网。如果适配器被指派 IP 地址而不是"中性的"MAC 地址的话,则适配器将不能够方便地支持其他网络层协议(例如,IPX 或者 DECnet)。其次,如果适配器使用网络层地址而不是 MAC 地址的话,网络层地址必须存储在适配器的 RAM 中,并且在每次适配器移动(或加电)时要重新配置。另一种选择是在适配器中不使用任何地址,让每个适配器将它收到的每帧数据(通常是 IP 数据报)沿协议栈向上传递。然后网络层则能够核对网络地址层是否匹配。这种选择带来的一个问题是,主机将被局域网上发送的每个帧中断,包括被目的地是在相同广播局域网上的其他节点的帧中断。总之,为了使网络体系结构中各层次成为极为独立的构建模块,不同的层次需要有它们自己的寻址方案。我们现在已经看到 3 种类型的地址:应用层的主机名、网络层的 IP 地址以及链路层的 MAC 地址。

---

2. 地址解析协议

因为存在网络层地址(例如,因特网的 IP 地址)和链路层地址(即 MAC 地址),所以需要在它们之间进行转换。对于因特网而言,这是**地址解析协议**(Address Resolution Protocol,ARP)[RFC 826]的任务。

为了理解对于诸如 ARP 这样协议的需求,考虑如图 6-17 所示的网络。在这个简单的例子中,每台主机和路由器具有单一的 IP 地址和单一的 MAC 地址。与以往一样,IP 地址以点分十进制表示法表示,MAC 地址以十六进制表示法表示。为了便于讨论,我们在本节中将假设交换机广播所有帧;这就是说,无论何时交换机在一个接口接收一个帧,它将在其所有其他接口上转发该帧。在下一节中,我们将更为准确地解释交换机操作的过程。

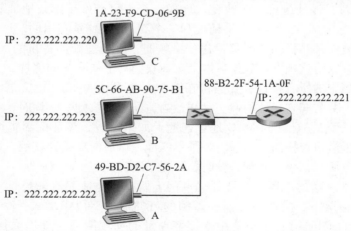

图 6-17　局域网上的每个接口都有一个 IP 地址和一个 MAC 地址

现在假设 IP 地址为 222.222.222.220 的主机要向主机 222.222.222.222 发送 IP 数据报。在本例中,源和目的均位于相同的子网中(在 4.3.3 节中的寻址意义下)。为了发送数据报，该源必须要向它的适配器不仅提供 IP 数据报，而且要提供目的主机 222.222.222.222 的 MAC 地址。然后发送适配器将构造一个包含目的地的 MAC 地址的链路层帧，并把该帧发送进局域网。

在本节中要处理的重要问题是，发送主机如何确定 IP 地址为 222.222.222.222 的目的主机的 MAC 地址呢？正如你也许已经猜想的那样，它使用 ARP。在发送主机中的 ARP 模块将取在相同局域网上的任何 IP 地址作为输入，然后返回相应的 MAC 地址。在眼下的这个例子中，发送主机 222.222.222.220 向它的 ARP 模块提供了 IP 地址 222.222.222.222，并且其 ARP 模块返回了相应的 MAC 地址 49-BD-D2-C7-56-2A。

因此我们看到了 ARP 将一个 IP 地址解析为一个 MAC 地址。在很多方面它和 DNS（在 2.4 节中学习过）类似，DNS 将主机名解析为 IP 地址。然而，这两种解析器之间的一个重要区别是，DNS 为在因特网中任何地方的主机解析主机名，而 ARP 只为在同一个子网上的主机和路由器接口解析 IP 地址。如果美国加利福尼亚州的一个节点试图用 ARP 为美国密西西比州的一个节点解析 IP 地址，ARP 将返回一个错误。

既然已经解释了 ARP 的用途，我们再来看看它是如何工作的。每台主机或路由器在其内存中具有一个 **ARP 表**（ARP table），这张表包含 IP 地址到 MAC 地址的映射关系。图 6-18 显示了在主机 222.222.222.220 中可能看到的 ARP 表中的内容。该 ARP 表也包含一个寿命（TTL）值，它指示了从表中删除每个映射的时间。注意到这张表不必为该子网上的每台主机和路由器都包含一个表项；某些可能从来没有进入到该表中，某些可能已经过期。从一个表项放置到某 ARP 表中开始，一个表项通常的有效时间是 20 分钟。

IP 地址	MAC 地址	TTL
222.222.222.221	88-B2-2F-54-1A-0F	13：45：00
222.222.222.223	5C-66-AB-90-75-B1	13：52：00

图 6-18　在主机 222.222.222.220 中的一个可能的 ARP 表

现在假设主机 222.222.222.220 要发送一个数据报，该数据报要 IP 寻址到本子网上另一台主机或路由器。发送主机需要获得给定 IP 地址的目的主机的 MAC 地址。如果发送方的 ARP 表具有该目的节点的表项，这个任务是很容易完成的。但如果 ARP 表中当前没有该目的主机的表项，又该怎么办呢？特别是假设 222.222.222.220 要向 222.222.222.222 发送数据报。在这种情况下，发送方用 ARP 协议来解析这个地址。首先，发送方构造一个称为 **ARP 分组**（ARP packet）的特殊分组。一个 ARP 分组有几个字段，包括发送和接收 IP 地址及 MAC 地址。ARP 查询分组和响应分组都具有相同的格式。ARP 查询分组的目的是询问子网上所有其他主机和路由器，以确定对应于要解析的 IP 地址的那个 MAC 地址。

回到我们的例子上来，222.222.222.220 向它的适配器传递一个 ARP 查询分组，并且指示适配器应该用 MAC 广播地址（即 FF-FF-FF-FF-FF-FF）来发送这个分组。适配器在链路层帧中封装这个 ARP 分组，用广播地址作为帧的目的地址，并将该帧传输进子网中。回想我们的社会保险号/邮政地址的类比，一次 ARP 查询等价于一个人在某公司（比方说 AnyCorp）一个拥挤的房间大喊："邮政地址是加利福尼亚州帕罗奥图市 AnyCorp 公司 112 房间 13 室的那个人的社会保险号是什么？"包含该 ARP 查询的帧能被子网上的所有其他适配器接收到，并且（由于广播地址）每个适配器都把在该帧中的 ARP 分组向上传递给

ARP 模块。这些 ARP 模块中的每个都检查它的 IP 地址是否与 ARP 分组中的目的 IP 地址相匹配。与之匹配的一个给查询主机发送回一个带有所希望映射的响应 ARP 分组。然后查询主机 222.222.222.220 能够更新它的 ARP 表，并发送它的 IP 数据报，该数据报封装在一个链路层帧中，并且该帧的目的 MAC 就是对先前 ARP 请求进行响应的主机或路由器的 MAC 地址。

关于 ARP 协议有两件有趣的事情需要注意。首先，查询 ARP 报文是在广播帧中发送的，而响应 ARP 报文在一个标准帧中发送。在继续阅读之前，你应该思考一下为什么这样。其次，ARP 是即插即用的，这就是说，一个 ARP 表是自动建立的，即它不需要系统管理员来配置。并且如果某主机与子网断开连接，它的表项最终会从留在子网中的节点的表中删除掉。

学生们常常想知道 ARP 是一个链路层协议还是一个网络层协议。如我们所看到的那样，一个 ARP 分组封装在链路层帧中，因而在体系结构上位于链路层之上。然而，一个 ARP 分组具有包含链路层地址的字段，因而可认为是链路层协议，但它也包含网络层地址，因而也可认为是为网络层协议。所以，可能最好把 ARP 看成是跨越链路层和网络层边界两边的协议，即不完全符合我们在第 1 章中学习的简单的分层协议栈。现实世界协议就是这样复杂！

3. 发送数据报到子网以外

现在应该搞清楚当一台主机要向相同子网上的另一台主机发送一个数据报时 ARP 的操作过程。但是现在我们来看更复杂的情况，即当子网中的某主机要向子网之外（也就是跨越路由器的另一个子网）的主机发送网络层数据报的情况。我们在图 6-19 的环境中来讨论这个问题，该图显示了一个由一台路由器互联两个子网所组成的简单网络。

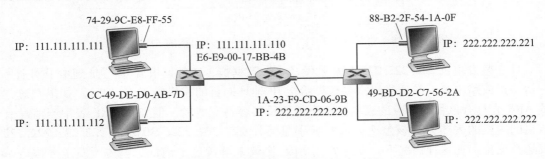

图 6-19   由一台路由器互联的两个子网

有关图 6-19 需要注意几件有趣的事情。每台主机仅有一个 IP 地址和一个适配器。但是，如第 4 章所讨论，一台路由器对它的每个接口都有一个 IP 地址。对路由器的每个接口，（在路由器中）也有一个 ARP 模块和一个适配器。在图 6-19 中的路由器有两个接口，所以它有两个 IP 地址、两个 ARP 模块和两个适配器。当然，网络中的每个适配器都有自己的 MAC 地址。

还要注意到子网 1 的网络地址为 111.111.111/24，子网 2 的网络地址为 222.222.222/24。因此，与子网 1 相连的所有接口都有格式为 111.111.111.xxx 的地址，与子网 2 相连的所有接口都有格式为 222.222.222.xxx 的地址。

现在我们考察子网 1 上的一台主机将向子网 2 上的一台主机发送数据报。特别是，假设主机 111.111.111.111 要向主机 222.222.222.222 发送一个 IP 数据报。和往常一样，发送主机向它的适配器传递数据报。但是，发送主机还必须向它的适配器指示一个适当的目的 MAC 地址。该适配器应该使用什么 MAC 地址呢？有人也许大胆猜测，这个适当的 MAC 地址就是主机 222.222.222.222 的适配器地址，即 49-BD-D2-C7-56-2A。然而，这个猜测是错误的！如果发送适配器要用那个 MAC 地址，那么子网 1 上所有的适配器都不会费心将该 IP 数据报传递到它的网络层，因为该帧的目的地址与子网 1 上所有适配器的 MAC 地址都将不匹配。这个数据报将只有死亡，到达数据报天国。

如果我们仔细地观察图 6-19，我们发现为了使一个数据报从 111.111.111.111 到子网 2 上的主机，该数据报必须首先发送给路由器接口 111.111.111.110，它是通往最终目的地路径上的第一跳路由器的 IP 地址。因此，对于该帧来说，适当的 MAC 地址是路由器接口 111.111.111.110 的适配器地址，即 E6-E9-00-17-BB-4B。但发送主机怎样获得 111.111.111.110 的 MAC 地址呢？当然是通过使用 ARP！一旦发送适配器有了这个 MAC 地址，它创建一个帧（包含了寻址到 222.222.222.222 的数据报），并把该帧发送到子网 1 中。在子网 1 上的路由器适配器看到该链路层帧是向它寻址的，因此把这个帧传递给路由器的网络层。万岁！该 IP 数据报终于被成功地从源主机移动到这台路由器了！但是我们的任务还没有结束。我们仍然要将该数据报从路由器移动到目的地。路由器现在必须决定该数据报要被转发的正确接口。如在第 4 章中所讨论的，这是通过查询路由器中的转发表来完成的。转发表告诉这台路由器该数据报要通过路由器接口 222.222.222.220 转发。然后该接口把这个数据报传递给它的适配器，适配器把该数据报封装到一个新的帧中，并且将帧发送进子网 2 中。这时，该帧的目的 MAC 地址确实是最终目的地 MAC 地址。路由器又是怎样获得这个目的地 MAC 地址的呢？当然是用 ARP 获得的！

用于以太网的 ARP 定义在 RFC 826 中。在 TCP/IP 指南 RFC 1180 中对 ARP 进行了很好的介绍。我们将在课后习题中更为详细地研究 ARP。

6.4.2　以太网

以太网几乎占领着现有的有线局域网市场。在 20 世纪 80 年代和 90 年代早期，以太网面临着来自其他局域网技术包括令牌环、FDDI 和 ATM 的挑战。多年来，这些其他技术中的一些成功地抓住了部分局域网市场份额。但是自从 20 世纪 70 年代中期发明以太网以来，它就不断演化和发展，并保持了它的支配地位。今天，以太网是到目前为止最流行的有线局域网技术，而且到可能预见的将来它可能仍保持这一位置。可以这么说，以太网对本地区域联网的重要性就像因特网对全球联网所具有的地位那样。

以太网的成功有很多原因。首先，以太网是第一个广泛部署的高速局域网。因为它部署得早，网络管理员非常熟悉以太网（它的奇迹和它的奇思妙想），并当其他局域网技术问世时，他们不愿意转而用之。其次，令牌环、FDDI 和 ATM 比以太网更加复杂、更加昂贵，这就进一步阻碍了网络管理员改用其他技术。第三，改用其他局域网技术（例如 FDDI 和 ATM）的最引人注目的原因通常是这些新技术具有更高数据速率；然而以太网总是奋起抗争，产生了运行在相同或更高数据速率下的版本。20 世纪 90 年代初期引入了交换以太网，这就进一步增加了它的有效数据速率。最后，由于以太网已经很流行了，所以以太网硬件（尤其是适配器和交换机）成了一个普通商品，而且极为便宜。

Bob Metcalfe 和 David Boggs 在 20 世纪 70 年代中期发明初始的以太局域网。初始的以太局域网使用同轴电缆总线来互联节点。以太网的总线拓扑实际上从 20 世纪 80 年代到 90 年代中期一直保持不变。使用总线拓扑的以太网是一种广播局域网，即所有传输的帧传送到与该总线连接的所有适配器并被其处理。回忆一下，我们在 6.3.2 节中讨论了以太网的具有二进制指数回退的 CSMA/CD 多路访问协议。

到了 20 世纪 90 年代后期，大多数公司和大学使用一种基于集线器的星形拓扑以太网安装替代了它们的局域网。在这种安装中，主机（和路由器）直接用双绞对铜线与一台集线器相连。**集线器**（hub）是一种物理层设备，它作用于各个比特而不是作用于帧。当表示一个 0 或一个 1 的比特到达一个接口时，集线器只是重新生成这个比特，将其能量强度放大，并将该比特向其他所有接口传输出去。因此，采用基于集线器的星形拓扑的以太网也是一个广播局域网，即无论何时集线器从它的一个接口接收到一个比特，它向其所有其他接口发送该比特的副本。特别是，如果某集线器同时从两个不同的接口接收到帧，将出现一次碰撞，生成该帧的节点必须重新传输该帧。

在 21 世纪初，以太网又经历了一次重要的革命性变化。以太网安装继续使用星形拓扑，但是位于中心的集线器被**交换机**（switch）所替代。在本章后面我们将深入学习交换以太网。眼下我们仅知道交换机不仅是"无碰撞的"，而且也是名副其实的存储转发分组交换机就可以了；但是与运行在高至第三层的路由器不同，交换机仅运行在第二层。

1. 以太网帧结构

以太网帧如图 6-20 所示。通过仔细研究以太网的帧，我们能够学到许多有关以太网的知识。

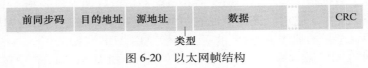

图 6-20　以太网帧结构

为了将对以太网帧的讨论放到切实的环境中，考虑从一台主机向另一台主机发送一个 IP 数据报，且这两台主机在相同的以太局域网上（例如，如图 6-17 所示的以太局域网）。（尽管以太网帧的负载是一个 IP 数据报，但我们注意到以太网帧也能够承载其他网络层分组。）设发送适配器（即适配器 A）的 MAC 地址是 AA-AA-AA-AA-AA-AA，接收适配器（即适配器 B）的 MAC 地址是 BB-BB-BB-BB-BB-BB。发送适配器在一个以太网帧中封装了一个 IP 数据报，并把该帧传递到物理层。接收适配器从物理层收到这个帧，提取出 IP 数据报，并将该 IP 数据报传递给网络层。我们现在在这种情况下考察如图 6-20 所示的以太网帧的 6 个字段：

- 数据字段（46~1500 字节）。这个字段承载了 IP 数据报。以太网的最大传输单元（MTU）是 1500 字节。这意味着如果 IP 数据报超过了 1500 字节，则主机必须将该数据报分片，如 4.3.2 节所讨论。数据字段的最小长度是 46 字节。这意味着如果 IP 数据报小于 46 字节，数据报必须被填充到 46 字节。当采用填充时，传递到网络层的数据包括 IP 数据报和填充部分。网络层使用 IP 数据报首部中的长度字段来去除填充部分。

- 目的地址（6 字节）。这个字段包含目的适配器的 MAC 地址，即 BB-BB-BB-BB-BB-BB。当适配器 B 收到一个以太网帧，帧的目的地址无论是 BB-BB-BB-BB-BB-BB，还是 MAC 广播地址，它都将该帧的数据字段的内容传递给网络层；如果它收到了具有任何其他 MAC 地址的帧，则丢弃之。

- 源地址（6 字节）。这个字段包含了传输该帧到局域网上的适配器的 MAC 地址，在本例中为 AA-AA-AA-AA-AA-AA。

- 类型字段（2字节）。类型字段允许以太网复用多种网络层协议。为了理解这点，我们需要记住主机能够使用除了 IP 以外的其他网络层协议。事实上，一台给定的主机可以支持多种网络层协议，以对不同的应用采用不同的协议。因此，当以太网帧到达适配器 B，适配器 B 需要知道它应该将数据字段的内容传递给哪个网络层协议（即分解）。IP 和其他网络层协议（例如，Novell IPX 或 AppleTalk）都有它们各自的、标准化的类型编号。此外，ARP 协议（在上一节讨论过）有自己的类型编号，并且如果到达的帧包含 ARP 分组（即类型字段的值为十六进制的 0806），则该 ARP 分组将被多路分解给 ARP 协议。注意到该类型字段和网络层数据报中的协议字段、运输层报文段的端口号字段相类似；所有这些字段都是为了把一层中的某协议与上一层的某协议结合起来。

- CRC（4字节）。如 6.2.3 节中讨论的那样，CRC（循环冗余检测）字段的目的是使得接收适配器（适配器 B）检测帧中是否引入了差错。

- 前同步码（8字节）。以太网帧以一个 8 字节的前同步码（Preamble）字段开始。该前同步码的前 7 字节的值都是 10101010；最后一个字节是 10101011。前同步码字段的前 7 字节用于"唤醒"接收适配器，并且将它们的时钟和发送方的时钟同步。为什么这些时钟会不同步呢？记住适配器 A 的目的是根据以太局域网类型的不同，分别以 10Mbps、100Mbps 或者 1Gbps 的速率传输帧。然而，没有什么是完美无缺的，因此适配器 A 不会以精确的额定速率传输帧；相对于额定速率总有一些漂移，局域网上的其他适配器不会预先知道这种漂移的。接收适配器只需通过锁定前同步码的前 7 字节的比特，就能够锁定适配器 A 的时钟。前同步码的第 8 个字节的最后两个比特（最前面的两个连续的 1）警告适配器 B，"重要的内容"就要到来了。

所有的以太网技术都向网络层提供无连接服务。这就是说，当适配器 A 要向适配器 B 发送一个数据报时，适配器 A 在一个以太网帧中封装该数据报，并且把该帧发送到局域网上，没有先与适配器 B 握手。这种第二层的无连接服务类似于 IP 的第三层数据报服务和 UDP 的第四层无连接服务。

以太网技术都向网络层提供不可靠服务。特别是，当适配器 B 收到一个来自适配器 A 的帧，它对该帧执行 CRC 校验，但是当该帧通过 CRC 校验时它既不发送确认帧；而当该帧没有通过 CRC 校验时它也不发送否定确认帧。当某帧没有通过 CRC 校验，适配器 B 只是丢弃该帧。因此，适配器 A 根本不知道它传输的帧是否到达了 B 并通过了 CRC 校验。（在链路层）缺乏可靠的传输有助于使得以太网简单和便宜。但是它也意味着传递到网络层的数据报流能够有间隙。

如果由于丢弃了以太网帧而存在间隙，主机 B 上的应用也会看见这个间隙吗？如我们在第 3 章中学习的那样，这只取决于该应用是使用 UDP 还是使用 TCP。如果应用使用的是 UDP，则主机 B 中的应用的确会看到数据中的间隙。另一方面，如果应用使用的是 TCP，则主机 B 中的 TCP 将不会确认包含在丢弃帧中的数据，从而引起主机 A 的 TCP 重传。注意到当 TCP 重传数据时，数据最终将回到曾经丢弃它的以太网适配器。因此，从这种意义上来说，以太网的确重传了数据，尽管以太网并不知道它是正在传输一个具有全新数据的全新数据报，还是一个包含已经被传输过至少一次的数据的数据报。

历 史 事 件

Bob Metcalfe 和以太网

作为 20 世纪 70 年代早期哈佛大学的一名博士生，Bob Metcalfe 在 MIT 从事 ARPA-net 的研究。在他学习期间，他还受到了 Abramson 有关 ALOHA 和随机接入协议工作的影响。在完成了他的博士学位，并在开始 Xerox Palo Alto 研究中心（Xerox PARC）的工作之前，他用 3 个月访问了 Abramson 和他在夏威夷大学的同事，获得了 ALOHAnet 的第一手资料。在 Xerox PARC，Metcalfe 受到了 Alto 计算机的影响，这种计算机在很多方面是 20 世纪 80 年代个人计算机的先驱。Metcalfe 看到了对这些计算机以一种不昂贵的方式组网的需求。因此，基于他在 APRAnet、ALOHAnet 和随机接入协议方面的知识，Metcalfe 和他的同事 David Boggs 一起发明了以太网。

Metcalfe 和 Boggs 的初始以太网运行速度为 2.94Mbps，连接长达一英里范围的多达 256 台主机。Metcalfe 和 Boggs 成功地使得 Xerox PARC 的大多数研究人员通过他们的 Alto 计算机互相通信。然后 Metcalfe 推进了 Xerox、Digital 和 Intel 联盟，创建了以太网作为一种 10Mbps 的以太网标准，该标准后被 IEEE 认可。Xerox 对以太网商业化没有表现出太多的兴趣。1979 年，Metcalfe 建立了自己的公司 3Com，它发展和商业化包括以太网技术在内的联网技术。特别是，3Com 在 20 世纪 80 年代早期为非常流行的 IBM PC 开发了以太网网卡并使之市场化。

---

2. 以太网技术

在以上的讨论中我们已经提到以太网，仿佛它有单一的协议标准似的。但事实上，以太网具有许多不同的特色，还有一些令人困惑的首字母缩写词，如 10BASE-T、10BASE-2、100BASE-T、1000BASE-LX、10GBASE-T 和 40GBASE-T。这些以及许多其他的以太网技术在多年中已经被 IEEE 802.3 CSMA/CD（Ethernet）工作组标准化了［IEEE 802.3 2012］。尽管这些首字母缩写词看起来令人困惑，实际上其中非常有规律性。首字母缩写词的第一部分指该标准的速率：10、100、1000、10G 或 40G，分别代表 10Mbps、100Mbps、1Gbps、10Gbps 和 40Gbps 以太网。"BASE"指基带以太网，这意味着该物理媒介仅承载以太网流量；几乎所有的 802.3 标准都适用于基带以太网。该首字母缩写词的最后一部分指物理媒介本身；以太网是链路层也是物理层的规范，并且能够经各种物理媒介（包括同轴电缆、铜线和光纤）承载。一般而言，"T"指双绞铜线。

从历史上讲，以太网最初被构想为一段同轴电缆。早期的 10BASE-2 和 10BASE-5 标准规定了在两种类型的同轴电缆之上的 10Mbps 以太网，每种标准都限制在 500 米长度之内。通过使用**转发器**（repeater）能够得到更长的运行距离，而转发器是一种物理层设备，它能在输入端接收信号并在输出端再生该信号。同轴电缆很好地对应于我们将作为一种广播媒介的以太网视图，即由一个接口传输的所有帧可在其他接口收到，并且以太网的 CSMA/CD 协议很好地解决了多路访问问题。节点直接附着在电缆上，万事大吉，我们有了一个局域网了！

多年来以太网已经经历了一系列演化步骤，今天的以太网非常不同于使用同轴电缆的初始总线拓扑的设计。在今天大多数的安装中，节点经点对点的由双绞铜线或光纤线缆构成的线段与一台交换机相连，如图 6-15 至图 6-17 所示。

在 20 世纪 90 年代中期，以太网被标准化为 100Mbps，比 10Mbps 以太网快 10 倍。初始的以太网 MAC 协议和帧格式保留了下来，但更高速率的物理层被定义为用铜线（100BASE-T）和用光纤（100BASE-FX、100BASE-SX、100BASE-BX）。图 6-21 显示了这些不同的标准和共同的以太网 MAC 协议和帧格式。100Mbps 以太网用双绞线距离限制为 100 米，用光纤距离限制为几千米，允许把不同建筑物中的以太网交换机连接起来。

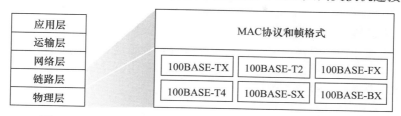

图 6-21　100Mbps 以太网标准：共同的链路层，不同的物理层

吉比特以太网是对极为成功的 10Mbps 和 100Mbps 以太网标准的扩展。40Gbps 以太网提供 40 000Mbps 的总数据速率，与大量已经安装的以太网设备基础保持完全兼容。吉比特以太网的标准称为 IEEE 802.3z，它完成以下工作：

- 使用标准以太网帧格式（参见图 6-20），并且后向兼容 10BASE-T 与 100BASE-T 技术。这使得吉比特以太网和现已安装的以太网设备基础很容易集成。
- 允许点对点链路以及共享的广播信道。如前所述，点对点链路使用交换机，而广播信道使用集线器。在吉比特以太网术语中，集线器被称为带缓存的分配器。
- 使用 CSMA/CD 来共享广播信道。为了得到可接受的效率，节点之间的最大距离必须严格限制。
- 对于点对点信道，允许在两个方向上都以 40Gbps 全双工操作。

吉比特以太网最初工作于光纤之上，现在能够工作在（用于 1000 BASE-T 和 10GBASE-T 的）5 类 UTP 线缆上。

我们通过提出一个问题来结束有关以太网技术的讨论，这个问题开始可能会难倒你。在总线拓扑和基于集线器的星形拓扑技术时代，以太网很显然是一种广播链路（如 6.3 节所定义），其中多个节点同时传输时会出现帧碰撞。为了处理这些碰撞，以太网标准包括了 CSMA/CD 协议，该协议对于跨越一个小的地理半径的有线广播局域网特别有效。但是对于今天广为使用的以太网是基于交换机的星形拓扑，采用的是存储转发分组交换，是否还真正需要一种以太网 MAC 协议呢？如我们很快所见，交换机协调其传输，在任何时候绝不会向相同的接口转发超过一个帧。此外，现代交换机是全双工的，这使得一台交换机和一个节点能够在同时向对方发送帧而没有干扰。换句话说，在基于交换机的以太局域网中，不会有碰撞，因此没有必要使用 MAC 协议了！

如我们所见，今天的以太网与 Metcalfe 和 Boggs 在 30 多年前构想的初始以太网有非常大的不同，即速度已经增加了 3 个数量级，以太网帧承载在各种各样的媒介之上，交换以太网已经成为主流，此时甚至连 MAC 协议也经常是不必要的了！所有这些还真正是以太网吗？答案当然是："是的，根据定义如此。"然而，注意到下列事实是有趣的：通过所有这些改变，的确还有一个历经 30 年保持未变的持久不变量，即以太网帧格式。也许这才是以太网标准的一个真正重要的特征。

6.4.3 链路层交换机

到目前为止，我们有意对交换机实际要做的工作以及它是怎样工作的含糊其辞。交换机的任务是接收入链路层帧并将它们转发到出链路；我们将在这一节中详细学习这种转发功能。我们将看到交换机自身对子网中的主机和路由器是**透明的**（transparent）；这就是说，某主机/路由器向另一个主机/路由器寻址一个帧（而不是向交换机寻址该帧），顺利地将该帧发送进局域网，并不知道某交换机将会接收该帧并将它转发到另一个节点。这些帧到达该交换机的任何输出接口之一的速率可能暂时会超过该接口的链路容量。为了解决这个问题，交换机输出接口设有缓存，这非常类似于路由器接口为数据报设有缓存。现在我们来仔细考察交换机运行的原理。

1. 转发和过滤

过滤（filtering）是决定一个帧应该转发到某个接口还是应当将其丢弃的交换机功能。**转发**（forwarding）是决定一个帧应该被导向哪个接口，并把该帧移动到那些接口的交换机功能。交换机的过滤和转发借助于**交换机表**（switch table）完成。该交换机表包含某局域网上某些主机和路由器的表项，但不必是全部的表项。交换机表中的一个表项包含：①一个 MAC 地址；②通向该 MAC 地址的交换机接口；③表项放置在表中的时间。图 6-22 中显示了图 6-15 中最上方交换机的一个交换机表的例子。尽管帧转发的描述听起来类似于第 4 章讨论的数据转发，但我们将很快看到它们之间有重要的差异。在 4.4 节关于泛化转发的讨论中，我们学习过许多现代分组交换机能够被配置，以基于第二层目的 MAC 地址（即起着第二层交换机的功能）或者第三层 IP 目的地址（即起着第三层交换机的功能）进行转发。无论如何，我们将对交换机基于 MAC 地址而不是基于 IP 地址转发分组进行明确区分。我们也将看到传统的（即处于非 SDN 环境）交换机表的构造方式与路由器转发表的构造方式有很大不同。

地址	接口	时间
62-FE-F7-11-89-A3	1	9:32
7C-BA-B2-B4-91-10	3	9:36
...	...	...

图 6-22   图 6-15 中最上面交换机的交换机表的一部分

为了理解交换机过滤和转发的工作过程，假定目的地址为 DD-DD-DD-DD-DD-DD 的帧从交换机接口 x 到达。交换机用 MAC 地址 DD-DD-DD-DD-DD-DD 索引它的表。有 3 种可能的情况：

- 表中没有对应 DD-DD-DD-DD-DD-DD 的表项。在这种情况下，交换机向除接口 x 外的所有接口前面的输出缓存转发该帧的副本。换言之，如果没有对于目的地址的表项，交换机广播该帧。
- 表中有 DD-DD-DD-DD-DD-DD 与接口 x 关联的表项。在这种情况下，该帧从包括适配器 DD-DD-DD-DD-DD-DD 的局域网网段到来。无须将该帧转发到任何其他接口，交换机通过丢弃该帧执行过滤功能即可。
- 表中有 DD-DD-DD-DD-DD-DD 与接口 $y \neq x$ 关联的表项。在这种情况下，该帧需要被转发到与接口 y 相连的局域网网段。交换机通过将该帧放到接口 y 前面的输出缓存完成转发功能。

我们大致地看一下用于图 6-15 中最上面交换机的这些规则以及图 6-22 中所示的它的交换机表。假设目的地址为 62-FE-F7-11-89-A3 的一个帧从接口 1 到达该交换机。交换机检查它的表并且发现其目的地是在与接口 1 相连的局域网网段上（即电气工程系的局域网）。这意味着该帧已经在包含目的地的局域网网段广播过了。因此该交换机过滤（即丢弃）了该帧。现在假设有同样目的地址的帧从接口 2 到达。交换机再次检查它的表并且发现其目的地址在接口 1 的方向上；因此它向接口 1 前面的输出缓存转发该帧。这个例子清楚地表明，只要交换机的表是完整和准确的，该交换机无须任何广播就向着目的地转发帧。

在这种意义上，交换机比集线器更为"聪明"。但是一开始这个交换机表是如何配置起来的呢？链路层有与网络层路由选择协议等价的协议吗？或者必须要一名超负荷工作的管理员人工地配置交换机表吗？

2. 自学习

交换机具有令人惊奇的特性（特别是对于早已超负荷工作的网络管理员），那就是它的表是自动、动态和自治地建立的，即没有来自网络管理员或来自配置协议的任何干预。换句话说，交换机是**自学习**（self-learning）的。这种能力是以如下方式实现的：

1）交换机表初始为空。

2）对于在每个接口接收到的每个入帧，该交换机在其表中存储：①在该帧源地址字段中的 MAC 地址；②该帧到达的接口；③当前时间。交换机以这种方式在它的表中记录了发送节点所在的局域网网段。如果在局域网上的每个主机最终都发送了一个帧，则每个主机最终将在这张表中留有记录。

3）如果在一段时间［称为老化期（aging time）］后，交换机没有接收到以该地址作为源地址的帧，就在表中删除这个地址。以这种方式，如果一台 PC 被另一台 PC（具有不同的适配器）代替，原来 PC 的 MAC 地址将最终从该交换机表中被清除掉。

我们粗略地看一下用于图 6-15 中最上面交换机的自学习性质以及在图 6-22 中它对应的交换机表。假设在时刻 9：39，源地址为 01-12-23-34-45-56 的一个帧从接口 2 到达。假设这个地址不在交换机表中。于是交换机在其表中增加一个新的表项，如图 6-23 中所示。

地址	接口	时间
01-12-23-34-45-56	2	9：39
62-FE-F7-11-89-A3	1	9：32
7C-BA-B2-B4-91-10	3	9：36
…	…	…

图 6-23　交换机学习到地址为 01-12-23-34-45-56 的适配器所在的位置

继续这个例子，假设该交换机的老化期是 60min，在 9：32～10：32 期间源地址是 62-FE-F7-11-89-A3 的帧没有到达该交换机。那么在时刻 10：32，这台交换机将从它的表中删除该地址。

交换机是**即插即用设备**（plug-and-play device），因为它们不需要网络管理员或用户的干预。要安装交换机的网络管理员除了将局域网网段与交换机的接口相连外，不需要做其他任何事。管理员在安装交换机或者当某主机从局域网网段之一被去除时，他没有必要配置交换机表。交换机也是双工的，这意味着任何交换机接口能够同时发送和接收。

3. 链路层交换机的性质

在描述了链路层交换机的基本操作之后，我们现在来考虑交换机的特色和性质。我们能够

指出使用交换机的几个优点,它们不同于如总线或基于集线器的星形拓扑那样的广播链路:

- 消除碰撞。在使用交换机(不使用集线器)构建的局域网中,没有因碰撞而浪费的带宽!交换机缓存帧并且绝不会在网段上同时传输多于一个帧。就像使用路由器一样,交换机的最大聚合带宽是该交换机所有接口速率之和。因此,交换机提供了比使用广播链路的局域网高得多的性能改善。

- 异质的链路。交换机将链路彼此隔离,因此局域网中的不同链路能够以不同的速率运行并且能够在不同的媒介上运行。例如,图 6-15 中最上面的交换机有 3 条 1Gbps 1000BASE-T 铜缆链路、2 条 100Mbps 100BASE-FX 光缆链路和 1 条 100 BASE-T 铜缆链路。因此,对于原有的设备与新设备混用,交换机是理想的。

- 管理。除了提供强化的安全性(参见下文中的"关注安全性"),交换机也易于进行网络管理。例如,如果一个适配器工作异常并持续发送以太网帧[称为快而含糊的(jabbering)适配器],交换机能够检测到该问题,并在内部断开异常适配器。有了这种特色,网络管理员不用起床并开车到工作场所去解决这个问题。类似地,一条割断的缆线仅使得使用该条缆线连接到交换机的主机断开连接。在使用同轴电缆的时代,许多网络管理员花费几个小时"沿线巡检"(或者更准确地说"在天花板上爬行"),以找到使整个网络瘫痪的电缆断开之处。交换机也收集带宽使用的统计数据、碰撞率和流量类型,并使这些信息为网络管理者使用。这些信息能够用于调试和解决问题,并规划该局域网在未来应当演化的方式。研究人员还在原型系统部署中探讨在以太局域网中增加更多的管理功能[Casado 2007;Koponen 2011]。

关注安全性

嗅探交换局域网:交换机毒化

当一台主机与某交换机相连时,它通常仅接收到明确发送给它的帧。例如,考虑在图 6-17 中的一个交换局域网。当主机 A 向主机 B 发送帧时,在交换机表中有用于主机 B 的表项,则该交换机将仅向主机 B 转发该帧。如果主机 C 恰好在运行嗅探器,主机 C 将不能够嗅探到 A 到 B 的帧。因此,在交换局域网的环境中(与如 802.11 局域网或基于集线器的以太局域网的广播链路环境形成对比),攻击者嗅探帧更为困难。然而,因为交换机广播那些目的地址不在交换机表中的帧,位于 C 上的嗅探器仍然能嗅探某些不是明确寻址到 C 的帧。此外,嗅探器将能够嗅探到具有广播地址 FF-FF-FF-FF-FF-FF 的广播帧。一个众所周知的对抗交换机的攻击称为**交换机毒化**(switch poisoning),它向交换机发送大量的具有不同伪造源 MAC 地址的分组,因而用伪造表项填满了交换机表,没有为合法主机留下空间。这使该交换机广播大多数帧,这些帧则能够由嗅探器俘获到[Skoudis 2006]。由于这种攻击只有技艺高超的攻击者才能做到,因此交换机比起集线器和无线局域网来更难受到嗅探。

---

4. 交换机和路由器比较

如我们在第 4 章学习的那样,路由器是使用网络层地址转发分组的存储转发分组交换机。尽管交换机也是一个存储转发分组交换机,但它和路由器是根本不同的,因为它用 MAC 地址转发分组。交换机是第二层的分组交换机,而路由器是第三层的分组交换机。

然而，回顾我们在 4.4 节中所学习的内容，使用"匹配加操作"的现代交换机能够转发基于帧的目的 MAC 地址的第二层帧，也能转发使用数据报目的 IP 地址的第三层数据报。我们的确看到了使用 OpenFlow 标准的交换机能够基于 11 个不同的帧、数据报和运输层首部字段，执行通用的分组转发。

即使交换机和路由器从根本上是不同的，网络管理员在安装互联设备时也经常必须在它们之间进行选择。例如，对于图 6-15 中的网络，网络管理员本来可以很容易地使用路由器而不是交换机来互联各个系的局域网、服务器和互联网网关路由器。路由器的确使得各系之间通信而不产生碰撞。既然交换机和路由器都是候选的互联设备，那么这两种方式的优点和缺点各是什么呢？

首先考虑交换机的优点和缺点。如上面提到的那样，交换机是即插即用的，这是世界上所有超负荷工作的网络管理员都喜爱的特性。交换机还能够具有相对高的分组过滤和转发速率，就像图 6-24 中所示的那样，交换机必须处理高至第二层的帧，而路由器必须处理高至第三层的数据报。在另一方面，为了防止广播帧的循环，交换网络的活跃拓扑限制为一棵生成树。另外，一个大型交换网络将要求在主机和路由器中有大的 ARP 表，这将生成可观的 ARP 流量和处理量。而且，交换机对于广播风暴并不提供任何保护措施，即如果某主机出了故障并传输出没完没了的以太网广播帧流，该交换机将转发所有这些帧，引发整个以太网的崩溃。

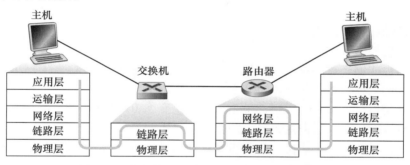

图 6-24 在交换机、路由器和主机中分组的处理

现在考虑路由器的优点和缺点。因为网络寻址通常是分层次的（不像 MAC 寻址那样是扁平的），即使当网络中存在冗余路径时，分组通常也不会通过路由器循环。（然而，当路由器表被误配置时，分组可能循环；但是如我们在第 4 章所知，IP 用一个特殊的报文首部字段来限制循环。）所以，分组就不会被限制到一棵生成树上，并可以使用源和目的地之间的最佳路径。因为路由器没有生成树限制，所以它们允许以丰富的拓扑结构构建因特网，例如包括欧洲和北美之间的多条活跃链路。路由器的另一个特色是它们对第二层的广播风暴提供了防火墙保护。尽管也许路由器最重要的缺点就是它们不是即插即用的，即路由器和连接到它们的主机都需要人为地配置 IP 地址。而且路由器对每个分组的处理时间通常比交换机更长，因为它们必须处理高达第三层的字段。最后，路由器一词有两种不同的发音方法，或者发音为"rootor"或发音为"rowter"，人们浪费了许多时间争论正确的发音 [Perlman 1999]。

给出了交换机和路由器各自具有的优点和缺点后（总结在表 6-1 中），一个机构的网络（例如，大学校园网或者公司园区网）

表 6-1 流行互联设备典型特色的比较

	集线器	路由器	交换机
流量隔离	无	有	有
即插即用	有	无	有
优化路由	无	有	无

什么时候应该使用交换机，什么时候应该使用路由器呢？通常，由几百台主机组成的小网络通常有几个局域网网段。对于这些小网络，交换机就足够了，因为它们不要求 IP 地址的任何配置就能使流量局部化并增加总计吞吐量。但是在由几千台主机组成的更大网络中，通常在网络中（除了交换机之外）还包括路由器。路由器提供了更健壮的流量隔离方式和对广播风暴的控制，并在网络的主机之间使用更"智能的"路由。

对于交换网络和路由网络的优缺点的进一步讨论，以及如何能够将交换局域网技术扩展为比今天的以太网容纳多两个数量级以上的主机，参见［Meyers 2004；Kim 2008］。

6.4.4 虚拟局域网

在前面图 6-15 的讨论中，我们注意到现代机构的局域网常常是配置为等级结构的，每个工作组（部门）有自己的交换局域网，经过一个交换机等级结构与其他工作组的交换局域网互联。虽然这样的配置在理想世界中能够很好地工作，但在现实世界常常不尽如人意。在图 6-15 中的配置中，能够发现 3 个缺点：

- 缺乏流量隔离。尽管该等级结构把组流量局域化到一个单一交换机中，但广播流量（例如携带 ARP 和 DHCP 报文或那些目的地还没有被自学习交换机学习到的帧）仍然必须跨越整个机构网络。限制这些广播流量的范围将改善局域网的性能。也许更为重要的是，为了安全/隐私的目的也可能希望限制局域网广播流量。例如，如果一个组包括公司的行政管理团队，另一个组包括运行着 Wireshark 分组嗅探器的心怀不满的雇员，网络管理员也许非常希望行政流量无法到达该雇员的主机。通过用路由器代替图 6-15 中的中心交换机，能够提供这种类型的隔离。我们很快看到这种隔离也能够经过一种交换（第二层）解决方案来取得。
- 交换机的无效使用。如果该机构不止有 3 个组，而是有 10 个组，则将要求有 10 个第一级交换机。如果每个组都较小，比如说少于 10 个人，则单台 96 端口的交换机将足以容纳每个人，但这台单一的交换机将不能提供流量隔离。
- 管理用户。如果一个雇员在不同组间移动，必须改变物理布线，以将该雇员连接到图 6-15 中的不同的交换机上。属于两个组的雇员将使问题更为困难。

幸运的是，这些难题中的每个都能够通过支持**虚拟局域网**（Virtula Local Network，VLAN）的交换机来处理。顾名思义，支持 VLAN 的交换机允许经一个单一的物理局域网基础设施定义多个虚拟局域网。在一个 VLAN 内的主机彼此通信，仿佛它们（并且没有其他主机）与交换机连接。在一个基于端口的 VLAN 中，交换机的端口（接口）由网络管理员划分为组。每个组构成一个 VLAN，在每个 VLAN 中的端口形成一个广播域（即来自一个端口的广播流量仅能到达该组中的其他端口）。图 6-25 显示了具有 16 个端口的单一交换机。端口 2~8 属于电气工程系（EE）VLAN，而端口 9~15 属于计算机科学系（CS）VLAN（端口 1 和 16 未分配）。这个 VLAN 解决了上面提到的所有困难，即 EE VLAN 帧和 CS VLAN 帧彼此隔离，图 6-15 中的两台交换机已由一台交换机替代，并且在交换机端口 8 的用户加入计算机科学系时，网络操作员只需重新配置

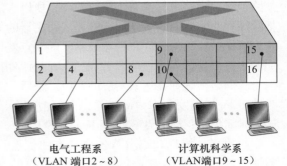

电气工程系
（VLAN 端口 2 ~ 8）

计算机科学系
（VLAN 端口 9 ~ 15）

图 6-25 配置了两个 VLAN 的单台交换机

VLAN 软件，使得端口 8 与 CS VLAN 相关联即可。人们容易想象到 VLAN 交换机配置和操作的方法，即网络管理员使用交换机管理软件声明一个端口属于某个给定的 VLAN（其中未声明的端口属于一个默认的 VLAN），在交换机中维护一张端口到 VLAN 的映射表；交换机软件仅在属于相同 VLAN 的端口之间交付帧。

　　但完全隔离两个 VLAN 带来了新的困难！来自电子工程系的流量怎样才能发送到计算机科学系呢？解决这个问题的一种方式是将 VLAN 交换机的一个端口（例如在图 6-25 中的端口 1）与一台外部的路由器相连，并且将该端口配置为属于 EE VLAN 和 CS VLAN。在此情况下，即使电子工程系和计算机科学系共享相同的物理交换机，其逻辑配置看起来也仿佛是电子工程系和计算机科学系具有分离的经路由器连接的交换机。从电子工程系发往计算机科学系的数据报将首先跨越 EE VLAN 到达路由器，然后由该路由器转发跨越 CS VLAN 到达 CS 主机。幸运的是交换机厂商使这种配置变得容易，网络管理员通过构建包含一台 VLAN 交换机和一台路由器的单一设备，这样就不再需要分离的外部路由器了。本章后面的课后习题中更为详细地探讨了这种情况。

　　再次返回到图 6-15，我们现在假设计算机工程系没有分离开来，某些电子工程和计算机科学教职员工位于一座建筑物中，他们当然需要网络接入，并且他们希望成为他们系 VLAN 的一部分。图 6-26 显示了第二台 8 端口交换机，其中交换机端口已经根据需要定义为属于 EE VLAN 或 CS VLAN。但是这两台交换机应当如何互联呢？一种容易的解决方案是在每台交换机上定义一个属于 CS VALN 的端口（对 EE VLAN 也类似处理），并且如图 6-26a 所示将这两个端口彼此互联起来。然而，这种解决方案不具有扩展性，因为在每台交换机上 N 个 VLAN 将要求 N 个端口直接互联这两台交换机。

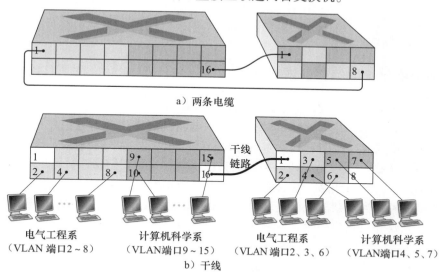

图 6-26　连接具有两个 VLAN 的两台 VLAN 交换机

　　一种更具扩展性互联 VLAN 交换机的方法称为 **VLAN 干线连接**（VLAN trunking）。在图 6-26b 所示的 VLAN 干线方法中，每台交换机上的一个特殊端口（左侧交换机上的端口 16，右侧交换机上的端口 1）被配置为干线端口，以互联这两台 VLAN 交换机。该干线端口属于所有 VLAN，发送到任何 VLAN 的帧经过干线链路转发到其他交换机。但这会引起另外的问题：一个交换机怎样知道到达干线端口的帧属于某个特定的 VLAN 呢？IEEE 定义了一种扩展的以太网帧格式——802.1Q，用于跨越 VLAN 干线的帧。如图 6-27 中所示，802.1Q 帧由标准以太网帧与加进首部的 4 字节 **VLAN 标签**（VLAN tag）组成，而 VLAN 标签承载着该帧所属的 VLAN 标识符。VLAN 标签由在 VLAN 干线发送侧的交换机加进帧中，解析后并由在 VLAN 干线接收侧的交换机删除。VLAN 标签自身由一个 2 字节的**标签协议标识符**（Tag Protocol Identifier，TPID）字段（具有固定的十六进制值 81-00）、一个 2 字节的标签控制信息字段（包含一个 12 比特的 VLAN 标识符字段）和一个 3 比特优先权字段（具有类似于 IP 数据报 TOS 字段的目的）组成。

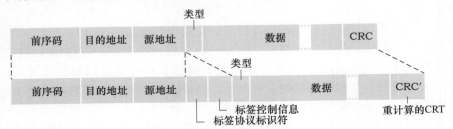

图 6-27　初始的以太网帧（上部），802.1Q 标签以太网 VLAN 帧（下部）

在这部分讨论中，我们仅仅简要地涉及了 VLAN，关注了基于端口的 VLAN。我们也应当提及 VLAN 能够以几种其他方式定义。在基于 MAC 的 VLAN 中，网络管理员指定属于每个 VLAN 的 MAC 地址的集合；无论何时一个设备与一个端口连接时，端口基于设备的 MAC 地址将其连接进适当的 VLAN。VLAN 也能基于网络层协议（例如 IPv4、IPv6 或 Appletalk）和其他准则进行定义。VLAN 跨越 IP 路由器扩展也是可能的，这使得多个 LAN 孤岛能被连接在一起，以形成能够跨越全局的单一 LAN［Yu 2011］。详情请参见 802.1Q 标准［IEEE 802.1q 2005］。

6.5　链路虚拟化：网络作为链路层

因为本章关注链路层协议，所以在我们临近该章结束的时候，让我们反思一下对已经演化的词汇链路的理解。在本章开始时，我们将链路视为连接两台通信主机的物理线路。在学习多路访问协议时，我们看到了多台主机能够通过一条共享的线路连接起来，并且连接主机的这种"线路"能够是无线电频谱或其他媒介。这使我们将该链路更多地抽象为一条信道，而不是作为一条线路。在我们学习以太局域网时（图 6-15），我们看到互联媒介实际上能够是一种相当复杂的交换基础设施。然而，经过这种演化，主机本身维持着这样的视图，即互联媒介只是连接两台或多台主机的链路层信道。我们看到，例如一台以太网主机不知道它是通过单一短局域网网段（图 6-17）还是通过地理上分布的交换局域网（图 6-15）或通过 VLAN 与其他局域网主机进行连接，这是很幸福的事。

在两台主机之间由拨号调制解调器连接的场合，连接这两台主机的链路实际上是电话网，这是一个逻辑上分离的、全球性的电信网络，它有自己的用于数据传输和信令的交换机、链路和协议栈。然而，从因特网链路层的观点看，通过电话网的拨号连接被看作一根简单的"线路"。在这个意义上，因特网虚拟化了电话网，将电话网看成为两台因特网主机之间提供链路层连接的链路层技术。你可能回想起在第 2 章中对于覆盖网络的讨论，类似地，一个覆盖网络将因特网视为为覆盖节点之间提供连接性的一种手段，寻求以因特网覆盖电话网的相同方式来覆盖因特网。

在本节中，我们将考虑多协议标签交换（MPLS）网络。与电路交换的电话网不同，MPLS 本身是一种分组交换的虚电路网络。它们有自己的分组格式和转发行为。因此，从教学法的观点看，有关 MPLS 的讨论既适合放在网络层的学习中，也适合放在链路层的学习中。然而，从因特网的观点看，我们能够认为 MPLS 像电话网和交换以太网一样，作为为 IP 设备提供互联服务的链路层技术。因此，我们将在链路层讨论中考虑 MPLS。帧中继和 ATM 网络也能用于互联 IP 设备，虽然这些技术看上去有些过时（但仍在部署），这里将不再讨论；详情请参见一本可读性强的书 [Goralski 1999]。我们对 MPLS 的讨论将是简明扼要的，因为有关这些网络每个都能够写（并且已经写了）整本书。有关 MPLS 详情我们推荐 [Davie 2000]。我们这里主要关注这些网络怎样为互联 IP 设备提供服务，尽管我们也将更深入一些探讨支撑基础技术。

多协议标签交换

多协议标签交换（Multiprotocol Label Switching，MPLS）自 20 世纪 90 年代中后期在一些产业界的努力下进行演化，以改善 IP 路由器的转发速度。它采用来自虚电路网络领域的一个关键概念：固定长度标签。其目标是：对于基于固定长度标签和虚电路的技术，在不放弃基于目的地 IP 数据报转发的基础设施的前提下，当可能时通过选择性地标识数据报并允许路由器基于固定长度的标签（而不是目的地 IP 地址）转发数据报来增强其功能。重要的是，这些技术与 IP 协同工作，使用 IP 寻址和路由选择。IETF 在 MPLS 协议中统一了这些努力 [RFC 3031；RFC 3032]，有效地将虚电路（VC）技术综合进了路由选择的数据报网络。

首先考虑由 MPLS 使能的路由器处理的链路层帧格式，以此开始学习 MPLS。图 6-28 显示了在 MPLS 使能的路由器之间传输的一个链路层帧，该帧具有一个小的 MPLS 首部，该首部增加到第二层（如以太网）首部和第三层（即 IP）首部之间。RFC 3032 定义了用于这种链路的 MPLS 首部的格式；用于 ATM 和帧中继网络的首部也定义在其他的 RFC 文档中。包括在 MPLS 首部中的字段是：标签；预留的 3 比特实验字段；1 比特 S 字段，用于指示一系列"成栈"的 MPLS 首部的结束（我们这里不讨论这个高级主题）；寿命字段。

图 6-28　MPLS 首部：位于链路层和网络层首部之间

从图 6-28 立即能够看出，一个 MPLS 加强的帧仅能在两个均为 MPLS 使能的路由器之间发送。（因为一个非 MPLS 使能的路由器，当它在期望发现 IP 首部的地方发现了一个 MPLS 首部时会相当混淆！）一个 MPLS 使能的路由器常被称为**标签交换路由器**（label-switched router），因为它通过在其转发表中查找 MPLS 标签，然后立即将数据报传递给适当的输出接口来转发 MPLS 帧。因此，MPLS 使能的路由器不需要提取目的 IP 地址和在转发表中执行最长前缀匹配的查找。但是路由器怎样才能知道它的邻居是否的确是 MPLS 使能的呢？路由器如何知道哪个标签与给定 IP 目的地相联系呢？为了回答这些问题，我们需要看看一组 MPLS 使能路由器之间的交互过程。

在图 6-29 所示的例子中，路由器 R1 到 R4 都是 MPLS 使能的，R5 和 R6 是标准的 IP 路由器。R1 向 R2 和 R3 通告了它（R1）能够路由到目的地 A，并且具有 MPLS 标签 6 的接收帧将要转发到目的地 A。路由器 R3 已经向路由器 R4 通告了它能够路由到目的地 A 和 D，分别具有 MPLS 标签 10 和 12 的入帧将朝着这些目的地交换。路由器 R2 也向路由器 R4 通告了它（R2）能够到达目的地 A，具有 MPLS 标签 8 的接收帧将朝着 A 交换。注意到路由器 R4 现在处于一个到达 A 且有两个 MPLS 路径的令人感兴趣的位置上，经接口 0 具有出 MPLS 标签 10，经接口 1 具有出 MPLS 标签 8。在图 6-29 中画出的外围部分是 IP 设备 R5、R6、A 和 D，它们经过一个 MPLS 基础设施（MPLS 使能路由器 R1、R2、R3 和 R4）连接在一起，这与一个交换局域网或 ATM 网络能够将 IP 设备连接到一起的方式十分相似。并且与交换局域网或 ATM 网络相似，MPLS 使能路由器 R1 到 R4 完成这些工作时从没有接触分组的 IP 首部。

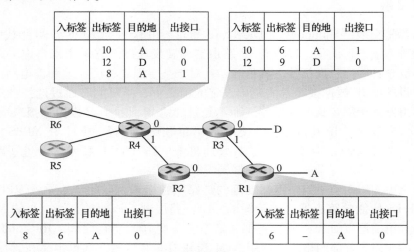

图 6-29   MPLS 增强的转发

在我们上面的讨论中，我们并没有指定在 MPLS 使能路由器之间分布标签的特定协议，因为该信令的细节已经超出了本书的范围。然而，我们注意到，IETF 的 MPLS 工作组已经在［RFC 3468］中定义了 RSVP 协议的一种扩展，称之为 RSVP-TE［RFC 3209］，它将关注对 MPLS 信令所做的工作。我们也不讨论 MPLS 实际上是如何计算在 MPLS 使能路由器之间分组的路径的，也不讨论它如何收集链路状态信息（例如，未由 MPLS 预留的链路带宽量）以用于这些路径计算中。现有的链路状态路由选择算法（例如 OSPF）已经扩展为向 MPLS 使能路由器"洪泛"。令人感兴趣的是，实际路径计算算法没有标准化，它们当前是厂商特定的算法。

至今为止，我们关于 MPLS 的讨论重点基于这样的事实，MPLS 基于标签执行交换，而不必考虑分组的 IP 地址。然而，MPLS 的真正优点和当前对 MPLS 感兴趣的原因并不在于交换速度的潜在增加，而在于 MPLS 使能的新的流量管理能力。如前面所述，R4 到 A 具有两条 MPLS 路径。如果转发在 IP 层基于 IP 地址执行，我们在第 4 章中学习的 IP 路由选择协议将只指定到 A 的单一最小费用的路径。所以，MPLS 提供了沿着多条路由转发分组的能力，使用标准 IP 路由选择协议这些路由将是不可能的。这是使用 MPLS 的一种简单形式的**流量工程**（traffic engineering）［RFC 3346；RFC3272；RFC 2702；Xiao 2000］，其中网络运行者能够超越普通的 IP 路由选择，迫使某些流量沿着一条路径朝着某给定的目的地引导，并且朝着相同目的地的其他流量沿着另一条路径流动（无论是由于策略、性能或某些其他原因）。

将 MPLS 用于其他目的也是可能的。能用于执行 MPLS 转发路径的快速恢复，例如，经过一条预计算的无故障路径重路由流量来对链路故障做出反应［Kar 2000；Huang 2002；RFC 3469］。最后，我们注意到 MPLS 能够并且已经被用于实现所谓虚拟专用网（Virtual Private Network，VPN）。在为用户实现一个 VPNR 的过程中，ISP 使用它的 MPLS 使能网络将用户的各种网络连接在一起。MPLS 能被用于将资源和由用户的 VPN 使用的寻址方式相隔离，其他用户利用该 VPN 跨越该 ISP 网络，详情参见［DeClercq 2002］。

这里有关 MPLS 的讨论是简要的，我们鼓励读者查阅我们提到的这些文献。我们注意到，MPLS 在软件定义网络（第 5 章中对此进行了研究）发展之前就已经崛起，而且 MPLS 的许多流量工程能力也可以通过 SDN 和我们在第 4 章中研究的泛化转发范例来实现。只有未来才能告诉我们，MPLS 和 SDN 是否会继续共存，或者新的技术（如 SDN）是否最终会取代 MPLS。

6.6 数据中心网络

因特网公司如谷歌、微软、亚马逊和阿里巴巴已经构建了大规模的数据中心。每个数据中心都容纳了数万至数十万台主机。正如 1.2 节简要讨论的那样，数据中心不仅连接着因特网，而且其内部还包括复杂的计算机网络——称为数据中心网络，用于连接内部主机。在本节中，我们简要介绍用于云应用的数据中心网络。

一般来说，数据中心有三个用途。首先，它向用户提供网页、搜索结果、电子邮件或流媒体视频等内容。其次，它是用于特定数据处理任务的大规模并行计算基础设施，比如搜索引擎的分布式索引计算。最后，它们为其他公司提供云计算服务。事实上，当今计算领域的一个主要趋势是，企业使用云服务提供商（如亚马逊 Web 服务、微软 Azure 和阿里云）来处理几乎所有 IT 需求。

6.6.1 数据中心体系结构

人们谨慎地将数据中心设计为公司机密，因为数据中心往往是领先的云计算公司的核心竞争优势。

大型数据中心的投资巨大，一个有 100 000 台主机的数据中心每个月的费用超过 1200 万美元［Greenberg 2009a］。在该费用中，用于主机自身的开销占 45%（每 3~4 年需要更新一次）；变压器、不间断电源系统、长时间断电时使用的发电机以及冷却系统等基础设施的开销占 25%；用于功耗的电力设施的开销占 15%；用于联网的开销占 15%，这包括了网络设备（交换机、路由器和负载均衡设备）、外部链路以及传输流量的开销。［在这些比例中，设备费用是分期偿还的，因此费用通常是由一次性购买和持续开销（如能耗）构成的。］虽然联网不是最大的费用，但是网络创新是减少整体成本和性能最大化的关键［Greenberg 2009a］。

主机就像是数据中心的工蜂。数据中心中的主机称为**刀片**（blade），与比萨饼盒类似，一般是包括 CPU、内存和磁盘存储的商用主机。主机被堆叠在机架上，每个机架一般堆放 20~40 台刀片。在每一个机架顶部有一台交换机，这台交换机被形象地称为**机架顶部**

（Top of Rack，TOR）**交换机**，它们与机架上的主机互联，并与数据中心中的其他交换机互联。具体来说，机架上的每台主机都有一块与 TOR 交换机连接的网卡，每台 TOR 交换机有额外的端口能够与其他 TOR 交换机连接。目前主机通常用 40Gbps 或 100Gbps 的以太网连接到它们的 TOR 交换机 ［FB 2019；Greenberg 2015；Roy 2015；Singh 2015］。每台主机也会分配一个自己的数据中心内部的 IP 地址。

数据中心网络支持两种类型的流量：在外部客户与内部主机之间流动的流量，以及内部主机之间流动的流量。为了处理外部客户与内部主机之间流动的流量，数据中心网络包括了一台或者多台**边界路由器**（border router），它们将数据中心网络与公共因特网相连。数据中心网络因此需要将所有机架彼此互联，并将机架与边界路由器连接。图 6-30 显示了一个数据中心网络的例子。**数据中心网络设计**（data center network design）是互联网络和协议设计的艺术，该艺术专注于机架彼此连接和与边界路由器相连。近年来，数据中心网络的设计已经成为计算机网络研究的重要分支（参阅本节中的参考文献）。

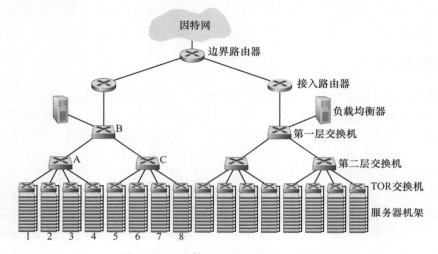

图 6-30　具有等级拓扑的数据中心网络

1. 负载均衡

由谷歌、微软、亚马逊或阿里巴巴运行的数据中心，能够同时提供诸如搜索、电子邮件和视频应用等许多应用。为了支持来自外部客户的请求，每一个应用都与一个公开可见的 IP 地址关联，外部用户向该地址发送其请求并从该地址接收响应。在数据中心内部，外部请求首先被定向到一个**负载均衡器**（load balancer）。负载均衡器的任务是向主机分发请求，以主机当前的负载作为函数来在主机之间均衡负载 ［Patel 2013；Eisenbud 2016］。一个大型的数据中心通常会有几台负载均衡器，每台服务于一组特定的云应用。由于负载均衡器基于分组的目的端口号（第四层）以及目的 IP 地址做决策，因此它们常被称为"第四层交换机"。一旦接收到一个对于特定应用程序的请求，负载均衡器将该请求分发到处理该应用的某一台主机上（该主机可能再调用其他主机的服务来协助处理该请求）。当主机处理完该请求后，向负载均衡器回送响应，再由负载均衡器将其中继发回给外部客户。负载均衡器不仅平衡主机间的工作负载，而且还提供类似 NAT 的功能，将外部 IP 地址转换为内部适当主机的 IP 地址，然后将反方向流向客户的分组按照相反的转换进行处理。这可防止客户直接接触主机，从而具有隐藏网络内部结构和防止客户直接与主机交互等安全性方面的好处。

2. 等级体系结构

对于仅有数千台主机的小型数据中心，一个简单的网络也许就足够了。这种简单网络由一台边界路由器、一台负载均衡器和几十个机架组成，这些机架由单一以太网交换机进行互联。但是当主机规模扩展到几万至几十万的时候，数据中心通常应用**路由器和交换机等级结构**（hierarchy of router and switch），图 6-30 显示了这样的拓扑。在该等级结构的顶端，边界路由器与接入路由器相连（在图 6-30 中仅仅显示了两台，但是能够有更多）。在每台接入路由器下面，有 3 层交换机。每台接入路由器与一台第一层交换机相连，每台第一层交换机与多台第二层交换机以及一台负载均衡器相连。每台第二层交换机又通过机架的 TOR 交换机（第三层交换机）与多个机架相连。所有链路通常使用以太网作为链路层和物理层协议，并混合使用铜缆和光缆。通过这种等级式设计，可以将数据中心扩展到几十万台主机的规模。

因为云应用提供商持续地提供高可用性的应用是至关重要的，所以数据中心在它们的设计中也包含了冗余网络设备和冗余链路（在图 6-30 中没有显示出来）。例如，每台 TOR 交换机能够与两台第二层交换机相连，每台接入路由器、第一层交换机和第二层交换机可以冗余并集成到设计中［Cisco 2012；Greenberg 2009b］。在图 6-30 中的等级设计可以看到，每台接入路由器下的这些主机构成了单一子网。为了使 ARP 广播流量本地化，这些子网的每个都被进一步划分为更小的 VLAN 子网，每个由数百台主机组成［Greenberg 2009a］。

尽管刚才描述的传统的等级体系结构解决了扩展性问题，但是依然存在主机到主机容量受限的问题［Greenberg 2009b］。为了理解这种限制，重新考虑图 6-30，并且假设每台主机用 10Gbps 链路连接到它的 TOR 交换机，而交换机间的链路是 100Gbps 的以太网链路。在相同机架中的两台主机总是能够以 10Gbps 全速通信，而只受限于主机网络接口控制器。然而，如果在数据中心网络中同时存在多条并发流，则不同机架上的两台主机间的最大速率会小得多。为了深入理解这个问题，考虑不同机架上的 40 对不同主机间的 40 条并发流的情况。具体来说，假设图 6-30 中机架 1 上 10 台主机都向机架 5 上对应的主机发送一条流。类似地，在机架 2 和机架 6 的主机对上有 10 条并发流，机架 3 和机架 7 间有 10 条并发流，机架 4 和机架 8 间也有 10 条并发流。如果每一条流和其他流经同一条链路的流平均地共享链路容量，则经过 100Gbps 的 A 到 B 链路（以及 100Gbps 的 B 到 C 链路）的 40 条流中每条流获得的速率为 100Gbps/40 = 2.5Gbps，显著小于 10Gbps 的网络接口卡速率。如果主机间的流量需要穿过该等级结构的更高层，这个问题会变得更严重。对这个限制的一种可行的解决方案是部署更高速率的交换机和路由器。

对于该问题有几种可能的解决方案：

- 一种可能的解决方案是部署速度更快的交换机和路由器。但这将显著增加数据中心的成本，因为具有高端口速度的交换机和路由器非常昂贵。
- 这个问题的第二种解决方案是将相关服务和数据放在尽可能接近的位置（例如，在同一个机架或附近的机架上）［Roy 2015；Singh 2015］，以减少通过第二层或第一层交换机的机架间通信。但这也只能到此为止，因为数据中心的关键需求是计算和服务安排的灵活性［Greenberg 2009b；Farrington 2010］。例如，大型因特网搜索引擎可能运行在多个机架上的数千台主机上，所有主机对之间的带宽需求很大。类似地，云计算服务（如亚马逊 Web 服务或微软 Azure）可能希望将包含客户服务的多个虚拟机放在容量最大的物理主机上，而不管它们在数据中心中的位置如何。如果这些物理主机分布在多个机架上，上面描述的网络瓶颈可能会导致性能低下。

- 解决方案的最后一部分是增强 TOR 交换机和第二层交换机之间以及第二层交换机和第一层交换机之间的连接。例如，如图 6-31 所示，每台 TOR 交换机可以连接到两个第二层交换机，从而在机架之间提供多条链路以及交换机不连通的路径。在图 6-31 中，第一个第二层交换机和第二个第二层交换机之间有 4 条不同的路径，在前两个第二层交换机之间提供了 400Gbps 的聚合容量。增强层之间连接程度的显著好处是增加了交换机之间的容量和可靠性（因为路径多样性）。在脸书的数据中心 ［FB 2014；FB 2019］，每个 TOR 连接到 4 个不同的第二层交换机，每个第二层交换机连接到 4 个不同的第一层交换机。

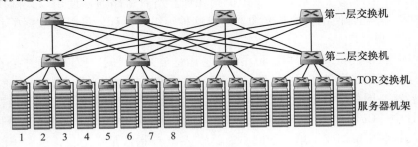

图 6-31　高度互联的数据网络拓扑

数据中心网络各层之间连接程度增强的直接结果是，多路径路由可以成为这些网络中的首选技术。默认情况下，流成为多路径流。实现多路径路由的一种非常简单的方案是等价多路径（ECMP）［RFC 2992］，它沿着源和目的之间的交换机执行随机的下一跳选择。也有人提出了使用细粒度负载平衡的高级方案 ［Alizadeh 2014；Noormohammadpour 2018］。虽然这些方案在流级别执行多路径路由，但也有在多个路径之间的路由流中的单个分组设计 ［He 2015；Raiciu 2010］。

6.6.2　数据中心网络的发展趋势

受成本降低、虚拟化、物理约束、模块化和定制化等技术的推动，数据中心网络正在迅速发展。

1. 成本降低

为了降低数据中心的成本，同时降低时延和提高吞吐量性能，并使其易于扩展和部署，因特网云巨头公司正在不断部署新的数据中心网络设计。虽然其中一些设计是专有的，但其他一些（例如 ［FB 2019］）是明确开放的或在开放文献中做了描述（例如 ［Greenberg 2009b；Singh 2015］）。因此我们可以看到许多重要的趋势。

图 6-31 显示了数据中心网络中最重要的趋势之一，即出现了层次结构——连接数据中心主机的分层网络。从概念上讲，这个层次结构与我们在 4.2.2 节研究的单个大型（非常大型！）纵横制交换机具有相同的目的，允许数据中心的任何主机与任何其他主机通信。但是正如我们所见，这种分层互连网络比概念上的纵横制交换机具备更多优势，包括从源到目的地的多条路径，以及增加的容量（由于多路径路由）和可靠性（由于任意两台主机之间的多条交换机和链路不相交的路径）。

数据中心互联网络由大量小型交换机组成。例如，在谷歌的 Jupiter 数据中心结构中，一个配置在 TOR 交换机和下面的服务器之间有 48 条链路，连接多达 8 台第二层交换机；并且一台第二层交换机有 256 条链路连接到 TOR 交换机，还有链路连到多达 16 台第一层交换机［Singh 2015］。在脸书的数据中心体系结构中，每台 TOR 交换机连接到 4 台不同的第二层交换机（每台交换机在不同的"样条平面"中），每台第二层交换机连接到样条平面中 48 台第一层交换机中的 4 台；共有 4 个样条平面。第一层和第二层交换机分别向下连接到一台更大的、可扩展数量的第二层或 TOR 交换机［FB 2019］。对于大型数据中心运营商来说，这些交换机都是基于现成的商品自行构建的［Greenberg 2009b；Roy 2015；Singh 2015］，而不是从交换机厂商那里购买的。

多交换机分层（分层的、多级的）互连网络——例如图 6-31 所示的，以及在上面讨论的数据中心架构中实现的——被称为 Clos 网络。该网络因 Charles Clos 命名，他在电话交换环境中研究了这类网络［Clos 1953］。从那时起，丰富的 Clos 网络理论得到了发展，并在数据中心网络和多处理器互连网络中得到了新的应用。

2. 集中式 SDN 控制和管理

由于数据中心由单个组织管理，谷歌、微软和脸书等大型数据中心运营商采用类似 SDN 的逻辑集中控制的概念可能是很自然的。它们的架构也反映了数据平面（由相对简单的商品交换机组成）和基于软件的控制平面的清晰分离，如我们在 5.5 节中所见。由于它们的数据中心规模巨大（如 5.7 节讨论的那样），因此自动化配置和运行状态管理也是至关重要的。

3. 虚拟化

虚拟化已经成为云计算和数据中心网络发展的主要推动力。虚拟机（VM）将运行应用程序的软件与物理硬件解耦。这种解耦还允许 VM 在物理服务器之间无缝迁移，而这些服务器可能位于不同的机架上。标准以太网和 IP 协议在支持 VM 移动的同时维护跨服务器的活动网络连接方面存在限制。由于所有数据中心网络都由单一的管理机构管理，所以解决这个问题的一种优雅的解决方案是将整个数据中心网络视为单一的、平面的第二层网络。回想一下，在典型的以太网网络中，ARP 协议维护接口上的 IP 地址和硬件（MAC）地址之间的绑定。为了模仿所有主机连接到"单一"交换机的效果，通过修改 ARP 机制以使用 DNS 风格查询系统，而不是使用广播，并且该目录维护了分配给虚拟机的 IP 地址和虚拟机当前连接的数据中心网络中的物理交换机的映射关系。在［Mysore 2009；Greenberg 2009b］中已经提出了实现这个基本设计的可扩展方案，并且已在现代数据中心得到成功部署。

4. 物理约束

与广域因特网不同，数据中心网络的运行环境不仅有非常高的容量（40Gbps 和 100Gbps 链路现在司空见惯），而且有极低的时延（微秒）。因此，缓冲区尺寸很小，拥塞控制协议（如 TCP 及其变体）在数据中心无法很好地扩展。在数据中心，拥塞控制协议必须快速反应并在极低损失的情况下运行，因为损失恢复和超时会导致极低的效率。已经提出并部署了几种解决这个问题的方法，从特定于数据中心的 TCP 变体［Alizadeh 2010］到在标准以太网上实现远程直接内存访问（RDMA）技术［Zhu 2015；Moshref 2016；Guo 2016］。调度理论也被用于开发将流调度与速率控制解耦的机制，在保持高链路利用率的同时实现非常简单的拥塞控制协议［Alizadeh 2013；Hong 2012］。

5. 硬件模块化和定制化

另外一个重要趋势是采用基于航运集装箱的模块化数据中心（Modular Data Center，MDC）［You Tube 2009；Waldrop2007］。在 MDC 中，在一个标准的长 12 米的航运集装箱内，工厂构建一个"迷你数据中心"，并将该集装箱运送到数据中心的位置。每一个集装箱都有多达数千台主机，堆放在数十台机架上，并且紧密地排列在一起。在数据中心的位置，多个集装箱彼此互联，同时也和因特网连接。一旦预制的集装箱被部署在数据中心，通常难以检修。因此，每个集装箱都被设计为"优雅的性能下降"：当组件（服务器和交换机）随时间推移而发生故障时，集装箱继续运行，但性能下降。当许多组件出现故障且性能下降到阈值以下时，整个集装箱将被移除并替换为一个新的集装箱。

用集装箱构建数据中心会带来新的网络挑战。对于模块化数据中心而言，有两种类型的网络：每个集装箱内部的网络和连接每个集装箱的核心网络［Guo 2009；Farrington 2010］。在每个集装箱中，在多达几千台主机的规模下，可以使用廉价的商品千兆以太网交换机构建一个完全连接的网络。然而，核心网络的设计仍然是一个具有挑战性的问题。核心网络连接数百到数千个集装箱，同时为典型的工作负载提供跨集装箱的高主机对主机带宽。用于连接集装箱的混合电子/光学交换机架构见［Farrington 2010］。

另一个重要的趋势是，大型云提供商正在越来越多地构建或定制数据中心中的几乎所有东西，包括网络适配器、交换机路由器、TOR、软件和网络协议［Greenberg 2015；Singh 2015］。亚马逊开创的另一个趋势是通过"可用区域"来提高可靠性，可用区域本质上是在附近不同的建筑物中复制不同的数据中心。通过这些建筑物（相隔几公里），事务数据可以在同一可用区域的数据中心之间同步，同时提供容错性［Amazon 2014］。更多的数据中心设计创新可能会继续出现。

6.7 回顾：Web 页面请求的历程

既然我们已经在本章中学过了链路层，并且在前面几章中学过了网络层、运输层和应用层，那么我们沿协议栈向下的旅程就完成了！在本书的一开始（1.1 节），我们说过"本书的大部分内容与计算机网络协议有关"，在本章中，我们无疑已经看到了情况的确如此！在继续学习本书第二部分中时下关注的章节之前，通过对已经学过的协议做一个综合的、全面的展望，我们希望总结一下沿协议栈向下的旅程。而做这个"全面的"展望的一种方法是识别许多（许多！）协议，这些协议涉及满足甚至最简单的请求：下载一个 Web 页面。图 6-32 图示了我们的场景：一名学生 Bob 将他的笔记本电脑与学校的以太网交换机相连，下载一个 Web 页面（比如 www. google. com 主页）。如我们所知，为满足这个看起来简单的请求，背后隐藏了许多细节。本章后面的 Wireshark 实验仔细检查了包含一些分组的踪迹文件，这些分组更为详细地涉及类似的场景。

6.7.1 准备：DHCP、UDP、IP 和以太网

我们假定 Bob 启动他的笔记本电脑，然后将其用一根以太网电缆连接到学校的以太网交换机，交换机又与学校的路由器相连，如图 6-32 所示。学校的这台路由器与一个 ISP 连接，本例中 ISP 为 comcast. net。在本例中，comcast. net 为学校提供了 DNS 服务；所以，DNS 服务器驻留在 Comcast 网络中而不是学校网络中。我们将假设 DHCP 服务器运行在路由器中，就像常见情况那样。

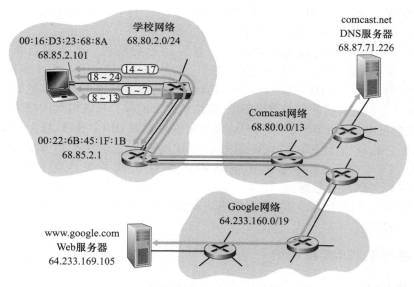

图 6-32　Web 页请求的历程：网络环境和操作

当 Bob 首先将其笔记本电脑与网络连接时，没有 IP 地址他就不能做任何事情（例如下载一个 Web 网页）。所以，Bob 的笔记本电脑所采取的一个网络相关的操作是运行 DHCP 协议，以从本地 DHCP 服务器获得一个 IP 地址以及其他信息。

1）Bob 笔记本电脑上的操作系统生成一个 **DHCP 请求报文**（4.3.3 节），并将这个报文放入具有目的端口 67（DHCP 服务器）和源端口 68（DHCP 客户）的 **UDP 报文段**（3.3 节）该 UDP 报文段则被放置在一个具有广播 IP 目的地址（255.255.255.255）和源 IP 地址 0.0.0.0 的 **IP 数据报**中（4.3.1 节），因为 Bob 的笔记本电脑还没有一个 IP 地址。

2）包含 DHCP 请求报文的 IP 数据报则被放置在**以太网帧**中（6.4.2 节）。该以太网帧具有目的 MAC 地址 FF：FF：FF：FF：FF：FF，使该帧将广播到与交换机连接的所有设备（如果顺利的话也包括 DHCP 服务器）；该帧的源 MAC 地址是 Bob 笔记本电脑的 MAC 地址 00：16：D3：23：68：8A。

3）包含 DHCP 请求的广播以太网帧是第一个由 Bob 笔记本电脑发送到以太网交换机的帧。该交换机在所有的出端口广播入帧，包括连接到路由器的端口。

4）路由器在它的具有 MAC 地址 00：22：6B：45：1F 的接口接收到该广播以太网帧，该帧中包含 DHCP 请求，并且从该以太网帧中抽取出 IP 数据报。该数据报的广播 IP 目的地址指示了这个 IP 数据报应当由在该节点的高层协议处理，因此该数据报的载荷（一个 UDP 报文段）**被分解**（3.2 节）向上到达 UDP，DHCP 请求报文从此 UDP 报文段中抽取出来。此时 DHCP 服务器有了 DHCP 请求报文。

5）我们假设运行在路由器中的 DHCP 服务器能够以 **CIDR**（4.3.3 节）块 68.85.2.0/24 分配 IP 地址。所以本例中，在学校内使用的所有 IP 地址都在 Comcast 的地址块中。我们假设 DHCP 服务器分配地址 68.85.2.101 给 Bob 的笔记本电脑。DHCP 服务器生成包含这个 IP 地址以及 DNS 服务器的 IP 地址（68.87.71.226）、默认网关路由器的 IP 地址（68.85.2.1）和子网块（68.85.2.0/24）（等价为"网络掩码"）的一个 DHCP ACK **报文**（4.3.3 节）。该 DHCP 报文被放入一个 UDP 报文段中，UDP 报文段被放入一个 IP 数据报中，IP 数据报再被放入一个以太网帧中。这个以太网帧的源 MAC 地址是路由器连到归属网络时接口的 MAC 地址（00：22：6B：45：1F：1B），目的 MAC 地址是 Bob 笔记本电脑的 MAC 地址（00：16：D3：23：68：8A）。

6）包含 DHCP ACK 的以太网帧由路由器发送给交换机。因为交换机是**自学习**的（6.4.3 节），并且先前从 Bob 笔记本电脑收到（包含 DHCP 请求的）以太网帧，所以该交换机知道寻址到 00：16：D3：23：68：8A 的帧仅从通向 Bob 笔记本电脑的输出端口转发。

7）Bob 笔记本电脑接收到包含 DHCP ACK 的以太网帧，从该以太网帧中抽取 IP 数据报，从 IP 数据报中抽取 UDP 报文段，从 UDP 报文段抽取 DHCP ACK 报文。Bob 的 DHCP 客户则记录下它的 IP 地址和它的 DNS 服务器的 IP 地址。它还在其 **IP 转发表**中安装默认网关的地址（4.1 节）。Bob 笔记本电脑将向该默认网关发送目的地址为其子网 68.85.2.0/24 以外的所有数据报。此时，Bob 笔记本电脑已经初始化好它的网络组件，并准备开始处理 Web 网页获取。（注意到在第 4 章给出的四个步骤中仅有最后两个 DHCP 步骤是实际必要的。）

6.7.2 仍在准备：DNS 和 ARP

当 Bob 将 www.google.com 的 URL 键入其 Web 浏览器时，他开启了一长串事件，这将导致谷歌主页最终显示在其 Web 浏览器上。Bob 的 Web 浏览器通过生成一个 **TCP 套接字**（2.7 节）开始了该过程，套接字用于向 www.google.com 发送 **HTTP 请求**（2.2 节）。为了生成该套接字，Bob 笔记本电脑将需要知道 www.google.com 的 IP 地址。我们在 2.4 节中学过，使用 **DNS 协议**提供这种名字到 IP 地址的转换服务。

8）Bob 笔记本电脑上的操作系统因此生成一个 **DNS 查询报文**（2.4.3 节），将字符串 www.google.com 放入 DNS 报文的问题段中。该 DNS 报文则放置在一个具有 53 号（DNS 服务器）目的端口的 UDP 报文段中。该 UDP 报文段则被放入具有 IP 目的地址 68.87.71.226（在第 5 步中 DHCP ACK 返回的 DNS 服务器地址）和源 IP 地址 68.85.2.101 的 IP 数据报中。

9）Bob 笔记本电脑则将包含 DNS 请求报文的数据报放入一个以太网帧中。该帧将发送（在链路层寻址）到 Bob 学校网络中的网关路由器。然而，即使 Bob 笔记本电脑经过上述第 5 步中的 DHCP ACK 报文知道了学校网关路由器的 IP 地址（68.85.2.1），但仍不知道该网关路由器的 MAC 地址。为了获得该网关路由器的 MAC 地址，Bob 笔记本电脑将需要使用 **ARP 协议**（6.4.1 节）。

10）Bob 笔记本电脑生成一个具有目的 IP 地址 68.85.2.1（默认网关）的 **ARP 查询报文**，将该 ARP 报文放置在一个具有广播目的地址（FF：FF：FF：FF：FF：FF）的以太网帧中，并向交换机发送该以太网帧，交换机将该帧交付给所有连接的设备，包括网关路由器。

11）网关路由器在通往学校网络的接口上接收到包含该 ARP 查询报文的帧，发现在 ARP 报文中目标 IP 地址 68.85.2.1 匹配其接口的 IP 地址。网关路由器因此准备一个 **ARP 回答**，指示它的 MAC 地址 00：22：6B：45：1F：1B 对应 IP 地址 68.85.2.1。它将 ARP 回答放在一个以太网帧中，其目的地址为 00：16：D3：23：68：8A（Bob 笔记本电脑），并向交换机发送该帧，再由交换机将帧交付给 Bob 笔记本电脑。

12）Bob 笔记本电脑接收包含 ARP 回答报文的帧，并从 ARP 回答报文中抽取网关路由器的 MAC 地址（00：22：6B：45：1F：1B）。

13）Bob 笔记本电脑现在（最终！）能够使包含 DNS 查询的以太网帧寻址到网关路由器的 MAC 地址。注意到在该帧中的 IP 数据报具有 IP 目的地址 68.87.71.226（DNS 服务器），而该帧具有目的地址 00：22：6B：45：1F：1B（网关路由器）。Bob 笔记本电脑向交换机发送该帧，交换机将该帧交付给网关路由器。

6.7.3 仍在准备：域内路由选择到 DNS 服务器

14）网关路由器接收该帧并抽取包含 DNS 查询的 IP 数据报。路由器查找该数据报的目的地址（68.87.71.226），并根据其转发表决定该数据报应当发送到图 6-32 的 Comcast 网络中最左边的路由器。IP 数据报放置在链路层帧中，该链路适合将学校路由器连接到最左边 Comcast 路由器，并且该帧经这条链路发送。

15）在 Comcast 网络中最左边的路由器接收到该帧，抽取 IP 数据报，检查该数据报的目的地址（68.87.71.226），并根据其转发表确定出接口，经过该接口朝着 DNS 服务器转发数据报，而转发表已根据 Comcast 的域内协议（如 RIP、OSPF 或 IS-IS，5.3 节）以及**因特网的域间协议 BGP**（5.4 节）所填写。

16）最终包含 DNS 查询的 IP 数据报到达了 DNS 服务器。DNS 服务器抽取出 DNS 查询报文，在它的 DNS 数据库中查找名字 www.google.com（2.4 节），找到包含对应 www.google.com 的 IP 地址（64.233.169.105）的 **DNS 源记录**。（假设它当前缓存在 DNS 服务器中。）前面讲过这种缓存数据源于 google.com 的**权威 DNS 服务器**（2.4.2 节）。该 DNS 服务器形成了一个包含这种主机名到 IP 地址映射的 **DNS 回答报文**，将该 DNS 回答报文放入 UDP 报文段中，该报文段放入寻址到 Bob 笔记本电脑（68.85.2.101）的 IP 数据报中。该数据报将通过 Comcast 网络反向转发到学校的路由器，并从这里经过以太网交换机到 Bob 笔记本电脑。

17）Bob 笔记本电脑从 DNS 报文抽取出服务器 www.google.com 的 IP 地址。最终，在大量工作后，Bob 笔记本电脑此时准备接触 www.google.com 服务器！

6.7.4 Web 客户-服务器交互：TCP 和 HTTP

18）既然 Bob 笔记本电脑有了 www.google.com 的 IP 地址，它能够生成 **TCP 套接字**（2.7 节），该套接字将用于向 www.google.com 发送 **HTTP GET** 报文（2.2.3 节）。当 Bob 生成 TCP 套接字时，在 Bob 笔记本电脑中的 TCP 必须首先与 www.google.com 中的 TCP 执行**三次握手**（3.5.6 节）。Bob 笔记本电脑因此首先生成一个具有目的端口 80（针对 HTTP 的）的 **TCP SYN** 报文段，将该 TCP 报文段放置在具有目的 IP 地址 64.233.169.105（www.google.com）的 IP 数据报中，将该数据报放置在 MAC 地址为 00：22：6B：45：1F：1B（网关路由器）的帧中，并向交换机发送该帧。

19）在学校网络、Comcast 网络和谷歌网络中的路由器朝着 www.google.com 转发包含 TCP SYN 的数据报，使用每台路由器中的转发表，如前面步骤 14 ~ 16 那样。前面讲过支配分组经 Comcast 和谷歌网络之间域间链路转发的路由器转发表项，是由 **BGP** 协议决定的（第 5 章）。

20）最终，包含 TCP SYN 的数据报到达 www.googole.com。从数据报抽取出 TCP SYN 报文并分解到与端口 80 相联系的欢迎套接字。对于谷歌 HTTP 服务器和 Bob 笔记本电脑之间的 TCP 连接生成一个连接套接字（2.7 节）。产生一个 TCP SYNACK（3.5.6 节）报文段，将其放入向 Bob 笔记本电脑寻址的一个数据报中，最后放入链路层帧中，该链路适合将 www.google.com 连接到其第一跳路由器。

21）包含 TCP SYNACK 报文段的数据报通过谷歌、Comcast 和学校网络，最终到达

Bob 笔记本电脑的以太网卡。数据报在操作系统中分解到步骤 18 生成的 TCP 套接字，从而进入连接状态。

22）借助于 Bob 笔记本电脑上的套接字，现在（终于！）准备向 www.google.com 发送字节了，Bob 的浏览器生成包含要获取的 URL 的 HTTP GET 报文（2.2.3 节）。HTTP GET 报文则写入套接字，其中 GET 报文成为一个 TCP 报文段的载荷。该 TCP 报文段放置进一个数据报中，并交付到 www.google.com，如前面步骤 18~20 所述。

23）在 www.google.com 的 HTTP 服务器从 TCP 套接字读取 HTTP GET 报文，生成一个 **HTTP 响应报文**（2.2 节），将请求的 Web 页内容放入 HTTP 响应体中，并将报文发送进 TCP 套接字中。

24）包含 HTTP 回答报文的数据报通过谷歌、Comcast 和学校网络转发，到达 Bob 笔记本电脑。Bob 的 Web 浏览器程序从套接字读取 HTTP 响应，从 HTTP 响应体中抽取 Web 网页的 html，并最终（终于！）显示了 Web 网页。

上面的场景已经涉及许多网络基础！如果你已经理解上面例子中的大多数或全部，则你也已经涵盖了许多基础知识，因为前面已经学过 1.1 节，其中我们谈到"本书的大部分内容与计算机网络协议有关"，并且你也许想知道一个协议实际是什么样子！上述例子看起来是尽可能详尽，我们已经忽略了一些可能的附加协议（例如，运行在学校网关路由器中的 NAT，到学校网络的无线接入，接入学校网络或对报文段或数据报加密的安全协议，网络管理协议），以及人们将会在公共因特网中遇到的一些考虑（Web 缓存，DNS 等级体系）。我们将在本书的第二部分涉及一些这类主题和更多内容。

最后，我们注意到上述例子是一个综合、完整的例子，还观察了本书第一部分所学习过的许多协议的十分"具体的细节"。该例子更多地关注"怎样做"而不是"为什么做"。对于一般的网络协议设计的更广泛、更具有反思性的观点，你可能需要重新阅读 4.5 节中的"互联网架构原则"，以及其中的参考文献。

6.8 小结

在本章中，我们研究了链路层，即链路层的服务、支持其操作的基本原则以及在实现链路层服务时使用这些原则的一些重要的特定协议。

我们看到链路层的基本服务是将网络层的数据报从一个节点（主机、交换机、路由器，WiFi 接入点）移动到一个相邻的节点。我们看到，在通过链路向相邻节点传输之前，所有链路层协议都是通过将网络层数据报封装在链路层帧中来操作的。然而，除了这个共同的成帧功能之外，我们知道了不同的链路层协议提供截然不同的链路接入、交付和传输服务。造成这些差异的部分原因是链路层协议必须工作在很多种链路类型上。一个简单的点对点链路具有单个发送方和接收方，并通过单一"线路"通信。一个多路访问链路在许多发送方和接收方之间共享；因此，对多路访问信道的链路层协议有一个协调链路接入的协议（它的多路访问协议）。在 MPLS 的情况下，连接两个相邻节点（例如，在 IP 意义上的两台相邻的 IP 路由器，它们是到某个目的地的下一跳 IP 路由器）的"链路"，其本身可能实际上就是一个网络。从某种意义来说，将一个网络视为一条"链路"的想法没有什么可奇怪的。例如，连接家庭调制解调器/计算机到远端调制解调器/路由器的一条电话链路，实际上是一条穿过精密而复杂的电话网络的路径。

在链路层通信所依据的原理中，我们研究了差错检测和纠正技术、多路访问协议、链路层寻址、虚拟化（VLAN）以及扩展的交换局域网和数据中心网络的构造方法。今天对链路层的许多关注在于这些交换网络。在差错检测/纠正场景中，为了对帧通过链路传输时可能发生的比特翻转进行检测并在某些情况下进行纠正，我们研究了在帧的首部增加附加比特的方法。我们讨论了简单的奇偶校验和检验和方案，以及更健壮的循环冗余检测。然后我们转向多路访问协议主题。我们确定和学习了协调访问广播信道的 3 大类方法：信道划分方法（TDM、FDM）、随机接入方法（ALOHA 协议和 CSMA 协议）和轮流方法（轮询和令牌传递）。我们学习了电缆接入网，发现它使用了多种这些多路访问方法。我们看到让多个节点共享单个广播信道的结果，是需要在链路层提供节点地址。我们知道物理地址和网络层地址是非常不同的，而且在因特网场景中，一个专门的协议（ARP，即地址解析协议）用于在这两种寻址形式之间进行转换，并且详细学习了极为成功的以太网协议。然后我们研究了共享一个广播信道的节点是怎样形成一个局域网的，以及多个局域网怎样能够互联形成一个更大的局域网，即互联这些本地节点完全不需要网络层路由选择的干预。我们也知道了多个虚拟局域网怎样由单一的物理局域网基础设施生成。

　　通过关注当 MPLS 网络互联 IP 路由器时是如何提供链路层服务的和展望今天用于大型数据中心的网络设计，我们结束了链路层的学习。通过识别在获取一个简单的 Web 网页时所需的许多协议，我们完成了本章（和前 5 章）。在学习了链路层后，我们沿协议栈向下的旅程现在结束了！当然，物理层位于数据链路层之下，但是物理层的细节也许最好留给另外一门课程（例如，在通信理论而不是计算机网络课程中）去学习。然而我们在本章和第 1 章（在 1.2 节中讨论了物理媒介）中已经接触了物理层的几个方面。当我们在下一章中学习无线链路特性时，将再次考虑物理层。

　　尽管我们沿协议栈向下的旅程已结束，但我们计算机网络的学习仍然没有结束。在后面的两章中我们将讨论无线网络和网络安全。这几个主题不便放进任何一层中；实际上每个主题跨越了多个层次。因此理解这些主题（在某些网络教材中被列为高级主题）需要对协议栈所有层次都有坚实的基础，我们对链路层的学习已经完成了这样的基础！

课后习题和问题

 复习题

6.1~6.2 节

R1. 考虑在 6.1.1 节中的运输类比。如果将乘客类比为数据报，那么将什么类比于链路层帧？

R2. 如果在因特网中的所有链路都提供可靠的交付服务，TCP 可靠传输服务将是多余的吗？为什么？

R3. 链路层协议能够向网络层提供哪些可能的服务？在这些链路层服务中，哪些在 IP 中有对应的服务？哪些在 TCP 中有对应的服务？

6.3 节

R4. 假设两个节点同时经一个速率为 R 的广播信道开始传输一个长度为 L 的分组。用 d_{prop} 表示这两个节点之间的传播时延。如果 $d_{prop} < L/R$，会出现碰撞吗？为什么？

R5. 在 6.3 节中，我们列出了广播信道的 4 种希望的特性。这些特性中的哪些是时隙 ALOHA 所具有的？令牌传递具有这些特性中的哪些？

R6. 在 CSMA/CD 中，在第 5 次碰撞后，节点选择 $K=4$ 的概率有多大？结果 $K=4$ 在 10Mbps 以太网上对应于多少秒的时延？

R7. 使用人类在鸡尾酒会交互的类比来描述轮询和令牌传递协议。

R8. 如果局域网有很大的周长时，为什么令牌环协议将是低效的？

6.4 节

R9. MAC 地址空间有多大？IPv4 的地址空间呢？IPv6 的地址空间呢？

R10. 假设节点 A、B 和 C（通过它们的适配器）都连接到同一个广播局域网上。如果 A 向 B 发送数千个 IP 数据报，每个封装帧都有 B 的 MAC 地址，C 的适配器会处理这些帧吗？如果会，C 的适配器将会把这些帧中的 IP 数据报传递给 C 的网络层吗？如果 A 用 MAC 广播地址来发送这些帧，你的回答将有怎样的变化呢？

R11. ARP 查询为什么要在广播帧中发送呢？ARP 响应为什么要在一个具有特定目的 MAC 地址的帧中发送呢？

R12. 对于图 6-19 中的网络，路由器有两个 ARP 模块，每个都有自己的 ARP 表。同样的 MAC 地址可能在两张表中都出现吗？

R13. 比较 10BASE-T、100BASE-T 和吉比特以太网的帧结构。它们有什么不同吗？

R14. 考虑图 6-15。在 4.3 节的寻址意义下，有多少个子网呢？

R15. 在一个支持 802.1Q 协议交换机上能够配置的 VLAN 的最大数量是多少？为什么？

R16. 假设支持 K 个 VLAN 组的 N 台交换机经过一个干线协议连接起来。连接这些交换机需要多少端口？评价你的答案。

 习题

P1. 假设某分组的信息内容是比特模式 1110 0110 1001 1101，并且使用了偶校验方案。在采用二维奇偶校验方案的情况下，包含该检验比特的字段的值是什么？你的回答应该使用最小长度检验和字段。

P2. 说明（举一个不同于图 6-5 的例子）二维奇偶校验能够纠正和检测单比特差错。说明（举一个例子）某些双比特差错能够被检测但不能纠正。

P3. 假设某分组的信息部分（图 6-3 中的 D）包含 10 字节，它由字符串"Internet"的 8 比特无符号二进制 ASCII 表示组成。对该数据计算因特网检验和。

P4. 考虑前一个习题，但此时假设这 10 字节包含：

  a. 数字 1 到 10 的二进制表示。

  b. 字母 B 到 K（大写）的 ASCII 表示。

  c. 字母 b 到 k（小写）的 ASCII 表示。

    计算这些数据的因特网检验和。

P5. 考虑 5 比特生成多项式，$G = 10011$，并且假设 D 的值为 1010101010。R 的值是什么？

P6. 考虑上一个习题，这时假设 D 具有值：

  a. 1001010101

  b. 0101101010

  c. 1010100000

P7. 在这道习题中，我们探讨 CRC 的某些性质。对于在 6.2.3 节中给出的生成多项式 $G(= 1001)$，回答下列问题：

  a. 为什么它能够检测数据 D 中的任何单比特差错？

  b. 上述 G 能够检测任何奇数比特差错吗？为什么？

P8. 在 6.3 节中，我们提供了时隙 ALOHA 效率推导的概要。在本习题中，我们将完成这个推导。

  a. 前面讲过，当有 N 个活跃节点时，时隙 ALOHA 的效率是 $Np(1 - p)^{N-1}$。求出使这个表达式最大化的 p 值。

  b. 使用在（a）中求出的 p 值，令 N 接近于无穷，求出时隙 ALOHA 的效率。（提示：当 N 接近于无穷时，$(1 - 1/N)^N$ 接近于 $1/e$。）

P9. 说明纯 ALOHA 的最大效率是 $1/(2e)$。注意：如果你完成了上面的习题，本习题就很简单了。

P10. 考虑两个节点 A 和 B，它们都使用时隙 ALOHA 协议来竞争一个信道。假定节点 A 比节点 B 有更多的数据要传输，并且节点 A 的重传概率 p_A 比节点 B 的重传概率 p_B 要大。

　　a. 给出节点 A 的平均吞吐量的公式。具有这两个节点的协议的总体效率是多少？

　　b. 如果 $p_A = 2p_B$，节点 A 的平均吞吐量比节点 B 的要大两倍吗？为什么？如果不是，你能够选择什么样的 p_A 和 p_B 使得其成立？

　　c. 一般而言，假设有 N 个节点，其中的节点 A 具有重传概率 $2p$ 并且所有其他节点具有重传概率 p。给出表达式来计算节点 A 和其他任何节点的平均吞吐量。

P11. 假定 4 个活跃节点 A、B、C 和 D 都使用时隙 ALOHA 来竞争访问某信道。假设每个节点有无限个分组要发送。每个节点在每个时隙中以概率 p 尝试传输。第一个时隙编号为时隙 1，第二个时隙编号为时隙 2，等等。

　　a. 节点 A 在时隙 5 中首先成功的概率是多少？

　　b. 某个节点（A、B、C 或 D）在时隙 4 中成功的概率是多少？

　　c. 在时隙 3 中出现首个成功的概率是多少？

　　d. 这个 4 节点系统的效率是多少？

P12. 对 N 的下列值，画出以 p 为函数的时隙 ALOHA 和纯 ALOHA 的效率。

　　a. $N = 15$

　　b. $N = 25$

　　c. $N = 35$

P13. 考虑具有 N 个节点和传输速率为 R bps 的一个广播信道。假设该广播信道使用轮询进行多路访问（有一个附加的轮询节点）。假设从某节点完成传输到后续节点允许传输之间的时间量（即轮询时延）是 d_{poll}。假设在一个轮询周期中，一个给定的节点允许至多传输 Q 比特。该广播信道的最大吞吐量是多少？

P14. 如图 6-33 所示，考虑通过两台路由器互联的 3 个局域网。

　　a. 对所有的接口分配 IP 地址。对子网 1 使用形式为 192.168.1.xxx 的地址，对子网 2 使用形式为 192.168.2.xxx 的地址，对子网 3 使用形式为 192.168.3.xxx 的地址。

　　b. 为所有的适配器分配 MAC 地址。

　　c. 考虑从主机 E 向主机 B 发送一个 IP 数据报。假设所有的 ARP 表都是最新的。就像在 6.4.1 节中对单路由器例子所做的那样，列举出所有步骤。

　　d. 重复（c），现在假设在发送主机中的 ARP 表为空（并且其他表都是最新的）。

P15. 考虑图 6-33。现在我们用一台交换机 S1 代替子网 1 和子网 2 之间的路由器，并且将子网 2 和子网 3 之间的路由器标记为 R1。

　　a. 考虑从主机 E 向主机 F 发送一个 IP 数据报。主机 E 将请求路由器 R1 帮助转发该数据报吗？为什么？在包含 IP 数据报的以太网帧中，源和目的 IP 和 MAC 地址分别是什么？

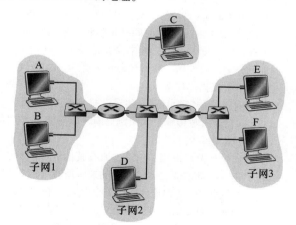

图 6-33　由路由器互联的 3 个子网

　　b. 假定 E 希望向 B 发送一个 IP 数据报，假设 E 的 ARP 缓存中不包含 B 的 MAC 地址。E 将执行 ARP 查询来发现 B 的 MAC 地址吗？为什么？在交付给路由器 R1 的以太网帧（包含发向 B 的 IP 数据报）中，源和目的 IP 和 MAC 地址分别是什么？

　　c. 假定主机 A 希望向主机 B 发送一个 IP 数据报，A 的 ARP 缓存不包含 B 的 MAC 地址，B 的 ARP

缓存也不包含 A 的 MAC 地址。进一步假定交换机 S1 的转发表仅包含主机 B 和路由器 R1 的表项。因此，A 将广播一个 ARP 请求报文。一旦交换机 S1 收到 ARP 请求报文将执行什么操作？路由器 R1 也会收到这个 ARP 请求报文吗？如果收到的话，R1 将向子网 3 转发该报文吗？一旦主机 B 收到这个 ARP 请求报文，它将向主机 A 回发一个 ARP 响应报文。但是它将发送一个 ARP 查询报文来请求 A 的 MAC 地址吗？为什么？一旦交换机 S1 收到来自主机 B 的一个 ARP 响应报文，它将做什么？

P16. 考虑前面的习题，但是现在假设用一台交换机代替子网 2 和子网 3 之间的路由器，在这种新的场景中回答前面习题中的问题（a）～（c）。

P17. 前面讲过，使用 CSMA/CD 协议，适配器在碰撞之后等待 $K \cdot 512$ 比特时间，其中 K 是随机选取的。对于 $K = 100$，对于一个 10Mbps 的广播信道，适配器返回到第二步要等多长时间？对于 100Mbps 的广播信道来说呢？

P18. 假设节点 A 和节点 B 在同一个 10Mbps 广播信道上，这两个节点的传播时延为 325 比特时间。假设对这个广播信道使用 CSMA/CD 和以太网分组。假设节点 A 开始传输一帧，并且在它传输结束之前节点 B 开始传输一帧。在 A 检测到 B 已经传输之前，A 能完成传输吗？为什么？如果回答是可以，则 A 错误地认为它的帧已成功传输而无碰撞。提示：假设在 $t = 0$ 比特时刻，A 开始传输一帧。在最坏的情况下，A 传输一个 512+64 比特时间的最小长度的帧。因此 A 将在 $t = 512+64$ 比特时刻完成帧的传输。如果 B 的信号在比特时间 $t = 512+64$ 比特之前到达 A，则答案是否定的。在最坏的情况下，B 的信号什么时候到达 A？

P19. 假设节点 A 和节点 B 在相同的 10Mbps 广播信道上，并且这两个节点的传播时延为 245 比特时间。假设 A 和 B 同时发送以太网帧，帧发生了碰撞，然后 A 和 B 在 CSMA/CD 算法中选择不同的 K 值。假设没有其他节点处于活跃状态，来自 A 和 B 的重传会碰撞吗？为此，完成下面的例子就足以说明问题了。假设 A 和 B 在 $t = 0$ 比特时间开始传输。它们在 $t = 245$ 比特时间都检测到了碰撞。假设 $K_A = 0$，$K_B = 1$。B 会将它的重传调整到什么时间？A 在什么时间开始发送？（注意：这些节点在返回第 2 步之后，必须等待一个空闲信道，参见协议。）A 的信号在什么时间到达 B 呢？B 在它预定的时刻抑制传输吗？

P20. 在这个习题中，你将对一个类似于 CSMA/CD 的多路访问协议的效率进行推导。在这个协议中，时间分为时隙，并且所有适配器都与时隙同步。然而，和时隙 ALOHA 不同的是，一个时隙的长度（以秒计）比一帧的时间（即传输一帧的时间）小得多。令 S 表示一个时隙的长度。假设所有帧都有恒定长度 $L = kRS$，其中 R 是信道的传输速率，k 是一个大整数。假定有 N 个节点，每个节点都有无穷多帧要发送。我们还假设 $d_{prop} < S$，以便所有节点在一个时隙时间结束之前能够检测到碰撞。这个协议描述如下：

- 对于某给定的时隙，如果没有节点占用这个信道，所有节点竞争该信道；特别是每个节点以概率 p 在该时隙传输。如果刚好有一个节点在该时隙中传输，该节点在后续的 $k-1$ 个时隙占有信道，并传输它的整个帧。

- 如果某节点占用了信道，所有其他节点抑制传输，直到占有信道的这个节点完成了该帧的传输为止。一旦该节点传输完它的帧，所有节点竞争该信道。注意到此信道在两种状态之间交替："生产性状态"（它恰好持续 k 个时隙）和"非生产性状态"（它持续随机数个时隙）。显然，该信道的效率是 $k/(k+x)$，其中 x 是连续的非生产性时隙的期望值。

  a. 对于固定的 N 和 p，确定这个协议的效率。

  b. 对于固定的 N，确定使该效率最大化的 p 值。

  c. 使用在（b）中求出的 p（它是 N 的函数），确定当 N 趋向无穷时的效率。

  d. 说明随着帧长度变大，该效率趋近于 1。

P21. 现在考虑习题 P14 中的图 6-33。对主机 A、两台路由器和主机 F 的各个接口提供 MAC 地址和 IP 地址。假定主机 A 向主机 F 发送一个数据报。当在下列场合传输该帧时，给出在封装该 IP 数据报的帧中的源和目的 MAC 地址：（i）从 A 到左边的路由器；（ii）从左边的路由器到右边的路由器；

（iii）从右边的路由器到 F。还要给出到达每个点时封装在该帧中的 IP 数据报中的源和目的 IP 地址。

P22. 现在假定在图 6-33 最左边的路由器被一台交换机替换。主机 A、B、C 和 D 和右边的路由器以星形方式与这台交换机相连。当在下列场合传输该帧时，给出在封装该 IP 数据报的帧中的源和目的 MAC 地址：（i）从 A 到左边路由器；（ii）从左边路由器到右边的路由器；（iii）从右边的路由器到 F。还要给出到达每个点时封装在该帧中的 IP 数据报中源和目的 IP 地址。

P23. 考虑图 6-15。假定所有链路都是 100Mbps。在该网络中的 9 台主机和两台服务器之间，能够取得的最大总聚合吞吐量是多少？你能够假设任何主机或服务器能够向任何其他主机或服务器发送分组。为什么？

P24. 假定在图 6-15 中的 3 台连接各系的交换机用集线器来代替。所有链路是 100Mbps。现在回答习题 P23 中提出的问题。

P25. 假定在图 6-15 中的所有交换机用集线器来代替。所有链路是 1Gbps。现在回答在习题 P23 中提出的问题。

P26. 在某网络中标识为 A 到 F 的 6 个节点以星形与一台交换机连接，考虑在该网络环境中某个正在学习的交换机的运行情况。假定：（i）B 向 E 发送一个帧；（ii）E 向 B 回答一个帧；（iii）A 向 B 发送一个帧；（iv）B 向 A 回答一个帧。该交换机表初始为空。显示在这些事件的前后该交换机表的状态。对于每个事件，指出在其上面转发传输的帧的链路，并简要地评价你的答案。

P27. 在这个习题中，我们探讨用于 IP 语音应用的小分组。小分组长度的一个主要缺点是链路带宽的较大比例被首部字节所消耗。基于此，假定分组是由 P 字节和 5 字节首部组成。

    a. 考虑直接发送一个数字编码语音源。假定该源以 128kbps 的恒定速率进行编码。假设每个源向网络发送分组之前每个分组被完全填充。填充一个分组所需的时间是**分组化时延**（packetization delay）。根据 L，确定分组化时延（以毫秒计）。

    b. 大于 20ms 的分组化时延会导致一个明显的、令人不快的回音。对于 $L = 1500$ 字节（大致对应于一个最大长度的以太网分组）和 $L = 50$ 字节（对应于一个 ATM 信元），确定该分组化时延。

    c. 对 $R = 622$Mbps 的链路速率以及 $L = 1500$ 字节和 $L = 50$ 字节，计算单台交换机的存储转发时延。

    d. 对使用小分组长度的优点进行评述。

P28. 考虑图 6-25 中的单个交换 VLAN，假定一台外部路由器与交换机端口 1 相连。为 EE 和 CS 的主机和路由器接口分配 IP 地址。跟踪从 EE 主机向 CS 主机传送一个数据报时网络层和链路层所采取的步骤（提示：重读前文中对图 6-19 的讨论）。

P29. 考虑显示在图 6-29 中的 MPLS 网络，假定路由器 R5 和 R6 现在是 MPLS 使能的。假定我们要执行流量工程，使从 R6 发往 A 的分组要经 R6-R4-R3-R1 交换到 A，从 R5 发向 A 的分组要过 R5-R4-R2-R1 交换。给出 R5 和 R6 中的 MPLS 表以及在 R4 中修改的表，使得这些成为可能。

P30. 再次考虑上一个习题中相同的场景，但假定从 R6 发往 D 的分组经 R6-R4-R3 交换，而从 R5 发往 D 的分组经 R4-R2-R1-R3 交换。说明为使这些成为可能在所有路由器中的 MPLS 表。

P31. 在这个习题中，你将把已经学习过的因特网协议的许多东西拼装在一起。假设你走进房间，与以太网连接，并下载一个 Web 页面。从打开 PC 电源到得到 Web 网页，发生的所有协议步骤是什么？假设当你给 PC 加电时，在 DNS 或浏览器缓存中什么也没有。（提示：步骤包括使用以太网、DHCP、ARP、DNS、TCP 和 HTTP 协议。）明确指出在这些步骤中你如何获得网关路由器的 IP 和 MAC 地址。

P32. 考虑在图 6-30 中具有等级拓扑的数据中心网络。假设现在有 80 对流，在第 1 和第 9 机架之间有 10 个流，在第 2 和第 10 机架之间有 10 个流，等等。进一步假设网络中的所有链路是 10Gbps，而主机和 TOR 交换机之间的链路是 1Gbps。

    a. 每条流具有相同的数据率；确定一条流的最大速率。

    b. 对于相同的流量模式，对于图 6-31 中高度互联的拓扑，确定一条流的最大速率。

c. 现在假设有类似的流量模式，但在每个机架上涉及 20 台主机和 160 对流。确定对这两个拓扑的最大流速率。

P33. 考虑图 6-30 中所示的等级网络，并假设该数据中心需要在其他应用程序之间支持电子邮件和视频分发。假定 4 个服务器机架预留用于电子邮件，4 个服务器机架预留用于视频。对于每个应用，所有 4 个机架必须位于某单一的第二层交换机之下，因为第二层到第一层链路没有充足的带宽来支持应用内部的流量。对于电子邮件应用，假定 99.9% 时间仅使用 3 个机架，并且视频应用具有相同的使用模式。

a. 电子邮件应用需要使用第 4 个机架的时间比例有多大？视频应用需要使用第 4 个机架的时间比例有多大？

b. 假设电子邮件使用和视频使用是独立的，这两个应用需要其第 4 个机架的时间比例有多大（等价地，概率有多大）？

c. 假设对于一个应用服务器短缺的时间具为 0.001% 或更少（引起用户在极短时间内性能恶化）。讨论在图 6-31 中的拓扑能够怎样使用，使得仅 7 个机架被共同地分配给两个应用（假设拓扑能够支持所有流量）。

 ## Wireshark 实验：802. 3 以太网

在与本教科书配套的 Web 站点 http://www.pearsonhighered.com/cs-resources/ 上，你将找到一个 Wireshark 实验，该实验研究了 IEEE 802. 3 协议的操作和以太网帧格式。第二个 Wireshark 实验研究了在家庭网络场景下所获取的分组踪迹。

人物专访

Albert Greenberg 是微软公司 Azure 网络的副总裁，领导 Azure 网络团队的开发工作。该团队负责微软的网络研发，具体业务包括：在数据中心和边缘站点内部，跨数据中心和边缘站点，全球陆地和海底网络，光网络，FPGA 和 SmartNIC 的卸载，接入和混合云网络，主机联网和网络虚拟化，应用程序负载平衡器和网络虚拟设备，网络服务和分析，安全服务，集装箱网络，内容分发网络，包括应用加速和 5G 在内的边缘网络，以及第一方网络。为了应对云规模带来的敏捷性和质量方面的挑战，他的团队开发并应用了定制硬件、机器学习和开源技术。Albert 于 2007 年入职微软，在云上进行创新，并将网络引入主机（网络虚拟化），这些想法出现在他的 VL2 论文中，这些形成了今天云网络的基础。

Albert Greenberg

在加入微软之前，Albert 曾在贝尔实验室和 AT&T 实验室工作，并且是 AT&T Fellow。他帮助建立了运行 AT&T 网络的系统和工具，并在软件定义网络的基础上开创了新的体系结构和系统。他拥有达特茅斯学院数学学士学位和华盛顿大学计算机科学博士学位。

Albert 是美国国家工程院院士、ACM Fellow。他曾获得 IEEE Koji Kobayashi 计算机和通信奖、ACM Sigcomm 奖、ACM Sigcomm 和 Sigmetrics 的"时间考验论文奖"。Albert 和妻子 Kathryn 有四个女儿，女儿们是他们的骄傲。他在新奥尔良长大。虽然西雅图海鹰队是他的球队，但他无法掩饰自己对新奥尔良圣徒队的喜爱。

● 是什么使你专注于研究网络技术？

我一直喜欢解决现实世界的问题，也喜欢数学。我发现网络领域有很大的空间和范围可以同时做到这两点。这种混合对我很有吸引力。在华盛顿大学攻读博士学位期间，我受益于 Ed Lazowska 在系统方面的影响，以及 Richard Ladner 和 Martin Tompa 在数学和理论方面的影响。我的一个理科硕士（MS）课程项目是让两台来自同一供应商的机器相互对话。现在看来，你无法阻止机器之间的通信！

- 对于进入网络/因特网领域的学生您有何建议？

网络的面貌正在发生变化，它正在成为一个非常多样化、包容和开放的环境。我指的是两个方面。首先，我们将看到网络开发人员和研究人员的多样性大大增加，例如更多女性的加入。我为微软团队的多样性和包容性感到骄傲，也为我之前在 AT&T 的团队感到骄傲。多样性使我们的团队更有弹性，能更好地适应变化，并帮助我们做出更好的决定。其次，新人的加入可以为网络领域带来多样化的技能和兴趣。这些兴趣可能是架构、编程语言、光学、形式化方法、数据科学、人工智能，或容错和可靠的系统设计。开源系统正在产生巨大的影响，基于 Linux 的网络操作系统开源项目 SONiC 就是一个很好的例子。希望阅读这本书的你，将来能将你的全部技能、经验和知识用于创建未来的网络。SDN 和去中心化带来了多样性和开放性，这些变化是如此令人兴奋。

- 能描述一两个职业生涯中做过的激动人心的项目吗？其中最大的挑战是什么？

云是很长一段时间以来出现的影响最大的技术。这里的挑战远远超过了我曾经参与过的其他系统的挑战，部分原因是云计算在很多方面影响了公司的系统。云场景极大地扩展了网络的挑战。传统的网络技术只是其中的一部分，在今天的实践中，还有操作系统、分布式系统、体系结构、性能、安全、可靠性、机器学习、数据科学和管理，即整个堆栈。如果我们过去把这些单独的区域想象成"花园"，那么我们现在可以把云想象成由所有这些美妙的花园组成的"农场"。设计、监控和管理一个超级可靠的全球范围系统的操作是至关重要的，因为云为政府、工业、教育等提供了至关重要的基础设施。所有这些都必须坚如磐石，必须安全，必须值得信赖。当然，软件是有效监控和管理如此庞大的云的关键。在这里，SDN 在大规模管理、供应和创建实质上由软件定义的数据中心方面发挥着核心作用。软件也使我们能够快速创新。

- 您对网络和因特网的未来有何展望？您认为在未来发展中，特别是在数据中心网络和边缘网络领域，有哪些主要的挑战或障碍？

我已经谈到了云，但只谈到了它的发展中的 10%。然而很明显，端到端系统中的工作分工将是一个越来越重要的问题。在应用程序和终端主机上将进行多少计算和存储？在网络的"边缘"、终端主机、容器或其附近的云组件上会进行多少计算？数据中心本身会进行多少计算？这一切将如何安排？我们将看到云计算被推向边缘，我们将看到"横向"的增长，即数据中心内将出现更丰富的端到端计算/数据/网络生态系统。这将是一个拥抱伟大创新的领域。5G 无线将是其中的重要组成部分。

- 在职业生涯中谁曾激励过您？

在微软和 AT&T，我从客户身上学到了很多，也从现场交流活动中学到了很多。与工程师的互动激励了我，他们对运营服务和系统整个生命周期（从创想到开发到部署再到最终退役）的开发和运行都充满热情。这些人对体系结构和系统了如指掌。与他们共事很愉快，他们有如此多的洞见、经验和知识可以分享，无论是致力于开发微软 Azure 云，还是我职业生涯早期的 AT&T 网络。我也很喜欢和研究人员一起工作，他们已经建立了一些设计和管理这些大规模系统的基本原则。

第 7 章

Computer Networking: A Top-Down Approach, Eighth Edition

无线网络和移动网络

在电话领域, 过去的 25 年已经成为蜂窝电话的黄金发展期。全球范围的移动蜂窝电话用户数量从 1993 年的 3400 万增长到 2019 年的超过 83 亿, 同时蜂窝电话用户数量现在也超过了有线电话用户数量。现在移动电话订购入网数量比我们地球上的人口数量要多。蜂窝电话的许多优点是显而易见的, 通过一个移动性强、重量轻的设备, 能在任何地方、任何时间、无缝地接入全球电话网络。智能手机、平板电脑和笔记本电脑都以无线方式经过蜂窝网或 WiFi 网络连接到因特网。还有越来越多的设备, 如游戏机、恒温器、家庭安全系统、家用电器、手表、眼镜、汽车、交通控制系统等, 正通过无线网络连接到因特网上。

从网络的观点来说, 由这些无线和移动设备联网所引发的挑战, 特别是在数据链路层和网络层, 与传统的有线网络的差别非常大, 因此用单独一章 (即本章) 的篇幅来专门讨论无线网络和移动网络是适当的。

在本章中, 我们首先讨论移动用户、无线链路和网络, 以及它们与所连接的更大网络 (通常是有线网络) 之间的关系。我们将指出以下两方面的差别: 一个是在该网络中由通信链路的无线特性所带来的挑战, 另一个是由这些无线链路使能的移动性。明确区分无线和移动性将使我们能更好地区分、标识和掌握在每个领域中的重要概念。

我们将从无线接入基础设施和相关术语的概述开始。然后, 我们将在 7.2 节中考虑这种无线链路的特性。7.2 节还将简要介绍码分多址 (CDMA), 这是一种经常用于无线网络的共享媒介接入协议。在 7.3 节中, 我们将深入研究 IEEE 802.11 (WiFi) 无线局域网标准的链路级方面, 我们也会讨论蓝牙无线个人区域网络。在 7.4 节中, 我们将概述蜂窝网络接入, 包括提供语音和高速互联网接入的 4G 和新兴的 5G 蜂窝技术。在 7.5 节中, 我们将把注意力转向移动性, 重点关注定位移动用户、路由到移动用户以及将动态移动的移动用户从一个连接点切换到另一个连接点的问题。我们将在 7.6 节中研究这些移动服务是如何在 4G/5G 蜂窝网络中实现的, 以及移动 IP 标准。最后, 我们将在 7.7 节讨论无线链路和移动性对运输层协议和网络应用程序的影响。

7.1 概述

图 7-1 显示了我们将要讨论的无线数据通信和移动性主题的环境。为使讨论具有一般性以覆盖各种各样的网络, 我们将从如 WiFi 这样的无线局域网和如 4G/5G 网络这样的蜂窝网络开始讨论; 然后在后续各节中, 我们将对特定的无线体系结构进行更加详细的讨论。

我们能够看到无线网络中的下列要素:
- 无线主机。如同在有线网络中一样, 主机是运行应用程序的端系统设备。**无线主机** (wireless host) 可以是智能手机、平板电脑或笔记本电脑, 或者是物联网 (IoT) 设备, 如传感器、家用电器、汽车或任何其他与因特网连接的五花八门的设备。主机本身可能移动, 也可能不移动。

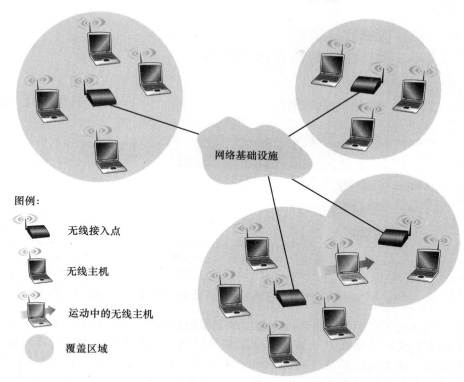

图 7-1　无线网络的要素

- **无线链路**。主机通过**无线通信链路**（wireless communication link）连接到一个基站（下文将给出定义）或者到另一台无线主机。不同的无线链路技术具有不同的传输速率，能够传输不同的距离。图 7-2 显示了较为流行的无线链路标准的两种主要特性（链路速率和覆盖区域）。（该图仅表示这些特性的大致概念。例如，一些这类网络现在才开始部署，某些链路速率取决于距离、信道条件和在无线网络中的用户数量，可能比图中的值更高或更低些。）我们将在本章的前半部分讨论这些标准。在 7.2 节中，我们也考虑其他无线链路特性（如它们的比特差错率及导致差错率的原因）。在图 7-1 中，无线链路将位于网络边缘的主机连接到更大的网络基础设施中。我们要马上补充的是，无线链路有时同样应用在一个网络中以连接路由器、交换机和其他网络设备。然而，在本章中我们关注的焦点是无线通信在网络边缘的应用，因为许多振奋人心的技术挑战和多数增长正在这里发生。

- **基站**。**基站**（base station）是无线网络基础设施中的一个关键部分。与无线主机和无线链路不同，基站在有线网络中没有明确的对应设备。它负责向与之关联的无线主机发送数据（例如分组）并从主机那里接收数据。基站通常负责协调与之相关联的多个无线主机的传输。当我们说一台无线主机与某基站"相关联"时，则是指：①该主机位于该基站的无线通信覆盖范围内；②该主机使用该基站中继它（该主机）和更大网络之间的数据。蜂窝网络中的**蜂窝塔**（cell tower）和 802.11 无线局域网中的**接入点**（access point）都是基站的例子。在图 7-1 中，基站与更大的网络（如因特网、公司网、家庭网或电话网）相连，因此这种连接在无线主机和与之通信的其他部分之间起着链路层中继的作用。

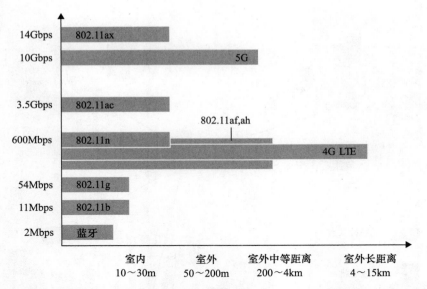

图 7-2   WiFi、蜂窝 4G/5G 和蓝牙标准的无线传输速率和范围（坐标轴不是线性的）

与基站关联的主机通常被称为以**基础设施模式**（infrastructure mode）运行，因为所有传统的网络服务（如地址分配和路由选择）都由网络向通过基站相连的主机提供。在**自组织网络**（ad hoc network）中，无线主机没有这样的基础设施与之相连。在没有这样的基础设施的情况下，主机本身必须提供诸如路由选择、地址分配以及类似于 DNS 的名字转换等服务。

当一台移动主机超出一个基站的覆盖范围而到达另一个基站的覆盖范围后，它将接入更大网络的连接点（例如，改变与之相关联的基站），这一过程称作**切换**（handoff 或 handover）。这种移动性引发了许多具有挑战性的问题。如果一台主机可以移动，那么如何找到它在网络中的当前位置，从而使得数据可以向该移动主机转发？如果一台主机可以位于许多可能位置中的一个，那么如何进行编址？如果主机在 TCP 连接或者电话呼叫期间移动，数据如何路由选择而使连接保持不中断？这些以及许多其他问题使得无线网络和移动网络成为一个让人兴奋的网络研究领域。

- 网络基础设施。这是无线主机希望与之进行通信的更大网络。

在讨论完无线网络的构件以后，我们注意到这些构件能够以许多不同种方式组合以形成不同类型的无线网络。在阅读本章，或阅读/学习本书之外的有关无线网络的更多内容时，你可能会发现对这些类型的无线网络进行分类很有用。在最高层次，我们能够根据两个准则来对无线网络进行分类：①在该无线网络中的分组是否跨越了一个无线跳或多个无线跳；②网络中是否有诸如基站这样的基础设施。

- 单跳，基于基础设施。这些网络具有与较大的有线网络（如因特网）连接的基站。此外，该基站与无线主机之间的所有通信都经过一个无线跳。你在教室、咖啡屋或图书馆中所使用的 802.11 网络，以及我们将很快学习的 4G LTE 数据网络都属于这种类型。在日常的绝大部分时间里，我们都是在与单跳、基于基础设施的无线网络打交道。

- 单跳，无基础设施。在这些网络中，不存在与无线网络相连的基站。然而，如我们将要见到的那样，在这种单跳网络中的节点之一可以协调其他节点的传输。蓝牙网络（该网络连接诸如键盘、扬声器和耳机等小型无线设备，我们将在 7.3.6 节中学习）是单跳、无基础设施的网络。

- 多跳，基于基础设施。在这些网络中，一个基站表现为以有线方式与较大网络相连。然而，某些无线节点为了经该基站通信，可能不得不通过其他无线节点中继它们的通信。某些无线传感网络和**无线网状网络**（wireless mesh netwrok）属于这种类别。

- 多跳，无基础设施。在这些网络中没有基站，节点为了到达目的地可能必须在几个其他无线节点之间中继报文。节点也可能是移动的，在多个节点中改变连接关系，这类网络被称为**移动自组织网络**（Mobile Ad hoc NETwork，MANET）。如果移动节点是车载的，则该网络是**车载自组织网络**（Vehicular Ad hoc NETwork，VANET）。如你可能想象的那样，为这种网络开发协议是一种挑战，是许多正在进行的研究主题。

在这一章中，我们将学习的内容主要局限于单跳网络，并且主要是基于基础设施的网络。

现在我们更深一步地研究无线网络和移动网络面对的挑战。我们将首先讨论单独的无线链路，而在本章稍后部分讨论移动性。

7.2 无线链路和网络特征

有线链路与无线链路在许多重要方面有所不同：

- 递减的信号强度。电磁波在穿过物体（如无线电信号穿过墙壁）时强度将减弱。即使在自由空间中，信号仍将扩散，这使得信号强度随着发送方和接收方距离的增加而减弱〔有时称其为**路径损耗**（path loss）〕。

- 来自其他源的干扰。在同一个频段发送信号的电波源将相互干扰。例如，2.4GHz 无线电话和 802.11b 无线局域网在相同的频段中传输。因此，802.11b 无线局域网用户若同时利用 2.4GHz 无线电话通信，将会导致网络和电话通信效果都不太理想。除了来自发送源的干扰，环境中的电磁噪声（如附近的电动机、微波）也能形成干扰。为此，一些最近的 802.11 标准工作在 5GHz 频段。

- 多路径传播。当电磁波的一部分受物体和地面反射，在发送方和接收方之间走了不同长度的路径时，则会出现**多径传播**（multipath propagation）。这使得接收方收到的信号变得模糊。位于发送方和接收方之间的移动物体可导致多路径传播随时间而改变。

对于无线信道特征、模型和测量的详细讨论请参见〔Anderson 1995；Almers 2007〕。

上述讨论表明在无线链路中的比特差错将比在有线链路中的更为常见。因此，无线链路协议（如我们将在下面一节中讨论的 802.11 协议）不仅采用有效的 CRC 差错检测码，还采用了链路层可靠数据传输协议来重传受损的帧。

考虑了在无线信道上可能出现的损伤后，我们将注意力转向接收无线信号的主机。该主机接收到一个电磁信号，而该信号是发送方传输的初始信号的退化形式和环境中的背景噪声的结合，其中的信号退化是由于衰减和我们前面讨论过的多径传播和其他一些因素所引起的。**信噪比**（Signal-to-Noise Ratio，SNR）是所收到的信号（如被传输的信息）和噪声强度的相对测量。SNR 的度量单位通常是分贝（dB），有人认为主要由电气工程师所使用的该度量单位会使计算机科学家迷惑不解。以 dB 度量的 SNR，是接收到的信号振幅与噪声幅度比值的以 10 为底的对数的 20 倍。就我们的讨论目的而言，仅需要知道较大的 SNR 使接收方更容易从背景噪声中提取传输的信号。

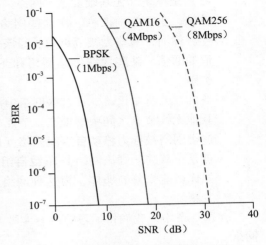

图 7-3　比特差错率、传输率和 SNR

图 7-3（该图选自 ［Holland 2001］）显示了三种不同的调制技术的**比特差错率**（BER）（大致说来，BER 是在接收方收到的有错传输比特的概率）。与 SNR 之比，这些调制技术用于为理想信道上的信息传输进行编码。调制和编码理论以及信号提取和 BER 都超出了本书的范围（对这些主题的讨论参见 ［Schwart 1980；Goldsmith 2005］）。尽管如此，图 7-3 显示了几种物理层的特征，这些特征对于理解较高层的无线通信协议是很重要的：

- 对于给定的调制方案，SNR 越高，BER 越低。由于发送方通过增加传输功率就能够增加 SNR，因此发送方能够通过增加传输功率来降低接收到差错帧的概率。然而，注意到当该功率超过某个阈值时，如 BER 从 10^{-12} 降低到 10^{-13}，可证明几乎不会有实际增益。增加传输功率也会伴随着一些**缺点**：发送方必须消耗更多的能量（对于用电池供电的移动用户这一点非常重要），并且发送方的传输更可能干扰另一个发送方的传输（参见图 7-4b）。

- 对于给定的 SNR，具有较高比特传输率的调制技术（无论差错与否）将具有较高的 BER。例如在图 7-3 中，对于 10dB 的 SNR，具有 1Mbps 传输速率的 BPSK 调制具有小于 10^{-7} 的 BER，而具有 4Mbps 传输速率的 QAM16 调制，BER 是 10^{-1}，该值太高而没有实际用处。然而，由于具有 20dB 的 SNR，QAM 16 调制具有 4Mbps 的传输速率和 10^{-7} 的 BER，而 BPSK 调制具有仅 1Mbps 的传输速率和一个低得"无法在图上表示"的 BER。如果人们能够容忍 10^{-7} 的 BER，在这种情况下由 QAM 16 提供的较高的传输速率将使它成为首选的调制技术。这些考虑引起了我们将描述的下一个特征。

- 物理层调制技术的动态选择能用于适配对信道条件的调制技术。SNR（因此也包括 BER）可能会因为移动性或环境中的变化而改变。在 802.11WiFi 以及 4G 和 5G 蜂窝数据网络中（我们将在 7.3 节和 7.4 节中学习）使用了自适应调制和编码。这使得对于给定的信道特征可选择一种调制技术，在受制于 BER 约束的前提下提供最高的可能传输速率。

有线和无线链路之间的差异并非只有较高的、时变的比特差错率这一项，前面讲过在有线广播链路中所有节点能够接收到所有其他节点的传输。而在无线链路中，情况并非如此简单。如图 7-4 所示，假设站点 A 正在向站点 B 传输，同时假定站点 C 向站点 B 传输。由于所谓的**隐藏终端问题**（hidden terminal problem），即使 A 和 C 的传输确实在目的地 B 发生干扰，环境的物理阻挡（例如，一座大山或者一座建筑）也可能会妨碍 A 和 C 互相听到对方的传输。这种情况如图 7-4a 所示。第二种导致在接收方无法检测的碰撞情况是，当通过无线媒介传播时信号强度的**衰减**（fading）。图 7-4b 为这种情况，A 和 C 所处的位置使得它们的信号强度不足以使它们相互检测到对方的传输，然而它们的传输足以强到在站点 B 处相互干扰。正如我们将在 7.3 节看到的那样，隐藏终端问题和衰减使得多路访问在无线网络中的复杂性远高于在有线网络中的情况。

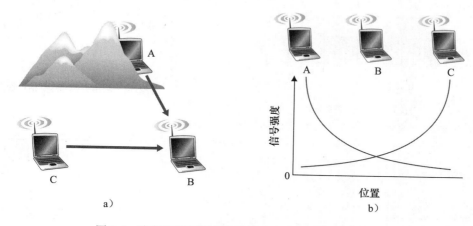

图 7-4   隐藏终端问题由障碍物（a）和衰减（b）引发

CDMA

在第 6 章讲过，当主机使用一个共享媒介通信时，需要有一个协议来保证多个发送方发送的信号不在接收方互相干扰。在第 6 章中，我们描述了 3 类介质访问协议：信道划分、随机接入和轮流。码分多址（Code Division Multiple Access，CDMA）属于信道划分协议的一族协议。它在无线局域网和蜂窝技术中应用广泛。由于 CDMA 对无线领域十分重要，在对具体的无线接入技术进行探讨以前，我们首先做一次快速浏览。

在 CDMA 协议中，要发送的每个比特都通过乘以一个信号（编码）的比特来进行编码，这个信号的变化速率［通常称为**码片速率**（chipping rate）］比初始数据比特序列速率快得多。图 7-5 表示一个简单的、理想化的 CDMA 编码/解码情形。假设初始数据比特到达 CDMA 编码器的速率定义了时间单元，也就是说，每个要发送的初始数据比特需要 1 比特时隙时间。设 d_i 为第 i 个比特时隙中的数据比特值。为了数学上的便利，我们把具有 0 值的数据比特表示为 -1。每个比特时隙又进一步细分为 M 个微时隙，在图 7-5 中，$M=8$，不过在实际应用中 M 的值要大得多。发送方使用的 CDMA 编码由 M 个值的序列 c_m 组成，$m=1, \cdots, M$，每个取值为 +1 或者 -1。在图 7-5 的例子中，发送方使用的 M 比特的 CD-MA 码是（1, 1, 1, -1, 1, -1, -1, -1）。

为了说明 CDMA 的工作原理，我们关注第 i 个数据比特 d_i。对于 d_i 比特传输时间的第 m 个微时隙，CDMA 编码器的输出 $Z_{i,m}$ 是 d_i 乘以分配的 CDMA 编码的第 m 个比特 c_m：

$$Z_{i,m} = d_i \cdot c_m \tag{7-1}$$

在简单的情况下，对没有干扰的发送方，接收方将收到编码的比特 $Z_{i,m}$，并且恢复初始的数据比特 d_i，计算如下：

$$d_i = \frac{1}{M} \sum_{m=1}^{M} Z_{i,m} \cdot c_m \tag{7-2}$$

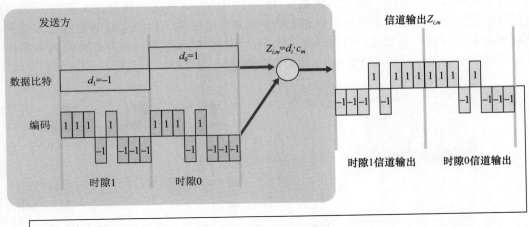

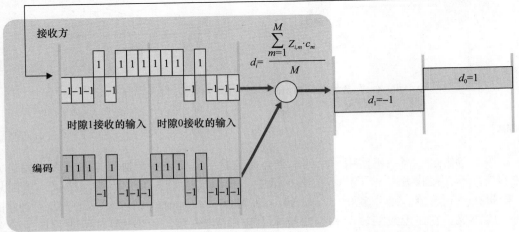

图 7-5　一个简单的 CDMA 例子：发送方编码，接收方解码

读者可能想通过推敲图 7-5 所示例子的细节，来明白使用式（7-2）在接收方确实正确恢复了初始数据比特。

然而，这个世界远不是理想化的，如上面所述，CDMA 必须在存在干扰发送方的情况下工作，这些发送方用分配的不同编码来编码和传输数据。但是当一个发送方的数据比特和其他发送方发送的比特混在一起时，CDMA 接收方怎样恢复该发送方的初始数据比特呢？CDMA 的工作有一种假设，即对干扰的传输比特信号是加性的，这意味着，例如在同一个微时隙中，如果 3 个发送端都发送 1，第 4 个发送端发送 -1，那么在那个微时隙中，在所有的接收方接收的信号都是 2（因为 1+1+1-1=2）。在存在多个发送方时，发送方 s 计算它编码后的传输 $Z_{i,m}^s$，计算方式与式（7-1）完全相同。然而在第 i 个比特时隙的第 m 个微时隙期间，接收方现在收到的值是在那个微时隙中从所有 N 个发送方传输比特的总和：

$$Z_{i,m}^* = \sum_{s=1}^{N} Z_{i,m}^s$$

令人吃惊的是，如果仔细地选择发送方的编码，每个接收方只通过式（7-2）的方式使用发送方的编码，就能够从聚合的信号中恢复一个给定的发送方发送的数据：

$$d_i = \frac{1}{M} \sum_{m=1}^{M} Z_{i,m}^* \cdot c_m \qquad (7\text{-}3)$$

图 7-6 给出了两个发送方 CDMA 的例子。上部的发送方使用的 M 比特 CDMA 编码是 $(1, 1, 1, -1, 1, -1, -1, -1)$，而下部的发送方使用的 CDMA 编码是 $(1, -1, 1, 1, 1, -1, 1, 1)$。图 7-6 描述了接收方如何恢复从上部发送方发送的初始数据比特。注意，这个接收方能够提取来自发送方 1 的数据，而不管来自发送方 2 的干扰传输。

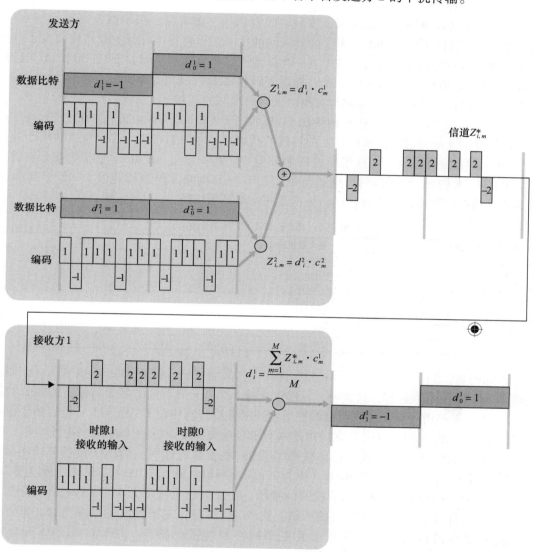

图 7-6　两个发送方 CDMA 的例子

再回到第 6 章中鸡尾酒会的类比，CDMA 协议类似于让聚会客人使用多种语言来谈论，在这种情况下，人们实际上非常善于锁定他们能听懂语言的谈话，而过滤了其余的谈话。我们看到 CDMA 是一个划分协议，因为它划分编码空间（与时间或频率相对），并且给每个节点分配一段专用的代码空间。

这里对 CDMA 的讨论是简明扼要的，而实践中必须要处理大量的困难问题。首先，为了使 CDMA 接收方能够提取特定发送方的信号，必须仔细地选择 CDMA 编码。其次，我们的讨论假设在接收方接收到的来自不同发送方的信号强度是相同的，这可能在实际中很难实现。有大量的文章讨论了有关 CDMA 的这些和其他问题，详细内容见［Pickholtz 1982；Viterbi 1995］。

7.3 WiFi：802.11 无线局域网

当前，无线局域网在工作场所、家庭、教育机构、咖啡屋、机场以及街头无所不在，它已经成为因特网中的一种十分重要的接入网的技术。尽管在 20 世纪 90 年代研发了许多有关无线局域网的标准和技术，其中有一类标准已经明显成为赢家：IEEE 802.11 无线局域网（也称为 WiFi）。在本节中，我们将详细研究 802.11 无线局域网，分析它的帧结构、介质访问协议以及 802.11 局域网与有线以太网局域网的互联。

如表 7-1 总结的那样，有几种 802.11 标准［IEEE 802.11 2020］。802.11b、g、n、ac、ax 是针对无线局域网（WLAN）的连续几代 802.11 技术，802.11 标准通常用于范围小于 70 米的家庭办公室、工作场所或商业环境中。802.11n、ac 和 ax 标准最近分别被命名为 WiFi4、5 和 6，毫无疑问，这是与 4G 和 5G 蜂窝网络品牌进行竞争。802.11af 和 ah 标准针对的距离更长，用于物联网、传感器网络和测量应用。

表 7-1　IEEE 802.11 标准小结

IEEE 802.11 标准	年份	最大数据速率	范围	频率
802.11b	1999	11Mbps	30m	2.4GHz
802.11g	2003	54Mbps	30m	2.4GHz
802.11n（WiFi 4）	2009	600Mbps	70m	2.4GHz，5GHz
802.11ac（WiFi 5）	2013	3.47Gbps	70m	5GHz
802.11ax（WiFi 6）	2020（预期）	14Gbps	70m	2.4GHz，5GHz
802.11af	2014	35Mbps～560Mbps	1km	未用的电视频段（54MHz～790MHz）
802.11ah	2017	347Mbps	1km	900MHz

不同的 802.11b、g、n、ac、ax 标准具有一些共同特征，包括 802.11 帧格式（我们很快将学习）以及向后兼容，这表明，一部仅支持 802.11g 的手机仍可能与较新的 802.11ac 或 802.11ax 基站进行交互。它们也都使用相同的介质访问协议 CSMA/CA（我们稍后也将展开讨论），同时，802.11ax 也支持由基站对来自相关无线设备的传输进行集中调度。

然而，如表 7-1 所示，这些标准在物理层有一些重要的区别。802.11 设备工作在两个不同的频段上：2.4GHz～2.485GHz（称为 2.4GHz 频段）和 5.1GHz～5.8GHz（称为 5GHz 频段）。2.4GHz 频段是一种不需要执照的频段，在此频段上使用 2.4GHz 的电话和微波炉等 802.11 设备可能会争用该频段的频谱。在 5GHz 频段，对于给定的功率等级，802.11 局域网有更短的传输距离，并且承受更多的多径传播的影响。802.11n、802.11ac 和 802.11ax 标准使用多输入多输出（MIMO）天线，这就是说在发送一侧的两根或更多的天线以及在接收一侧的两根或更多的天线传输/接收着不同的信号［Diggavi 2004］。802.11ac 和 802.11ax 基站可以同时向多个站点传输，并且使用"智能"天线在接收方的方向上用自适应成形波束向目标传输。这减少了干扰并增大了以给定数据速率传输的可达距离。表 7-1 中的数据速率是理想环境下的数据，例如一个靠近基站的接收方且没有干扰，而这种场景是我们在实践中不可能经历到的！因此如谚语所说，每个人走过的路（或者此时是每个人的无线数据速率）因人而异。

7.3.1　802.11 无线局域网体系结构

图 7-7 显示了 802.11 无线局域网体系结构的基本构件。802.11 体系结构的基本构件模块是**基本服务集**（Basic Service Set，BSS）。BSS 包含一个或多个无线站点以及一个在 802.11 术语中称为**接入点**（Access Point，AP）的中央**基站**（base station）。图 7-7 展示了两个 BSS 中的 AP，它们连接到一个互联设备（如交换机或者路由器）上，互联设备又连接到因特网中。在典型的归属网络中，有一个 AP 和一台将该 BSS 连接到因特网中的路由器（通常综合成为一个单元）。

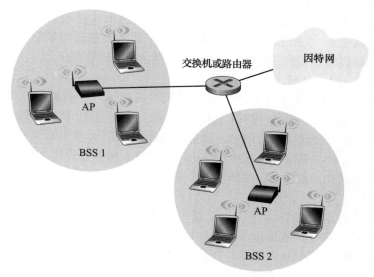

图 7-7　IEEE 802.11 局域网体系结构

与以太网设备类似，每个 802.11 无线站点都具有一个 6 字节的 MAC 地址，该地址存储在该站适配器（即 802.11 网络接口卡）的固件中。每个 AP 的无线接口也具有一个 MAC 地址。与以太网类似，这些 MAC 地址由 IEEE 管理，理论上是全球唯一的。

如 7.1 节所述，部署 AP 的无线局域网经常被称作**基础设施无线局域网**（infrastructure wireless LAN），其中的"基础设施"是指 AP 连同互联 AP 和一台路由器的有线以太网。图 7-8 显示了 IEEE 802.11 站点也能将它们组合在一起，以形成一个自组织网络，即一个无中心控制和与"外部世界"无连接的网络。这里，该网络是由彼此已经发现相互接近且有通信需求的移动设备"动态"形成的，并且在它们所处环境中没有预先存在的网络基础设施。当携带笔记本电脑的人们聚集在一起（例如，在会议室、火车或者汽车中），并且要在没有中央

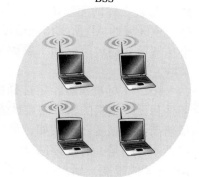

图 7-8　IEEE 802.11 自组织网络

化 AP 的情况下交换数据时，一个自组织网络就可能形成了。随着通信的便携设备继续激增，人们对自组织网络存在巨大的兴趣。然而在本节中，我们只关注基础设施无线局域网。

信道与关联

在 802.11 中，每个无线站点在能够发送或者接收网络层数据之前，必须与一个 AP 相关联。尽管所有 802.11 标准都使用了关联，但我们将专门在 IEEE 802.11b、g、n、ac、ax 环境中讨论这一主题。

当某网络管理员安装一个 AP 时，该管理员为该接入点分配一个单字或双字的**服务集标识符**（Service Set Identifier, SSID）。（例如，当你在 iPhone 上选择设置 WiFi 时，将显示某范围内每个 AP 的 SSID。）管理员还必须为该 AP 分配一个信道号。为了理解信道号，回想前面讲过的 802.11 运行在 2.4GHz ～ 2.485GHz 的频段中，在这个 85MHz 的频段内，802.11 定义了 11 个部分重叠的信道。当且仅当两个信道由 4 个或更多信道隔开时它们才无重叠。特别是信道 1、6 和 11 的集合是唯一的 3 个非重叠信道的集合。这意味着管理员可以在同一个物理网络中安装 3 个 802.11b AP，为这些 AP 分配信道 1、6 和 11，然后将每个 AP 都连接到一台交换机上。

既然已经对 802.11 信道有了基本了解，我们可以描述一个有趣的（且并非完全不寻常的）情况，即有关 WiFi 丛林。**WiFi 丛林**（jungle）是一个任意的物理位置，无线站点能从两个或多个 AP 中收到很强的信号。例如，在纽约城的许多咖啡馆中，无线站点可以从附近许多 AP 中选取一个信号。其中一个 AP 可能由该咖啡馆管理，而其他 AP 可能位于咖啡馆附近的住宅区内。这些 AP 中的每一个都可能位于不同的子网中，并被独立分配一个信道。

现在假定你带着自己的智能手机、平板电脑或笔记本电脑进入这样一个 WiFi 丛林，寻求无线因特网接入和一个蓝莓松饼。设在这个丛林中有 5 个 AP。为了获得因特网接入，你的无线站点需要加入其中一个子网并因此需要与其中的一个 AP **相关联**（associate）。关联意味着这一无线站点在自身和该 AP 之间创建一条虚拟线路。特别是，仅有关联的 AP 才向你的无线站点发送数据帧，并且你的无线站点也仅仅通过该关联 AP 向因特网发送数据帧。然而，你的无线站点是如何与某个特定的 AP 相关联的？更为根本的问题是，你的无线站点是如何知道哪个 AP 位于该丛林呢？

802.11 标准要求每个 AP 周期性地发送信标帧，每个信标帧包括该 AP 的 SSID 和 MAC 地址。你的无线站点为了得知正在发送信标帧的 AP，扫描 11 个信道，找出来自可能位于该区域的 AP 所发出的信标帧（其中一些 AP 可能在相同的信道中传输，即这里有一个丛林!）。通过信标帧了解到可用 AP 后，你（或者你的无线主机）选择一个 AP 用于关联。

802.11 标准没有指定选择哪个可用的 AP 进行关联的算法，该算法被遗留给 802.11 固件和无线主机的软件的设计者。通常，主机选择接收到的具有最高信号强度的信标帧。虽然高信号强度好（例如，参见图 7-3），但信号强度将不是唯一决定主机接收性能的 AP 特性。特别是，所选择的 AP 可能具有强信号，但可能被其他附属的主机（需要共享该 AP 的无线带宽）所过载，而某未过载的 AP 由于稍弱的信号而未被选择。选择 AP 的一些可替代的方法近来已被提出 [Vasudevan 2005；Nicholson 2006；Sudaresan 2006]。有关信号强度如何测量的有趣讨论参见 [Bardwell 2004]。

扫描信道和监听信标帧的过程被称为**被动扫描**（passive scanning）（参见图 7-9a）。无线主机也能够执行**主动扫描**（active scanning），这是通过向位于无线主机范围内的所有 AP 广播探测帧完成的，如图 7-9b 所示。AP 用一个探测响应帧确认该探测请求帧。该无线主机则能够在响应的 AP 中选择某 AP 与之相关联。

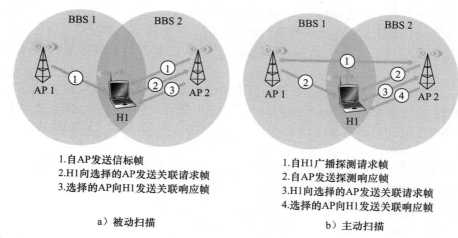

1. 自 AP 发送信标帧
2. H1 向选择的 AP 发送关联请求帧
3. 选择的 AP 向 H1 发送关联响应帧

a) 被动扫描

1. 自 H1 广播探测请求帧
2. 自 AP 发送探测响应帧
3. H1 向选择的 AP 发送关联请求帧
4. 选择的 AP 向 H1 发送关联响应帧

b) 主动扫描

图 7-9 对接入点的主动和被动扫描

选定与之关联的 AP 后，无线主机向该 AP 发送一个关联请求帧，并且该 AP 以一个关联响应帧进行响应。注意，对于主动扫描需要第二次请求/响应握手，因为一个对初始探测请求的帧进行响应的 AP 并不知道主机选择哪个（可能多个）响应的 AP 进行关联，这与 DHCP 客户能够从多个 DHCP 服务器中进行选择有诸多相同之处（参见图 4-24）。一旦与一个 AP 关联，该主机便希望加入该 AP 所属的子网中（以 4.3.3 节中的 IP 寻址的意义）。因此。该主机通常将通过关联的 AP 向该子网发送一个 DHCP 发现报文（参见图 4-24），以获取在该 AP 子网中的一个 IP 地址。一旦获得地址，网络的其他部分将直接视你的主机为该子网中的另一台主机。

为了与特定的 AP 创建关联，某无线站点可能要向该 AP 鉴别它自身。802.11 无线局域网提供了几种不同的鉴别和接入方法。第一种被许多公司采用的方法是基于一个站点的 MAC 地址允许其接入一个无线网络，第二种被许多咖啡屋采用的方法是应用用户名和口令。在这两种情况下，AP 通常与一个鉴别服务器进行通信，使用诸如 RADIUS［RFC 2865］和 DIAMETER［RFC 6733］等的协议，在无线终端站和鉴别服务器之间中继信息。分离鉴别服务器和 AP，使得一个鉴别服务器可以服务于多个 AP，将（经常是敏感的）鉴别和接入的决定集中到单一服务器中，从而使 AP 费用和复杂性较低。我们将在第 8 章看到，定义 802.11 协议族安全性的新 IEEE 802.11i 协议就恰好采用了这一方法。

7.3.2 802.11 MAC 协议

一旦某无线站点与一个 AP 相关联，它就可以经该接入点开始发送和接收数据帧。然而因为许多无线设备或 AP 自身可能希望同时经过相同信道传输数据帧，所以需要一个多路访问协议来协调传输。下面，我们将设备或者 AP 称为无线"站点"（station），它们共享这个多路访问信道。正如在第 6 章和 7.2 节中讨论的那样，宽泛地讲有三类多路访问协议：信道划分（包括 CDMA）、随机接入和轮流。受以太网及其随机接入协议的巨大成功的激励，802.11 的设计者为 802.11 无线局域网选择了一种随机接入协议。这个随机接入协议称作**带碰撞避免的 CSMA**（CSMA with collision avoidance），或简称为 **CSMA/CA**。与以太网的 CSMA/CD 相似，CSMA/CA 中的 CSMA 代表"载波侦听多路访问"，意味着每个站点在传输之前侦听信道，并且一旦侦听到该信道忙则抑制传输。尽管以太网和 802. 11 都使用载波侦听多址接入，但这两种 MAC 协议有重要的区别。首先，802. 11 使用碰撞避免技术而非碰撞检测。其次，由于无线信道相对较高的比特差错率，802. 11（不同于以太网）使用链路层确认/重传（ARQ）方案。我们将在下面讨论 802. 11 的碰撞避免和链路层确认机制。

在 6. 3. 2 节和 6. 4. 2 节曾讲过，使用以太网的碰撞检测算法，以太网节点在发送过程中监听信道。在发送过程中如果检测到另一节点也在发送，则放弃自己的发送，并且在等待一个小的随机时间后再次发送。与 802. 3 以太网协议不同，802. 11 MAC 协议并未实现碰撞检测。这主要由两个重要的原因所致：

- 检测碰撞的能力要求站点具有同时发送（站点自己的信号）和接收（检测其他站点是否也在发送）的能力。在 802. 11 适配器上，接收信号的强度通常远远小于发送信号的强度，构建具有检测碰撞能力的硬件代价较大。
- 更重要的是，即使适配器可以同时发送和监听信号（并且假设它一旦侦听到信道忙就放弃发送），适配器也会由于隐藏终端问题和衰减问题而无法检测到所有的碰撞，参见 7. 2 节的讨论。

由于 802. 11 无线局域网不使用碰撞检测，一旦站点开始发送一个帧，它就完全地发送该帧；也就是说，一旦站点开始发送，就不会返回。正如人们预料的那样，碰撞存在时仍发送整个数据帧（尤其是长数据帧）将严重降低多路访问协议的性能。为了降低碰撞的可能性，802. 11 采用了几种碰撞避免技术，我们稍后再做讨论。

然而，在考虑碰撞避免之前，我们首先需要分析 802. 11 的**链路层确认**（link-layer acknowledgment）方案。7. 2 节讲过，当无线局域网中某站点发送一个帧时，该帧会由于多种原因不能无损地到达目的站点。为了处理这种不可忽视的故障，802. 11 MAC 使用链路层确认。如图 7-10 所示，目的站点收到一个通过 CRC 校验的帧后，等待一个被称作**短帧间间隔**（Short Inter-frame Spacing，SIFS）的一小段时间，然后发回一个确认帧。如果发送站点在给定的时间内未收到确认帧，它假定出现了错误并重传该帧，使用 CSMA/CA 协议访问该信道。如果在若干固定次重传后仍未收到确认，传输站将放弃发送并丢弃该帧。

讨论过 802. 11 如何使用链路层确认后，我们现在能够描述 802. 11 的 CSMA/CA 协议了。假设一个站点（无线设备或者 AP）有一个帧要发送。

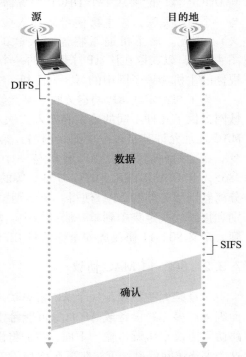

图 7-10   802. 11 使用链路层确认

1）如果某站点最初监听到信道空闲，它将在一个被称作**分布式帧间间隔**（Distributed Inter-frame Space，DIFS）的短时间段后发送该帧，见图 7-10。

2）否则，该站点选取一个随机回退值（如我们在 6.3.2 节中遇到的那样）并且在侦听到信道空闲时递减该值。当侦听到信道忙时，计数值保持不变。

3）当计数值减为 0 时（这只可能发生在信道被侦听为空闲时），该站点发送整个数据帧并等待确认。

4）如果收到确认，传输站知道它的帧已被目的站正确接收了。如果该站点要发送另一帧，它将从第二步开始 CSMA/CA 协议。如果未收到确认，传输站将重新进入第二步中的回退阶段，并从一个更大的范围内选取随机值。

前面讲过，在以太网的 CSMA/CD 多路访问协议（6.3.2 节）下，一旦侦听到信道空闲，站点便开始发送。然而，使用 CSMA/CA，该站点在倒计数时抑制传输，即使它侦听到该信道空闲也是如此。为什么 CSMA/CD 和 CSMA/CA 采用了不同的方法呢？

为了回答这一问题，我们首先考虑这样一种情形：两个站点分别有一个数据帧要发送，但是，由于侦听到第三个站点已经在传输，双方都未立即发送。若使用以太网的 CSMA/CD 协议，两个站点将会在检测到第三方发送完毕后立即开始发送。这将导致碰撞，在 CSMA/CD 协议中碰撞并非一个严重的问题，因为两个站点检测到碰撞后都会放弃发送，从而避免了由于碰撞而造成的该帧剩余部分的无用发送。而在 802.11 中情况却十分不同，因为 802.11 并不检测碰撞和放弃发送，遭受碰撞的帧仍将被完全传输。因此，802.11 的目标是无论如何都要尽可能地避免碰撞。在 802.11 中，如果两个站点侦听到信道忙，它们都将立即进入随机回退，希望选择一个不同的回退值。如果这些值的确不同，一旦信道空闲，其中的一个站点将在另一个之前发送，并且（如果两个站点均未对对方隐藏）"失败站点"将会听到"胜利站点"的信号，冻结它的计数器，并在胜利站点完成传输之前一直抑制传输。通过这种方式避免了高代价的碰撞。当然，在这种情况下使用 802.11 仍可能出现碰撞：两个站点可能互相是隐藏的，或者两者可能选择了非常靠近的随机回退值，使来自先开始站点的传输也必须到达第二个站点。回想前面，我们在图 6-12 中讨论随机接入算法时遇到过这个问题。

1. 处理隐藏终端：RTS 和 CTS

802.11 MAC 协议也包括一个不错的（但为可选项）预约方案，以帮助在出现隐藏终端的情况下避免碰撞。我们在图 7-11 的环境下研究这种方案，其中显示了两个无线站点和一个 AP。这两个无线站点都在该 AP 的覆盖范围内（其覆盖范围显示为阴影圆形），并且两者都与该 AP 相关联。然而，由于衰减，无线节点的信号范围局限在图 7-11 所示的阴影圆环内部。因此，尽管每个无线站点对 AP 都不隐藏，两者彼此却是隐藏的。

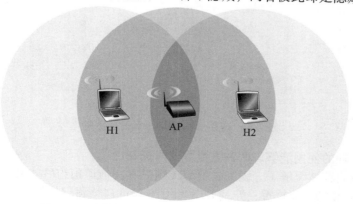

图 7-11　隐藏终端的例子：H1 和 H2 彼此互相隐藏

现在我们考虑为什么隐藏终端会导致问题。假设站点 H1 正在传输一个帧并且在 H1 传输的中途，站点 H2 要向 AP 发送一个帧。由于 H2 未听到来自 H1 的传输，它将首先等待一个 DIFS 间隔，然后发送该帧，这导致产生了一个碰撞。从而在 H1 和 H2 的整个发送阶段，信道都被浪费了。

为了避免这一问题，IEEE 802.11 协议允许站点使用短**请求发送**（Request to Send，RTS）控制帧和**允许发送**（Clear to Send，CTS）控制帧来预约对信道的访问。当发送方要发送一个 DATA 帧时，它能够首先向 AP 发送一个 RTS 帧，指示传输 DATA 帧和确认（ACK）帧需要的总时间。当 AP 收到 RTS 帧后，它广播一个 CTS 帧作为响应。该 CTS 帧有两个目的：给发送方明确的发送许可，同时指示其他站点在预约期内不要发送。

因此，在图 7-12 中，在传输 DATA 帧前，H1 首先广播一个 RTS 帧，该帧能被其覆盖范围内包括 AP 在内的所有站点听到。然后 AP 用一个 CTS 帧响应，该帧也被在其覆盖范围内包括 H1 和 H2 的所有站点听到。站点 H2 听到 CTS 后，在 CTS 帧中指明的时间内将抑制发送。RTS、CTS、DATA 和 ACK 帧如图 7-12 所示。

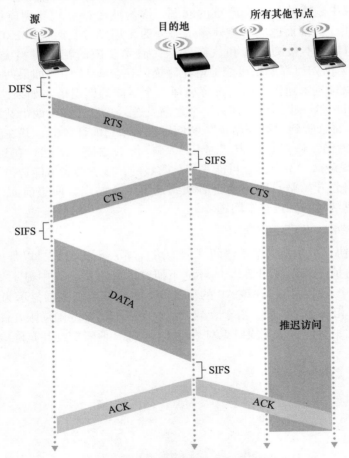

图 7-12　使用 RTS 和 CTS 帧的碰撞避免

RTS 和 CTS 帧的使用能够以两种重要方式来提高性能：
- 隐藏终端问题被缓解了，因为长 DATA 帧只有在信道预约后才被传输。
- 因为 RTS 和 CTS 帧较短，涉及 RTS 和 CTS 帧的碰撞将仅持续短 RTS 和 CTS 帧的持续期。一旦 RTS 和 CTS 帧被正确传输，后续的 DATA 和 ACK 帧应当能无碰撞地发送。

建议读者查看本书配套网站上关于 802.11 的动画。这个交互式动画说明了 CSMA/CA 协议，包括 RTS/CTS 交换序列。

尽管 RTS/CTS 交换有助于减少碰撞，但它同样引入了时延并消耗了信道资源。因此，RTS/CTS 交换仅仅用于为长数据帧预约信道。在实际中，每个无线站点可以设置一个 RTS 门限值，仅当帧长超过门限值时，才使用 RTS/CTS 序列。对许多无线站点而言，默认的 RTS 门限值大于最大帧长值，因此对所有发送的 DATA 帧，RTS/CTS 序列都被跳过。

2. 使用 802.11 作为一个点对点链路

到目前为止我们的讨论关注在多路访问环境中使用 802.11。应该指出，如果两个节点每个都具有一个定向天线，它们可以将其定向天线指向对方，并基本上是在一个点对点的链路上运行 802.11 协议。由于商用 802.11 硬件产品价格不高，使用定向天线以及增加的传输功率使得 802.11 成为一个在数十千米距离中提供无线点对点连接的廉价手段。文献［Raman 2007］描述了这样一个运行于印度恒河平原上的多跳无线网络，其中包含点对点 802.11 链路。

7.3.3　IEEE 802.11 帧

尽管 802.11 帧与以太网帧有许多共同特点，但它也包括许多特定用于无线链路的字段。8021.11 帧如图 7-13 所示，每个字段上面的数字代表该字段以字节计的长度，在该帧控制字段中每个子字段上面的数字代表该子字段以比特计的长度。现在我们查看该帧中的各字段以及帧控制字段中一些重要的子字段。

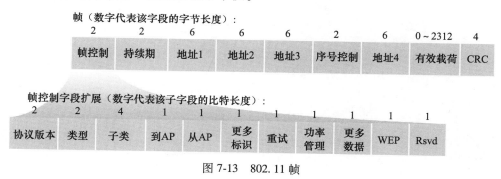

图 7-13　802.11 帧

1. 有效载荷与 CRC 字段

帧的核心是有效载荷，它通常由 IP 数据报或者 ARP 分组组成。尽管这一字段允许最大长度为 2312 字节，但它通常小于 1500 字节，可放置一个 IP 数据报或一个 ARP 分组。如同以太网帧一样，802.11 帧包括一个 32 比特的循环冗余校验（CRC），从而接收方可以检测收到帧中的比特错误。如我们所见，比特错误在无线局域网中比在有线局域网中更加普遍，因此 CRC 在这里更加有用。

2. 地址字段

也许 802.11 帧中最引人注意的不同之处是它具有 4 个地址字段，其中每个都可以包含一个 6 字节的 MAC 地址。但为什么要 4 个地址字段呢？如以太网中那样，一个源 MAC

地址字段和一个目的 MAC 地址字段不就足够了？事实表明，出于互联目的需要 3 个地址字段，特别是将网络层数据报从一个无线站点通过 AP 送到路由器接口。当 AP 在自组织模式中互相转发时使用第四个地址。由于我们这里仅仅考虑基础设施网络，所以只关注前 3 个地址字段。802.11 标准定义这些字段如下：

- 地址 2 是传输该帧的站点的 MAC 地址。因此，如果一个无线站点传输该帧，该站点的 MAC 地址就被插入地址 2 字段中。类似地，如果一个 AP 传输该帧，该 AP 的 MAC 地址也被插入地址 2 字段中。
- 地址 1 是要接收该帧的无线站点的 MAC 地址。因此，如果一个移动无线站点传输该帧，地址 1 将包含该目的 AP 的 MAC 地址。类似地，如果一个 AP 传输该帧，地址 1 将包含该目的无线站点的 MAC 地址。
- 为了理解地址 3，回想 BSS（由 AP 和无线站点组成）是子网的一部分，并且这个子网经一些路由器接口与其他子网相连。地址 3 是包含这个路由器接口的 MAC 地址。

为了对地址 3 的目的有更深入的理解，我们观察在图 7-14 环境中的网络互联的例子。在这幅图中有两个 AP，每个 AP 负责一些无线站点。每个 AP 到路由器有一个直接连接，路由器依次又连接到全球因特网。我们应当记住 AP 是链路层设备，它既不能"表示为" IP 也不理解 IP 地址。现在考虑将一个数据报从路由器接口 R1 移到无线站点 H1。路由器并不清楚在它和 H1 之间有一个 AP，从路由器的观点来说，H1 仅仅是路由器所连接的子网中的一台主机。

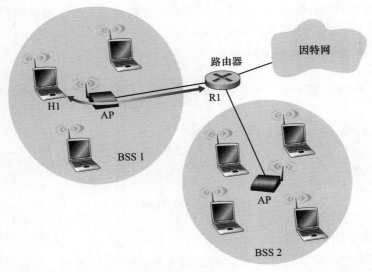

图 7-14　在 802.11 帧中使用地址字段：在 H1 和 R1 之间发送帧

- 路由器知道 H1 的 IP 地址（从数据报的目的地址中得到），它使用 ARP 来确定 H1 的 MAC 地址，这与在普通的以太网局域网中相同。获取 H1 的 MAC 地址后，路由器接口 R1 将该数据报封装在一个以太网帧中。该帧的源地址字段包含 R1 的 MAC 地址，目的地址字段包含 H1 的 MAC 地址。
- 当该以太网帧到达 AP 后，该 AP 在将其传输到无线信道前，先将该 802.3 以太网帧转换为一个 802.11 帧。如前所述，AP 将地址 1 和地址 2 分别填上 H1 的 MAC 地址和其自身的 MAC 地址。对于地址 3，AP 插入 R1 的 MAC 地址。通过这种方式，H1 可以确定（从地址 3）将数据报发送到子网中路由器接口的 MAC 地址。

现在考虑无线站点 H1 通过从 H1 移动一个数据报到 R1 进行响应时发生的情况。

- H1 生成一个 802.11 帧，分别用 AP 的 MAC 地址和 H1 的 MAC 地址填上地址 1 和地址 2 字段，如上所述。对于地址 3，H1 插入 R1 的 MAC 地址。
- 当 AP 接收该 802.11 帧后，它将其转换为以太网帧。对于该帧，源地址字段是 H1 的 MAC 地址，目的地址字段是 R1 的 MAC 地址。因此，地址 3 允许 AP 在构建以太网帧时确定目的 MAC 地址。

总之，地址 3 在 BSS 和有线局域网互联中起着关键作用。

3. 序号、持续期和帧控制字段

前面讲过在 802.11 网络中，无论何时一个站点正确地收到一个来自其他站点的帧，它就回发一个确认。因为确认可能会丢失，发送站点可能会发送给定帧的多个副本。正如我们在 rdt2.1 协议讨论中所见（3.4.1 节），使用序号可以使接收方区分新传输的帧和以前帧的重传。因此 802.11 帧中的序号字段在链路层与该字段在运输层中（见第 3 章）有着完全相同的目的。

前面讲过 802.11 协议允许传输节点预约信道一段时间，包括传输其数据帧的时间和传输确认的时间。这个持续期值被包括在该帧的持续期字段中（在数据帧和 RTS 及 CTS 帧中均存在）。

如图 7-13 所示，帧控制字段包括许多子字段，我们将提一下其中比较重要的子字段。更加完整的讨论建议查阅 802.11 规范 [Held 2001；Crow 1997；IEEE 802.11 1999]。类型和子类型字段用于区分关联、RTS、CTS、ACK 和数据帧。to 和 from 字段用于定义不同地址字段的含义。（这些含义因是否使用自组织模式或者基础设施模式而改变，在使用基础设施模式时，也因无线站点或 AP 是否在发送帧而变化。）最后，WEP 字段指示了是否使用加密（WEP 将在第 8 章中讨论。）

7.3.4 在相同的 IP 子网中的移动性

为了增加无线局域网的物理范围，公司和大学经常会在同一个 IP 子网中部署多个 BSS。这自然就引出了在多个 BSS 之间的移动性问题，即无线站点如何在维持进行中的 TCP 会话的情况下，无缝地从一个 BSS 移动到另一个 BSS。正如我们将在本小节中所见，当这些 BSS 属于同一子网时，移动性可以用一种相对直接的方式解决。当站点在不同子网间移动时，就需要更为复杂的移动性管理协议了，我们将在 7.5 节和 7.6 节中学习这些协议。

我们现在看一个在同一子网中的不同 BSS 之间移动性的特定例子。图 7-15 显示了具有一台主机 H1 的两个互联的 BSS，该主机从 BSS1 移动到 BSS2。因为在这个例子中连接两个 BSS 的互联设备不是一台路由器，故在两个 BSS 中的所有站点（包

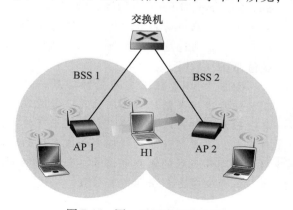

图 7-15　同一子网中的移动性

括 AP）都属于同一个 IP 子网。因此，当 H1 从 BSS1 移动到 BSS2 时，它可以保持自己的 IP 地址和所有正在进行的 TCP 连接。如果互联设备是一台路由器，则 H1 必须在它移动进入的子网中获得一个新地址。这种地址的变化将打断（并且最终终止）在 H1 的任何进行中的 TCP 连接。在 7.6 节中，我们将看到一种网络层移动性协议（如移动 IP）可用于避免该问题。

但是 H1 从 BSS1 移动到 BSS2 时具体会发生哪些事呢？随着 H1 逐步远离 AP1，H1 检测到来自 AP1 的信号逐渐减弱并开始扫描一个更强的信号。H1 收到来自 AP2 的信标帧（在许多公司和大学的设置中它与 AP1 有相同的 SSID）。H1 然后与 AP1 解除关联，并与 AP2 关联起来，同时保持其 IP 地址和维持正在进行的 TCP 会话。

从主机和 AP 的角度，这就处理了切换问题。但对图 7-15 中的交换机又会发生什么样的情况呢？交换机如何知道主机已经从一个 AP 移动到另一个 AP 呢？回想第 6 章所述，交换机是"自学习"的，并且自动构建转发表。这种自学习的特征很好地处理了偶尔的移动（例如，一个雇员从一个部门调转到另一个部门）。然而，交换机没有被设计用来支持用户在不同 BSS 间高度移动，同时又希望保持 TCP 连接。为理解这一问题，回想在移动之前，交换机转发表中有一个表项，其中将 H1 的 MAC 地址与一个输出交换机接口匹配——通过这个接口可以到达 H1。如果 H1 初始在 BSS1 中，则发往 H1 的数据报将经 AP1 导向 H1。然而，一旦 H1 与 BSS2 关联，它的帧应当被导向 AP2。一种解决方法（有点不规范）是在新的关联形成后，让 AP2 以 H1 的源地址向交换机发送一以太网广播帧。交换机收到该帧后更新其转发表，使得 H1 可以通过 AP2 到达。802.11f 标准小组正在开发一个 AP 间的协议来处理这些以及相关的问题。

以上讨论关注在相同局域网子网中的移动性。前面我们在 6.4.4 节中学习过 VLAN，它能够将若干局域网孤岛连接成一个大的虚拟局域网，该虚拟局域网能够跨越大的地理范围。在这样的 VALN 中，基站之间的移动性能够以与上述完全相同的方式来处理［Yu 2011］。

历 史 事 件

位置发现：GPS 和 WiFi 定位

如今，许多最有用和最重要的智能手机应用都是基于位置的移动应用，包括 Foursquare、Yelp、Uber、Pokémon Go 和 Waze。这些应用都利用了一个 API，从而直接从智能手机中提取当前的地理位置。你有没有想过你的智能手机是如何获得地理位置的呢？今天，它是通过结合两个系统来完成的，这两个系统是**全球定位系统**（GPS）和 **WiFi 定位系统**（WPS）。

GPS 由 30 多颗卫星的星座组成，广播卫星的位置和定时信息，这些信息被每个 GPS 接收器用来估计其地理位置。美国政府创建了这个系统并负责维护，让任何有 GPS 接收器的人都可以免费使用它。卫星有非常稳定的原子钟，它们彼此同步，也与地面时钟同步。卫星还能非常精确地知道自己的位置。每颗 GPS 卫星都连续地广播一个包含其当前时间和位置的无线电信号。如果 GPS 接收机从至少四颗卫星获得这些信息，它可以求解三角测量方程来估计其位置。

然而，如果 GPS 没有到达至少四颗 GPS 卫星的视线，或者受到其他高频通信系统的干扰，它就不能总是提供准确的地理位置。在城市环境中尤其如此，因为高层建筑经常会屏蔽 GPS 信号。这就是 WiFi 定位系统发挥作用的地方。WiFi 定位系统利用的是谷歌、苹果、微软等互联网公司独立维护的 WiFi 接入点数据库。每个数据库包含数百万个 WiFi 接入点的信息，包括每个接入点的 SSID 和其地理位置的估计。要了解 WiFi 定位系统如何利用这样的数据库，可以考虑使用 Android 智能手机和谷歌定位服务。智能手机从每个附近的接入点接收并测量信标信号的信号强度（见 7.3.1 节），信标信号包含接入点的 SSID。因此，智能手机可以不断向谷歌位置服务（在云中）发送信息，其中包括附近接入点的 SSID 和相应的信号强度。如果可以，它还将发送其 GPS 位置（如上所述，通过卫星广播信号获得）。使用信号强度信息，谷歌将估计智能手机和每个WiFi 接入点之间的距离。利用这些估计的距离，它可以解三角方程来估计智能手机的位置。最后，这种基于 WiFi 的估计与基于 GPS 卫星的估计相结合，形成一个聚合的估计，然后发送回智能手机，由基于位置的移动应用使用。

但是你可能仍然想知道谷歌（以及苹果、微软等）如何获取和维护访问点的数据库，特别是访问点的地理位置。回想一下，对于给定的接入点，附近的每一个 Android智能手机都会向谷歌位置服务发送从接入点接收到的信号强度以及智能手机的估计位置。考虑到每天都有成千上万的智能手机经过这个接入点，谷歌的定位服务将拥有大量的数据来估计接入点的位置，同样是通过求解三角方程。因此，接入点帮助智能手机确定它们的位置，而智能手机反过来帮助接入点确定它们的位置！

7.3.5　802.11 中的高级特色

本节将简要讨论 802.11 网络中具有的两种高级能力，以此来完成我们对 802.11 的学习。如我们所见，这些能力并不是完全特定于 802.11 标准的，而是在该标准中可能由特定机制产生的。这使得不同的厂商使用自己的（专用的）方法来实现这些能力，这也许能增强竞争力。

1. 802.11 速率适应

我们在图 7-3 中看到，不同的调制技术（它们提供了不同的传输速率）适合不同的SNR 情况。考虑这样一个例子，一个 802.11 用户最初离基站 20 米远，这里信噪比高。在此高信噪比的情况下，该用户能够使用可提供高传输速率的物理层调制技术与基站通信，同时维持低 BER。这个用户多么幸福啊！假定该用户开始移动，向离开基站的方向走去，随着与基站距离的增加，SNR 一直在下降。在这种情况下，如果在用户和基站之间运行的802.11 协议所使用的调制技术没有改变的话，随着 SNR 的减小，BER 将高得不可接受，最终所有传输的帧将不能正确收到。

由于这个原因，某些 802.11 实现具有一种速率自适应能力，可根据当前和近期的信道特点来选择下面的物理层调制技术。如果一个节点连续发送两个帧而没有收到确认（信道上出现比特差错的隐式指示），该传输速率将降低到前一个较低的速率。如果 10 个帧连续得到确认，或自上次降速以来时间的定时器期满，该传输速率又将提高到上一个较高的速率。这种速率自适应机制与 TCP 的拥塞控制机制具有相同的“探测”原理，即当条件好（反映为收到 ACK）时增加传输速率，除非某件“坏事”（ACK 没有收到）发生了；

当"坏事"发生时，则减小传输速率。802.11速率自适应和TCP拥塞控制因此类似于年幼的孩子，他们不断地向父母要求越来越多（如幼儿要糖果，青少年要求推迟睡觉时间），直到父母最后说"够了"，孩子们才不再要求了（仅当情况好转后才会再次尝试）。已经提出了一些其他方案以改善这个基本的自动速率调整方案 ［Kamerman 1997；Holland 2001；Lacage 2004］。

2. 功率管理

功率是移动设备的宝贵资源，因此802.11标准提供了功率管理能力，以使802.11节点的侦听、传输、接收功能和其他需要"打开"电路的时间量最小化。802.11功率管理按下述方式运行。一个节点能够明确地在睡眠和唤醒状态之间交替（像在课堂上睡觉的学生）。通过将802.11帧首部的功率管理比特设置为1，某节点向接入点指示它打算睡眠。设置节点中的一个定时器，以实现正好在AP计划发送它的信标帧前唤醒节点（前面讲过AP通常每100ms发送一个信标帧）。因为AP从所设置的功率传输比特知道那个节点打算睡眠，所以该AP知道它不应当向这个节点发送任何帧，而是先缓存目的地为睡眠主机的任何帧，待以后再传输。

在AP发送信标帧前，恰好唤醒节点，并迅速进入全面活动状态（与睡觉的学生不同，这种唤醒仅需要250μs ［Kamerman 1997］）。由AP发送的信标帧包含帧被缓存在AP中的节点的列表。如果节点中没有缓存的帧，它能够返回睡眠状态。否则，该节点能够通过向AP发送一个探询报文，明确地请求发送缓存的帧。对于100ms这段信标之间的时间，通过250μs的唤醒时间和类似长度的接收信标帧及检查的时间来确保不存在缓存帧，没有帧要发送和接收的节点能够睡眠99%的时间，从而大大节省了能源。

7.3.6　个人域网络：蓝牙

蓝牙（Bluetooth）网络似乎已迅速成为日常生活的一部分。也许你已经使用蓝牙网络作为"电缆替换"技术，将你的计算机与无线键盘、鼠标或其他外围设备互连起来。或者你可能已经使用蓝牙网络将无线耳机、扬声器、手表或健康监测带连接到智能手机上。或者将智能手机连接到汽车的音频系统上。在所有这些情况下，蓝牙的工作距离都很短（几十米或更短），它们功耗低且成本低。由于这个原因，蓝牙网络有时被称为**无线个人区域网络（WPAN）**或**微微网（piconet）**。

尽管蓝牙网络设计得比较小而且相对简单，但它们包含了我们之前研究过的许多链路级网络技术，包括时分复用（TDM）和频分（6.3.1节）、随机回退（6.3.2节）、轮询（6.3.3节）、错误检测和纠正（6.2节），以及借助ACK和NAKS的可靠数据传输（3.4.1节）。这还只是考虑到蓝牙的链接层！

蓝牙网络运行在不需要执照的2.4GHz工业、科学和医疗（ISM）无线电波段，与其他家用电器（如微波炉、车库门和无绳电话）一起工作。因此，蓝牙网络在设计时明确考虑了噪声和干扰。蓝牙无线信道采用时分复用方式，时隙为625μs。在每个时隙期间，发送方在79个信道之一中传输，信道（频率）以已知但伪随机的方式从一个时隙改变到另一个时隙。这种信道跳频的形式被称为**跳频扩频**（Frequency-Hopping Spread Spectrum，FHSS），它的使用是因为来自在ISM频段内操作的其他设备或应用的干扰最多只会干扰这些时隙的一个子集内的蓝牙通信。蓝牙数据速率可达3Mbps。

蓝牙网络是自组织网络，不需要网络基础设施（例如，接入点）。相反，蓝牙设备必须将自己组织成一个最多有 8 个活动设备的微微网，如图 7-16 所示。其中一个设备被指定为主控设备，其余设备充当客户机。主节点真正控制着微微网，它的时钟决定微微网中的时间（例如，决定 TDM 时隙边界），它决定时隙到时隙的跳频序列，控制客户设备进入微微网，控制客户设备的传输功率（100mW、2.5mW 或 1mW），并在允许客户进入网络后使用轮询来授予客户传输权限。除了有源器件，在微微网中还可以有多达 255 个"寄放"设备。这些寄放的设备通常处于某种形式的"睡眠模式"以节省能源（就像我们在 802.11 功率管理中看到的那样），并将根据主服务器的时间表周期性地唤醒，以接收来自主服务器的信标信息。直到寄放设备的状态由主节点从寄放改为活动，它才能通信。

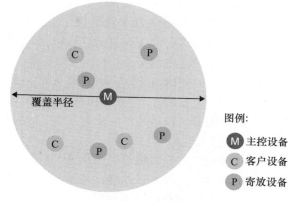

图 7-16　蓝牙微微网

因为蓝牙自组织网络必须是**自组织**的，所以有必要研究它们是如何引导自己的网络结构的。当主节点想要组成蓝牙网络时，必须首先确定哪些蓝牙设备在其覆盖范围内——这是**邻居发现**问题。主节点广播 32 条询问信息，每条都在不同的频道上，并重复传输序列多达 128 次。客户设备在它选择的频率上监听，希望在这个频率上听到主节点的查询消息。当它听到查询消息时，会在 0~0.3s 之间返回一个随机的时间量（以避免与其他响应节点发生冲突，让人想起以太网的二进制回退），然后用包含其设备 ID 的报文来响应主节点。

一旦蓝牙主节点发现了范围内的所有潜在客户，就会邀请那些它希望加入微微网的客户。第二个阶段称为**蓝牙寻呼**，它使人想起与基站相关联的 802.11 客户。通过寻呼过程，主机将通知客户要使用的跳频模式，以及发送方的时钟。主节点通过再次发送 32 条相同的寻呼邀请报文开始寻呼过程，每条报文现在都指向一个特定的客户，但再次使用不同的频率，因为客户还没有学会跳频模式。一旦客户用 ACK 报文回复寻呼邀请报文，主节点就发送跳频信息、时钟同步信息和活跃成员的地址给客户，最后轮询该客户，此时使用跳频模式，以确保客户与网络连接。

在上面的讨论中，我们只涉及了蓝牙的无线网络。更高层次的协议支持可靠的数据包传输、类似电路的音频和视频流、改变传输功率水平、改变主动/寄放状态（和其他状态）等。最新版本的蓝牙已经解决了低能耗和安全问题。有关蓝牙的更多信息，感兴趣的读者可以参考［Bisdikian 2001；Colbach 2017；Bluetooth 2020］。

7.4　蜂窝网络：4G 和 5G

在前一节中，我们研究了主机在 802.11WiFi 接入点附近时如何访问互联网。但正如我们所见，AP 的覆盖范围很小，主机当然不能与它遇到的每一个 AP 关联。因此，WiFi 对移动用户来说并不是无处不在的。

相比之下，4G 蜂窝网络接入已迅速普及。最近一项针对 100 多万美国移动蜂窝网络用户的统计研究发现，他们 90% 以上的时间都能找到 4G 信号，下载速度达到 20Mbps 或更高。韩国三大移动通信公司的用户在 95% ~ 99.5% 的时间内可以找到 4G 信号 [Open signal 2019]。因此，现在在汽车、公交车或高速列车上观看高清视频或参加视频会议已司空见惯。4G 互联网接入的普及也催生了无数新的物联网应用，如联网共享自行车和滑板车系统，以及移动支付（自 2018 年以来在中国很常见）和基于互联网的消息传递（微信、WhatsApp 等）等智能手机应用。

蜂窝网络一词指的是蜂窝网络覆盖的区域被划分成许多地理覆盖区域，称为**小区**。每个小区都有一个**基站**，向小区内的移动设备发送信号，并从其接收信号。小区的覆盖面积取决于很多因素，包括基站的发射功率、设备的发射功率、小区内的障碍物以及基站天线的高度和类型。

在本节中，我们将概述当前的 4G 和新兴的 5G 蜂窝网络。我们将考虑移动设备和基站之间的无线第一跳，以及蜂窝运营商的全 IP 核心网，该核心网将无线第一跳连接到运营商网络、其他运营商网络和更大的因特网。也许令人惊讶的是（考虑到移动蜂窝网络在电话世界的起源，它有着与互联网非常不同的网络架构），我们将会在 4G 网络中遇到许多架构原则，而这些原则我们在以因特网为重点的研究（见第 1~6 章）中曾遇到过，包括协议分层、区分边缘/核心、多个提供商网络的互连形成一个全球性的"网络的网络"、数据平面和控制平面的清晰分离以及逻辑集中控制。本节将通过移动蜂窝网络（而不是互联网）的视角来观察这些原则，从而看到这些原则如何以不同的方式进行实例化。当然，由于运营商的网络拥有全 IP 核心，我们也会遇到许多现在很熟悉的因特网协议。在了解了这些主题所需的基本原则之后，我们将在稍后介绍更多的 4G 主题，如 7.6 节中的移动性管理和 8.8 节中的 4G 安全性。

我们这里对 4G 和 5G 网络的讨论相对简短。移动蜂窝网络是一个广度和深度都很大的领域，许多大学都就该主题开设了几门课程。寻求更深入理解的读者可以去看 [Goodman 1997；Kaaranen 2001；Lin 2001；Korhonen 2003；Schiller 2003；Palat 2009；Scourias 2012；Turner 2012；Akyildiz 2010]，以及特别优秀和详尽的书籍 [Mouly 1992；Sauter 2014]。

正如因特网 RFC 定义因特网标准架构和协议一样，4G 和 5G 网络也由称为技术规范的标准文档所定义。这些文件可在 [3GPP 2020] 免费在线获取。就像 RFC 一样，技术规范也需要相当频繁和详细地阅读。当你有问题的时候，它们是你要找的答案的最佳来源！

7.4.1　4G LTE 蜂窝网络：架构和部件

截至 2020 年撰写本书时，普及部署的 4G 网络采用了 4G 长期演化（Long-Term Evolution）标准，或者更简洁地称为 **4G LTE**。在本节中，我们将描述 4G LTE 网络。图 7-17 显示了 4G LTE 网络架构的主要组成部分。该网络大致分为位于蜂窝网络边缘的无线电网络和核心网络。所有网络部件之间使用我们在第 4 章中学习的 IP 协议进行通信。与早期的 2G 和 3G 网络一样，4G LTE 充斥着相当晦涩的首字母缩写和部件名称。我们将尝试通过首先关注部件功能以及 4G LTE 网络的各个部件如何在数据平面和控制平面上相互作用来解决这一混乱。

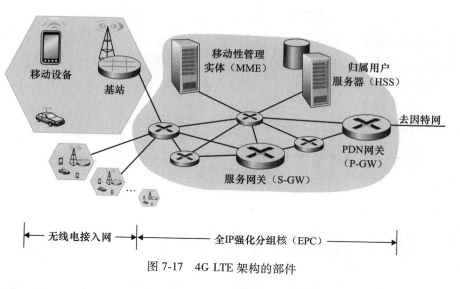

图 7-17　4G LTE 架构的部件

- **移动设备**。这是连接到蜂窝运营商网络的智能手机、平板电脑、笔记本电脑或物联网设备。Web 浏览器、地图应用、语音和视频会议应用、移动支付应用等都在这里运行。移动设备通常实现完整的 5 层因特网协议栈，包括运输层和应用层，就像我们在因特网边缘看到的主机一样。移动设备是一个网络端点，有一个 IP 地址（通过 NAT 获取，如我们后面将看到的那样）。该移动设备还具有全球唯一的 64 位标识符，称为**国际移动用户身份**（IMSI），存储在其 SIM（用户身份模块）卡上。IMSI 在全球蜂窝网络系统中识别用户，包括用户所属的国家和归属蜂窝网络。在某些方面，IMSI 类似于 MAC 地址。SIM 卡还存储了有关用户能够访问的服务信息和该用户的加密密钥信息。在 4G LTE 的官方术语中，这种移动设备被称为**用户设备**（UE）。然而，在这本教科书中，我们将自始至终使用对读者更友好的术语"移动设备"。我们还注意到移动设备并不总是移动的，例如，该设备可能是一个固定温度传感器或监控摄像头。

- **基站**。基站位于运营商网络的"边缘"，负责管理无线电资源和其覆盖区域内的移动设备（如图 7-17 中的六边形小区所示）。如我们将所见的那样，移动设备将与基站交互，以连接到运营商的网络。基站协调无线电接入网中的设备认证和资源分配（信道接入）。从这个意义上说，蜂窝基站的功能与无线局域网中的 AP 具有可比性（但绝不是等同的）。但是蜂窝基站还有一些在无线局域网中没有的重要作用。具体来说，基站创建从移动设备到网关的特定设备的 IP 隧道，并在它们之间进行交互，以处理小区之间的设备移动性。附近的基站也相互协调，以管理无线电频谱，尽量减少各小区之间的干扰。在 4G LTE 的官方术语中，该基站被称为 **eNode-B**，这是相当不透明和非描述性的。在本教材中，我们将自始至终使用对读者更友好的术语"基站"。

顺便说一句，如果你觉得 LTE 术语有点晦涩难懂，你并不孤单！eNode-B 的词源来源于早期 3G 的术语，其中网络功能点被称为"节点"，"B"可追溯到更早的 1G 术语"基站"（BS）或 2G 术语"收发基站"（BTS）。4G LTE 是对 3G 的演化，因此，在 4G LTE 术语中，"演化"（e）现在位于 Node-B 之前。这个名字的不透明性没有停止的迹象！在 5G

系统中，eNode-B 功能现在被称为 ng-eNB，也许你能猜到这个缩写表示什么意思！

- **归属用户服务器（HSS）**。如图 7-18 所示，HSS 是一个控制平面部件。HSS 是一个数据库，存储关于移动设备的信息，HSS 的网络是它们的归属网络。它与 MME（下面讨论）一起用于设备身份验证。

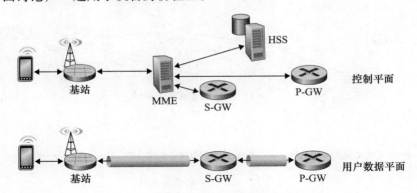

图 7-18　LTE 数据平面与控制平面部件

- **服务网关（S-GW）、PDN 网关（P-GW）等其他网络路由器**。如图 7-18 所示，服务网关（Services Gateway）和分组数据网络网关（Packet Data Network Gateway）是位于移动设备与因特网之间的数据路径上的两台路由器（在实际应用中，通常会被放置在同一位置）。PDN 网关还为移动设备提供 NAT IP 地址，实现 NAT 功能（参见 4.3.4 节）。PDN 网关是来自移动设备的数据报在进入更大的因特网之前遇到的最后一个 LTE 部件。在外界看来，P-GW 看起来和其他任何网关路由器没什么两样；移动通信公司 LTE 网络内移动节点的移动性被隐藏在 P-GW 之后。除了这些网关路由器，蜂窝运营商的全 IP 核心还会有额外的路由器，其作用与传统的 IP 路由器类似，即在它们之间沿着路径转发 IP 数据报，该路径将通常终止于 LTE 核心网络的部件。

- **移动性管理实体（MME）**。MME 也是一个控制平面部件，如图 7-18 所示。与 HSS 一起，它在验证想要连接到其网络的设备方面起着重要的作用。它还在从设备到 PDN 因特网网关路由器的数据路径上建立隧道，并维护有关移动设备在运营商蜂窝网络中的小区位置的信息。但是如图 7-18 所示，它不在移动设备收发因特网数据报的转发路径中。

  - **身份验证**。网络和连接到网络的移动设备的相互验证是很重要的：网络知道所连接的设备确实与一个给定的 IMSI 相关联，移动设备知道它所连接的网络是一个合法的蜂窝运营网络。我们将在第 8 章讨论鉴别，并在 8.8 节讨论 4G 鉴别。在这里，我们只是注意到 MME 在移动归属网络中的移动设备和归属用户服务（HSS）之间起着中间人的作用。具体来说，在收到来自移动设备的附着请求后，本地 MME 与移动设备归属网络中的 HSS 联系。然后，移动设备的归属 HSS 向本地 MME 返回足够的加密信息，以向移动设备证明归属 HSS 正在通过该 MME 执行身份验证，并让移动设备向 MME 证明它确实是与该 IMSI 相关的移动设备。当移动设备连接到其归属网络时，在身份验证期间要接触的 HSS 位于同一归属网络中。然而，当移动设备在由不同的蜂窝网络运营商运营的被访网络上漫游时，在漫游网络中的 MME 将需要与移动设备归属网络中的 HSS 联系。

■ 路径设置。如图 7-18 下半部分所示，从移动设备到运营商网关路由器的数据路径由移动设备与基站之间的无线第一跳，以及基站与服务网关、服务网关和 PDN 网关之间的连接 IP 隧道组成。在 MME 的控制之下设置隧道并且用于数据转发（而不是直接在网络路由器之间转发）。这是为了更好地支持设备移动性，即当设备移动时，只有在基站终止的隧道端点需要更改，而其他隧道端点和服务质量相关的隧道保持不变。

■ 小区位置跟踪。当设备在蜂窝小区间移动时，基站将更新设备的位置信息给MME。如果移动设备处于睡眠模式，但仍然在蜂窝小区间移动，基站将无法再跟踪设备的位置。在这种情况下，MME 将负责通过一个称为寻呼（paging）的进程定位设备来唤醒它。

表 7-2 总结了我们上面讨论过的 LTE 架构的关键部件，并将这些功能与我们在研究 WiFi 无线局域网（WLAN）时遇到的功能进行了比较。

表 7-2　LTE 部件和类似的 WLAN（WiFi）功能

LTE	描述	类似的 WLAN 功能
移动设备（UE）	端用户的 IP 使能的无线/移动设备（如智能手机、平板电脑、笔记本电脑）	主机，端系统
基站（eNode-B）	无线接入 LTE 网络的网络侧	接入点，尽管 LTE 基站执行的许多功能未能在 WLAN 中找到
移动性管理实体（MME）	用于移动设备服务的协调器：鉴别、移动性管理	接入点，尽管 MME 执行的许多功能未能在 WLAN 中找到
归属用户服务器（HSS）	位于移动设备的归属网络中，在归属和访问网络中提供鉴别、访问特权	WLAN 无对应部件
服务网关（S-GW）和 PDN 网关（P-GW）	蜂窝运营商网络中的路由器，协调转发到运营商网络之外	在接入 ISP 网络中的 iBGP 和 eBGP 路由器
无线电接入网	移动设备与基站之间的无线链路	在移动设备与 AP 之间的 802.11 无线链路

历 史 事 件

从 2G 到 3G 到 4G 的架构演化

在相对较短的 20 年时间里，蜂窝运营商网络经历了惊人的转变，从几乎完全的电路交换电话网络转变为全 IP 分组交换数据网络，其中语音只是众多应用之一。从架构的角度来看，这种转变是如何发生的？当以前的面向电话的网络被"关闭"，而全 IP 的蜂窝网络被"打开"时，是否有一个"纪念日"？或者先前面向电话的网络中的部件开始采用双线路（遗留）和分组（新）功能，就像我们在 4.3 节中看到的 IPv4 到 IPv6 的过渡？

图 7-19 摘自本教材较早的第 7 版，涵盖了 2G 和 3G 蜂窝网络。（我们已经把这些历史资料撤下来了，这些材料在本书网站上仍然可以找到，希望在第 8 版中对 4G LTE 有更深入的介绍。）虽然 2G 网络是一个电路交换的移动电话网络，但图 7-17 和图 7-19 的对比说明了一个类似的概念结构，这是用于语音服务而非数据服务——由基站控制的无线边缘，从运营商网络到外部世界的网关，以及基站和网关之间的汇聚点。

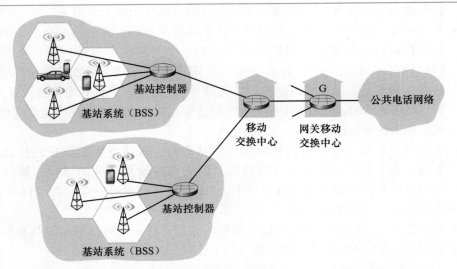

图 7-19　2G 蜂窝体系结构的部件，用运营商核心网支持电路交换语音服务

　　图 7-20（也取自本教材第 7 版）显示了 3G 蜂窝架构的主要部件，它支持电路交换语音服务和分组交换数据服务。在这里，从纯语音网络向语音和数据结合网络的过渡是很明显的：现有的核心 2G 蜂窝语音网络部件保持不变。然而，附加的蜂窝数据功能是与当时已有的核心语音网络并行并独立运行的。如图 7-20 所示，在无线电接入网的网络边缘即基站处，分离为这两个独立的核心语音和数据网络。另一种选择，即将新的数据服务直接集成到现有蜂窝语音网络的核心部件中，将会引发与在因特网中集成新的（IPv6）和遗留的（IPv4）技术所遇到的同样的挑战。运营商还想利用和开发现有蜂窝语音网络基础设施（和有利可图的服务）上的可观投资。

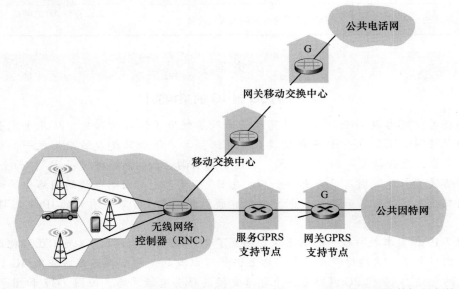

图 7-20　3G 系统架构：用运营商的核心网络支持电路交换语音服务与分组交换数据服务的分离

7.4.2 LTE 协议栈

由于 4G LTE 架构是一个全 IP 的架构，我们已经非常熟悉 LTE 协议栈中的较高层协议，特别是 IP、TCP、UDP 和各种应用层协议，这是我们从第 2 章到第 5 章学习的内容。因此，我们在这里将重点关注主要位于链路层和物理层的新 LTE 协议，以及移动性管理。

图 7-21 为 LTE 移动节点、基站和服务网关的用户平面协议栈。稍后学习 LTE 移动性管理（7.6 节）和安全（8.8 节）时，我们将接触到几个 LTE 的控制平面协议。正如我们从图 7-21 中所见，大多数新的和有趣的用户平面协议活动都发生在移动设备和基站之间的无线链路上。

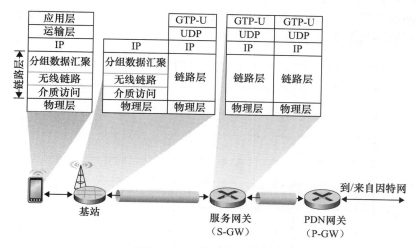

图 7-21 LTE 数据平面协议栈

LTE 将移动设备的链路层分为三个子层：

- 分组数据汇聚。这个链路层最上面的子层位于 IP 的下面。分组数据汇聚协议（PD-CP）[3GPP PDCP 2019] 执行 IP 首部/压缩，以减少通过无线链路发送的比特数，并使用移动设备首次连接到网络时 LTE 移动设备和移动性管理实体（MME）之间通过信令报文建立的密钥对 IP 数据报进行加密/解密。我们将在 8.8.2 节中讨论 LTE 安全的各个方面。

- 无线链路控制。无线链路控制（RLC）协议 [3GPP RLCP 2018] 执行两个重要功能：①拆分（在发送侧）和重新组装（在接收侧）太大的 IP 数据报，以适合底层链路层帧；②通过使用某种基于 ACK/NAK 的 ARQ 协议，在链路层进行可靠数据传输。回想一下，我们已经在 3.4.1 节学习了 ARQ 协议的基本要素。

- 介质访问控制（MAC）。MAC 层执行传输调度，即 7.4.4 节中描述的无线电传输时隙的请求和使用。MAC 子层还执行额外的错误检测/校正功能，包括使用冗余位传输作为前向纠错技术。冗余量可以根据信道条件进行调整。

图 7-21 还显示了在用户数据路径中使用隧道的情况。如上所述，当移动设备第一次连接到网络时，在 MME 控制下建立这些隧道。两个端点之间的每个隧道都有唯一的隧道端点标识符（TEID）。当基站接收到来自移动设备的数据报时，使用 GPRS 隧道协议 [3GPP GTPv1-U 2019] 对数据报进行封装，包括 TEID，并以 UDP 段的形式发送给隧道另一端的服务网关。在接收侧，基站对经过隧道的 UDP 数据报进行解封装，提取封装后的

IP 数据报发送到移动设备，并通过无线跳将 IP 数据报转发到移动设备。

7.4.3　LTE 无线电接入网

　　LTE 在下行信道上使用频分复用和时分复用的组合，称为正交频分复用（OFDM）［Hwang 2009］。（术语"正交"来自这样一个事实：在不同频率的信道上发送的信号，即使信道频率间隔很紧，它们彼此之间的干扰也很小。）在 LTE 中，每个活动的移动设备在一个或多个信道频率中被分配一个或多个 0.5ms 的时隙。图 7-22 显示了在 4 个频率上分配 8 个时隙。通过分配越来越多的时隙（无论是在同一频率上还是在不同频率上），移动设备能够实现越来越高的传输速率。移动设备之间的时隙（重新）分配可以每毫秒执行一次。不同的调制方案也可以用来改变传输速率，参见我们之前对图 7-3 的讨论以及 WiFi 网络中调制方案的动态选择。

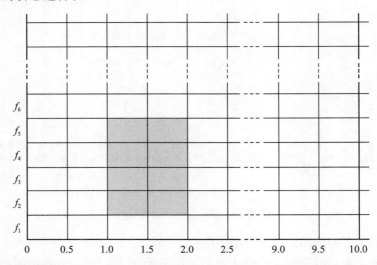

图 7-22　每个频率 20 个 0.5ms 的时隙组织成 10ms 的帧。以阴影方式显示分配 8 个时隙

　　LTE 标准并没有强制规定移动设备的时隙分配。相反，由 LTE 设备提供商或网络运营商提供的调度算法决定，哪些移动设备将被允许在给定的时隙、给定的频率上进行传输。机会主义调度［Bender 2000；Kolding 2003；Kulkarni 2005］将物理层协议与优先级和合约服务级别（例如，银、金或白金）之间的通道条件匹配，可用于调度下行分组传输。除了上述的 LTE 能力，高级的 LTE 通过向移动设备分配聚合通道，允许数百 Mbps 的下行带宽［Akyildiz 2010］。

7.4.4　LTE 附加功能：网络连接和功率管理

　　让我们通过考虑另外两个重要的 LTE 功能来总结或研究 4G LTE：①移动设备首先连接到网络的过程；②移动设备与核心网络要素一起使用的技术，以管理其功率使用。

1. 网络连接

　　移动设备连接到蜂窝运营商网络的过程大致分为三个阶段。

- 连接到基站。设备连接的第一阶段的目的与我们在 7.3.1 节中研究的 802.11 关联协议相似，但在实践中却大不相同。希望连接到蜂窝运营商网络的移动设备将开始一个引导过程，以获悉附近的基站，然后与之关联。移动设备首先在所有频段的所有信道中搜索主同步信号，该主同步信号由基站每 5ms 定期广播一次。一旦找到这个信号，移动设备就保持在这个频率上并定位次级同步信号。有了在第二信号中找到的信息，设备可以定位（遵循下列几个步骤）附加信息，如信道带宽、信道配置和该基站的蜂窝载波信息。有了这些信息，移动设备可以选择一个要关联的基站（如果有的话，优先连接到它的归属网络），并通过无线跳与该基站建立一个控制平面信号连接。这个移动节点到基站的通道将在网络连接过程的其余部分中使用。

- 相互鉴别。在 7.4.1 节对移动性管理实体（MME）的描述中，我们注意到基站与本地 MME 联系以执行相互鉴别，我们将在 8.8.2 节中进一步研究这个过程。这是网络连接的第二阶段，允许网络知道所连接的设备确实是与给定的 IMSI 相关联的设备，并且移动设备知道它所连接的网络也是一个合法的蜂窝运营商网络。一旦网络连接的第二阶段完成，MME 和移动设备相互鉴别，MME 也知道移动设备所连接的基站的身份。有了这些信息，MME 现在就可以配置设备到 PDN 网关数据路径了。

- 移动设备到 PDN 网关的数据路径配置。MME 联系 PDN 网关（这同时也为移动设备提供 NAT 地址）、服务网关和基站，以建立如图 7-21 所示的两条隧道。一旦这个阶段完成，移动设备就能够通过这些隧道并通过基站发送/接收 IP 数据报到互联网！

2. 功率管理：睡眠模式

回想在我们先前在 802.11（7.3.5 节）和蓝牙（7.3.6 节）中讨论的高级特性，无线设备中的无线电在不传送或接收数据时可以进入睡眠状态以节省能源。这是为了在需要发送/接收数据以及通道感知时，移动设备电路的"打开"时间能够尽可能短。在 4G LTE 中，睡眠移动设备可能处于两种不同的睡眠状态之一。在不连续的接收状态下，通常在数百毫秒的不活动后进入睡眠状态［Sauter 2014］，移动设备和基站将提前安排周期时间（通常间隔几百毫秒），在此时间移动设备将唤醒并主动监控下行（基站到移动设备）传输的通道；然而，除了这些预定的时间，移动设备的无线电将处于睡眠状态。

如果不连续的接收状态可以被认为是"浅睡眠"，那么第二种睡眠状态即空闲状态可能被认为是"深度睡眠"。空闲状态的持续时间更长，为 5~10s。在这种深度睡眠中，移动设备的无线电唤醒并监控频道的频率会更低。事实上，这种睡眠是如此之深，以至于如果移动设备在休眠时移动到运营商网络中的一个新蜂窝，它不需要通知之前与其关联的基站。因此，当从这个深度睡眠中周期性地醒来时，移动设备将需要重新建立与（可能是新的）基站的关联，以检查 MME 向该移动设备上次关联的基站附近的基站广播的寻呼报文。这些控制平面寻呼报文，由这些基站广播到其小区内的所有移动设备，指示哪些移动设备应该完全苏醒并重新建立到基站的新数据平面连接（见图 7-18），以便接收到来的分组。

7.4.5　全球蜂窝网络：网络的网络

在研究了 4G 蜂窝网络架构之后，让我们回过头来看看全球蜂窝网络是如何组织的，它本身就像互联网一样，就是一个"网络的网络"。

图 7-23 显示了用户的移动智能手机通过 4G 基站连接到**归属网络**。用户的归属移动网络由蜂窝运营商运营，如美国的 Verizon、AT&T、T-Mobile 或 Sprint，法国的 Orange，或者

韩国的 SK 电信。反过来，用户的归属网络通过归属网络中的一个或多个网关路由器连接到其他蜂窝运营商的网络和全球互联网，如图 7-23 所示。移动网络本身通过公共因特网或互联网协议分组交换（IPX）网络互连 ［GSMA 2018a］。IPX 是一种专门用于互连蜂窝运营商的被管网络，类似于因特网交换点（参见图 1-15）用于 ISP 之间的对等。从图 7-23 中，我们可以看到全球蜂窝网络确实是一个"网络的网络"，就像因特网一样（回想图 1-15 和 5.4 节）。4G 网络还可以与 3G 蜂窝语音/数据网络和早期的纯语音网络对接。

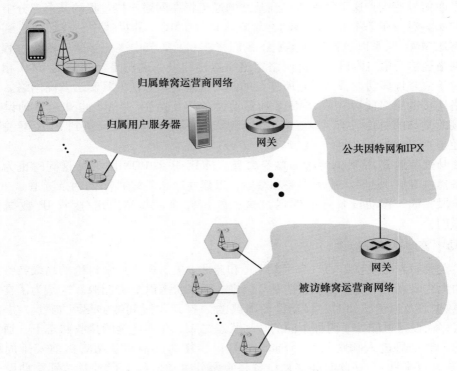

图 7-23　全球蜂窝数据网络：网络的网络

　　在了解了这些主题所需的基本原则之后，我们不久将回到其他 4G LTE 主题，如 7.6 节中的移动性管理和 8.8.2 节中的 4G 安全。现在让我们快速了解一下新兴的 5G 网络。

7.4.6　5G 蜂窝网络

　　最终的广域数据服务将具有无处不在的千兆连接速度、极低的时延，并且在任何地区支持的用户和设备的数量都不受限制。这种服务将为各种新应用打开大门，包括无处不在的增强现实和虚拟现实，通过无线连接控制自动驾驶汽车，通过无线连接控制工厂中的机器人，以及替代住宅接入技术（如 DSL 和电缆）提供固定无线因特网服务（即从基站到家用调制解调器的住宅无线连接）。

　　预计 5G 将朝着最终实现广域数据服务的目标迈出一大步。5G 有望在 2020~2030 年推出逐步改进的版本。据预测，与 4G 相比，5G 将提供约 10 倍的峰值比特率、10 倍的时延降低以及 100 倍的流量容量增加 ［Qualcomm 2019］。

　　5G 主要是指 3GPP 采用的"5G NR（新无线电）"标准。然而，除了 NR 之外，其他 5G 技术也确实存在。例如，Verizon 专有的 5G TF 网络在 28GHz 和 39GHz 频率上运行，仅用于固定无线因特网服务，而不用于智能手机。

5G 标准将频率分为两组：FR1（450MHz～6GHz）和 FR2（24GHz～52GHz）。大多数早期的部署将在 FR1 空间，尽管 FR2 空间在 2020 年有早期部署，用于如前所述的固定互联网住宅接入。重要的是，5G 的物理层（即无线）方面与 LTE 等 4G 移动通信系统不向后兼容，特别是不能通过部署基站升级或软件更新来过渡到现有的智能手机。因此，在向5G 过渡的过程中，无线运营商将需要在物理基础设施方面进行大量投资。

FR2 频率也被称为毫米波频率。虽然毫米波频率支持更快的数据传输速度，但也有两个主要缺点：

- 毫米波频率使得从基站到接收器的范围要短得多。这表明毫米波技术不适用于农村地区，需要在城市地区密集部署基站。
- 毫米波通信非常容易受到大气干扰。附近的树叶和雨水会给户外使用带来问题。

5G 不是一个密切结合的标准，而是由三个共存的标准组成［Dahlman 2018］：

- eMBB（增强型移动带宽）。5G NR 的初始部署主要集中在 eMBB 上，与 4G LTE 相比，eMBB 可以为更高的下载和上传速度提供更高的带宽，并适度降低时延。eMBB支持丰富的媒体应用程序，如移动增强现实和虚拟现实，以及移动 4K 分辨率和360°视频流。
- URLLC（极可靠低时延通信）。URLLC 的目标是满足时延高度敏感的应用程序，如工厂自动化和自动驾驶。URLLC 的目标时延为 1ms。在撰写本书时，支持 URLLC的技术仍在标准化过程中。
- mMTC（大规模机器类型通信）。mMTC 是一种窄带接入类型，用于传感、测量和监控应用。5G 网络设计的一个优先事项是降低物联网设备的网络连接障碍。除了降低时延外，5G 网络的新兴技术正专注于降低能源需求，使物联网设备的使用比4G LTE 更加普及。

1. 5G 和毫米波频率

许多 5G 创新将是在 24GHz～52GHz 频段的毫米波频率下工作的直接结果。例如，这些频率提供了比 4G 容量增加 100 倍的潜力。为了更深入地了解这一点，容量可以被定义为三个术语的乘积［Björnson 2017］：

$$容量＝小区密度×可用频谱×频谱效率$$

其中小区密度以小区/km^2 为单位，可用频谱以 Hz 为单位，频谱效率是衡量每个基站与用户通信效率的指标，以 bps/Hz/小区为单位。通过将这些单位相乘，很容易看到容量的单位是 bps/km^2。对于这三个术语中的每一个，5G 的值都会比 4G 大：

- 由于毫米波的频率范围比 4G LTE 的频率范围小得多，因此需要更多的基站，从而使小区密度变大。
- 由于 5G FR2（52−24＝28GHz）运行在比 4G LTE（最高 2GHz）更大的频段内，因此可用频谱更多。
- 关于频谱效率，信息理论认为，如果想要将频谱效率提高一倍，需要将功率提高17 倍［Björnson 2017］。5G 没有增加功率，而是使用 MIMO 技术（与我们在 7.3 节研究 802.11 网络时遇到的技术相同），该技术在每个基站使用多个天线。每个 MI-MO 天线采用**波束成形**并将信号指向用户，而不是向所有方向广播信号。MIMO 技术允许基站在同一频带内同时向 10～20 个用户发送信号。

通过增加容量方程中的所有三项，5G 预计将为城市地区提供 100 倍的容量增长。同样，由于更宽的频带，5G 有望提供 1Gbps 或更高的峰值下载速率。

然而，毫米波信号很容易被建筑物和树木阻挡。需要小型蜂窝基站来填补基站和用户之间的覆盖缺口。在人口密集地区，两个小区之间的距离可能从 10 米到 100 米不等 [Dahlman 2018]。

2. 5G 核心网络

5G 核心网络是管理所有 5G 移动语音、数据和因特网连接的数据网络。5G 核心网络正在重新设计，以更好地与因特网和基于云的服务集成，还包括跨网络的分布式服务器和缓存，从而减少时延。将在核心网中对网络功能虚拟化（如第 4 章和第 5 章所讨论的）以及针对不同应用程序和服务的网络切片进行管理。

新的 5G 核心规范在移动网络支持各种性能的各种服务的方式上引入了重大变化。就像 4G 核心网络的情况一样（回顾图 7-17 和图 7-18），5G 核心网络中继来自端设备的数据流量、鉴别设备并管理设备移动性。5G 核心网络还包含我们在 7.4.2 节中遇到的所有网络元素，即移动设备、小区、基站和移动性管理实体（现在分为两个子元素，讨论如下）、HSS、服务和 PDN 网关。

虽然 4G 和 5G 核心网络具有相似的功能，但新的 5G 核心架构与之存在一些重大区别。5G 核心网络是为完全分离控制平面和用户平面而设计的（见第 5 章）。5G 核心网络完全由基于虚拟软件的网络功能组成。这种新架构将为运营商提供灵活性，以满足不同 5G 应用的不同需求。一些新的 5G 核心网络功能包括 [Rommer 2019]：

- 用户平面功能（UPF）。控制平面和用户平面分离（见第 5 章）允许分组处理进行分布并推到网络边缘。
- 接入和移动性管理功能（AMF）。5G 核心网络实质上将 4G 移动性管理实体（MME）分解为两个功能元素：AMF 和 SMF。AMF 接收来自端用户设备的所有连接和会话信息，但只处理连接和移动性管理任务。
- 会话管理功能（SMF）。会话管理由会话管理功能处理。SMF 负责与解耦的数据平面进行交互。SMF 还可以进行 IP 地址管理，起到 DHCP 的作用。

截至撰写本书时（2020 年），5G 正处于部署的早期阶段，许多 5G 标准尚未最终完成。只有时间才能告诉我们，5G 是否会成为一种无所不在的宽带无线服务，是否会成功地与 WiFi 竞争室内无线服务，是否会成为工厂自动化和自动驾驶汽车基础设施的关键组成部分，以及是否会让我们朝着最终的广域无线服务迈进一大步。

7.5　移动性管理原理

学习了无线网络中通信链路的无线特性后，现在是我们将注意力转向这些无线链路带来的移动性的时候了。宽泛地讲，移动节点是随时间改变它与网络连接位置的节点。因为移动性这一术语在计算机界和电话界有许多含义，所以首先更为详细地讨论一下移动性的各个方面将对我们很有帮助。

7.5.1　设备移动性：网络层视角

从网络层的角度，一个物理上移动的用户将对网络层提出一系列不同寻常的挑战，这取决于该设备在网络连接点之间移动时如何激活。在图 7-24 中移动程度谱的场景 a 中，移动用户物理上在网络之间移动，但移动时移动设备的电源关闭。例如，一个学生可能断开教室无线网络并关闭其设备电源，去往餐厅吃饭并连接到餐厅的无线接入网。然后断开网络并关闭电源，从餐厅走到图书馆。在图书馆边学习并连接到图书馆的无线网络。从网络的角度来看，这个设备不是移动的，即它连接到一个接入网，并且保持开机。在这种情况下，该设备依次与遇到的每个无线接入网关联，然后再与之断联。这种情况下的设备（非）移动性可以完全处理使用的网络机制，我们已经在 7.3 节和 7.4 节学习了这些机制。

在图 7-24 的场景 b 中，设备在物理上是可移动的，但仍然连接到相同的接入网。从网络层的角度来看，该设备也没有移动。此外，如果设备仍然与相同的 802.11 AP 或 LTE 基站相关联，从链路层的角度来看，该设备甚至不是移动设备。

a）设备在接入网之间移动，但在接入网之间移动时关机
b）设备移动性仅在同一无线接入网内，在单一提供商网络中
c）在单一提供商网络的接入网之间的设备移动性，同时保持正在进行的连接
d）在多个提供商网络之间的设备移动性，同时保持正在进行的连接

图 7-24　从网络层视角来看，各种程度的移动性

从网络的角度来看，我们对设备移动性的兴趣实际上始于情况 c，即设备在继续发送和接收 IP 数据报，并维持更高级别（如 TCP）连接的同时改变其接入网（如 802.11WLAN 或 LTE 小区）。在这里，当设备在 WLAN 或 LTE 小区之间移动时，网络需要提供切换（handover）——将数据报从一个 AP 或基站转发到移动设备的责任转移。我们将在 7.6 节详细讨论切换。如果切换发生在属于单一网络提供商的接入网中，则该提供者可以自行协调切换。当一个移动设备在多个提供商网络之间漫游时（如场景 d），提供商必须协调切换，这会使切换过程变得相当复杂。

7.5.2　归属网络和在被访网络漫游

正如我们在 7.4.1 节关于蜂窝 4G LTE 网络的讨论中所了解到的那样，每个用户都有一个具有某蜂窝网提供商的"归属地"。我们知道归属用户服务器（HSS）存储了每个用户的信息，包括全球唯一的设备 ID（嵌入在用户的 SIM 卡中）、用户可能访问的服务信息、用于通信的加密密钥以及账单/收费信息。当一个设备连接到蜂窝网络但未连接到它的**归属网络**（home network）时，这个设备被认为是在**被访网络**（visited network）**漫游**（roaming）。当移动设备连接到被访网络并在其上漫游时，归属网络和被访网络之间就需要进行协调。

因特网对归属网络或被访网络没有类似的明确概念。在实践中，学生的归属网络可能是学校运营的网络；对于移动的专业人士而言，他们的归属网络可能就是他们的公司网络，而被访网络可能是他们正在访问的学校或公司的网络。但是，在因特网的架构中并没有归属/被访网络的概念。移动 IP 协议 [Perkins 1998；RFC 5944] 是一个融入了归属/被访网络概念的提案，我们将在 7.6 节简单讨论这个概念。但在实践中，移动 IP 的部署/使用非常有限。还有一些活动正在进行中，它们建立在现有的 IP 基础设施之上，以便跨越被访 IP 网络提供经过鉴别的网络接入。Eduroam [Eduroam 2020] 就是这样一个活动。

移动设备的归属网络这一概念提供了两个重要的优点：归属网络提供了可以找到该设备信息的单一位置，并且（正如我们将看到的）可以作为与漫游的移动设备通信的协调点。

要理解信息和协调中心的潜在价值，可以考虑一个人类的类比。一个 20 多岁的年轻人 Bob 从父母家里搬出来。Bob 变得可移动了，他经常更换地址，住过不同的宿舍和公寓。如果一位老朋友 Alice 想联系他，Alice 如何找到 Bob 的当前地址？一种常见的方法是联系他的家人，因为一个 20 多岁的年轻人经常会告诉家人他的当前地址（即使没有其他原因，只是为了让父母寄钱来帮助支付房租）。家庭住宅成为一个独特的位置，其他人可以将其作为与 Bob 联系的第一步。此外，后来来自 Alice 的邮件通信可能是间接的（例如，邮件先送到 Bob 的家，然后再转发给 Bob）或直接的（例如，Alice 使用从 Bob 的父母那里获得的地址直接给 Bob 发送邮件）。

7.5.3　去往/来自移动设备的直接和间接路由

现在让我们考虑与因特网连接的主机（我们称之为通信者）所面临的难题，在图 7-25 中希望与移动设备通信，该移动设备可能位于移动设备的归属网络，或可能在被访网络中漫游。在下面的讨论中，我们将采用 4G/5G 蜂窝网络的视角，因为这些网络在支持设备移动性方面有着悠久的历史。但正如我们将看到的，支持设备移动性的基本挑战和基本解决方案同样适用于蜂窝网络和因特网。

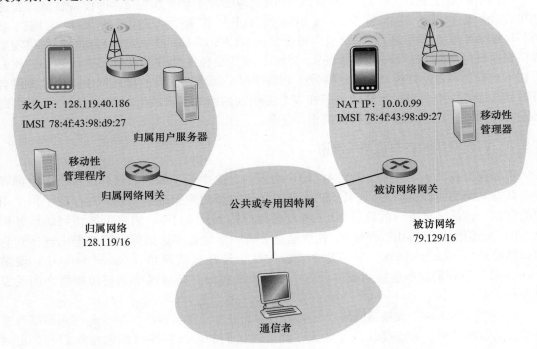

图 7-25　移动网络架构中的部件

如图 7-25 所示，我们假设移动设备有全局唯一的标识符与它相关联。在 4G、LTE 蜂窝网络中（见 7.4 节），这将是国际移动用户标识（IMSI）和相关的电话号码，存储在移动设备的 SIM 卡上。对于移动因特网用户，这将是其归属网络 IP 地址范围内的一个永久

IP 地址，就像在移动 IP 架构中的情况一样。

在移动网络架构中可能使用什么方法来允许通信者发送的数据报到达移动设备呢？可以确定有三种基本方法，下面对它们进行讨论。正如我们将看到的，其中后两者在实践中得到了采用。

1. 利用现有 IP 地址的基础设施

在被访网络中路由到移动设备的最简单方法可能是，简单地使用现有的 IP 寻址基础设施，即不向其架构添加任何新内容。还有什么比这更容易的呢！

回想我们在图 4-21 中的讨论，ISP 使用 BGP 通过枚举可访问网络的 CIDR 化地址范围来通告指向目的网络的路由。被访网络因此能够通告所有其他网络，一个特定的移动设备是其网络中的成员，并直接通告非常具体的地址，即移动设备的完整 32 位 IP 永久地址，基本等同于通告它有路径用于将数据报转发到移动设备。作为更新路由信息和转发表的正常 BGP 程序的一部分，这些邻近的网络会在整个网络中传播这些路由信息。由于数据报总是被转发到发布该地址最具体的目的地的路由器（见 4.3 节），所有到该移动设备的数据报将被转发到被访网络。如果移动设备离开一个访问过的网络并加入另一个访问过的网络，新的被访网络可以通告一条通往移动设备的新的、高度具体的路由，旧的被访网络可以收回它关于移动设备的路由信息。

这可以同时解决两个问题，而且不需要更改网络层基础设施。其他网络知道移动设备的位置，因此很容易将数据报路由到移动设备，因为转发表将把数据报定向到被访网络。然而，致命的缺点在于其可扩展性，即网络路由器必须维护数十亿移动设备的转发表项，并在每次设备漫游到不同的网络时更新它的转发表项。显然，这种方法在实践中是行不通的。在本章最后的习题中还将讨论它的其他缺点。

另一种更实用的方法（并且已经在实践中采用）是将移动性功能从网络核心推到网络边缘，这是因特网架构研究中反复出现的主题。一个很自然的方法就是通过移动设备的归属网络。就像父母跟踪孩子——20 多岁尚无稳定住所的年轻人 Bob——的位置一样，移动设备归属网络中的 MME 可以跟踪移动设备所在的被访网络。该信息可能驻留在数据库中，如图 7-25 中的 HSS 数据库所示。为了更新移动设备所在的网络，需要在被访网络和归属网络之间运行协议。大家可能还记得，我们在研究 4G LTE 时遇到了 MME 和 HSS。我们将在这里重复使用这两个名称，因为它们非常具有描述性，也因为它们普遍部署在 4G 网络中。

接下来我们详细考虑图 7-25 中的网络部件。移动设备显然需要被访网络中的 IP 地址。这里的可能性包括使用一个与移动设备的归属网络相关联的永久地址，在被访网络的地址范围内分配一个新的地址，或者通过 NAT 提供一个 IP 地址（见 4.3.4 节）。在后两种情况下，移动设备除了存储在其归属网络的 HSS 中的永久标识符外，还有一个临时标识符（一个新分配的 IP 地址）。这些案例类似于有人要给 20 多岁的年轻人 Bob 目前居住的地址写信。在 NAT 地址的情况下，发往移动设备的数据报将最终到达被访网络中的 NAT 网关路由器，该路由器将执行 NAT 地址转换并将数据报转发给移动设备。

在图 7-25 中，我们已经看到了解决通信者困境的一些要素：归属网络和被访网络，MME 和 HSS，以及移动设备寻址。但是数据报应该如何寻址和转发到移动设备呢？由于只有 HSS（而不是网络范围的路由器）知道移动设备的位置，通信者不能简单地将数据报定位到移动设备的永久地址并将其发送到网络中。必须做更多的事情。我们能够使用两种方法: 间接路由和直接路由。

2. 到移动设备的间接路由

让我们再次考虑想要向移动设备发送数据报的通信者。在**间接路由**方法中, 通信者简单地将数据报定位到移动设备的永久地址, 并将数据报发送到网络中, 不需要知道移动设备是在其归属网络中还是在被访网络中; 因此, 移动性对通信者来说是完全透明的。像往常一样, 这些数据报首先被路由到移动设备的归属网络。这些情况在图 7-26 的步骤 1 中进行了说明。

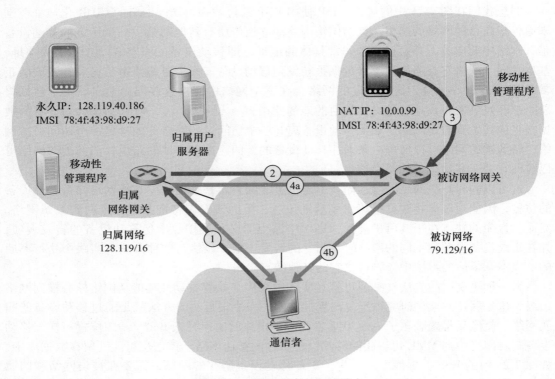

图 7-26 对移动设备的间接路由

现在让我们把注意力转向 HSS。HSS 负责与被访网络进行交互, 以跟踪移动设备的位置以及归属网络的网关路由器。这种网关路由器的一项工作是监视到达的数据报, 该数据报的地址为本归属网络的某设备, 但目前驻留在被访网络中。归属网络网关截获该数据报, 与 HSS 协商确定移动设备所在的被访网络, 并将该数据报转发给被访网络的网关路由器, 即图 7-26 中的步骤 2。然后, 被访网络的网关路由器将数据报转发给移动设备, 即图 7-26 中的步骤 3。如果使用 NAT 转换, 如图 7-26 所示, 则由被访网络的网关路由器进行 NAT 转换。

更详细地考虑归属网络的重新路由是有启发意义的。显然, 归属网络网关需要将到达的数据报转发到被访网络中的网关路由器。另一方面, 最好保持通信者的数据报完整, 因为接收数据报的应用程序应该不知道数据报是通过归属网络转发的。这两个目标都可以通过让归属网关将对应的初始完整数据报封装在一个新的 (更大的) 数据报中来实现。然后, 这个较大的数据报被寻址并发送到被访网络的网关路由器, 该路由器将对数据报进行解封装。也就是说, 从较大的封装数据报中移除对应的初始数据报, 并将初始数据报转发

（图7-26中的步骤3）到移动设备。敏锐的读者会注意到，这里描述的封装/解封装正是隧道的概念，在4.3节的IPv6相关内容中讨论过；实际上，当我们引入4G LTE数据平面时，我们也在图7-18中讨论了隧道技术的使用。

最后，让我们考虑一下移动设备是如何向相应设备发送数据报的。在图7-26的环境中，为了执行NAT转换，移动设备显然需要通过被访网关路由器转发数据报。但是，被访网关路由器应该如何将数据报转发给相应的路由器呢？如图7-26所示，有两个选项：（4a）数据报可以经隧道回到归属网关路由器，并且从那里发送给通信者；（4b）数据报可以直接从被访网络传输给通信者，该方法在LTE中称为**本地突围**（local breakout）［GSMA 2019］。

让我们通过回顾支持移动性所需的新网络层功能来总结关于间接路由的讨论。

- 移动设备到被访网络的关联协议。移动设备将需要与被访的网络相关联，并且在离开被访网络时同样需要解除关联。
- 被访网络到归属网络HSS注册协议。被访网络将需要向归属网络中的HSS注册移动设备的位置，并可能在执行设备鉴别时使用从HSS获得的信息。
- 在归属网络网关和被访网络网关路由器之间的数据报隧道协议。发送端对通信方的初始数据报进行封装和转发；在接收端，网关路由器进行解封装、NAT转换，并将初始数据报转发给移动设备。

前面的讨论提供了移动设备在网络间移动时与通信者保持持续连接所需的所有元素。当设备从一个被访网络漫游到另一个被访网络时，需要在归属网络HSS中更新被访网络信息，并需要移除归属网关路由器到被访网关路由器的隧道端点。但是当移动设备在网络中移动时，它将看到数据报流的一次中断吗？只要移动设备从一个被访网络断开到连接到下一个被访网络之间的时间很短，就很少会有数据报丢失。回想一下第3章，端到端连接可能会由于网络拥塞而经历数据报丢失。因此，当设备在网络之间移动时，连接中偶尔的数据报丢失绝不是灾难性的问题。如果需要无丢失的通信，上层机制将从数据报丢失中恢复，无论这种丢失是由于网络拥塞还是设备移动造成的。

我们上面的讨论故意有些宽泛。在移动IP标准［RFC 5944］和4G LTE网络［Sauter 2014］中使用了间接路由方法。它们的细节，特别是使用的隧道过程，与我们上面的一般性讨论略有不同。

3. 到移动设备的直接路由

在图7-26中阐述了间接路由选择方法存在一个低效的问题，称为**三角路由选择问题**（triangle routing problem）。该问题是指即使在通信者与移动节点之间存在一条更有效的路由，发往移动节点的数据报也先要发给归属代理，然后再发送到外部网络。在最坏的情况下，想象一下一个移动用户正在某个网络上漫游，这个网络就是我们的移动用户正在访问的海外同事的归属网络。他们俩坐在一起交换数据。移动用户和他的海外同事之间的数据报将被转发到移动用户的归属网络，然后再返回到被访网络！

直接路由（direct routing）克服了三角路由选择的低效问题，但却是以增加复杂性为代价的。在直接路由方法中，如图7-27所示，通信者首先发现移动设备所在的被访网络。这是通过在移动设备的归属网络中查询HSS来完成的，假设（如在间接路由的情况下）移动设备的被访网络在HSS中进行了注册，如图7-27中的步骤1和步骤2所示。然后通信者将数据报从其网络直接通过隧道发送到移动设备的被访网络的网关路由器。

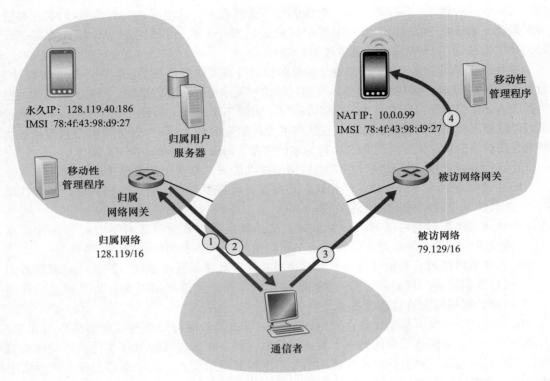

图 7-27　直接路由到某移动设备

尽管直接路由克服了三角路由选择问题，但它引入了两个重要的其他挑战：

- 通信者需要一个移动用户定位协议来查询 HSS，以获得移动设备的被访网络（图 7-27 中的步骤 1 和步骤 2）。这是移动设备向其 HSS 注册位置所需的协议之外的附加协议。
- 当移动节点从一个外部网络移到另一个外部网络时，如何将数据报转发到新的外部网络？在间接路由的情况下，这个问题很容易通过更新归属网络中的 HSS 来解决，并且更改隧道端点使其终止于新被访网络的网关路由器。然而，若使用直接路由，则在被访网络中，这种变化不是那么容易处理，因为 HSS 只在会话开始时由通信者查询。因此，需要额外的协议机制在每次移动设备移动时主动更新相应的协议。本章最后通过两个习题探究了此问题的解答。

7.6　实践中的移动性管理

在上一节中，我们确定了开发支持设备移动性的网络架构面临的关键挑战和潜在解决方案：归属网络和被访网络的概念；归属网络作为联系该归属网络的移动设备的信息和控制中心的角色；归属网络的移动性管理实体需要控制平面功能来跟踪移动设备在所访问的网络中漫游；以及直接和间接路由的数据平面方法，以使通信者和移动设备能够交换数据报。现在让我们看看这些原则是如何付诸实践的！在 7.6.1 节中，我们将研究 4G/5G 网络中的移动性管理；在 7.6.2 节中，我们将讨论移动 IP，它已经被提议用于因特网。

7.6.1　4G/5G 网络的移动性管理

我们在 7.4 节中对 4G 和 5G 架构进行了研究，了解了在 4G/5G 移动性管理中发挥核心作用的所有网络元素。现在让我们来说明这些元素如何相互操作，以在今天的 4G/5G 网络中提供移动服务 ［Sauter 2014；GSMA 2019b］，该技术源自早期的 3G 蜂窝语音和数据网络 ［Sauter 2014］，甚至更早的 2G 纯语音网络 ［Mouly 1992］。这将有助于我们综合到目前为止所学的知识，让我们引入一些更高级的主题，并为 5G 移动性管理提供一个视角。

让我们考虑一个简单的场景，在这个场景中，移动用户（例如，汽车中的乘客）通过智能手机连接到访问过的 4G/5G 网络，开始从远程服务器传输高清视频，然后从一个 4G/5G 基站移动到另一个基站。这个场景中的四个主要步骤如图 7-28 所示。

1）移动设备和基站关联。移动设备与被访网络中的某基站相关联。

2）移动设备的网元控制平面配置。被访网络和归属网络建立控制平面状态，指示移动设备驻留在被访网络中。

3）移动设备转发隧道的数据平面配置。被访网络和归属网络建立隧道，移动设备和流媒体服务器可以通过归属网络的分组数据网络网关（P-GW）使用间接路由发送/接收 IP 数据报。

4）移动设备从一个基站切换到另一个基站。移动设备通过从一个基站切换到另一个基站来改变它与被访网络的连接点。

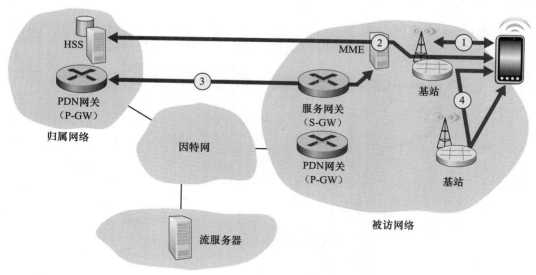

图 7-28　4G/5G 移动性场景的例子

现在让我们更详细地考虑这四个步骤。

1）**基站关联**。回想一下在 7.4.2 节中，我们学习了移动设备与基站关联的过程。我们了解到，移动设备监听所有频率的主要信号，这些信号由其所在地区的基站传输。移动设备逐步获取关于这些基站的更多信息，最终选择与之关联的基站，并自举与该基站的控制信令通道。作为这种关联的一部分，移动设备向基站提供其国际移动用户标识（IMSI），该标识唯一地标识移动设备及其归属网络和其他附加的用户信息。

2）**移动设备的 LTE 网元的控制平面配置**。一旦建立了移动设备到基站的信令通道，基站就可以与被访网络中的 MME 联系。MME 将在归属和被访网络中查阅并配置一些 4G/5G 元素，以代表移动节点建立状态：

- MME 将使用 IMSI 和移动设备提供的其他信息，以为该用户检索认证、加密和可用的网络服务信息。该信息可能在 MME 的本地缓存中，从移动设备最近接触的另一个 MME 检索，或从移动设备归属网络的 HSS 检索。相互鉴别过程（我们将在 8.8 节中详细介绍）确保被访网络确定移动设备的身份，并且该设备可以验证它所连接的网络。
- MME 通知移动设备归属网络中的 HSS，移动设备现在驻留在被访网络中，HSS 更新其数据库。
- 基站和移动设备为要在移动设备和基站之间建立的数据平面通道选择参数（回想一下，控制平面信令通道已经在运行）。

3）**移动设备转发隧道的数据平面配置**。MME 接下来为移动设备配置数据平面，如图 7-29 所示。建立了两条隧道，其中一条隧道位于基站和被访网络中的服务网关之间，第二条隧道是在服务网关和移动设备归属网络中的 PDN 网关路由器之间。4G LTE 实现了这种形式的对称间接路由，即所有进出移动设备的流量都将通过设备的归属网络进行隧道传输。4G/5G 隧道使用的 GPRS 隧道协议（GTP）在 ［3GPP GTPv1-U 2019］ 中定义。GTP 报头中的隧道端点 ID（Tunnel Endpoint ID，TEID）指示数据报属于哪个隧道，允许多个流在隧道端点之间通过 GTP 进行多路复用和多路分解。

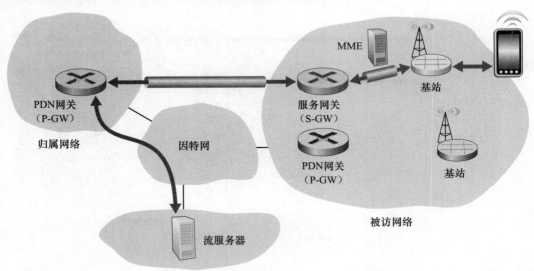

图 7-29　在被访网络的服务网关和归属网络的 PDN 网关之间的 4G/5G 网络隧道

比较图 7-29（在被访网络中移动漫游的情况）和图 7-18（仅在移动设备的归属网络内移动的情况）的隧道配置是具有启发意义的。我们看到，在这两种情况下，服务网关与移动设备共同驻留在同一个网络中，但 PDN 网关（在移动设备的归属网络中总是 PDN 网关）可能与移动设备处于不同的网络中。这正是间接路由。已经定义了一种间接路由的替代方案，称为**本地突围** ［GSMA 2019a］，其中服务网关在本地访问的网络中建立一条到 PDN 网关的隧道。然而，在实践中，本地突围并没有被广泛使用 ［Sauter 2014］。

一旦隧道已经配置和激活，移动设备就可以通过 PDN 网关在其归属网络和互联网之间转发分组。

4) **切换管理**。当移动设备将其关联从一个基站转变到另一个基站时，便发生了切换。下面将描述的切换过程正是这样，无论移动设备是留在归属网络中，还是在被访网络中漫游。

如图 7-30 所示，去往/来自设备的数据报最初（切换之前）通过一个基站转发到移动设备，我们称该基站为源基站，并在切换后通过另一个基站路由到移动设备，我们称该基站为目标基站。正如我们将看到的，基站之间的切换不仅会导致移动设备向新基站发送/接收信号，而且还会改变图 7-29 中服务网关到基站隧道的基站侧。在最简单的切换情况下，两个基站相距较近且在同一网络中，由于切换而发生的所有变化都是相对本地的。特别是，服务网关所使用的 PDN 网关仍然不知道设备的移动性。当然，更复杂的切换场景将需要使用更复杂的机制［Sauter 2014；GSMA 2019］。

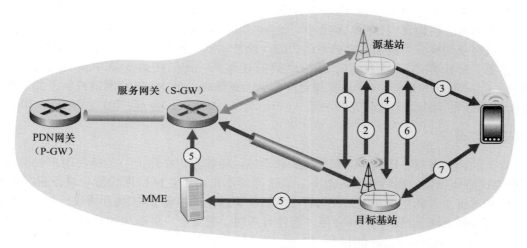

图 7-30　将移动设备从源基站切换到目标基站的步骤

发生切换可能有几个原因。例如，当前基站和手机之间的信号可能已经恶化到严重损害通信的程度；或者一个小区因处理大量的通信而超载，将移动设备移交给附近不那么拥挤的小区可能会缓解拥挤。移动设备周期性地测量当前基站的信标信号以及它能"听到"的附近基站信号的特征。这些测量每秒钟向移动设备的当前（源）基站报告一到两次。根据这些测量结果、附近小区内移动设备的当前载荷以及其他因素，源基站可以选择发起切换。4G/5G 标准没有指定基站使用的特定算法来决定是否进行切换，或选择哪个目标基站；这是一个活跃的研究领域［Zheng 2008；Alexandris 2016］。

图 7-30 说明了当源基站决定将移动设备切换到目标基站时所涉及的步骤。

1) 当前（源）基站选择目标基站，并向目标基站发送切换请求消息。

2) 目标基站检查自己是否有资源来支持移动设备及其业务质量要求。如果是，则在其无线电接入网上为该设备预分配信道资源（例如，时隙）和其他资源。这种资源预分配将移动设备从前面讨论的耗时基站关联协议中解放出来，允许尽可能快地执行切换。目标基站向源基站确认一个切换请求确认报文，该报文包含移动设备需要与新基站关联的目标基站的所有信息。

3) 源基站接收到切换请求确认报文，并将目标基站的身份信息和信道接入信息告知移动设备。此时，移动设备可以开始向新的目标基站发送/接收数据报。从移动设备的角度来看，切换已经完成！然而，在网络内部仍有一些工作要做。

4）源基站也将停止向移动设备转发数据报，而是将它接收到的任何隧道化的数据报转发给目标基站，目标基站随后将这些数据报转发给移动设备。

5）目标基站通知 MME 它（目标基站）将是为移动设备服务的新基站。MME 依次向服务网关和目标基站发出信号，以重新配置服务网关到基站隧道，使其在目标基站而不是源基站终止。

6）目标基站向源基站确认隧道已被重新配置，从而允许源基站释放与该移动设备关联的资源。

7）此时，目标基站也可以开始向移动设备发送数据报，包括源基站在切换过程中转发给目标基站的数据报，以及从服务网关重新配置后通过隧道到达的新数据报。它还可以将从移动设备接收到的出方向的数据报转发给到服务网关的隧道。

目前如上文所述的 4G LTE 网络中的漫游配置，也将用于未来新兴的 5G 网络 ［GSMA 2019c］。然而，回想我们在 7.4.6 节中讨论的，5G 网络将会更加密集，小区规模将大大缩小。这将使切换成为更加重要的网络功能。此外，低切换时延对许多实时 5G 应用程序至关重要。蜂窝网络控制平面向 SDN 框架的迁移——我们在第 5 章中研究过 ［GSMA 2018b；Condoluci 2018］——承诺实现更高容量、更低时延的 5G 蜂窝网络控制平面。SDN 在 5G 背景下的应用是大量研究的主题 ［Giust 2015；Ordonez-Lucena 2017；Nguyen 2016］。

7.6.2 移动 IP

今天的因特网没有任何广泛部署的基础设施，能够为"在路上"的移动用户提供 4G/5G 蜂窝网络所提供的那种类型的服务。但这当然不是由于在因特网设置中缺乏提供此类服务的技术解决方案！事实上，我们将在下面简要讨论的移动 IP 架构和协议 ［RFC 5944］已经被因特网 RFC 标准化了 20 多年，而且对新的、更安全、更通用的移动解决方案的研究还在继续 ［Venkataramani 2014］。

相反，可能是由于缺乏激励业务和用例 ［Arkko 2012］，以及在蜂窝网络中及时开发和部署的替代移动解决方案，阻碍了移动 IP 的部署。回想 20 年前，2G 蜂窝网络已经为移动语音服务（移动用户的"杀手级应用"）提供了解决方案，此外，支持语音和数据的下一代 3G 网络也即将问世。也许可以采用双重技术解决方案：当我们真正移动和"在路上"（图 7-24 中移动频谱的最右边）时，可通过蜂窝网络提供移动服务；当我们在本地固定或移动时，可通过 802.11 网络或有线网络提供互联网服务（图 7-24 中移动频谱的最左边），这是我们在 20 年前和今天拥有的技术，该技术将会持续到未来。

尽管如此，在这里简要概述一下移动 IP 标准还是有启发意义的，因为它提供了许多与蜂窝网络相同的服务，实现了许多相同的基本移动原则。本教科书的早期版本提供了比本节更深入的移动 IP 研究，感兴趣的读者可以在本书网站上找到这些以前的材料。支持移动性的因特网架构和协议统称为移动 IP，主要是在用于 IPv4 的 RFC 5944 中定义的。如同 4G/5G，移动 IP 是一个复杂的标准，需要一整本书来详细描述；事实上，其中一本书就是 ［Perkins 1998b］。我们的目标是概述移动 IP 最重要的方面。

移动 IP 的总体架构和要素与蜂窝提供商网络惊人地相似。在归属网络中，移动设备有一个永久的 IP 地址。被访网络在移动 IP 中称为"外部"网络，在被访网络中，移动设备将被分配一个管理地址。移动 IP 中的归属代理具有与 LTE HSS 类似的功能：通过接收来自移动主机访问的外部网络中的外部代理的更新信息，追踪移动设备的位置。正如 HSS 接收来自被访网络的 MME 的更新信息那样，其中 4G 移动设备正位于被访网络中。4G/5G 和移动 IP 都使用到移动节点的间接路由，使用隧道连接归属和被访/外部网络的网关路由器。表 7-3 总结了移动 IP 架构的要素，并与 4G/5G 网络中的类似要素进行了比较。

表 7-3 4G/5G 与移动 IP 架构的共性

4G/5G 元素	移动 IP 元素	讨论
归属网络	归属网络	
被访网络	外部网络	
IMSI 标识符	永久 IP 地址	全局唯一的路由地址信息
归属用户服务器（HSS）	归属代理	
移动性管理实体（MME）	外部代理	
数据平面：通过归属网络间接转发，归属和被访网络之间有隧道，移动设备所在网络内部也有隧道	数据平面：通过归属网络间接转发，归属和被访网络之间有隧道	
基站（eNode-B）	接入点（AP）	在移动 IP 中没有指定具体的 AP 技术
无线电接入网	WLAN	在移动 IP 中没有指定具体的 WLAN 技术

移动 IP 标准包括三个主要部分：

- 代理发现。移动 IP 定义了由外部代理所使用的协议，以向希望连接到其网络的移动设备通告其移动服务。这些服务包括：为移动设备提供一个在外部网络中的转交地址，向移动设备的归属网络中的归属代理注册移动设备，向/从移动设备转发数据报，以及其他服务。
- 在归属代理处注册。移动 IP 定义了移动设备或外部代理使用的协议，用于向移动设备的归属代理注册和注销一个转交地址。
- 数据报的间接路由。移动 IP 还定义了数据报被归属代理转发到移动设备的方式，包括转发数据报和处理错误条件的规则，以及几种隧道形式［RFC 2003；RFC 2004］。

再次强调，我们在这里对移动 IP 的讨论非常简短。感兴趣的读者可参考本节的参考资料，或本教科书早期版本中关于移动 IP 的更详细的讨论。

7.7 无线和移动性：对高层协议的影响

在本章中，我们已经看到了无线网络在链路层（由于无线信道的衰减、多径、隐终端等特性）和网络层（由于移动用户改变与网络的连接点）与有线网络的重大区别。但在运输层和应用层是否也有重大差别呢？我们不禁想象这些差别是很小的，因为在有线和无线网络中的网络层均为上层提供了同样的尽力而为服务模式。类似地，如果在有线和无线网络中都是使用诸如 TCP 和 UDP 的协议提供运输层服务，那么应用层也应该保持不变。在某种意义上我们的直觉是对的，即 TCP 和 UDP 可以（也确实）运行在具有无线链路的网络中。另一方面，运输层协议（特别是 TCP）在有线和无线网络中有时会有完全不同的性能。这里，在性能方面区别是明显的，我们来研究一下其中的原因。

前面讲过，在发送方和接收方之间的路径上，一个报文段不论是丢失还是出错，TCP 都将重传它。在移动用户的情况下，丢失可能源于网络拥塞（路由器缓存溢出）或者切换

（例如，由于将报文段重路由到移动用户新的网络接入点时引入的时延）。在所有情况下，TCP 的接收方到发送方的 ACK 都仅仅表明未能收到一个完整的报文段，发送方并不知道报文段是由于拥塞或切换，还是由于检测到比特错误而被丢弃的。在所有情况下，发送方的反应都一样，即重传该报文段。TCP 的拥塞控制响应在所有场合也是相同的，即 TCP 减小其拥塞窗口，如 3.7 节讨论的那样。由于无条件地降低其拥塞窗口，TCP 隐含地假设报文段丢失是由于拥塞而非出错或者切换所致。我们在 7.2 节看到，无线网络中的比特错误比有线网络中普遍多得多。当这样的比特错误或者切换丢失发生时，没理由让 TCP 发送方降低其拥塞窗口（并因此降低发送速率）。此时路由器的缓存的确可能完全是空的，分组可以在端到端链路中丝毫不受拥塞阻碍地流动。

研究人员在 20 世纪 90 年代早期到中期就认识到，由于无线信道的高比特差错率和切换丢失的可能性，TCP 的拥塞控制反应在无线情况下可能会有问题。有三类方法可用于处理这一问题：

- 本地恢复。本地恢复方法的目标是在比特差错出现的当时和当地（如在无线链路中）将其恢复。如在 7.3 节学习的 802.11 ARQ 协议，或者同时使用 ARQ 和 FEC 的更为复杂的方法 [Ayanoglu 1995]，我们在 7.4.2 节中看到 4G/5G 网络使用的就是该方法。
- TCP 发送方知晓无线链路。在本地恢复方法中，TCP 发送方完全不清楚其报文段跨越一段无线链路。另一种方法是让 TCP 发送方和接收方知道无线链路的存在，从而将在有线网络中发生拥塞性丢包和在无线网络中发生的差错/丢包区分开，并且仅对有线网络中的拥塞性丢包采用拥塞控制。[Liu 2003] 研究了在端到端路径上区分在有线和无线段上丢包的技术。[Huang 2013] 提供了关于开发 LTE 更友好的传输协议机制和应用的见解。
- 分离连接方法。在分离连接方法中 [Bakre 1995]，移动用户和其他端点之间的端到端连接被断开为两个运输层连接：一个从移动主机到无线接入点，一个从无线接入点到其他通信端点（我们假定它是有线的主机）。该端到端连接因此是由一个无线部分和一个有线部分级联形成的。经无线段的运输层可以是一个标准的 TCP 连接 [Bakre 1995]，或是一个特别定制的运行在 UDP 上的差错恢复协议。[Yavatkar 1994] 研究了经无线连接使用运输层选择性重传协议。[Wei 2006] 中的统计报告指出分离 TCP 连接广泛用于蜂窝数据网络中，通过使用分离 TCP 连接的确能够带来很大改进。

这里有关无线链路上的 TCP 的讨论是比较简要的。无线网络中有关 TCP 挑战和解决方案的深入展望可参考 [Hanabali 2005；Leung 2006]。我们鼓励读者查阅这些文献以了解这个正在进行的研究领域的详情。

考虑过运输层协议后，我们接下来考虑无线和移动性对应用层协议的影响。由于无线频谱的共享特性，在无线链路上操作的应用程序，特别是在蜂窝无线链路上操作的应用程序，必须将带宽视为稀缺商品。例如，为 4G 智能手机上的 Web 浏览器提供内容的 Web 服务器，可能无法提供与通过有线连接操作的浏览器相同的图像丰富的内容。尽管无线链路确实在应用层提供了挑战，但它们所支持的移动性也使一组丰富的位置感知和上下文感知应用程序成为可能 [Baldauf 2007]。更普遍地说，无线和移动网络将继续在实现未来无处不在的计算环境中发挥关键作用 [Weiser 1991]。公平地说，当谈到无线和移动网络对网络应用程序及其协议的影响时，我们只看到了冰山一角！

7.8 小结

　　无线网络和移动网络使电话发生了革命性变化，同时也对计算机网络界产生了日益深远的影响。伴随着它们对全球网络基础设施随时随地的便利接入，不仅使网络接入变得更加无所不在，而且催生了一系列令人兴奋的新位置相关服务。考虑到无线网络和移动网络不断增长的重要性，本章关注支持无线和移动通信的原理、通用链路技术以及网络架构。

　　本章以对无线网络和移动网络的介绍开始，描述了由这种网络中通信链路的无线特性所引发的挑战和由这些无线链路带来的移动性之间的重要区别。这使我们能够更好地区分、识别和掌握每个领域中的关键概念。我们首先关注无线通信，在 7.2 节中介绍无线链路的特征。在 7.3 节和 7.4 节中，我们研究了 IEEE 802.11（WiFi）无线局域网标准、蓝牙和 4G/5G 蜂窝因特网接入。然后我们将注意力转向移动性问题。在 7.5 节中我们区分了多种形式的移动性，沿着移动谱中的不同点介绍了不同的挑战和不同的解决方案。我们考虑了对移动节点的定位和路由选择问题，以及对那些动态地从一个网络接入点移到另一个网络接入点的移动用户切换问题。我们研究了在 4G/5G 网络和移动 IP 标准中如何解决这些问题。最后，我们在 7.7 节中考虑了无线链路和移动性对运输层协议和网络应用程序的影响。

　　尽管我们用了整整一章来学习无线网络和移动网络，但全面探索这个令人兴奋和快速扩展的领域需要一整本书或更多书的篇幅。我们鼓励读者通过查阅本章中提供的许多参考资料，对这一领域进行更深入的研究。

课后习题和问题

复习题

7.1 节

R1. 一个无线网络运行在"基础设施模式"下是什么意思？如果某网络不是运行在基础设施模式下，那么它运行在什么模式下？这种运行模式与基础设施模式之间有什么不同？

R2. 在 7.1 节中的分类法中，所确定的四种类型的无线网络各是什么？你用过这些类型中的哪一种？

7.2 节

R3. 下列类型的无线信道损伤之间有什么区别：路径损耗、多径传播、来自其他源的干扰？

R4. 随着移动节点离开基站越来越远，为了保证传送帧的丢失概率不增加，基站能够采取的两种措施是什么？

7.3~7.4 节

R5. 描述 802.11 中信标帧的作用。

R6. 是非判断：802.11 站在传输数据帧前，必须首先发送一个 RTS 帧并收到一个对应的 CTS 帧。

R7. 为什么 802.11 中使用了确认，而有线以太网中却未使用？

R8. 是非判断：以太网和 802.11 使用相同的帧格式。

R9. 描述 RTS 门限值的工作过程。

R10. 假设 IEEE 802.11 RTS 和 CTS 帧与标准的 DATA 帧和 ACK 帧一样长，使用 CTS 和 RTS 帧还会有好处吗？为什么？

R11. 7.3.4 节讨论了 802.11 的移动性，其中无线站点从一个 BSS 移动到同一子网中的另一个 BSS。当 AP 是通过交换机互连时，为了让交换机能适当地转发帧，AP 可能需要发送一个带有哄骗的 MAC 地址的帧，为什么？

R12. 某蓝牙网络中的一个主设备和 802.11 网络中的一个基站之间有什么不同？

R13. 在 4G/5G 蜂窝架构中，基站的作用是什么？在控制平面上，它与哪些其他 4G/5G 网络元件（移动设备、MME、HSS、服务网关路由器、PDN 网关路由器）直接通信？在数据平面上吗？

R14. 什么是国际移动用户标识符（IMSI）？

R15. 归属用户服务器（HSS）在 4G/5G 蜂窝架构中的作用是什么？在控制平面上，它与其他哪些 4G/5G 网络元件（移动设备、基站、MME、服务网关路由器、PDN 网关路由器）直接通信？在数据平面上呢？

R16. 移动性管理实体（MME）在 4G/5G 蜂窝架构中的作用是什么？在控制平面上，它与其他哪些 4G/5G 网络元素（移动设备、基站、HSS、服务网关路由器、PDN 网关路由器）直接通信？在数据平面上吗？

R17. 描述在 4G/5G 蜂窝架构的数据平面中使用两条隧道的目的。当移动设备连接到自己的归属网络时，两条隧道的每一端分别在哪个 4G/5G 网元（移动设备、基站、HSS、MME、服务网关路由器、PDN 网关路由器）结束？

R18. LTE 协议栈中链路层的三个子层是什么？简要描述它们的功能。

R19. LTE 无线电接入网是采用 FDMA、TDMA 还是两者兼而有之？解释你的答案。

R20. 描述 4G/5G 移动设备的两种可能的睡眠模式。在每一种睡眠模式中，移动设备在进入睡眠和醒来并第一次发送/接收新数据报之间是否仍与同一基站相关联？

R21. 在 4G/5G 蜂窝架构中，"被访网络"和"归属网络"是什么意思？

R22. 请列出 4G 和 5G 蜂窝网络之间的三个重要区别。

7.5 节

R23. 一个移动设备被称为"漫游"是什么意思？

R24. 网络设备的"切换"是什么意思？

R25. 将数据报直接路由和间接路由到漫游移动主机（或者从漫游主机直接路由和间接路由数据报）的区别是什么？

R26. "三角形路由"是什么意思？

7.6 节

R27. 描述移动设备在其归属网络中与在被访网络中漫游时，隧道配置的相似和不同之处。

R28. 在 4G/5G 网络中，当移动设备从一个基站切换到另一个基站时，是哪个网元决定启动切换？哪个网元选择目标基站，将移动设备切换给它？

R29. 描述进入被访网络并到达移动设备的数据报的转发路径在切换之前、切换期间和切换之后的情况，以及何时发生变化。

R30. 考虑移动 IP 架构的以下元素：归属网络、外部网络永久 IP 地址、归属代理、外部代理、数据平面转发、接入点（AP）和网络边缘的 WLAN。在 4G/5G 蜂窝网络架构中，最接近的等效元素是什么？

7.7 节

R31. 为了避免单一无线链路降低一条端到端运输层 TCP 连接的性能，能够采取的三种方法是什么？

 习题

P1. 考虑图 7-5 中单一发送方 CDMA 的例子。如果发送方的 CDMA 码是（1，-1，1，-1，1，1，1，-1），那么其输出（对于所显示的两个数据比特）是什么？

P2. 考虑图 7-6 中的发送方 2，发送方对信道 $Z^2_{i,m}$ 的输出是什么（在它被加到来自发送方 1 的信号前）？

P3. 假设图 7-6 中的接收方希望接收由发送方 2 发送的数据。说明通过使用发送方 2 的代码，（经计算）接收方的确能够将发送方 2 的数据从聚合信道信号中恢复出来。

P4. 在两个发送方、两个接收方的场合，给出一个包括 1 和 -1 值的两个 CDMA 编码的例子，不允许两个接收方从两个 CDMA 发送方提取初始传输的比特。

P5. 假设有两个 ISP 在一个特定的咖啡馆内都提供 WiFi 接入，并且每个 ISP 有其自己的 AP 和 IP 地址块。

    a. 进一步假设，两个 ISP 都意外地将其 AP 配置运行在信道 11。在这种情况下，802.11 协议是否将完全崩溃？讨论一下当两个各自与不同 ISP 相关联的站点试图同时传输时，将会发生什么情况。

    b. 现在假设一个 AP 运行在信道 1，而另一个运行在信道 11。你的答案将会有什么变化？

P6. 在 CSMA/CA 协议的第 4 步，成功传输一个帧的站点在第 2 步（而非第 1 步）开始 CSMA/CA 协议。通过不让这样一个站点立即传输第 2 个帧（如果侦听到该信道空闲），CSMA/CA 的设计者是基于怎样的基本原理来考虑的呢？

P7. 假设一个 802.11b 站点被配置为始终使用 RTS/CTS 序列预约信道。假设该节点突然要发送 1500 字节的数据，并且所有其他站点此时都是空闲的。作为 SIFS 和 DIFS 的函数，忽略传播时延并假设无比特差错，计算发送该帧和收到确认需要的时间。

P8. 考虑图 7-31 中的场景，其中有 4 个无线节点 A、B、C 和 D。这四个节点的无线覆盖范围显示为椭圆形阴影，所有节点共享相同的频率。当 A 传输时，仅有 B 能听到/接收到；当 B 传输时，A 和 C 能听到/接收到；当 C 传输时，B 和 D 能听到/接收到；当 D 传输时，仅有 C 能听到/接收到。

假定现在每个节点都有无限多的报文要向其他节点发送。如果报文的目的地不是近邻，则该报文必须要中继。例如，如果 A 要向 D 发送，那么来自 A 的报文必须首先发往 B，B 再将该报文发送给 C，C 则再将其发向 D。时间是分隙的，报文所用的传输时间正好是一个时隙，如在时隙 Aloha 中的情况一样。在一个时隙中，节点能够做下列工作之一：①发送一个报文（如果它有报文向 D 转发）；②接收一个报文（如果正好一个报文要向它发送）；③保持静默。如同通常的情况那样，如果一个节点听到了两个或更多的节点同时发送，出现冲突并且重传的报文没有一个能成功收到。这时能够假定没有比特级的差错，因此如果正好只有一个报文在发送，它将被位于发送方传输半径之内的站点正确收到。

    a. 现在假定一个无所不知的控制器（即一个知道网络中每个节点的状态的控制器）能够命令每个节点去做它（无所不知的控制器）希望做的事情，例如发送报文、接收报文或保持静默。给定这种无所不知的控制器，数据报文能够从 C 到 A 传输的最大速率是多少（假定在任何其他源/目的地对之间没有其他报文）？

    b. 现在假定 A 向 B 发送报文，并且 D 向 C 发送报文。数据报文能够从 A 到 B 且从 D 到 C 流动的组合最大速率是多少？

    c. 现在假定 A 向 B 发送报文且 C 向 D 发送报文。数据报文能够从 A 到 B 且从 C 到 D 流动的组合最大速率是多少？

    d. 现在假定无线链路由有线链路代替。在有线的情况下，重复问题 a~c。

    e. 现在假定我们又在无线状态下，对于从源到目的地的每个数据报文，目的地将向源回送一个 ACK 报文（例如，如同在 TCP 中）。对这种情况重复上述问题 a~c。

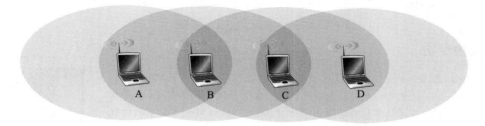

图 7-31　习题 8 的场景

P9. 描述蓝牙帧的格式。你必须要阅读某些课外读物来获取这些信息。帧格式中的哪些部分本质上会限制在网络中主动节点的数量为 8 个？解释该问题。

P10. 考虑下列理想化的 LTE 情形。下游子帧（参见图 7-22）划分为时隙，使用了 F 个频率。有 4 个节点 A、B、C 和 D 分别以 10Mbps、5Mbps、2.5Mbps 和 1Mbps 的速率在下游信道上可到达基站。这些速

率假定在所有 F 个频率上能够利用所有时隙只向一个站点进行发送。基站具有无限量的数据向每个节点发送，并且在下游子帧中的任何时隙期间使用 F 个频率中的任何一个都能够向这 4 个站点之一发送。

    a. 假定基站在每个时隙期间能够向它选择的任何节点发送，它能向节点发送的最大速率是多少？你的解决方案公平吗？解释并定义"公平"的含义。

    b. 如果有公平要求即每个站点在每秒期间必须收到等量的数据，在下游子帧期间基站（向所有节点）的平均传输速率是多少？

    c. 假定该公平性准则是在子帧期间任何节点能够接收至多是任何其他节点两倍多的数据。在下游子帧期间基站（向所有节点）的平均传输速率是多少？解释你是如何得到答案的。

P11. 在 7.5 节，一种允许移动用户在外部网络间移动的过程中保持其 IP 地址不变的建议方案是，让外部网络通告一个到该移动用户高度特定的路由，并使用现有的路由选择基础设施在整个网络中传播这一信息。我们将扩展性作为一种关注因素。假设移动用户从一个网络移动到另一个网络后，新的外部网络通告一个到移动用户的特定路由，旧的外部网络丢弃其路由。考虑路由信息如何在一个距离向量算法中传播（尤其是对于跨越全球的网络间的域间路由选择情况）。

    a. 一旦外部网络开始通告其路由，其他路由器能否立刻将数据报路由到新的外部网络？

    b. 不同的路由器有可能认为移动用户位于不同的外部网络中吗？

    c. 讨论网络中其他路由器最终知道到达移动用户的路径的时间范围。

P12. 在 4G/5G 网络中，切换会对数据源和目的地之间的数据报的端到端时延产生什么影响？

P13. 假设一个移动设备通电并连接到一个 LTE 被访网络，并假设使用了从其归属网络 H 到该移动设备的间接路由。随后，在漫游时，设备移出被访网络 A 的范围，进入 LTE 被访网络 B 的范围。你将设计一个从位于被访网络 A 中的基站 BS.A 切换到位于被访网络 B 中的基站 BS.B 的切换过程。描述需要采取的一系列步骤，注意识别所涉及的网络元素（以及它们所属的网络）以完成切换。假设切换完成后，主网络到所访问网络的隧道将在被访网络 B 中终止。

P14. 再次考虑习题 P13 中的场景。但现在假设继续使用从归属网络 H 到被访网络 A 的隧道。也就是说，被访网络 A 将作为下列切换后的锚点。（这实际上是在 2G GSM 网络中路由电路交换语音呼叫到漫游手机的过程。）在这种情况下，将需要建立额外的隧道，以到达移动设备所驻留的被访网络 B。再次简述需要采取的一系列步骤，注意找出为完成切换所涉及的网络元素（以及它们所属的网络）。与习题 P13 的解决方案相比，这种方法的优点和缺点是什么？

Wireshark 实验：WiFi

在本书的配套 Web 站点 www.pearsonhighered.com/cs-resources 以及作者的网站 http://gaia.cs.umass.edu/kurose_ross 上，你将找到有关本章的 Wireshark 实验，用于捕获和学习在无线笔记本电脑和接入点之间交换的 802.11 帧。

人物专访

    Deborah Estrin 是位于纽约城的康奈尔科技校区的计算机科学教授、Deams for Impact 机构的副院长，以及威尔·康奈尔医学院的公共卫生学教授。她从 MIT 获得计算机科学博士学位（1985），从加州大学伯克利分校获得硕士学位（1980）。Estrin 的早期研究集中在包括多播和域间路由选择等的网络协议的设计。2002 年，Estrin 在加州大学洛杉矶分校（UCLA）创建了由美国国家自然科学基金资助的科学技术中心和嵌入式联网感知中心（CENS, http://cens.ucla.edu）。CENS 开创了多学科计算机系统研究的新领域，从用于环境监测的传感器网络到参与式感知和移动健康。正如她在 2013 年的 TEDMED 演讲中所描述的，她探讨了个人如何从数字和物

Deborah Estrin

联网交互的无处不在的数据副产品中受益，以促进健康和生活管理。Estrin 教授是美国艺术与科学院（2007）和国家工程院（2009）院士，IEEE、ACM 和 AAAS 会士。她被选为首名 ACM-W 雅典娜讲师（2006），被授予 Anita Borg 学院的妇女远见创新奖（2007），入选 WITI 名人纪念馆（2008），被授予来自 EPFL（2008）和 Uppsala 大学（2011）的荣誉博士，并且被选为 MacArthur 会士（2018）。

- 请描述在您的职业生涯中做过的几个令人兴奋的项目。其中最大的挑战是什么？

20 世纪 90 年代当我在 USC 和 ISI 的时候，非常荣幸地与 Steve Deering、Mark Handley 和 Van Jacobson 这样的人物在一起工作，设计多播路由选择协议（特别是 PIM）。我试图将多播体系结构设计中的许多经验和教训借鉴到生态监视阵列中，这是我首次真正开始全身心地进行应用和多学科的研究。在社会和技术领域中共同的创新兴趣是我近期的研究领域，移动健康是我最感兴趣的东西。这些项目中的挑战随问题领域的不同而不同，但它们的共同之处是需要睁大我们的眼睛。当我们在设计、部署、制作原型和试用之间重复时，需要关注对问题的定义是否正确。没有一个问题能够仅借助于模拟或者构造实验便加以分析解决。面对凌乱的问题和环境要保持清晰的架结构，这对我们的能力提出了挑战，并且需要广泛的协作。

- 未来在无线网络和移动性方面您预见将会发生什么变化和创新？

在上一版的专访中我曾说过我从来对预测未来感到信心不足，但我的确继续推测随着智能手机变得越来越强大和因特网基本接入点的增多，我们可能看到特色电话（那些不可编程和仅能用于语音和文本信息的电话）的终结，并且在并未经过很多年后的今天显然这个推测已经成真。我也认为我们将看到嵌入式 SIM 的继续迅速增长，各种设备通过嵌入式 SIM 具有经过蜂窝网络以低数据率通信的能力。而这种情况已出现，我们看到许多设备和"物联网"，它们通过嵌入式 WiFi 和其他低功率、短距离的多种通信形式连接到本地中心。我当时没有预料到会出现一个庞大的消费性可穿戴设备市场，或者像 Siri 和 Alexa 这样的交互式语音代理。到下一版出版的时候，我预计利用物联网和其他数字踪迹数据的个人应用程序将广泛涌现。

- 您认为网络和因特网的未来将往何处去？

我仍然认为向后看和向前看都是有用的。以前我观察到在命名数据和软件定义网络方面的努力将出现成果，产生更可管理、可演化和更丰富的基础设施，并且更一般地表现为推动架构的角色向协议栈较高层发展。在因特网初期时，架构包括第四层及以下，位于顶端的应用程序更为孤岛式/独块式。现在则是数据和分析支配着传输。SDN 的采用已经超出了我一直以来的预期，我很高兴在本书的第 7 版中看到了 SDN 的内容。尽管如此，新的挑战已经从更高的层次出现。基于机器学习的系统和服务倾向于规模化，特别是当它们依赖持续的消费者参与（点击）来实现财务可行性时。由此产生的信息生态系统比前几十年更加单一。坦率地说，这对网络、因特网和对我们的社会都是一个挑战。

- 谁对您的职业生涯给予了激励？

有三个人出现在我的脑海中。第一个人是 Dave Clark，他是因特网界的"秘方"和无名英雄。早期我有幸在他的左右，看到他在 IAB 的组织规范和因特网管理方法方面所起的作用，成为"大致共识和运行编码"的引导者。第二个人是 Scott Shenker，他的智慧、正直和坚持令我印象深刻。我很少能够达到他在定义问题和解决方案方面的清晰程度。无论问题大小，只要我发电子邮件征求建议，他总是第一个回复的人。第三个人是我的姐姐 Judy Estrin。Judy Estrin 有创造力，并致力于将职业生涯的前半段时间用于将想法和概念推向市场；现在她有勇气去研究、写作和建议如何重建这些想法和概念，以支持一个更健康的民主制度。

- 对于希望从事计算机科学和网络相关职业的学生，您有什么建议？

首先，在你的学术工作中构建坚实的基础，与你能够得到的所有现实世界的工作经验相权衡。在寻找工作环境时，在你真正关心的问题领域寻找机会，加入聪明的团队，你可以从他们身上学习，并与他们一起工作，从而学到真正重要的东西。

第 8 章

Computer Networking：A Top-Down Approach，Eighth Edition

计算机网络中的安全

早在 1.6 节我们就描述了某些非常盛行和危险的因特网攻击，包括恶意软件攻击、拒绝服务、嗅探、源伪装以及报文修改和删除。尽管我们已经学习了有关计算机网络的大量知识，但仍然没有考察如何使网络安全，使其免受那些攻击的威胁。在获得了新的计算机网络和因特网协议的专业知识后，我们现在将深入学习安全通信，特别是计算机网络能够防御那些令人厌恶的坏家伙的原理。

我们首先介绍一下 Alice 和 Bob，这两个人要进行通信，并希望该通信过程是“安全”的。由于本书是一本网络教科书，因此 Alice 和 Bob 可以是两台需要安全地交换路由选择表的路由器，也可以是希望建立一个安全传输连接的客户和服务器，或者是两个交换安全电子邮件的电子邮件应用程序，所有这些学习案例都是在本章后面我们要考虑的。总之，Alice 和 Bob 是安全领域中两个众所周知的固定设备，也许因为使用 Alice 和 Bob 更为有趣，这与命名为“A”的普通实体需要安全地和命名为“B”的普通实体进行通信的作用是一样的。需要安全通信的例子通常包括秘密的情人关系、战时通信和商业事务往来，我们选择用第一个例子，并使用 Alice 和 Bob 分别作为发送方和接收方来讨论问题。

我们说过 Alice 和 Bob 要进行通信并希望做到“安全”，那么此处的安全的确切含义是什么呢？如我们将看到的那样，安全性（像爱一样）是多姿多彩的东西，也就是说，安全性涉及许多方面。毫无疑问，Alice 和 Bob 希望他们之间的通信内容对于窃听者是保密的。他们可能也想要确保当他们进行通信时确实是在和对方通信，还希望如果他们之间的通信被窃听者篡改，他们能够检测到该通信已被破坏。在本章的第一部分，我们将讨论能够加密通信的密码技术，鉴别正在与之通信的对方并确保报文完整性。

在本章的第二部分，我们将研究基本的密码学原理怎样用于生成安全的网络协议。我们再次采用自顶向下方法，从应用层开始，逐层（上面四层）研究安全协议。我们将研究如何加密电子邮件，如何加密一条 TCP 连接，如何在网络层提供覆盖式安全性，以及如何使无线 LAN 安全。在本章的第三部分，我们将考虑运行的安全性，这与保护机构网络免受攻击有关。特别是，我们将仔细观察防火墙和入侵检测系统是怎样加强机构网络的安全性的。

8.1 什么是网络安全

我们还是以要进行“安全”通信的情人 Alice 和 Bob 为例，开始网络安全的研究。这究竟意味着什么呢？显然，Alice 希望即使他们在一个不安全的媒介上进行通信，也只有 Bob 能够理解她所发送的报文，其中入侵者（入侵者名叫 Trudy）能够在该媒介上截获从 Alice 向 Bob 传输的报文。Bob 也需要确保从 Alice 那里接收到的报文确实是由 Alice 所发送的，并且 Alice 要确保和她进行通信的人的确就是 Bob。Alice 和 Bob 还要确保他们报文的内容在传输过程中没有被篡改。他们首先要确信能够通信（即无人拒绝他们接入通信所需的资源）。考虑了这些问题后，我们能够指出**安全通信**（secure communication）具有下列所需要的性质。

- 机密性（confidentiality）。仅有发送方和希望的接收方能够理解传输报文的内容。因为窃听者可以截获报文，这必须要求报文在一定程度上进行**加密**（encrypted），使截取的报文无法被截获者所理解。机密性的这个方面大概就是通常意义上对于术语安全通信的理解。我们将在 8.2 节中学习数据加密和解密的密码学技术。

- 报文完整性（message integrity）。Alice 和 Bob 希望确保其通信的内容在传输过程中未被改变——或者恶意篡改或者意外改动。我们在可靠传输和数据链路协议中遇到的检验和技术在扩展后能够用于提供这种报文完整性，我们将在 8.3 节中研究该主题。

- 端点鉴别（end-point authentication）。发送方和接收方都应该能证实通信过程所涉及的另一方，以确信通信的另一方确实具有其所声称的身份。人类的面对面通信可以通过视觉识别轻易地解决这个问题。当通信实体在不能看到对方的媒介上交换报文时，鉴别就不是那么简单了。当某用户要访问一个邮箱时，邮件服务器如何证实该用户就是他所声称的那个人呢？我们将在 8.4 节中学习端点鉴别技术。

- 运行安全性（operational security）。几乎所有的机构（公司、大学等）今天都有了与公共因特网相连接的网络。这些网络因此能够被潜在地危及安全。攻击者能够试图在网络主机中安放蠕虫，获取公司秘密，勘察内部网络配置并发起 DoS 攻击。我们将在 8.9 节中看到诸如防火墙和入侵检测系统等运行设备正被用于反制对机构网络的攻击。防火墙位于机构网络和公共网络之间，控制接入和来自网络的分组。入侵检测系统执行"深度分组检查"任务，向网络管理员发出有关可疑活动的警告。

　　明确了我们所指的网络安全的具体含义后，接下来考虑入侵者可能要访问的到底是哪些信息，以及入侵者可能采取哪些行动。图 8-1 阐述了一种情况。Alice（发送方）想要发送数据给 Bob（接收方）。为了安全地交换数据，即在满足机密性、端点鉴别和报文完整性要求的情况下，Alice 和 Bob 交换控制报文和数据报文（以非常类似于 TCP 发送方和接收方交换控制报文和数据报文的方式进行），通常将这些报文全部或部分加密。如在 1.6 节所讨论的那样，入侵者能够潜在地执行下列行为：

- 窃听——监听并记录信道上传输的控制报文和数据报文。
- 修改、插入或删除报文或报文内容。

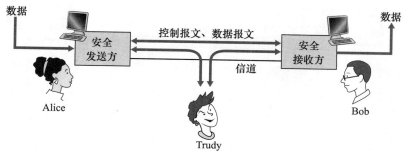

图 8-1　发送方、接收方和入侵者（Alice、Bob 和 Trudy）

　　如我们将看到的那样，除非采取适当的措施，否则上述能力使入侵者可以用多种方式发动各种各样的安全攻击：窃听通信内容（可能窃取口令和数据），假冒另一个实体，

"劫持"一个正在进行的会话，通过使系统资源过载拒绝合法网络用户的服务请求等。CERT 协调中心对已报道的攻击进行了总结［CERT 2020］。

已经知道在因特网中某处的确存在真实的威胁，则 Alice 和 Bob（两个需要安全通信的朋友）在因特网上的对应实体是什么呢？当然，Alice 和 Bob 可以是位于两个端系统的人类用户，例如，真实的 Alice 和真实的 Bob 真的需要交换安全电子邮件。他们也可以参与电子商务事务。例如，真实的 Bob 希望安全地向一台 Web 服务器传输他的信用卡号码，以在线购买商品。类似地，真实的 Alice 要与银行在线交互。需要安全通信的各方自身也可能是网络基础设施的一部分。前面讲过，域名系统（DNS，参见 2.4 节）或交换路由选择信息的路由选择守护程序（参见第 5 章）需要在两方之间安全通信。对于网络管理应用也有相同的情况，第 5 章讨论了该主题。主动干扰 DNS 查找和更新（如在 2.4 节中讨论的那样）、路由选择计算（5.3 节和 5.4 节）或网络管理功能（5.5 节和 5.7 节）的入侵者能够给因特网造成不可估量的破坏。

建立了上述框架，明确了一些重要定义以及网络安全需求之后，我们将深入学习密码学。应用密码学来提供机密性是不言而喻的，同时我们很快将看到它对于提供端点鉴别、报文完整性也起到了核心作用，这使得密码学成为网络安全的基石。

8.2 密码学原理

尽管密码学的漫长历史可以追溯到朱利叶斯·凯撒（Julius Caesar）时代，但现代密码技术（包括今天的因特网中正在应用的许多技术）基于过去 30 年所取得的进展。Kahn 的著作《破译者》（*The Codebreakers*）［Kahn 1967］和 Singh 的著作《编码技术：保密的科学——从古埃及到量子密码》（*The Code Book*：*The Science of Secrecy from Ancient Egypt to Quantum Cryptography*）［Singh 1999］回顾了引人入胜的密码学的悠久历史。对密码学的全面讨论需要一本完整的书［Bishop 2003；Kaufman 2002；Schneier 2015］，所以我们只能初步了解密码学的基本方面，特别是这些东西正在今天的因特网上发挥作用。我们也注意到，尽管本节的重点是密码学在机密性方面的应用，但我们将很快看到密码学技术与鉴别、报文完整性和不可否认性等是紧密相关的。

密码技术使得发送方可以伪装数据，使入侵者不能从截取到的数据中获得任何信息。当然，接收方必须能够从伪装的数据中恢复出初始数据。图 8-2 说明了一些重要的术语。

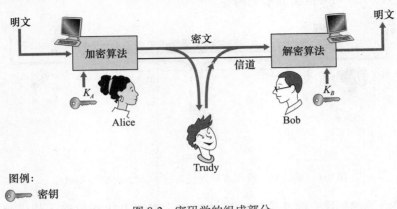

图 8-2　密码学的组成部分

现在假设 Alice 要向 Bob 发送一个报文，报文的最初形式（例如，"Bob，I love you. Alice"）称为**明文**（plaintext，cleartext）。Alice 使用**加密算法**（encryption algorithm）加密其明文报文，生成的加密报文称为**密文**（ciphertext），该密文对任何入侵者来说都是难以理解的。有趣的是，在许多现代密码系统中，包括因特网上使用的那些，加密技术本身是已知的，即公开发行的、标准化的和任何人都可使用的（例如［RFC 1321；RFC 3447；RFC 2420；NIST 2001］），即使对潜在的入侵者也是如此！显然，如果任何人都知道数据编码的方法，则一定有一些秘密信息可以阻止入侵者解密被传输的数据。这些秘密信息就是密钥。

在图 8-2 中，Alice 提供了一个**密钥**（key）K_A，它是一串数字或字符，作为加密算法的输入。加密算法以密钥和明文报文 m 为输入，生成的密文作为输出。用符号 $K_A(m)$ 表示（使用密钥 K_A 加密的）明文报文 m 的密文形式。使用密钥 K_A 的实际加密算法显然与上下文有关。类似地，Bob 将为**解密算法**（decryption algorithm）提供密钥 K_B，将密文和 Bob 的密钥作为输入，输出初始明文。也就是说，如果 Bob 接收到一个加密的报文 $K_A(m)$，他可通过计算 $K_B(K_A(m)) = m$ 进行解密。在**对称密钥系统**（symmetric key system）中，Alice 和 Bob 的密钥是相同的并且是秘密的。在**公开密钥系统**（public key system，也称为公钥系统）中，使用一对密钥：一个密钥为 Bob 和 Alice 两人所知（实际上为全世界所知），另一个密钥只有 Bob 或 Alice 知道（而不是双方都知道）。在下面两小节中，我们将更为详细地考虑对称密钥系统和公开密钥系统。

8.2.1 对称密钥密码体制

所有密码算法都涉及用一种东西替换另一种东西的思想，例如，取明文的一部分进行计算，替换适当的密文以生成加密的报文。在分析现代基于密钥的密码系统之前，我们首先学习一下**凯撒密码**（Caesar cipher）找找感觉，这是一种加密数据的方法。这种非常古老而简单的对称密钥算法由 Julius Caesar 发明。

凯撒密码用于英语文本时，将明文报文中的每个字母用字母表中该字母后第 k 个字母进行替换（允许回绕，即把字母 "a" 排在字母 "z" 之后）。例如，如果 $k=3$，则明文中的字母 "a" 变成密文中的字母 "d"，明文中的字母 "b" 变成密文中的字母 "e"，依此类推。因此，k 的值就作为密钥。举一个例子，明文报文 "bob，i love you. alice" 在密文中变成 "ere，l oryh brx. dolfh"。尽管密文看起来像乱码，但如果你知道使用了凯撒密码加密，因为密钥值只有 25 个，所以用不了多久就可以破解它。

凯撒密码的一种改进方法是**单码代替密码**（monoalphabetic cipher），也是使用字母表中的一个字母替换该字母表中的另一个字母。然而，并非按照规则的模式进行替换（例如，明文中的所有字母都用偏移量为 k 的字母进行替换），只要每个字母都有一个唯一的替换字母，任一字母就可用另一字母替换，反之亦然。图 8-3 为加密明文的一种可行替换规则。

明文字母: a b c d e f g h i j k l m n o p q r s t u v w x y z
密文字母: m n b v c x z a s d f g h j k l p o i u y t r e w q

图 8-3　单码代替密码

明文报文 "bob，i love you. alice" 变成 "nkn，s gktc wky. mgsbc"。因此，与用凯撒密码情况一样，这看起来像乱码。单码代替密码的性能看起来要比凯撒密码的性能好得多，可能的字母配对为 26!（10^{26} 数量级）种，而不是 25 种。尝试所有 10^{26} 种可能配对的蛮力法的工作量太大，不是一种破解加密算法和解密报文的可行方式。但是，通过对明文语言进行统计分析，例如，在典型的英语文本中，已知字母"e"和字母"t"出现的频率较高（这些字母出现的频率分别为 13% 和 9%），并且常见的两三个字母的组合通常一起出现（例如，"in""it""the""ion""ing"等），破解该密文就变得相对容易了。如果入侵者具有某些该报文的可能内容的知识，则破解该密码就会更为容易。例如，如果入侵者 Trudy 是 Bob 的妻子，怀疑 Bob 和 Alice 有暧昧关系，则她猜想"bob"和"alice"这些名字可能会出现在密文中。如果 Trudy 确信这两个名字出现在密文中，并有了上述报文的密文副本，则她能够立即决定这 26 个字母配对中的 7 个，比蛮力法少检查 10^9 种可能性。如果 Trudy 的确怀疑 Bob 有不正当的男女关系，她可能也非常期待从该报文中找到某些其他选择的词汇。

当考虑 Trudy 破解 Bob 和 Alice 之间加密方案的难易程度时，可以根据入侵者所拥有的信息分为三种不同的情况。

- 唯密文攻击。有些情况下，入侵者只能得到截取的密文，而不了解明文报文的内容。我们已经看到，统计分析有助于对加密方案的**唯密文攻击**（ciphertext-only attack）。
- 已知明文攻击。前面已经看到，如果 Trudy 以某种方式确信在密文报文中会出现"bob"和"alice"，她就可以确定字母 a、l、i、c、e、b 和 o 的（明文，密文）匹配关系。Trudy 也可能会幸运地记录到传输的所有密文，然后在一张纸上找到 Bob 写下的已解密的明文。当入侵者知道（明文，密文）的一些匹配时，我们将其称为对加密方案的**已知明文攻击**（known-plaintext attack）。
- 选择明文攻击。在**选择明文攻击**（chosen-plaintext attack）中，入侵者能够选择某一明文报文并得到该明文报文对应的密文形式。对于我们前面所说的简单加密算法来说，如果 Trudy 能让 Alice 发送报文"The quick brown fox jumps over the lazy dog"，则她就能够完全破解 Alice 和 Bob 所使用的加密方案。但是随后我们将看到，对于更为复杂的加密技术来说，使用选择明文攻击不一定意味着能够攻破该加密机制。

500 年前，发明了**多码代替密码**（polyalphabetic encryption），这种技术是对单码代替密码的改进。多码代替密码的基本思想是使用多个单码代替密码，一个单码代替密码用于加密某明文报文中一个特定位置的字母。因此，在某明文报文中不同位置出现的相同字母可能以不同的方式编码。图 8-4 中显示了多码代替密码机制的一个例子。它使用两个凯撒密码（其中 $k=5$ 和 $k=19$），如图中不同的行所示。我们可以选择使用这两个凯撒密码 C_1 和 C_2，加密时采用以 C_1、C_2、C_2、C_1、C_2 的次序循环的模式，即明文的第一个字母用 C_1 编码，第二和第三个字母用 C_2 编码，第四个字母用 C_1 编码，第五个字母用 C_2 编码，然后循环重复该模式，即第六个字母用 C_1 编码，第七个字母用 C_2 编码，依此类推。这样一来，明文报文"bob, i love you."加密后成为"ghu, n etox dhz."。注意到明文报文中的第一个"b"用 C_1 加密为"g"，第二个"b"用 C_2 加密为"u"。在这个例子中，加密和解密"密钥"是两个凯撒密码密钥（$k=5$ 和 $k=19$）和 C_1、C_2、C_2、C_1、C_2 的次序模式的知识。

```
明文字母   : a b c d e f g h i j k l m n o p q r s t u v w x y z
C₁(k=5)   : f g h i j k l m n o p q r s t u v w x y z a b c d e
C₂(k=19)  : t u v w x y z a b c d e f g h i j k l m n o p q r s
```

图 8-4　使用两个凯撒密码的多码代替密码

1. 块密码

我们现在回到现代社会中，考察对称密钥加密的工作方式。我们关注块密码，其用于许多安全因特网协议，包括 PGP（用于安全电子邮件）、TLS（用于使 TCP 连接安全）和 IPsec（用于使网络层传输安全）。

在块密码中，要加密的报文被处理为 k 比特的块。例如，如果 $k=64$，则报文被划分为 64 比特的块，每块被独立加密。为了加密一个块，该密码采用了一对一映射，将 k 比特块的明文映射为 k 比特块的密文。我们来看一个例子。假设 $k=3$，因此块密码将 3 比特输入（明文）映射为 3 比特输出（密文）。表 8-1 给出了一种可能的映射。注意到这是一个一对一的映射，即对每种输入有不同的输出。这种块密码将报文划分成 3 比特的块并根据映射关系进行加密。可以验证，报文 010110001111 被加密成了 101000111001。

表 8-1　一种特定的 3 比特块密码

输入	输出	输入	输出
000	110	100	011
001	111	101	010
010	101	110	000
011	100	111	001

继续这个 3 比特块的例子，注意到上述映射只是许多可能映射中的一种。有多少种可能的映射呢？要回答这个问题，观察到一个映射只不过是所有可能输入的排列。共有 $2^3(=8)$ 种可能的输入（列在"输入"栏中）。这 8 种输入能够排列出 $8!=40\ 320$ 种不同方式。因为这些排列的每种都定义了一种映射，共有 40 320 种可能的映射。我们能够将这些映射的每种视为一个密钥，即如果 Alice 和 Bob 都知道该映射（密钥），他们能够加密和解密在他们之间发送的报文。

对这种密码的蛮力攻击是通过使用所有映射来尝试解密密文。仅使用 40 320 种映射（当 $k=3$），这能够在一台台式计算机上迅速完成。为了阻止蛮力攻击，块密码通常使用大得多的块，由 64 比特甚至更多比特组成。注意到对于通常的 k 比特块密码，可能映射数量是 $2^k!$，对于即使不大的 k 值（如 $k=64$），这也是一个天文数字。

如刚才所述，尽管全表块密码对于不大的 k 值能够产生健壮的对称密钥加密方案，但不幸的是它们难以实现。对于 $k=64$ 和给定的映射，将要求 Alice 和 Bob 维护一张具有 2^{64} 个输入值的表，这是一个难以实现的任务。此外，如果 Alice 和 Bob 要改变密钥，他们将不得不每人重新生成该表。因此，全表块密码在所有输入和输出之间提供了预先确定的映射（如上述例子中那样），这简直是不可能实现的事。

取而代之的是，块密码通常使用函数模拟随机排列表。在图 8-5 中显示了 $k=64$ 时这种函数的一个例子（引自 [Kaufman 2002]）。该函数首先将 64 比特块划分为 8 个块，每个块由 8 比特组成。每个 8 比特块由一个"8 比特到 8 比特"表处理，这是个可管理的长度。例如，第一个块由标志为 T_1 的表来处理。接下来，这 8 个输出块被重新装配成一个 64 比特的块。该输出被回馈到 64 比特的输入，开始第二次循环。经 n 次这样的循环后，该函数提供了一个 64 比特的密文块。这种循环的目的是使得每个输入比特影响最后输出比特的大部分（即使不是全部）。（如果仅使用一次循环，一个给定的输入比特将仅影响 64 输出比特中的 8 比特。）这种块密码算法的密钥将是 8 张排列表（假定置乱函数是公共已知的）。

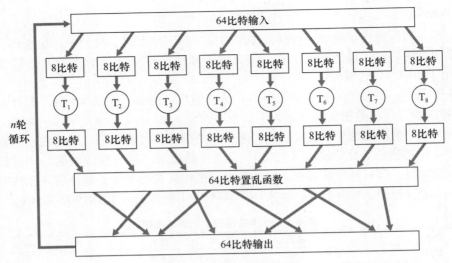

图 8-5　一个块密码的例子

　　目前有一些流行的块密码，包括 DES（Data Encryption Standard，数据加密标准）、3DES 和 AES（Advanced Encryption Standard，高级加密标准）。这些标准都使用了函数（而不是预先确定的表），连同图 8-5 的线（虽然对每种密码来说更为复杂和具体）。这些算法也都使用了比特串作为密钥。例如，DES 使用了具有 56 比特密钥的 64 比特块。AES 使用 128 比特块，能够使用 128、192 和 256 比特长的密钥进行操作。一个算法的密钥决定了特定"小型表"映射和该算法内部的排列。对这些密码进行蛮力攻击要循环通过所有密钥，用每个密钥应用解密算法。观察到采用长度为 n 的密钥，有 2^n 种可能的密钥。NIST［NIST 2001］估计，如果用 1 秒破解 56 比特 DES 的计算机（就是说，每秒尝试所有 2^{56} 个密钥）来破解一个 128 比特的 AES 密钥，要用大约 149 万亿年的时间才有可能成功。

2. 密码块链接

　　在计算机网络应用中，通常需要加密长报文（或长数据流）。如果使用前面描述的块密码，通过直接将报文切割成 k 比特块并独立地加密每块，将出现一个微妙而重要的问题。为了理解这个问题，注意到两个或更多个明文块可能是相同的。例如，两个或更多块中的明文可能是"HTTP/1.1"。对于这些相同的块，块密码当然将产生相同的密文。当攻击者看到相同的密文块时，它可能潜在地猜出其明文，并且通过识别相同的密文块和利用支撑协议结构的知识，甚至能够解密整个报文［Kaufman 2002］。

　　为了解决这个问题，可以在密文中混合某些随机性，使得相同的明文块产生不同的密文块。为了解释这个想法，令 $m(i)$ 表示第 i 个明文块，$c(i)$ 表示第 i 个密文块，并且 $a \oplus b$ 表示两个比特串 a 和 b 的异或（XOR）。（前面讲过 $0 \oplus 0 = 1 \oplus 1 = 0$ 和 $0 \oplus 1 = 1 \oplus 0 = 1$，并且两个比特串的异或是逐位进行的。例如 $10101010 \oplus 11110000 = 01011010$。）另外，将具有密钥 S 的块密码加密算法表示为 K_S。其基本思想如下：发送方为第 i 块生成一个随机的 k 比特数 $r(i)$，并且计算 $c(i) = K_S(m(i) \oplus r(i))$。注意到每块选择一个新的 k 比特随机数。发送方发送 $c(1)$、$r(1)$、$c(2)$、$r(2)$、$c(3)$ 和 $r(3)$ 等。因为接收方接收到 $c(i)$ 和 $r(i)$，它能够通过计算 $m(i) = K_S(c(i) \oplus r(i))$ 而恢复每个明文块。重要的是注意到下列事实：尽管 $r(i)$ 是以明文发送的，并且因此能被 Trudy 嗅探到，但她无法获得明文 $m(i)$，

因为她不知道密钥 K_s。同时注意到如果两个明文块 $m(i)$ 和 $m(j)$ 是相同的，对应的密文块 $c(i)$ 和 $c(j)$ 将是不同的 [只要随机数 $r(i)$ 和 $r(j)$ 不同，这种情况出现的概率将很高]。

举例来说，考虑表 8-1 中的 3 比特块密码。假设明文是 010010010。如果 Alice 直接对此加密，没有包括随机性，得到的密文变为 101101101。如果 Trudy 嗅探到该密文，因为这三个密文块都是相同的，她能够正确地推断出这三个明文块都是相同的。现在假设 Alice 产生了随机块 $r(1)=001$、$r(2)=111$ 和 $r(3)=100$，并且使用了上述技术来生成密文 $c(1)=100$、$c(2)=010$ 和 $c(3)=000$。注意到即使明文块相同，三个密文块也是不同的。Alice 则发送 $c(1)$、$r(1)$、$c(2)$ 和 $r(2)$。读者可证实 Bob 能够使用共享的密钥 K_s 获得初始的明文。

精明的读者将注意到，引入随机性解决了一个问题而产生了另一个问题：Alice 必须传输以前两倍的比特。实际上，对每个加密比特，她现在必须再发送一个随机比特，从而使所需的带宽加倍。为了有效利用该技术，块密码通常使用一种称为**密码块链接**（Cipher Block Chaining，CBC）的技术。其基本思想是仅随第一个报文发送一个随机值，然后让发送方和接收方使用计算的编码块代替后继的随机数。具体而言，CBC 运行过程如下：

1）在加密报文（或数据流）之前，发送方生成一个随机的 k 比特串，称为**初始向量**（Initialization Vector，IV）。将该初始向量表示为 $c(0)$。发送方以明文方式将 IV 发送给接收方。

2）对第一个块，发送方计算 $m(1) \oplus c(0)$，即计算第一块明文与 IV 的异或。然后通过块密码算法运行得到的结果来得到对应的密文块，即 $c(1)=K_s(m(1) \oplus c(0))$。发送方向接收方发送加密块 $c(1)$。

3）对于第 i 个块，发送方根据 $c(i)=K_s(m(i) \oplus c(i-1))$ 生成第 i 个密文块。

我们现在来考察这种方法的某些后果。第一，接收方将仍能够恢复初始报文。毫无疑问，当接收方接收到 $c(i)$ 时，它用 K_s 解密之以获得 $s(i)=m(i) \oplus c(i-1)$。因为接收方已经知道 $c(i-1)$，则从 $m(i)=s(i) \oplus c(i-1)$ 获得明文块。第二，即使两个明文块是相同的，相应的密文块也（几乎）总是不同的。第三，虽然发送方以明文发送 IV，入侵者仍不能解密密文块，因为该入侵者不知道秘密密钥 S。第四，发送方仅发送一个最前面的块（即 IV），因此对（由数百块组成的）长报文而言增加的带宽量微不足道。

举例来说，对表 8-1 中的 3 比特块密码，明文为 010010010 和 IV $=c(0)=001$，我们现在来确定其密文。发送方首先使用 IV 来计算 $c(1)=K_s(m(1) \oplus c(0))=100$。发送方然后计算 $c(2)=K_s(m(2) \oplus c(1))=K_s(010 \oplus 100)=000$，并且 $c(3)=K_s(m(3) \oplus c(2))=K_s(010 \oplus 000)=101$。读者可证实接收方若知道了 IV 和 K_s，将能够恢复初始的明文。

当设计安全网络协议时，CBC 有一种重要的后果：需要在协议中提供一种机制，以从发送方向接收方分发 IV。在本章稍后我们将看到几个协议是如何这样做的。

8.2.2 公开密钥加密

从凯撒密码时代直到 20 世纪 70 年代的两千多年以来，加密通信都需要通信双方共享一个共同秘密，即用于加密和解密的对称密钥。这种方法的一个困难是两方必须就共享密钥达成一致，但是这样做的前提是需要通信（可假定是安全的）！可能是双方首先会面，人为协商确定密钥，此后才能进行加密通信。但是，在网络世界中，通信各方之间可能从未见过面，也不会在网络以外的任何地方交谈。

通信双方能够在没有预先商定的共享密钥的条件下进行加密通信吗？1976 年，Diffie 和 Hellman［Diffie 1976］论证了一个解决这个问题的算法（现在称为 Diffie-Hellman 密钥交换），这是个完全不同、极为优雅的安全通信算法，开创了如今的公开密钥密码系统的发展之路。我们很快就会看到公开密钥密码系统也有许多很好的特性，使得它不仅可以用于加密，还可以用于鉴别和数字签名。有趣的是，20 世纪 70 年代早期由英国通信电子安全团体的研究人员独立研究的一系列秘密报告中的思想，与［Diffie 1976］和［RSA 1978］中的思想类似［Ellis 1987］。事实常常如此，伟大的想法通常会在许多地方独立地闪现。幸运的是，公钥的进展不仅秘密地发生，而且也在公众视野中发生。

公开密钥密码的使用在概念上相当简单。假设 Alice 要和 Bob 通信。如图 8-6 所示，这时 Alice 和 Bob 并未共享一个密钥（如同在对称密钥系统情况下），而 Bob（Alice 报文的接收方）则有两个密钥，一个是世界上任何人（包括入侵者 Trudy）都可得到的**公钥**（public key），另一个是只有 Bob 知道的**私钥**（private key）。我们使用符号 K_B^+ 和 K_B^- 来分别表示 Bob 的公钥和私钥。为了与 Bob 通信，Alice 首先取得 Bob 的公钥，然后用这个公钥和一个众所周知的（例如，已标准化的）加密算法，加密她要传递给 Bob 的报文 m，即 Alice 计算 $K_B^+(m)$。Bob 接收到 Alice 的加密报文后，用其私钥和一个众所周知的（例如，已标准化的）解密算法解密 Alice 的加密报文，即 Bob 计算 $K_B^-(K_B^+(m))$。后面我们将看到，存在着可以选择公钥和私钥的加密/解密算法与技术，使得 $K_B^-(K_B^+(m)) = m$，也就是说，用 Bob 的公钥 K_B^+ 加密报文 m（得到 $K_B^+(m)$），然后再用 Bob 的私钥 K_B^- 解密报文的密文形式（就是计算 $K_B^-(K_B^+(m))$）就能得到最初的明文 m。这是个不寻常的结果！用这种办法，Alice 可以使用 Bob 公开可用的密钥给 Bob 发送机密信息，而他们任一方都无须分发任何密钥！我们很快能够看到，公钥和私钥加密相互交换同样能够得到不寻常的结果，即 $K_B^-(K_B^+(m)) = K_B^+(K_B^-(m)) = m$。

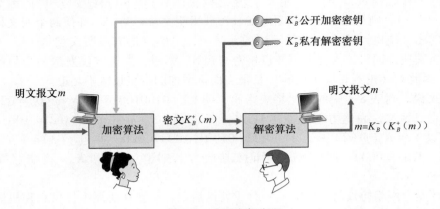

图 8-6　公开密钥密码

尽管公钥密码很吸引人，但有一个问题立刻浮上心头。既然 Bob 的加密密钥是公开的，任何人（包括 Alice 和其他声称自己是 Alice 的人）就都可能向 Bob 发送一个已加密的报文。在单一共享密钥情况下，发送方知道共享秘密密钥的事实就已经向接收方隐含地证实了发送方的身份。然而在公开密钥体制中，这点就行不通了，因为任何一个人都可向

Bob 发送使用 Bob 的公开可用密钥加密的报文。这就需要用数字签名把发送方和报文绑定起来，数字签名是我们将在 8.3 节中讨论的主题。

1. RSA

尽管可能有许多算法处理这些关注的问题，但 **RSA 算法**（RSA algorithm，以算法创立人 Ron Rivest、Adi Shamir 和 Leonard Adleman 的姓的首字母命名）几乎已经成了公开密钥密码的代名词。我们首先来理解 RSA 是如何工作的，然后再考察 RSA 的工作原理。

RSA 广泛地使用了模 n 算术的算术运算，故我们简要地回顾一下模算术。前面讲过 x mod n 只是表示被 n 除时 x 的余数，因此如 19 mod 5=4。在模算术中，人们执行通常的加法、乘法和指数运算。然而，每个运算的结果由整数余数代替，该余数是被 n 除后留下的数。对于模算术的加法和乘法可由下列事实所简化：

$$[(a \bmod n) + (b \bmod n)] \bmod n = (a + b) \bmod n$$
$$[(a \bmod n) - (b \bmod n)] \bmod n = (a - b) \bmod n$$
$$[(a \bmod n) \cdot (b \bmod n)] \bmod n = (a \cdot b) \bmod n$$

从第三个事实推出 $(a \bmod n)^d \bmod n = a^d \bmod n$，我们很快将会发现这个恒等式是非常有用的。

现在假设 Alice 要向 Bob 发送一个 RSA 加密的报文，如图 8-6 所示。在我们的讨论中，心中永远要记住一个报文只不过是一种比特模式，并且所有比特模式能唯一地被一个整数（连同该比特模式的长度）表示。例如，假设一个报文是比特模式 1001，这个报文能由十进制整数 9 来表示。所以，当用 RSA 加密一个报文时，等价于加密表示该报文的这个唯一的整数。

RSA 有两个相互关联的部分：

- 公钥和私钥的选择。
- 加密和解密算法。

为了生成 RSA 的公钥和私钥，Bob 执行如下步骤：

1）选择两个大素数 p 和 q。那么 p 和 q 应该多大呢？该值越大，破解 RSA 越困难，而执行加密和解密所用的时间也越长。RSA 实验室推荐，p 和 q 的乘积为 1024 比特的数量级。对于选择大素数的方法的讨论，参见 [Caldwell 2020]。

2）计算 $n=pq$ 和 $z=(p-1)(q-1)$。

3）选择小于 n 的一个数 e，且使 e 和 z 没有（非 1 的）公因数。（这时称 e 与 z 互素。）使用字母 e 表示是因为这个值将被用于加密。

4）求一个数 d，使得 $ed-1$ 可以被 z 整除（就是说，没有余数）。使用字母 d 表示是因为这个值将用于解密。换句话说，给定 e，我们选择 d，使得

$$ed \bmod z = 1$$

5）Bob 的众所周知的公钥 K_B^+ 是一对数 (n, e)，其私钥 K_B^- 是一对数 (n, d)。

Alice 执行的加密和 Bob 进行的解密过程如下：

- 假设 Alice 要给 Bob 发送一个由整数 m 表示的比特组合，且 $m<n$。为了进行编码，Alice 执行指数运算 m^e，然后计算 m^e 被 n 除的整数余数。换言之，Alice 的明文报文 m 的加密值 c 是：

$$c = m^e \bmod n$$

将对应于这个密文 c 的比特模式发送给 Bob。

- 为了对收到的密文报文 c 解密，Bob 计算：

$$m = c^d \bmod n$$

这要求使用他的私钥 (n, d)。

举一个简单的 RSA 例子，假设 Bob 选择 $p=5$ 和 $q=7$（坦率地讲，这样小的值无法保证安全），则 $n=35$ 和 $z=24$。因为 5 和 24 没有公因数，所以 Bob 选择 $e=5$。最后，因为 $5 \times 29 - 1$（即 $ed-1$）可以被 24 整除，所以 Bob 选择 $d=29$。Bob 公开了 $n=35$ 和 $e=5$ 这两个值，并秘密保存了 $d=29$。观察公开的这两个值，假定 Alice 要发送字母 "l" "o" "v" 和 "e" 给 Bob。用 1 ~ 26 之间的每个数表示一个字母，其中 1 表示 "a"，…，26 表示 "z"，Alice 和 Bob 分别执行如表 8-2 和表 8-3 所示的加密和解密运算。注意到在这个例子中，我们认为每四个字母作为一个不同报文。一个更为真实的例子是把这四个字母转换成它们的 8 比特 ASCII 表示形式，然后加密与得到的 32 比特的比特模式对应的整数。（这样一个真实的例子产生了一些长得难以在教科书中打印出来的数！）

表 8-2　Alice 的 RSA 加密，$e=5$，$n=35$

明文字母	m: 数字表示	m^e	密文 $c = m^e \bmod n$
l	12	248832	17
o	15	759375	15
v	22	5153632	22
e	5	3125	10

表 8-3　Bob 的 RSA 解密，$d=29$，$n=35$

密文 c	c^d	$m = c^d \bmod n$	明文字母
17	4819685721067509150910591411825223071697	12	l
15	127834039403948858939111232757568359375	15	o
22	851643319086537701956194499721106030592	22	v
10	100000000000000000000000000000	5	e

假定表 8-2 和表 8-3 中的简单示例已经产生了某些极大的数，并且假定我们前面看到 p 和 q 都是数百比特长的数，这些都是实际使用 RSA 时必须要牢记的。如何选择大素数？如何选择 e 和 d？如何对大数进行指数运算？对这些重要问题的详细讨论超出了本书的范围，详情请参见 ［Kaufman 2002］以及其中的参考文献。

2. 会话密钥

这里我们注意到，RSA 所要求的指数运算是相当耗费时间的过程。所以，在实际应用中，RSA 通常与对称密钥密码结合起来使用。例如，如果 Alice 要向 Bob 发送大量的加密数据，她可以用下述方式来做。首先，Alice 选择一个用于加密数据本身的密钥，这个密钥有时称为**会话密钥**（session key），该会话密钥表示为 K_S。Alice 必须把这个会话密钥告知 Bob，因为这是他们在对称密钥密码（如 DES 或 AES）中所使用的共享对称密钥。Alice 可以使用 Bob 的公钥来加密该会话密钥，即计算 $c = (K_S)^e \bmod n$。Bob 收到了该 RSA 加密的会话密钥 c 后，解密得到会话密钥 K_S。Bob 此时已经知道 Alice 将要用于加密数据传输的会话密钥了。

3. RSA 的工作原理

RSA 加密/解密看起来相当神奇。为什么应用加密算法，然后再运行解密算法，就能恢复出初始报文呢？要理解 RSA 的工作原理，我们仍将记 $n = pq$，其中 p 和 q 是 RSA 算法中的大素数。

前面讲过，在 RSA 加密过程中，一个报文 m（唯一地表示为整数）使用模 n 算术做 e 次幂运算，即

$$c = m^e \bmod n$$

解密则先对该值执行 d 次幂运算，再做模 n 运算。因此先加密再解密的结果是 $(m^e \bmod n)^d \bmod n$。下面我们来看关于这个量能够得到什么。正如前面提到的，模算术的一个重要性质是对于任意值 a、n 和 d 都有 $(a \bmod n)^d \bmod n = a^d \bmod n$。因此，在这个性质中使用 $a = m^e$，则有

$$(m^e \bmod n)^d \bmod n = m^{ed} \bmod n$$

因此剩下证明 $m^{ed} \bmod n = m$。尽管我们正试图揭开 RSA 工作原理的神秘面纱，但为了做到这一点，我们还需要用到数论中一个相当神奇的结果。具体而言，就是要用到数论中这样的结论：如果 p 和 q 是素数，且有 $n = pq$ 和 $z = (p-1)(q-1)$，则 $x^y \bmod n$ 与 $x^{(y \bmod z)} \bmod n$ 是等同的 [Kaufman 2002]。应用这个结论，对于 $x = m$ 和 $y = ed$，可得

$$m^{ed} \bmod n = m^{(ed \bmod z)} \bmod n$$

但是要记住，我们是这样选择 e 和 d 的，即 $ed \bmod z = 1$。这告诉我们

$$m^{ed} \bmod n = m^1 \bmod n = m$$

这正是我们希望得到的结果！先对 m 做 e 次幂运算（加密）再做 d 次幂运算（解密），然后做模 n 的算术运算$^\ominus$，就可得到初始的 m。甚至更为奇妙之处是这样一个事实，如果我们先对 m 做 d 次幂运算（加密）再做 e 次幂运算，即颠倒加密和解密的次序，先执行解密操作再执行加密操作，也能得到初始值 m。这个奇妙的结果完全遵循下列模算术：

$$(m^d \bmod n)^e \bmod n = m^{de} \bmod n = m^{ed} \bmod n = (m^e \bmod n)^d \bmod n$$

RSA 的安全性依赖于这样的事实：目前没有已知的算法可以快速进行一个数的因数分解，这种情况下公开值 n 无法快速分解成素数 p 和 q。如果已知 p 和 q，则给定公开值 e，就很容易计算出秘密密钥 d。另一方面，不确定是否存在因数分解一个数的快速算法，从这种意义上来说，RSA 的安全性也不是确保的。

另一种流行的公钥加密算法是 Diffie-Hellman，我们将在课后习题中简要探讨它。Diffie-Hellman 并不像 RSA 那样多功能，即它不能用于加密任意长度的报文；然而，它能够用来创建一个对称的会话密钥，该密钥再被用于加密长报文。

8.3　报文完整性和数字签名

在前面一节中我们看到了能够使用加密为两个通信实体提供机密性，在本节中我们转向**报文完整性**（message integrity）这个同等重要的主题。报文完整性也称为报文鉴别。

我们再次使用 Alice 和 Bob 来定义报文完整性问题。假定 Bob 接收到一个报文（这可能已经加密或可能是明文），并且他认为这个报文是由 Alice 发送的。为了鉴别这个报文，Bob 需要证实：

$\ominus$　原文中没有这句，译者认为有必要补上。——译者注

1）该报文的确源自 Alice。

2）该报文在到 Bob 的途中没有被篡改。

我们将在 8.4~8.7 节中看到，报文完整性这个问题在所有安全网络协议中都是至关重要的。

举一个特定的例子，考虑一个使用链路状态路由选择算法（例如 OSPF）的计算机网络，在该网络中决定每对路由器之间的路由（参见第 5 章）。在一个链路状态算法中，每台路由器需要向该网络中的所有其他路由器广播一个链路状态报文。路由器的链路状态报文包括直接相连邻居的列表以及到这些邻居的直接费用。一旦某台路由器从其他所有路由器收到了链路状态报文，它能够生成该网络的全图，运行它的最小费用路由选择算法并配置它的转发表。对路由选择算法的一个相对容易的攻击是，Trudy 分发具有不正确状态信息的虚假链路状态报文。因此产生了报文完整性的需求：当路由器 B 收到来自路由器 A 的链路状态报文时，路由器 B 应当证实路由器 A 实际生成了该报文，并且进一步证实在传输过程中该报文没有被篡改。

在本节中，我们描述一种由许多安全网络协议所使用的流行报文完整性技术。但在做此事之前，我们需要涉及密码学中的另一个重要主题，即密码散列函数。

8.3.1 密码散列函数

如图 8-7 所示，散列函数以 m 为输入，并计算得到一个称为散列的固定长度的字符串 $H(m)$。因特网检验和（第 3 章）和 CRC（第 6 章）都满足这个定义。**密码散列函数**（cryptographic hash function）要求具有下列附加的性质：

- 找到任意两个不同的报文 x 和 y 使得 $H(x)=H(y)$，在计算上是不可能的。

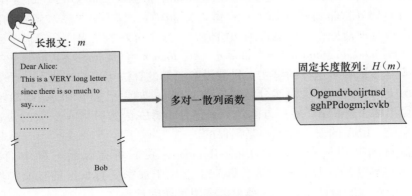

图 8-7 散列函数

不严格地说，这种性质就意味着入侵者在计算上不可能用其他报文替换由散列函数保护的报文。这就是说，如果 $(m, H(m))$ 是报文和由发送方生成的报文散列的话，则入侵者不可能伪造另一个报文 y 的内容，使得该报文具有与原报文相同的散列值。

我们来证实一个简单的检验和（如因特网检验和）只能算作劣质的密码散列函数。不像在因特网检验和中执行反码运算那样，我们把每个字符看作一个字节，并把这些字节加到一起，一次用 4 字节的块来进行计算。假定 Bob 欠 Alice 100. 99 美元并且向 Alice 发送一张借据，这个借据包含文本字符串 “IOU100. 99BOB”。这些字符的 ASCII 表示（以十六进制形式）为 49，4F，55，31，30，30，2E，39，39，42，4F，42。

图 8-8 上半部分显示了这个报文的 4 字节检验和是 B2 C1 D2 AC。图 8-8 下半部分显示

了一条稍微不同的报文（但是 Bob 要付的钱却多了许多）。报文"IOU100. 99BOB"和"IOU900. 19BOB"有相同的检验和。因此，这种简单的检验和算法违反了上述要求。给定初始数据，很容易找到有相同检验和的另一组数据。很明显，为了安全起见，我们需要比检验和更为强大的散列函数。

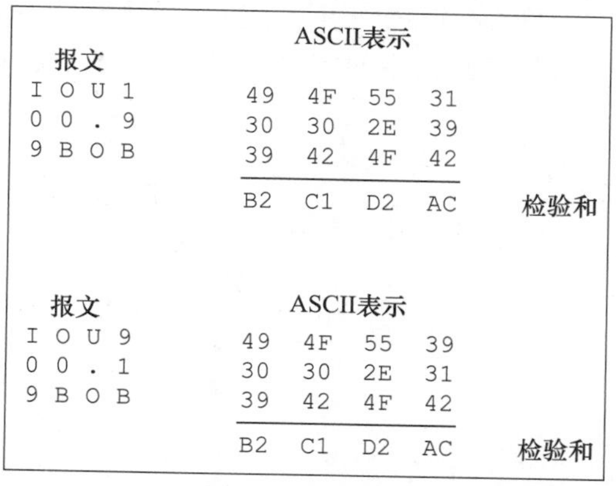

报文	ASCII表示				
I O U 1	49	4F	55	31	
0 0 . 9	30	30	2E	39	
9 B O B	39	42	4F	42	
	B2	C1	D2	AC	检验和
报文	ASCII表示				
I O U 9	49	4F	55	39	
0 0 . 1	30	30	2E	31	
9 B O B	39	42	4F	42	
	B2	C1	D2	AC	检验和

图 8-8   初始报文和欺诈报文具有相同的检验和

Ron Rivest 的 MD5 散列算法［RFC 1321］如今正在广泛使用。这个算法通过 4 步过程计算得到 128 比特的散列。这 4 步过程由下列步骤组成：①填充——先填 1，然后填足够多的 0，直到报文长度满足一定的条件；②添加——在填充前添加一个用 64 比特表示的报文长度；③初始化累加器；④循环——在最后的循环步骤中，对报文的 16 字块进行 4 轮处理。MD5 的描述（包括一个 C 源代码实现）可参见［RFC 1321］。

目前正使用的第二个主要散列算法是安全散列算法 SHA-1（Security Hash Algorithm）［FIPS 1995］。这个算法的原理类似于 MD4［RFC 1320］设计中所使用的原理，而 MD4 是 MD5 的前身。SHA-1 是美国联邦政府的标准，任何联邦政府的应用程序如果需要使用密码散列算法的话，都要求使用 SHA-1。SHA-1 生成一个 160 比特的报文摘要。较长的输出长度可使 SHA-1 更安全。

8.3.2 报文鉴别码

我们现在再回到报文完整性的问题。既然我们理解了散列函数，就先来看一下如何执行报文完整性：

1）Alice 生成报文 m 并计算散列 $H(m)$（例如使用 SHA-1）。

2）然后 Alice 将 $H(m)$ 附到报文 m 上，生成一个扩展报文 $(m, H(m))$，并将该扩展报文发给 Bob。

3）Bob 接到一个扩展报文 (m, h) 并计算 $H(m)$。如果 $H(m) = h$，Bob 得到结论：一切正常。

这种方法存在明显缺陷。Trudy 能够生成虚假报文 m'，在其中声称她就是 Alice，计算 $H(m')$ 并发送给 Bob $(m', H(m'))$。当 Bob 接收到该报文时，一切将在步骤 3 中核对通过，并且 Bob 无法猜出这种不轨的行为。

为了执行报文完整性，除了使用密码散列函数外，Alice 和 Bob 将需要共享秘密 s。这个共享的秘密只不过是一个比特串，它被称为**鉴别密钥**（authentication key）。使用这个共享秘密，报文完整性能够如下执行：

1）Alice 生成报文 m，用 s 级联 m 以生成 $m+s$，并计算散列 $H(m+s)$（例如使用 SHA-1）。$H(m+s)$ 被称为**报文鉴别码**（Message Authentication Code，MAC）。

2）然后 Alice 将 MAC 附加到报文 m 上，生成扩展报文 $(m, H(m+s))$，并将该扩展报文发送给 Bob。

3）Bob 接收到一个扩展报文 (m, h)，由于知道 s，计算出报文鉴别码 $H(m+s)$。如

果 $H(m+s)=h$，Bob 得到结论：一切正常。

图 8-9 中总结了上述过程。读者应当注意到这里的 MAC（表示"报文鉴别码"）与用于数据链路层中的 MAC（表示"介质访问控制"）是不一样的！

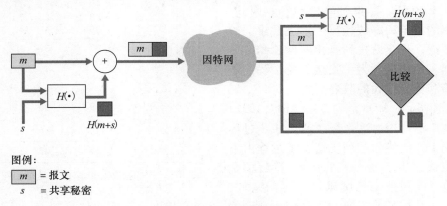

图例：

| m | = 报文 |
| s | = 共享秘密 |

图 8-9　报文鉴别码

MAC 的一个优良特点是它不要求一种加密算法。的确，在许多应用中，包括前面讨论的链路状态路由选择算法，通信实体仅关心报文完整性，并不关心报文机密性。使用 MAC，实体能够鉴别它们相互发送的报文，而不必在完整性过程中综合进复杂的加密算法。

如你所猜测，多年来已经提出了若干种对 MAC 的不同标准。目前最为流行的标准是 HMAC，它能够与 MD5 或 SHA-1 一道使用。HMAC 实际上通过散列函数运行数据和鉴别密钥两次［Kaufman 2002；RFC 2104］。

这里还遗留下一个重要问题。怎样向通信实体分发这个共享的鉴别密钥呢？例如，在链路状态路由选择算法中，在某种程度上需要向自治系统中的每台路由器分发该秘密鉴别密钥。（注意到所有路由器都能够使用相同的鉴别密钥。）一名网络管理员能够通过物理上访问每台路由器来实际完成这项工作。或者，如果这名网络管理员不够勤快，并且每台路由器都有它自己的公钥，那么该网络管理员能够用路由器的公钥加密鉴别密钥并分发给任何一台路由器，从而通过网络向路由器发送加密的密钥。

8.3.3　数字签名

回想在过去的一周中你在纸上签过多少次你的名字。你可能经常会在支票、信用卡收据、法律文件和信件上签名。你的签名证明你（而不是其他人）承认和/或同意这些文件的内容。在数字领域，人们通常需要指出一个文件的所有者或创作者，或者表明某人认可一个文件内容。**数字签名**（digital signature）就是一种在数字领域实现这些目标的密码技术。

正如手工签字一样，数字签名也应当以可鉴别的、不可伪造的方式进行。这就是说，必须能够证明某个人在一个文件上的签名确实是由该人签署的（该签名必须是可证实的），且只有这个人能够签署这个文件（该签名无法伪造）。

我们现在来考虑怎样设计一个数字签名方案。当 Bob 签署一个报文时，可以观察到 Bob 必须将某些对他独特的东西放置在该报文上。Bob 可以考虑附加一个 MAC 用作签名，其中 MAC 是由他的密钥（对他是独特的）作用到该报文上而生成的，然后得到该散列值。而 Alice 为了验证该签名，必须具有该密钥的副本，在这种情况下该密钥对 Bob 将不是唯一的。因此，此时 MAC 是无法胜任这项工作的。

前面讲过使用公钥密码，Bob 具有公钥和私钥，这两种密钥对 Bob 均是独特的。因此，公钥密码是一种提供数字签名的优秀候选者。我们现在来研究一下这是怎样完成的。

假设 Bob 要以数字方式签署一个文档 m。我们能够想象这个文档是 Bob 打算签署并发送的一个文件或一个报文。如图 8-10 所示，为了签署这个文档，Bob 直接使用他的私钥 K_B^- 计算 $K_B^-(m)$。乍一看，会感觉很奇怪，Bob 怎么会用他的私钥（在 8.2 节中，我们用私钥解密用其公钥加密的报文）签署文档！但是回想加密和解密都只不过是数学运算（RSA 中所做的 e 或 d 指数幂运算，参见 8.2 节），并且 Bob 的目的不是弄乱或掩盖文档的内容，而只是以可鉴别、不可伪造的方式签署这个文档。Bob 对文档 m 签名之后所得的文档就是 $K_B^-(m)$。

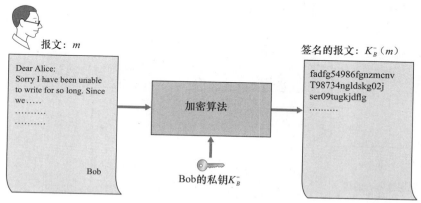

报文：m

Dear Alice:
Sorry I have been unable
to write for so long. Since
we……
…………
…………

Bob

加密算法

Bob的私钥K_B^-

签名的报文：$K_B^-(m)$

fadfg54986fgnzmcnv
T98734ngldskg02j
ser09tugkjdflg
…………

图 8-10　为文档生成一个数字签名

数字签名 $K_B^-(m)$ 是否满足了可鉴别、不可伪造的需求？假设 Alice 有 m 和 $K_B^-(m)$。她要在法庭上证明（进行诉讼）Bob 确实签署过这个文档，他就是唯一能够签署该文档的人。Alice 持有 Bob 的公钥 K_B^+，并把它用于 Bob 的数字签名 $K_B^-(m)$，从而得到了文档 m。也就是说，Alice 计算 $K_B^+(K_B^-(m))$。瞧！在 Alice 经历了一阵慌乱后得到了 m，它与初始文档完全一致。然后，Alice 就可以论证仅有 Bob 能够签署这个文档，基于如下理由：

- 无论是谁签署这个报文，都必定在计算签名 $K_B^-(m)$ 的过程中使用了 K_B^- 这个私钥，使 $K_B^+(K_B^-(m)) = m$。

- 知道 K_B^- 这个私钥的唯一的人是 Bob。从 8.2 节我们对 RSA 的讨论中可知，知道公钥 K_B^+ 无助于得知私钥 K_B^- 的信息。因此，知道私钥 K_B^- 的人才是生成密钥对 (K_B^+, K_B^-) 的人，而这个人首先就是 Bob。（注意到此处假设 Bob 没有把 K_B^- 泄露给任何人，也没有人从 Bob 处窃取到 K_B^-。）

注意到下列问题是重要的：如果初始文档 m 被修改过，比如改成了另一个文档 m'，则 Bob 为 m 生成的签名对 m' 无效，因为 $K_B^+(K_B^-(m))$ 不等于 m'。因此我们看到数字签名也提供完整性，使得接收方验证该报文未被篡改，同时也验证了该报文的源。

对用加密进行数据签名的担心是，加密和解密的计算代价昂贵。给定加解密的开销，通过完全加密/解密对数据签名是杀鸡用牛刀。更有效的方法是将散列函数引入数字签名。8.3.2 节中讲过，一种散列算法取一个任意长的报文 m，计算生成该报文的一个固定长度的数据"指纹"，表示为 $H(m)$。使用散列函数，Bob 对报文的散列签名而不是对报文本身签名，即 Bob 计算 $K_B^-(H(m))$。因为 $H(m)$ 通常比报文 m 小得多，所以生成数字签名所需要的计算量大为减少。

在 Bob 向 Alice 发送一个报文的情况下，图 8-11 提供了生成数字签名的操作过程的概览。Bob 让他的初始长报文通过一个散列函数。然后他用自己的私钥对得到的散列进行数字签名。明文形式的初始报文连同已经进行数字签名的报文摘要（从此以后可称为数字签名）一道被发送给 Alice。图 8-12 提供了鉴别报文完整性的操作过程的概览。Alice 先把发送方的公钥应用于报文获得一个散列结果。然后她再把该散列函数应用于明文报文以得到第二个散列结果。如果这两个散列匹配，则 Alice 可以确信报文的完整性及其发送方。

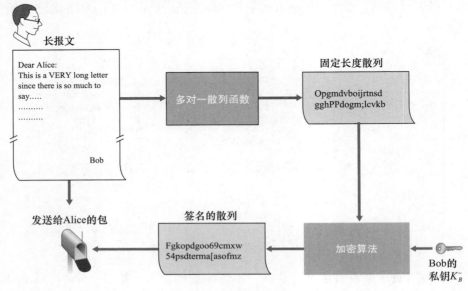

图 8-11　发送数字签名的报文

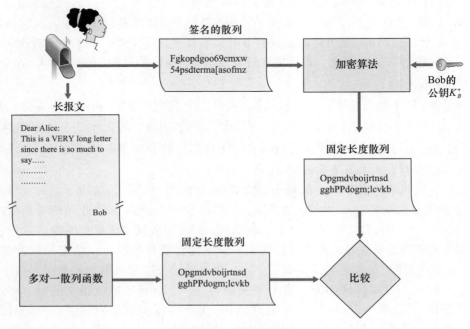

图 8-12　验证签名报文

在继续学习之前，我们简要地将数字签名与 MAC 进行比较，尽管它们有相同之处，但也有重要的微妙差异。数字签名和 MAC 都以一个报文（或一个文档）开始。为了从该报文中生成一个 MAC，我们为该报文附加一个鉴别密钥，然后取得该结果的散列。注意到在生成 MAC 过程中既不涉及公开密钥加密，也不涉及对称密钥加密。为了生成一个数字签名，我们首先取得该报文的散列，然后用私钥加密该报文（使用公钥密码）。因此，数字签名是一种"技术含量更高"的技术，因为它需要一个如后面描述的、具有认证中心支撑的公钥基础设施（PKI）。我们将在 8.5 节中看到，PGP 是一种流行的安全电子邮件系统，为了报文完整性而使用数字签名。我们已经看到了 OSPF 为了报文完整性而使用 MAC。我们将在 8.6 节和 8.7 节中看到 MAC 也能用于流行的运输层和网络层安全协议。

公钥认证

数字签名的一个重要应用是**公钥认证**（public key certification），即证实一个公钥属于某个特定的实体。公钥认证用在许多流行的安全网络协议中，包括 IPsec 和 TLS。

为了深入理解这个问题，我们考虑一个因特网商务版本的经典的"比萨恶作剧"。假定 Alice 正在从事比萨派送业务，从因特网上接受订单。Bob 是一个爱吃比萨的人，他向 Alice 发送了一份包含其家庭地址和他希望的比萨类型的明文报文。Bob 在这个报文中也包含一个数字签名（即对原始明文报文的签名的散列），以向 Alice 证实他是该报文的真正来源。为了验证这个数字签名，Alice 获得了 Bob 的公钥（也许从公钥服务器或通过电子邮件报文）并核对该数字签名。通过这种方式，Alice 确信是 Bob 而不是某些青少年恶作剧者下的比萨订单。

在聪明的 Trudy 出现之前，这一切看起来进行得相当好。如图 8-13 中所示，Trudy 沉溺于一场恶作剧中。Trudy 向 Alice 发送一个报文，在这个报文中她说她是 Bob，给出了 Bob 家的地址并订购了一个比萨。在这个报文中，她也包括了她（Trudy）的公钥，虽然 Alice 自然地假定它就是 Bob 的公钥。Trudy 也附加了一个签名，但这是用她自己（Trudy）的私钥生成的。在收到该报文后，Alice 就会用 Trudy 的公钥（Alice 认为它是 Bob 的公钥）来解密该数字签名，并得到结论：这个明文报文确实是由 Bob 生成的。而当外卖人员带着具有意大利辣香肠和凤尾鱼的比萨到达 Bob 家时，他会感到非常惊讶！

从这个例子我们看到，要使公钥密码有用，需要能够证实你具有的公钥实际上就是与你要进行通信的实体（人员、路由器、浏览器等）的公钥。例如，当 Alice 与 Bob 使用公钥密码通信时，她需要证实她假定是 Bob 的那个公钥确实就是 Bob 的公钥。

将公钥与特定实体绑定通常是由**认证中心**（Certification Authority，CA）完成的，CA 的职责就是使识别和发行证书合法化。CA 具有下列作用：

1）CA 证实一个实体（一个人、一台路由器等）的真实身份。如何进行认证并没有强制的过程。当与一个 CA 打交道时，一方必须信任这个 CA 能够执行适当的严格身份验证。例如，如果 Trudy 走进名为 Fly-by-Night（不可靠）的认证中心并只是宣称"我是 Alice"，就可以得到该机构颁发的与 Alice 的身份相关联的证书的话，则人们不会对 Fly-by-Night 认证中心所签发的公钥证书有太多的信任。另外，人们可能愿意（或不愿意）信任某个 CA，如果这个 CA 是联邦或州计划的一部分的话。你对与公钥相关联的身份的信任程度，仅能达到你对 CA 及其身份验证技术的信任程度。我们编织了一张多么复杂的信任之网啊！

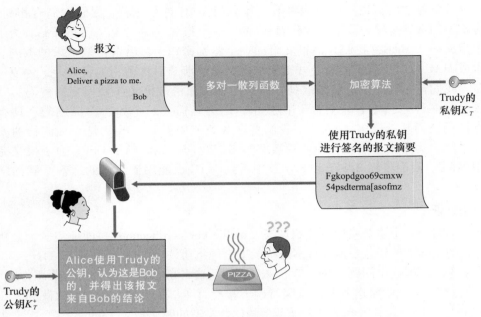

图 8-13　Trudy 用公钥密码冒充 Bob

2）一旦 CA 验证了某个实体的身份，这个 CA 会生成一个将其身份和实体的公钥绑定起来的**证书**（certificate）。这个证书包含这个公钥和公钥所有者全局唯一的身份标识信息（例如，一个人的名字或一个 IP 地址）。由 CA 对这个证书进行数字签名。这些步骤显示在图 8-14 中。

现在让我们看看如何使用证书来与像 Trudy 这样的比萨订购恶作剧者和其他不受欢迎的人做斗争。Bob 下订单的同时，他也发送了其 CA 签署的证书。Alice 使用 CA 的公钥来核对 Bob 证书的合法性并提取 Bob 的公钥。

国际电信联盟（International Telecommunication Union，ITU）和 IETF 都研发了用于 CA 的系列标准。ITU X. 509 ［ITU 2005a］规定了证书的鉴别服务以及特定语法。［RFC 1422］描述了安全因特网电子邮件所用的基于 CA 的密钥管理。它和 X. 509 兼容，但比 X. 509 增加了密钥管理体系结构的创建过程和约定内容。表 8-4 显示了一份证书中的某些重要字段。

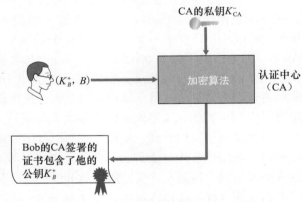

图 8-14　Bob 具有由 CA 授权的公钥

表 8-4　X. 509 和 RFC 1422 公钥中的部分字段

字段名	描述
版本	X. 509 规范的版本号
序列号	CA 发布的证书的唯一标识符
签名	规定了 CA 使用的对该证书签名的算法

（续）

字段名	描述
颁发者名称	发行该证书的 CA 的标识，用的是区别名（DN）格式［RFC 4514］
有效期	证书合法性开始和结束的时间范围
主题名	公钥与该证书相联系的实体标识，用 DN 格式
主题公钥	该主题的公钥以及该公钥使用的公钥算法（及其参数）的指示

8.4 端点鉴别

端点鉴别（end-point authentication）就是一个实体经过计算机网络向另一个实体证明其身份的过程，例如一个人向某个电子邮件服务器证明其身份。作为人类，我们通过多种方式互相鉴别：见面时我们互相识别对方的面容，打电话时我们分辨对方的声音，海关的检查官员通过护照上的照片对我们进行鉴别。

在本节中，我们讨论经网络通信的双方如何能够鉴别彼此。此处我们重点关注当通信实际发生时鉴别"活动的"实体。一个具体的例子是一个用户向某电子邮件服务器鉴别他自己。这与证明在过去的某点接收到的报文确实来自声称的发送方稍有不同，如 8.3 节所述。

当经网络进行鉴别时，通信各方不能依靠生物信息如外表、声纹等进行身份鉴别。的确，我们会在后面的实例研究中看到，诸如路由器、客户/服务器进程等网络元素通常必须相互鉴别。此处，鉴别应当在报文和数据交换的基础上，作为某**鉴别协议**（authentication protocol）的一部分独立完成。鉴别协议通常在两个通信实体运行其他协议（例如，可靠数据传输协议、路由选择信息交换协议或电子邮件协议）之前运行。鉴别协议首先建立相互满意的各方的标识，仅当鉴别完成之后，各方才继续下面的工作。

同第 3 章中阐释可靠数据传输协议（rdt）的情况类似，我们发现阐释各种版本的鉴别协议——称为 **ap**（authentication protocol）——是有启发的，并随着学习的深入指出各个版本的漏洞。（如果你喜欢这种逐步式的设计演化，你也许喜欢看［Bryant 1988］，这本书虚构了开放网络鉴别系统的设计者间的故事，以及他们对许多相关奇妙问题的发现。）

假设 Alice 要向 Bob 鉴别她自己的身份。

也许我们能够想象出的最简单的鉴别协议就是：Alice 直接发送一个报文给 Bob，说她就是 Alice。这个协议如图 8-15 所示。这个协议的缺陷是明显的，即 Bob 无法判断发送报文"我是 Alice"的人确实就是 Alice。例如，Trudy（入侵者）也可以发送这样的报文。

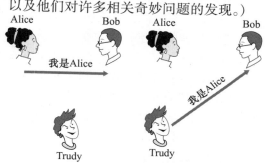

图 8-15　协议 ap1.0 和一种失败的场景

1. 鉴别协议 ap2.0

如果 Alice 有一个总是用于通信的周知网络地址（如一个 IP 地址），则 Bob 能够试图通过验证携带鉴别报文的 IP 数据报的源地址是否与 Alice 的周知 IP 地址相匹配来进行鉴别。在这种情况下，Alice 就可被鉴别了。这可能阻止对网络一无所知的人假冒 Alice，但是它却不能阻止决定学习本书的学生或许多其他人！

根据我们学习的网络层和数据链路层的知识，我们就会知道做下列事情并不困难（例如，如果一个人能够访问操作系统代码并能构建自己的操作系统内核——比如 Linux 和许多其他免费可用的操作系统）：生成一个 IP 数据报，并在 IP 数据报中填入我们希望的任意源地址（比如 Alice 的周知 IP 地址），再通过链路层协议把生成的数据报发送到第一跳路由器。此后，具有不正确源地址的数据报就会忠实地向 Bob 转发。这种方法显示在图 8-16 中，它

是 IP 哄骗的一种形式。如果 Trudy 的第一跳路由器被设置为只转发包含 Trudy 的 IP 源地址的数据报，就可以避免 IP 哄骗 ［RFC 2827］。然而，这一措施并未得到广泛采用或强制实施。Bob 可能因为假定 Trudy 的网络管理员（这个管理员可能就是 Trudy 自己）已经配置 Trudy 的第一跳路由器，使之只能转发适当地址的数据报而被欺骗。

图 8-16 协议 ap2.0 和一种失败的场景

2. 鉴别协议 ap3.0

进行鉴别的一种经典方法是使用秘密口令。口令是鉴别者和被鉴别者之间的一个共享秘密。Gmail、Facebook、Telnet、FTP 和许多其他服务使用口令鉴别。在协议 ap3.0 中，Alice 因此向 Bob 发送其秘密口令，如图 8-17 所示。

由于口令的广泛使用，我们也许猜想协议 ap3.0 相当安全。如果这样想，我们就错了！这里的安全性缺陷相当明显：如果 Trudy 窃听了 Alice 的通信，则可得到 Alice 的口令。为了使你认识到这种可能性，考虑这样的事实，当你 Telnet 到另一个机器上并登录时，登录口令未加密就发

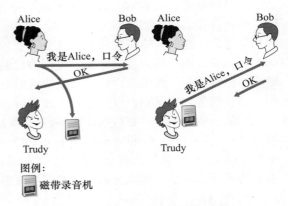

图例：
🔲 磁带录音机

图 8-17 协议 ap3.0 和一种失败的情况

送到了 Telnet 服务器。连接到 Telnet 客户或服务器 LAN 的某个人可能嗅探（读并存储）在局域网上传输的所有数据分组，并因此窃取到该注册口令。实际上，这是一种窃取口令的周知方法（例如，参见 ［Jimenez 1997］）。这样的威胁显然是真实存在的，所以协议 ap3.0 明显也不可行。

3. 鉴别协议 ap3.1

完善协议 ap3.0 的下一个想法自然就是加密口令了。通过加密口令，我们能够防止 Trudy 得知 Alice 的口令。如果我们假定 Alice 和 Bob 共享一个对称秘密密钥 K_{A-B}，则 Alice 可以加密口令，并向 Bob 发送其识别报文"我是 Alice"和加密的口令。Bob 则解密口令，如果口令正确则鉴别了 Alice。因为 Alice 不仅知道口令，而且知道用于加密口令的共享秘密密钥值，所以 Bob 才可以轻松地鉴别 Alice 的身份。我们称这个协议为 ap3.1。

尽管协议 ap3.1 确实防止了 Trudy 得知 Alice 的口令，但此处使用密码术并不能解决鉴别问题。Bob 受制于**回放攻击**（playback attack）：Trudy 只需窃听 Alice 的通信，并记录下

该口令的加密版本，并向 Bob 回放该口令的加密版本，以假装她就是 Alice。协议 ap3.1 中加密口令的使用，并未使它比图 8-17 中的协议 ap3.0 的状况有明显改观。

4. 鉴别协议 ap4.0

图 8-17 中的失败的情况是因为 Bob 不能区分 Alice 的初始鉴别报文和后来入侵者回放的 Alice 的初始鉴别报文。也就是说，Bob 无法判断 Alice 是否还活跃（即当前是否还在连接的另一端），或他接收到的报文是否就是前面鉴别 Alice 时录制的回放。观察力极强的读者会记起 TCP 的三次握手协议需要处理相同的问题，如果接收的 SYN 报文段来自较早连接的一个 SYN 报文段的旧副本（重新传输）的话，TCP 连接的服务器一侧不会接受该连接。TCP 服务器一侧如何解决"判断客户是否真正还活跃"的问题呢？它选择一个很长时间内都不会再次使用的初始序号，把这个序号发给客户，然后等待客户以包含这个序号的 ACK 报文段来响应。此处我们能够为鉴别目的采用同样的思路。

不重数（nonce）是在一个协议的生存期中只使用一次的数。也就是说，一旦某协议使用了一个不重数，就永远不会再使用那个数字了。协议 ap4.0 以如下方式使用一个不重数：

1）Alice 向 Bob 发送报文"我是 Alice"。

2）Bob 选择一个不重数 R，然后把这个值发送给 Alice。

3）Alice 使用她与 Bob 共享的对称秘密密钥 K_{A-B} 来加密这个不重数，然后把加密的不重数 $K_{A-B}(R)$ 发回给 Bob。与在协议 ap3.1 中一样，由于 Alice 知道 K_{A-B} 并用它加密一个值，就使得 Bob 知道收到的报文是由 Alice 产生的。这个不重数用于确定 Alice 是活跃的。

4）Bob 解密接收到的报文。如果解密得到的不重数等于他发送给 Alice 的那个不重数，则可鉴别 Alice 的身份。

协议 ap4.0 如图 8-18 所示。通过使用这个在生存期中只出现一次的值 R，然后核对返回的值 $K_{A-B}(R)$，Bob 能够确定两点：Alice 是她所声称的那个人（因为她知道加密 R 所需的秘密密钥），Alice 是活跃的（因为她已经加密了 Bob 刚刚产生的不重数 R）。

不重数和对称密钥密码体制的使用形成了 ap4.0 的基础。一个自然的问题是，是否能够使用不重数和公开密钥密码体制（而不是对称密钥密码体制）来解决鉴别问题？这个问题将在本章后面的习题中进行探讨。

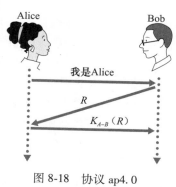

图 8-18 协议 ap4.0

8.5 安全电子邮件

在前面的各节中，我们分析了网络安全中的基本问题，包括对称密钥密码体制和公开密钥密码体制、端点鉴别、密钥分发、报文完整性和数字签名。我们现在着手研究如何使用这些工具在因特网中提供安全性。

有趣的是，为因特网协议栈上面 4 层的任一层提供安全服务是可能的。当为某一特定的应用层协议提供安全性时，则使用这一协议的应用程序将能得到一种或多种安全服务，诸如机密性、鉴别或完整性。为某一运输层协议提供安全性时，则所有使用这一协议的应用程序都可以得到该运输层协议所提供的安全服务。在基于主机到主机的网络层提供安全性时，则所有运输层报文段（当然也包括所有应用层数据）都可以得到该网络层所提供的安全服务。当基于一条链路提供安全性时，则经过这个链路传输的所有帧中的数据都得到了该链路提供的安全服务。

在 8.5~8.8 节中，我们将考察如何在应用层、运输层、网络层和数据链路层中使用这些安全性工具。为了与本书的整体框架保持一致，我们从协议栈的顶层开始，讨论在应用层的安全性。我们的方法是使用特定的应用程序如电子邮件，作为应用层安全性的一个学习案例。然后沿协议栈向下，分析 TLS 协议（它在运输层提供安全性）、IPsec 协议（它在网络层提供安全性），以及 IEEE 802.11 无线局域网协议的安全性。

你可能想知道为什么要在因特网的多个层次上提供安全性功能。仅在网络层提供安全性功能并加以实施还不够吗？对这个问题有两个答案。第一，尽管可以通过加密数据报中的所有数据（即所有的运输层报文段），以及通过鉴别所有数据报的源 IP 地址，在网络层提供"地毯式覆盖"安全性，但是并不能提供用户级的安全性。例如，一个商业站点不能依赖 IP 层安全性来鉴别一个在该站点购买商品的顾客。因此，此处除了较低层的地毯式覆盖安全性外，还需要更高层的安全性功能。第二，在协议栈的较高层上部署新的因特网服务（包括安全性服务）通常较为容易。而等待在网络层上广泛地部署安全性，可能还需要未来若干年才能解决，许多应用程序的开发者"着手做起来"，并在他们中意的应用程序中引入安全性功能。一个典型的例子就是 PGP（Pretty Good Privacy），它提供了安全电子邮件（将在本节后面讨论）。由于只需要客户和服务器应用程序代码，PGP 是第一个在因特网上得到广泛应用的安全性技术。

8.5.1　安全电子邮件概述

我们现在使用 8.2 节和 8.3 节的密码学原理来生成一个安全电子邮件系统。我们以递进的方式来产生这个高层设计，每一步引入一些新安全性服务。当设计安全电子邮件系统时，我们需要记住最初在 8.1 节中所介绍的那个有趣的例子，即 Alice 和 Bob 之间的关系。设想一下 Alice 发送一个电子邮件报文给 Bob，而 Trudy 试图入侵的情况。

在做出为 Alice 和 Bob 设计一个安全电子邮件系统的努力之前，我们应当首先考虑他们最为希望的安全特性是什么。重中之重是机密性。正如 8.1 节讨论的那样，Alice 或 Bob 都不希望 Trudy 阅读到 Alice 所发送的电子邮件报文。Alice 和 Bob 希望在该电子邮件系统中看到的第二种特性是具备发送方鉴别。特别是，当 Bob 收到报文 "I don't love you anymore. I never want to see you again. Formerly yours，Alice（我不再爱你了。我再也不想看到你了。Alice）"时，Bob 自然而然地要确定这个报文确实来自 Alice，而不是 Trudy 发送的。另外，这两个情人想要的另一种特性是报文完整性，也就是说，确保 Alice 所发的报文在发送给 Bob 的过程中没有被改变。最后，电子邮件系统应当提供接收方鉴别，即 Alice 希望确定她的确正在向 Bob 发信，而不是向假冒 Bob 的其他人（如 Trudy）发信。

因此我们从处理最为关注的机密性开始。提供机密性的最直接方式是 Alice 使用对称密钥技术（如 DES 或 AES）加密所要传输的报文，而 Bob 则在接收时对报文解密。如 8.2 节讨论的那样，如果对称密钥足够长，且仅有 Alice 和 Bob 拥有该密钥，则其他人（包括 Trudy）要想读懂这条报文极为困难。尽管这种方法直截了当，但因为仅有 Alice 和 Bob 具有该密钥的副本，所以分发对称密钥非常困难（我们在 8.2 节中讨论过）。因此我们自然就考虑用其他方法——公开密钥密码（例如使用 RSA）。在公开密钥方法中，Bob 使得他的公钥为公众所用（例如，从一台公钥服务器或其个人网页上得到），Alice 用 Bob 的公钥加密她的报文，然后向 Bob 的电子邮件地址发送该加密报文。当 Bob 接收到这个报文时，只需用他的私钥即可解密。假定 Alice 确定得到的公钥是 Bob 的公钥，这种方法是提供所希望的机密性的极好方法。然而，存在的一个问题是公开密钥加密的效率相对低下，尤其对于长报文更是如此。

为了克服效率问题，我们利用了会话密钥（在 8.2.2 节中讨论过）。具体来说：①Alice 选择一个随机对称会话密钥 K_S；②用这个对称密钥加密她的报文 m；③用 Bob 的公钥 K_B^+ 加密这个对称密钥；④级联该加密的报文和加密的对称密钥以形成一个"包"；⑤向 Bob 的电子邮件地址发送这个包。这些过程显示在图 8-19 中（在这张图和下一张图中，带圈的"+"表示级联，带圈的"-"表示级联的分解）。当 Bob 接收到这个包时：①他使用其私钥 K_B^- 得到对称密钥 K_S；②使用这个对称密钥 K_S 解密报文 m。

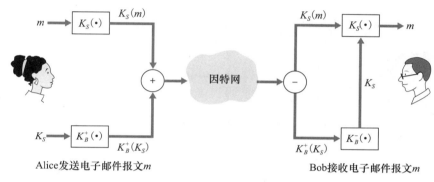

图 8-19　Alice 使用一个对称会话密钥 K_S 向 Bob 发送一个安全电子邮件

设计完提供机密性的安全电子邮件系统后，现在我们设计另一个可以提供发送方鉴别和报文完整性的系统。我们暂且假设 Alice 和 Bob 目前不关心机密性（他们要和其他人分享他们的爱情！），只关心发送方鉴别和报文完整性。为了完成这个任务，我们使用如 8.3 节所描述的数字签名和报文摘要。具体说来：①Alice 对她要发送的报文 m 应用一个散列函数 H（例如 MD5），从而得到一个报文摘要；②用她的私钥 K_A^- 对散列函数的结果进行签名，从而得到一个数字签名；③把初始报文（未加密）和该数字签名级联起来生成一个包；④向 Bob 的电子邮件地址发送这个包。当 Bob 接收到这个包时：①他将 Alice 的公钥 K_A^+ 应用到被签名的报文摘要上；②将该操作的结果与他自己对该报文的散列 H 进行比较。在图 8-20 中阐述了这些步骤。如 8.3 节中所讨论的，如果这两个结果相同，则 Bob 完全可以确信这个报文来自 Alice 且未被篡改。

现在我们考虑设计一个提供机密性、发送方鉴别和报文完整性的电子邮件系统。这可以通过把图 8-19 和图 8-20 中的过程结合起来而实现。Alice 首先生成一个预备包，它与图 8-20 中的包完全相同，其中包含她的初始报文和该报文的数字签名过的散列。然后 Alice 把这个预备包看作一个报文，再用图 8-19 中发送方的步骤发送这个新报文，即生成一个新包发给 Bob。Alice 所做的这些步骤如图 8-21 所示。当 Bob 接收到这个包后，他首先应用图 8-19 中他这一侧的步骤，然后再应用图 8-20 中他这一侧的步骤。应当明确这一设计的目标是提供机密性、发送方鉴别和报文完整性。注意到在这一方案中，Alice 两次使用了公开密钥密码：一次用了她的私钥，另一次用了 Bob 的公钥。类似地，Bob 也两次使用了公开密钥密码：一次用了他的私钥，一次用了 Alice 的公钥。

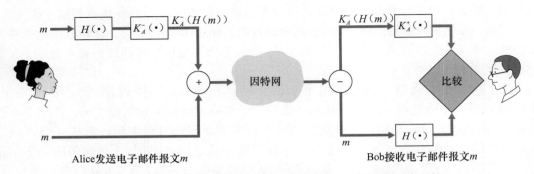

图 8-20   使用散列函数和数字签名来提供发送方鉴别和报文完整性

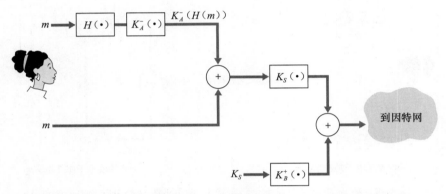

图 8-21   Alice 使用对称密钥密码、公开密钥密码、散列函数和数字签名来
提供机密性、发送方鉴别和报文完整性

图 8-21 所示的安全电子邮件系统可能在大多数情况下都能为大多数电子邮件用户提供满意的安全性。但是仍有一个重要的问题没有解决。图 8-21 中的设计要求 Alice 获得 Bob 的公钥,也要求 Bob 获得 Alice 的公钥。但这些公钥的分发并不是一个小问题。例如,Trudy 可能假冒 Bob,发给 Alice 她自己的公钥,并告诉 Alice 这个公钥是 Bob 的公钥,这样 Trudy 就能接收到 Alice 发给 Bob 的报文。如我们在 8.3 节所学习的那样,安全地分发密钥的一种常用方法是通过 CA 验证该公钥。

8.5.2   PGP

Phil Zimmermann 于 1991 年所写的 **PGP**(Pretty Good Privacy)是电子邮件加密方案的一个范例 [PGP 2020]。PGP 的设计基本上和图 8-21 中所示的设计相同。PGP 软件的不同版本使用 MD5 或 SHA 来计算报文摘要,使用 CAST、三重 DES 或 IDEA 进行对称密钥加密,使用 RSA 进行公开密钥加密。

安装 PGP 时,软件为用户产生一个公钥对。该公钥能被张贴到用户的网站上或放置在某台公钥服务器上。私钥则使用用户口令进行保护。用户每次访问私钥时都要输入这个口令。PGP 允许用户选择是否对报文进行数字签名、加密报文,或同时进行数字签名和加密。图 8-22 显示了一个 PGP 签名的报文。这个报文在 MIME 首部之后出现。报文中的加密数据为 $K_A^-(H(m))$,即数字签名的报文摘要。如我们上述讨论,Bob 为了验证报文的完整性,需要使用 Alice 的公钥。

```
-----BEGIN PGP SIGNED MESSAGE-----
Hash:   SHA1
Bob:
Can I see you tonight?
Passionately yours, Alice
-----BEGIN PGP SIGNATURE-----
Version: PGP for Personal Privacy 5.0
Charset: noconv
yhHJRHhGJGhgg/12EpJ+lo8gE4vB3mqJhFEvZP9t6n7G6m5Gw2
-----END PGP SIGNATURE-----
```

图 8-22   PGP 签名报文

图 8-23 显示了一个秘密 PGP 报文。这个报文也出现在 MIME 首部之后。当然，明文报文不包括在这个秘密电子邮件报文中。当一个发送方（例如 Alice）要确保机密性和完整性时，PGP 在图 8-22 所示的报文中包含一个类似于图 8-23 中的报文。

```
-----BEGIN PGP MESSAGE-----
Version: PGP for Personal Privacy 5.0
u2R4d+/jKmn8Bc5+hgDsqAewsDfrGdszX681iKm5F6Gc4sDfcXyt
RfdS10juHgbcfDssWe7/K=lKhnMikLo0+1/BvcX4t==Ujk9PbcD4
Thdf2awQfgHbnmKlok8iy6gThlp
-----END PGP MESSAGE
```

图 8-23   一个秘密 PGP 报文

PGP 也提供了一种公钥认证机制，但是这种机制与较为传统的 CA 差异很大。PGP 公钥由一个可信 Web 验证。当 Alice 相信一个密钥/用户名对确实匹配时，她自己就可以验证这一密钥/用户名对。此外，PGP 允许 Alice 为她所信任的用户鉴别更多密钥提供担保。一些 PGP 用户通过保存密钥签署方（key-signing party）来互相签署对方的密钥。用户实际走到一起，交换公钥，并用自己的私钥对对方的公钥签名来互相验证密钥。

8.6   使 TCP 连接安全：TLS

在前一节中，我们看到对一个特定的应用（即电子邮件），密码技术是怎样提供机密性、数据完整性和端点鉴别的。在这一节中，我们在协议栈中向下一层，考察密码技术如何用安全性服务加强 TCP，该安全性服务包括机密性、数据完整性和端点鉴别。TCP 的这种强化版本通常被称为**运输层安全性**（Transport Layer Security，TLS），已经由 IETF 标准化［RFC 4346］。该协议的较早和类似版本是 SSL 版本 3。

SSL 最初由 Netscape 设计，而使 TCP 安全隐含的基本思想先于 Netscape 的工作（例如，参见［Woo 1994］）。自从启动以来，SSL 和它的接替者 TLS 已经得到了广泛部署。TLS 得到了所有流行 Web 浏览器和 Web 服务器的支持，它被 Gmail 使用并基本上被用于所有因特网商业站点（包括 Amazon、eBay 和淘宝）。每年经 TLS 的消费额达到数千亿美元。事实上，如果你使用信用卡通过因特网购买东西的话，在你的浏览器和服务器之间的通信几乎一定使用了 TLS。（当你使用浏览器时，若 URL 以 https 开始而不是以 http 开始，就能认定正在使用 TLS。）

为了理解 TLS 的需求，我们浏览一下某典型的因特网商业的场景。Bob 在 Web 上冲浪，到达了 Alice 公司的站点，这个站点正在出售香水。Alice 公司站点显示了一个表格，假定 Bob 可以在该表格中输入香水的类型和所希望的数量、他的地址和他的支付卡号等信息。Bob 输入这些信息，点击"提交"，就期待收到（通过普通邮政邮件）所购买的香水；

他也期待着在他的下一次支付卡报表中收到对所购物品的支付信息。所有这一切听起来不错，但是如果不采取安全措施，Bob 也许会有一些意外。

- 如果没有使用机密性（加密），一个入侵者可能截取 Bob 的订单并得到他的支付卡信息。这个入侵者则可以用 Bob 的费用来购买商品。
- 如果没有使用完整性，入侵者可能修改 Bob 的订单，让他购买比希望瓶数多 10 倍的香水。
- 最后，如果没有使用服务器鉴别，这个显示 Alice 公司著名徽标的服务器实际上是由 Trudy 维护的一个站点，Trudy 正在假冒 Alice 公司。当 Trudy 收到 Bob 的订单后，可能拿了 Bob 的钱一走了之。或者 Trudy 可能充当一名身份窃贼，收集 Bob 的名字、地址和信用卡号。

TLS 通过采用机密性、数据完整性、服务器鉴别和客户鉴别来强化 TCP，就可以解决这些问题。

TLS 经常用来为发生在 HTTP 之上的事务提供安全性。然而，因为 TLS 使 TCP 安全了，因此它能被应用于运行在 TCP 之上的任何应用程序。TLS 提供了一个简单的具有套接字的应用编程接口（API），该接口类似于 TCP 的 API。当一个应用程序要使用 TLS 时，它包括了 TLS 类/库。如在图 8-24 中所示，尽管 TLS 技术上位于应用层中，但从开发者的角度看，它是一个提供 TCP 服务的运输协议，而这里的 TCP 服务用安全性服务加强了。

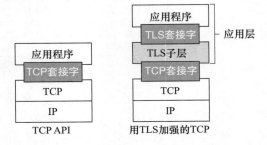

图 8-24 尽管从 TLS 技术上看位于应用层中，但从开发者的角度看它是一个运输层协议

8.6.1 宏观描述

我们从描述一个简化的 TLS 版本开始，这将使我们从宏观上理解 TLS 的工作原理和工作过程。我们将这个 TLS 的简化版本称之为"类 TLS"。描述过类 TLS 之后，在下一小节中我们将描述真实的 TLS，填充细节。类 TLS（和 TLS）具有三个阶段：握手、密钥导出和数据传输。我们现在描述针对一个客户（Bob）和一个服务器（Alice）之间的通信会话的这三个阶段，其中 Alice 具有私钥/公钥对和将她的身份与其公钥绑定的证书。

1. 握手

在握手阶段，Bob 需要：①与 Alice 创建一条 TCP 连接；②验证 Alice 是真实的 Alice；③发送给 Alice 一个主密钥，Bob 和 Alice 持用该主密钥生成 TLS 会话所需的所有对称密钥。这三个步骤显示在图 8-25 中。注意到一旦创建了 TCP 连接，Bob 就向 Alice 发送一个 hello 报文。Alice 则用她的证书进行响应，证书中包含了她

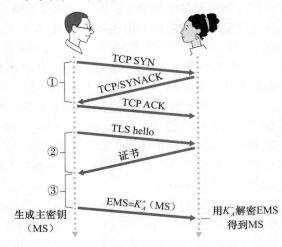

图 8-25 类 TLS 握手，首先建立一个 TCP 连接

的公钥。如在 8.3 节所讨论，因为该证书已被某 CA 证实过，Bob 明白无误地知道该公钥属于 Alice。然后，Bob 产生一个主密钥（MS）（该 MS 将仅用于这个 TLS 会话），用 Alice 的公钥加密该 MS 以生成加密的主密钥（EMS），并将该 EMS 发送给 Alice。Alice 用她的私钥解密该 EMS 从而得到该 MS。在这个阶段后，Bob 和 Alice（而无别的人）均知道了用于这次 TLS 会话的主密钥。

2. 密钥导出

从原则上讲，MS 此时已由 Bob 和 Alice 共享，它能够用作所有后继加密和数据完整性检查的对称会话密钥。然而，对于 Alice 和 Bob 每人而言，使用不同的密码密钥，并且对于加密和完整性检查也使用不同的密钥，通常认为更为安全。因此，Alice 和 Bob 都使用 MS 生成 4 个密钥：

- E_B，用于从 Bob 发送到 Alice 的数据的会话加密密钥。
- M_B，用于从 Bob 发送到 Alice 的数据的会话 HMAC 密钥。HMAC［RFC 2104］是一个标准化的散列报文验证码（MAC），我们在 8.3.2 节中见过。
- E_A，用于从 Alice 发送到 Bob 的数据的会话加密密钥。
- M_A，用于从 Alice 发送到 Bob 的数据的会话 HMAC 密钥。

Alice 和 Bob 每人都从 MS 生成 4 个密钥。这能够通过直接将该 MS 分为 4 个密钥来实现。（但在真实的 TLS 中更为复杂一些，我们后面将会看到。）在密钥导出阶段结束时，Alice 和 Bob 都有了 4 个密钥。其中的两个加密密钥将用于加密数据；两个 HMAC 密钥将用于验证数据的完整性。

3. 数据传输

既然 Alice 和 Bob 共享相同的 4 个会话密钥（E_B、M_B、E_A 和 M_A），他们就能够经 TCP 连接开始发送安全的数据。因为 TCP 是一种字节流协议，一种自然的方法是用 TLS 在传输中加密应用数据，然后将加密的数据在传输中传给 TCP。但是如果我们真的这样做，我们将用于完整性检查的 HMAC 置于何处呢？我们无疑不希望等到 TCP 会话结束时才验证所有 Bob 数据的完整性，Bob 数据的发送要经历整个会话！为了解决这个问题，TLS 将数据流分割成记录，对每个记录附加一个 HMAC 用于完整性检查，然后加密该"记录+HMAC"。为了产生这个 HMAC，Bob 将数据连同密钥 M_B 放入一个散列函数中，如在 8.3 节所讨论。为了加密"记录+HMAC"这个包，Bob 使用他的会话加密密钥 E_B。然后这个加密的包将传递给 TCP 经因特网传输。

虽然这种方法几经周折，但它为整个报文流提供数据完整性时仍未达到无懈可击。特别是，假定 Trudy 是一名"中间人"，并且有在 Alice 和 Bob 之间发送的 TCP 报文段流中插入、删除和代替报文段的能力。例如，Trudy 能够俘获由 Bob 发送的两个报文段，颠倒这两个报文段的次序，调整 TCP 报文段的序号（这些未被加密），然后将这两个次序翻转的报文段发送给 Alice。假定每个 TCP 报文段正好封装了一个记录，我们现在看看 Alice 将如何处理这些报文段。

1）在 Alice 端运行的 TCP 将认为一切正常，将这两个记录传递给 TLS 子层。

2）在 Alice 端的 TLS 将解密这两个记录。

3）在 Alice 端的 TLS 将使用在每个记录中的 HMAC 来验证这两个记录的数据完整性。

4）然后 TLS 将解密的两条记录的字节流传递给应用层；但是 Alice 收到的完整字节流由于记录的颠倒而次序不正确！

鼓励读者观察类似的场景，如当 Trudy 删除报文段或当 Trudy 重放报文段时。

对该问题的解决方案如你可能猜想的那样，那就是使用序号。TLS 采用如下的方式。Bob 维护一个序号计数器，计数器开始为 0，Bob 每发送的一个 TLS 记录它都增加 1。Bob 并不实际在记录中包括一个序号，但当他计算 HMAC 时，他把该序号包括在 HMAC 的计算中。所以，该 HMAC 现在是数据加 HMAC 密钥 M_B 加当前序号的散列。Alice 跟踪 Bob 的序号，通过在 HMAC 的计算中包括适当的序号，使她验证一条记录的数据完整性。TLS 序号的使用阻止了 Trudy 执行诸如重排序或重放报文段等中间人攻击。（为什么？）

4. TLS 记录

TLS 记录（以及类 TLS 记录）显示在图 8-26 中。该记录由类型字段、版本字段、长度字段、数据字段和 HMAC 字段组成。注意到前三个字段是不加密的。类型字段指出了该字段是握手报文还是包含应用数据的报文。它也用于关闭 TLS 连接，如下面所讨论。在接收端的 TLS 使用长度字段以从到达的 TCP 字节流中提取 TLS 记录。版本字段是自解释的。

图 8-26　TLS 记录格式

8.6.2　更完整的描述

前一小节介绍了类 TLS 协议，其目的是对 TLS 的工作原理和工作过程有一个基本理解。既然我们已经对 TLS 有了基本了解，就能够更深入地研究实际 TLS 协议的要点了。为了配合阅读对 TLS 协议的描述，鼓励读者完成 Wireshark TLS 实验，它在本书配套的 Web 网站上可供使用。

1. TLS 握手

TLS 并不强制 Alice 和 Bob 使用一种特定的对称密钥算法、一种特定的公钥算法或一种特定的 HMAC。相反，TLS 允许 Alice 和 Bob 在握手阶段在 TLS 会话开始时就密码算法取得一致。此外，在握手阶段，Alice 和 Bob 彼此发送不重数，该数被用于会话密钥（E_B，M_B，E_A 和 M_A）的生成中。真正的 TLS 握手的步骤如下：

1）客户发送它支持的密码算法的列表，连同一个客户的不重数。

2）从该列表中，服务器选择一种对称算法（例如 AES）、一种公钥算法（例如具有特定密钥长度的 RSA）和一种 HMAC 算法。它把它的选择以及证书和一个服务器不重数返回给客户。

3）客户验证该证书，提取服务器的公钥，生成一个**前主密钥**（Pre-Master Secret，PMS），用服务器的公钥加密该 PMS，并将加密的 PMS 发送给服务器。

4）使用相同的密钥导出函数（就像 TLS 标准定义的那样），客户和服务器独立地从 PMS 和不重数中计算出**主密钥**（Master Secret，MS）。然后该 MS 被切片以生成两个密码和两个 HMAC 密钥。此外，当选择的对称密码应用于 CBC（例如 3DES 或 AES），则两个初始化向量（Initialization Vector，IV）也从该 MS 获得，这两个 IV 分别用于该连接的两端。

自此以后，客户和服务器之间发送的所有报文均被加密和鉴别（使用 HMAC）。

5）客户发送所有握手报文的一个 HMAC。

6）服务器发送所有握手报文的一个 HMAC。

最后两个步骤使握手免受篡改危害。为了理解这一点，观察在第一步中，客户通常提供一个算法列表，其中有些算法强，有些算法弱。因为这些加密算法和密钥还没有被协商好，所以算法的这张列表以明文形式发送。Trudy 作为中间人，能够从列表中删除较强的算法，迫使客户选择一种较弱的算法。为了防止这种篡改攻击，在步骤 5 中客户发送一个级联它已发送和接收的所有握手报文的 HMAC。服务器能够比较这个 HMAC 与它已接收和发送的握手报文的 HMAC。如果有不一致，服务器能够终止该连接。类似地，服务器发送一个它已经看到的握手报文的 HMAC，允许客户检查不一致性。

你可能想知道在步骤 1 和步骤 2 中存在不重数的原因。序号不足以防止报文段重放攻击吗？答案是肯定的，但它们并不只是防止"连接重放攻击"。考虑下列连接重放攻击。假设 Trudy 嗅探了 Alice 和 Bob 之间的所有报文。第二天，Trudy 冒充 Bob 并向 Alice 发送正好是前一天 Bob 向 Alice 发送的相同的报文序列。如果 Alice 没有使用不重数，她将以前一天发送的完全相同的序列报文进行响应。Alice 将不怀疑任何不规矩的事，因为她接收到的每个报文将通过完整性检查。如果 Alice 是一个电子商务服务器，她将认为 Bob 正在进行第二次订购（正好订购相同的东西）。在另一方面，在协议中包括了一个不重数，Alice 将对每个 TCP 会话发送不同的不重数，使得这两天的加密密钥不同。因此，当 Alice 接收到来自 Trudy 重放的 TLS 记录时，该记录将无法通过完整性检查，并且假冒的电子商务事务将不会成功。总而言之，在 TLS 中，不重数用于防御"连接重放"，而序号用于防御在一个进行中的会话中重放个别分组。

2. 连接关闭

在某个时刻，Bob 或者 Alice 将要终止 TLS 会话。一个方法是让 Bob 通过直接终止底层的 TCP 连接来结束该 TLS 会话，这就是说，通过让 Bob 向 Alice 发送一个 TCP FIN 报文段。但是这种幼稚设计为截断攻击（truncation attack）创造了条件，Trudy 再一次介入一个进行中的 TLS 会话中，并用 TCP FIN 过早地结束了该会话。如果 Trudy 这样做的话，Alice 将会认为她收到了 Bob 的所有数据，而实际上她仅收到了其中的一部分。对这个问题的解决方法是，在类型字段中指出该记录是否是用于终止该 TLS 会话的。（尽管 TLS 类型是以明文形式发送的，但在接收方使用了记录的 HMAC 对它进行了鉴别。）通过包括这样一个字段，如果 Alice 在收到一个关闭 TLS 记录之前突然收到了一个 TCP FIN，她可能知道正在进行着某些难以解释的事情。

到此为止完成了对 TLS 的介绍。我们已经看到它使用了在 8.2 节和 8.3 节讨论的许多密码学原则。希望更深入地探讨 TLS 的读者可以阅读 Rescorla 的有关 TLS 的可读性很强的书籍 [Rescorla 2001]。

8.7 网络层安全性：IPsec 和虚拟专用网

IP 安全（IP Security）协议更常被称为 IPsec，它为网络层提供了安全性。IPsec 为任意两个网络层实体（包括主机和路由器）之间的 IP 数据报提供了安全。如我们很快要描述的那样，许多机构（公司、政府部门、非营利组织等等）使用 IPsec 创建了运行在公共因特网之上的**虚拟专用网**（Virtual Private Network，VPN）。

在学习 IPsec 细节之前，我们后退一步来考虑为网络层提供机密性所包含的意义。在网络实体对之间（例如，两台路由器之间，两台主机之间，或者路由器和主机之间）具有网络层机密性，发送实体加密它发送给接收实体的所有数据报的载荷。这种载荷可以是一个 TCP 报文段、一个 UDP 报文段、一个 ICMP 报文，等等。如果这样的网络层服务适当的话，从一个实体向其他实体发送的所有数据报将隐形于任何可能嗅探该网络的第三方，发送的数据报包括电子邮件、Web 网页、TCP 握手报文和管理报文（例如 ICMP 和 SNMP）。正因为如此，网络层安全性被认为提供了"地毯覆盖"。

除了机密性，网络层安全协议潜在地能够提供其他安全性服务。例如，它能提供源鉴别，使得接收实体能够验证安全数据报的源。网络层安全协议能够提供数据完整性，使得接收实体能够核对在数据报传输过程中可能出现的任何篡改。网络层安全服务也能提供防止重放攻击功能，这意味着 Bob 能够检测任何攻击者可能插入的任何冗余数据报。我们将很快看到 IPsec 的确提供了用于这些安全服务的机制，即机密性、源鉴别、数据完整性和重放攻击防护。

8.7.1　IPsec 和虚拟专用网

跨越在多个地理区域上的某机构常常希望有自己的 IP 网络，使它的主机和服务器能够以一种安全和机密的方式彼此发送数据。为了达到这个目标，该机构能够实际部署一个单独的物理网络，该网络包括路由器、链路和 DNS 基础设施且与公共因特网完全分离。这样一种为特定的机构专用的分立网络被称为**专用网络**（private network）。毫不奇怪，专用网络可能耗资巨大，因为该机构需要购买、安装和维护它自己的物理网络基础设施。

不同于部署和维护一个专用网络，如今许多机构在现有的公共因特网上创建 VPN。使用 VPN，机构办公室之间的流量经公共因特网而不是经物理上独立的网络发送。而为了提供机密性，办公室之间的流量在进入公共因特网之前进行加密。图 8-27 中显示了 VPN 的一个简单例子。这里的机构由一个总部、一个分支机构和旅行中的销售员组成，销售员通常从他们的旅馆房间接入因特网。（在该图中仅显示了一名销售员。）在这个 VPN 中，无论何时，位于总部的两台主机相互发送 IP 数据报或位于分支机构的两台主机要通信，它们都使用经典的 IPv4（即无 IPsec 服务）。然而，当两台机构的主机经过跨越公共因特网的路径时，这些流量在进入因特网之前进行加密。

为了感受 VPN 的工作过程，我们浏览图 8-27 场景中的一个简单例子。当总部中的一台主机向某旅馆中的某销售员发送一个 IP 数据报时，总部中的网关路由器将经典的 IPv4 转换成为 IPsec 数据报，然后将该 IPsec 数据报转发进因特网。该 IPsec 数据报实际上具有传统的 IPv4 首部，因此在公共因特网中的路由器处理该数据报，仿佛它对路由器而言是一个普通的 IPv4 数据报。但是如图 8-27 所示，IPsec 数据报的载荷包括了一个 IPsec 首部，该首部被用于 IPsec 处理；此外，IPsec 数据报的载荷是被加密的。当该 IPsec 数据报到达销售员的笔记本电脑时，笔记本电脑的操作系统解密载荷（并提供其他安全服务，如验证数据完整性），并将解密的载荷传递给上层协议（例如，给 TCP 或 UDP）。

我们刚刚给出了某机构能够应用 IPsec 生成一个 VPN 的高层面的展望。为了通过局部看全局，我们已经去掉了许多重要的细节。现在我们来进行更深入的学习。

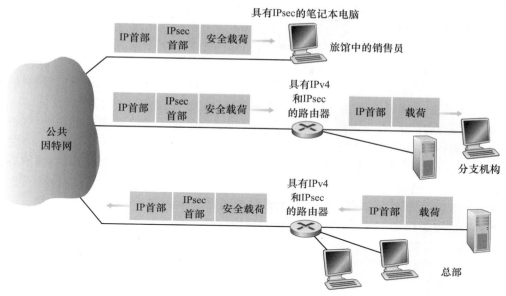

图 8-27　虚拟专用网

8.7.2　AH 协议和 ESP 协议

IPsec 是一个相当复杂的整体，即它被定义为 10 多个 RFC 文档。两个重要的文档是 RFC 4301 和 RFC 6071，前者描述了总体 IP 安全体系结构，后者提供了一个 IPsec 协议集的概述。在本教科书中我们的目标与往常一样，并不只是一味重复枯燥和晦涩难解的 RFC 文档，而是采用一种更具可操作性和易于教学的方法来描述协议。

在 IPsec 协议族中，有两个主要协议：**鉴别首部**（Authentication Header，AH）协议和**封装安全性载荷**（Encapsulation Security Payload，ESP）协议。当某源 IPsec 实体（通常是一台主机或路由器）向一个目的实体（通常也是一台主机或路由器）发送安全数据报时，它可以使用 AH 协议或 ESP 协议来做到。AH 协议提供源鉴别和数据完整性服务，但不提供机密性服务。ESP 协议提供了源鉴别、数据完整性和机密性服务。因为机密性通常对 VPN 和其他 IPsec 应用是至关重要的，所以 ESP 协议的使用比 AH 协议要广泛得多。为了讲清 IPsec 并且避免许多难题，我们将此后专门关注 ESP 协议。鼓励还想学习 AH 协议的读者研讨相关的 RFC 和其他在线资源。

8.7.3　安全关联

IPsec 数据报在网络实体对之间发送，例如两台主机之间、两台路由器之间或一台主机和一台路由器之间。在从源实体向目的实体发送 IPsec 数据报之前，源和目的实体创建了一个网络层的逻辑连接。这个逻辑连接称为**安全关联**（Security Association，SA）。一个 SA 是一个单工逻辑连接；也就是说，它是从源到目的地单向的。如果两个实体要互相发送安全数据报，则需创建两个 SA，每个方向一个。

例如，再次考虑图 8-27 中那个机构的 VPN。该机构由一个总部、一个分支机构和 n 个旅行销售员组成。为了举例的缘故，我们假设在总部和分支机构之间有双向 IPsec 流量，并且总部和销售员之间也有双向 IPsec 流量。在这个 VPN 中，有多少个 SA 呢？为了回答这个问题，注意到在总部网关路由器和分支机构网关路由器之间有两个 SA（一个方向一个）；对每个销售员的笔记本电脑而言，在总部网关和笔记本电脑之间有两个 SA（仍是一个方向一个）。因此，总计为（$2+n$）个 SA。然而记住，并非从网关路由器或笔记本电脑发送进因特网的所有流量都将是 IPsec 安全的。例如，总部中的一台主机可能要访问公共因特网中的某 Web 服务器（例如亚马逊或谷歌）。因此，该网关路由器（或该笔记本电脑）将发送普通的 IPv4 数据报和安全的 IPsec 数据报进入因特网。

我们现在观察 SA 的"内部"。为了使讨论明确和具体，我们在图 8-28 中的一个从路由器 R1 到路由器 R2 的 SA 场景下进行观察。（你能够认为路由器 R1 是图 8-27 中的总部网关路由器，而路由器 R2 是图 8-27 中的分支机构网关路由器。）路由器 R1 将维护有关该 SA 的状态信息，这将包括：

- SA 的 32 比特的标识符，称为**安全参数索引**（Security Parameter Index，SPI）。
- SA 的初始接口（在此例中为 200. 168. 1. 100）和 SA 的目的接口（在此例中为 193. 68. 2. 23）。
- 将使用的加密类型（例如，具有 CBC 的 3DES）。
- 加密密钥。
- 完整性检查的类型（例如，具有 MD5 的 HMAC）。
- 鉴别密钥。

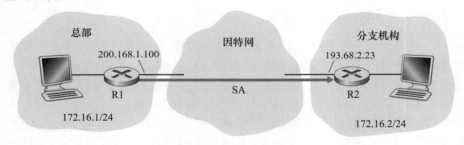

图 8-28　从 R1 到 R2 的安全关联

无论何时路由器 R1 需要构建一个 IPsec 数据报经过这个 SA 转发，它访问该状态信息以决定它应当如何鉴别和加密该数据报。类似地，路由器 R2 将维护对此 SA 的相同的状态信息，并将使用该信息鉴别和加密任何从该 SA 到达的 IPsec 数据报。

一个 IPsec 实体（路由器或主机）经常维护许多 SA 的状态信息。例如，在图 8-27 中具有 n 个销售员的 VPN 例子中，总部网关路由器维护（$2+n$）个 SA 的状态信息。一个 IPsec 实体在它的**安全关联数据库**（Security Association Database，SAD）中存储其所有 SA 的状态信息，SAD 是实体操作系统内核中的一个数据结构。

8.7.4　IPsec 数据报

在描述了 SA 后，我们现在能够描述实际的 IPsec 数据报了。IPsec 有两种不同的分组形式，一种用于所谓**隧道模式**（tunnel mode），另一种用于所谓**运输模式**（transport mode）。更为适合 VPN 的隧道模式比运输模式部署得更为广泛。为了进一步讲清 IPsec 和避免许多难题，我们因此专门关注隧道模式。一旦掌握了隧道模式，自学运输模式应当是很容易的。

IPsec 数据报的分组格式显示在图 8-29 中。你也许认为分组格式是枯燥乏味的，但我们将很快看到 IPsec 数据报实际上尝起来像美式墨西哥风味（Tex-Mex）美食！我们考察

图 8-28 的场景中的 IPsec 字段。假设路由器 R1 接收到一个来自主机 172. 16. 1. 17（在总部网络中）的普通 IPv4 数据报，该分组的目的地是主机 172. 16. 2. 48（在分支机构网络中）。路由器 R1 使用下列方法将这个"普通 IPv4 数据报"转换成一个 IPsec 数据报：

- 在初始 IPv4 数据报（它包括初始首部字段！）后面附上一个"ESP 尾部"字段。
- 使用算法和由 SA 规定的密钥加密该结果。
- 在这个加密量的前面附加上一个称为"ESP 首部"的字段，得到的包称为"enchilada" [⊖]。
- 使用算法和由 SA 规定的密钥生成一个覆盖整个 enchilada 的鉴别 MAC。
- 该 MAC 附加到 enchilada 的后面形成载荷。
- 最后，生成一个具有所有经典 IPv4 首部字段（通常共 20 字节长）的全新 IP 首部，该新首部附加到到载荷之前。

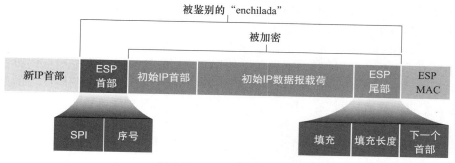

图 8-29　IPsec 数据报格式

得到的 IPsec 数据报是一个货真价实的 IPv4 数据报，它具有传统的 IPv4 首部字段后跟一个载荷。但在这个场合，该载荷包含一个 ESP 首部、初始 IP 数据报、一个 ESP 尾部和一个 ESP 鉴别字段（具有加密的初始数据报和 ESP 尾部）。初始的 IP 数据报具有源 IP 地址 172. 16. 1. 17 和目的地址 172. 16. 2. 48。因为 IPsec 数据报包括了该初始 IP 数据报，这些地址被包含和被加密作为 IPsec 分组负载的组成部分。但是在新 IP 首部中的源和目的地 IP 地址，即在 IPsec 数据报的最左侧首部又该如何处理呢？如你所猜测，它们被设置为位于隧道两个端点的源和目的地路由器接口，也就是 200. 168. 1. 100 和 193. 68. 2. 23。同时，这个新 IPv4 首部字段中的协议号不被设置为 TCP、UDP 或 SMTP，而是设置为 50，指示这是一个使用 ESP 协议的 IPsec 数据报。

在 R1 将 IPsec 数据报发送进公共因特网之后，它在到达 R2 之前将通过许多路由器。这些路由器中的每个将处理该数据报，就像它是一个普通数据报一样，即它们被完全忘记这样的事实：该数据报正在承载 IPsec 加密的数据。对于这些公共因特网路由器，因为在外面首部中的目的 IP 地址是 R2，所以该数据报的最终目的地是 R2。

在考察了如何构造一个 IPsec 数据报的例子后，我们现在更仔细地观察 enchilada 的组成。我们看到在图 8-29 中的 ESP 尾部由三个字段组成：填充、填充长度和下一个首部。前面讲过块密码要求被加密的报文必须为块长度的整数倍。使用填充（由无意义的字节组成），使得当其加上初始数据报（连同填充长度字段和下一个首部字段）形成的"报文"是块的整数倍。填充长度字段指示接收实体插入的填充是多少（并且需要被删除）。下一

⊖　以辣椒调味的一种墨西哥菜。——译者注

个首部字段指示包含在载荷数据字段中数据的类型（例如 UDP）。载荷数据（通常是初始 IP 数据报）和 ESP 尾部级联起来并被加密。

附加到这个加密单元前面的是 ESP 首部，该首部以明文发送，它由两个字段组成：SPI 字段和序号字段。SPI 字段指示接收实体该数据报属于哪个 SA；接收实体则能够用该 SPI 索引其 SAD 以确定适当的鉴别/解密算法和密钥。序号字段用于防御重放攻击。

发送实体也附加一个鉴别 MAC。如前所述，发送实体跨越整个 enchilada（由 ESP 首部、初始 IP 数据报和 ESP 尾部组成，即具有加密的数据报和尾部）计算一个 MAC。前面讲过为了计算一个 MAC，发送方附加一个秘密 MAC 密钥到该 enchilada，进而计算该结果的一个固定长度散列。

当 R2 接收到 IPsec 数据报时，R2 看到该数据报的目的 IP 地址是 R2 自身。R2 因此处理该数据报。因为协议字段（位于 IP 首部最左侧）是 50，R2 明白应当对该数据报施加 IPsec ESP 处理。第一，针对 enchilada，R2 使用 SPI 以确定该数据报属于哪个 SA。第二，它计算该 enchilada 的 MAC 并且验证该 MAC 与在 ESP MAC 字段中的值一致。如果两者一致，它知道该 enchilada 来自 R1 并且未被篡改。第三，它检查序号字段以验证该数据报是新的（并且不是重放的数据报）。第四，它使用与 SA 关联的解密算法和密钥解密该加密单元。第五，它删除填充并抽取初始的普通 IP 报文。最后，它朝着其最终目的地将该初始数据报转发进分支机构网络。这个一种多么复杂的秘诀呀！还未曾有人声称准备并破解 enchilada 是一件容易的事！

实际上还有另一个重要的细微差别需要处理。它以下列问题为中心：当 R1 从位于总部网络中的一台主机收到一个（未加密的）数据报时，并且该数据报目的地为总部以外的某个目的 IP 地址，R2 怎样才能知道它应当将其转换为一个 IPsec 数据报呢？并且如果它由 IPsec 处理，R1 如何知道它应当使用（在其 SAD 中的许多 SA 中）哪个 SA 来构造这个 IPsec 数据报呢？该问题以如下方式解决。除了 SAD 外，IPsec 实体也维护另一个数据结构，它称为**安全策略库**（Security Policy Database，SPD）。该 SPD 指示哪些类型的数据报（作为源 IP 地址、目的 IP 地址和协议类型的函数）将被 IPsec 处理；并且对这些将被 IPsec 处理的数据报应当使用哪个 SA。从某种意义上讲，在 SPD 中的信息指示对于一个到达的数据报做"什么"，在 SAD 中的信息指示"怎样"去做。

IPsec 服务的小结

IPsec 究竟提供什么样的服务呢？我们从某攻击者 Trudy 的角度来考察这些服务，Trudy 是一个中间人，位于图 8-28 中 R1 和 R2 之间路径上的某处。假设通过这些讨论，Trudy 不知道 SA 所使用的鉴别和加密密钥。Trudy 能够做些什么和不能够做些什么呢？第一，Trudy 不能看到初始数据报。如果事实如此，不仅 Trudy 看不到在初始数据报中的数据，而且也看不到协议号、源 IP 地址和目的 IP 地址。对于经该 SA 发送的数据报，Trudy 仅知道该数据报源于 172.16.1.0/24 的某台主机以及目的地为 172.16.2.0/24 的某台主机。她不知道它是否携带 TCP、UDP 或 ICMP 数据；她不知道它是否携带了 HTTP、SMTP 或某些其他类型的应用程序数据。因此这种机密性比 SSL 范围更为宽广。第二，Trudy 试图用反转数据报的某些比特来篡改在 SA 中的某个数据报，当该篡改的数据报到达 R2 时，它将难以通过完整性核查（使用 MAC），再次挫败了 Trudy 的恶意尝试。第三，假设 Trudy 试图假冒 R1，生成一个源为 200.168.1.100 和目的地为 193.68.2.23 的 IPsec 数据报。Trudy 的攻击将是无效的，因为这个数据报将再次通不过在 R2 的完整性核查。最后，因为

IPsec 包含序号，Trudy 将不能够生成一个成功的重放攻击。总而言之，正如本节开始所言，IPsec 在任何通过网络层处理分组的设备对之间，提供了机密性、源鉴别、数据完整性和重放攻击防护。

8.7.5 IKE：IPsec 中的密钥管理

当某 VPN 具有少量的端点时（例如，图 8-28 中只有两台路由器），网络管理员能够在该端点的 SAD 中人工键入 SA 信息（加密/鉴别算法和密钥及 SPI）。这样的"人工密钥法"对于一个大型 VPN 显然是不切实际的，因为大型 VPN 可能由成百甚至上千台 IPsec 路由器和主机组成。大型的、地理上分散的部署要求一个自动的机制来生成 SA。IPsec 使用**因特网密钥交换**（Internet Key Exchange，IKE）协议来从事这项工作，IKE 由 RFC 5996 定义。

IKE 与 SSL（参见 8.6 节）中的握手具有某些类似。每个 IPsec 实体具有一个证书，该证书包括了该实体的公开密钥。如同使用 SSL 一样，IKE 协议让两个实体交换证书，协商鉴别和加密算法，并安全地交换用于在 IPsec SA 中生成会话密钥的密钥材料。与 SSL 不同的是，IKE 应用两个阶段来执行这些任务。

我们来研究图 8-28 中两台路由器 R1 和 R2 场景下的这两个阶段。第一个阶段由 R1 和 R2 之间报文对的两次交换组成：

- 在报文的第一次交换期间，两侧使用 Diffie-Hellman（参见课后习题）在路由器之间生成一个双向的 IKE SA。为了防止混淆，这个双向 IKE SA 完全不同于 8.6.3 节和 8.6.4 节所讨论的 IPsec SA。该 IKE SA 在这两台路由器之间提供了一个鉴别的和加密的信道。在首个报文对交换期间，创建用于 IKE SA 的加密和鉴别的密钥。还创建了将用于计算后期在阶段 2 使用的 IPsec SA 密钥的一个主密钥。观察在第一步骤期间，没有使用 RSA 公钥和私钥。特别是，R1 或 R2 都没有通过用它们的私钥对报文签字而泄露其身份。
- 在报文的第二次交换期间，两侧通过对其报文签名而透漏了它们的身份。然而，这些身份并未透漏给被动的嗅探者，因为这些报文是经过安全的 IKE SA 信道发送的。同时在这个阶段期间，两侧协商由 IPsec SA 应用的 IPsec 加密和鉴别算法。

在 IKE 的第二个阶段，两侧生成在每个方向的一个 SA。在阶段 2 结束时，对这两个 SA 的每一侧都建立了加密和鉴别会话密钥。然后这两侧都能使用 SA 来发送安全的数据报，如同 8.7.3 节和 8.7.4 节描述的那样。在 IKE 中有两个阶段的基本动机是计算成本，即因为第二阶段并不涉及任何公钥密码，IKE 能够以相对低的计算成本在两个 IPsec 实体之间生成大量 SA。

8.8　实现安全的无线局域网和 4G/5G 蜂窝网络

在无线网络中关注安全性是特别重要的，攻击者只需将接收设备定位在发送者传输范围内的任何位置，就可以嗅探到帧。在 802.11 无线局域网和 4G/5G 蜂窝网络中都是如此。在这两种场合，我们会看到本章前面介绍的基本安全技术被大量应用，包括用于鉴别的不重数、用于报文完整性的密码散列、用于加密用户会话数据的共享对称密钥的推导以及AES 加密标准。我们还将看到，就像有线互联网设置的情况一样，无线安全协议经历了不断的演变，因为研究人员和黑客发现了现有安全协议的弱点和缺陷。

在本节中，我们将简要介绍 802.11（WiFi）和 4G/5G 设置下的无线安全。要了解更深入的讨论，请参阅可读性很强的 802.11 安全书籍［Edney 2003；Wright 2015］。［Sauter 2014］对 3G/4G/5G 安全做了出色的讨论，最近的综述［Zou 2016；Kohlios 2018］也可供参考。

8.8.1　802.11 无线局域网中的鉴别和密钥协商

在我们开始讨论 802.11 安全性时，首先确定两个（许多中的［Zou 2016］）关键安全问题，这是我们希望 802.11 网络处理的：

- 相互鉴别。在允许移动设备完全连接到接入点并向远程主机发送数据报之前，网络通常需要首先对设备进行鉴别，即验证连接到网络的移动设备的身份，并检查该设备的访问权限。类似地，移动设备将需要对它所连接的网络进行鉴别，以确保它所连接的网络确实是它想要连接的网络。这种双向身份验证称为**相互鉴别**。
- 加密。由于 802.11 帧将在一个可以被潜在的"无所事事"的人嗅出和操纵的无线信道上交换，因此对携带移动设备和接入点（AP）之间交换的用户级数据的链路级帧进行加密是非常重要的。在实践中使用对称密钥加密，因为加密和解密必须以高速度执行。移动设备和 AP 将需要推导出要使用的对称加密和解密密钥。

图 8-30 说明了移动设备希望连接到 802.11 网络的场景。在 7.3 节中，我们看到了两个常见的网络组件：移动设备和 AP。我们还看到了一个新的架构组件——**鉴别服务器**（AS），它将负责对移动设备进行鉴别。鉴别服务器可能位于 AP 中，但更常见的情况是被实现为提供鉴别服务的独立服务器（如图 8-30 所示）。在认证过程中，AP 作为直通设备，在移动设备和认证服务器之间中继认证和密钥导出报文。这种鉴别服务器通常会为其网络中的所有 AP 提供鉴别服务。

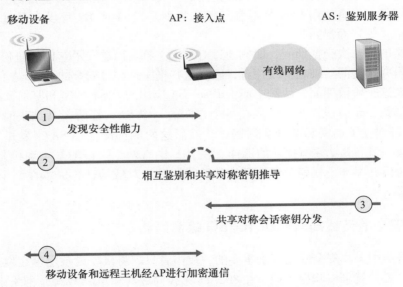

图 8-30　在 WPA 中的相互鉴别和加密密钥推导

图 8-30 中给出了相互鉴别和加密密钥推导过程的四个不同阶段。

1）发现。在发现阶段，AP 宣布其存在以及可以提供给移动设备的鉴别和加密形式。然后，移动设备请求所需的特定形式的鉴别和加密。虽然设备和 AP 已经在交换消息，但设备还没有经过鉴别，也没有在无线链路上进行帧传输的加密密钥，因此在设备通过 AP 进行安全通信之前还需要几个步骤。

2）相互鉴别和共享对称密钥推导。这是"保护" 802.11 通道安全中最关键的步骤。正如我们将看到的，通过假设（在 802.11 和 4G/5G 网络的实践中都是如此）鉴别服务器和移动设备在开始相互鉴别之前已经有一个**共享的公共秘密**，这一步骤将大大简化。在这一步骤中，设备和鉴别服务器将在彼此认证时使用这个共享的秘密以及不重数（以防止中继攻击）和加密散列（以确保消息完整性）。它们还将获得共享会话密钥，供移动设备和 AP 使用，以加密通过 802.11 无线链路传输的帧。

3）共享对称会话密钥分发。由于对称加密密钥来自移动设备和鉴别服务器，因此需要一个协议来让鉴别服务器将共享的对称会话密钥通知给 AP。虽然这是相当直接的，但仍然是必要的步骤。

4）移动设备和远程主机经 AP 进行加密通信。如我们在前面的 7.3.2 节中所见，移动设备和 AP 之间发送的链路层帧使用步骤 2 和步骤 3 创建和分发的共享会话密钥进行加密。AES 对称密钥加密通常在实践中用于加密/解密 802.11 帧数据，我们在 8.2.1 节介绍过 AES。

1. 相互鉴别和共享对称会话密钥推导

相互鉴别和共享对称会话密钥推导是 802.11 安全性的核心部分。既然目前已经发现了 802.11 安全性的各种早期版本中的安全缺陷，让我们首先解决这些挑战。

802.11 安全问题在技术圈和媒体中都引起了相当大的关注。虽然有相当多的讨论，但几乎没有争议，即人们普遍认为，最初的 802.11 安全规范——被称为有线等效隐私（WEP）——包含许多严重的安全缺陷 [Fluhrer 2001；Stubblefield 2002]。一旦这些漏洞被发现，公共领域的软件很快就可以利用这些漏洞，使受 WEP 安全规范保护的 802.11 无线局域网用户像没有使用任何安全功能的用户一样容易受到安全攻击。有兴趣了解 WEP 的读者可以参考相关资料以及本教科书的早期版本，其中涵盖了 WEP。和以往一样，这本书以往的材料可以在本书配套网站上找到。

WiFi 保护接入（WPA1）是由 WiFi 联盟 [WiFi 2020] 于 2003 年开发的，旨在克服 WEP 的安全缺陷。WPA1 的最初版本对 WEP 进行了改进，引入了报文完整性检查，并避免了允许用户在观察加密报文流一段时间后推断加密密钥的攻击。WPA1 很快让位于 WPA2，WPA2 强制使用 AES 对称密钥加密。

WPA 的核心是一个四次握手协议，该协议执行相互鉴别和共享的对称会话密钥推导。该握手协议的简化形式如图 8-31 所示。注意，移动设备（M）和鉴别服务器（AS）开始知道共享密钥 K_{AS-M}（例如，某个口令）。它们的任务之一将是获得一个共享的对称会话密钥 K_{M-AP}，它将用于加密/解密稍后在 M 和 AP 之间传输的帧。

相互鉴别和共享对称会话密钥推导在图 8-31 所示的四次握手的前两个步骤 a 和 b 中完成。步骤 c 和 d 用于导出用于群体通信的第二个密钥，详见 [Kohlios 2018；Zou 2016]。

a）在第一步中，AS 生成一个不重数（$Nonce_{AS}$），并将其发送给移动设备。8.4 节讲过，不重数用于避免重放攻击，并证明被鉴别的另一方的"活性"。

b）M 从 AS 接收 $Nonce_{AS}$，并生成自己的不重数 $Nonce_M$。移动设备使用 $Nonce_{AS}$、$Nonce_M$、初始共享密钥 K_{AS-M}、它的 MAC 地址和 AS 的 MAC 地址，再生成对称共享会话密钥 K_{M-AP}。然后，它发送 $Nonce_M$ 以及一个编码 $Nonce_{AS}$ 和初始共享密钥的 HMAC 签名值

（参见图 8-9）。

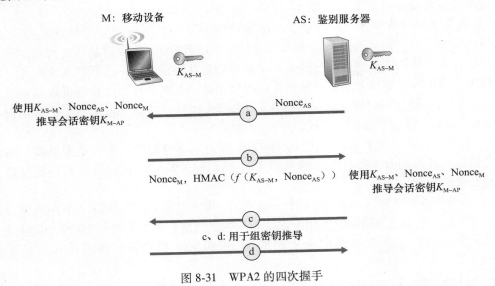

图 8-31　WPA2 的四次握手

　　AS 从移动主机接收到该报文。通过查看最近发送的不重数的 HMAC 签名版本，鉴别服务器知道移动设备是活的；因为移动设备能够使用共享密钥 K_{AS-M} 进行加密，所以 AS 也知道移动设备确实是它所声称的那台设备（即知道共享初始秘密的设备）。至此，AS 已经对移动设备进行了认证！AS 现在也可以执行与移动设备完全相同的计算，使用它收到的 $Nonce_M$、$Nonce_{AS}$、初始共享密钥 K_{AS-M}、它的 MAC 地址和移动设备的 MAC 地址，得到共享的对称会话密钥 K_{M-AP}。此时移动设备和鉴别服务器计算出相同的共享对称密钥 K_{M-AP}，将用于加密/解密在移动设备和 AP 之间传输的帧。在图 8-30 中的步骤 3 中，AS 通知 AP 其密钥的值。

　　WPA3 于 2018 年 6 月发布，它是 WPA2 的更新版本。该更新解决了对四次握手协议的攻击，该攻击可能导致重用以前使用的不重数［Vanhoef 2017］，但仍然允许使用四次握手作为遗留协议，包括更长的密钥长度以及其他变化［WiFi 2019］。

2. 802. 11 安全报文协议

　　图 8-32 显示了用于实现上述 802.11 安全框架的协议。可扩展鉴别协议（Extensible Authentication Protocol，EAP）［RFC 3748］定义了在移动设备和鉴别服务器之间交互的简单请求/响应模式中使用的端到端报文格式，并根据 WPA2 进行认证。如图 8-32 所示，EAP 消息使用 EAPoL（LAN 上的 EAP）进行封装，并通过 802.11 无线链路发送。这些 EAP 消息在接入点被解封装，然后使用 RADIUS 协议重新封装报文传输协议，通过 UDP/IP 传输到鉴别服务器。虽然 RADIUS 服务器和协议［RFC 2865］不是必需的，但它们实际上是事实上的标准组件。最近标准化的 DIAMETER 协议［RFC 3588］预计将在未来最终取代 RADIUS 协议。

8.8.2　4G/5G 蜂窝网络中的鉴别和密钥协商

　　在本节中，我们将描述 4G/5G 网络中的相互鉴别和密钥生成机制。这里将遇到的许多方法与我们在 802.11 网络中学习的方法是相对应的，但在 4G/5G 网络中的方法具有明显的不同，因为移动设备可以连接到它们的归属网络（即它们订购的蜂窝运营网络），或可能漫游到的被访网络。在后一种情况下，当对移动设备进行鉴别并生成加密密钥时，被访网络与归属网络将需要进行交互。在继续之前，你可能需要重读 7.4 节和 7.7.1 节，重新熟悉 4G/5G 网络架构。

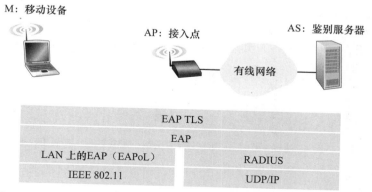

图 8-32　EAP 是一个端到端协议。EAP 报文使用 EAPoL 封装，运行在移动设备和接入点之间的无线链路之上，并在接入点和鉴别服务器之间使用 UDP/IP 之上的 RADIUS

在 4G/5G 设置中，相互鉴别和密钥生成的目标与在 802.11 场合中相同。为了对通过无线信道传输的帧内容进行加密，移动设备和基站将需要推导一个共享的对称加密密钥。此外，移动设备所连接的网络将需要鉴别设备的身份并检查其访问权限。类似地，移动设备还需要对连接到的网络进行鉴别。虽然网络对移动设备进行鉴别的需求可能很明显，但对反方向鉴别的需求可能就不那么明显了。然而，有记录的案例表明，"无所事事"的操作流氓（rogue）蜂窝基站诱使毫无怀疑的移动设备连接到流氓网络，使这些设备受到了一系列攻击［Li 2017］。因此，就像在 802.11 无线局域网的情况下那样，移动设备在连接到蜂窝网络时应该非常谨慎！

图 8-33 演示了移动设备连接到 4G 蜂窝网络的场景。在图 8-33 上部，可以看到许多之前在 7.4 节中遇到过的 4G 组件：移动设备（M）、基站（BS）、移动设备要连接的该网络中移动性管理实体（MME）以及在移动设备的归属网络中的归属用户服务器（HSS）。图 8-30 和图 8-33 的对比显示了 802.11 和 4G 安全性设置之间的相似点和不同点。我们再次看到移动设备和基站；在网络连接中生成的用户会话密钥 K_{BS-M} 将用于加密/解密通过其无线链路传输的帧。4G MME 和 HSS 的作用类似于 802.11 设置中的鉴别服务器。注意，HSS 和移动设备还共享一个共同的秘密 K_{HSS-M} 在鉴别开始之前这两个实体都知道这个秘密。该密钥存储在移动设备的 SIM 卡中，也存储在移动设备归属网络的 HSS 数据库中。

4G 鉴别和密钥协商（AKA）协议包括以下步骤。

a）向 HSS 提出鉴别请求。当移动设备通过基站首次请求连接到网络时，它发送一个包含其国际移动用户身份（IMSI）的附加消息，该附加消息被中继到移动性管理实体。然后 MME 将 IMSI 和被访网络的信息（如图 8-33 中的"VN 信息"所示）发送到设备归属网络中的 HSS。在 7.4 节中，我们描述了 MME 如何通过互联蜂窝网络的全 IP 全球网络与 HSS 通信。

b）来自 HSS 的鉴别响应。HSS 使用预先共享的密钥 K_{HSS-M} 执行加密操作，推导出鉴别令牌 auth_token 和预期的鉴别响应令牌 $xres_{HSS}$。auth_token 包含 HSS 使用 K_{HSS-M} 加密的信息，这将允许移动设备知道计算 auth_token 的人知道密钥。例如，假设 HSS 计算 K_{HSS-M}（IMSI），也就是说，使用 K_{HSS-M} 加密设备的 IMSI，并将该值作为 auth_token 发送。当移动设备接收到该加密值并使用其密钥对该值进行解密时，即计算 K_{HSS-M}（K_{HSS-M}（IMSI））= IMSI，它知道生成 auth_token 的 HSS 知道它的密钥。因此移动设备可以鉴别 HSS。预期的鉴别响应令牌 $xres_{HSS}$ 包含一个值，移动设备将需要能够计算这个值（使用 K_{HSS-M}）并返回给 MME，以证明它（移动设备）知道密钥，从而对 MME 鉴别该移动设备。

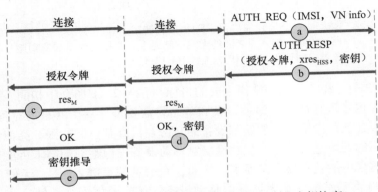

图 8-33　4G LTE 蜂窝网络中的相互鉴别和密钥协商

注意，MME 在这里只扮演中间人的角色，接收鉴别响应消息，保留 $xres_{HSS}$ 以供以后使用，提取鉴别令牌并将其转发到移动设备。特别是，它不需要知道也不会学习密钥 K_{HSS-M}。

c）来自移动设备的鉴别响应。移动设备接收 auth_token 并计算 K_{HSS-M}（K_{HSS-M}（IMSI））= IMSI，从而鉴别 HSS。然后移动设备计算值 res_M，即使用其密钥进行与 HSS 计算 $xres_{HSS}$ 完全相同的加密计算，并将该值发送给 MME。

d）移动设备鉴别。MMS 比较移动计算的 res_M 值和 HSS 计算的 $xress_{HSS}$ 值。如果它们匹配，移动设备就被鉴别，因为移动设备已经向 MME 证明它和 HSS 都知道公共的密钥。MMS 通知基站和移动设备相互鉴别完成，并发送将在步骤 e 中使用的基站密钥。

e）数据平面和控制平面的密钥推导。移动设备和基站将各自确定用于加密/解密其在无线信道上的帧传输的密钥。将为数据平面和控制平面的帧传输推导出不同的密钥。我们在 802.11 网络中看到的 AES 加密算法也用于 4G/5G 网络。

以上我们讨论的重点是 4G 网络中的鉴别和密钥协商。虽然 4G 的大部分安全措施都将延续到 5G 中，但仍有一些重要的变化：

- 在上面的讨论中，被访网络中的 MME 做出了鉴别决策。5G 网络安全正在发生的一个重大变化是允许归属网络提供鉴别服务，而被访网络扮演较小的中间人角色。虽然被访网络可能仍然拒绝来自移动设备的鉴别，但在这种新的 5G 场景中，需要由归属网络来接受鉴别请求。

- 5G 网络将支持上述鉴别和密钥协商协议，以及两个用于鉴别和密钥协商的新附加协议。其中一个被称为 AKA′，它与 4G AKA 协议密切相关。它还使用了预先共享的密钥 K_{HSS-M}。然而，由于它使用了 802.11 鉴别背景下的 EAP 协议（见图 8-33），5G AKA′具有与 4G AKA 不同的报文流。第二个新的 5G 协议是针对物联网环境的，不需要事先共享密钥。
- 5G 的另一个变化是使用公钥加密技术来加密设备的永久身份（即其 IMSI），因此它永远不会以明文传输。

在本节中，我们只简要介绍了 4G /5G 网络中的相互鉴别和密钥协商。正如我们所看到的，它们广泛地使用了我们在本章前面所学习的安全技术。关于 4G/5G 安全的更多细节可以在 ［3GPP SAE 2019；Cable Labs 2019；Cichonski 2017］ 中找到。

8.9　运行安全性：防火墙和入侵检测系统

遍及本章我们已经看出，因特网不是一个很安全的地方，即有坏家伙出没，从事着各种各样的破坏活动。给定因特网的不利性质，我们现在考虑一个机构网络和管理它的网络管理员。从网络管理员的角度看，世界可以很明显地分为两个阵营：一部分是好人，他们属于本机构网络，可以用相对不受限制的方式访问该机构网络中的资源；另一部分是坏家伙，他们是其他一些人，访问网络资源时必须经过仔细审查。在许多机构中，从中世纪的城堡到现代公司的建筑物，都有单一的出口/入口，无论好人坏人出入该机构，都需要进行安全检查。在一个城堡中，可以在吊桥的一端的门口执行安全检查；在公司大厦中，这些工作可在安全台完成。在计算机网络中，当通信流量进入/离开网络时要执行安全检查、做记录、丢弃或转发，这些工作都由被称为防火墙、入侵检测系统（IDS）和入侵防止系统（IPS）的运行设备来完成。

8.9.1　防火墙

防火墙（firewall）是一个硬件和软件的结合体，它将一个机构的内部网络与整个因特网隔离开，允许一些数据分组通过而阻止另一些分组通过。防火墙允许网络管理员控制外部和被管理网络内部资源之间的访问，这种控制是通过管理流入和流出这些资源的流量实现的。防火墙具有 3 个目标：

- 从外部到内部和从内部到外部的所有流量都通过防火墙。图 8-34 显示了一个防火墙，位于被管理网络和因特网其余部分之间的边界处。虽然许多大型机构可使用多级防火墙或分布式防火墙 ［Skoudis 2006］，但在对该网络的单一接入点处设置一个防火墙，如图 8-34 中所示，这使得管理和实施安全访问策略更为容易。

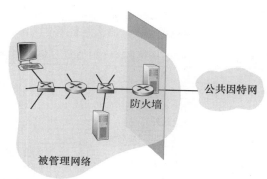

- 仅被授权的流量（由本地安全策略

图 8-34　在被管理网络和外部之间放置防火墙

定义）允许通过。随着进入和离开机构网络的所有流量流经防火墙，该防火墙能够限制对授权流量的访问。

- 防火墙自身免于渗透。防火墙自身是一种与网络连接的设备，如果设计或安装不当，将可能危及安全，在这种情况下它仅提供了一种安全的假象（这比根本没有防火墙更糟糕！）。

Cisco 和 Check Point 是当今两个领先的防火墙厂商。你也能够容易地从 Linux 套件使用 iptables（通常与 Linux 装在一起的公共域软件）产生一个防火墙（分组过滤器）。此外，如第 4 章和第 5 章中所讨论的，防火墙现在经常在路由器中实现并使用 SDN 进行远程控制。

防火墙能够分为 3 类：**传统分组过滤器**（traditional packet filter）、**状态过滤器**（stateful filter）和**应用程序网关**（application gateway）。在下面小节中，我们将依次学习它们。

1. 传统的分组过滤器

如图 8-34 所示，一个机构通常都有一个将其内部网络与其 ISP（并因此与更大的公共因特网相连）相连的网关路由器。所有离开和进入内部网络的流量都要经过这个路由器，这个路由器正是进行**分组过滤**（packet filtering）之处。分组过滤器独立地检查每个数据报，然后基于管理员特定的规则决定该数据报应当允许通过还是应当丢弃。过滤决定通常基于下列因素：

- IP 源或目的地址。
- 在 IP 数据报中的协议类型字段：TCP、UDP、ICMP、OSPF 等。
- TCP 或 UDP 的源和目的端口。
- TCP 标志比特：SYN、ACK 等。
- ICMP 报文类型。
- 数据报离开和进入网络的不同规则。
- 对不同路由器接口的不同规则。

网络管理员基于机构的策略配置防火墙。该策略可以考虑用户生产率和带宽使用以及对一个机构的安全性关注。表 8-5 列出了一个机构可能具有的若干可能的策略，以及它们是如何用一个分组过滤器来处理分组的。例如，如果该机构除了允许访问它的公共 Web 服务器外不希望任何入 TCP 连接的话，那么它能够阻挡所有的入 TCP SYN 报文段，但具有目的地端口 80 的 TCP SYN 报文段除外，并且该目的 IP 地址对应于该 Web 服务器。如果该机构不希望它的用户用因特网无线电应用独占访问带宽，那么它能够阻挡所有非关键性 UDP 流量（因为因特网无线电经常是通过 UDP 发送的）。如果该机构不希望它的内部网络被外部绘制结构图（被跟踪路由），那么它能够阻挡所有 ICMP TTL 过期的报文离开该机构的网络。

表 8-5 对于 Web 服务器在 130. 207. 244. 203 的某机构网络 130. 207/16，其策略和对应的过滤规则

策略	防火墙设置
无外部 Web 访问	丢弃所有到任何 IP 地址、端口 80 的出分组
无入 TCP 连接，但那些只访问机构公共 Web 服务器的分组除外	丢弃所有到除 130. 207. 244. 203、端口 80 外的任何 IP 地址的入 TCP SYN 分组
防止 Web 无线电耗尽可用带宽	丢弃所有入 UDP 分组，但 DNS 分组除外
防止你的网络被用于 smurf DoS 攻击	丢弃所有去往某"广播"地址（例如 130. 207. 255. 255）的 ICMP ping 分组
防止你的网络被跟踪路由	丢弃所有出 ICMP TTL 过期流量

一条过滤策略能够基于地址和端口号的结合。例如，一台过滤路由器能够转发所有 Telnet 数据报（那些具有端口号 23 的数据报），但那些去往和来自一个特定 IP 地址列表中的地址的数据报除外。这些策略允许在许可列表上的地址进行 Telnet 连接。不幸的是，基于外部地址的策略无法对其源地址被假冒的数据报提供保护。

过滤也可根据 TCP ACK 比特是否设置来进行。如果一个机构要使内部客户连接到外部服务器，却要防止外部客户连接到内部服务器，这个技巧很有效。3.5 节讲过，在每个 TCP 连接中第一个报文段的 ACK 比特都设为 0，而连接中的所有其他报文段的 ACK 比特都设为 1。因此，如果一个机构要阻止外部客户发起到内部服务器的连接，就只需直接过滤进入的所有 ACK 比特设为 0 的报文段。这个策略去除了所有从外部发起的所有 TCP 连接，但是允许内部发起 TCP 连接。

在路由器中使用访问控制列表实现防火墙规则，每个路由器接口有它自己的列表。表 8-6 中显示了对于某机构 222.22/16 的访问控制列表的例子。该访问控制列表适用于将路由器与机构外部 ISP 连接的某个接口。这些规则被应用到通过该接口自上而下传递的每个数据报。前两条规则一起允许内部用户在 Web 上冲浪：第一条规则允许任何具有目的端口 80 的 TCP 分组离开该机构网络；第二条规则允许任何具有源端口 80 且 ACK 比特置位的 TCP 分组进入该机构网络。注意到如果一个外部源试图与一台内部主机建立一条 TCP 连接，该连接将被阻挡，即使该源或目的端口为 80。接下来的两条规则一起允许 DNS 分组进入和离开该机构网络。总而言之，这种限制性相当强的访问控制列表阻挡所有流量，但由该机构内发起的 Web 流量和 DNS 流量除外。[CERT Filtering 2012] 提供了一个推荐的端口/协议分组过滤的列表，以避免在现有网络应用中的一些周知的安全性漏洞。

表 8-6 用于某路由器接口的访问控制列表

动作	源地址	目的地址	协议	源端口	目的端口	标志比特
允许	222.22/16	222.22/16 的外部	TCP	>1023	80	任意
允许	222.22/16 的外部	222.22/16	TCP	80	>1023	ACK
允许	222.22/16	222.22/16 的外部	UDP	>1023	53	—
允许	222.22/16 的外部	222.22/16	UDP	53	>1023	—
拒绝	全部	全部	全部	全部	全部	全部

记忆敏锐的读者可能会记得，我们在 4.4.3 节研究广义转发时遇到过类似于表 8-6 的访问控制列表。实际上，我们在那里提供了一个示例，说明如何使用通用转发规则来构建分组过滤防火墙。

2. 状态分组过滤器

在传统的分组过滤器中，根据每个分组分离地做出过滤决定。状态过滤器实际跟踪 TCP 连接，并使用这种知识作出过滤决定。

为了理解状态过滤器，我们来重新审视表 8-6 中的访问控制列表。尽管限制性相当强，表 8-6 中的访问控制列表仍然允许来自外部的 ACK=1 且源端口为 80 的任何分组到达，通过该过滤器。这样的分组能够被试图用异常分组来崩溃内部系统、执行拒绝服务攻击或绘制内部网络的攻击者使用。幼稚的解决方案是也阻挡 TCP ACK 分组，但是这样的方法将妨碍机构内部的用户在 Web 上冲浪。

状态过滤器通过用一张连接表来跟踪所有进行中的 TCP 连接来解决这个问题。这种方法是可能的：因为防火墙能够通过观察三次握手（SYN、SYNACK 和 ACK）来观察一条新连接的开始；而且当它看到该连接的一个 FIN 分组时，它能够观察该连接的结束。当防火墙经过比如说 60 秒还没有看到该连接的任何活动性，它也能够（保守地）假设该连接结束了。某防火墙的一张连接表例子显示在表 8-7 中。这张连接表指示了当前有 3 条进行中的 TCP 连接，所有的连接都是从该机构内部发起的。此外，该状态过滤器在它的访问控制列表中包括了一个新栏，即"核对连接"，如表 8-8 中所示。注意到表 8-8 与表 8-6 中的访问控制列表相同，只是此时它指示应当核对其中两条规则所对应的连接。

表 8-7　用于状态过滤器的连接表

源地址	目的地址	源端口	目的端口
222. 22. 1. 7	37. 96. 87. 123	12699	80
222. 22. 93. 2	199. 1. 205. 23	37654	80
222. 22. 65. 143	203. 77. 240. 43	48712	80

表 8-8　用于状态过滤器的访问控制列表

动作	源地址	目的地址	协议	源端口	目的端口	标志比特	核对连接
允许	222. 22/16	222. 22/16 的外部	TCP	>1023	80	任意	
允许	222. 22/16 的外部	222. 22/16	TCP	80	>1023	ACK	X
允许	222. 22/16	222. 22/16 的外部	UDP	>1023	53	—	
允许	222. 22/16 的外部	222. 22/16	UDP	53	>1023	—	X
拒绝	全部	全部	全部	全部	全部	全部	全部

我们浏览某些例子来看看连接表和扩展的访问控制列表是如何联手工作的。假设一个攻击者通过发送一个具有 TCP 源端口 80 和 ACK 标志置位的数据报，试图向机构网络中发送一个异常分组。进一步假设该分组具有源端口号 12543 和源 IP 地址 150. 23. 23. 155。当这个分组到防火墙时，防火墙核对表 8-8 中的访问控制列表，该表指出在允许该分组进入机构网络之前还必须核对连接表。该防火墙正确地核对了连接表，发现这个分组不是某进行中的 TCP 连接的一部分，从而拒绝了该分组。举第二个例子，假设一个内部的用户要在外部 Web 站点冲浪。因为该用户首先发送了一个 TCP SYN 报文段，所以该用户的 TCP 连接在连接表中有了记录。当 Web 服务器发送回分组（ACK 比特进行了必要的设置），该防火墙核对了连接表并明白一条对应的连接在进行中。防火墙因此将让这些分组通过，从而不会干扰内部用户的 Web 冲浪活动。

3. 应用程序网关

在上面的例子中，我们已经看到了分组级过滤使得一个机构可以根据 IP 的内容和 TCP/UDP 首部（包括 IP 地址、端口号和 ACK 比特）执行粗粒度过滤。但是如果一个机构仅为一个内部用户的受限集合（与 IP 地址情况正相反）提供 Telnet 服务该怎样做呢？如果该机构要这些特权用户在允许创建向外部的 Telnet 会话之前首先鉴别他们自己该怎样做呢？这些任务都超出了传统过滤器和状态过滤器的能力。的确，有关内部用户的身份信息是应用层数据，并不包括在 IP/TCP/UDP 首部中。

为了得到更高水平的安全性，防火墙必须把分组过滤器和应用程序网关结合起来。应用程序网关除了看 IP/TCP/UDP 首部外，还基于应用数据来做策略决定。一个**应用程序网关**（application gateway）是一个应用程序特定的服务器，所有应用程序数据（入和出的）都必须通过它。多个应用程序网关可以在同一主机上运行，但是每一个网关都是有自己的进程的单独服务器。

为了更深入地了解应用程序网关，我们来设计一个防火墙，它只允许内部客户的受限集合向外 Telnet，不允许任何外部客户向内 Telnet。这一策略可通过将分组过滤（在一台路由器上）和一个 Telnet 应用程序网关结合起来实现，如图 8-35 所示。路由器的过滤器配置为阻塞所有 Telnet 连接，但从该应用程序网关 IP 地址发起的连接除外。这样的过滤器配置迫使所有向外的 Telnet 连接都通过应用程序网关。现在考虑一个要向外部 Telnet 的内部用户。这个用户必须首先和应用程序网关建立一个 Telnet 会话。在网关（网关监听进入的 Telnet 会话）上一直运行的应用程序提示用户输入用户 ID 和口令。当这个用户提供这些信息时，应用程序网关检查这个用户是否得到许可向外 Telnet。如果没有，网关则中止这个内部用户向该网关发起的 Telnet 连接。如果该用户得到许可，则这个网关：①提示用户输入它

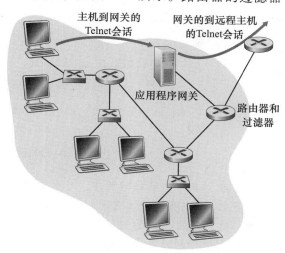

图 8-35　由应用程序网关和过滤器组成的防火墙

所要连接的外部主机的主机名；②在这个网关和某外部主机之间建立一个 Telnet 会话；③将从这个用户到达的所有数据中继到该外部主机，并且把来自这个外部主机的所有数据都中继给这个用户。所以，该 Telnet 应用程序网关不仅执行用户授权，而且同时充当一个 Telnet 服务器和一个 Telnet 客户，在这个用户和该远程 Telnet 服务器之间中继信息。注意到过滤器因为该网关发起向外部的 Telnet 连接，将允许执行步骤②。

历 史 事 件

匿名与隐私

假定你要访问一个有争议的 Web 网站（例如某政治活动家的网站），并且你：①不想向该 Web 网站透漏你的 IP 地址；②不想要你的本地 ISP（它可能是你住家或办公室的 ISP）知道你正在访问该站点；③不想要你的本地 ISP 看到你正在与该站点交换的数据。如果你使用传统的方法直接与该 Web 站点连接而没有任何加密，你无法实现这三个诉求。即使你使用 SSL，你也无法实现前两个诉求：你的源 IP 地址呈现在你发送给 Web 网站的每个数据报中；你发送的每个分组的目的地址能够容易地被你本地 ISP 嗅探到。

为了获得隐私和匿名，你能够使用如图 8-36 所示的一种可信代理服务器和 SSL 的组合。利用这种方法，你首先与可信代理建立一条 SSL 连接。然后你在该 SSL 连接中向所希望站点的网页发送一个 HTTP 请求。当代理接收到该 SSL 加密的 HTTP 请求，它解

密请求并向 Web 站点转发该明文 HTTP 请求。接下来 Web 站点响应该代理，该代理经过 SSL 再向你转发该响应。因为该 Web 站点仅看到代理的 IP 地址，并非你的客户 IP 地址，你的确获得了对该 Web 站点的匿名访问。并且因为你和代理之间的所有流量均被加密，你的本地 ISP 无法通过对你访问的站点做日志和记录你交换的数据来侵犯你的隐私。今天许多公司（例如 proxify.com）提供了这种代理服务。

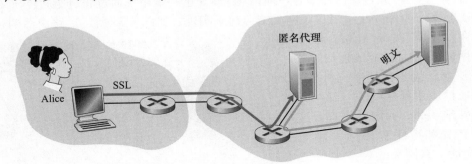

图 8-36   利用代理提供匿名和隐私

当然，在这个解决方案中，你的代理知道一切：它知道你的 IP 地址和你正在冲浪的站点的 IP 地址；并且它能够看到你与该 Web 站点之间以明文形式交换的所有流量。因此，这种解决方案的好坏取决于该代理的可信度。由 TOR 匿名和隐私服务所采用的一种更为健壮的方法是，让你的流量路由通过一系列"不串通"的代理服务器［TOR 2020］。特别是，TOR 允许独立的个体向其代理池贡献代理。当某用户使用 TOR 与一个服务器连接，TOR 随机地（从它的代理池）选择一条三个代理构成的链，并通过该链在客户和服务器之间路由所有流量。以这种方式，假设这些代理并不串通，无人知道在你的 IP 地址和目标 Web 站点之间发生的通信。此外，尽管在最后的代理和服务器之间发送明文，但这个最后代理并不知道哪个 IP 地址正在发送和接收明文。

内部网络通常有多个应用程序网关，例如 Telnet、HTTP、FTP 和电子邮件网关。事实上，一个机构的邮件服务器（见 2.3 节）和 Web 高速缓存都是应用程序网关。

应用程序网关并非没有缺点。首先，每一个应用程序都需要一个不同的应用程序网关。第二，因为所有数据都由网关转发，付出的性能负担较重。当多个用户或应用程序使用同一个网关计算机时，这成为特别值得关注的问题。最后，当用户发起一个请求时，客户软件必须知道如何联系这个网关，并且必须告诉应用程序网关如何连接到哪个外部服务器。

8.9.2   入侵检测系统

我们刚刚看到，当决定让哪个分组通过防火墙时，分组过滤器（传统的和状态的）检查 IP、TCP、UDP 和 ICMP 首部字段。然而，为了检测多种攻击类型，我们需要执行**深度分组检查**（deep packet inspection），即查看首部字段以外部分，深入查看分组携带的实际应用数据。如我们在 8.9.1 节所见，应用程序网关经常做深度分组检查。而一个应用程序网关仅对一种特定的应用程序执行这种检查。

　　显然，这为另一种设备提供了商机，即一种不仅能够检查所有通过它传递的分组的首部（类似于分组过滤器），而且能执行深度分组检查（与分组过滤器不同）的设备。当这样的设备观察到一个可疑的分组时，或一系列可疑的分组时，它能够防止这些分组进入该机构网络。或者仅仅是因为觉得该活动可疑，该设备虽说能够让这些分组通过，但要向网络管理员发出告警，网络管理员然后密切关注该流量并采取适当的行动。当观察到潜在恶意流量时能产生告警的设备称为**入侵检测系统**（Intrusion Detection System，IDS）。滤除可疑流量的设备称为**入侵防止系统**（Intrusion Prevention System，IPS）。在本节中我们一起学习 IDS 和 IPS 这两种系统，因为这些系统的最为有趣的技术方面是它们检测可疑流量的原理（而不是它们是否发送告警或丢弃分组）。我们因此将 IDS 系统和 IPS 系统统称为 IDS 系统。

　　IDS 能够用于检测多种攻击，包括网络映射（例如使用 nmap 进行分析）、端口扫描、TCP 栈扫描、DoS 带宽洪泛攻击、蠕虫和病毒、操作系统脆弱性攻击和应用程序脆弱性攻击。（参见 1.6 节有关网络攻击的概述内容。）目前，数以千计的机构应用了 IDS 系统。这些已部署的系统有许多是专用的，Cisco、Check Point 和其他安全装备厂商在市场上销售这些系统。但是许多已部署的 IDS 系统是公共域系统，如极为流行的 Snort IDS 系统（我们将简要讨论它）。

　　一个机构可能在它的机构网络中部署一个或多个 IDS 传感器。图 8-37 显示了一个具有3 个 IDS 传感器的机构。当部署了多个传感器时，它们通常共同工作，向一个中心 IDS 处理器发送有关可疑流量活动的信息，中心处理器收集并综合这些信息，当认为适合时向网络管理员发送告警。在图 8-36 中，该机构将其网络划分为两个区域：一个高度安全区域，由分组过滤器和应用程序网关保护，并且由 IDS 系统监视；一个较低度安全区域［称为**非军事区**（DeMilitarized Zone，DMZ）］，该区域仅由分组过滤器保护，但也由 IDS 传感器进行监视。注意到 DMZ 包括了该机构需要与外部通信的服务器，如它的公共 Web 服务器和它的权威 DNS 服务器。

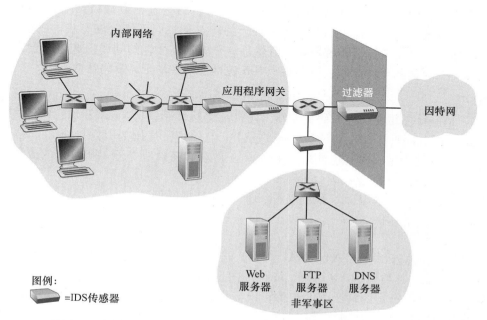

图 8-37　部署一个过滤器、一个应用程序网关和多个 IDS 传感器的机构

此时你也许想知道，为什么使用多个 IDS 传感器？为什么在图 8-37 中不只是在分组过滤器后面放置一个 IDS 传感器（或者甚至与分组过滤器综合）？我们将很快看到，IDS 不仅需要做深度分组检查，而且必须要将每个过往的分组与数以万计的"特征（signature）"进行比较；这可能导致极大的处理量，特别是如果机构从因特网接收每秒数十亿比特的流量时更是如此。将 IDS 传感器进一步向下游放置，每个传感器仅看到该机构流量的一部分，维护能够更容易。无论如何，目前有许多高性能 IDS 和 IPS 系统可供使用，许多机构实际上能够在靠近其接入路由器附近只使用一个传感器。

IDS 系统大致可分类为**基于特征的系统**（signature-based system）或**基于异常的系统**（anomaly-based system）。基于特征的 IDS 维护了一个范围广泛的攻击特征数据库。每个特征是与一个入侵活动相关联的规则集。一个特征可能只是有关单个分组的特性列表（例如源和目的端口号、协议类型和在分组载荷中的特定比特串），或者可能与一系列分组有关。这些特征通常由研究了已知攻击、技艺熟练的网络安全工程师生成。一个机构的网络管理员能够定制这些特征或者将其加进数据库中。

从运行上讲，基于特征的 IDS 嗅探每个通过它的分组，将每个嗅探的分组与数据库中的特征进行比较。如果某分组（或分组序列）与数据库中的一个特征相匹配，IDS 产生一个告警。该告警能够发送一个电子邮件报文给网络管理员，能够发送给网络管理系统，或只是做日志以供以后检查。

尽管基于特征的 IDS 系统部署广泛，但仍具有一些限制。更重要的是，它们要求根据以前的攻击知识来产生一个准确的特征。换言之，基于特征的 IDS 对不得不记录的新攻击完全缺乏判断力。另一个缺点是，即使与一个特征匹配，它也可能不是一个攻击的结果，因此产生了一个虚假告警。最后，因为每个分组必须与范围广泛的特征集合相比较，IDS 可能处于处理过载状态并因此难以检测出许多恶意分组。

当基于异常的 IDS 观察正常运行的流量时，它会生成一个流量概况文件。然后，它寻找统计上不寻常的分组流，例如，ICMP 分组不寻常的百分比，或端口扫描和 ping 掠过导致指数性突然增长。基于异常的 IDS 系统最大的特点是它们不依赖现有攻击的以前知识。在另一方面，区分正常流量和统计异常流量是一个极具挑战性的问题。迄今为止，大多数部署的 IDS 主要是基于特征的，尽管某些 IDS 包括了某些基于异常的特性。

Snort

Snort 是一种公共域开放源码的 IDS，现有部署达几十万［Snort 2012；Koziol 2003］。它能够运行在 Linux、UNIX 和 Windows 平台上。它使用了通用的嗅探接口 libpcap，Wireshark 和许多其他分组嗅探器也使用了 libpcap。它能够轻松地处理 100Mbps 的流量；安装在千兆比特/秒流量速率下工作，需要多个 Snort 传感器。

为了对 Snort 有一些认识，我们来看一个 Snort 特征的例子：

```
alert icmp $EXTERNAL_NET any -> $HOME_NET any
(msg:"ICMP PING NMAP"; dsize: 0; itype: 8;)
```

这个特征由从外部（$EXTERNAL_NET）进入机构网络（$HOME_NET）的任何 ICMP 分组所匹配，其类型是 8（ICMP ping）并且具有空负载（dsize = 0）。因为 nmap（参见 1.6 节）用这些特定的特征产生这些 ping 分组，所以设计出该特征来检测 nmap 的 ping 扫描。当某分组匹配该特征时，Snort 产生一个包括"ICMP PING NAMP"报文的告警。

也许关于 Snort 印象最为深刻的是巨大的用户社区和维护其特征数据库的安全专家。通常在一个新攻击出现后的几个小时内，Snort 社区就编写并发布一个攻击特征，然后它就能被分布在全世界的数十万 Snort 部署者下载。此外，使用 Snort 特征的语法，网络管理员能够根据他们自己的机构需求，通过修改现有的特征或通过创建全新的特征来裁剪这些特征。

8.10　小结

在本章中，我们考察了秘密情人 Bob 和 Alice 能够用于安全通信的各种机制。我们看到 Bob 和 Alice 对下列因素感兴趣：机密性（因此只有他们才能理解传输的报文内容）、端点鉴别（因此他们确信正在与对方交谈）和报文完整性（因此他们确信在传输过程中报文未被篡改）。当然，安全通信的需求并不限于秘密情人。的确，我们在 8.5~8.8 节中看到，可以在网络体系结构中的各个层次使用安全性，使之免受采用各种各样攻击手段的坏家伙们的侵扰。

本章前面部分给出了安全通信所依赖的各种原理。在 8.2 节中，我们涉及了加密和解密数据的密码技术，包括对称密钥密码和公开密钥密码。作为今天网络中两种重要的密码技术的特定的学习案例，我们考察了 DES 和 RSA。

在 8.3 节中，我们研究了提供报文完整性的两种方法：报文鉴别码（MAC）和数字签名。这两种方法有一些共同之处。它们都使用了密码散列函数，这两种技术都使我们能够验证报文的源以及报文自身的完整性。一个重要的差异是 MAC 不依赖于加密，而数字签名要求公钥基础设施。如我们在 8.5~8.8 节所见，这两种技术广泛在实际中都得到了广泛应用。此外，数字签名用于生成数字证书，数字证书对于证实公钥的合法性是重要的。在 8.4 节中，我们考察了端点鉴别并引入了不重数以防御重放攻击。

在 8.5~8.8 节中，我们研究了几种在实践中得到广泛使用的安全性网络协议。我们看到了对称密钥密码在 PGP、TLS、IPsec 和无线安全性中的核心地位。我们看到了公开密钥密码对 PGP 和 TLS 是至关重要的。我们看到 PGP 使用数字签名而 TLS 和 IPsec 使用 HMAC 来保证报文完整性。在目前理解了密码学的基本原理以及学习了这些原理的实际应用方法之后，你现在已经有能力设计你自己的安全网络协议了！

利用 8.2~8.4 节所包含的技术，Bob 和 Alice 就能够安全通信了。而机密性仅是整个网络安全的一小部分。如我们在 8.9 节中所学习，现在网络安全的焦点越来越多地关注网络基础设施的安全性，以防止"坏家伙"的潜在猛烈攻击。在本章的后面部分，我们因此学习了防火墙和 IDS 系统，它们检查进入和离开一个机构网络的分组。

课后习题和问题

复习题

8.1 节

R1. 报文机密性和报文完整性之间的区别是什么？能具有机密性而没有完整性吗？能具有完整性而没有机密性吗？论证你的答案。

R2. 因特网实体（路由器、交换机、DNS 服务器、Web 服务器、用户端系统等）经常需要安全通信。给出三个特定的因特网实体对的例子，它们要安全通信。

8.2 节

R3. 从服务的角度，对称密钥系统和公开密钥系统之间一个重要的差异是什么？

R4. 假定某人侵者拥有一个加密报文以及该报文的解密版本。这个人侵者能够发起已知密文攻击、已知明文攻击和选择明文攻击吗？

R5. 考虑一个 8 块密码。这个密码有多少种可能的输入块？有多少种可能的映射？如果我们将每种映射视为一个密钥，则该密码具有多少种可能的密钥？

R6. 假定 N 个人中的每个人都和其他 $N-1$ 个人使用对称密钥密码通信。任两人（i 和 j）之间的所有通信对该 N 个人的组中的所有其他人都是可见的，且该组中的其他人都不应当能够解密他们的通信。则这个系统总共需要多少个密钥？现在假定使用公开密钥密码。此时需要多少个密钥？

R7. 假定 $n = 10\,000$，$a = 10\,023$，$b = 10\,004$。请你使用模运算的等式在头脑中计算 $(a \cdot b) \bmod n$。

R8. 假设你要通过加密对应于报文 1010111 的十进制数来加密该报文。该十进制数是什么？

8.3~8.4 节

R9. 散列以什么样的方式提供比检验和（如因特网检验和）更好的报文完整性检验？

R10. 你能够"解密"某报文的散列来得到初始报文吗？解释你的答案。

R11. 考虑 MAC 算法（图 8-9）的一种变形算法，其中发送方发送 $(m, H(m) + s)$，这里 $H(m) + s$ 是 $H(m)$ 和 s 的级联。该变形算法有缺陷吗？为什么？

R12. 一个签名的文档是可鉴别的和不可伪造的，其含义是什么？

R13. 公钥加密的报文散列以何种方式比使用公钥加密报文提供更好的数字签名？

R14. 假设 certifier.com 生成一个用于 foo.com 的证书。通常整个证书将用 certifier.com 的公钥加密。这种说法是正确的还是错误的？

R15. 假设 Alice 有一个准备发送给任何请求者的报文。数以千计的人要获得 Alice 的报文，但每个人都要确保该报文的完整性。在这种场景下，你认为是基于 MAC 还是基于数字签名的完整性方案更为适合？为什么？

R16. 在某端点鉴别协议中，使用不重数的目的是什么？

R17. 我们说一个不重数是一个在生存期中只使用一次的值，这意味着什么？其中是指谁的生存期？

R18. 基于 HMAC 的报文完整性方案易受重放攻击影响吗？如果是，能够在方案中综合一个不重数来去除这种脆弱性吗？

8.5~8.8 节

R19. 假定 Bob 从 Alice 处接收一个 PGP 报文。Bob 怎样才能确定是 Alice（而不是 Trudy 等其他人）生成了该报文？PGP 为保证报文完整性使用了 HMAC 吗？

R20. 在 TLS 记录中，有一个字段用于 TLS 序号。这种说法是正确的还是错误的？

R21. 在 TLS 握手中随机不重数的目的是什么？

R22. 假设某 TLS 会话应用了具有 CBC 的块密码。服务器以明文方式向客户发送了 IV。这种说法是正确的还是错误的？

R23. 假设 Bob 向 Trudy 发起一条 TCP 连接，而 Trudy 正在伪装她是 Alice。在握手期间，Trudy 向 Bob 发送 Alice 的证书。在 TLS 握手算法的哪一步，Bob 将发现他没有与 Alice 通信？

R24. 考虑使用 IPsec 从主机 A 向主机 B 发送分组流。通常将为该流中的每个发送分组创建一个新 SA。这种说法是正确的还是错误的？

R25. 假设在图 8-28 中总部和分支机构之间通过 IPsec 运行 TCP。如果 TCP 重新传输相同的分组，则由 R1 发送的两个对应的分组将在 ESP 首部中具有相同的序号。这种说法是正确的还是错误的？

R26. IKE SA 和 IPsec SA 是相同的东西。这种说法是正确的还是错误的？

R27. 考虑 802.11 的 WEP。假定数据是 10101100 并且密钥流是 11110000。相应的密文是什么？

8.9 节

R28. 状态分组过滤器维护两个数据结构。给出它们的名字并简单地讨论它们做些什么工作。

R29. 考虑某传统的（无状态的）分组过滤器。该分组过滤器可能基于 TCP 标志位以及其他首部字段过滤分组。这种说法是正确的还是错误的？

R30. 在传统的分组过滤器中，每个接口能够具有自己的访问控制列表。这种说法是正确的还是错误的？

R31. 为什么应用程序网关必须与分组过滤器协同工作才能有效？

R32. 基于特征的 IDS 和 IPS 检查 TCP 和 UDP 报文段的载荷。这种说法是正确的还是错误的？

 习题

P1. 使用图 8-3 中的单码代替密码，加密报文 "This is an easy problem"，并解密报文 "rmij'u uamu xyj"。

P2. Trudy 使用了已知明文攻击，其中她知道了 7 个字母的（密文，明文）转换对，减少了 8.2.1 节的例子中将被检查的大约 10^9 数量级的可能替换的数量。请说明之。

P3. 考虑图 8-4 所示的多码代替密码系统。利用报文 "The quick brown fox jumps over the lazy dogs" 得到的明文编码，选择明文攻击足以破解所有报文吗？为什么？

P4. 考虑图 8-5 中显示的块密码。假设每个块密码 T_i 只是反转了 8 个输入比特的次序（例如，使得 11110000 变为 00001111）。进一步假设 64 比特置乱函数不修改任何比特（使得第 m 个比特的输出值等于第 m 个比特的输入值）。

   a. 对于 $n=3$ 和初始 64 比特输入等于 10100000 重复了 8 次，输出的值是多少？

   b. 重复（a），但此时将初始 64 比特的最后一个比特从 0 变为 1。

   c. 重复（a）和（b），但此时假定 64 比特的置乱函数反转了 64 比特的次序。

P5. 考虑图 8-5 中的块密码。对于给定的"密钥"，Alice 和 Bob 将需要 8 个表，每张表 8 比特乘以 8 比特。对于 Alice（或 Bob）来说，要存储所有 8 张表，将需要多少比特的存储器？这个数如何与一个全表 64 比特的块密码所需的比特数进行比较？

P6. 考虑在表 8-1 中的 3 比特块密码。假定明文是 100100100。

   a. 初始假设未使用 CBC。生成的密文是什么？

   b. 假设 Trudy 嗅探该密文。假设她知道正在应用无 CBC 的一个 3 比特块密码（但不知道特定的密码），她能够推测到什么？

   c. 现在假设使用 CBC，其中 IV=111。产生的密文是什么？

P7. 如题：

   a. 使用 RSA，选择 $p=3$ 和 $q=11$，采用对每个字母独立加密的方法加密短语 "dog"。对已加密报文应用解密算法恢复出原报文。

   b. 重复（a），而此时加密 "dog" 作为一个报文 m。

P8. 考虑具有 $p=5$ 和 $q=11$ 的 RSA。

   a. n 和 z 是什么？

   b. 令 e 为 3。为什么这是一个对 e 的可接受的选择？

   c. 求 d 使得 $de=1 \pmod z$ 和 $d<160$。

   d. 使用密钥 (n, e) 加密报文 $m=8$。令 c 表示对应的密文。显示所有工作。提示：为了简化计算，使用如下事实。

$$\left[(a \bmod n) \cdot (b \bmod n)\right] \bmod n = (a \cdot b) \bmod n$$

P9. 在这个习题中，我们探讨 Diffie-Hellman（DH）公钥加密算法，该算法允许两个实体协商一个共享的密钥。该 DH 算法利用一个大素数 p 和另一个小于 p 的大数 g。p 和 g 都是公开的（因此攻击者将知道它们）。在 DH 中，Alice 和 Bob 每人分别独立地选择秘密密钥 S_A 和 S_B。Alice 则通过将 g 提高到 S_A 并以 p 为模来计算她的公钥 T_A。类似地，Bob 则通过将 g 提高到 S_B 并以 p 为模来计算他的公钥 T_B。此后 Alice 和 Bob 经过因特网交换他们的公钥。Alice 则通过将 T_B 提高到 S_A 并以 p 为模来计算出共享密钥 S。类似地，Bob 则通过将 T_A 提高到 S_B 并以 p 为模来计算出共享密钥 S'。

   a. 证明在一般情况下，Alice 和 Bob 得到相同的对称密钥，即证明 $S=S'$。

   b. 对于 $p=11$ 和 $g=2$，假定 Alice 和 Bob 分别选择私钥 $S_A=5$ 和 $S_B=12$，计算 Alice 和 Bob 的公钥 T_A 和 T_B。显示所有计算过程。

   c. 接着（b），现在计算共享对称密钥 S。显示所有计算过程。

d. 提供一个时序图，显示 Diffie-Hellman 是如何能够受到中间人攻击的。该时序图应当具有 3 条垂直线，分别对应 Alice、Bob 和攻击者 Trudy。

P10. 假定 Alice 要与采用对称密钥密码体制的 Bob 使用一个会话密钥 K_S 通信。在 8.2 节中，我们知道了如何使用公开密钥密码从 Alice 向 Bob 分发该会话密钥。在本习题中，我们探讨不使用公开密钥密码而使用一个密钥分发中心（KDC）分发会话密钥的方法。KDC 是一个与每个注册用户共享独特的秘密对称密钥的服务器。对于 Alice 和 Bob 而言，$K_{A\text{-}KDC}$ 和 $K_{B\text{-}KDC}$ 表示了这些密钥。设计一个使用 KDC 向 Alice 和 Bob 分发 K_S 的方案。你的方案应当使用三种报文来分发会话密钥：一种从 Alice 到 KDC 的报文，一种从 KDC 到 Alice 的报文，以及一种从 Alice 到 Bob 的报文。第一种报文为 $K_{A\text{-}KDC}(A, B)$。使用标记 $K_{A\text{-}KDC}$、$K_{B\text{-}KDC}$、S、A 和 B 回答下列问题。

a. 第二种报文是什么？

b. 第三种报文是什么？

P11. 计算一个不同于图 8-8 中的两个报文的第三个报文，使该报文具有与图 8-8 中的报文相同的检验和。

P12. 假定 Alice 和 Bob 共享两个秘密密钥：一个鉴别密钥 S_1 和一个对称加密密钥 S_2。扩充图 8-9，使之提供完整性和机密性。

P13. 在 BitTorrent P2P 文件分发协议中（参见第 2 章），种子将文件分割为块，并且对等方彼此重分发这些块。不使用任何保护，一个攻击者能够容易地通过假冒善意的对等方并向洪流中的一部分对等方发送假冒块来实施破坏。这些未被怀疑的对等方则重新向其他对等方发送这些假冒块，其他对等方则将再次向甚至更多的对等方重新分发这些假冒块。因此，对于 BitTorrent 来说，采用一种机制使对等方能验证一个块的完整性，从而使得假冒块无法分发，这是至关重要的。假设当某对等方加入一个洪流时，它初始从一个完全受信任的源得到一个 . torrent 文件。描述允许对等方验证块完整性的一个简单的方案。

P14. OSPF 路由选择协议使用一个 MAC 而不是数字签名来提供报文完整性。你认为选择 MAC 而未选择数字签名的原因是什么？

P15. 考虑图 8-18 中的鉴别协议，其中 Alice 向 Bob 鉴别她自己，我们看来工作正常（即我们没有发现其中有缺陷）。现在假定当 Alice 向 Bob 鉴别她自己的同时，Bob 必须向 Alice 鉴别他自己。给出一个情况，此时 Trudy 假装是 Alice，向 Bob 鉴别她自己是 Alice。（提示：该协议运行的顺序，鉴别过程可由 Trudy 或 Bob 发起，能够任意地交织在一起。特别注意 Bob 和 Alice 将使用不重数这样一个事实，如果不小心的话，能够恶意地使用相同的不重数。）

P16. 一个自然的问题是我们能否使用一个不重数的公钥密码来解决 8.4 节中的端点鉴别问题。考虑下列自然的协议：①Alice 向 Bob 发送报文 "I am Alice"；②Bob 选择一个不重数并将其发送给 Alice；③Alice 使用她的私钥来加密该不重数并向 Bob 发送得到的值；④Bob 对接收到的报文应用 Alice 的公钥。因此，Bob 计算 R 并鉴别了 Alice。

a. 画图表示这个协议，使用本书中应用的公钥和私钥的标记法。

b. 假定未使用证书。描述 Trudy 怎样能够通过拦截 Alice 的报文，进而对 Bob 假装她是 Alice 而成为一名"中间人"。

P17. 图 8-21 显示了 Alice 必须执行 PGP 的操作，以提供机密性、鉴别和完整性。图示出当 Bob 接收来自 Alice 的包时必须执行的对应操作。

P18. 假定 Alice 要向 Bob 发送电子邮件。Bob 具有一个公共-私有密钥对 (K_B^+, K_B^-)，并且 Alice 具有 Bob 的证书。但 Alice 不具有公钥私钥对。Alice 和 Bob（以及全世界）共享相同的散列函数 $H(\cdot)$。

a. 在这种情况下，能设计一种方案使得 Bob 能够验证 Alice 创建的报文吗？如果能，用方框图显示 Alice 和 Bob 是如何做的。

b. 能设计一个对从 Alice 向 Bob 发送的报文提供机密性的方案吗？如果能，用方块图显示 Alice 和 Bob 是如何做的。

P19. 考虑下面对于某 SSL 会话的一部分的 Wireshark 输出。

a. Wireshark 分组 112 是由客户还是由服务器发送的？

b. 服务器的 IP 地址和端口号是什么？

c. 假定没有丢包和重传，由客户发送的下一个 TCP 报文段的序号将是什么？

d. Wireshark 分组 112 包含了多少个 SSL 记录？

e. 分组 112 包含了一个主密钥或者一个加密的主密钥吗？或者两者都不是？

f. 假定握手类型字段是 1 字节并且每个长度字段是 3 字节，主密钥（或加密的主密钥）的第一个和最后一个字节的值是什么？

g. 客户加密的握手报文考虑了多少 SSL 记录？

h. 服务器加密的握手报文考虑了多少 SSL 记录？

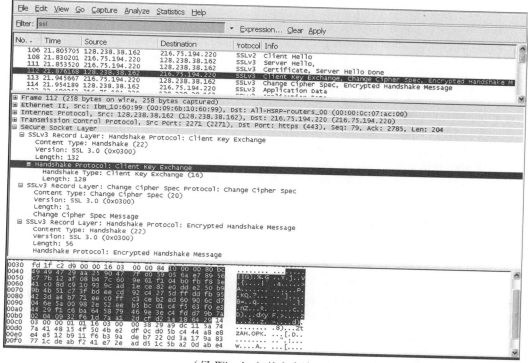

（经 Wireshark 基金会许可）

P20. 8.6.1 节中表明，不使用序号，Trudy（一名中间人）能够在一个 TLS 会话中通过互换 TCP 报文段实施破坏。Trudy 能够通过删除一个 TCP 报文段做某种类似的事情吗？在该删除攻击中，她需要做什么才能成功？它将具有什么影响？

P21. 假定 Alice 和 Bob 通过一个 TLS 会话通信。假定一个没有任何共享密钥的攻击者，在某分组流中插入一个假冒的 TCP 报文段，该报文段具有正确的 TCP 检验和及序号（以及正确的 IP 地址和端口号）。在接收侧 TLS 将接受该假冒分组并传递载荷给接收应用程序吗？为什么？

P22. 下列是有关图 8-28 的判断题。

a. 当在 172.16.1/24 中的主机向一台 Amazon.com 服务器发送一个数据报时，路由器 R1 将使用 IPsec 加密该数据报。

b. 当在 172.16.1/24 中的主机向在 172.16.2/24 中的主机发送一个数据报时，路由器 R1 将改变该 IP 数据报的源和目的地址。

c. 假定在 172.16.1/24 中的主机向在 172.16.2/24 中的 Web 服务器发起一个 TCP 连接。作为此次连接的一部分，由 R1 发送的所有数据报将在 IPv4 首部字段最左边具有协议号 50。

d. 考虑从在 172.16.1/24 中的主机向在 172.16.2/24 中的主机发送一个 TCP 报文段。假定对该报文段的应答丢失了，因此 TCP 重新发送该报文段。因为 IPsec 使用序号，R1 将不重新发送该 TCP 报文段。

P23. 考虑图 8-28 中的例子。假定 Trudy 是中间人，她能够在从 R1 和 R2 发出的数据报流中插入数据报。作为重放攻击一部分，Trudy 发送一个从 R1 到 R2 发送的数据报的冗余副本。R2 将解密该冗余的数据报并将其转发进分支机构网络吗？如果不是，详细描述 R2 如何检测该冗余的数据报。

P24. 对于尽可能限制但能实现下列功能的一台有状态防火墙，提供一张过滤器表和一张连接表：

    a. 允许所有的内部用户与外部用户创建 Telnet 会话。

    b. 允许外部用户冲浪公司位于 222. 22. 0. 12 的 Web 站点。

    c. 否则阻挡所有入流量和出流量。

    内部网络为 222. 22/16。在你的答案中，假设连接表当前缓存了 3 个从内向外的连接。你需要虚构适当的 IP 地址和端口号。

P25. 假设 Alice 要使用类似 TOR 的服务访问 Web 站点 activist. com。该服务使用两个不串通的代理服务器 Proxy1 和 Proxy2。Alice 首先从某个中央服务器获得对 Proxy1 和 Proxy2 的证书（每个都包含一个公钥）。用 $K_1^+(\ )$、$K_2^+(\ )$、$K_1^-(\ )$ 和 $K_2^-(\ )$ 表示加密/解密时所使用的 RSA 公钥和 RSA 私钥。

    a. 使用一幅时序图，提供一个（尽可能简单的）协议以允许 Alice 创建一个用于 Proxy1 的共享会话密钥 S_1。$S_1(m)$ 表示为使用共享密钥 S_1 对数据 m 加密/解密。

    b. 使用时序图，提供一个（尽可能简单的）协议以允许 Alice 创建一个对于 Proxy2 的共享会话密钥 S_2，而不向 Proxy2 透露她的 IP 地址。

    c. 现在假设创建了共享密钥 S_1 和 S_2。使用时序图提供一个协议（尽可能简单并且不使用公开密钥密码），该协议允许 Alice 从 activist. com 请求一个 html 页面而不向 Proxy2 透露她的 IP 地址，并且不向 Proxy1 透露她正在访问哪个站点。你的图应当终止在一个 HTTP 请求到达 activist. com。

Wireshark 实验：TLS

在这个实验中（与本书配套的 Web 站点有可用资源），我们研究运输层安全性（TLS）协议。8. 6 节讲过，使用 TLS 使得 TCP 连接更为安全，为了使因特网事务安全，实践中广泛应用了 TLS。在本实验中我们关注经 TCP 连接发送的 TLS 记录。我们将试图对每个记录定界和分类，目标是理解每个记录的工作原理和工作过程。我们研究各种 TLS 记录类型以及在 TLS 报文中的字段。通过分析你的主机与某电子商务服务器之间发送的 TLS 记录的踪迹来做这些事情。

IPsec 实验

在这个实验中（与本书配套的 Web 站点有可用资源），我们将探讨如何在 linux 装置之间创建 IPsec SA。你能够用两个普通的 linux 装置做该实验的第一部分，每个装置配有一块以太网适配器。但是对于实验的第二部分，你将需要 4 个 linux 装置，这些装置每个都具有两块以太网适配器。在该实验的第二部分，你将在隧道模式中使用 ESP 协议创建 IPsec SA。你做实验过程是：先人工创建 SA，然后让 IKE 创建 SA。

人物专访

    Steven M. Bellovin 在位于新泽西州 Florham Park 的 AT&T 实验研究所的网络服务研究实验室工作多年后，成为哥伦比亚大学的教师。他的研究重点是网络和安全，以及将两者有机结合起来。1995 年，因创立了 Usenet，即第一个连接两个或多个计算机并允许用户共享信息和参与讨论的新闻组交换网络，而被授予 Usenix 终生成就奖。Steven 也是国家工程院的院士。他获得了哥伦比亚大学的学士学位和位于 Chapel Hill 的北卡罗来纳大学的博士学位。

Steven M. Bellovin

    ● 什么原因使您决定专注于网络安全领域的研究？

听起来可能很奇怪，但是答案却很简单：只是因为感兴趣而已。我以前的背景是从事系统编程和系统管理，这很自然就发展到安全领域了。而且我一直对通信很感兴趣，这可以追溯到我还在上大学时，就兼职做系统编程方面的工作。

我在安全领域的工作持续受到两个因素的激励：一个是希望计算机有用，这意味着它们的功能不会被攻击者破坏，另一个是希望保护隐私。

● 当初您在研发 Usenet 时，您对它的愿景是什么？现在呢？

我们最初将它看作是一种能够在全国范围内讨论计算机科学和计算机编程的手段，考虑了用于事务管理和广告销售等目的的许多本地使用情况。事实上，我最初的预测是，每天从至多 50~100 个站点有 1~2 个报文。但是实际增长是与人相关的主题方面，包括（但不限于）人与计算机的相互作用。这么多年来，我喜欢的新闻组有 rec. woodworking 以及 sci. crypt。

在某种程度上，网络新闻已经被 Web 取代。如果现在要我再设计它的话，就会和那时的设计大不相同了。但是它仍然是沟通对某一主题感兴趣的大量读者的一种极好手段，而不必依赖特定的 Web 站点。

● 是否有人给过您专业上的启示和灵感？以什么样的方式呢？

Fred Brooks 教授对我的专业生涯影响重大。他是位于 Chapel Hill 的北卡罗来纳大学计算机科学系的创立者和原系主任，是研发 IBM S/360 和 OS/360 团队的管理者。他也是 *The Mythical Man Mouth*（《人月神话》）的作者。最重要的是，他教给我们展望和折中的方法，即如何在现实世界环境中观察问题（不论这个现实世界比理论上的要复杂多少倍），以及在设计一种解决方案时如何平衡竞争各方的利益。大部分计算机工作都是工程性的，正确折中的艺术能够满足许多相矛盾的目标。

● 您对未来的联网和安全性的展望是什么？

到目前为止，我们所具有的安全性大多来自隔离。例如，防火墙的工作是通过切断某些机器和服务实现的。但是我们正处在增加连通性的时代，这使得隔离变得更为困难。更糟糕的是，我们的生产性系统要求的远不止是分离的部件，而需要通过网络将它们互联起来。我们面临的最大挑战之一是使所有都安全。

● 您认为在安全性方面已经取得的最大进展是什么？未来我们还能有多大作为？

至少从科学上讲，我们知道了密码学的原理。这是非常有帮助的。但是多数安全性问题因为其代码错误成堆而成为非常困难的问题。事实上，它是计算机科学中悬而未决的老问题，并且我认为该问题仍会持续。挑战在于弄明白：当我们不得不使用不安全的组件构建安全的系统时，如何才能让系统安全。我们面对硬件故障已经能够解决可靠性问题了；面对安全性问题，我们是否能够做到这一点呢？

● 您对进入因特网和网络安全领域的学生有什么忠告吗？

学习各种安全机制是件容易的事。学习如何"多疑"是困难的。你必须记住概率分布在下列场合并不适用，即攻击者能够发现不可能的情况。细节情况不胜枚举。

参 考 文 献

有关 URL 的说明。在下面的引用中，我们提供了 Web 网页、仅在 Web 上有的文档和没有被会议或杂志出版的其他材料的 URL（当我们能够指出这些材料的位置时）。我们没有提供有关会议和杂志出版物的 URL，因为这些文档通常能够通过如下方式找到：使用某个搜索引擎，经该会议的 Web 站点（例如在所有 ACM SIGCOMM 会议和专题讨论会中的文章能够通过 http://www.acm.org/sigcomm 找到），或通过订阅数字图书馆。尽管到 2020 年 1 月，下面提供的所有 URL 都是有效的，但 URL 可能会过期。对于过期的文献，请参考本书的在线版本（http://www.pearsonhighered.com/cs-resources）。

有关因特网请求评论（RFC）的说明。因特网 RFC 的副本在多个网站上都可找到。因特网协会（监管 RFC 文档的组织）的 RFC 编辑维护着网站 http://www.rfc-editor.org。该网站允许你通过标题、编号或作者来搜索某个特定的 RFC 文档，并将显示出对任何所列 RFC 的更新。因特网 RFC 可以被后面的 RFC 所更新或淘汰。我们喜欢的获取 RFC 文档的网站是初始 RFC 源，即 http://www.rfc-editor.org。

[3GPP 2020] 3GPP, 3GPP Specification Set, https://www.3gpp.org/dynareport/SpecList.htm

[3GPP GTPv1-U 2019] 3GPP, "Tunnelling Protocol User Plane (GTPv1-U)," 3GPP Technical Specification 29.281version 15.3.0, 2018.

[3GPP PDCP 2019] 3GPP, "Packet Data Convergence Protocol (PDCP) Specification," 3GPP Technical Specification 36.323 version 15.4.0, 2019.

[3GPP RLCP 2018] 3GPP, "Radio Link Control (RLC) protocol specification," 3GPP Technical Specification 25.322 version 15.0.0, 2018.

[3GPP SAE 2019] 3GPP, "System Architecture Evolution (SAE); Security architecture," Technical Specification 33.401, version 15.9.0, October 2019."

[Abramson 1970] N. Abramson, "The Aloha System—Another Alternative for Computer Communications," *Proc. 1970 Fall Joint Computer Conference, AFIPS Conference*, p. 37, 1970.

[Abramson 1985] N. Abramson, "Development of the Alohanet," *IEEE Transactions on Information Theory*, Vol. IT-31, No. 3 (Mar. 1985), pp. 119–123.

[Abramson 2009] N. Abramson, "The Alohanet—Surfing for Wireless Data," *IEEE Communications Magazine*, Vol. 47, No. 12, pp. 21–25.

[Adhikari 2011a] V. K. Adhikari, S. Jain, Y. Chen, Z. L. Zhang, "Vivisecting YouTube: An Active Measurement Study," Technical Report, University of Minnesota, 2011.

[Adhikari 2012] V. K. Adhikari, Y. Gao, F. Hao, M. Varvello, V. Hilt, M. Steiner, Z. L. Zhang, "Unreeling Netflix: Understanding and Improving Multi-CDN Movie Delivery," Technical Report, University of Minnesota, 2012.

[Afanasyev 2010] A. Afanasyev, N. Tilley, P. Reiher, L. Kleinrock, "Host-to-Host Congestion Control for TCP," *IEEE Communications Surveys & Tutorials*, Vol. 12, No. 3, pp. 304–342.

[Agarwal 2009] S. Agarwal, J. Lorch, "Matchmaking for Online Games and Other Latency-sensitive P2P Systems," *Proc. 2009 ACM SIGCOMM.*

[Ager 2012] B. Ager, N. Chatzis, A. Feldmann, N. Sarrar, S. Uhlig, W. Willinger, "Anatomy of a Large European ISP," *Proc. 2012 ACM SIGCOMM.*

[Akamai 2020] Akamai homepage, http://www.akamai.com

[Akella 2003] A. Akella, S. Seshan, A. Shaikh, "An Empirical Evaluation of Wide-Area Internet Bottlenecks," *Proc. 2003 ACM Internet Measurement Conference* (Miami, FL, Nov. 2003).

[Akhshabi 2011] S. Akhshabi, A. C. Begen, C. Dovrolis, "An Experimental Evaluation of Rate-Adaptation Algorithms in Adaptive Streaming over HTTP," *Proc. 2011 ACM Multimedia Systems Conf*

[Akhshabi 2011] S. Akhshabi, C. Dovrolis, "The evolution of layered protocol stacks leads to an hourglass-shaped architecture," *Proceedings 2011 ACM SIGCOMM*, pp. 206–217.

[Akyildiz 2010] I. Akyildiz, D. Gutierrex-Estevez, E. Reyes, "The Evolution to 4G Cellular Systems, LTE Advanced," *Physical Communication*, Elsevier, 3 (2010), pp. 217–244.

[Albitz 1993] P. Albitz and C. Liu, *DNS and BIND*, O'Reilly & Associates, Petaluma, CA, 1993.

[Alexandris 2016] K. Alexandris, N. Nikaein, R. Knopp and C. Bonnet, "Analyzing X2 handover in LTE/LTE-A," *2016 14th International Symposium on Modeling and Optimization in Mobile, Ad Hoc, and Wireless Networks (WiOpt),* Tempe, AZ, pp. 1–7.

[Alizadeh 2010] M. Alizadeh, A. Greenberg, D. Maltz, J. Padhye, P. Patel, B. Prabhakar, S. Sengupta, M. Sridharan. "Data center TCP (DCTCP)," *Proc. 2010 ACM SIGCOMM Conference*, ACM, New York, NY, USA, pp. 63–74.

[Alizadeh 2013] M. Alizadeh, S. Yang, M. Sharif, S. Katti, N. McKeown, B. Prabhakar, S. Shenker, "pFabric: Minimal Near-Optimal Datacenter Transport," *Proc. 2013 ACM SIGCOMM Conference.*

[Alizadeh 2014] M. Alizadeh, T. Edsall, S. Dharmapurikar, K. Chu, A. Fingerhut, V. T. Lam, F. Matus, R. Pan, N. Yadav, G. Varghese , "CONGA: Distributed Congestion-Aware Load Balancing for Datacenters," *Proc. 2014 ACM SIGCOMM Conference.*

[Allman 2011] E. Allman, "The Robustness Principle Reconsidered: Seeking a Middle Ground," *Communications of the ACM*, Vol. 54, No. 8 (Aug. 2011), pp. 40–45.

[Almers 2007] P. Almers, et al., "Survey of Channel and Radio Propagation Models for Wireless MIMO Systems," *Journal on Wireless Communications and Networking,* 2007.

[Amazon 2014] J. Hamilton, *"AWS: Innovation at Scale,* YouTube video, https://www.youtube.com/watch?v=JIQETrFC_SQ

[Anderson 1995] J. B. Andersen, T. S. Rappaport, S. Yoshida, "Propagation Measurements and Models for Wireless Communications Channels," *IEEE Communications Magazine*, (Jan. 1995), pp. 42–49.

[Appenzeller 2004] G. Appenzeller, I. Keslassy, N. McKeown, "Sizing Router Buffers," *Proc. 2004 ACM SIGCOMM Conference* (Portland, OR, Aug. 2004).

[Arkko 2012] J. Arkko, "Analysing IP Mobility Protocol Deployment Difficulties," 83rd IETF meeting, March, 2012.

[ASO-ICANN 2020] The Address Supporting Organization homepage, http://www.aso.icann.org

[AT&T 2019] A, Fuetsch, "From Next-Gen to Now: SDN, White Box and Open Source Go Mainstream," https://about.att.com/innovationblog/2019/09/sdn_white_box_and_open_source_go_mainstream.html

[Atheros 2020] Atheros Communications Inc., "Atheros AR5006 WLAN Chipset Product Bulletins," http://www.atheros.com/pt/AR5006Bulletins.htm

[Ayanoglu 1995] E. Ayanoglu, S. Paul, T. F. La Porta, K. K. Sabnani, R. D. Gitlin, "AIRMAIL: A Link-Layer Protocol for Wireless Networks," *ACM ACM/Baltzer Wireless Networks Journal*, 1: 47–60, Feb. 1995.

[Bakre 1995] A. Bakre, B. R. Badrinath, "I-TCP: Indirect TCP for Mobile Hosts," *Proc. 1995 Int. Conf. on Distributed Computing Systems (ICDCS)* (May 1995), pp. 136–143.

[Baldauf 2007] M. Baldauf, S. Dustdar, F. Rosenberg, "A Survey on Context-Aware Systems," *Int. J. Ad Hoc and Ubiquitous Computing*, Vol. 2, No. 4 (2007), pp. 263–277.

[Baran 1964] P. Baran, "On Distributed Communication Networks," *IEEE Transactions on Communication Systems*, Mar. 1964. Rand Corporation Technical report with the same title (Memorandum RM-3420-PR, 1964). http://www.rand.org/publications/RM/RM3420/

[Bardwell 2004] J. Bardwell, "You Believe You Understand What You Think I Said . . . The Truth About 802.11 Signal and Noise Metrics: A Discussion Clarifying Often-Misused 802.11 WLAN Terminologies," http://www.connect802.com/download/techpubs/2004/you_believe_D100201.pdf

[Barford 2009] P. Barford, N. Duffield, A. Ron, J. Sommers, "Network Performance Anomaly Detection and Localization," *Proc. 2009 IEEE INFOCOM* (Apr. 2009).

[Beck 2019] M. Beck, "On the hourglass model," *Commun. ACM,* Vol. 62, No. 7 (June 2019), pp. 48–57.

[Beheshti 2008] N. Beheshti, Y. Ganjali, M. Ghobadi, N. McKeown, G. Salmon, "Experimental Study of Router Buffer Sizing," *Proc. ACM Internet Measurement Conference* (Oct. 2008, Vouliagmeni, Greece).

[Bender 2000] P. Bender, P. Black, M. Grob, R. Padovani, N. Sindhushayana, A. Viterbi, "CDMA/HDR: A Bandwidth-Efficient High-Speed Wireless Data Service for Nomadic Users," *IEEE Commun. Mag.*, Vol. 38, No. 7 (July 2000), pp. 70–77.

[Berners-Lee 1989] T. Berners-Lee, CERN, "Information Management: A Proposal," Mar. 1989, May 1990. http://www.w3.org/History/1989/proposal.html

[Berners-Lee 1994] T. Berners-Lee, R. Cailliau, A. Luotonen, H. Frystyk Nielsen, A. Secret, "The World-Wide Web," *Communications of the ACM*, Vol. 37, No. 8 (Aug. 1994), pp. 76–82.

[Bertsekas 1991] D. Bertsekas, R. Gallagher, *Data Networks,* 2nd Ed., Prentice Hall, Englewood Cliffs, NJ, 1991.

[Biersack 1992] E. W. Biersack, "Performance Evaluation of Forward Error Correction in ATM Networks," *Proc. 1999 ACM SIGCOMM Conference* (Baltimore, MD, Aug. 1992), pp. 248–257.

[BIND 2020] Internet Software Consortium page on BIND, http://www.isc.org/bind.html

[Bisdikian 2001] C. Bisdikian, "An Overview of the Bluetooth Wireless Technology," *IEEE Communications Magazine*, No. 12 (Dec. 2001), pp. 86–94.

[Bishop 2003] M. Bishop, *Computer Security: Art and Science*, Boston: Addison Wesley, Boston MA, 2003.

[Bishop 2004] M. Bishop, *Introduction to Computer Security,* Addison-Wesley, 2004.

[Björnson 2017] E. Björnson, J. Hoydis, L. Sanguinetti, *Massive MIMO Networks: Spectral, Energy, and Hardware Efficiency,* Now Publishers, 2017.

[Black 1995] U. Black, *ATM Volume I: Foundation for Broadband Networks,* Prentice Hall, 1995.

[Bluetooth 2020] *The Bluetooth Special Interest Group, http://www.bluetooth.com/*

[Blumenthal 2001] M. Blumenthal, D. Clark, "Rethinking the Design of the Internet: The End-to-end Arguments vs. the Brave New World," *ACM Transactions on Internet Technology*, Vol. 1, No. 1 (Aug. 2001), pp. 70–109.

[Bochman 1984] G. V. Bochmann, C. A. Sunshine, "Formal Methods in Communication Protocol Design," *IEEE Transactions on Communications*, Vol. 28, No. 4 (Apr. 1980) pp. 624–631.

[Bosshart 2013] P. Bosshart, G. Gibb, H. Kim, G. Varghese, N. McKeown, M. Izzard, F. Mujica, M. Horowitz, "Forwarding Metamorphosis: Fast Programmable Match-Action Processing in Hardware for SDN," *Proc. 2013 SIGCOMM Conference,* pp. 99–110.

[Bosshart 2014] P. Bosshart, D. Daly, G. Gibb, M. Izzard, N. McKeown, J. Rexford, C. Schlesinger, D. Talayco, A. Vahdat, G. Varghese, D. Walker, "P4: Programming Protocol-Independent Packet Processors," *Proc. 2014 ACM SIGCOMM Conference,* pp. 87–95.

[Bottger 2018] T. Böttger, F. Cuadrado, G. Tyson, I. Castro, S. Uhlig, Open connect everywhere: A glimpse at the internet ecosystem through the lens of the Netflix CDN, *Proc. 2018 ACM SIGCOMM Conference.*

[Brakmo 1995] L. Brakmo, L. Peterson, "TCP Vegas: End to End Congestion Avoidance on a Global Internet," *IEEE Journal of Selected Areas in Communications*, Vol. 13, No. 8 (Oct. 1995), pp. 1465–1480.

[Bryant 1988] B. Bryant, "Designing an Authentication System: A Dialogue in Four Scenes," http://web.mit.edu/kerberos/www/dialogue.html

[Bush 1945] V. Bush, "As We May Think," *The Atlantic Monthly*, July 1945. http://www.theatlantic.com/unbound/flashbks/computer/bushf.htm

[Byers 1998] J. Byers, M. Luby, M. Mitzenmacher, A. Rege, "A Digital Fountain Approach to Reliable Distribution of Bulk Data," *Proc. 1998 ACM SIGCOMM Conference* (Vancouver, Canada, Aug. 1998), pp. 56–67.

[Cable Labs 2019] Cable Labs, "A Comparative Introduction to 4G and 5G Authentication," https://www.cablelabs.com/insights/a-comparative-introduction-to-4g-and-5g-authentication

[Caesar 2005b] M. Caesar, D. Caldwell, N. Feamster, J. Rexford, A. Shaikh, J. van der Merwe, "Design and implementation of a Routing Control Platform," *Proc. Networked Systems Design and Implementation* (May 2005).

[Caesar 2005b] M. Caesar, J. Rexford, "BGP Routing Policies in ISP Networks," *IEEE Network Magazine*, Vol. 19, No. 6 (Nov. 2005).

[CAIDA 2020] Center for Applied Internet Data Analysis, www.caida.org

[Caldwell 2020] C. Caldwell, "The Prime Pages," http://www.utm.edu/research/primes/prove

[Cardwell 2017] N. Cardwell, Y. Cheng, C. S. Gunn, S. H. Yeganeh, V. Jacobson. "BBR: congestion-based congestion control," *Commun. ACM,* Vol. 60, No. 2 (Jan. 2017), pp. 58–66.

[Casado 2007] M. Casado, M. Freedman, J. Pettit, J. Luo, N. McKeown, S. Shenker, "Ethane: Taking Control of the Enterprise," *Proc. 2007 ACM SIGCOMM Conference*, New York, pp. 1–12. See also *IEEE/ACM Trans. Networking*, Vol. 17, No. 4 (Aug. 2007), pp. 270–1283.

[Casado 2009] M. Casado, M. Freedman, J. Pettit, J. Luo, N. Gude, N. McKeown, S. Shenker, "Rethinking Enterprise Network Control," *IEEE/ACM Transactions on Networking (ToN)*, Vol. 17, No. 4 (Aug. 2009), pp. 1270–1283.

[Casado 2014] M. Casado, N. Foster, A. Guha, "Abstractions for Software-Defined Networks," *Communications of the ACM*, Vol. 57, No. 10, (Oct. 2014), pp. 86–95.

[Cerf 1974] V. Cerf, R. Kahn, "A Protocol for Packet Network Interconnection," *IEEE Transactions on Communications Technology*, Vol. COM-22, No. 5, pp. 627–641.

[CERT 2001–09] CERT, "Advisory 2001–09: Statistical Weaknesses in TCP/IP Initial Sequence Numbers," http://www.cert.org/advisories/CA-2001-09.html

[CERT 2003–04] CERT, "CERT Advisory CA-2003-04 MS-SQL Server Worm," http://www.cert.org/advisories/CA-2003-04.html

[CERT 2020] The CERT division of the Software Engineering Institute, https://www.sei.cmu.edu/about/divisions/cert, 2020

[CERT Filtering 2012] CERT, "Packet Filtering for Firewall Systems," http://www.cert.org/tech_tips/packet_filtering.html

[Cert SYN 1996] CERT, "Advisory CA-96.21: TCP SYN Flooding and IP Spoofing Attacks," http://www.cert.org/advisories/CA-1998-01.html

[Chandra 2007] T. Chandra, R. Greisemer, J. Redstone, "Paxos Made Live: an Engineering Perspective," *Proc. of 2007 ACM Symposium on Principles of Distributed Computing (PODC),* pp. 398–407.

[Chao 2011] C. Zhang, P. Dunghel, D. Wu, K. W. Ross, "Unraveling the BitTorrent Ecosystem," *IEEE Transactions on Parallel and Distributed Systems*, Vol. 22, No. 7 (July 2011).

[Chen 2011] Y. Chen, S. Jain, V. K. Adhikari, Z. Zhang, "Characterizing Roles of Front-End Servers in End-to-End Performance of Dynamic Content Distribution," *Proc. 2011 ACM Internet Measurement Conference* (Berlin, Germany, Nov. 2011).

[Chiu 1989] D. Chiu, R. Jain, "Analysis of the Increase and Decrease Algorithms for Congestion Avoidance in Computer Networks," *Computer Networks and ISDN Systems*, Vol. 17, No. 1, pp. 1–14. http://www.cs.wustl.edu/~jain/papers/cong_av.htm

[Christiansen 2001] M. Christiansen, K. Jeffay, D. Ott, F. D. Smith, "Tuning Red for Web Traffic," *IEEE/ACM Transactions on Networking*, Vol. 9, No. 3 (June 2001), pp. 249–264.

[Cichonski 2017] J. Cichonski, J. Franklin, M. Bartock, Guide to LTE Security, NIST Special Publication 800–187, Dec. 2017.

[Cisco 2012] Cisco 2012, Data Centers, http://www.cisco.com/go/dce

[Cisco 2020] Cisco Visual Networking Index: Forecast and Trends, 2017–2022 White Paper.

[Cisco 6500 2020] Cisco Systems, "Cisco Catalyst 6500 Architecture White Paper," http://www.cisco.com/c/en/us/products/collateral/switches/catalyst-6500-series-switches/prod_white_paper0900aecd80673385.html

[Cisco 7600 2020] Cisco Systems, "Cisco 7600 Series Solution and Design Guide," http://www.cisco.com/en/US/products/hw/routers/ps368/prod_technical_reference09186a0080092246.html

[Cisco 8500 2020] Cisco Systems Inc., "Catalyst 8500 Campus Switch Router Architecture," http://www.cisco.com/univercd/cc/td/doc/product/l3sw/8540/rel_12_0/w5_6f/softcnfg/1cfg8500.pdf

[Cisco 12000 2020] Cisco Systems Inc., "Cisco XR 12000 Series and Cisco 12000 Series Routers," http://www.cisco.com/en/US/products/ps6342/index.html

[Cisco Queue 2016] Cisco Systems Inc., "Congestion Management Overview," http://www.cisco.com/en/US/docs/ios/12_2/qos/configuration/guide/qcfconmg.html

[Cisco SYN 2016] Cisco Systems Inc., "Defining Strategies to Protect Against TCP SYN Denial of Service Attacks," http://www.cisco.com/en/US/tech/tk828/technologies_tech_note09186a00800f67d5.shtml

[Cisco TCAM 2014] Cisco Systems Inc., "CAT 6500 and 7600 Series Routers and Switches TCAM Allocation Adjustment Procedures," http://www.cisco.com/c/en/us/support/docs/switches/catalyst-6500-series-switches/117712-problemsolution-cat6500-00.html

[Cisco VNI 2020] Cisco Systems Inc., "Visual Networking Index," https://www.cisco.com/c/en/us/solutions/collateral/service-provider/visual-networking-index-vni/white-paper-c11-741490.html

[Claise 2019] B. Calise, J. Clarke, J. Lindblad, *Network Programmability with YANG,* Pearson, 2019.

[Clark 1988] D. Clark, "The Design Philosophy of the DARPA Internet Protocols," *Proc. 1988 ACM SIGCOMM Conference* (Stanford, CA, Aug. 1988).

[Clark 1997] D. Clark, " Interoperation, open interfaces and protocol architecture," in *The Unpredictable Certainty,* The National Academies Press, 1997, pp. 133–144.

[Clark 2005] D. Clark, J. Wroclawski, K. R. Sollins, R. Braden, "Tussle in cyberspace: defining tomorrow's internet," *IEEE/ACM Trans. Networking,* Vol. 13, No. 3 (June 2005), pp. 462–475.

[Clos 1953] C. Clos, "A study of non-blocking switching networks," *Bell System Technical Journal,* Vol. 32, No. 2 (Mar. 1953), pp. 406–424.

[Cohen 2003] B. Cohen, "Incentives to Build Robustness in BitTorrent," First Workshop on the Economics of Peer-to-Peer Systems, Berkeley, CA, June 2003.

[Colbach 2017] G. Colbach, *Wireless Technologies: An introduction to Bluetooth and WiFi, 2017.*

[Condoluci 2018] M. Condoluci, T. Mahmoodi,, "Softwarization and virtualization in 5G mobile networks: Benefits, trends and challenges," *Computer Networks,* Vol. 146 (2018), pp. 65–84.

[Cormen 2001] T. H. Cormen, *Introduction to Algorithms,* 2nd Ed., MIT Press, Cambridge, MA, 2001.

[Crow 1997] B. Crow, I. Widjaja, J. Kim, P. Sakai, "IEEE 802.11 Wireless Local Area Networks," *IEEE Communications Magazine* (Sept. 1997), pp. 116–126.

[Cusumano 1998] M. A. Cusumano, D. B. Yoffie, *Competing on Internet Time: Lessons from Netscape and Its Battle with Microsoft,* Free Press, New York, NY, 1998.

[Czyz 2014] J. Czyz, M. Allman, J. Zhang, S. Iekel-Johnson, E. Osterweil, M. Bailey, "Measuring IPv6 Adoption," *Proc. ACM SIGCOMM 2014 Conference*, ACM, New York, NY, USA, pp. 87–98.

[Dahlman 2018] E. Dahlman, S. Parkvall, J. Skold, *5G NR: The Next Generation Wireless Access Technology,* Academic Press, 2018.

[DAM 2020] Digital Attack Map, http://www.digitalattackmap.com

[Davie 2000] B. Davie and Y. Rekhter, *MPLS: Technology and Applications*, Morgan Kaufmann Series in Networking, 2000.

[DEC 1990] Digital Equipment Corporation, "In Memoriam: J. C. R. Licklider 1915–1990," SRC Research Report 61, Aug. 1990. http://www.memex.org/licklider.pdf

[DeClercq 2002] J. DeClercq, O. Paridaens, "Scalability Implications of Virtual Private Networks," *IEEE Communications Magazine*, Vol. 40, No. 5 (May 2002), pp. 151–157.

[Demers 1990] A. Demers, S. Keshav, S. Shenker, "Analysis and Simulation of a Fair Queuing Algorithm," *Internetworking: Research and Experience*, Vol. 1, No. 1 (1990), pp. 3–26.

[dhc 2020] IETF Dynamic Host Configuration working group homepage, https://datatracker.ietf.org/wg/dhc/about/

[Diffie 1976] W. Diffie, M. E. Hellman, "New Directions in Cryptography," *IEEE Transactions on Information Theory*, Vol IT-22 (1976), pp. 644–654.

[Diggavi 2004] S. N. Diggavi, N. Al-Dhahir, A. Stamoulis, R. Calderbank, "Great Expectations: The Value of Spatial Diversity in Wireless Networks," *Proceedings of the IEEE*, Vol. 92, No. 2 (Feb. 2004).

[Dilley 2002] J. Dilley, B. Maggs, J. Parikh, H. Prokop, R. Sitaraman, B. Weihl, "Globally Distributed Content Delivery," *IEEE Internet Computing* (Sept.–Oct. 2002).

[Dmitiropoulos 2007] X. Dmitiropoulos, D. Krioukov, M. Fomenkov, B. Huffaker, Y. Hyun, K. C. Claffy, G. Riley, "AS Relationships: Inference and Validation," *ACM Computer Communication Review*, Vol. 37, No. 1 (Jan. 2007).

[DOCSIS3.1 2014] *Data-Over-Cable Service Interface Specification, MAC and Upper Layer Protocols Interface Specification DOCSIS 3.1* (CM-SP-MUL-PIv3.1-104-141218), and *Data-Over-Cable Service Interface Specification, Physical Layer Specification DOCSIS 3.1* (CM-SP-PHYv3.1-104-141218), Dec. 2014.

[Donahoo 2001] M. Donahoo, K. Calvert, *TCP/IP Sockets in C: Practical Guide for Programmers*, Morgan Kaufman, 2001.

[Droms 2002] R. Droms, T. Lemon, *The DHCP Handbook,* 2nd edition, SAMS Publishing, 2002.

[Eckel 2017] C. Eckel, Using OpenDaylight, https://www.youtube.com/watch?v=rAm48gVv8_A

[Economides 2017] N. Economides, "A Case for Net Neutrality," *IEEE Spectrum,* Dec. 2017, https://spectrum.ieee.org/tech-talk/telecom/internet/a-case-for-net-neutrality

[Edney 2003] J. Edney and W. A. Arbaugh, *Real 802.11 Security: Wi-Fi Protected Access and 802.11i*, Addison-Wesley Professional, 2003.

[Eduroam 2020] Eduroam, https://www.eduroam.org/

[Eisenbud 2016] D. Eisenbud, C. Yi, C. Contavalli, C. Smith, R. Kononov, E. Mann-Hielscher, Cilingiroglu, and B. Cheyney, W. Shang, J.D. Hosein, "Maglev:

A Fast and Reliable Software Network Load Balancer," *NSDI 2016.*

[Ellis 1987] H. Ellis, "The Story of Non-Secret Encryption," http://jya.com/ellis-doc.htm

[Erickson 2013] D. Erickson, " The Beacon Openflow Controller," 2nd *ACM SIG-COMM Workshop on Hot Topics in Software Defined Networking* (HotSDN '13). ACM, New York, NY, USA, pp. 13–18.

[Facebook 2014] A. Andreyev, "Introducing Data Center Fabric, the Next-Generation Facebook Data Center Network," https://code.facebook.com/posts/360346274145943/introducing-data-center-fabric-the-next-generation-facebook-data-center-network

[Faloutsos 1999] C. Faloutsos, M. Faloutsos, P. Faloutsos, "What Does the Internet Look Like? Empirical Laws of the Internet Topology," *Proc. 1999 ACM SIG-COMM Conference* (Boston, MA, Aug. 1999).

[Farrington 2010] N. Farrington, G. Porter, S. Radhakrishnan, H. Bazzaz, V. Subramanya, Y. Fainman, G. Papen, A. Vahdat, "Helios: A Hybrid Electrical/Optical Switch Architecture for Modular Data Centers," *Proc. 2010 ACM SIGCOMM Conference.*

[Faulhaber 2012] G. Faulhaber, "The Economics of Network Neutrality: Are 'Prophylactic' Remedies to Nonproblems Needed?," *Regulation*, Vol. 34, No. 4, p. 18, Winter 2011–2012.

[FB 2014] Facebook, "Introducing data center fabric, the next-generation Facebook data center network." https://engineering.fb.com/production-engineering/introducing-data-center-fabric-the-next-generation-facebook-data-center-network/

[FB 2019] Facebook, "Reinventing Facebook's Data Center Network," https://engineering.fb.com/data-center-engineering/f16-minipack/

[FCC 2008] US Federal Communications Commission, *Memorandum Opinion and Order: Formal Complaint of Free Press and Public Knowledge Against Comcast Corporation for Secretly Degrading Peer-to-Peer Applications,* FCC 08-083.

[FCC 2015] US Federal Communications Commission, Protecting and Promoting the Open Internet, Report and Order on Remand, Declaratory Ruling, and Order, GN Docket No. 14-28. (March 12, 2015), https://apps.fcc.gov/edocs_public/attachmatch/FCC-15-24A1.pdf

[FCC 2017] *Restoring Internet Freedom,* Declaratory Ruling, Report and Order and Order, WC Docket No. 17-108, December 14, 2017. https://transition.fcc.gov/Daily_Releases/Daily_Business/2018/db0105/FCC-17-166A1.pdf

[Feamster 2004] N. Feamster, H. Balakrishnan, J. Rexford, A. Shaikh, K. van der Merwe, "The Case for Separating Routing from Routers," *ACM SIGCOMM Workshop on Future Directions in Network Architecture*, Sept. 2004.

[Feamster 2004] N. Feamster, J. Winick, J. Rexford, "A Model for BGP Routing for Network Engineering," *Proc. 2004 ACM SIGMETRICS Conference* (New York, NY, June 2004).

[Feamster 2005] N. Feamster, H. Balakrishnan, "Detecting BGP Configuration Faults with Static Analysis," *NSDI* (May 2005).

[Feamster 2013] N. Feamster, J. Rexford, E. Zegura, "The Road to SDN," *ACM Queue*, Volume 11, Issue 12, (Dec. 2013).

[Feamster 2018] N. Feamster, J. Rexford, "Why (and How) Networks Should Run Themselves," *Proc. 2018 ACM Applied Networking Research Workshop* (ANRW '18).

[Feldmeier 1995] D. Feldmeier, "Fast Software Implementation of Error Detection Codes," *IEEE/ACM Transactions on Networking*, Vol. 3, No. 6 (Dec. 1995), pp. 640–652.

[Fiber Broadband 2020] Fiber Broadband Association https://www.fiberbroadband.org/

[Fielding 2000] R. Fielding, "Architectural Styles and the Design of Network-based Software Architectures," 2000. PhD Thesis, UC Irvine, 2000.

[FIPS 1995] Federal Information Processing Standard, "Secure Hash Standard," FIPS Publication 180-1. http://www.itl.nist.gov/fipspubs/fip180-1.htm

[Floyd 1999] S. Floyd, K. Fall, "Promoting the Use of End-to-End Congestion Control in the Internet," *IEEE/ACM Transactions on Networking*, Vol. 6, No. 5 (Oct. 1998), pp. 458–472.

[Floyd 2000] S. Floyd, M. Handley, J. Padhye, J. Widmer, "Equation-Based Congestion Control for Unicast Applications," *Proc. 2000 ACM SIGCOMM Conference* (Stockholm, Sweden, Aug. 2000).

[Floyd 2016] S. Floyd, "References on RED (Random Early Detection) Queue Management," http://www.icir.org/floyd/red.html

[Floyd Synchronization 1994] S. Floyd, V. Jacobson, "Synchronization of Periodic Routing Messages," *IEEE/ACM Transactions on Networking*, Vol. 2, No. 2 (Apr. 1997) pp. 122–136.

[Floyd TCP 1994] S. Floyd, "TCP and Explicit Congestion Notification," *ACM SIGCOMM Computer Communications Review*, Vol. 24, No. 5 (Oct. 1994), pp. 10–23.

[Fluhrer 2001] S. Fluhrer, I. Mantin, A. Shamir, "Weaknesses in the Key Scheduling Algorithm of RC4," *Eighth Annual Workshop on Selected Areas in Cryptography* (Toronto, Canada, Aug. 2002).

[Ford 2005] Bryan Ford, Pyda Srisuresh, and Dan Kegel. 2005. Peer-to-peer communication across network address translators. *In Proceedings of the annual conference on USENIX Annual Technical Conference* (ATEC '05).

[Fortz 2000] B. Fortz, M. Thorup, "Internet Traffic Engineering by Optimizing OSPF Weights," *Proc. 2000 IEEE INFOCOM* (Tel Aviv, Israel, Apr. 2000).

[Fortz 2002] B. Fortz, J. Rexford, M. Thorup, "Traffic Engineering with Traditional IP Routing Protocols," *IEEE Communication Magazine,* Vol. 40, No. 10 (Oct. 2002).

[Frost 1994] J. Frost, "BSD Sockets: A Quick and Dirty Primer," http://world.std.com/~jimf/papers/sockets/sockets.html

[Gao 2001] L. Gao, J. Rexford, "Stable Internet Routing Without Global Coordination," *IEEE/ACM Transactions on Networking*, Vol. 9, No. 6 (Dec. 2001), pp. 681–692.

[Garfinkel 2003] S. Garfinkel, "The End of End-to-End?," MIT Technology Review, July 2003.

[Gauthier 1999] L. Gauthier, C. Diot, and J. Kurose, "End-to-End Transmission Control Mechanisms for Multiparty Interactive Applications on the Internet," *Proc. 1999 IEEE INFOCOM* (New York, NY, Apr. 1999).

[Gieben 2004] M. Gieben, "DNSSEC," *The Internet Protocol Journal,* 7 [2] (June 2004), http://ipj.dreamhosters.com/internet-protocol-journal/issues/back-issues/

[Giust 2015] F. Giust, L. Cominardi and C. J. Bernardos, "Distributed mobility management for future 5G networks: overview and analysis of existing approaches," in *IEEE Communications Magazine,* Vol. 53, No. 1, pp. 142–149, January 2015.

[Goldsmith 2005] A. Goldsmith, *Wireless Communications,* Cambridge University Press, 2005.

[Goodman 1997] David J. Goodman, *Wireless Personal Communications Systems,* Prentice-Hall, 1997.

[Google CDN 2020] Google Data Center Locations https://cloud.google.com/cdn/docs/locations

[Google IPv6 2020] Google Inc. "IPv6 Statistics," https://www.google.com/intl/en/ipv6/statistics.html

[Google Locations 2020] Google data centers. http://www.google.com/corporate/datacenter/locations.html

[Goralski 1999] W. Goralski, *Frame Relay for High-Speed Networks*, John Wiley, New York, 1999.

[Greenberg 2009a] A. Greenberg, J. Hamilton, D. Maltz, P. Patel, "The Cost of a Cloud: Research Problems in Data Center Networks," *ACM Computer Communications Review* (Jan. 2009).

[Greenberg 2009b] A. Greenberg, N. Jain, S. Kandula, C. Kim, P. Lahiri, D. Maltz, P. Patel, S. Sengupta, "VL2: A Scalable and Flexible Data Center Network," *Proc. 2009 ACM SIGCOMM Conference*

[Greenberg 2015] A. Greenberg, "SDN for the Cloud," 2015 ACM SIGCOMM Conference 2015 Keynote Address, http://conferences.sigcomm.org/sigcomm/2015/pdf/papers/keynote.pdf

[GSMA 2018a] GSM Association, "Guidelines for IPX Provider networks," Document IR.34, Version 14.0, August 2018.

[GSMA 2018b] GSM Association, "Migration from Physical to Virtual Network Functions: Best Practices and Lessons Learned," July 2019.

[GSMA 2019a] GSM Association, "LTE and EPC Roaming Guidelines," Document IR.88, June 2019.

[GSMA 2019b] GSM Association, "IMS Roaming, Interconnection and Interworking Guidelines," Document IR.65, April 2019.

[GSMA 2019c] GSM Association, "5G Implementation Guidelines," July 2019.

[Gude 2008] N. Gude, T. Koponen, J. Pettit, B. Pfaff, M. Casado, N. McKeown, and S. Shenker, "NOX: Towards an Operating System for Networks," *ACM SIGCOMM Computer Communication Review*, July 2008.

[Guo 2009] C. Guo, G. Lu, D. Li, H. Wu, X. Zhang, Y. Shi, C. Tian, Y. Zhang, S. Lu, "BCube: A High Performance, Server-centric Network Architecture for Modular Data Centers," *Proc. 2009 ACM SIGCOMM Conference*.

[Guo 2016] C. Guo, H. Wu, Z. Deng, G. Soni, J. Ye, J. Padhye, M. Lipshteyn, "RDMA over Commodity Ethernet at Scale," *Proc. 2016 ACM SIGCOMM Conference*.

[Gupta 2001] P. Gupta, N. McKeown, "Algorithms for Packet Classification," *IEEE Network Magazine*, Vol. 15, No. 2 (Mar./Apr. 2001), pp. 24–32.

[Gupta 2014] A. Gupta, L. Vanbever, M. Shahbaz, S. Donovan, B. Schlinker, N. Feamster, J. Rexford, S. Shenker, R. Clark, E. Katz-Bassett, "SDX: A Software Defined Internet Exchange, " *Proc. 2014 ACM SIGCOMM Conference* (Aug. 2014), pp. 551–562.

[Ha 2008] S. Ha, I. Rhee, L. Xu, "CUBIC: A New TCP-Friendly High-Speed TCP Variant," *ACM SIGOPS Operating System Review*, 2008.

[Halabi 2000] S. Halabi, *Internet Routing Architectures*, 2nd Ed., Cisco Press, 2000.

[Hamzeh 2015] B. Hamzeh, M. Toy, Y. Fu and J. Martin, "DOCSIS 3.1: scaling broadband cable to Gigabit speeds," *IEEE Communications Magazine,* Vol. 53, No. 3, pp. 108–113, March 2015.

[Hanabali 2005] A. A. Hanbali, E. Altman, P. Nain, "A Survey of TCP over Ad Hoc Networks," *IEEE Commun. Surveys and Tutorials*, Vol. 7, No. 3 (2005), pp. 22–36.

[He 2015] K. He , E. Rozner , K. Agarwal , W. Felter , J. Carter , A. Akella, "Presto: Edge-based Load Balancing for Fast Datacenter Networks," *Proc. 2015 ACM SIGCOMM Conference*

[Heidemann 1997] J. Heidemann, K. Obraczka, J. Touch, "Modeling the Performance of HTTP over Several Transport Protocols," *IEEE/ACM Transactions on Networking*, Vol. 5, No. 5 (Oct. 1997), pp. 616–630.

[Held 2001] G. Held, *Data Over Wireless Networks: Bluetooth, WAP, and Wireless LANs*, McGraw-Hill, 2001.

[Holland 2001] G. Holland, N. Vaidya, V. Bahl, "A Rate-Adaptive MAC Protocol for Multi-Hop Wireless Networks," *Proc. 2001 ACM Int. Conference of Mobile Computing and Networking* (Rome, Italy, July 2001).

[Hollot 2002] C.V. Hollot, V. Misra, D. Towsley, W. Gong, "Analysis and Design of Controllers for AQM Routers Supporting TCP Flows," *IEEE Transactions on Automatic Control*, Vol. 47, No. 6 (June 2002), pp. 945–959.

[Hong 2012] C.Y. Hong, M. Caesar, P. B. Godfrey, "Finishing Flows Quickly with Preemptive Scheduling," *Proc. 2012 ACM SIGCOMM Conference.*

[Hong 2013] C. Hong, S, Kandula, R. Mahajan, M.Zhang, V. Gill, M. Nanduri, R. Wattenhofer, "Achieving High Utilization with Software-driven WAN," *Proc. ACM SIGCOMM Conference* (Aug. 2013), pp.15–26.

[Hong 2018] C. Hong et al., "B4 and after: managing hierarchy, partitioning, and asymmetry for availability and scale in Google's software-defined WAN," *Proc. 2018 ACM SIGCOMM Conference,* pp. 74–87.

[HTTP/3 2020] *M. Bishop. Ed,* "Hypertext Transfer Protocol Version 3 (HTTP/3)," Internet Draft draft-ietf-quic-http-23, expires March 15, 2020.

[Huang 2002] C. Haung, V. Sharma, K. Owens, V. Makam, "Building Reliable MPLS Networks Using a Path Protection Mechanism," *IEEE Communications Magazine*, Vol. 40, No. 3 (Mar. 2002), pp. 156–162.

[Huang 2008] C. Huang, J. Li, A. Wang, K. W. Ross, "Understanding Hybrid CDN-P2P: Why Limelight Needs Its Own Red Swoosh," *Proc. 2008 NOSSDAV*, Braunschweig, Germany.

[Huang 2013] J. Huang, F. Qian, Y. Guo, Yu. Zhou, Q. Xu, Z. Mao, S. Sen, O. Spatscheck, "An in-depth study of LTE: effect of network protocol and application behavior on performance," *Proc. 2013 ACM SIGCOMM Conference.*

[Huitema 1998] C. Huitema, *IPv6: The New Internet Protocol*, 2nd Ed., Prentice Hall, Englewood Cliffs, NJ, 1998.

[Huston 1999a] G. Huston, "Interconnection, Peering, and Settlements—Part I," *The Internet Protocol Journal*, Vol. 2, No. 1 (Mar. 1999).

[Huston 2004] G. Huston, "NAT Anatomy: A Look Inside Network Address Translators," *The Internet Protocol Journal*, Vol. 7, No. 3 (Sept. 2004).

[Huston 2008b] G. Huston, G. Michaelson, "IPv6 Deployment: Just where are we?" http://www.potaroo.net/ispcol/2008-04/ipv6.html

[Huston 2011a] G. Huston, "A Rough Guide to Address Exhaustion," *The Internet Protocol Journal*, Vol. 14, No. 1 (Mar. 2011).

[Huston 2011b] G. Huston, "Transitioning Protocols," *The Internet Protocol Journal*, Vol. 14, No. 1 (Mar. 2011).

[Huston 2012] G. Huston, "A Quick Primer on Internet Peering and Settlements," April 2012, http://www.potaroo.net/ispcol/2012-04/interconnection-primer.html

[Huston 2017] G. Huston, "BBR, the new kid on the TCP block," https://blog.apnic.net/2017/05/09/bbr-new-kid-tcp-block/

[Huston 2017] G. Huston, "An Opinion in Defence of NAT," https://www.potaroo.net/ispcol/2017-09/natdefence.html

[Huston 2019] G. Huston, "Addressing 2018," https://www.potaroo.net/ispcol/2019-01/addr2018.html

[Huston 2019a] G. Huston, "Happy Birthday BGP," June 2019, http://www.potaroo.net/ispcol/2019-06/bgp30.html

[Huston 2019b] G. Huston, "BGP in 2018, Part 1 - The BGP Table," https://www.potaroo.net/ispcol/2019-01/bgp2018-part1.html

[Hwang 2009] T. Hwang, C. Yang, G. Wu, S. Li and G. Ye Li, "OFDM and Its Wireless Applications: A Survey," *IEEE Transactions on Vehicular Technology*, Vol. 58, No. 4, pp. 1673–1694, May 2009.

[IAB 2020] Internet Architecture Board homepage, http://www.iab.org/

[IANA 2020] Internet Assigned Names Authority, https://www.iana.org/

[IANA Protocol Numbers 2016] Internet Assigned Numbers Authority, Protocol Numbers, http://www.iana.org/assignments/protocol-numbers/protocol-numbers.xhtml

[ICANN 2020] The Internet Corporation for Assigned Names and Numbers homepage, http://www.icann.org

[IEEE 802 2020] IEEE 802 LAN/MAN Standards Committee homepage, http://www.ieee802.org/

[IEEE 802.11 1999] IEEE 802.11, "1999 Edition (ISO/IEC 8802-11: 1999) IEEE Standards for Information Technology—Telecommunications and Information Exchange Between Systems—Local and Metropolitan Area Network—Specific Requirements—Part 11: Wireless LAN Medium Access Control (MAC) and Physical Layer (PHY) Specification," http://standards.ieee.org/getieee802/download/802.11-1999.pdf

[IEEE 802.1q 2005] IEEE, "IEEE Standard for Local and Metropolitan Area Networks: Virtual Bridged Local Area Networks," http://standards.ieee.org/getieee802/download/802.1Q-2005.pdf

[IEEE 802.3 2020] IEEE, "IEEE 802.3 CSMA/CD (Ethernet)," http://grouper.ieee.org/groups/802/3/

[IEEE 802.5 2012] IEEE, IEEE 802.5 homepage, http://www.ieee802.org/5/www8025org/

[IEEE 802.11 2020] IEEE 802.11 Wireless Local Area Networks, the Working Group for WLAN Standards, http://www.ieee802.org/11/

[IETF 2020] Internet Engineering Task Force homepage, http://www.ietf.org

[IETF QUIC2020] Internet Engineering Task Force, QUIC Working Group, https://datatracker.ietf.org/wg/quic/about/

[Intel 2020] Intel Corp., "Intel 710 Ethernet Adapter," http://www.intel.com/content/www/us/en/ethernet-products/converged-network-adapters/ethernet-xl710.html

[ISC 2020] Internet Systems Consortium homepage, http://www.isc.org

[ITU 2005a] International Telecommunication Union, "ITU-T X.509, The Directory: Public-key and attribute certificate frameworks" (Aug. 2005).

[ITU 2014] ITU, "G.fast broadband standard approved and on the market," http://www.itu.int/net/pressoffice/press_releases/2014/70.aspx

[ITU 2020] The ITU homepage, http://www.itu.int/

[Iyer 2008] S. Iyer, R. R. Kompella, N. McKeown, "Designing Packet Buffers for Router Line Cards," *IEEE/ACM Transactions on Networking*, Vol. 16, No. 3 (June 2008), pp. 705–717.

[Jacobson 1988] V. Jacobson, "Congestion Avoidance and Control," *Proc. 1988 ACM SIGCOMM Conference* (Stanford, CA, Aug. 1988), pp. 314–329.

[Jain 1986] R. Jain, "A Timeout-Based Congestion Control Scheme for Window Flow-Controlled Networks," *IEEE Journal on Selected Areas in Communications SAC-4*, 7 (Oct. 1986).

[Jain 1989] R. Jain, "A Delay-Based Approach for Congestion Avoidance in Interconnected Heterogeneous Computer Networks," *ACM SIGCOMM Computer Communications Review*, Vol. 19, No. 5 (1989), pp. 56–71.

[Jain 1994] R. Jain, *FDDI Handbook: High-Speed Networking Using Fiber and Other Media*, Addison-Wesley, Reading, MA, 1994.

[Jain 1996] R. Jain. S. Kalyanaraman, S. Fahmy, R. Goyal, S. Kim, "Tutorial Paper on ABR Source Behavior," *ATM Forum*/96-1270, Oct. 1996. http://www.cse.wustl.edu/~jain/atmf/ftp/atm96-1270.pdf

[Jain 2013] S. Jain, A. Kumar, S. Mandal, J. Ong, L. Poutievski, A. Singh, S.Venkata, J. Wanderer, J. Zhou, M. Zhu, J. Zolla, U. Hölzle, S. Stuart, A, Vahdat, "B4: Experience with a Globally Deployed Software Defined Wan," *Proc. 2013 ACM SIGCOMM Conference*, pp. 3–14.

[Jimenez 1997] D. Jimenez, "Outside Hackers Infiltrate MIT Network, Compromise Security," *The Tech*, Vol. 117, No. 49 (Oct. 1997), p. 1, http://www-tech.mit.edu/V117/N49/hackers.49n.html

[Juniper MX2020 2020] Juniper Networks, "MX2020 and MX2010 3D Universal Edge Routers," https://www.juniper.net/us/en/products-services/routing/mx-series/mx2020/

[Kaaranen 2001] H. Kaaranen, S. Naghian, L. Laitinen, A. Ahtiainen, V. Niemi, *Networks: Architecture, Mobility and Services*, New York: John Wiley & Sons, 2001.

[Kahn 1967] D. Kahn, *The Codebreakers: The Story of Secret Writing*, The Macmillan Company, 1967.

[Kahn 1978] R. E. Kahn, S. Gronemeyer, J. Burchfiel, R. Kunzelman, "Advances in Packet Radio Technology," *Proc. IEEE,* Vol. 66, No. 11 (Nov. 1978), pp. 1468–1496.

[Kamerman 1997] A. Kamerman, L. Monteban, "WaveLAN-II: A High-Performance Wireless LAN for the Unlicensed Band," *Bell Labs Technical Journal* (Summer 1997), pp. 118–133.

[Kar 2000] K. Kar, M. Kodialam, T. V. Lakshman, "Minimum Interference Routing of Bandwidth Guaranteed Tunnels with MPLS Traffic Engineering Applications," *IEEE J. Selected Areas in Communications* (Dec. 2000).

[**Karn 1987**] P. Karn, C. Partridge, "Improving Round-Trip Time Estimates in Reliable Transport Protocols," *Proc. 1987 ACM SIGCOMM Conference*.

[**Karol 1987**] M. Karol, M. Hluchyj, A. Morgan, "Input Versus Output Queuing on a Space-Division Packet Switch," *IEEE Transactions on Communications*, Vol. 35, No. 12 (Dec. 1987), pp. 1347–1356.

[**Kaufman 2002**] C. Kaufman, R. Perlman, M. Speciner, *Network Security: Private Communication in a Public World,* 2nd edition, Prentice Hall, 2002.

[**Kelly 1998**] F. P. Kelly, A. Maulloo, D. Tan, "Rate Control for Communication Networks: Shadow Prices, Proportional Fairness and Stability," *J. Operations Res. Soc.*, Vol. 49, No. 3 (Mar. 1998), pp. 237–252.

[**Kim 2008**] C. Kim, M. Caesar, J. Rexford, "Floodless in SEATTLE: A Scalable Ethernet Architecture for Large Enterprises," *Proc. 2008 ACM SIGCOMM Conference* (Seattle, WA, Aug. 2008).

[**Kleinrock 1961**] L. Kleinrock, "Information Flow in Large Communication Networks," RLE Quarterly Progress Report, July 1961.

[**Kleinrock 1964**] L. Kleinrock, *1964 Communication Nets: Stochastic Message Flow and Delay*, McGraw-Hill, New York, NY, 1964.

[**Kleinrock 1975**] L. Kleinrock, *Queuing Systems, Vol. 1*, John Wiley, New York, 1975.

[**Kleinrock 1975b**] L. Kleinrock, F. A. Tobagi, "Packet Switching in Radio Channels: Part I—Carrier Sense Multiple-Access Modes and Their Throughput-Delay Characteristics," *IEEE Transactions on Communications*, Vol. 23, No. 12 (Dec. 1975), pp. 1400–1416.

[**Kleinrock 1976**] L. Kleinrock, *Queuing Systems, Vol. 2*, John Wiley, New York, 1976.

[**Kleinrock 2004**] L. Kleinrock, "The Birth of the Internet," http://www.lk.cs.ucla. edu/LK/Inet/birth.html

[**Kleinrock 2018**] L. Kleinrock, "Internet congestion control using the power metric: Keep the pipe just full, but no fuller," *Ad Hoc Networks,* Vol. 80, 2018, pp. 142–157.

[**Kohler 2006**] E. Kohler, M. Handley, S. Floyd, "DDCP: Designing DCCP: Congestion Control Without Reliability," *Proc. 2006 ACM SIGCOMM Conference* (Pisa, Italy, Sept. 2006).

[**Kohlios 2018**] C. Kohlios, T. Hayajneh, "A Comprehensive Attack Flow Model and Security Analysis for Wi-Fi and WPA3," *Electronics,* Vol. 7, No. 11, 2018.

[**Kolding 2003**] T. Kolding, K. Pedersen, J. Wigard, F. Frederiksen, P. Mogensen, "High Speed Downlink Packet Access: WCDMA Evolution," *IEEE Vehicular Technology Society News* (Feb. 2003), pp. 4–10.

[**Koponen 2010**] T. Koponen, M. Casado, N. Gude, J. Stribling, L. Poutievski, M. Zhu, R. Ramanathan, Y. Iwata, H. Inoue, T. Hama, S. Shenker, "Onix: A Distributed Control Platform for Large-Scale Production Networks," *9th USENIX conference on Operating systems design and implementation (OSDI'10)*, pp. 1–6.

[**Koponen 2011**] T. Koponen, S. Shenker, H. Balakrishnan, N. Feamster, I. Ganichev, A. Ghodsi, P. B. Godfrey, N. McKeown, G. Parulkar, B. Raghavan, J. Rexford, S. Arianfar, D. Kuptsov, "Architecting for Innovation," *ACM Computer Communications Review*, 2011.

[**Korhonen 2003**] J. Korhonen, *Introduction to 3G Mobile Communications*, 2nd edition, Artech House, 2003.

[Koziol 2003] J. Koziol, *Intrusion Detection with Snort*, Sams Publishing, 2003.

[Kreutz 2015] D. Kreutz, F.M.V. Ramos, P. Esteves Verissimo, C. Rothenberg, S. Azodolmolky, S. Uhlig, "Software-Defined Networking: A Comprehensive Survey," *Proceedings of the IEEE*, Vol. 103, No. 1 (Jan. 2015), pp. 14–76. This paper is also being updated at https://github.com/SDN-Survey/latex/wiki

[Krishnamurthy 2001] B. Krishnamurthy, J. Rexford, *Web Protocols and Practice: HTTP/1.1, Networking Protocols, and Traffic Measurement*, Addison-Wesley, Boston, MA, 2001.

[Kühlewind 2013] M. Kühlewind, S. Neuner, B, Trammell, "On the state of ECN and TCP options on the internet," *Proc. 14th International Conference on Passive and Active Measurement (PAM'13),* pp. 135–144.

[Kulkarni 2005] S. Kulkarni, C. Rosenberg, "Opportunistic Scheduling: Generalizations to Include Multiple Constraints, Multiple Interfaces, and Short Term Fairness," *Wireless Networks*, 11 (2005), pp. 557–569.

[Kumar 2006] R. Kumar, K.W. Ross, "Optimal Peer-Assisted File Distribution: Single and Multi-Class Problems," *IEEE Workshop on Hot Topics in Web Systems and Technologies* (Boston, MA, 2006).

[Labovitz 1997] C. Labovitz, G. R. Malan, F. Jahanian, "Internet Routing Instability," *Proc. 1997 ACM SIGCOMM Conference* (Cannes, France, Sept. 1997), pp. 115–126.

[Labovitz 2010] C. Labovitz, S. Iekel-Johnson, D. McPherson, J. Oberheide, F. Jahanian, "Internet Inter-Domain Traffic," *Proc. 2010 ACM SIGCOMM Conference*.

[Labrador 1999] M. Labrador, S. Banerjee, "Packet Dropping Policies for ATM and IP Networks," *IEEE Communications Surveys*, Vol. 2, No. 3 (Third Quarter 1999), pp. 2–14.

[Lacage 2004] M. Lacage, M.H. Manshaei, T. Turletti, "IEEE 802.11 Rate Adaptation: A Practical Approach," *ACM Int. Symposium on Modeling, Analysis, and Simulation of Wireless and Mobile Systems (MSWiM)* (Venice, Italy, Oct. 2004).

[Lakhina 2005] A. Lakhina, M. Crovella, C. Diot, "Mining Anomalies Using Traffic Feature Distributions," *Proc. 2005 ACM SIGCOMM Conference*.

[Lakshman 1997] T. V. Lakshman, U. Madhow, "The Performance of TCP/IP for Networks with High Bandwidth-Delay Products and Random Loss," *IEEE/ACM Transactions on Networking*, Vol. 5, No. 3 (1997), pp. 336–350.

[Lakshman 2004] T. V. Lakshman, T. Nandagopal, R. Ramjee, K. Sabnani, T. Woo, "The SoftRouter Architecture," *Proc. 3nd ACM Workshop on Hot Topics in Networks (Hotnets-III)*, Nov. 2004.

[Lam 1980] S. Lam, "A Carrier Sense Multiple Access Protocol for Local Networks," *Computer Networks*, Vol. 4 (1980), pp. 21–32.

[Lamport 1989] L. Lamport, "The Part-Time Parliament," Technical Report 49, Systems Research Center, Digital Equipment Corp., Palo Alto, Sept. 1989.

[Lampson 1983] Lampson, Butler W. "Hints for computer system design," *ACM SIGOPS Operating Systems Review*, Vol. 17, No. 5, 1983.

[Lampson 1996] B. Lampson, "How to Build a Highly Available System Using Consensus," *Proc. 10th International Workshop on Distributed Algorithms* (WDAG '96), Özalp Babaoglu and Keith Marzullo (Eds.), Springer-Verlag, pp. 1–17.

[Langley 2017] A. Langley, A. Riddoch, A. Wilk, A. Vicente, C. Krasic, D. Zhang, F. Yang, F. Kouranov, I. Swett, J. Iyengar, J. Bailey, J. Dorfman, J. Roskind, J. Kulik, P. Westin, R. Tenneti, R. Shade, R. Hamilton, V. Vasiliev, W. Chang, Z.

Shi, "The QUIC Transport Protocol: Design and Internet-Scale Deployment," *Proc. 2017 ACM SIGCOMM Conference.*

[**Lawton 2001**] G. Lawton, "Is IPv6 Finally Gaining Ground?" *IEEE Computer Magazine* (Aug. 2001), pp. 11–15.

[**Leighton 2009**] T. Leighton, "Improving Performance on the Internet," *Communications of the ACM*, Vol. 52, No. 2 (Feb. 2009), pp. 44–51.

[**Leiner 1998**] B. Leiner, V. Cerf, D. Clark, R. Kahn, L. Kleinrock, D. Lynch, J. Postel, L. Roberts, S. Woolf, "A Brief History of the Internet," http://www.isoc.org/internet/history/brief.html

[**Leung 2006**] K. Leung, V. O. K. Li, "TCP in Wireless Networks: Issues, Approaches, and Challenges," *IEEE Commun. Surveys and Tutorials*, Vol. 8, No. 4 (2006), pp. 64–79.

[**Levin 2012**] D. Levin, A. Wundsam, B. Heller, N. Handigol, A. Feldmann, "Logically Centralized?: State Distribution Trade-offs in Software Defined Networks," *Proc. First Workshop on Hot Topics in Software Defined Networks* (Aug. 2012), pp. 1–6.

[**Li 2004**] L. Li, D. Alderson, W. Willinger, J. Doyle, "A First-Principles Approach to Understanding the Internet's Router-Level Topology," *Proc. 2004 ACM SIGCOMM Conference* (Portland, OR, Aug. 2004).

[**Li 2007**] J. Li, M. Guidero, Z. Wu, E. Purpus, T. Ehrenkranz, "BGP Routing Dynamics Revisited." *ACM Computer Communication Review* (Apr. 2007).

[**Li 2015**] S. Q. Li, "Building Softcom Ecosystem Foundation," Open Networking Summit, 2015.

[**Li 2017**] Z. Li, W. Wang, C. Wilson, J. Chen, C. Qian, T. Jung, L. Zhang, K. Liu, X.Li, Y. Liu, "FBS-Radar: Uncovering Fake Base Stations at Scale in the Wild," *ISOC Symposium on Network and Distributed System Security (NDSS),* February 2017.

[**Li 2018**] Z. Li, D. Levin, N. Spring, B. Bhattacharjee, "Internet anycast: performance, problems, & potential," *Proc. 2018 ACM SIGCOMM Conference,* pp. 59–73.

[**Lin 2001**] Y. Lin, I. Chlamtac, *Wireless and Mobile Network Architectures*, John Wiley and Sons, New York, NY, 2001.

[**Liogkas 2006**] N. Liogkas, R. Nelson, E. Kohler, L. Zhang, "Exploiting BitTorrent for Fun (but Not Profit)," *6th International Workshop on Peer-to-Peer Systems (IPTPS 2006).*

[**Liu 2003**] J. Liu, I. Matta, M. Crovella, "End-to-End Inference of Loss Nature in a Hybrid Wired/Wireless Environment," *Proc. WiOpt'03: Modeling and Optimization in Mobile, Ad Hoc and Wireless Networks.*

[**Locher 2006**] T. Locher, P. Moor, S. Schmid, R. Wattenhofer, "Free Riding in BitTorrent is Cheap," *Proc. ACM HotNets 2006* (Irvine CA, Nov. 2006).

[**Madhyastha 2017**] H. Madhyastha, "A Case Against Net Neutrality," *IEEE Spectrum,* Dec. 2017, https://spectrum.ieee.org/tech-talk/telecom/internet/a-case-against-net-neutrality

[**Mahdavi 1997**] J. Mahdavi, S. Floyd, "TCP-Friendly Unicast Rate-Based Flow Control," unpublished note (Jan. 1997).

[**Mao 2002**] Z. Mao, C. Cranor, F. Douglis, M. Rabinovich, O. Spatscheck, J. Wang, "A Precise and Efficient Evaluation of the Proximity Between Web Clients and Their Local DNS Servers," *2002 USENIX Annual Technical Conference*, pp. 229–242.

[Mathis 1997] M. Mathis, J. Semke, J. Mahdavi, T. Ott, T. 1997, "The macroscopic behavior of the TCP congestion avoidance algorithm," *ACM SIGCOMM Computer Communication Review*, 27(3): pp. 67–82.

[MaxMind 2020] http://www.maxmind.com/app/ip-location

[McKeown 1997a] N. McKeown, M. Izzard, A. Mekkittikul, W. Ellersick, M. Horowitz, "The Tiny Tera: A Packet Switch Core," *IEEE Micro Magazine* (Jan.–Feb. 1997).

[McKeown 1997b] N. McKeown, "A Fast Switched Backplane for a Gigabit Switched Router," *Business Communications Review*, Vol. 27, No. 12. http://tiny-tera.stanford.edu/~nickm/papers/cisco_fasts_wp.pdf

[McKeown 2008] N. McKeown, T. Anderson, H. Balakrishnan, G. Parulkar, L. Peterson, J. Rexford, S. Shenker, J. Turner. 2008. OpenFlow: Enabling Innovation in Campus Networks. *SIGCOMM Comput. Commun. Rev.* 38, 2 (Mar. 2008), pp. 69–74.

[McQuillan 1980] J. McQuillan, I. Richer, E. Rosen, "The New Routing Algorithm for the Arpanet," *IEEE Transactions on Communications*, Vol. 28, No. 5 (May 1980), pp. 711–719.

[Metcalfe 1976] R. M. Metcalfe, D. R. Boggs. "Ethernet: Distributed Packet Switching for Local Computer Networks," *Communications of the Association for Computing Machinery*, Vol. 19, No. 7 (July 1976), pp. 395–404.

[Meyers 2004] A. Myers, T. Ng, H. Zhang, "Rethinking the Service Model: Scaling Ethernet to a Million Nodes," *ACM Hotnets Conference*, 2004.

[Mijumbi 2016] R. Mijumbi, J. Serrat, J. Gorricho, N. Bouten, F. De Turck and R. Boutaba, "Network Function Virtualization: State-of-the-Art and Research Challenges," *IEEE Communications Surveys & Tutorials*, Vol. 18, No. 1, pp. 236–262, 2016.

[MIT TR 2019] MIT Technology Review, "How a quantum computer could break 2048-bit RSA encryption in 8 hours," May 2019, https://www.technologyreview.com/s/613596/how-a-quantum-computer-could-break-2048-bit-rsa-encryption-in-8-hours/

[Mittal 2015] R. Mittal, V. Lam, N. Dukkipati, E. Blem, H. Wassel, M. Ghobadi, A. Vahdat, Y. Wang, D. Wetherall, D. Zats, "TIMELY: RTT-based Congestion Control for the Datacenter," *Proc. 2015 ACM SIGCOMM Conference*, pp. 537–550.

[Mockapetris 1988] P. V. Mockapetris, K. J. Dunlap, "Development of the Domain Name System," *Proc. 1988 ACM SIGCOMM Conference* (Stanford, CA, Aug. 1988).

[Mockapetris 2005] P. Mockapetris, Sigcomm Award Lecture, video available at http://www.postel.org/sigcomm

[Molinero-Fernandez 2002] P. Molinaro-Fernandez, N. McKeown, H. Zhang, "Is IP Going to Take Over the World (of Communications)?" *Proc. 2002 ACM Hotnets*.

[Molle 1987] M. L. Molle, K. Sohraby, A. N. Venetsanopoulos, "Space-Time Models of Asynchronous CSMA Protocols for Local Area Networks," *IEEE Journal on Selected Areas in Communications*, Vol. 5, No. 6 (1987), pp. 956–968.

[Moshref 2016] M. Moshref, M. Yu, R, Govindan, A. Vahdat, "Trumpet: Timely and Precise Triggers in Data Centers," *Proc. 2016 ACM SIGCOMM Conference*.

[Motorola 2007] Motorola, "Long Term Evolution (LTE): A Technical Overview," http://www.motorola.com/staticfiles/Business/Solutions/Industry%20Solutions/

Service%20Providers/Wireless%20Operators/LTE/_Document/Static%20
Files/6834_MotDoc_New.pdf

[**Mouly 1992**] M. Mouly, M. Pautet, *The GSM System for Mobile Communications*,
Cell and Sys, Palaiseau, France, 1992.

[**Moy 1998**] J. Moy, *OSPF: Anatomy of An Internet Routing Protocol*, Addison-
Wesley, Reading, MA, 1998.

[**Mysore 2009**] R. N. Mysore, A. Pamboris, N. Farrington, N. Huang, P. Miri,
S. Radhakrishnan, V. Subramanya, A. Vahdat, "PortLand: A Scalable Fault-Tolerant
Layer 2 Data Center Network Fabric," *Proc. 2009 ACM SIGCOMM Conference*.

[**Nahum 2002**] E. Nahum, T. Barzilai, D. Kandlur, "Performance Issues in WWW
Servers," *IEEE/ACM Transactions on Networking*, Vol 10, No. 1 (Feb. 2002).

[**Narayan 2018**] A. Narayan, F. Cangialosi, D. Raghavan, P. Goyal, S. Narayana,
R. Mittal, M. Alizadeh, H. Balakrishnan, "Restructuring endpoint congestion con-
trol," *Proc. ACM SIGCOMM 2018 Conference,* pp. 30–43.

[**Netflix Open Connect 2020**] Netflix Open Connect CDN, 2016, https://
openconnect.netflix.com/

[**Netflix Video 1**] Designing Netflix's Content Delivery System, D. Fulllager,
2014, https://www.youtube.com/watch?v=LkLLpYdDINA

[**Netflix Video 2**] Scaling the Netflix Global CDN, D. Temkin, 2015, https://www.
youtube.com/watch?v=tbqcsHg-Q_o

[**Neumann 1997**] R. Neumann, "Internet Routing Black Hole," *The Risks Digest:
Forum on Risks to the Public in Computers and Related Systems*, Vol. 19, No. 12
(May 1997). http://catless.ncl.ac.uk/Risks/19.12.html#subj1.1

[**Neville-Neil 2009**] G. Neville-Neil, "Whither Sockets?" *Communications of the
ACM*, Vol. 52, No. 6 (June 2009), pp. 51–55.

[**Nguyen 2016**] T. Nguyen, C. Bonnet and J. Harri, "SDN-based distributed mobil-
ity management for 5G networks," *2016 IEEE Wireless Communications and
Networking Conference,* Doha, 2016, pp. 1–7.

[**Nichols 2012**] K. Nichols, V. Jacobson. Controlling Queue Delay. *ACM Queue,*
Vol. 10, No. 5, May 2012.

[**Nicholson 2006**] A Nicholson, Y. Chawathe, M. Chen, B. Noble, D. Wetherall,
"Improved Access Point Selection," *Proc. 2006 ACM Mobisys Conference*
(Uppsala Sweden, 2006).

[**Nielsen 1997**] H. F. Nielsen, J. Gettys, A. Baird-Smith, E. Prud'hommeaux, H. W.
Lie, C. Lilley, "Network Performance Effects of HTTP/1.1, CSS1, and PNG," *W3C
Document*, 1997 (also appears in *Proc. 1997 ACM SIGCOM Conference* (Cannes,
France, Sept 1997), pp. 155–166.

[**NIST 2001**] National Institute of Standards and Technology, "Advanced Encryp-
tion Standard (AES)," Federal Information Processing Standards 197, Nov. 2001,
http://csrc.nist.gov/publications/fips/fips197/fips-197.pdf

[**NIST IPv6 2020**] US National Institute of Standards and Technology, "Estimating
IPv6 & DNSSEC Deployment SnapShots," http://fedv6-deployment.antd.nist.gov/
snap-all.html

[**Nmap 2020**] Nmap homepage, https://nmap.org

[**Nonnenmacher 1998**] J. Nonnenmacher, E. Biersak, D. Towsley, "Parity-Based
Loss Recovery for Reliable Multicast Transmission," *IEEE/ACM Transactions on
Networking*, Vol. 6, No. 4 (Aug. 1998), pp. 349–361.

[**Noormohammadpour 2018**] M. Noormohammadpour, C. Raghavendra, Cauligi,

"Datacenter Traffic Control: Understanding Techniques and Trade-offs," *IEEE Communications Surveys & Tutorials,* Vol. 20 (2018), pp. 1492–1525.

[Nygren 2010] Erik Nygren, Ramesh K. Sitaraman, and Jennifer Sun, "The Akamai Network: A Platform for High-performance Internet Applications," *SIGOPS Oper. Syst. Rev.* 44, 3 (Aug. 2010), pp. 2–19.

[ONF 2020] Open Networking Foundation, Specification, https://www.opennetworking.org/software-defined-standards/specifications/

[ONOS 2020] ONOS, https://onosproject.org/collateral/

[OpenDaylight 2020] OpenDaylight, https://www.opendaylight.org/

[OpenDaylight 2020] OpenDaylight, https://www.opendaylight.org/what-we-do/current-release/sodium

[OpenSignal 2019] Opensignal, https://www.opensignal.com/

[Ordonez-Lucena 2017] J. Ordonez-Lucena, P. Ameigeiras, D. Lopez, J. J. Ramos-Munoz, J. Lorca and J. Folgueira, "Network Slicing for 5G with SDN/NFV: Concepts, Architectures, and Challenges," *IEEE Communications Magazine*, Vol. 55, No. 5, pp. 80–87, May 2017.

[Osterweil 2012] E. Osterweil, D. McPherson, S. DiBenedetto, C. Papadopoulos, D. Massey, "Behavior of DNS Top Talkers," *Passive and Active Measurement Conference*, 2012.

[P4 2020] P4 Language Consortium, https://p4.org/

[Padhye 2000] J. Padhye, V. Firoiu, D. Towsley, J. Kurose, "Modeling TCP Reno Performance: A Simple Model and Its Empirical Validation," *IEEE/ACM Transactions on Networking*, Vol. 8, No. 2 (Apr. 2000), pp. 133–145.

[Padhye 2001] J. Padhye, S. Floyd, "On Inferring TCP Behavior," *Proc. 2001 ACM SIGCOMM Conference* (San Diego, CA, Aug. 2001).

[Palat 2009] S. Palat, P. Godin, "The LTE Network Architecture: A Comprehensive Tutorial," in *LTE—The UMTS Long Term Evolution: From Theory to Practice.* Also available as a standalone Alcatel white paper.

[Panda 2013] A. Panda, C. Scott, A. Ghodsi, T. Koponen, S. Shenker, "CAP for Networks," *Proc. 2013 ACM HotSDN Conference*, pp. 91–96.

[Parekh 1993] A. Parekh, R. Gallagher, "A Generalized Processor Sharing Approach to Flow Control in Integrated Services Networks: The Single-Node Case," *IEEE/ACM Transactions on Networking*, Vol. 1, No. 3 (June 1993), pp. 344–357.

[Partridge 1998] C. Partridge, et al. "A Fifty Gigabit per second IP Router," *IEEE/ACM Transactions on Networking*, Vol. 6, No. 3 (Jun. 1998), pp. 237–248.

[Patel 2013] P. Patel, D. Bansal, L. Yuan, A. Murthy, A. Greenberg, D. Maltz, R. Kern, H. Kumar, M. Zikos, H. Wu, C. Kim, N. Karri, "Ananta: Cloud Scale Load Balancing," *Proc. 2013 ACM SIGCOMM Conference.*

[Pathak 2010] A. Pathak, Y. A. Wang, C. Huang, A. Greenberg, Y. C. Hu, J. Li, K. W. Ross, "Measuring and Evaluating TCP Splitting for Cloud Services," *Passive and Active Measurement (PAM) Conference* (Zurich, 2010).

[Peering DB 2020] "The Interconnection Database," https://www.peeringdb.com/

[Peha 2006] J. Peha, "The Benefits and Risks of Mandating Network Neutrality, and the Quest for a Balanced Policy," *Proc. 2006 Telecommunication Policy Research Conference (TPRC),* https://ssrn.com/abstract=2103831

[Perkins 1994] A. Perkins, "Networking with Bob Metcalfe," *The Red Herring Magazine* (Nov. 1994).

[Perkins 1998b] C. Perkins, *Mobile IP: Design Principles and Practice*, Addison-Wesley, Reading, MA, 1998.

[Perkins 2000] C. Perkins, *Ad Hoc Networking*, Addison-Wesley, Reading, MA, 2000.

[Perlman 1999] R. Perlman, *Interconnections: Bridges, Routers, Switches, and Internetworking Protocols*, 2nd edition, Addison-Wesley Professional Computing Series, Reading, MA, 1999.

[PGP 2020] Symantec PGP, https://www.symantec.com/products/encryption, 2020

[Phifer 2000] L. Phifer, "The Trouble with NAT," *The Internet Protocol Journal*, Vol. 3, No. 4 (Dec. 2000), http://www.cisco.com/warp/public/759/ipj_3-4/ipj_3-4_nat.html

[Piatek 2008] M. Piatek, T. Isdal, A. Krishnamurthy, T. Anderson, "One Hop Reputations for Peer-to-peer File Sharing Workloads," *Proc. NSDI* (2008).

[Pickholtz 1982] R. Pickholtz, D. Schilling, L. Milstein, "Theory of Spread Spectrum Communication—a Tutorial," *IEEE Transactions on Communications*, Vol. 30, No. 5 (May 1982), pp. 855–884.

[PingPlotter 2020] PingPlotter homepage, http://www.pingplotter.com

[Pomeranz 2010] H. Pomeranz, "Practical, Visual, Three-Dimensional Pedagogy for Internet Protocol Packet Header Control Fields," https://righteousit.wordpress.com/2010/06/27/practical-visual-three-dimensional-pedagogy-for-internet-protocol-packet-header-control-fields/, June 2010.

[Quagga 2012] Quagga, "Quagga Routing Suite," http://www.quagga.net/

[Qualcomm 2019] *Qualcomm,* "Everything you want to know about 5G," https://www.qualcomm.com/invention/5g/what-is-5g

[Qazi 2013] Z. Qazi, C. Tu, L. Chiang, R. Miao, V. Sekar, M. Yu, "SIMPLE-fying Middlebox Policy Enforcement Using SDN," *Proc. ACM SIGCOMM Conference* (Aug. 2013), pp. 27–38.

[Quic 2020] https://quicwg.org/

[QUIC-recovery 2020] J. Iyengar, Ed.,I. Swett, Ed., "QUIC Loss Detection and Congestion Control," Internet Draft draft-ietf-quic-recovery-latest, April 20, 2020.

[Quittner 1998] J. Quittner, M. Slatalla, *Speeding the Net: The Inside Story of Netscape and How It Challenged Microsoft*, Atlantic Monthly Press, 1998.

[Quova 2020] www.quova.com

[Raiciu 2010] C. Raiciu, C. Pluntke, S. Barre, A. Greenhalgh, D. Wischik, M. Handley, "Data Center Networking with Multipath TCP," *Proc. 2010 ACM SIGCOMM Conference.*

[Ramakrishnan 1990] K. K. Ramakrishnan, R. Jain, "A Binary Feedback Scheme for Congestion Avoidance in Computer Networks," *ACM Transactions on Computer Systems*, Vol. 8, No. 2 (May 1990), pp. 158–181.

[Raman 2007] B. Raman, K. Chebrolu, "Experiences in Using WiFi for Rural Internet in India," *IEEE Communications Magazine*, Special Issue on New Directions in Networking Technologies in Emerging Economies (Jan. 2007).

[Ramjee 1994] R. Ramjee, J. Kurose, D. Towsley, H. Schulzrinne, "Adaptive Playout Mechanisms for Packetized Audio Applications in Wide-Area Networks," *Proc. 1994 IEEE INFOCOM.*

[Rescorla 2001] E. Rescorla, *SSL and TLS: Designing and Building Secure Systems*, Addison-Wesley, Boston, 2001.

[RFC 001] S. Crocker, "Host Software," RFC 001 (the *very first* RFC!).

[RFC 768] J. Postel, "User Datagram Protocol," RFC 768, Aug. 1980.

[RFC 791] J. Postel, "Internet Protocol: DARPA Internet Program Protocol Specification," RFC 791, Sept. 1981.

[RFC 792] J. Postel, "Internet Control Message Protocol," RFC 792, Sept. 1981.

[RFC 793] J. Postel, "Transmission Control Protocol," RFC 793, Sept. 1981.

[RFC 801] J. Postel, "NCP/TCP Transition Plan," RFC 801, Nov. 1981.

[RFC 826] D. C. Plummer, "An Ethernet Address Resolution Protocol—or—Converting Network Protocol Addresses to 48-bit Ethernet Address for Transmission on Ethernet Hardware," RFC 826, Nov. 1982.

[RFC 829] V. Cerf, "Packet Satellite Technology Reference Sources," RFC 829, Nov. 1982.

[RFC 854] J. Postel, J. Reynolds, "TELNET Protocol Specification," RFC 854, May 1993.

[RFC 950] J. Mogul, J. Postel, "Internet Standard Subnetting Procedure," RFC 950, Aug. 1985.

[RFC 959] J. Postel and J. Reynolds, "File Transfer Protocol (FTP)," RFC 959, Oct. 1985.

[RFC 1034] P. V. Mockapetris, "Domain Names—Concepts and Facilities," RFC 1034, Nov. 1987.

[RFC 1035] P. Mockapetris, "Domain Names—Implementation and Specification," RFC 1035, Nov. 1987.

[RFC 1071] R. Braden, D. Borman, and C. Partridge, "Computing the Internet Checksum," RFC 1071, Sept. 1988.

[RFC 1122] R. Braden, "Requirements for Internet Hosts—Communication Layers," RFC 1122, Oct. 1989.

[RFC 1191] J. Mogul, S. Deering, "Path MTU Discovery," RFC 1191, Nov. 1990.

[RFC 1320] R. Rivest, "The MD4 Message-Digest Algorithm," RFC 1320, Apr. 1992.

[RFC 1321] R. Rivest, "The MD5 Message-Digest Algorithm," RFC 1321, Apr. 1992.

[RFC 1422] S. Kent, "Privacy Enhancement for Internet Electronic Mail: Part II: Certificate-Based Key Management," RFC 1422.

[RFC 1546] C. Partridge, T. Mendez, W. Milliken, "Host Anycasting Service," RFC 1546, 1993.

[RFC 1584] J. Moy, "Multicast Extensions to OSPF," RFC 1584, Mar. 1994.

[RFC 1633] R. Braden, D. Clark, S. Shenker, "Integrated Services in the Internet Architecture: an Overview," RFC 1633, June 1994.

[RFC 1752] S. Bradner, A. Mankin, "The Recommendations for the IP Next Generation Protocol," RFC 1752, Jan. 1995.

[RFC 1918] Y. Rekhter, B. Moskowitz, D. Karrenberg, G. J. de Groot, E. Lear, "Address Allocation for Private Internets," RFC 1918, Feb. 1996.

[RFC 1930] J. Hawkinson, T. Bates, "Guidelines for Creation, Selection, and Registration of an Autonomous System (AS)," RFC 1930, Mar. 1996.

[RFC 1945] T. Berners-Lee, R. Fielding, H. Frystyk, "Hypertext Transfer Protocol—HTTP/1.0," RFC 1945, May 1996.

[**RFC 1958**] B. Carpenter, "Architectural Principles of the Internet," RFC 1958, June 1996.

[**RFC 2003**] C. Perkins, "IP Encapsulation Within IP," RFC 2003, Oct. 1996.

[**RFC 2004**] C. Perkins, "Minimal Encapsulation Within IP," RFC 2004, Oct. 1996.

[**RFC 2018**] M. Mathis, J. Mahdavi, S. Floyd, A. Romanow, "TCP Selective Acknowledgment Options," RFC 2018, Oct. 1996.

[**RFC 2104**] H. Krawczyk, M. Bellare, R. Canetti, "HMAC: Keyed-Hashing for Message Authentication," RFC 2104, Feb. 1997.

[**RFC 2131**] R. Droms, "Dynamic Host Configuration Protocol," RFC 2131, Mar. 1997.

[**RFC 2136**] P. Vixie, S. Thomson, Y. Rekhter, J. Bound, "Dynamic Updates in the Domain Name System," RFC 2136, Apr. 1997.

[**RFC 2328**] J. Moy, "OSPF Version 2," RFC 2328, Apr. 1998.

[**RFC 2420**] H. Kummert, "The PPP Triple-DES Encryption Protocol (3DESE)," RFC 2420, Sept. 1998.

[**RFC 2460**] S. Deering, R. Hinden, "Internet Protocol, Version 6 (IPv6) Specification," RFC 2460, Dec. 1998.

[**RFC 2578**] K. McCloghrie, D. Perkins, J. Schoenwaelder, "Structure of Management Information Version 2 (SMIv2)," RFC 2578, Apr. 1999.

[**RFC 2579**] K. McCloghrie, D. Perkins, J. Schoenwaelder, "Textual Conventions for SMIv2," RFC 2579, Apr. 1999.

[**RFC 2580**] K. McCloghrie, D. Perkins, J. Schoenwaelder, "Conformance Statements for SMIv2," RFC 2580, Apr. 1999.

[**RFC 2581**] M. Allman, V. Paxson, W. Stevens, "TCP Congestion Control," RFC 2581, Apr. 1999.

[**RFC 2663**] P. Srisuresh, M. Holdrege, "IP Network Address Translator (NAT) Terminology and Considerations," RFC 2663.

[**RFC 2702**] D. Awduche, J. Malcolm, J. Agogbua, M. O'Dell, J. McManus, "Requirements for Traffic Engineering Over MPLS," RFC 2702, Sept. 1999.

[**RFC 2827**] P. Ferguson, D. Senie, "Network Ingress Filtering: Defeating Denial of Service Attacks which Employ IP Source Address Spoofing," RFC 2827, May 2000.

[**RFC 2865**] C. Rigney, S. Willens, A. Rubens, W. Simpson, "Remote Authentication Dial In User Service (RADIUS)," RFC 2865, June 2000.

[**RFC 2992**] C. Hopps, "Analysis of an Equal-Cost Multi-Path Algorithm," RFC 2992, Nov 2000.

[**RFC 3007**] B. Wellington, "Secure Domain Name System (DNS) Dynamic Update," RFC 3007, Nov. 2000.

[**RFC 3022**] P. Srisuresh, K. Egevang, "Traditional IP Network Address Translator (Traditional NAT)," RFC 3022, Jan. 2001.

[**RFC 3031**] E. Rosen, A. Viswanathan, R. Callon, "Multiprotocol Label Switching Architecture," RFC 3031, Jan. 2001.

[**RFC 3032**] E. Rosen, D. Tappan, G. Fedorkow, Y. Rekhter, D. Farinacci, T. Li, A. Conta, "MPLS Label Stack Encoding," RFC 3032, Jan. 2001.

[RFC 3168] K. Ramakrishnan, S. Floyd, D. Black, "The Addition of Explicit Congestion Notification (ECN) to IP," RFC 3168, Sept. 2001.

[RFC 3209] D. Awduche, L. Berger, D. Gan, T. Li, V. Srinivasan, G. Swallow, "RSVP-TE: Extensions to RSVP for LSP Tunnels," RFC 3209, Dec. 2001.

[RFC 3232] J. Reynolds, "Assigned Numbers: RFC 1700 Is Replaced by an On-line Database," RFC 3232, Jan. 2002.

[RFC 3234] B. Carpenter, S. Brim, "Middleboxes: Taxonomy and Issues," RFC 3234, Feb. 2002.

[RFC 3261] J. Rosenberg, H. Schulzrinne, G. Carmarillo, A. Johnston, J. Peterson, R. Sparks, M. Handley, E. Schooler, "SIP: Session Initiation Protocol," RFC 3261, July 2002.

[RFC 3272] J. Boyle, V. Gill, A. Hannan, D. Cooper, D. Awduche, B. Christian, W. S. Lai, "Overview and Principles of Internet Traffic Engineering," RFC 3272, May 2002.

[RFC 3286] L. Ong, J. Yoakum, "An Introduction to the Stream Control Transmission Protocol (SCTP)," RFC 3286, May 2002.

[RFC 3346] J. Boyle, V. Gill, A. Hannan, D. Cooper, D. Awduche, B. Christian, W. S. Lai, "Applicability Statement for Traffic Engineering with MPLS," RFC 3346, Aug. 2002.

[RFC 3390] M. Allman, S. Floyd, C. Partridge, "Increasing TCP's Initial Window," RFC 3390, Oct. 2002.

[RFC 3410] J. Case, R. Mundy, D. Partain, "Introduction and Applicability Statements for Internet Standard Management Framework," RFC 3410, Dec. 2002.

[RFC 3439] R. Bush, D. Meyer, "Some Internet Architectural Guidelines and Philosophy," RFC 3439, Dec. 2003.

[RFC 3447] J. Jonsson, B. Kaliski, "Public-Key Cryptography Standards (PKCS) #1: RSA Cryptography Specifications Version 2.1," RFC 3447, Feb. 2003.

[RFC 3468] L. Andersson, G. Swallow, "The Multiprotocol Label Switching (MPLS) Working Group Decision on MPLS Signaling Protocols," RFC 3468, Feb. 2003.

[RFC 3469] V. Sharma, Ed., F. Hellstrand, Ed, "Framework for Multi-Protocol Label Switching (MPLS)-based Recovery," RFC 3469, Feb. 2003. ftp://ftp.rfc-editor.org/in-notes/rfc3469.txt

[RFC 3535] J. Schönwälder, "Overview of the 2002 IAB Network Management Workshop," RFC 3535, May 2003.

[RFC 3550] H. Schulzrinne, S. Casner, R. Frederick, V. Jacobson, "RTP: A Transport Protocol for Real-Time Applications," RFC 3550, July 2003.

[RFC 3588] P. Calhoun, J. Loughney, E. Guttman, G. Zorn, J. Arkko, "Diameter Base Protocol," RFC 3588, Sept. 2003.

[RFC 3746] L. Yang, R. Dantu, T. Anderson, R. Gopal, "Forwarding and Control Element Separation (ForCES) Framework," Internet, RFC 3746, Apr. 2004.

[RFC 3748] B. Aboba, L. Blunk, J. Vollbrecht, J. Carlson, H. Levkowetz, Ed., "Extensible Authentication Protocol (EAP)," RFC 3748, June 2004.

[RFC 4022] R. Raghunarayan, Ed., "Management Information Base for the Transmission Control Protocol (TCP)," RFC 4022, March 2005.

[RFC 4033] R. Arends, R. Austein, M. Larson, D. Massey, S. Rose, "DNS Security Introduction and Requirements, RFC 4033, March 2005.

[RFC 4113] B. Fenner, J. Flick, "Management Information Base for the User Datagram Protocol (UDP)," RFC 4113, June 2005.

[RFC 4213] E. Nordmark, R. Gilligan, "Basic Transition Mechanisms for IPv6 Hosts and Routers," RFC 4213, Oct. 2005.

[RFC 4271] Y. Rekhter, T. Li, S. Hares, Ed., "A Border Gateway Protocol 4 (BGP-4)," RFC 4271, Jan. 2006.

[RFC 4291] R. Hinden, S. Deering, "IP Version 6 Addressing Architecture," RFC 4291, Feb. 2006.

[RFC 4293] S. Routhier, Ed., "Management Information Base for the Internet Protocol (IP)," RFC 4293, April 2006.

[RFC 4340] E. Kohler, M. Handley, S. Floyd, "Datagram Congestion Control Protocol (DCCP)," RFC 4340, Mar. 2006.

[RFC 4346] T. Dierks, E. Rescorla, "The Transport Layer Security (TLS) Protocol Version 1.1," RFC 4346, Apr. 2006.

[RFC 4514] K. Zeilenga, Ed., "Lightweight Directory Access Protocol (LDAP): String Representation of Distinguished Names," RFC 4514, June 2006.

[RFC 4632] V. Fuller, T. Li, "Classless Inter-domain Routing (CIDR): The Internet Address Assignment and Aggregation Plan," RFC 4632, Aug. 2006.

[RFC 4960] R. Stewart, ed., "Stream Control Transmission Protocol," RFC 4960, Sept. 2007.

[RFC 4987] W. Eddy, "TCP SYN Flooding Attacks and Common Mitigations," RFC 4987, Aug. 2007.

[RFC 5128] P. Srisuresh, B. Ford, D. Kegel, "State of Peer-to-Peer (P2P) Communication across Network Address Translators (NATs)," March 2008, RFC 5128.

[RFC 5246] T. Dierks, E. Rescorla, "The Transport Layer Security (TLS) Protocol, Version 1.2," RFC 5246, Aug. 2008.

[RFC 5277] S. Chisholm H. Trevino, "NETCONF Event Notifications," RFC 5277, July 2008.

[RFC 5321] J. Klensin, "Simple Mail Transfer Protocol," RFC 5321, Oct. 2008.

[RFC 5389] J. Rosenberg, R. Mahy, P. Matthews, D. Wing, "Session Traversal Utilities for NAT (STUN)," RFC 5389, Oct. 2008.

[RFC 5681] M. Allman, V. Paxson, E. Blanton, "TCP Congestion Control," RFC 5681, Sept. 2009.

[RFC 5944] C. Perkins, Ed., "IP Mobility Support for IPv4, Revised," RFC 5944, Nov. 2010.

[RFC 6020] M. Bjorklund, "YANG—A Data Modeling Language for the Network Configuration Protocol (NETCONF)," RFC 6020, Oct. 2010.

[RFC 6241] R. Enns, M. Bjorklund, J. Schönwälder, A. Bierman, "Network Configuration Protocol (NETCONF)," RFC 6241, June 2011.

[RFC 6265] A Barth, "HTTP State Management Mechanism," RFC 6265, Apr. 2011.

[RFC 6298] V. Paxson, M. Allman, J. Chu, M. Sargent, "Computing TCP's Retransmission Timer," RFC 6298, June 2011.

[RFC 6582] T. Henderson, S. Floyd, A. Gurtov, Y. Nishida, "The NewReno Modification to TCP's Fast Recovery Algorithm," RFC 6582, April 2012.

[RFC 6733] V. Fajardo, J. Arkko, J. Loughney, G. Zorn, "Diameter Base Protocol," RFC 6733, Oct. 2012.

[RFC 7020] R. Housley, J. Curran, G. Huston, D. Conrad, "The Internet Numbers Registry System," RFC 7020, Aug. 2013.

[RFC 7094] D. McPherson, D. Oran, D. Thaler, E. Osterweil, "Architectural Considerations of IP Anycast," RFC 7094, Jan. 2014.

[RFC 7230] R. Fielding, Ed., J. Reschke, "Hypertext Transfer Protocol (HTTP/1.1): Message Syntax and Routing," RFC 7230, June 2014.

[RFC 7232] R. Fielding, Ed., J. Reschke, Ed., "Hypertext Transfer Protocol (HTTP/1.1): Conditional Requests," RFC 7232, June 2014.

[RFC 7234] R. Fielding, Ed., M. Nottingham, Ed., J. Reschke, Ed., "Hypertext Transfer Protocol (HTTP/1.1): Caching," RFC 7234, June 2014.

[RFC 7323] D. Borman, S. Braden, V. Jacobson, R. Scheffenegger, "TCP Extensions for High Performance," RFC 7323, Sept. 2014.

[RFC 7540] M. Belshe, R. Peon, M. Thomson (Eds), "Hypertext Transfer Protocol Version 2 (HTTP/2)," RFC 7540, May 2015.

[RFC 8033] R. Pan, P. Natarajan, F. Baker, G. White, "Proportional Integral Controller Enhanced (PIE): A Lightweight Control Scheme to Address the Bufferbloat Problem," RFC 8033, Feb. 2017.

[RFC 8034] G. White, R. Pan, "Active Queue Management (AQM) Based on Proportional Integral Controller Enhanced (PIE) for Data-Over-Cable Service Interface Specifications (DOCSIS) Cable Modems," RFC 8034, Feb. 2017.

[RFC 8257] S. Bensley, D. Thaler, P. Balasubramanian, L. Eggert, G. Judd, "Data Center TCP (DCTCP): TCP Congestion Control for Data Centers, RFC 8257, October 2017.

[RFC 8312] L. Xu, S. Ha, A. Zimmermann, L. Eggert, R. Scheffenegger, "CUBIC for Fast Long-Distance Networks," RFC 8312, Feb. 2018.

[Richter 2015] P. Richter, M. Allman, R. Bush, V. Paxson, "A Primer on IPv4 Scarcity," *ACM SIGCOMM Computer Communication Review*, Vol. 45, No. 2 (Apr. 2015), pp. 21–32.

[Roberts 1967] L. Roberts, T. Merril, "Toward a Cooperative Network of Time-Shared Computers," *AFIPS Fall Conference* (Oct. 1966).

[Rom 1990] R. Rom, M. Sidi, *Multiple Access Protocols: Performance and Analysis*, Springer-Verlag, New York, 1990.

[Rommer 2019] S. Rommer, P. Hedman, M. Olsson, L. Frid, S. Sultana, C. Mulligan, *5G Core Networks: Powering Digitalization,* Academic Press, 2019.

[Root Servers 2020] Root Servers home page, http://www.root-servers.org/

[Roy 2015] A. Roy, H.i Zeng, J. Bagga, G. Porter, A. Snoeren, "Inside the Social Network's (Datacenter) Network," *Proc. 2015 ACM SIGCOMM Conference,* pp. 123–137.

[RSA 1978] R. Rivest, A. Shamir, L. Adelman, "A Method for Obtaining Digital Signatures and Public-key Cryptosystems," *Communications of the ACM*, Vol. 21, No. 2 (Feb. 1978), pp. 120–126.

[Rubenstein 1998] D. Rubenstein, J. Kurose, D. Towsley, "Real-Time Reliable Multicast Using Proactive Forward Error Correction," *Proceedings of NOSSDAV' 98* (Cambridge, UK, July 1998).

[**Ruiz-Sanchez 2001**] M. Ruiz-Sánchez, E. Biersack, W. Dabbous, "Survey and Taxonomy of IP Address Lookup Algorithms," *IEEE Network Magazine*, Vol. 15, No. 2 (Mar./Apr. 2001), pp. 8–23.

[**Saltzer 1984**] J. Saltzer, D. Reed, D. Clark, "End-to-End Arguments in System Design," *ACM Transactions on Computer Systems (TOCS)*, Vol. 2, No. 4 (Nov. 1984).

[**Saroiu 2002**] S. Saroiu, P. K. Gummadi, S. D. Gribble, "A Measurement Study of Peer-to-Peer File Sharing Systems," *Proc. of Multimedia Computing and Networking (MMCN)* (2002).

[**Sauter 2014**] M. Sauter, *From GSM to LTE-Advanced*, John Wiley and Sons, 2014.

[**Savage 2015**] D. Savage, J. Ng, S. Moore, D. Slice, P. Paluch, R. White, "Enhanced Interior Gateway Routing Protocol," Internet Draft, draft-savage-eigrp-04.txt, Aug. 2015.

[**Saydam 1996**] T. Saydam, T. Magedanz, "From Networks and Network Management into Service and Service Management," *Journal of Networks and System Management*, Vol. 4, No. 4 (Dec. 1996), pp. 345–348.

[**Schiller 2003**] J. Schiller, *Mobile Communications,* 2nd edition, Addison Wesley, 2003.

[**Schneier 2015**] B. Schneier, *Applied Cryptography: Protocols, Algorithms, and Source Code in C,* Wiley, 2015.

[**Schönwälder 2010**] J. Schönwälder, M. Björklund, P. Shafer, "Network configuration management using NETCONF and YANG," *IEEE Communications Magazine,* 2010, Vol. 48, No. 9, pp. 166–173.

[**Schwartz 1977**] M. Schwartz, *Computer-Communication Network Design and Analysis*, Prentice-Hall, Englewood Cliffs, NJ, 1997.

[**Schwartz 1980**] M. Schwartz, *Information, Transmission, Modulation, and Noise,* McGraw Hill, New York, NY 1980.

[**Schwartz 1982**] M. Schwartz, "Performance Analysis of the SNA Virtual Route Pacing Control," *IEEE Transactions on Communications*, Vol. 30, No. 1 (Jan. 1982), pp. 172–184.

[**Scourias 2012**] J. Scourias, "Overview of the Global System for Mobile Communications: GSM." http://www.privateline.com/PCS/GSM0.html

[**Segaller 1998**] S. Segaller, *Nerds 2.0.1, A Brief History of the Internet*, TV Books, New York, 1998.

[**Serpanos 2011**] D. Serpanos, T. Wolf, *Architecture of Network Systems*, Morgan Kaufmann Publishers, 2011.

[**Shacham 1990**] N. Shacham, P. McKenney, "Packet Recovery in High-Speed Networks Using Coding and Buffer Management," *Proc. 1990 IEEE Infocom* (San Francisco, CA, Apr. 1990), pp. 124–131.

[**Shaikh 2001**] A. Shaikh, R. Tewari, M. Agrawal, "On the Effectiveness of DNS-based Server Selection," *Proc. 2001 IEEE INFOCOM*.

[**Sherry 2012**] J. Sherry, S. Hasan, C. Scott, A. Krishnamurthy, S. Ratnasamy, V. Sekar, "Making middleboxes someone else's problem: network processing as a cloud service," *Proc. 2012 ACM SIGCOMM Conference.*

[**Singh 1999**] S. Singh, *The Code Book: The Evolution of Secrecy from Mary, Queen of Scotsto Quantum Cryptography*, Doubleday Press, 1999.

[Singh 2015] A. Singh et al., "Jupiter Rising: A Decade of Clos Topologies and Centralized Control in Google's Datacenter Network," *Proc. 2015 ACM SIGCOMM Conference,* pp. 183–197.

[Smith 2009] J. Smith, "Fighting Physics: A Tough Battle," *Communications of the ACM*, Vol. 52, No. 7 (July 2009), pp. 60–65.

[Smithsonian 2017] Smithsonian Magazine, "How Other Countries Deal with Net Neutrality," https://www.smithsonianmag.com/innovation/how-other-countries-deal-net-neutrality-180967558/

[Snort 2012] Sourcefire Inc., Snort homepage, http://www.snort.org/

[Solensky 1996] F. Solensky, "IPv4 Address Lifetime Expectations," in *IPng: Internet Protocol Next Generation* (S. Bradner, A. Mankin, ed.), Addison-Wesley, Reading, MA, 1996.

[Speedtest 2020] https://www.speedtest.net/

[Spragins 1991] J. D. Spragins, *Telecommunications Protocols and Design*, Addison-Wesley, Reading, MA, 1991.

[Srikant 2012] R. Srikant, *The mathematics of Internet congestion control,* Springer Science & Business Media, 2012.

[Statista 2019] "Mobile internet usage worldwide - Statistics & Facts," https://www.statista.com/topics/779/mobile-internet/

[Steinder 2002] M. Steinder, A. Sethi, "Increasing Robustness of Fault Localization Through Analysis of Lost, Spurious, and Positive Symptoms," *Proc. 2002 IEEE INFOCOM.*

[Stevens 1990] W. R. Stevens, *Unix Network Programming*, Prentice-Hall, Englewood Cliffs, NJ.

[Stevens 1994] W. R. Stevens, *TCP/IP Illustrated, Vol. 1: The Protocols*, Addison-Wesley, Reading, MA, 1994.

[Stevens 1997] W. R. Stevens, *Unix Network Programming, Volume 1: Networking APIs-Sockets and XTI*, 2nd edition, Prentice-Hall, Englewood Cliffs, NJ, 1997.

[Stewart 1999] J. Stewart, *BGP4: Interdomain Routing in the Internet*, Addison-Wesley, 1999.

[Stone 1998] J. Stone, M. Greenwald, C. Partridge, J. Hughes, "Performance of Checksums and CRC's Over Real Data," *IEEE/ACM Transactions on Networking*, Vol. 6, No. 5 (Oct. 1998), pp. 529–543.

[Stone 2000] J. Stone, C. Partridge, "When Reality and the Checksum Disagree," *Proc. 2000 ACM SIGCOMM Conference* (Stockholm, Sweden, Aug. 2000).

[Strayer 1992] W. T. Strayer, B. Dempsey, A. Weaver, *XTP: The Xpress Transfer Protocol*, Addison-Wesley, Reading, MA, 1992.

[Stubblefield 2002] A. Stubblefield, J. Ioannidis, A. Rubin, "Using the Fluhrer, Mantin, and Shamir Attack to Break WEP," *Proceedings of 2002 Network and Distributed Systems Security Symposium* (2002), pp. 17–22.

[Subramanian 2000] M. Subramanian, *Network Management: Principles and Practice*, Addison-Wesley, Reading, MA, 2000.

[Subramanian 2002] L. Subramanian, S. Agarwal, J. Rexford, R. Katz, "Characterizing the Internet Hierarchy from Multiple Vantage Points," *Proc. 2002 IEEE INFOCOM.*

[Sundaresan 2006] K. Sundaresan, K. Papagiannaki, "The Need for Cross-layer Information in Access Point Selection," *Proc. 2006 ACM Internet Measurement Conference* (Rio De Janeiro, Oct. 2006).

[Sunshine 1978] C. Sunshine, Y. Dalal, "Connection Management in Transport Protocols," *Computer Networks*, North-Holland, Amsterdam, 1978.

[Tan 2006] K. Tan, J. Song, Q. Zhang and M. Sridharan, "A Compound TCP Approach for High-Speed and Long Distance Networks," *Proc. 2006 IEEE INFOCOM*.

[Tariq 2008] M. Tariq, A. Zeitoun, V. Valancius, N. Feamster, M. Ammar, "Answering What-If Deployment and Configuration Questions with WISE," *Proc. 2008 ACM SIGCOMM Conference* (Aug. 2008).

[Teixeira 2006] R. Teixeira, J. Rexford, "Managing Routing Disruptions in Internet Service Provider Networks," *IEEE Communications Magazine* Vol. 44, No. 3 (Mar. 2006) pp. 160–165.

[Think 2012] Technical History of Network Protocols, "Cyclades," http://www.cs.utexas.edu/users/chris/think/Cyclades/index.shtml

[Tian 2012] Y. Tian, R. Dey, Y. Liu, K. W. Ross, "China's Internet: Topology Mapping and Geolocating," *IEEE INFOCOM Mini-Conference 2012* (Orlando, FL, 2012).

[TLD list 2020] TLD list maintained by Wikipedia, https://en.wikipedia.org/wiki/List_of_Internet_top-level_domains

[Tobagi 1990] F. Tobagi, "Fast Packet Switch Architectures for Broadband Integrated Networks," *Proc. IEEE*, Vol. 78, No. 1 (Jan. 1990), pp. 133–167.

[TOR 2020] Tor: Anonymity Online, http://www.torproject.org

[Torres 2011] R. Torres, A. Finamore, J. R. Kim, M. M. Munafo, S. Rao, "Dissecting Video Server Selection Strategies in the YouTube CDN," *Proc. 2011 Int. Conf. on Distributed Computing Systems*.

[Tourrilhes 2014] J. Tourrilhes, P. Sharma, S. Banerjee, J. Petit, "SDN and Openflow Evolution: A Standards Perspective," *IEEE Computer Magazine*, Nov. 2014, Vol. 47, No. 11, pp. 22–29.

[Turner 1988] J. S. Turner, "Design of a Broadcast packet switching network," *IEEE Transactions on Communications*, Vol. 36, No. 6 (June 1988), pp. 734–743.

[Turner 2012] B. Turner, "2G, 3G, 4G Wireless Tutorial," http://blogs.nmscommunications.com/communications/2008/10/2g-3g-4g-wireless-tutorial.html

[van der Berg 2008] R. van der Berg, "How the 'Net Works: An Introduction to Peering and Transit," http://arstechnica.com/guides/other/peering-and-transit.ars

[van der Merwe 1998] J. van der Merwe, S. Rooney, I. Leslie, S. Crosby, "The Tempest: A Practical Framework for Network Programmability," *IEEE Network*, Vol. 12, No. 3 (May 1998), pp. 20–28.

[Vanhoef 2017] M. Vanhoef, F. Piessens, " Key Reinstallation Attacks: Forcing Nonce Reuse in WPA2," *2017 ACM SIGSAC Conference on Computer and Communications Security (CCS '17)*, pp. 1313–1328.

[Varghese 1997] G. Varghese, A. Lauck, "Hashed and Hierarchical Timing Wheels: Efficient Data Structures for Implementing a Timer Facility," *IEEE/ACM Transactions on Networking*, Vol. 5, No. 6 (Dec. 1997), pp. 824–834.

[Vasudevan 2005] S. Vasudevan, C. Diot, J. Kurose, D. Towsley, "Facilitating Access Point Selection in IEEE 802.11 Wireless Networks," *Proc. 2005 ACM Internet Measurement Conference*, (San Francisco CA, Oct. 2005).

[Venkataramani 2014] A. Venkataramani, J. Kurose, D. Raychaudhuri, K. Naga-raja, M. Mao, S. Banerjee, "MobilityFirst: A Mobility-Centric and Trustworthy Internet Architecture," *ACM Computer Communication Review,* July 2014.

[Villamizar 1994] C. Villamizar, C. Song. "High Performance TCP in ANSNET," *ACM SIGCOMM Computer Communications Review*, Vol. 24, No. 5 (1994), pp. 45–60.

[Viterbi 1995] A. Viterbi, *CDMA: Principles of Spread Spectrum Communication*, Addison-Wesley, Reading, MA, 1995.

[Vixie 2009] P. Vixie, "What DNS Is Not," *Communications of the ACM*, Vol. 52, No. 12 (Dec. 2009), pp. 43–47.

[Wakeman 1992] I. Wakeman, J. Crowcroft, Z. Wang, D. Sirovica, "Is Layering Harmful (remote procedure call)," *IEEE Network,* Vol. 6, No. 1 (Jan. 1992), pp. 20–24.

[Waldrop 2007] M. Waldrop, "Data Center in a Box," *Scientific American* (July 2007).

[Walfish 2004] M. Walfish, J. Stribling, M. Krohn, H. Balakrishnan, R. Morris, S. Shenker, "Middleboxes No Longer Considered Harmful," *USENIX OSDI 2004* San Francisco, CA, December 2004.

[Wang 2011] Z. Wang, Z. Qian, Q. Xu, Z. Mao, M. Zhang, "An untold story of middleboxes in cellular networks," *Proc. 2011 ACM SIGCOMM Conference.*

[Wei 2006] D. X. Wei, C. Jin, S. H. Low and S. Hegde, "FAST TCP: Motivation, Architecture, Algorithms, Performance," *IEEE/ACM Transactions on Networking,* Vol. 14, No. 6, pp. 1246–1259, Dec. 2006.

[Wei 2006] W. Wei, C. Zhang, H. Zang, J. Kurose, D. Towsley, "Inference and Evaluation of Split-Connection Approaches in Cellular Data Networks," *Proc. Active and Passive Measurement Workshop* (Adelaide, Australia, Mar. 2006).

[Weiser 1991] M. Weiser, "The Computer for the Twenty-First Century," *Scientific American* (Sept. 1991): 94–10. http://www.ubiq.com/hypertext/weiser/SciAmDraft3.html

[Wifi 2019] The WiFi Alliance, "WPA3™ Security Considerations Overview," April 2019.

[WiFi 2020] The WiFi Alliance, https://www.wi-fi.org/

[Williams 1993] R. Williams, "A Painless Guide to CRC Error Detection Algorithms," http://www.ross.net/crc/crcpaper.html

[Wireshark 2020] Wireshark homepage, http://www.wireshark.org

[Wischik 2005] D. Wischik, N. McKeown, "Part I: Buffer Sizes for Core Routers," *ACM SIGCOMM Computer Communications Review*, Vol. 35, No. 3 (July 2005).

[Woo 1994] T. Woo, R. Bindignavle, S. Su, S. Lam, "SNP: an interface for secure network programming," *Proc. 1994 Summer USENIX* (Boston, MA, June 1994), pp. 45–58.

[Wright 2015] J. Wright, J., *Hacking Exposed Wireless,* McGraw-Hill Education, 2015.

[Wu 2005] J. Wu, Z. M. Mao, J. Rexford, J. Wang, "Finding a Needle in a Haystack: Pinpointing Significant BGP Routing Changes in an IP Network," *Proc. USENIX NSDI* (2005).

[W3Techs] World Wide Web Technology Surveys, 2020. https://w3techs.com/technologies/details/ce-http2/all/all.

[**Xanadu 2012**] Xanadu Project homepage, http://www.xanadu.com/

[**Xiao 2000**] X. Xiao, A. Hannan, B. Bailey, L. Ni, "Traffic Engineering with MPLS in the Internet," *IEEE Network* (Mar./Apr. 2000).

[**Xu 2004**] L. Xu, K Harfoush, I. Rhee, "Binary Increase Congestion Control (BIC) for Fast Long-Distance Networks," *IEEE INFOCOM 2004*, pp. 2514–2524.

[**Yang 2014**] P. Yang, J. Shao, W. Luo, L. Xu, J. Deogun, Y. Lu, "TCP congestion avoidance algorithm identification," *IEEE/ACM Trans. Netw.* Vol. 22, No. 4 (Aug. 2014), pp. 1311–1324.

[**Yavatkar 1994**] R. Yavatkar, N. Bhagwat, "Improving End-to-End Performance of TCP over Mobile Internetworks," *Proc. Mobile 94 Workshop on Mobile Computing Systems and Applications* (Dec. 1994).

[**YouTube 2009**] YouTube 2009, Google container data center tour, 2009.

[**Yu 2004**] Yu, Fang, H. Katz, Tirunellai V. Lakshman. "Gigabit Rate Packet Pattern-Matching Using TCAM," *Proc. 2004 Int. Conf. Network Protocols*, pp. 174–183.

[**Yu 2011**] M. Yu, J. Rexford, X. Sun, S. Rao, N. Feamster, "A Survey of VLAN Usage in Campus Networks," *IEEE Communications Magazine*, July 2011.

[**Zegura 1997**] E. Zegura, K. Calvert, M. Donahoo, "A Quantitative Comparison of Graph-based Models for Internet Topology," *IEEE/ACM Transactions on Networking*, Vol. 5, No. 6, (Dec. 1997). See also http://www.cc.gatech.edu/projects/gtitm for a software package that generates networks with a transit-stub structure.

[**Zhang 2007**] L. Zhang, "A Retrospective View of NAT," *The IETF Journal*, Vol. 3, No. 2 (Oct. 2007).

[**Zheng 2008**] N. Zheng and J. Wigard, "On the Performance of Integrator Handover Algorithm in LTE Networks," *2008 IEEE 68th Vehicular Technology Conference*, Calgary, BC, 2008, pp. 1–5.

[**Zhu 2015**] Y. Zhu, H. Eran, D. Firestone, D. Firestone, C. Guo, M. Lipshteyn, Y. Liron, J. Padhye, S. Raindel Mohamad, H. Yahia, M. Zhang, J. Padhye, "Congestion Control for Large-Scale RDMA Deployments," *Proc. 2015 ACM SIGCOMM Conference*.

[**Zilberman 2019**] N. Zilberman, G. Bracha, G. Schzukin. "Stardust: Divide and conquer in the data center network," *2019 USENIX Symposium on Networked Systems Design and Implementation*.

[**Zink 2009**] M. Zink, K. Suh, Y. Gu, J. Kurose, "Characteristics of YouTube Network Traffic at a Campus Network—Measurements, Models, and Implications," *Computer Networks*, Vol. 53, No. 4, pp. 501–514, 2009.

[**Zou 2016**] Y. Zou, J. Zhu, X. Wang, L. Hanzo, "A Survey on Wireless Security: Technical Challenges, Recent Advances, and Future Trends," *Proceedings of the IEEE*, Vol. 104, No. 9, 2016.

推荐阅读

计算机网络：系统方法（原书第6版）

作者：Larry L. Peterson等 译者：王勇 等 ISBN：978-7-111-70567-3 定价：169.00元

经典教材全新升级，通过"系统方法"理解网络设计的重要原则！

第6版对云技术给予了极大的关注，并且讨论了与安全相关的信任、身份和区块链等问题。然而，如果回看第1版，你会发现其中的基本概念是相同的。本书正是网络这个故事的现代版本，包含众多与时俱进的新实例和新技术。

—— David D. Clark　麻省理工学院

无论是第一次向本科生介绍网络知识，还是为了扩大研究生的知识面，本书都是完美的选择。多年来，我一直信任第5版，现在很高兴将我的学生和他们即将创造的未来网络"托付"给第6版。

—— Christopher (Kit) Cischke　密歇根理工大学

本书不仅描述"怎么做"，而且解释"为什么"，以及同样重要的"为什么不"。这是一本能够帮助学生建立工程直觉的书，并且可以培养学生就设计或选择下一代系统做出正确决策的能力，在技术快速变革的时代，这一点至关重要。

—— Roch Guerin　宾夕法尼亚大学